大型燃气-蒸汽联合循环电厂培训教材

M701F燃气轮机/汽轮机分册

深圳能源集团月亮湾燃机电厂
中国电机工程学会燃气轮机发电专业委员会 编

重庆大学出版社

内容提要

本书系统地阐述了 M701F 燃气轮机/汽轮机的工作原理与结构，并详细叙述了机岛的辅助系统、运行操作以及事故处理。全书共分 9 章，第 1 章概述联合循环电厂发展历程，特别是三菱燃机发展历程，第 2、3 章介绍燃气轮机工作原理、结构以及高温热部件，第 4 章介绍汽轮机工作原理与结构，第 5 章详细介绍了机岛部分的辅助系统，第 6 章介绍联合循环电厂机组的启动、停运，第 7 章机组运行与监控，详细介绍了影响联合循环机组性能的因素以及机组的轴振、胀差、叶片通道温度、燃烧等参数的监测，第 8 章介绍联合循环机组常做的试验，第 9 章介绍机组典型的故障与处理，附录列有燃料、机组用油规范以及辅助系统图。

本书适合作为燃气-蒸汽联合循环电厂运行人员培训用书，也可作为电厂从事相关工作的管理人员、技术人员和筹建人员的技术参考用书。

图书在版编目(CIP)数据

大型燃气-蒸汽联合循环电厂培训教材.M701F 燃气轮机/汽轮机分册/深圳能源集团月亮湾燃机电厂，中国电机工程学会燃气轮机发电专业委员会编.—重庆：重庆大学出版社，2014.3(2024.6 重印)

ISBN 978-7-5624-7987-1

Ⅰ.①大… Ⅱ.①深…②中… Ⅲ.①燃气-蒸汽联合循环发电—发电厂—技术培训—教材②燃气轮机—技术培训—教材 Ⅳ.①TM611.31

中国版本图书馆 CIP 数据核字(2014)第 046164 号

大型燃气-蒸汽联合循环电厂培训教材
M701F 燃气轮机/汽轮机分册

深圳能源集团月亮湾燃机电厂
中国电机工程学会燃气轮机发电专业委员会 编

策划编辑：曾显跃

责任编辑：李定群　高鸿宽　　版式设计：曾显跃
责任校对：刘雯娜　　责任印制：张　策

*

重庆大学出版社出版发行
出版人：陈晓阳
社址：重庆市沙坪坝区大学城西路 21 号
邮编：401331
电话：(023) 88617190　88617185(中小学)
传真：(023) 88617186　88617166
网址：http://www.cqup.com.cn
邮箱：fxk@cqup.com.cn (营销中心)
全国新华书店经销
POD：重庆新生代彩印技术有限公司

*

开本：787mm×1092mm　1/16　印张：25.75　字数：643千
2014 年 3 月第 1 版　2024 年 6 月第 4 次印刷
ISBN 978-7-5624-7987-1　定价：72.00 元

编写人员名单

主　　编　胡国良

参编人员　（按姓氏笔画排序）

王志学　孙洪波　吴乾林

李　波　张　煜　陈　虎

陈　鹏　单长庆　林颂翰

徐　刚　袁鑫鑫　黄永锋

梁　洪　曾信淦　程朝龙

序言

1791 年英国人巴伯首次描述了燃气轮机(Gas Turbine)的工作过程。1872 年德国人施托尔策设计了一台燃气轮机,从1900 年开始做了 4 年的试验。1905 年法国人勒梅尔和阿芒戈制成第一台能输出功率的燃气轮机。1920 年德国人霍尔茨瓦特制成第一台实用的燃气轮机,效率 13%,功率 370 kW。1930 年英国人惠特尔获得燃气轮机专利,1937 年在试车台成功运转离心式燃气轮机。1939 年德国人设计的轴流式燃气轮机安装在飞机上试飞成功,诞生了人类第一架喷气式飞机。从此燃气轮机在航空领域,尤其是军用飞机上得到了飞速发展。

燃气轮机用于发电始于 1939 年,发电用途的燃机不受空间和质量的严格限制,所以尺寸较大,结构也更加厚重结实,因此具有更长的使用寿命。虽然燃气-蒸汽联合循环发电装置早在 1949 年就投入运行,但是发展不快。这主要是因为轴流式压气机技术进步缓慢,如何提高压气机的压比和效率一直在困扰压气机的发展,直到 20 世纪 70 年代轴流式压气机在理论上取得突破,压气机的叶片和叶形按照三元流理论进行设计,压气机整体结构也按照新的动力理论进行布置以后,压气机的压比才从 10 不断提高,现在压比超过了 30,效率也同步提高,满足了燃机的发展需要。

影响燃机发展的另一个重要原因是燃气透平的高温热通道材料。提高燃机的功率就意味着提高燃气的温度,热通道部件不能长期承受 1 000 ℃以上的高温,这就限制了燃机功率的提高。20 世纪 70 年代燃机动叶采用镍基合金制造,在叶片内部没有进行冷却的情况下,燃气初温可以达到 1 150 ℃,燃机功率达到 144 MW,联合循环机组功率达到 213 MW。80 年代采用镍钴基合金铸造动叶片,燃气初温达到 1 350 ℃,燃机功率 270 MW,联合循环机组功率 398 MW。90 年代燃机采用镍钴基超级合金,用单向结晶的工艺铸造动叶片,燃气初温

1 500 ℃,燃机功率 334 MW,联合循环机组功率 498 MW。进入21世纪,优化冷却和改进高温部件的隔热涂层,燃气初温1 600 ℃,燃机功率 470 MW,联合循环机组功率 680 MW。解决了压比和热通道高温部件材料的问题后,随着燃机功率的提高,新型燃机单机效率大于40%,联合循环机组的效率大于60%。

为了加快大型燃气轮机联合循环发电设备制造技术的发展和应用,我国于2001年发布了《燃气轮机产业发展和技术引进工作实施意见》,提出以市场换技术的方式引进制造技术。通过打捆招标,哈尔滨电气集团公司与美国通用电气公司,上海电气集团公司与德国西门子公司,东方电气集团公司与日本三菱重工公司合作。3家企业共同承担了大型燃气轮机制造技术引进及国产化工作,目前除热通道的关键高温部件不能自主生产外,其余部件的制造均实现了国产化。实现了E级、F级燃气轮机及联合循环技术国内生产能力。截至2010年燃气轮机电站总装机容量2.6万MW,比1999年燃气轮机装机总容量5 939 MW增长4倍,大型燃气-蒸汽联合循环发电技术在国内得到了广泛的应用。

燃气-蒸汽联合循环是现有热力发电系统中效率最高的大规模商业化发电方式,大型燃气轮机联合循环效率已达到60%。采用天然气为燃料的燃气-蒸汽联合循环具有清洁、高效的优势。主要大气污染物和二氧化碳的排放量分别是常规火力发电站的1/10和1/2。

在《国家能源发展"十二五"规划》提出:"高效、清洁、低碳已经成为世界能源发展的主流方向,非化石能源和天然气在能源结构中的比重越来越大,世界能源将逐步跨入石油、天然气、煤炭、可再生能源和核能并驾齐驱的新时代。"规划要求"十二五"末,天然气占一次能源消费比重将提高到7.5%,天然气发电装机容量将从2010年的26 420 MW发展到2015年的56 000 MW。我国大型燃气-蒸汽联合循环发电将迎来快速发展的阶段。

为了让广大从事F级燃气-蒸汽联合循环机组的运行人员尽快熟练掌握机组的运行技术,中国电机工程学会燃机专委会牵头组织有代表性的国内燃机电厂编写了本套培训教材。其中,燃气轮机/汽轮机分册分别由3家电厂编写,深圳能源集团月亮湾燃机电厂承担了M701F燃气轮机/汽轮机分册，浙能集团萧山燃机电厂承担了 SGT5-4000F 燃气轮机/汽轮机分册，广州发展集团珠江燃机电厂承担了 PG9351F 燃气轮机/汽轮机分册；深圳能源集团月亮湾燃机电厂还承担了余热锅炉分册和电气分册的编写；深圳能源集团东部电厂承担了热控分册的编写。

每个分册内容包括工艺系统、设备结构、运行操作要点、典型事故处理与运行维护等，教材注重实际运行和维护经验，辅以相关的原理和机理阐述，每章附有思考题，帮助学习掌握教材内容。本套教材也可作为燃机电厂管理人员、技术人员的工作参考书。

由于编者都是来自生产一线，学识和理论水平有限，培训教材中难免存在缺点与不妥之处，敬请广大读者批评指正。

中国电机工程学会
燃气轮机发电专业委员会
2013 年 10 月

前言

本套培训教材包括燃气轮机/汽轮机分册、电气分册、余热锅炉分册和控制分册。

燃气轮机/汽轮机分册是本套丛书的一个分册。目前国内引进的F级燃气轮机包括三菱 M701F、西门子 STG5-4000F 以及 GE 公司 PG9351F 3 种型号，本分册主要介绍三菱 M701F 型燃气轮机。

本书主要内容包括单轴 M701F 燃气-蒸汽联合循环机组之机岛部分（燃气轮机与蒸汽轮机）的基础知识、本体结构、高温热部件寿命管理、辅助系统、机组启停操作、运行监控以及典型故障与处理等。由于目前国内 M701F 燃气-蒸汽联合循环机组基本以单轴机组为主，故本书对设备、系统、故障处理、启动操作、运行监控等内容的编写均立足于单轴机组。另外，本书涉及的运行参数均以深圳能源集团东部电厂运行数据为参照。

本培训教材编写人员为一线生产人员，编写偏重于运行实践，内容丰富、实用性强，对电厂技术人员全面掌握F级燃气-蒸汽联合循环机组的机岛知识有较大的帮助。

本培训教材的内容、章节由编委会审定，胡国良主编，各章节执笔人员如下：

第 1 章，由陈虎执笔；

第 2 章，由李波执笔；

第 3 章，由陈鹏执笔；

第 4 章，由吴乾林执笔；

第 5 章，5.1、5.8、5.11 由单长庆执笔；5.2、5.3、5.4 由王志学执笔；5.5 由李波执笔；5.6、5.22 由孙洪波、袁鑫鑫执笔；5.7 由单长庆、梁洪、孙洪波执笔；5.9、5.10 由袁鑫鑫执笔；5.12由黄永锋、吴乾林执笔；5.14、5.21 由黄永锋执笔；5.13、5.16 由曾信淦执笔；5.15、5.17、5.18 由林颂翰执笔；5.19 由

陈虎执笔;5.20 由张煜执笔;

第 6 章,由程朝龙执笔;

第 7 章,7.1 由张煜执笔;7.2 由袁鑫鑫执笔;7.3 由梁洪、袁鑫鑫执笔;7.4 由张煜、王志学执笔;

第 8 章,由陈虎执笔;

第 9 章,由徐刚执笔;

附录,由袁鑫鑫、林颂翰、王志学编绘。

在本书正式编写前,编委会对培训教材编写的原则、内容等进行了详细的讨论并提出了修改意见;编写期间电厂各级技术骨干提出了不少建设性的意见和建议,同时教材编写过程中也得到了深圳能源集团东部电厂及其他电厂的专家和技术人员的大力帮助,在此一并致以诚挚的谢意。

编委会

2013 年 10 月

目录

第1章 概述

1.1 燃气轮机

1.1.1 燃气轮机简介

燃气轮机(Gas Turbine)是一种将燃料化学能转换为机械能的回转式机械。它主要由压气机、燃烧室和透平3大部分组成。

(1)压气机

压气机的作用是将空气压缩到一定压力,然后连续不断地供应给燃烧室。压气机的主要部件有转子、气缸、动叶、静叶和进口可转导叶等。

(2)燃烧室

燃烧室的作用是将来自压气机的高压空气与燃料混合,并进行燃烧,把燃料的化学能转为热能,形成高温燃气。燃烧室主要部件有燃料喷嘴、火焰筒和过渡段等。

(3)透平

透平的作用是将从燃烧室来的高温高压燃气的热能转变为机械能。透平主要部件有转子、气缸、动叶和静叶等。

从上述3大部分的作用可知,燃气轮机正常工作时,工质顺序经过吸气压缩、燃烧升温、膨胀做功以及排气放热4个工作过程而完成一个由热变功的热力循环,该循环称为布雷顿循环(Brayton Cycle),如图1.1所示。压气机从外界大气环境吸入空气,并逐级压缩,空气的温度和压力均逐级升高(过程1—2);压缩空气被送到燃烧室与燃料混合燃烧产生高温高压的燃气(过程2—3);然后再进入透平膨胀做功(过程3—4);最后的工质放热过程,透平排气可直接排到大气,自然放热给外界环境(过程4—1),也可通过各种换热设备以回收利用部分余热。在

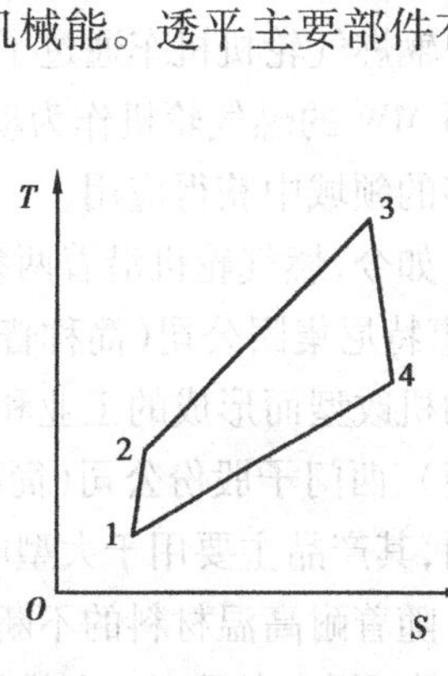

图1.1 燃气轮机热力循环

连续重复完成上述循环过程的同时,燃气轮机就把燃料的化学能连续地转换为机械能,推动透平叶轮带着压气机叶轮一起旋转。

一台燃气轮机除了压气机、燃烧室和透平 3 大部分外,还必须配备完善的辅助系统和控制系统。其中,辅助系统包括润滑油系统、控制油系统、冷却与密封空气系统、燃料系统、进排气系统和灭火系统等;控制系统则具有监视、报警、保护以及调整操作等功能。另外,燃气轮机还须配备启动装置,如交流电动机,柴油机和静态变频启动装置等,在燃气轮机启动时提供原动力,待燃气轮机升速到能够独立运行后,启动装置方可脱开。

燃气轮机按照燃料类型可分为气体燃料机组、液体燃料机组和双燃料机组。气体燃料机组可燃用天然气、高炉煤气、焦炉煤气、煤制气和煤层气等,其中以天然气为主;液体燃料机组多燃用重油和轻油,相对于气体燃料机组,液体燃料机组需增设液体燃料分配装置和雾化空气系统等;双燃料机组既可燃用气体燃料,也可燃用液体燃料。

另外,燃气轮机按照结构特点还可分为轻型和重型两类。轻型的结构紧凑而轻、体积小、装机快、启动快,所用材料一般较好,主要用于航空,其质量功率比一般低于 0.2 kg/kW,航空燃气轮机经适当改进后加装动力透平,所派生出的轻型燃气轮机被称为航改型燃气轮机,适用于船舶动力和电力调峰等。重型的零件较为厚重,大修周期长,寿命可达 10 万 h 以上,效率高、运行可靠、质量大、尺寸大,质量功率比一般为 2 ~ 5 kg/kW。目前,电站所使用的燃气轮机主要为重型。

1.1.2 燃气轮机的发展简史

1920 年,德国人霍尔茨瓦特制成第一台实用的燃气轮机,功率为 370 kW,效率为 13%,由于以断续爆燃的方式加热,存在许多重大缺点而被人们放弃。

1939 年,由瑞士布朗勃法瑞公司(简称 BBC)制成了 4 MW 发电用燃气轮机,效率为 18%。同年,在德国制造的喷气式飞机试飞成功,从此燃气轮机进入了实用阶段,并开始迅速发展。

随着耐高温材料的发展和透平采用可冷却叶片,透平进口温度相应提高,使得燃气轮机效率不断提高,单机功率也不断增大。在 20 世纪 70 年代中期出现了数种 100 MW 级的燃气轮机,最高能达到 130 MW。与此同时,燃气轮机的应用领域不断扩大。1941 年瑞士制造的第一辆燃气轮机机车通过了试验;1947 年,英国制造的第一艘装备燃气轮机的舰艇下水,它以 1.86 MW 的燃气轮机作为动力;1950 年,英国制成第一辆燃气轮机汽车。此后,燃气轮机在更多的领域中获得应用。

如今,燃气轮机沿着两条技术路线发展,一条是以罗尔斯-罗伊斯公司(简称罗罗)、普拉特-惠特尼集团公司(简称普惠)和通用电气公司(简称 GE)为代表的航空发动机公司,用航空发动机改型而形成的工业和船用轻型燃气轮机;另一条是以 GE、三菱重工业株式会社(简称三菱)、西门子股份公司(简称西门子)和阿尔斯通公司(简称 Alstom)为代表的重型燃气轮机公司,其产品主要用于大型电站。

随着耐高温材料的不断发展,透平叶片冷却技术和燃烧控制技术的提高,燃气轮机将朝着效率更高、容量更大和排放更环保的趋势发展。

1.1.3 燃气轮机电站的发展历程

燃气轮机电站能在无外界电源的情况下迅速启动，机动性好，在电网中用作调峰和紧急备用，能较好地保障电网的安全运行，因此应用广泛。在汽车（或拖车）电站和列车电站等移动电站中，燃气轮机因其轻小，应用也很广泛。此外，还有不少利用燃气轮机的便携电源，功率最小的在10 kW以下。

1939年，第一台发电用燃气轮机的出现标志着燃气轮机已开始登上发电工业舞台。

20世纪50年代，由于当时的单机容量小，效率低，因此，在电力系统中只能作为紧急备用电源和调峰机组使用。

60年代，欧美的大电网均曾发生过电网瞬时解列的大停电事故，这些事故使欧美工业发达国家认识到电网中有必要配备一定容量的燃气轮机发电机组，因为燃气轮机具有快速“无外电源启动”的能力，可以作为系统大面积停电后的黑启动电源，它能保证电网运行的安全性和可恢复性。

70年代，美国、日本和一些欧洲国家在电网中配备了一定容量的燃气轮机发电机组，作为电网带尖峰负荷和备用电源，燃气轮机得到了广泛的应用。

80年代后，由于燃气轮机的单机功率和热效率都有很大程度的提高，特别是燃气-蒸汽联合循环机组的出现和渐趋成熟，再加上世界范围内天然气资源的进一步开发，燃气轮机及其联合循环在世界电力系统中的地位发生了明显的变化，它们不仅可作为紧急备用电源和尖峰负荷机组，而且还可携带基本负荷和中间负荷。

目前，燃气轮机电站主要形式为燃气-蒸汽联合循环，而其中使用的燃气轮机主要是重型燃气轮机。当今世界上，能设计和生产重型燃气轮机的主导工厂有4家，即GE、三菱、西门子及Alstom，表1.1、表1.2为上述公司生产的典型燃气轮机发电机组。

表1.1 典型燃气轮机发电机组

公司名称	机组型号	第一台生产年份	ISO基荷功率/MW	热效率/%
GE	PG6581	1999	42.1	32.007
	PG6111	2003	75.9	34.97
	PG9171(E)	1992	126.1	33.79
	PG9231(EC)	1994	169.1	34.92
	PG9351(FA)	1996	255.6	36.9
	PG6591C	2003	42.3	36.27
	PG9001H	—	292	39.5
西门子	W251B11/12	1982	49.5	32.66
	V64.3A	1996	67.4	34.93
	V94.2	1981	159.4	34.3
	V94.2A	1997	182.3	35.18
	V94.3A	1995	265.9	38.6

续表

公司名称	机组型号	第一台生产年份	ISO 基荷功率/MW	热效率/%
三菱	M701DA	1981	144.1	34.8
	M701F	1992	270.3	38.2
	M701G	1997	271	38.7
	M701G2	—	334	39.5
Alstom	GT8C2	1998	57	34.01
	GT13E2	1993	165.1	35.7
	GT26	1994	263	37

表 1.2 典型燃气-蒸汽联合循环发电机组

公司名称	机组型号	第一台生产年份	ISO 基本功率/MW	供电效率/%	所配燃气轮机的情况
GE	S109EC	1994	259.3	54	1 台 MS9001EC
	S109FA	1994	390	56.7	1 台 MS9001FA
	S209FA	1994	786.9	57.1	2 台 MS9001FA
	S109H	1997	480	60	1 台 PG9001
西门子	GUD1.94.2	1981	239.4	52.2	1 台 V94.2
	GU1S.94.3A	1994	392.2	57.4	1 台 V94.3A
三菱	MPCP1(M701F)	1992	397.7	57	1 台 M701F
	MPCP2(M701F)	1992	799.6	57.8	2 台 M701F
	MPCP1(M701G)	1997	489.3	58.7	1 台 M701G
Asltom	KA13E-2	1993	480	52.9	2 台 GT13E2
	KA13E-3	1993	720	52.9	3 台 GT13E2
	KA26-1	1996	392.5	56.3	1 台 GT26

1.1.4 我国燃气轮机工业概况

我国在新中国成立前没有燃气轮机生产能力，1958 年才开始着手燃气轮机研发。1959 年底，利用苏联向我国转让的 M-1 舰用燃气轮机技术，开始制造燃气轮机；1964 年我国自行设计、生产了 4 410 kW 的舰船专用燃气轮机。

20 世纪 60—80 年代期间，上海电气电站设备有限公司上海汽轮机厂（简称上汽）、哈尔滨汽轮机厂有限责任公司（简称哈汽）和南京汽轮电机（集团）有限责任公司（简称南汽）等企业都曾以产、学、研联合的方式，自行设计和生产过燃气轮机。

进入 20 世纪 80 年代后，我国的重型燃气轮机工业走上了合作生产的道路。1984 年南汽与GE合作生产了PG6541B型36 000 kW燃气轮机;从1984—2004年已生产了PG6541B型、PG6551B型、PG6561B型和PG6581B型4种型号燃气轮机。

相比国际上先进的燃气轮机研发和制造技术,我国存在不小差距。为此,国家制订了以市场换技术的策略,通过打捆招标来实现重型燃气轮机的国产化。

2001—2007年,我国引进了当代先进的E级和F级燃气轮机,包括GE、三菱和西门子生产的燃气轮机共50余台(套)。打捆招标合同中,哈尔滨动力设备股份有限公司、中国东方电气集团公司和上海电气集团股份有限公司分别与GE、三菱和西门子合作,完成多套PG9351FA、M701F3和V94.3A型燃气轮机及其联合循环机组的制造任务。与此同时,上述3大国内制造厂逐步完成设备和工艺改造,提高机组制造的国产化率。

通过以市场换技术,我国已引进了PG9351FA、PG9171E、M701F3、M701DA、V94.3A和V94.2型燃气轮机的制造技术。如今,我国已具备生产大型(PG9351FA、M701F和V94.3A)、中型(PG9171E、M701DA和V94.2)和小型(PG6681B)重型燃气轮机及其联合循环机组的能力。

1.2 汽轮机

1.2.1 汽轮机简介

汽轮机(Steam Turbine)是将蒸汽热能转化为机械能的回转式机械。它主要由转子、汽缸、动叶栅和静叶栅等部件组成。

级是汽轮机最基本的做功单元,由一列静叶栅及其后的一列动叶栅组成。一台汽轮机可以由单级组成,也可以由多级组成,汽轮机的总输出功率是各级输出功率之和。现代大型汽轮机均由多级组成,如上海电气电站设备有限公司上海汽轮机厂生产的1 000 MW级汽轮机的总级数达63级。

汽轮机按做功原理的不同,可分为冲动式汽轮机和反动式汽轮机;按热力过程的不同,可分为凝汽式汽轮机、背压式汽轮机、调整抽汽式汽轮机及中间再热式汽轮机;按蒸汽参数的不同,可分为低压汽轮机、中压汽轮机、高压汽轮机、超高压汽轮机、亚临界汽轮机、超临界汽轮机及超超临界汽轮机。

1884年,英国发明家帕森斯获得了可实用的反动式汽轮机专利,这是世界上第一个有关汽轮机的专利,它比瓦特发明的蒸汽机晚了近120年,但相对于单级往复式蒸汽机,汽轮机的热效率和功率均得到大幅提高,至今它几乎完全取代了往复式蒸汽机。此后,汽轮机向大容量、高参数方向不断发展。1956年出现超临界汽轮机;1965年出现二次中间再热式汽轮机;20世纪60年代工业发达国家生产的汽轮机达到500~600 MW等级水平;到80年代中期,最大单机功率已达1 200 MW(单轴)和1 300 MW(双轴)。目前,单机功率2 000 MW的汽轮机正在研发过程中。

1949年以前,我国没有汽轮机制造能力;1949年以后,我国汽轮机制造业有了飞速发展,1956年4月国产第一台容量为6 MW汽轮机投产发电,1958年,12 MW及25 MW的汽轮机先后投产。此后,汽轮机单机容量逐步提升至 50 MW、100 MW、125 MW 和 200 MW,到了 1974 年,300 MW 的汽轮机也在电厂投产。1987 年后采用引进技术先后生产出 300 MW、600 MW 和 800 MW 汽轮机。2009 年,我国已能够依靠自主技术制造 1 000 MW 的汽轮机。

1.2.2 燃气-蒸汽联合循环电站汽轮机特点

燃气-蒸汽联合循环电站所使用的汽轮机,与常规火电站汽轮机工作原理相同,结构也相似,但两者相比较,联合循环中的汽轮机具有以下特点:

(1)低压部分和凝汽器尺寸大

由于联合循环汽轮机一般不设置抽汽去加热给水,因此,低压缸排向凝汽器的蒸汽流量要比常规汽轮机多。而且,在联合循环的双压或三压式蒸汽循环系统中,还有蒸汽从中间汇入,因此,低压部分必须设计得更为庞大。同时,大多数联合循环汽轮机要求凝汽器能接受汽轮机事故工况下余热锅炉全部的蒸汽量,因此,汽轮机的旁路多设计为 100% 容量,这使得凝汽器尺寸也必须增大。

(2)适应快速启动的设计

为适应燃气轮机快速启动,联合循环中的汽轮机必须具有以下设计特点:

①尽可能加强汽缸对称性,以减少热应力和热变形。

②采用径向汽封,减小径向动静间隙,从而可适当加大轴向动静间隙,这样既可保证运行时减少漏汽,又可防止由于差胀而引起动静部分摩擦。

③与凝汽器相连的旁路系统对称设计,并能快速动作。

④高、中压缸采用双壳体结构。

(3)滑压运行

联合循环中汽轮机不参与负荷调节,当汽轮机功率大于 50% 额定功率以上时,蒸汽阀门全开,采用滑压运行方式。为了满足滑压运行的要求,汽轮机中无须设置调节级,各级均采用全周进汽的结构,运行时调节阀通常都全开。

(4)无回热抽汽

由于余热锅炉已经承担了给水的加热与除氧的任务(除氧也可在凝汽器中完成),所以汽轮机不设置或少设置抽汽口,也不需要在汽轮机下面布设给水加热器,这样汽轮机可采用轴向或侧向排汽,并安装在比较低的基础上,避免采用高厂房结构。

1.3 发电机

发电机(Generator)是将机械能转换成电能的旋转设备。

发电机的形式很多,可分为交流发电机和直流发电机两大类,前者又可分为同步发电机和异步发电机,但其工作原理都是基于电磁感应定律和电磁力定律,因此,其构造原则一般是用导磁和导电材料构成互相电磁感应的磁路和电路,以产生电磁功率,达到能量转换的目的。

基于法拉第在 1831 年发现的电磁感应原理,1832 年法国人毕克西发明了世界上第一台手摇式永久磁铁直流发电机;1866 年由德国工程师西门子用电磁铁代替永久磁铁制成了自励式直流发电机;1869年比利时的格拉姆将在铁芯上绕线圈的方式改为在铁环上绕线圈,制成环形电枢发电机;由于直流电压改变困难,不宜长距离输送,因此在1873年,西门子公司的阿特涅发明了交流发电机。此后,经过长时间的发展,发电机的结构形式越来越多,容量也不断增大,目前最大的汽轮发电机容量达到1 450 MW。

如今使用广泛的大型发电机多为同步发电机,通常由定子、转子两个基本部分组成。定子部分主要由机座、端盖、定子铁芯及定子绕组等组成;转子部分主要由转子铁芯和转子绕组等组成。转子在定子中旋转,作切割磁感线的运动,从而产生感应电势,通过接线接到回路中,便产生了电流,完成整个发电过程。

同步发电机按驱动机械的不同,通常可分为燃气轮发电机、汽轮发电机和水轮发电机以及柴油发电机等;按照冷却介质的不同,可分为空气冷却、氢气冷却和水冷却等。

目前,大多F级燃气轮机电站所使用的发电机除将机械能转化为电能外,还在启动过程中将电能转化为机械能,为燃气轮机的启动提供原动力,该技术称为发电机静态变频启动技术,其基本原理是将发电机作为同步电动机,带动燃气轮机升速。要实现这一目的,需要借助变频装置向发电机定子提供电源,产生逆时针旋转的定子磁场;同时需要励磁系统向转子提供电流建立转子磁场,在定子和转子的磁场均建立后,旋转的定子磁场带动转子旋转。相比其他类型启动装置,发电机静态变频启动装置具备维护量小、投资少和节约空间等优点。国内燃气轮机电站目前所使用的静态变频启动装置多为进口,因此在设备上对国外技术依赖性较强,维护费用和备件费用较高。

1.4 燃气-蒸汽联合循环发电机组

目前,燃气-蒸汽联合循环机组在世界范围的应用是多方面的,但大部分是用来发电,提供电能。燃气-蒸汽联合循环发电机组的主要设备有燃气轮机、余热锅炉、汽轮机和发电机。

1.4.1 燃气-蒸汽联合循环发电机组原理

燃气-蒸汽联合循环发电机组是在燃气轮机简单循环发电机组的基础上发展而来的。燃气轮机简单循环发电机组由燃气轮机和发电机组成,燃气轮机带动发电机转动发出电能,如图1.2所示。

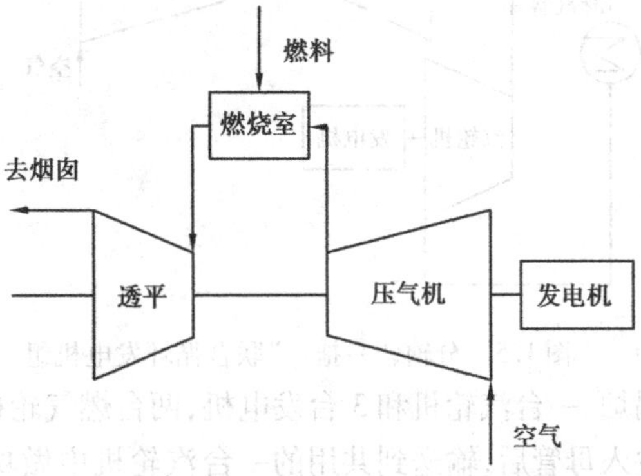

图1.2 简单循环发电机组示意图

在燃气轮机工作的布雷顿循环中,透平的排气温度仍很高,为450~650 ℃,且大型机组排气流量高达100~600 kg/s,因此有大量的热能未被利用而排入大气。而在蒸汽动力循环——朗肯循环(Rankine Cycle)中,汽轮机进汽温度一般为540~560 ℃,正好接近燃气轮机的排气温度,如果将两者结合起来,就可将能源进行二次利用,从而提高整体效率。这种结合形式称为燃气-蒸汽联合循环，是布雷顿循环和朗肯循环结合在一起的循环，如图 1.3 所示。

燃气-蒸汽联合循环有余热锅炉型联合循环、排气补燃型联合循环、增压流化床燃烧联合循环和整体煤气化联合循环。其中，最为常见的是余热锅炉联合循环，余热锅炉型联合循环发电机组主要由燃气轮机、余热锅炉、汽轮机及发电机组成。

如图 1.4 所示为典型余热锅炉型联合循环发电机组。燃气-蒸汽联合循环机组利用燃气轮机做功后的高温排气在余热锅炉中放热，使余热锅炉内的给水变成蒸汽，再送到汽轮机中做功。

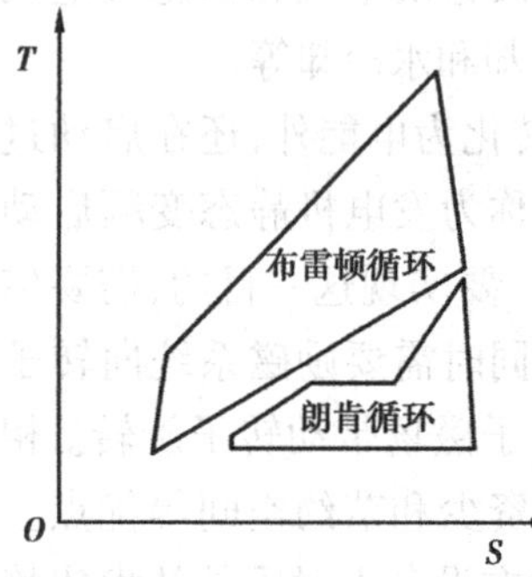

图 1.3　联合循环的热力循环图

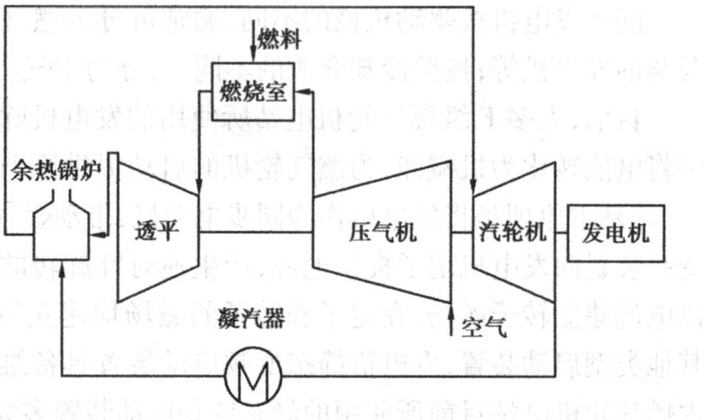

图 1.4　联合循环发电机组示意图

1.4.2　燃气-蒸汽联合循环发电机组的配置方式

余热锅炉型联合循环发电机组，可采用一台燃气轮机、一台余热锅炉带一台汽轮机的“一拖一”方式，也可采用多台燃气轮机、余热锅炉带一台汽轮机的“多拖一”方式。

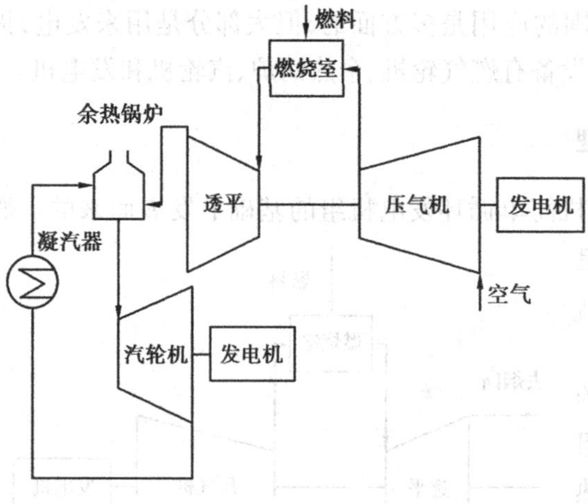

图 1.5　分轴、“一拖一”联合循环发电机组

采用“一拖一”方案布置的联合循环发电机组中，如果将发电机、汽轮机和燃气轮机联接在同一根轴上，则这类机组称为单轴机组，如图 1.4 所示。其特点为结构简单而紧凑，占地面积少，联合循环效率高。如果燃气轮机和汽轮机在不同轴系，并分别带动一台发电机，这类机组称为分轴机组，如图 1.5 所示。

分轴机组，燃气轮机和汽轮机可“一拖一”，也可“二拖一”或“多拖一”。如图 1.6 所示为典型“二拖一”，采用“二拖一”方案布置的机组共有两台燃气轮机、两台余热锅炉、一台汽轮机和 3 台发电机，两台燃气轮机各带一台发电机，而两台余热锅炉出口的蒸汽并入母管后，输送到共用的一台汽轮机中做功，带动另一台发电机发电。分轴布置方式由于燃气轮机和汽轮机在不同的轴系，其运行组合方式更为灵活，可以满足不同需求的负荷。

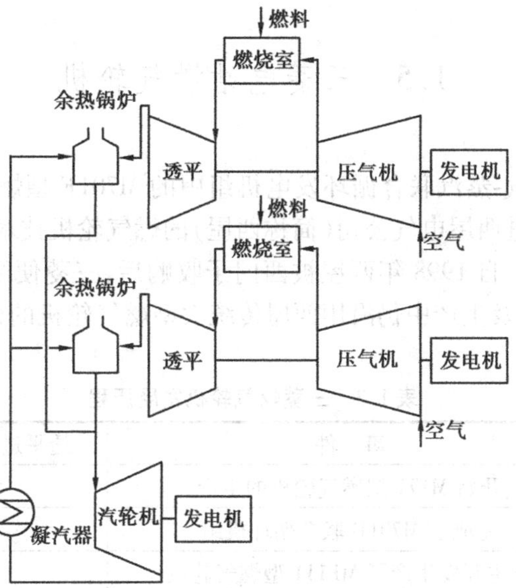

图 1.6 分轴、“二拖一”联合循环发电机组

1.4.3 燃气-蒸汽联合循环发电机组优点

相对于燃煤发电机组,燃气-蒸汽联合循环发电机组具备以下优点:

①发电效率高。由表 1.2 可知,各联合循环发电机组效率均在 50% 以上,同等功率的燃煤发电机组效率为 30% ~40% 。

②环保。联合循环发电机组多采用天然气为燃料,燃烧产物没有灰渣,余热锅炉排放无灰尘,二氧化硫、一氧化碳和氮氧化合物排放少。

③启动快。燃气轮机启动后 10 余 min 简单循环即可满负荷。整个联合循环,在汽轮机冷态情况下启动也仅 3 h 左右即可满负荷,远远快于同级别燃煤机组的启动速度。

④自动化程度高,运行可靠。联合循环电厂可大大减少运行人员,百万千瓦规模电厂的人员约 150 人。

⑤运行方式灵活,既可以基本负荷运行,也可以调峰运行。

⑥消耗水量少。联合循环电厂汽轮机功率仅占总容量约 1/3,因此,用水量一般为同等容量燃煤电厂的 1/3 左右。

⑦可燃用多种燃料。如天然气、轻油、重油、高炉煤气、焦炉煤气、煤制气及煤层气等。

⑧占地面积少,仅为同等容量燃煤电厂占地的 1/3 左右。

⑨投资省。联合循环发电厂目前投资费用为 3 500 元/kW 左右,而燃煤电厂投资目前为 4 000 元/kW 以上。

⑩建设工期短。联合循环电厂建设工期为 16 ~20 个月,而且可分阶段先建设燃气轮机发电机组,再建联合循环,而燃煤电厂需要 24 ~36 个月。

1.5 三菱电站燃气轮机

本书中所讲述的燃气-蒸汽联合循环发电机组中的 M701F 型燃气轮机，由三菱研制。三菱于 20 世纪 60 年代引进西屋电气公司(简称西屋)的燃气轮机技术，并与西屋等公司联合开发以及自主研发新技术。自 1998 年西屋被西门子收购后，三菱便终止了与西屋的技术合作关系，但在燃气轮机开发及生产中仍沿用西屋传统大型燃气轮机的设计理念。表 1.3 为三菱燃气轮机发展历程。

表 1.3 三菱燃气轮机发展历程

年份	事 件	透平进口温度(TIT)/℃
1963	开始 M171 型燃气轮机的生产	732
1984	完成了 M701D 联合循环机组	1 150
1986	自主开发生产了 MF111 型燃气轮机	1 250
1989	M501F 型首台机组通过工厂实验	1 350
1992	M701F 型首台机组开始实际验证性运行	1 350
1997	M501G 型首台机组开始实际验证性运行	1 500
1999	M701G 型首台机组开始实际验证性运行	1 500

三菱目前所生产的大型燃气轮机主要为 D、F、G 这 3 个系列(级别)，每个系列中又有 50 Hz 和 60 Hz 两种机型，表 1.4 为以上 3 个系列大型燃气轮机的性能参数。

表 1.4 三菱 D、F、G 级燃气轮机性能参数

		60 Hz			50 Hz		
		M501DA	M501F	M501G	M701DA	M701F	M701G
空气流量/$(kg \cdot s^{-1})$		346	453	567	441	651	737
压 比		14	16	20	14	17	21
透平进口温度/℃		1 250	1 400	1 500	1 250	1 400	1 500
排气温度/℃		542	607	596	542	586	587
燃气轮机	功率/MW	114	185	254	144	270	334
	效率/%	34.9	37	38.7	34.8	38.2	39.5
联合循环	功率/MW	167	280	371	213	398	484
	效率/%	51.1	56.7	58	51.4	57	58
压气机级数		14	16	17	19	17	14
透平级数		4	4	4	4	4	4
燃烧室数量		14	16	16	18	20	20
$No_x/\times 10^{-6}$		25	25	40	25	25	40

注：1. 表中数据指在 ISO 条件下，即大气温度 15 ℃，大气压力 1.013 bar，相对湿度 60%，冷却水温度15 ℃以及标准燃料。

2. 联合循环的基本配置为 1GT + 1ST。

截至2010年9月，三菱D、F、G这3个级别的大型燃气轮机在世界范围内共552台投入商业运行，遍及亚洲、美洲、欧洲、非洲和大洋洲。

目前，三菱最新一代产品为J级燃气轮机，该级别燃气轮机于2009年研发完成，其透平进口温度（TIT）达到1 600 ℃，2011年开始供货，将于2013年首次投入商业运行。三菱J级燃气轮机参数见表1.5。

表1.5 三菱J级燃气轮机参数

型 号	M501J	M701J
频率/Hz	60	50
燃气轮机功率/MW	320	460
联合循环功率/MW	460	670
联合循环效率/%	>61	>61

M701F型燃气轮机首台机组开始实际验证性运行是在1992年，在2002年通过技术提高，推出该系列M701F3型；之后基于F和G级的设计与运行经验，三菱又于2009年推出了经过技术改进的M701F4型。表1.6、表1.7分别为M701F3型和M701F4型燃气轮机的设计参数和性能对比。国内现有的三菱F级燃气轮机大多数为M701F3型。

表1.6 M701F3和M701F4设计参数对比表

机 型	推出时间/年	透平进口温度/℃	透平排气温度/℃	空气量/(kg·s^{-1})	压 比	转 子	
						直径/mm	轴承间距/mm
M701F3	2002	1 400	586	652	17	2 450	8 914
M701F4	2009	1 427	597	703	18	2 450	8 914

表1.7 M701F3和M701F4性能对比表

机型及轴系	净出力/MW	热耗/[kJ·(kW·h)$^{-1}$]	效率/%
M701F3 简单循环	270	9 424	38.2
M701F3 单轴联合循环	398	6 239	57.7
M701F4 简单循环	312	9 160	39.3
M701F4 单轴联合循环	465	6 050	59.5

思考题

1. 燃气轮机的工作原理和主要构造是什么？
2. 燃气-蒸汽联合循环电站汽轮机为适应调峰运行有哪些设计要求？
3. 燃气-蒸汽联合循环发电机组的配置方式有哪些？其特点分别是什么？

第 2 章 M701F 燃气轮机结构

2.1 概 述

M701F 型燃气轮机是日本三菱公司研发的 F 系列重型燃气轮机，本体部分主要包括装有进口可调导叶的 17 级轴流式压气机、采用 20 只环管式低氮燃烧器的燃烧室和 4 级反动式透平以及进排气装置等部分。其结构简图如图 2.1 所示。

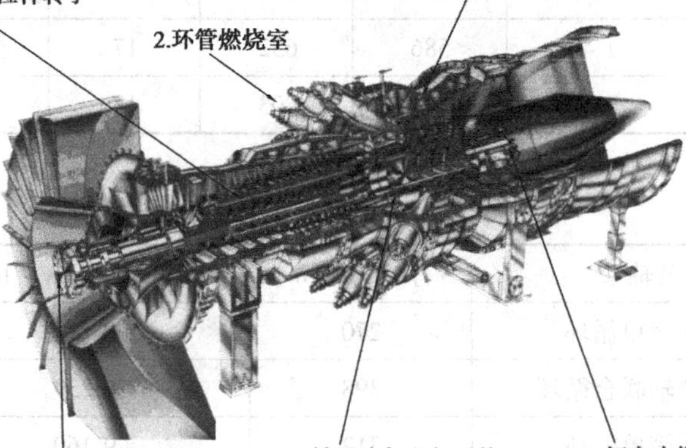

图 2.1　M701F 燃气轮机剖面图

M701F 型燃气轮机工作过程：空气通过进气过滤系统被吸入压气机，在压气机被压缩成高压空气送至燃烧室，在燃烧室中燃料和压缩空气充分混合后在分管式燃烧器中燃烧，产生的高压和高温的燃气进入透平，推动透平旋转做功，其中约 2/3 用于驱动压气机，1/3 用于驱动发电机，透平出来的燃气排气通过排气扩压段和轴向排气道排出，排出的气体再通过余热锅炉(HRSG)、烟囱和消声器排放到大气。

三菱 M701F3 型燃气轮机基本设计参数详见表 2.1。

表2.1 M701F3燃气轮机参数规范表

项目名称		参数或说明
燃用燃料		气体燃料/液体燃料
燃气轮机形式		单轴/多轴重型(工业)
单机总输出功率		270 MW
联合循环输出功率		398 MW
单机效率		38.2%
联合循环效率		57.7%
额定转速		3 000 r/min
旋转方向		顺时针(从发电机方向看)
压气机	级数	17
	压气机空气流量	652 kg/s
	进口导叶开度角	-5°~34°
	形式	轴流式
	压比	17
	防喘抽气级数	3级(6、11、14)
	IGV控制方式	连续可调
燃烧室	布置方式	环管式
	燃烧器类型	干式低氮
	燃烧器数量	20
	点火器数量	2(#8、#9燃烧器)
	火检数量	4(#18、#19各两个)
	燃烧器喷嘴数目	1个值班喷嘴、8个主喷嘴
透平	级数	4
	燃气初温	1 400 ℃
	冷却方式	空冷
燃气轮机排气温度		586 ℃

三菱公司燃气轮机技术源自美国西屋公司,经过多年消化吸收后,逐渐融入了自己的设计制造理念,M701F机型在总体结构上具有以下特点:

①燃机的流道设计采用了全新的三维流动分析。

②压气机的高压气缸部分和透平气缸均采用内外缸结构。

③整个燃机转子采用了压气机侧和透平侧双轴承支撑结构。

④压气机进气侧采用进口连续可调导叶(IGV)控制排气温度,以利于余热应用,并可改善启动特性。

⑤压气机缸体上设置有 3 个抽气口(分别设置于第 6 级、11 级、14 级叶片之后)用于透平静叶冷却以及启停期间压气机防喘放气。

⑥压气机和透平转子均采用 12 根拉杆螺栓联接;压气机轮盘间通过径向销传递扭矩;透平轮盘则通过端面齿联轴节传递扭矩。

⑦燃烧器采用旁路阀设计,优化燃烧过量空气比,燃烧更加稳定。

⑧透平动叶片采用枞树形叶根,压气机动叶片采用燕尾形叶根。

⑨位于排气缸高温环境下的#1 轴承采用切向支撑设计,当发生热膨胀时,切向支撑可使轴承箱转动并保持转子对中。

⑩径向轴承由两块可倾瓦和固定的轴承上半部组成,以消除因轴承巴氏合金局部弹性问题引起的上瓦颤动问题。

⑪在透平静叶栅中采用扇形分割环的方案,使叶栅变形减小到最低限度。

2.2 压气机工作原理及结构

压气机是燃气轮机的重要组成部件之一,其作用是为燃气轮机燃烧室提供连续不断的高压空气。

2.2.1 压气机工作原理

压气机根据增压方式可分两种:其一利用活塞在气缸中移动,使气体容积变小,气体分子彼此靠近以达到增压的目的,称为活塞式或容积式压气机;其二利用高速旋转的转子叶片对气体做功提高气流的速度和压力,随后在通流面积不断增大的静叶通道中进行降速升压,称为动力式压气机。

动力式压气机也称为叶片式压气机,其特点是供气压力较低,但是供气量较大,且工作过程是连续的。动力式压气机按结构形式又可分为以下两种类型:

①轴流式压气机。气体在压气机内流动方向与压气机旋转轴方向一致。

②离心式压气机。气体的流动方向与旋转轴方向垂直。

轴流式压气机的单级压比较小,仅为 1.05 ~ 1.28,离心式压气机单级压比则可达 3 ~ 8,因此在总压比一定的情况下,轴流式压气机的级数比离心式压气机要多,但轴流式压气机的流量比相同直径下离心式压气机的流量要大,效率也较高,一般为 85% ~90%,并且可以大型化。根据燃气轮机对压气机的要求——效率高、单位通流能力大、稳定工况区域宽、良好的防喘措施等特点,所以在大型燃气轮机上均采用轴流式压气机。因此,本节主要介绍轴流式压气机工作原理和特点。

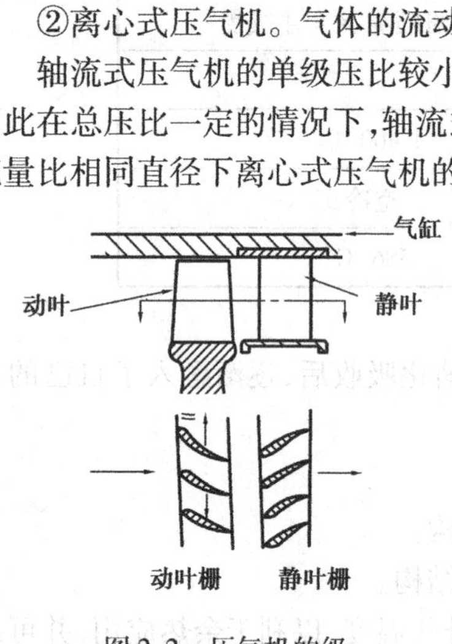

图 2.2　压气机的级

根据能量守恒定律,动能和压力势能之间是可以互相转化的。也即具有一定压力的气体,以一定的速度流过一个通流面积不断扩大的扩压流道时,随着气体的流速降低,压力将逐步提高。压气机之所以可以将气体压力逐级提高,就是因为动叶可以连续不断向静叶提供高速气流,静叶通过降低气流速度而使气流压力增高。下面通过压气机动静叶栅中气流速度的变化来简单分析压气机的增压过程。

(1)压气机级的速度三角形

如图2.2所示,一列动叶和一列静叶组成压气机的基本工作单元——级。多级压气机就是由多个这样的级串联而成,按平面展开就可得到如图2.3所示的压气机级的平面叶栅图。假定进入动叶栅气流的绝对速度为c_1,动叶栅以圆周速度u运动,则进入动叶栅的相对速度w_1是c_1与u的矢量差。由这3个速度矢量构成的矢量三角形,就是整个压气机级的进口速度三角形。其中,c_1与u的夹角为α_1;w_1与u的夹角为β_1。同样也可在动叶栅的出口画出类似的出口速度三角形,动叶栅出口的绝对速度是c_2,相对速度为w_2,圆周速度仍然为u,则c_2是w_2与u的矢量和。c_2与u的夹角为α_2;w_2与u的夹角为β_2。根据上述分析可得到如图2.4所示的压气机的动叶栅进出口速度三角形矢量图,同时也将其定义为压气机级的速度三角形。压气机级的速度三角形是分析压气机级内气流流动情况以及功能转换的重要工具。

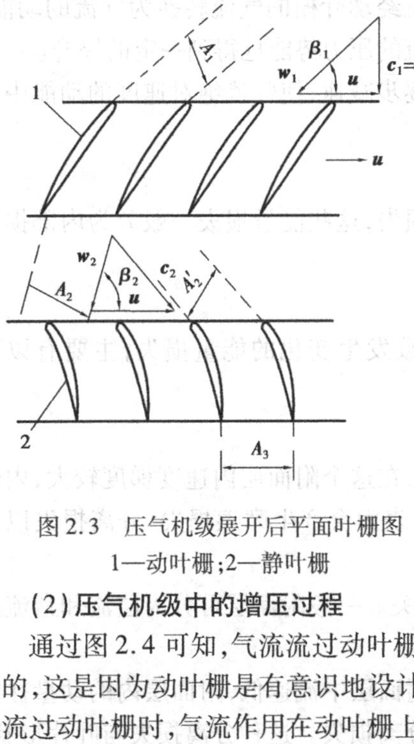

图2.3　压气机级展开后平面叶栅图

1—动叶栅;2—静叶栅

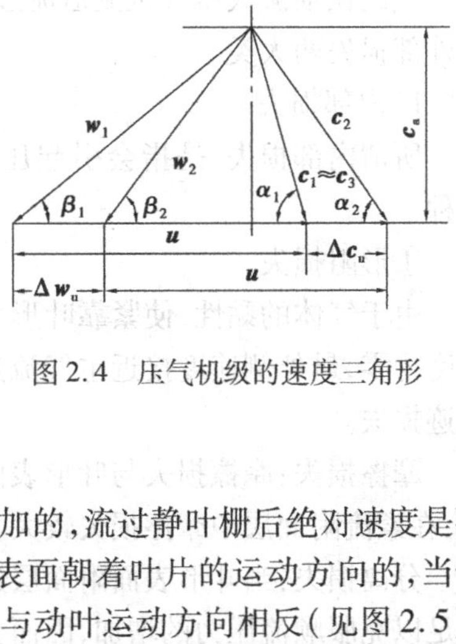

图2.4　压气机级的速度三角形

(2)压气机级中的增压过程

通过图2.4可知,气流流过动叶栅后,其绝对速度是增加的,流过静叶栅后绝对速度是减小的,这是因为动叶栅是有意识地设计成为由叶片的内弧表面朝着叶片的运动方向的,当气流流过动叶栅时,气流作用在动叶栅上的气动周向分力P_u与动叶运动方向相反(见图2.5),根据作用力与反作用力,外部机械功通过动叶传递给了气流,转化成气流的动能,使气流的绝对速度c_2升高。之后这部分高速气流进入动叶栅下游通流面积不断扩大的静叶栅,气流在静叶栅中速度不断降低而压力逐渐上升,所携带动能得到释放转化为压力势能,同时静叶还将气流转向以便顺利进入下一级动叶栅。

另外需要说明的是,通常情况下,压气机动叶栅的进出口通流通道也会设计成渐扩型即如图2.3中$A_2>A_1$,这也就是说在动叶栅中气流也有一定的膨胀增压,故称这种压气机为反动式压气机。为了说明气流在动叶栅中的膨胀程度,引入了一个参数反动度Ω。所谓反动度,即动叶中的压力势能的升值与整个级中的压力势能升值之比。通常以反动度Ω来表示压气机级中的压力升高在动叶和静叶之间的分配情况,一般情况$0<\Omega<1$,通常轴流式压气机的$\Omega \geqslant 0.5$。

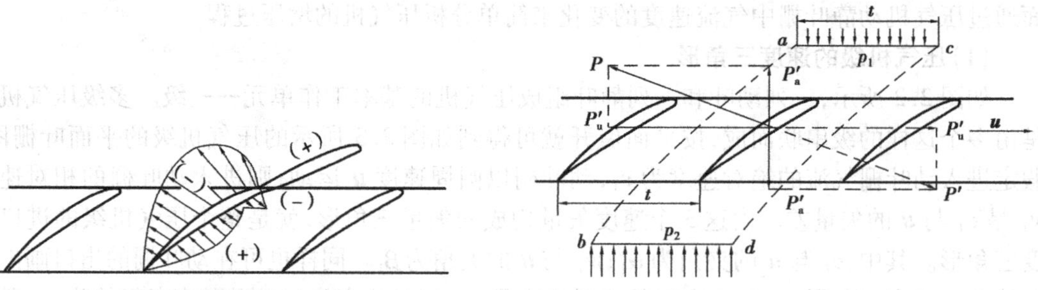

(a)叶腹与叶背上的压力分析　　(b)工作叶片与气流之间力的作用关系

图 2.5　动叶栅与气流之间力的作用关系

通过上述的分析,可得到轴流式压气机空气增压过程如下:

①外界通过压气机动叶栅把一定的机械功传递给流经动叶栅的气流转换为气流的动能,使气流绝对速度得到提高,同时由于反动度的存在,气流的压力势能也得到一定的提升。

②从动叶栅流出的高速带压气流在扩压静叶栅中逐步减速,使气流绝对速度的动能中的一部分转化为工质的压力势能,压力进一步大幅提高。

(3)压气机中的能量损失

气流在轴流式压气机流道流过时会发生各种能量损失,这些能量损失一般分为内部损失和外部损失两大类。

1)内部损失

所谓内部损失,是指会引起压气机中工质状态参数发生变化的能量损失,主要有以下几种:

①形阻损失

由于气体的黏性,使紧靠叶形表面形成一层附面层,在这个附面层内速度梯度较大,内侧速度为零,最外侧速度接近主气流速度。这样就在叶片表面会产生摩擦损失、分离损失以及尾迹损失。

摩擦损失:摩擦损失与叶形表面的附面层的类型有关。一般附面层可分为层流和紊流两种,在紊流附面层中摩擦损失较大。

分离损失:当叶形表面附面层达到一定厚度,由于附面层中流速低,附面层内的动量往往不足以克服顺流压力的增加,因而会发生分离,而形成分离损失。这种分离损失与叶片形状,附面层状况以及流道扩张度等因素有关。

尾迹损失:由于叶形上下表面附面层在叶形后缘汇合,形成尾迹涡流区,从而消耗部分动能转化为热能而形成损失。

②端部损失

在叶片的两端气流在气缸壁和转子轮毂表面流动时会形成附面层,从而产生摩擦和涡流损失,这种损失影响轴向速度的分布。

③二次流损失

由于叶片的长度是有限的,由叶片排列所构成的是一个环形空间,在叶片顶部与根部附近的气流流动时出现一些和主流方向大不相同的流动,这些流动统称为二次流动,它扰乱了主流,形成了所谓二次流损失。

④动叶径向间隙漏气损失

由于动叶顶部与气缸内壁存在着一定的间隙，动叶叶弧侧压力高于叶背侧，压差的存在不可避免地使动叶顶部会发生气流泄漏流动，形成漏气损失。这种漏气损失会减小动叶顶部两侧压差，造成外界通过转子传递给这部分气流的压缩功减少，影响了压气机的效率，级压比也有下降。

⑤级与级之间内气封的漏气损失

该损失主要指的是由于每级扩压静叶前后压差所引起的漏气损失。

⑥摩擦鼓风损失

压气机转子旋转时，每级转子轮盘两侧端面与气流摩擦所造成的损失。这种损失一般较小，可忽略不计。

2）外部损失

外部损失主要是指只会增加拖动压气机工作的功率，但不会影响气流状态参数的能量损失，主要包括以下两种损失：

①损耗在径向轴承和止推轴承上的机械摩擦损失。

②经过压气机高压侧轴端的外气封泄漏到外界去的漏气损失。

以上列出损失往往是交叉存在和相互影响的。对于各种损失的处理和降低方法也略有不同。例如，对于形阻损失和端部损失，处理方法除了优化动静叶片形状设计上外，还可从提高反动度、合理选择叶栅安装角度以及气流速度等方面加以考虑；对于径向漏气损失可采取一些外部手段，如加装叶片围带，采用不同的叶端密封装置等来消除和减少损失。

2.2.2　M701F 压气机结构

M701F 燃气轮机采用 17 级、压比（压气机出口压力与进口压力比值）为 17 的轴流式压气机。在压气机第 6、11、14 级后分别设置了 3 个抽气口和相应的放气阀，以防止机组在启动、停机等变工况中或非设计工况下发生喘振。压气机本体部分由静子和转子两大部件组成。

（1）压气机静子

压气机静子部分主要包含有压气机气缸和静叶。

1）气缸

气缸是静子的核心，所有静子叶片均安装固定在气缸上。气缸承受着整台机组的质量以及缸内压缩空气的压力，因此气缸必须刚性好，以防受力后发生较大的变形。

M701F 燃气轮机压气机缸体为合金钢铸件，采用了水平中分面结构。如图 2.6 所示，气缸沿轴向分为进气缸段、压气机缸段、燃烧室兼压气机缸段，缸体最前端与进气室相连。这种分段式气缸具有以下优点：一是由于前后段温度的不同，采用分段后前后段缸体可以采用不同的材料；二是每段气缸比较短，便于气缸内表面和静叶根槽的加工；三是在每段结合处可以设计成为一圈环状的放气口以满足压气机的防喘放气要求，使气流能沿圆周方向均匀地流出。

①进气缸

在压气机的前端是进气缸，其作用是为空气进入轴流式压气机提供平稳过渡，同时还为推力轴承和前径向轴承提供轴承箱。进气缸采用单独的铸件，通过定位止口和垂直法兰与压气机缸相连。

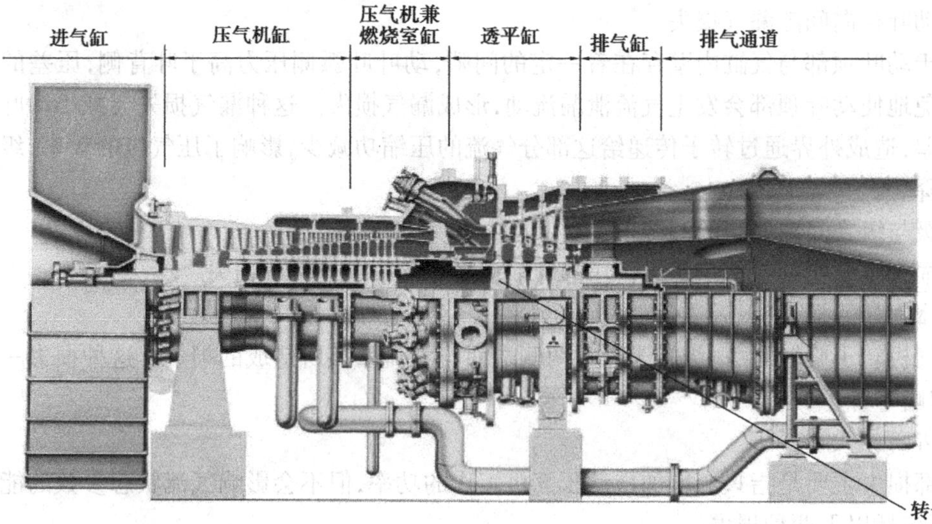

图 2.6　燃气轮机缸体分段简图

进气缸由喇叭口式设计的内环和外环构成(见图 2.7),为大气进入轴流压气机形成一个光滑的边界,具有非常高的气动效率,对空气的阻力和压力损失均较小。在内外环之间由多个螺旋桨状的径向支撑板支撑。#2 径向轴承箱的下半部分与进气缸是一个整体,轴承承受的力通过进气缸传到整个缸体上。

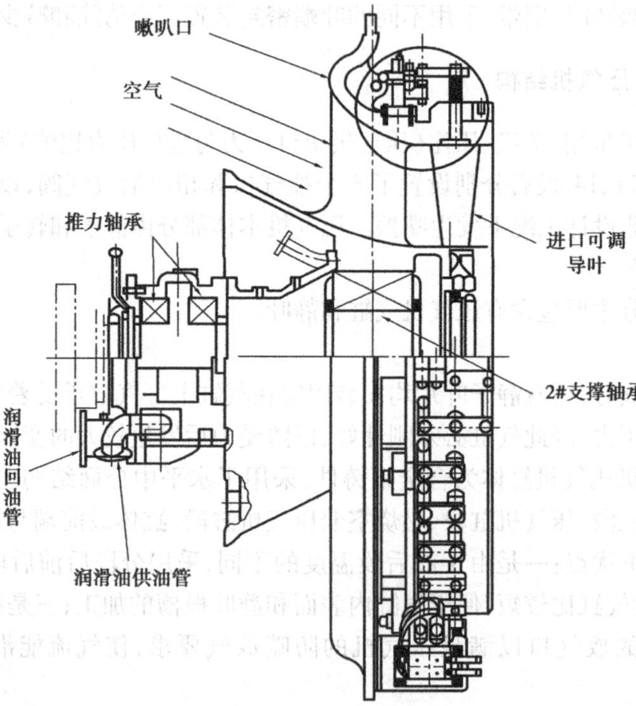

图 2.7　压气机进气缸

在进气缸还安装有压气机的进气可调导叶(IGV),其紧靠轴流压气机第 1 级动叶片的前面,主要功能是在启动和带负荷运行期间调节进入压气机的空气流量。进气导叶机构包括可调进气导叶(IGV)、连杆、执行机构、冲程杆和伺服执行机构。具体介绍详见第5章机岛辅助系统5.5节IGV系统。

②压气机缸

压气机缸位于整个压气机缸体的第2段(见图2.8),前端包含有1到6级压气机静叶,后端包含有7到11级压气机静叶。在缸体上分别开有第6级、第11级抽气孔用于启动时的防喘放气和冷却透平第3级、第4级静叶和持环。

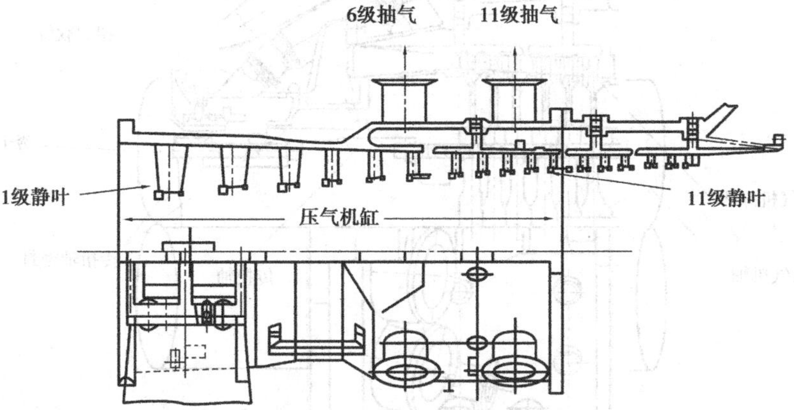

图2.8 压气机缸

压气机缸的后半段为双层缸结构,这样带来的好处是既能降低缸体的整体质量,保持良好的对中,又能更好地适应机组的快速启停和加载。

③压气机兼燃烧室缸

所谓压气机兼燃烧室缸,即为压气机第11级后的压气机外缸和燃烧室缸的总称,空气在此完成压缩过程并被排至燃烧室与燃料混合进行燃烧。如图2.9所示,在压气机缸段内装有压气机第12至17级静叶片;燃烧室缸段内安装有火焰筒、过渡段等。该气缸还有第14级抽气开孔用于冷却透平的第2级静叶和持环以及停机时防喘放气。此外在该段还安装有传扭轴,传扭轴是一段空心的圆筒,位于压气机和透平之间,它具有下列功能:一是将压气机轴和透平轴相连;二是将来自压气机的冷却空气送至透平轮盘——来自压气机出口的抽气经过外部透平冷却空气装置(TCA)冷却以及过滤后,通过4根扭力软管被传送到传扭轴环形通道(见图2.10),其中,一部分冷却空气被传扭轴密封系统利用,以隔离压气机段和透平段的腔室;其余的冷却空气通过传扭轴内部空心流道被送到透平转子,用于冷却透平各级动叶片的根部和叶片、盘齿和转子周围的区域。

2)压气机静叶

M701F型燃气轮机压气机静叶从中分面分为上下两半环(见图2.11),由400系列的12Cr不锈钢材料制成,具有较佳的防蚀能力和机械强度。为增加防磨和防腐蚀能力,前3级静叶片还采用了特别涂层。在静叶安装方式上,采用了先将各个静叶加工成形,然后焊接上内外围带形成上下静叶环,再将其分别滑进压气机上下半汽缸的静叶凹槽中。每块静叶环均通过水平中分面处的止动螺钉限制旋转。焊接在静叶内围带上的气密封齿与在压气机转子轮盘上相对应的密封齿形成迷宫式气封,使每级静叶环的级间泄漏降到最低限度(见图2.12)。

这种结构虽然制造复杂,但增强了叶片刚度,同时内围带气封系统减少了级间的漏气,使机组的可靠性和经济性都有所提高,另外,在检修的时候,不需要吊出压气机转子就可以取出下半缸静叶隔板进行检查和维修,并且无须解体压气机转子即可更换动叶。

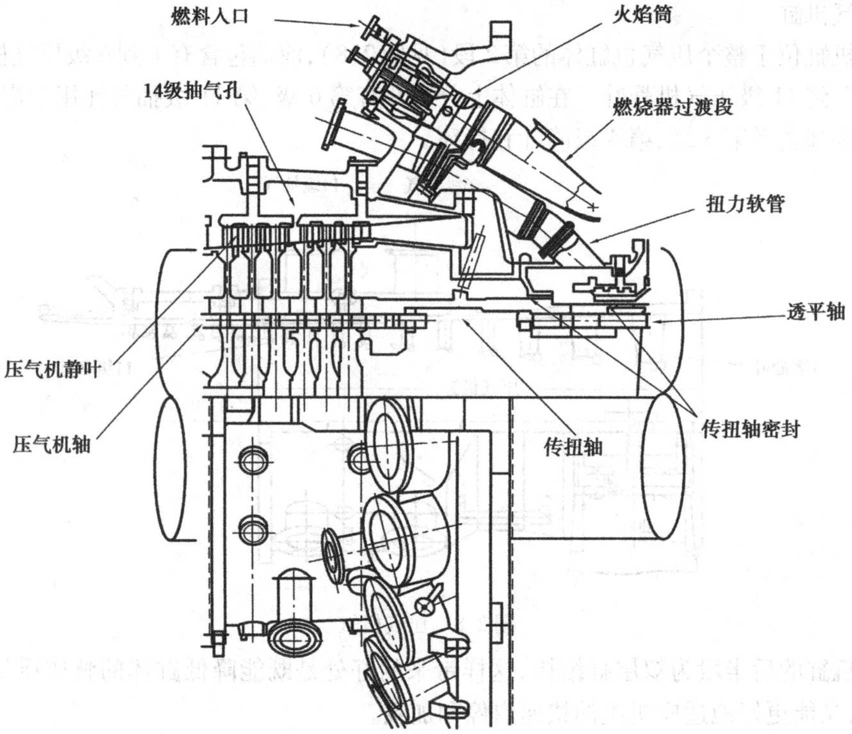

图 2.9　压气机兼燃烧室缸

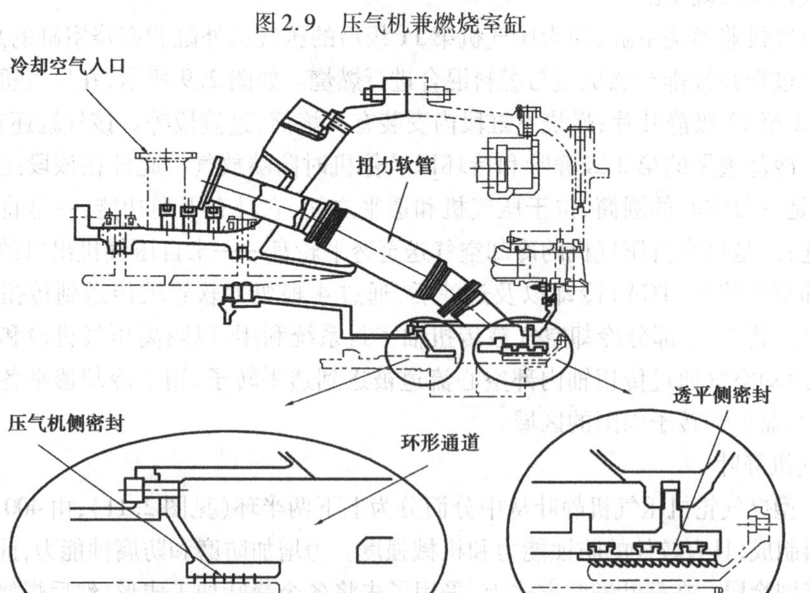

图 2.10　传扭轴处冷却和气密封

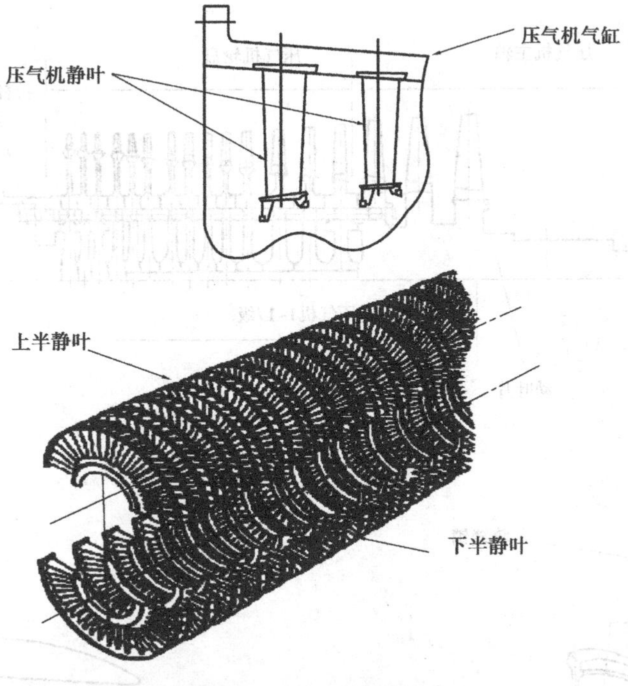

图2.11 压气机静叶环

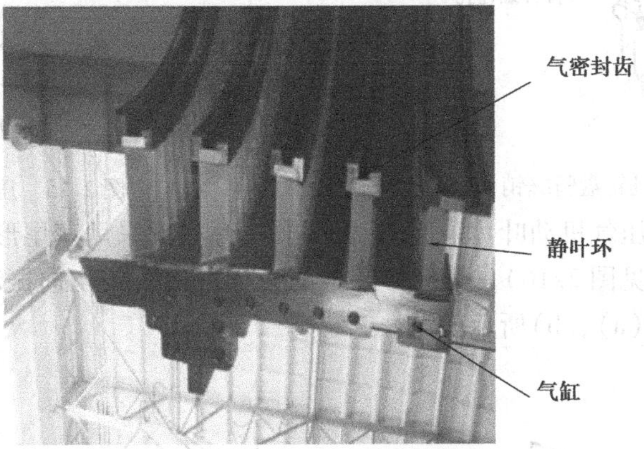

图2.12 压气机静叶环端面

(2)压气机转子

压气机转子组件包括压气机主轴、14个轮盘以及动叶片(见图2.13)。压气机主轴的前3级叶轮和前端轴颈是整体锻造成一体的,其与后面的14个轮盘以及传扭轴用12根均匀分布在圆周方向的长拉杆紧紧联接在一起。在14个轮盘间沿径向布置了若干骑缝销钉以帮助传递扭矩(见图2.14),每两个轮盘间为中空形式以达到降低转子质量的目的。

对于单轴燃气-蒸汽联合循环机组,压气机主轴前端的联轴器轮毂与汽轮机上的联轴器轮毂相互匹配,形成刚性联接。靠近主轴前端的推力盘可以抑制转子的轴向位移。

压气机前4级动叶为双圆弧(DCA)叶形,其余各级为NACA-65叶形(见图2.15)。压气机的原始叶形常见的有英国的C-4型,美国的NACA-65型以及苏联的10C型等。双圆弧(DCA)叶形是在NACA-65型叶片的基础上开发出来的,采用此种叶形可以增大进气能力,提高效率。

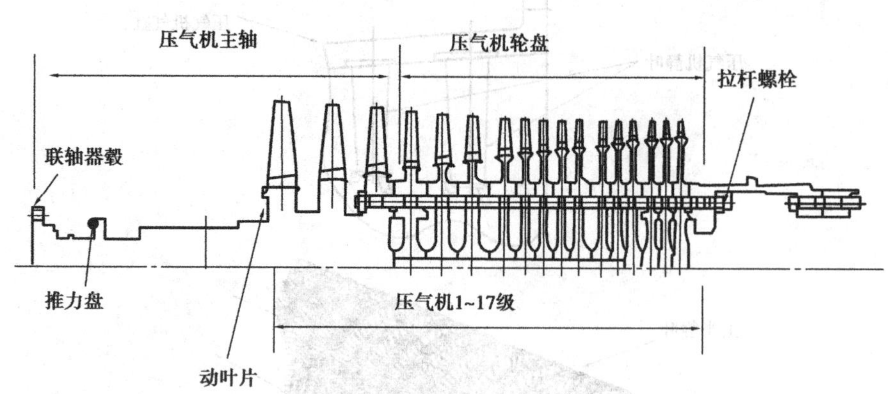

图 2.13　压气机主轴及轮盘

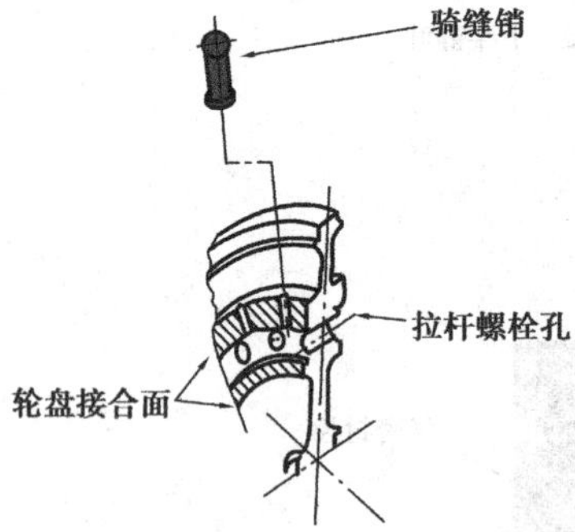

图 2.14　压气机轮盘骑缝销

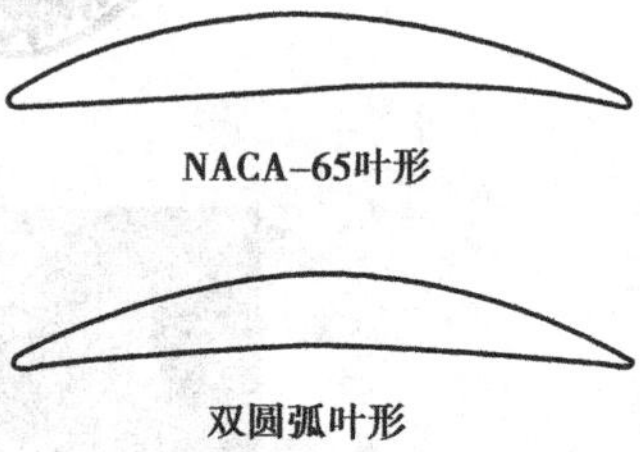

图 2.15　压气机动叶叶形图

M701F 燃气轮机压气机动叶片采用不锈钢制成，叶根部采用燕尾形，安装时直接楔入轮盘，再用定位销锁死（见图 2.16）。燕尾形叶根的设计可以防止切向振动。压气机叶片及拉杆螺栓实物如图 2.17（a）、（b）所示。

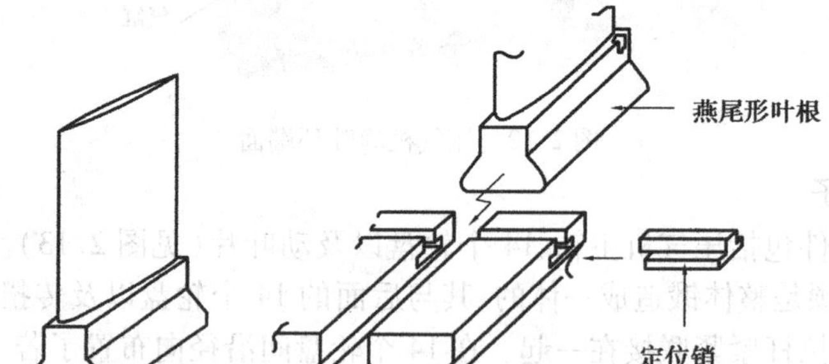

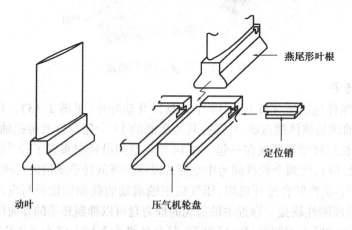

图 2.16　压气机动叶片及安装

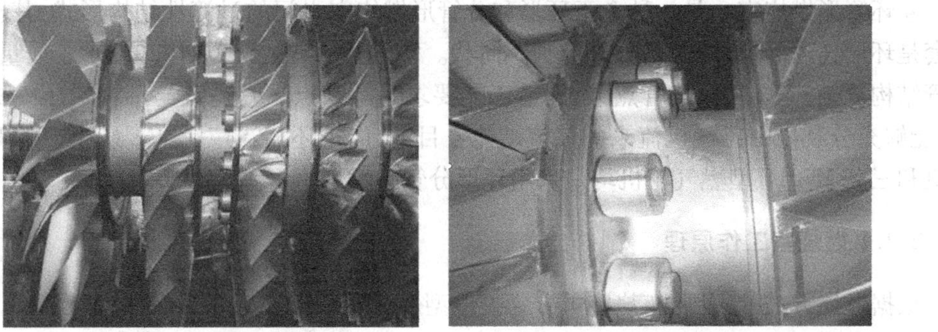

(a)压气机前五级动叶　　　　(b)压气机拉杆螺栓

图2.17　压气机叶片及拉杆螺栓

2.3　燃烧室工作原理及结构

燃气轮机燃烧室安装于压气机与燃气透平之间,通常由高温合金材料制成。来自压气机的高压空气进入燃烧室后,一部分空气被引入燃烧室的燃烧区与燃料进行混合燃烧,将燃料中的化学能转变成高温燃气的热能;另一部分压缩空气与燃烧后形成的高温燃烧产物均匀地掺混,使其温度降低到燃机透平进口的初温水平,以便送到燃机透平中去做功;燃烧室在设计时除了考虑较高燃烧效率外,还应保证较低的 NO_x 生成,使燃机的排气符合环保要求。

目前,燃气轮机常用燃烧室从其结构特点和布置方式上来看,可分为圆筒形、分管形、环形及环管形。它们有以下各自不同的特点:

①圆筒形燃烧室。燃烧室通过内外套分别与透平进气外缸和压气机排气外缸相联接,装拆容易,结构简单,机组的全部空气流过一个或两个燃烧室,能适应固定式燃气轮机的结构特点。此种燃烧室的尺寸较大,流阻损失较小,具有燃烧效率高、燃烧稳定性好的优点。不过其结构也导致该类型燃烧器的燃烧热强度低、金属消耗量大的缺点;而且难于做全尺寸燃烧室的全参数试验,致使设计和调试比较困难。ABB-Alstom 公司所生产的 GT13E 型燃气轮机就是采用此种燃烧室。

②分管形燃烧室。它在轻型燃气轮机中应用较为广泛。分管形燃烧室一般以几个或者十几个呈环形均匀地布置在压气机与透平的连接轴周围。分管燃烧室具有尺寸小,便于系列生产,解体检修和维护方便,便于做全尺寸实验,燃烧性能较易组织,燃烧效率较高的优点。它的缺点是:空间利用率低,流阻损失大,需要用联焰管传焰点火,制造工艺要求高。GE 公司 MS5001 就是此类机型的代表。

③环形燃烧室。由压气机排气缸和透平进气缸的环形空间构成,在其头部布置有若干燃烧喷嘴,以保证燃料能够沿圆周分布。此种燃烧室具有体积小、质量轻、流阻损失小、联焰方便、排气冒烟少、火焰管的受热面积小等一系列优点。缺点是:气流与燃料炬不容易组织,燃烧性能较难控制,燃气出口温度场受进气流场的影响较大而不易保持稳定,难于做全尺寸实验,设计调试困难,不便于解体检查。典型机组为西门子公司所生产的 F 级燃气轮机 SGT5-4000F。

④环管形燃烧室。是一种介于环形和分管形燃烧室之间的过渡性结构形式,其燃烧室的外套是环形连通的,火焰筒是分开的圆形筒状。它兼备两者的优点,但却继承了质量较大、火焰管结构复杂、需要用联焰管点火、制造工艺要求高等缺点。它适宜与轴流式压气机配合工作,能够充分利用由压气机流来的气流动能。目前,应用还相当广泛,GE 所生产的 F 型燃气轮机和三菱 M701F 型燃气轮机均是采用环形分管式燃烧室。

2.3.1 燃烧室工作原理

根据燃烧方式的不同,燃烧室可分为扩散型燃烧室和干式低 NO_x 预混型燃烧室。

(1)扩散型燃烧室

扩散型燃烧室采用的是扩散燃烧方式,扩散燃烧是指燃料与燃烧空气分别供入燃烧反应区,两者一边通过扩散互相掺混,一边进行化学反应,并通过燃料和空气的连续供应来维持稳定的火焰。

如图 2.18 所示的就是典型的扩散型燃烧室。由压气机送来的压缩空气,通过逆流的方式进入燃烧室外壳与火焰筒之间的空腔,然后被分流成为几个部分,逐步流入火焰筒。其中,一部分空气称为"一次空气"。所谓一次空气,是指保证燃料完全燃烧所必须供应到燃烧区去的空气,它分别由空气旋流器、雾化空气孔以及开在火焰筒前段的三排一次射流孔,进入火焰筒前端的燃烧区中。此时,一次空气与由燃烧喷嘴喷射出来的液体燃料或天然气,进行混合燃烧,转化成为 1 500 ~ 2 000 ℃的高温燃气,这部分空气大约占进入燃烧室的总空气量的 25%;另一部分空气称为"冷却空气",它通过许多排开在火焰筒壁面上的冷却射流孔,逐渐进入火焰筒的内壁部位,并沿着内壁的表面流动。这股空气可以在火焰筒的内壁附近形成一层温度较低的冷却空气膜,它具有冷却高温的火焰筒壁使其免遭火焰烧坏的作用。

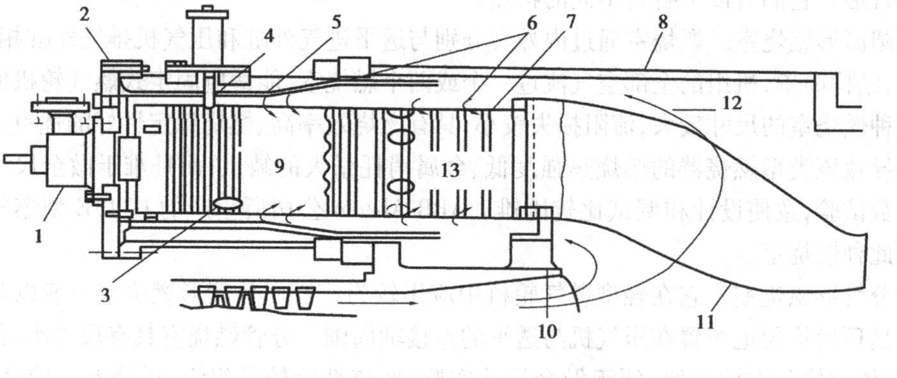

图 2.18 扩散燃烧室的结构

1—燃料喷嘴;2—盖板;3—联焰管;4—点火器;5—导流衬板;6—冷却缝;
7—火焰筒;8—燃烧室外壳;9—燃烧区;10—燃烧筒支撑;11—过渡段;12—压气机排气;13—掺混区

此外,剩下来的那一部分空气称为"二次空气"或"掺混空气",它由开在火焰筒后段的混合射流孔,射到由燃烧区流来的 1 500 ~ 2 000 ℃的高温燃气中,使燃气初温在进入燃机透平喷嘴前均匀降到设计值。

这种燃烧室的优点是燃烧稳定,不易熄火;缺点是燃烧区温度较高,通常为理论燃烧温度,高于生成 NO_x 的起始温度 1 650 ℃,所以燃烧过程会产生大量的"热 NO_x"污染物。

由于扩散型燃烧室燃烧时的温度较高,会产生大量的热 NO_x 污染物,因此,为降低 NO_x 排放浓度，需要降低燃烧区域的温度。通常采用的方法是增大燃烧空气量，即在比较稀释的燃料浓度下进行低温燃烧（即预混燃烧），或者采用向燃烧火焰区喷水或水蒸气的方法，以降低燃烧温度抑制生成 NO_x。不过对于采用单个燃料喷嘴的燃烧室来说，仅仅使用喷水或喷蒸汽的方法很难使燃烧天然气时 NO_x 的排放浓度小于 42×10^{-6}，并且喷水量是燃料消耗量的 50% ~70%，水质还必须经过预先处理，严防 Na、K 盐的混入，否则会导致燃气透平叶片的腐蚀，这种方法不仅会增大水处理设备的投资和运行费用的消耗，还会使机组的热效率下降 1.8% ~2.0%，燃烧室的检修间隔和使用寿命也都会缩短，因此，目前大型燃气轮机无一例外地采用了干式低 NO_x 预混燃烧室。

（2）干式低 NO_x 预混型燃烧室

干式低 NO_x 预混燃烧室采用的是均相预混燃烧方式。均相预混燃烧就是指把燃料蒸汽（或天然气）与氧化剂（或空气）预先混合成为均相的、稀释的可燃混合物，然后使之以湍流火焰传播的方式通过火焰面进行燃烧，此时，火焰表面的燃烧温度与燃料空气比值相对应。因此，通过控制燃料与空气的掺混比，可使火焰面的温度永远低于 1 650 ℃，这样就能控制“热 NO_x”生成。

干式预混燃烧室的说法是为了区别于采用喷水或者蒸汽来降低 NO_x 排放的燃烧室。通过采用低 NO_x 干式预混燃烧室后，燃气轮机在燃用天然气时 NO_x 的排放浓度普遍低于 25×10^{-6}，部分甚至在 10×10^{-6} 以下。

虽然均相预混燃烧可以很好的避免 NO_x 生成，但是均相预混燃烧也有缺点：可燃极限范围比较狭窄，而且在低温条件下火焰传播速度比较低，从而导致 CO 的排放量急剧增大。因而为了防止燃烧室熄火，适应燃气轮机负荷变化范围很广的特点，同时有效降低 CO 的排放量，设计干式预混燃烧室时，还得采取以下一些优化措施：

①合理地选择均相预混可燃混合物的实时掺混比和火焰温度。对于天然气来说，通常按火焰温度为 1 700 ~1 800 K 这个目标来选择燃料/空气的混合比，使燃烧室的 NO_x 和 CO 的排放量都比较低，如图 2.19 所示。

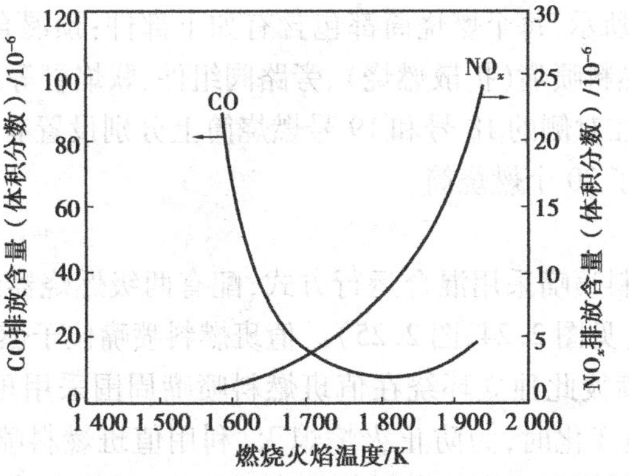

图 2.19　燃烧火焰温度对 NO_x 和 CO 排放量的影响

②适当增大燃烧室的直径或长度，以适应火焰温度较低时，火焰传播速度比较低的特点。

③必要时在低负荷工况下（包括启动点火工况）仍然保留一小股扩散燃烧火焰，以防燃烧室熄火，并满足燃气轮机燃烧室负荷变化范围很宽的要求。三菱 M701F 型燃气轮机燃烧室就是采用该种设计。

④采用分级燃烧方式以适应负荷的变化范围。目前,分级燃烧有串联式分级燃烧和并联式分级燃烧两大类(见图2.20)。

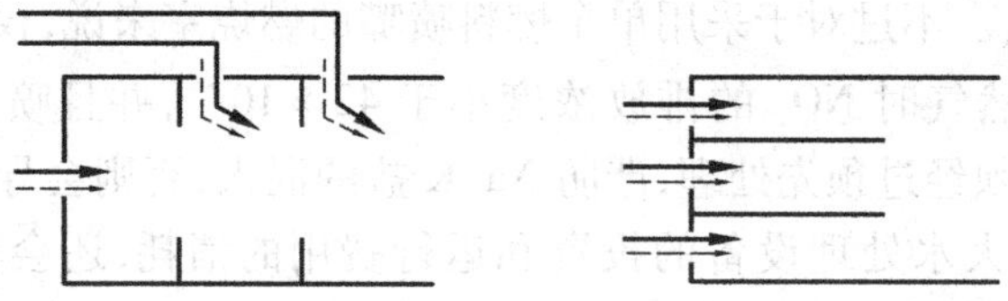

(a)串联　　(b)并联

图2.20　分级燃烧

采用串联式分级燃烧时,一般在燃烧室设置2~3个彼此串联的燃烧区,每个燃烧区都供给一定量的燃料和空气,不论机组负荷如何变化,流经每个燃烧区的空气量都基本恒定,但供给的燃料量则随负荷的大小而不断改变。通常在机组启动或者低负荷时,只向第一级燃烧区供给燃料,该区的燃烧为扩散燃烧,随着负荷的升高逐渐向2级和3级供应燃料,2级和3级采用的是均相预混燃烧方式。

在并联式的分级燃烧室中,可设置许多个彼此并联的燃烧区。每个燃烧区中也都分别供给一定数量的空气和燃料,它们的燃烧过程都是按均相预混可燃气体的火焰传播方式进行组织的,但在低负荷时部分燃烧区将被切除燃料供应。

2.3.2　M701F 燃烧室结构

三菱M701F型燃气轮机采用了环管型预混多喷嘴干式低NO_x燃烧室结构,该燃烧室外壳与压气机和透平的外缸联接成一个整体。整个燃烧室由20个圆周布置的干式低NO_x燃烧筒组成(见图2.21)。燃烧筒之间用联焰管相连(18号和19号燃烧筒之间除外)。该燃烧室结合了环形燃烧室和分管形燃烧室的优点,既便于分开调节燃料又便于火焰连接不至于部分燃烧筒熄火。每个燃烧筒都设置有一个旁路阀,旁路阀通过一个圆形滑环由一个油动机驱动,统一调节各个燃烧筒的燃料空气比。

如图2.22、图2.23所示,每个燃烧筒都包含有如下部件:预混合火焰筒、过渡段、主燃料喷嘴(预混燃烧)、值班燃料喷嘴(扩散燃烧)、旁路阀组件、联焰管等。8号和9号燃烧筒上设置有点火火花塞。同时在对侧的18号和19号燃烧筒上分别设置有火焰探测器,以确认点火后火焰通过联焰管点燃了20个燃烧筒。

(1)燃料喷嘴

M701F燃气轮机燃料喷嘴采用混合运行方式,配有两级燃烧器组件,包括一个值班燃料喷嘴和八个主燃料喷嘴(见图2.24、图2.25)。值班燃料喷嘴位于燃烧器的中心,采用扩散燃烧方式。8个主燃料喷嘴彼此独立环绕在值班燃料喷嘴周围采用预混燃烧方式。在机组启动、低负荷或者出力剧烈变化时,为防止火焰熄灭,利用值班燃料喷嘴进行扩散燃烧稳定火焰;在机组高负荷时,控制值班喷嘴的燃料保持火焰稳定,增加主喷嘴的燃料提升机组出力,同时也增加预混燃烧的比重,维持NO_x的排放在合理范围。一般额定负荷情况下值班喷嘴大约使用5%的燃料以保持火焰稳定,95%的燃料供给主燃料喷嘴。这样的配置既解决了扩散燃烧时NO_x排放高的问题,又避开了预混燃烧的火焰不稳定,燃烧范围较窄的缺点。值班燃料喷嘴与主燃料喷嘴燃料控制过程详见第5章5.7节燃料系统。

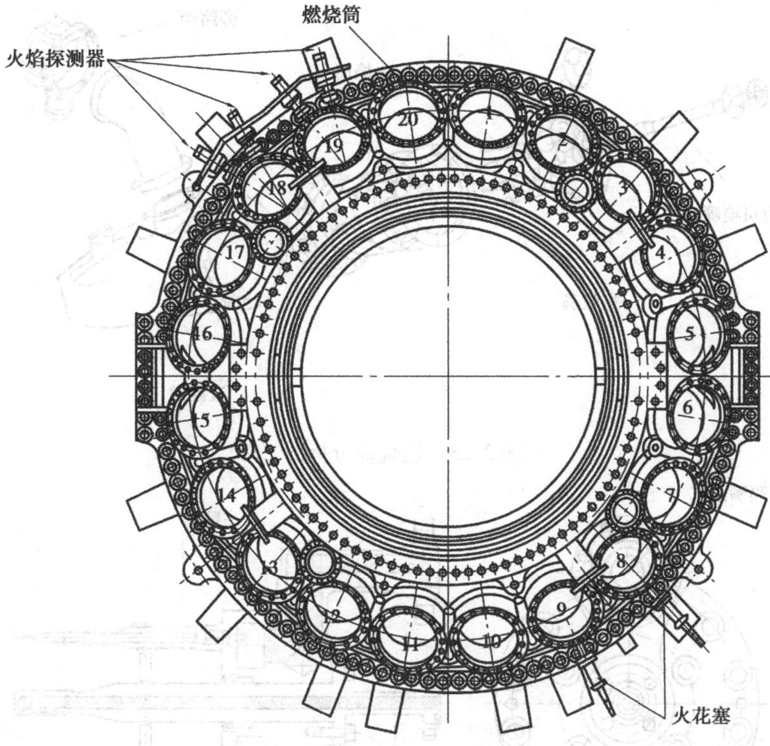

图 2.21　燃烧室部件布置图

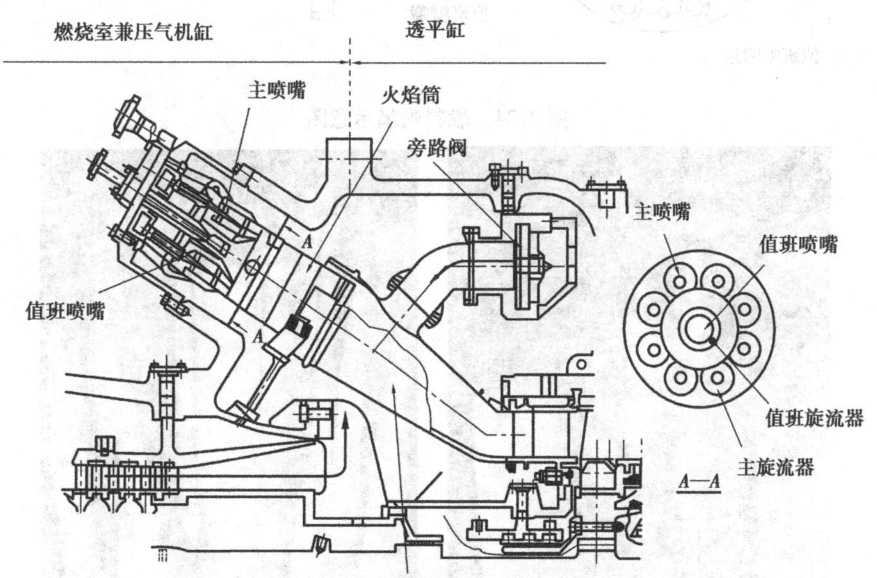

图 2.22　M701F 燃烧筒剖面图

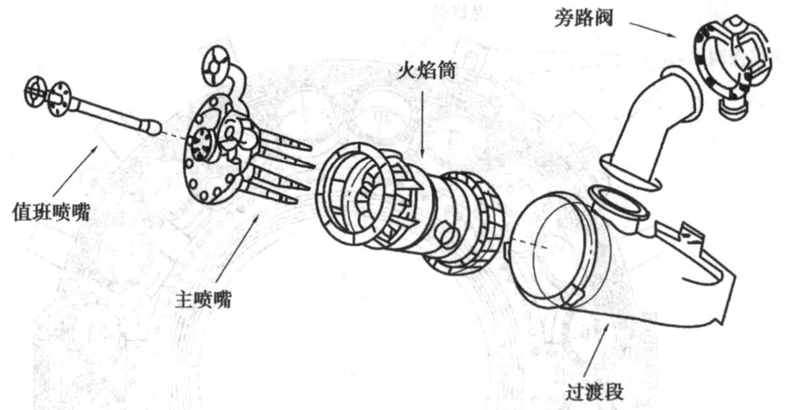

图 2.23 燃烧筒分拆图

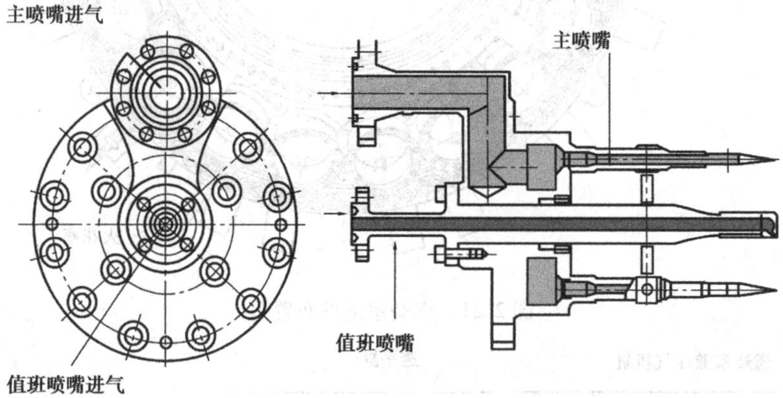

图 2.24 燃料喷嘴示意图

图 2.25 燃料喷嘴实物图

(2)火焰筒和过渡段

火焰筒(见图 2.26)安装于燃烧室缸内,提供燃料燃烧的空间。火焰筒顶部安装有空气旋流器,值班燃料喷嘴和主燃料喷嘴安装时穿过空气旋流器中间的孔插入火焰筒内(见图 2.23)。

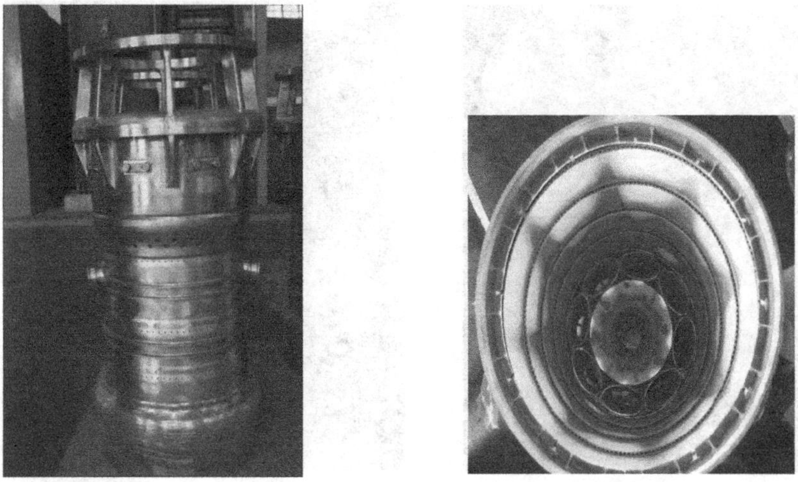

图2.26　火焰筒内部与外部

来自压气机的高压空气通过压气机出口的转向导叶排入燃烧室后，部分空气经火焰筒顶部的空气旋流器进入火焰筒内部的预混合段，以获得恰当比例的空气与燃料混合物，此混合物在火焰筒中燃烧，产生的高温高压燃气进入过渡段。另外，火焰筒壁还有许多冷却空气孔，为火焰筒提供冷却空气。

由于值班燃料喷嘴与主燃料喷嘴火焰燃烧方式的不同，与空气旋流器在设计上有所差异（见图2.27）。当空气通过值班燃料喷嘴旋流器后，与值班喷嘴喷出的燃料气直接混合燃烧形成扩散燃烧。而流经主燃料喷嘴旋流器的空气形成涡流，在一个喇叭口形组件中与来自主喷嘴的燃料气预混合但并不燃烧，然后从喇叭组件的侧边射入值班火焰所在的燃烧区被点燃，此时的燃料与空气为均相可燃气体，燃烧温度较低，因此 NO_x 排放量可明显减少。

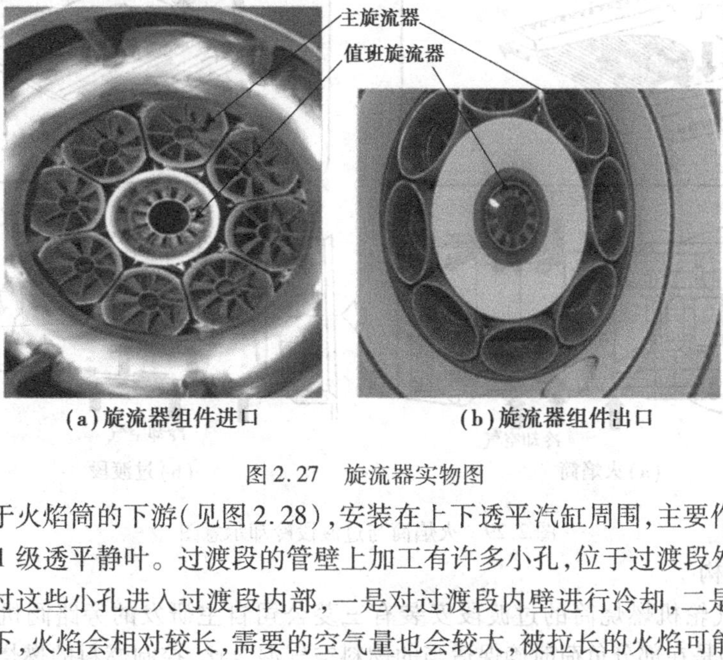

（a）旋流器组件进口　　（b）旋流器组件出口

图2.27　旋流器实物图

过渡段位于火焰筒的下游（见图2.28），安装在上下透平汽缸周围，主要作用是将燃气从火焰筒送到第1级透平静叶。过渡段的管壁上加工有许多小孔，位于过渡段外侧来自压气机的高压空气通过这些小孔进入过渡段内部，一是对过渡段内壁进行冷却，二是当燃气轮机在高负荷的工况下，火焰会相对较长，需要的空气量也会较大，被拉长的火焰可能会从火焰筒进入过渡段区域，来自于小孔的空气会参与过渡段内部燃烧。

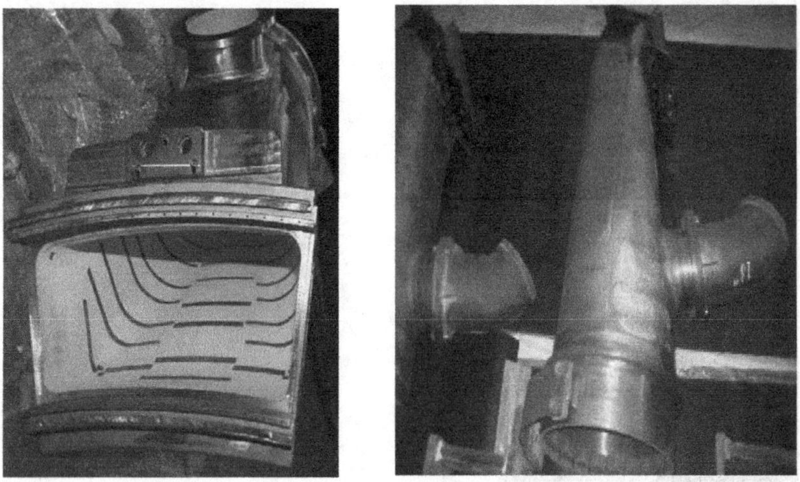

图 2.28　过渡段外部和内部

火焰筒和过渡段是燃气轮机中承受温度最高的部件,因此,对内壁材料防护及冷却技术要求也较高。为保护火焰筒和过渡段部件,两者均采用了叠层冷却技术,以提高冷却效果和可靠性,保证火焰筒和过渡段壁温不至于超过金属蠕变的极限温度。如图 2.29(a)所示为火焰筒的双层壁面,下面为内壁,冷却空气从外壁的小孔进入,并在夹层中沿壁面的沟槽流动形成对流换热,然后从沿圆周方向的缝隙中流出,对火焰筒的下游形成气膜式冷却;如图 2.29(b)所示为过渡段的壁面结构,冷却空气通过外壁的多个圆形孔进入夹层,同样沿壁面的沟槽流动,并从下游的出口进入燃气的主流。火焰筒的材料为 Hastelloy X 合金,过渡段的材料是 Tomilloy 合金,两者内壁面都采用隔热涂层,以降低金属温度,并防止有害介质对金属的腐蚀。

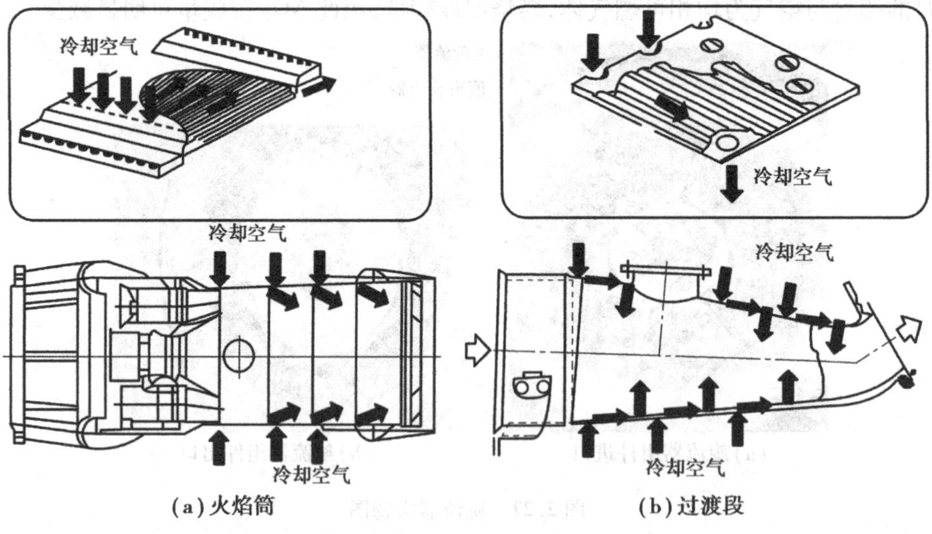

图 2.29　火焰筒与过渡段冷却示意图

(3)旁路机构

M701F 燃气轮机燃烧筒的过渡段安装有三菱公司自主研发的旁路阀机构(见图 2.30(a)、(b)),目的是在部分负荷时确保适当的燃料空气混合比,控制燃料的燃烧,稳定火焰,并

保持较低的 NO_x 生成。

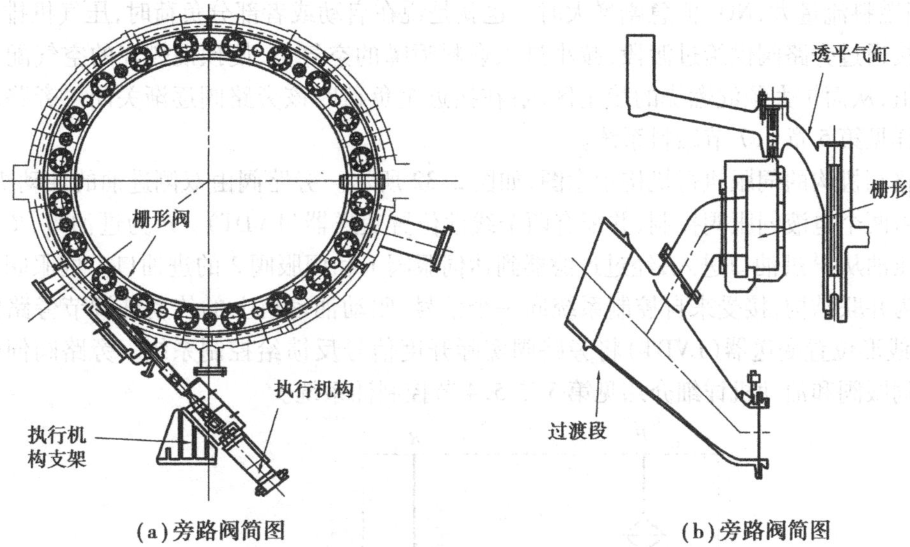

图 2.30　旁路阀机构

旁路机构由栅形阀、伺服执行机构和连杆组成。栅形阀包括有旁路本体和旁路滑环，旁路滑环为一环绕压气机缸体的圆环，滑环上开有 20 个等直径进气孔，这些孔都通过旁路弯头与过渡段相通。伺服执行机构通过连杆转动旁路滑环，改变滑环上进气孔与旁路弯头之间的开度，调节经旁路弯头进入过渡段的空气量，从而达到调节燃料空气比的目的，如图 2.31 所示。

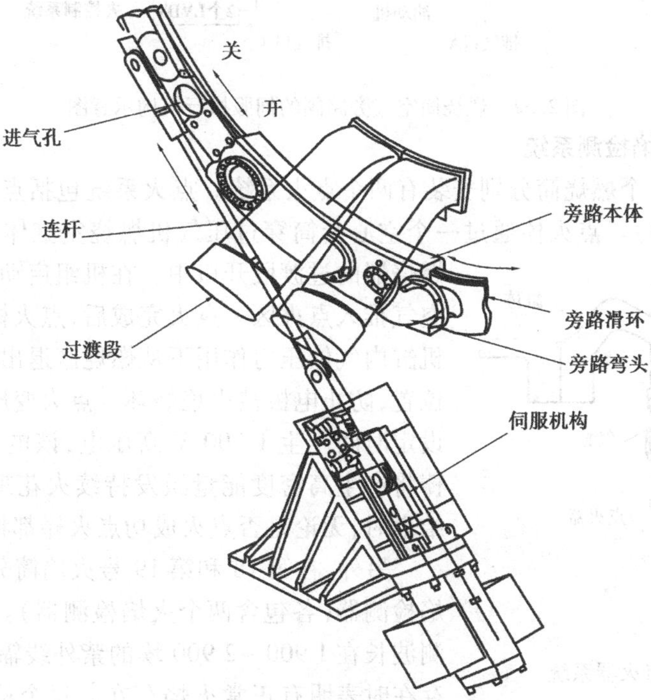

图 2.31　过渡段空气旁路阀结构示意图

在下列情况下,旁路阀将参与调节进入过渡段的空气量:当燃料流量小,难以保持火焰稳定时;当燃料流量大,NO_x 值急剧增大时。也就是说在启动或者部分负荷时,压气机排气的一部分直接通过旁路阀供给过渡段,减小进入燃料喷嘴的空气量,使预混燃烧的空气配比保持在最佳值,从而扩大预混燃烧的稳定区域;在接近全负荷时该旁路阀逐渐关闭。旁路阀的动作过程详见第 5 章 5.7 节燃料系统。

旁路阀机构的伺服执行机构示意图,如图 2.32 所示。旁路阀由双侧进油的油动机驱动,油动机由两个电液伺服阀控制,并配有两个线性位置变送器(LVDT)。*P* 为进油口,*R* 为回油口。液压油从 *P* 进油口进入,经过过滤器到达伺服阀 1 和伺服阀 2 的进油口。伺服阀 1 和伺服阀 2 为并联结构,接受来自控制系统同一个信号,驱动油动机上的传动杆调节旁路阀的开度,2 个线形位置变送器(LVDT)将旁路阀实际开度信号反馈给控制系统。旁路阀伺服执行机构的伺服阀和油动机详细介绍见第 5 章 5.4 节控制油系统。

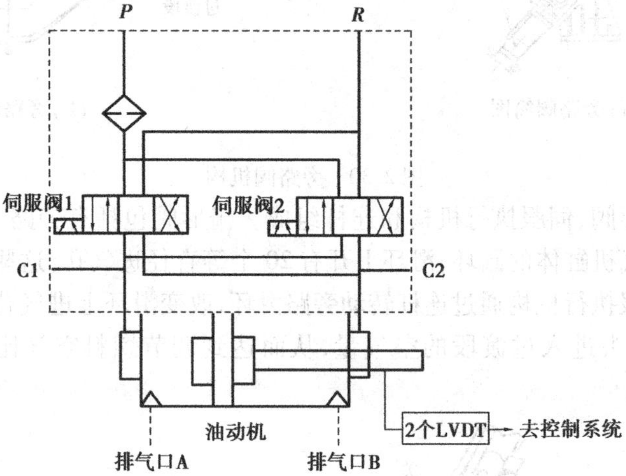

图 2.32　燃烧筒空气旁路阀的伺服执行机构示意图

(4)点火与火焰检测系统

在第 8 和第 9 个燃烧筒分别安装有两个点火系统。点火系统包括点火棒、气缸和点火变压器(见图 2.33)。点火棒通过一个空心套筒穿过压气机燃烧室缸体,插入对应的两个燃烧器的过渡段开口中。在机组启动时,点火棒由仪用空气推入点火区。点火完成后,点火棒在弹簧力和压气机缸内气体压力作用下从燃烧区退出,返回到初始备用位置,防止电极被火焰烧坏。点火变压器在点火期间以设定时间产生 1 200 V 高压电,该电通到点火棒,点火棒将产生高密度能量激发持续火花来点火。设定时间结束时,无论是否点火成功点火棒都将失电出。

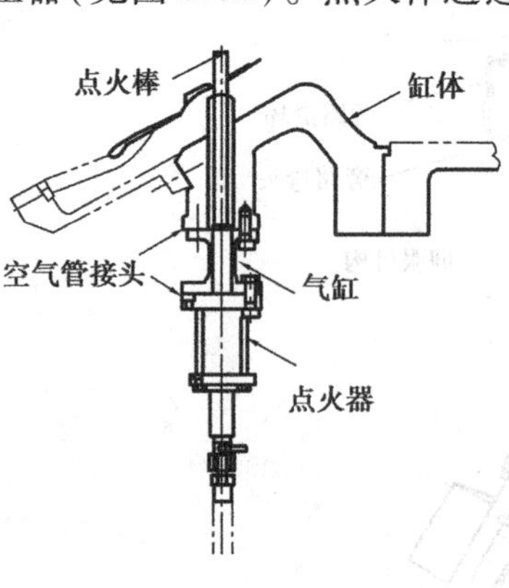

图 2.33　点火器系统

另外,在第 18 和第 19 号火焰筒分别安装了一组火焰检测器(各包含两个火焰检测器)。火焰检测器可检测波长在 1 900 ~ 2 900 埃的紫外线辐射,有这种紫外线存在时表明有正常火焰存在。每个检测器包括一个含有纯金属的电极和一种内含纯净气体的特殊玻璃外壳。电极上施加交流电压后，会在它们之间流过较短时间的电流脉冲。只要有特定波长的光存在就能使得这些电流脉冲重复地发生，也就表明火焰一直存在。此系统用来监控燃烧系统，如果其中任意一个火焰检测器检测不到火焰就发出报警，两个都检测不到火焰时，则机组跳闸。

(5)联焰管

为了确保所有燃烧筒中的燃气点火，在每两个相邻的燃烧室(18和19号燃烧室间除外)的火焰筒上安装有联焰管(见图2.34)。联焰管将20个燃烧室的内部空间联接成一体，起传递火焰的作用。当点火器点燃8号和9号燃烧室内的火焰时，火焰会通过联焰管利用两个火焰筒之间的压力差向两侧相邻的燃烧器传播。当火检装置在18号和19号燃烧器内部均检测到火焰后，即表明全部20个燃烧室内均已经成功点火。

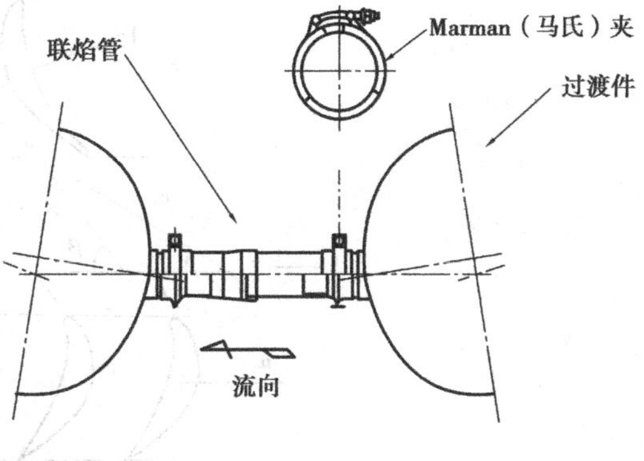

图2.34　联焰管结构图

2.4　透平工作原理及结构

燃气轮机透平的作用是把来自燃烧室的高温高压燃气的热能转化成为机械能，其中一部分用来带动压气机旋转，多余的部分则作为燃气轮机的有效功输出。

按照燃气在透平内部的流动方向，可以把燃气轮机透平分为轴流式和径流式两大类。径流式透平常适宜小功率燃气轮机，通常大多数燃气轮机透平与压气机一样均为轴流式，这样燃气轮机可采用多级以满足大流量、高效率、大功率的要求。

2.4.1　透平工作原理

轴流式燃气透平的主要部件是由安装在气缸上的静叶栅和装有动叶的工作叶轮组成，一列静叶和一列动叶串联组成了透平的级，多级透平则是多列静叶和动叶交替组合而成。透平的级是燃气透平中能量交换的基本单位。当高温高压的燃气流过静叶栅时，燃气的压力和温度逐渐下降，燃气的流速加快，燃气的部分热能转化成为动能。具有相当速度的燃气以一定的方向冲击动叶栅时，就会推动工作叶轮旋转，同时燃气的流速降低，在此过程中，燃气把大部分能量传递给工作叶轮，使叶轮在高速旋转中对外界输出机械功。

(1)透平级的速度三角形

与压气机类似，将多级透平的级按平面展开得到如图2.35所示的平面叶栅图。

从图2.35可得到3个截面0、1、2，分别是静叶栅前、静叶栅后、动叶栅后。当高温高压的燃气从燃烧室流出后，将以初速 c_0 首先流入燃气透平级的静叶栅，在静叶栅完成能量转换后流出的速度是绝对速度 $\boldsymbol{c}_1$，由于动叶栅是以圆周速度 $\boldsymbol{u}$ 旋转运动的，在截面1处气流以相对

速度 w_1 进入动叶栅，c_1 是 w_1 和 u 的矢量和。同样在截面 2 即动叶栅出口处，气流会以绝对速度 c_2 和相对速度 w_2 流出动叶，c_2 是 w_2 和 u 的矢量和。

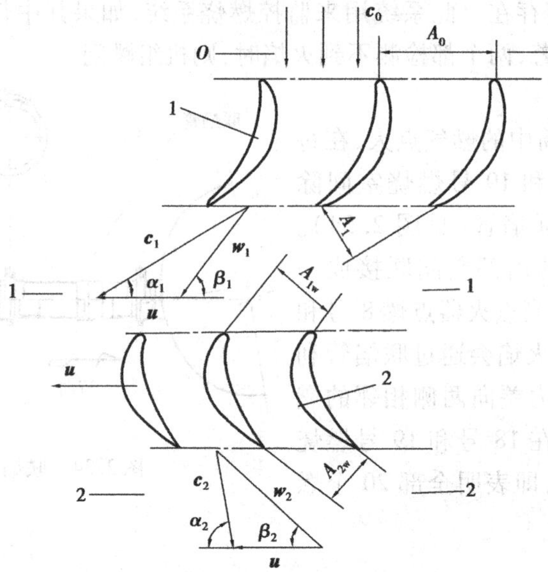

图 2.35　燃气透平级平面叶栅图
1—静叶栅；2—动叶栅

为了使气流在流过透平静叶栅时，能将其携带的热能转化为动能，静叶栅流道通流面积均设计为渐缩型，当气流流过时压力势能和温度降低，出口绝对速度提高，动能增加。在动叶流道通流面积设计上则分为两种类型：渐缩型和不变型，采用渐缩型流道的透平称为反动式透平，不变型则成为纯冲动式透平。反动式透平在气流流过动叶栅后气流将继续膨胀，出口压力降低，相对速度会增大 $|w_2| > |w_1|$，而冲动式动叶栅出口压力和相对速度均维持不变。通过上述分析，可得到如图 2.36 所示的燃气透平级的速度三角形。

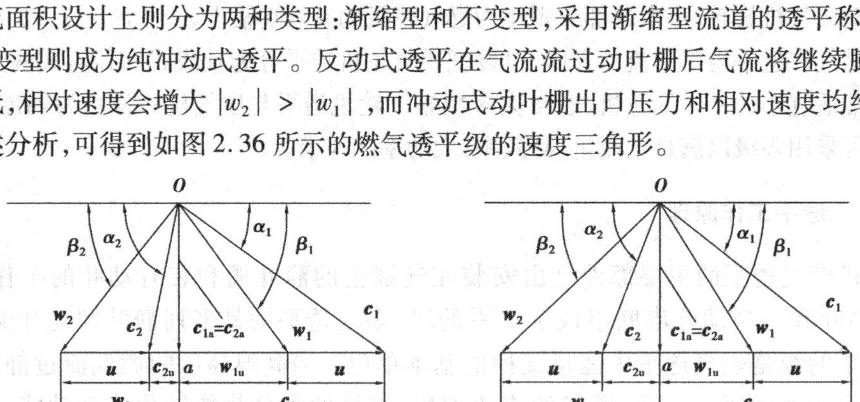

(a) 冲动式　　　　(b) 反动式

图 2.36　燃气透平级的速度三角形

(2) 透平级中的做功过程

根据透平级的速度三角形以及图 2.37 给出的燃气状态参数的变化，可得到燃气透平做功过程：

①首先燃气在流经渐缩型静叶栅时发生膨胀，燃气的压力 p_0、温度 T_0 都出现了降低，所释放出来的热能增加燃气的绝对速度 c_1，这样就把燃气本身所具有热能量部分转化成为气流

的动能。

②高速的燃气喷向装有动叶栅的工作叶轮时，燃气在流过动叶栅流道时会发生流动方向和动能的变化，这样在动叶栅中便产生一个连续作用的切向推力，从而推动工作叶轮旋转而对外做功。根据透平不同的形式——冲动式和反动式，气流在动叶栅中做功又可分两种情况：对于纯冲动式透平，气流流过动叶栅时一般不继续膨胀，气流仅流动方向作了改变，工作叶轮的旋转来自于高速气流的冲击力，燃气对动叶栅所做的功来自于燃气绝对速度动能的减少量；在反动式透平中，气流流过动叶栅时还会继续膨胀，因此在动叶栅的前后，燃气的压力 p_1、温度 T_1 都将进一步下降，相对速度 w_1 有所增大，工作叶轮的旋转除了来自高速气流的冲击力外，还有气流膨胀时产生的反作用力，燃气对动叶栅所做的功是燃气绝对速度动能的减少和相对速度提高产生的膨胀功总和。

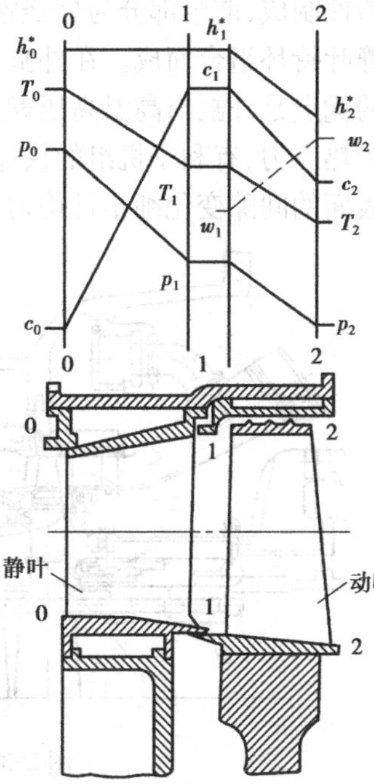

图2.37　燃气透平级中燃气状态参数的变化

反动式透平与纯冲动式透平各有优缺点，反动式透平效率高，冲动式则做功能力大。在反动式透平中，人们常用一个反动度 Ω_t 的概念来表示燃气在透平动叶栅流道中继续膨胀的程度，它定义为燃气在动叶栅中能量的降低量与燃气在整个透平级中能量的降低量之比。在纯冲动式透平级中 $\Omega_t=0$，反动式透平级中 $0<\Omega_t<1$。通常，为了保证做功能力的同时提高燃气轮机效率，目前大型燃气轮机均使用反动式透平，反动度 Ω_t 一般选取0.25～0.4。

(3)透平的能量损失

在气流流过透平膨胀做功过程中，也同样不可避免存在各种能量损失，除了常见的型阻损失、端部损失以及二次流损失、摩擦鼓风损失之外，燃气透平做功时还有如下损失：

①径向间隙漏气损失：透平动叶顶部与气缸的间隙以及动叶片叶弧与叶背压差的存在，造成了动叶片顶部叶弧与叶背侧发生了气流泄漏流动，这种泄漏带来的直接后果是部分气流未经做功而流入了下流，降低了透平工作效率。

②余速损失：由于气流流出透平时会带有一定绝对速度 c_2，因此必将带走一部分动能损失，称为余速损失。对于余速损失可以通过动叶出口气流绝对速度 c_2 设计成是在轴向方向，就能减小到最低的程度。

2.4.2　M701F透平结构

M701F燃气轮机透平为4级，主要包括静子和转子，如图2.38所示。

(1)透平静子

透平静子部分包括透平缸和静叶组件。

1)透平缸

M701F燃气轮机透平缸采用双层缸结构即分为外缸和内缸(见图2.39)。透平外缸体由合金钢铸件制成，前半部分为燃烧室段，后半部分为透平静叶组件外壳。透平内缸由各级上下两半静叶持环组合而成。在外缸和内缸之间的腔室通有来自压气机的冷却空气。这种缸体设计的优点是外缸与高温高压燃气隔绝，可有效地降低外气缸的工作温度，减少外气缸的热膨胀和热应力，有利于机组的快速启动和加载，并保证气缸与转子的同心度，使动叶顶部与内缸内表面的间隙变化细小且均匀。

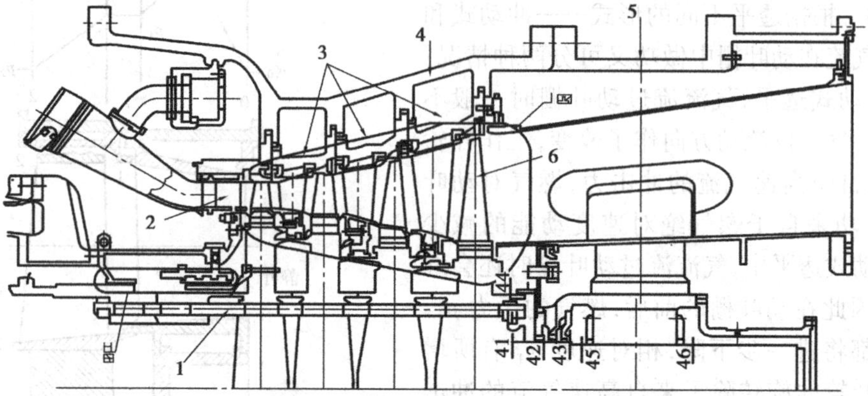

图 2.38　M701F 燃气轮机透平剖面图

1—转子拉杆；2—级静叶；3—静叶持环；4—透平外缸；5—排气缸；6—4 级动叶

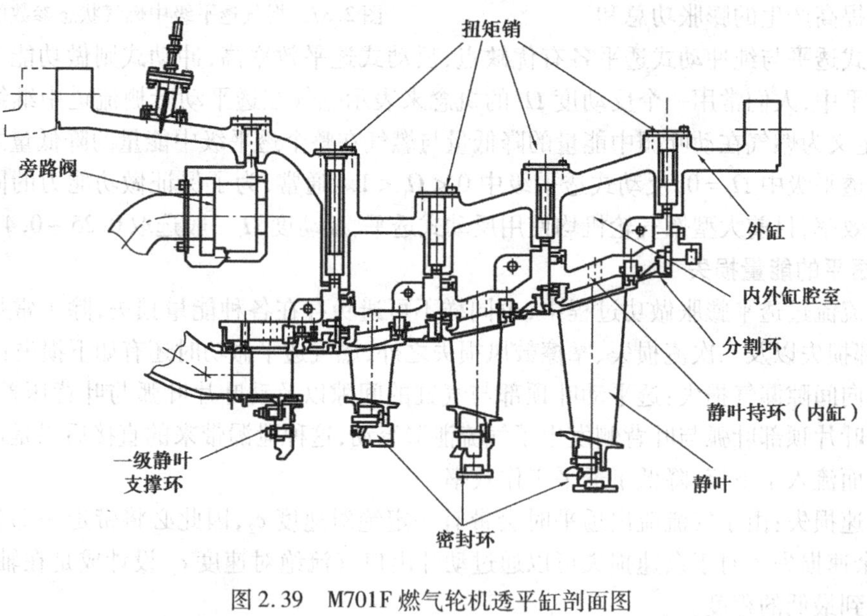

图 2.39　M701F 燃气轮机透平缸剖面图

透平外气缸通过水平中心面被分为上半缸和下半缸，如图 2.40 所示。这样的结构便于检查、组装和维护。安装在缸体水平处法兰的键销和上、下半缸中的扭矩销可以防止静叶持环旋转。透平外缸上半缸装有外接插孔，通过这些插孔可将内窥镜探头插入第 2、3、4 级静叶持环的开口，从而可在不揭缸的情况下对叶片进行检查，如图 2.41 所示。在下半缸开有滑油管线接口，透平缸体支撑也安装于下半缸处。另外，在上、下半缸均有冷却空气接口，接受来自压气机的抽气。透平外缸实物如图 2.42 所示。

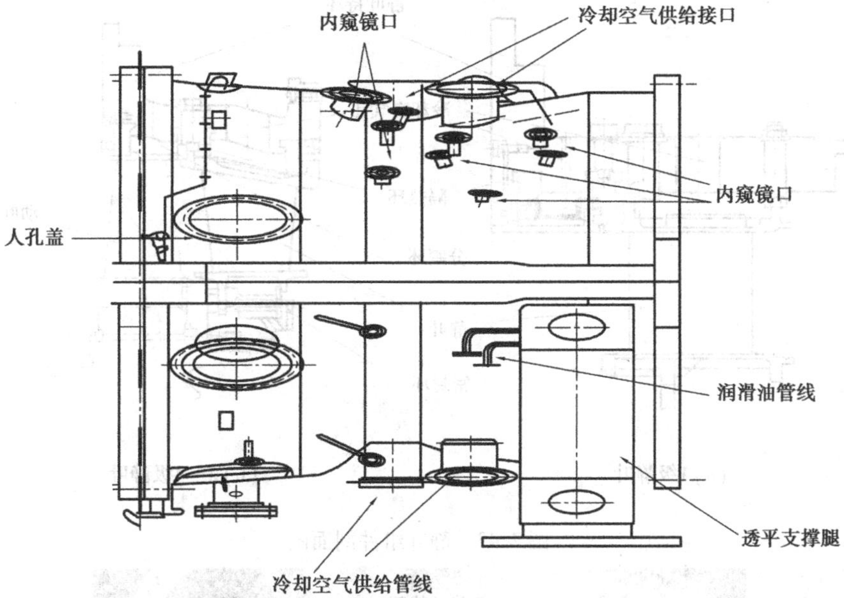

图 2.40　透平外缸

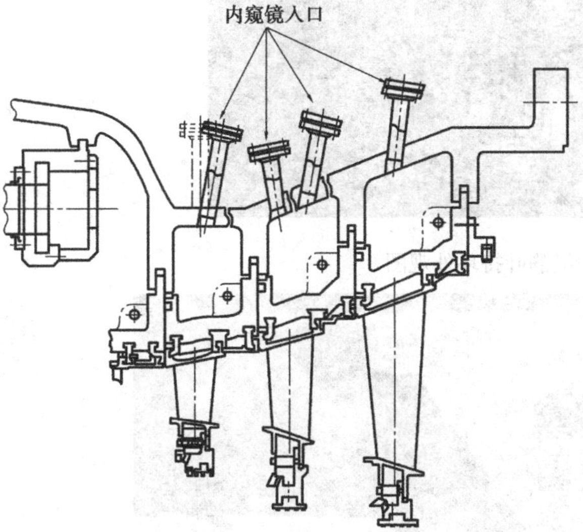

图 2.41　轮间热电偶测量通道

图 2.42　透平外缸实物图

2）静叶组件

透平静叶组件引导燃烧室高温高压气体流入动叶片通道，气流在通过静叶通道时会发生膨胀，压力降低，速度增加，然后以很高的速度冲击动叶片，从而推动燃气轮机转子旋转。静叶组件由静叶持环、静叶扇段、隔热环和分割环等组成，如图 2.43—图 2.45 所示。静叶持环是合金钢铸件分上下两半；静叶扇段是静叶片与内外围带整组铸造而成，然后滑入静叶持环中；分割环同为环形弧段，主要作用是减少动叶顶部间隙的泄漏，阻隔高温燃气对静叶持环的影响。分割环通过隔热环与静叶扇段并排固定于静叶持环上，并用螺钉和扭矩销固定在静叶持环隔板上。在静叶扇段以及分割环弧段之间插有密封板，以阻止高温气体在其间的流动泄漏。

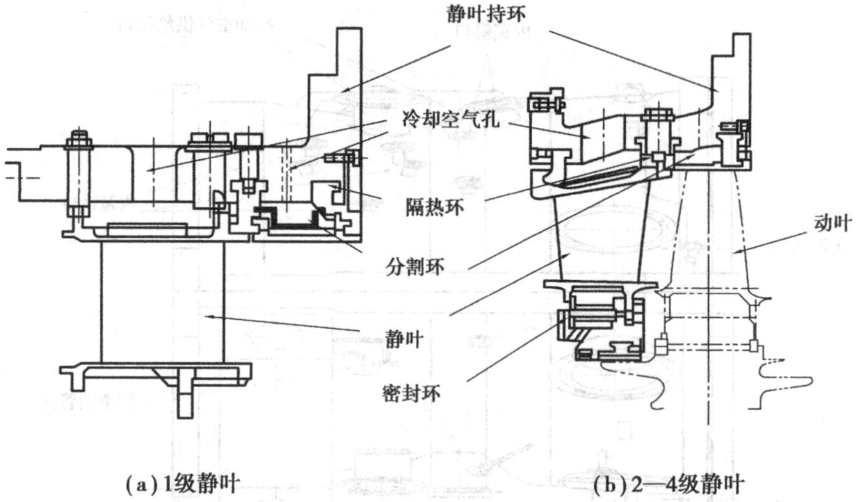

图 2.43　静叶组件剖面图

图 2.44　4 级静叶持环外观图

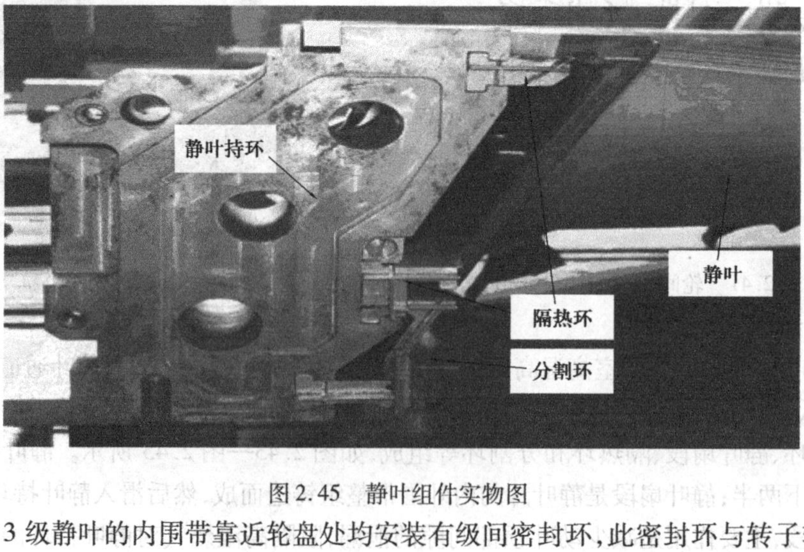

图 2.45　静叶组件实物图

透平后 3 级静叶的内围带靠近轮盘处均安装有级间密封环，此密封环与转子轮毂表面事先加工成形的密封齿形成迷宫式密封腔室（见图 2.46、图 2.47）。来自于静叶内部的冷却空气被导入由级间密封环和轮盘密封齿形成的密封腔室，最后进入通流通道，从而防止高温气流进入该区,始终保持轮盘处于允许温度中。密封腔室内安装有热电偶监测该区域的冷却空气的温度(见图2.48),间接监视冷却情况的好坏以及轮盘的金属温度。为防止静叶片温度过高,透平每级静叶内部均通有来自压气机的冷却空气进行冷却,具体叙述详见透平冷却章节。透平4级静叶片均为精密浇铸,采用全三维设计叶形,以降低流道壁面附近的二次流损失。为承受1 400 ℃以上的高温,前3级静叶片采用的新材料MGA2400是一种钴基合金,它不仅具有良好的高温蠕变强度以及较强的抗低周波热疲劳和抗热腐蚀及氧化的能力,同时还具有良好的焊接性能。

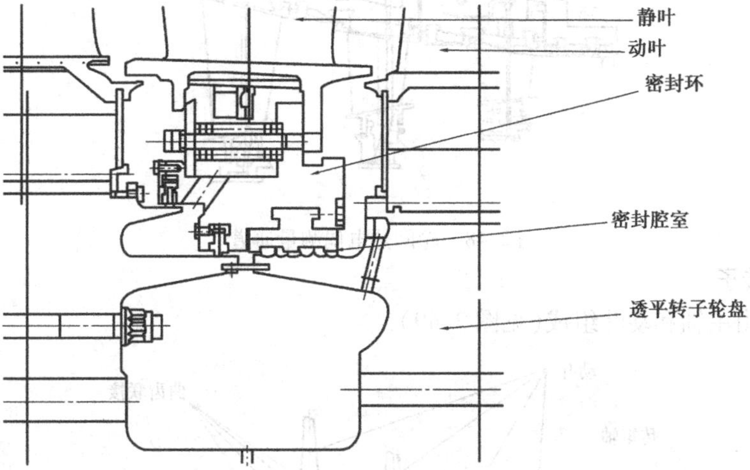

图2.46　密封环1

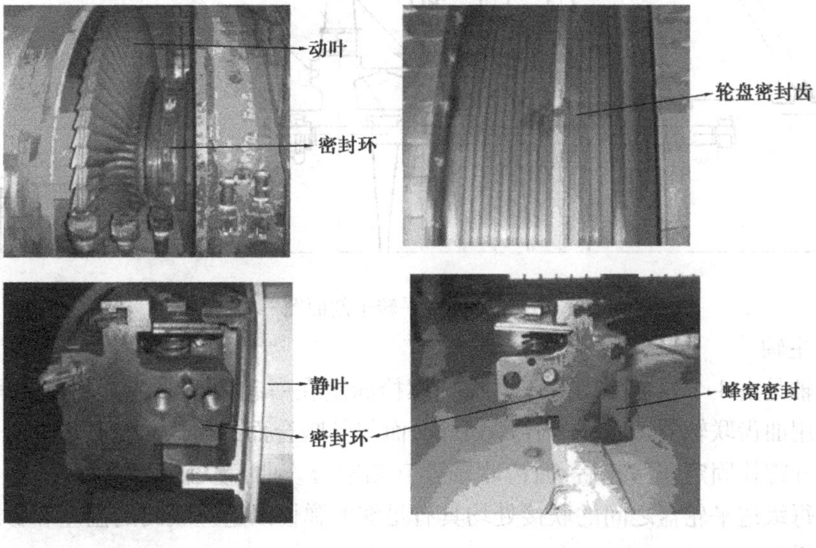

图2.47　密封环2

透平4级静叶组件静叶片数量由第1级至第4级分别为40、64、54、56片。第1级静叶栅为单个静叶扇段组成,无须起吊任何气缸,就可通过人孔取出。第2级静叶栅是由双静叶扇段组成,第3、4级静叶栅分别由三静叶扇段和四静叶扇段组成。每一级静叶扇段由隔热环支撑,这种支撑结构使静叶栅径向和轴向的热响应与外部缸体变形无关。

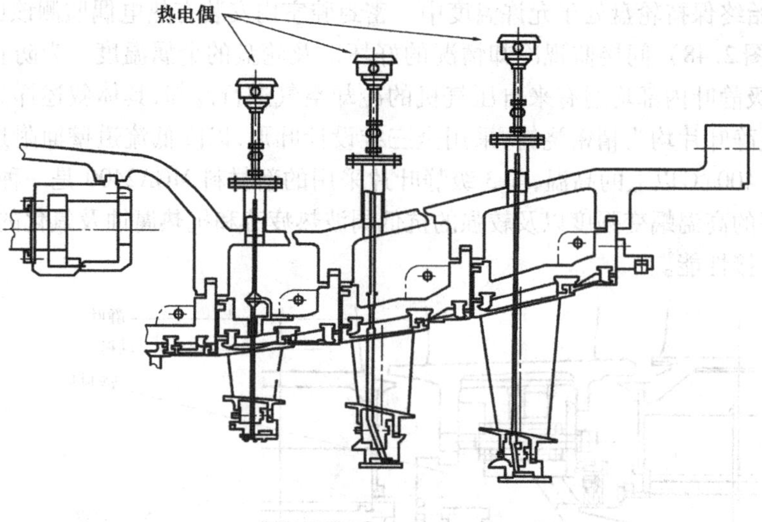

图 2.48　轮间热电偶测量通道

(2)透平转子

透平转子由主轴和动叶组成(见图 2.49)。

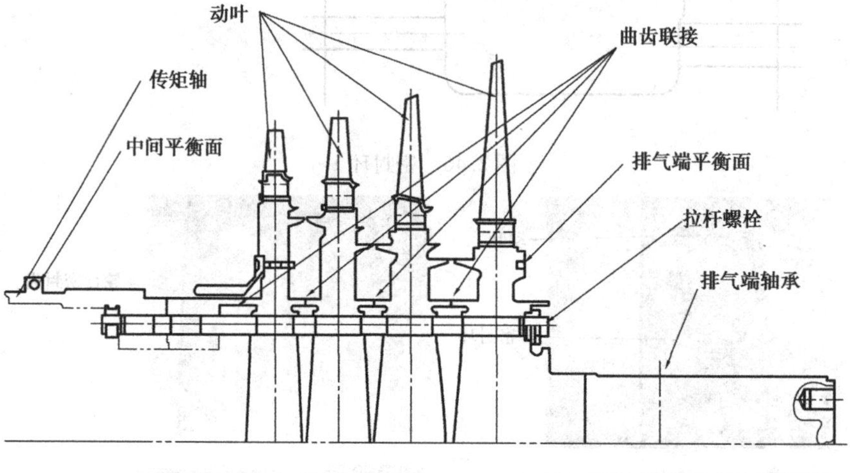

图 2.49　透平转子剖面图

1)透平主轴

透平主轴是由 4 个轮盘使用专用的拉杆螺栓固定在一起而形成的。轮盘之间的结合和扭矩传递采用曲齿联轴器,即一侧为沙漏形齿,而与其啮合面的齿为桶形(见图 2.50)。当所有轮盘用拉杆螺栓固定在一起后,曲齿联轴器互相啮合。曲齿联轴器的齿结构虽然简单,但精度很高。每级透平轮盘之间的联接处均具有足够的弹性以适应级间的温差和膨胀需要。

2)透平动叶

透平动叶片由耐高热合金材料浇铸而成,前两级叶片均有涂层。它们采用枞树形叶根,轴向插入轮盘,由轮盘中相对应的叶根齿支撑。叶片可以单个分别拆卸,可在转子不吊出气缸的情况下检查叶片,但第 4 级叶片除外。透平动叶以及轮盘实物如图 2.51—图 2.53 所示。

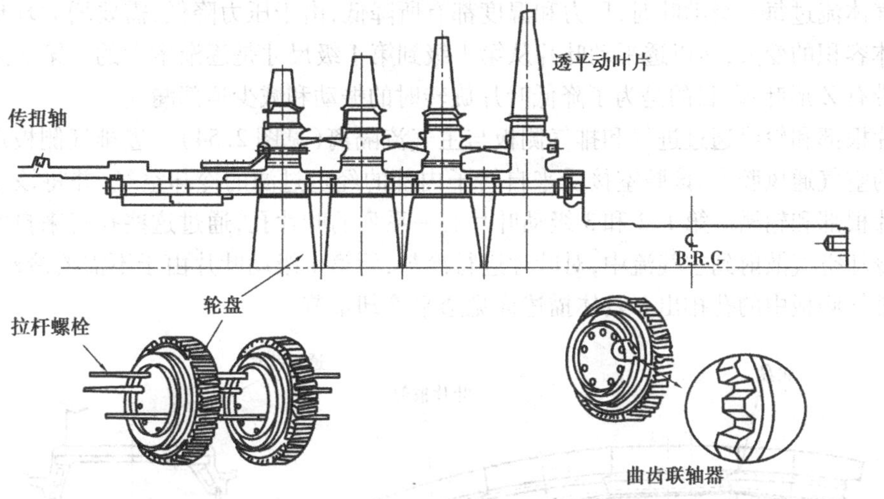

图 2.50　透平转子

图 2.51　透平 4 级动叶(从左至右分别是 1—4 级)

图 2.52　透平轮盘

图 2.53　动叶根部

当气体流过每一级动叶时，压力和温度都有所降低，由于压力降低，需要增大环形面积以适应气体容积的变大，所以透平动叶片从第1级到第4级尺寸是逐渐增大的。第3、4级动叶片顶部带有Z形叶冠，目的是为了降低叶片旋转时的振动和减少顶部漏气。

叶片根部和轮缘通过进气和排气侧板与主气流隔离（见图2.54）。进排气侧板形成了一个环形的空气通风腔室，该腔室接受来自转子内部的经过过滤的冷却空气，并将该空气轴向导入叶片根部和轮槽。第1、2和3级动叶片有一系列的叶片孔，通过这些孔将来自空气通风腔室的冷却空气散射到主气流中，对叶片进行冷却，而第4级动叶片由于不需要冷却，冷却空气通过排气侧板中的孔排出。具体描述详见透平冷却章节。

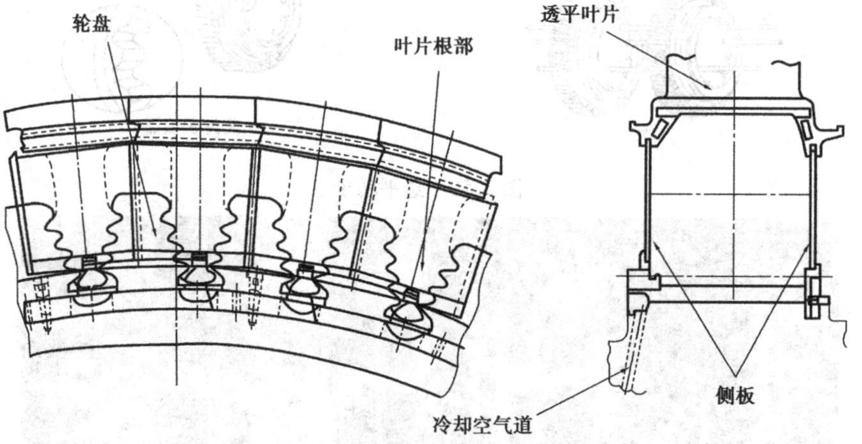

图2.54　叶片根部冷却空气道

2.4.3　透平冷却

为了提高燃气轮机机组的效率，各燃气轮机厂家通过各种技术措施不断提高燃气初温，目前F级燃气轮机的透平燃气初温已高达1 400 ℃左右。随着燃气初温的提高，为了保证燃气轮机的安全可靠运行，除了在叶片材料上运用新型高温合金材料外，改进叶片的冷却技术也成为必要手段之一。根据资料统计，冷却叶片技术改进所致的燃气初温提高程度是材料改进所获得效果的两倍，其研究费用仅是开发新材料的1/4，由此可知，燃气轮机叶片冷却方式的研究对于燃气轮机的重要性。

(1)冷却方式简介

一般燃气轮机叶片的冷却方式主要有两种方法：一是以冷却空气吹向叶片表面进行冷却，这种冷却方式可降低叶片表面金属温度50～100 ℃，如气膜冷却和冲击冷却；二是将冷却空气通入叶片内部的通道进行冷却，此种冷却方式可使叶片金属温度较周围高温燃气温度低100 ℃以上，如对流冷却和鳍片式冷却。图2.55和图2.56给出几种冷却方式的示意图。

1)对流冷却

当冷却空气和高温燃气在空心叶片内外流过时，通过冷却空气进行对流换热来降低叶片的温度。在叶片的出气边沿半径方向有大小形式不同的孔，对流冷却后的冷却空气依靠自身压力和离心力的共同作用通过该孔高速排入主燃气气流中继续做功。另外，这些冷却空气以较大的速度冲向气缸内壁，形成一层防止径向间隙漏气的气封层，起阻止主气流的漏气和潜流的作用，减少二次流的损失。

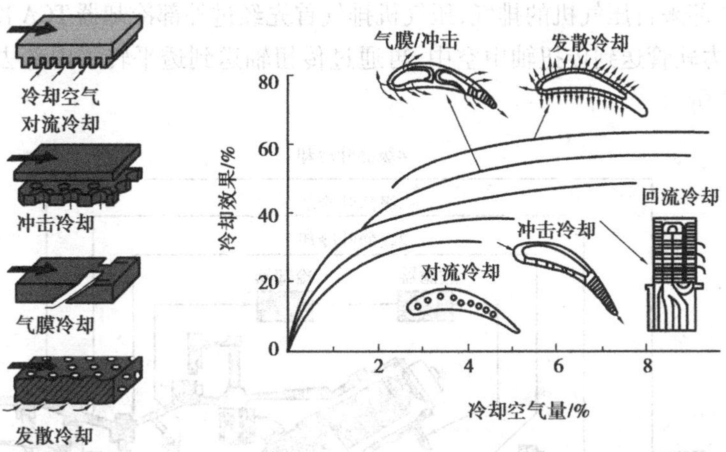

图 2.55　冷却方式以及效果图

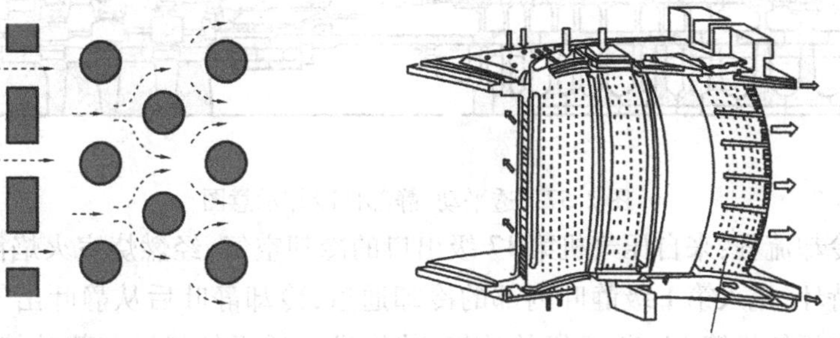

(a)鳍片式冷却　　(b)鳍片式冷却

图 2.56　鳍片式冷却

2)冲击冷却

在空心叶片的内部嵌入导管,导管上开有很多小孔,冷却空气先进入导管,然后从导管上的小孔流出冲向被冷却叶片的内表面进行冷却,由于冲击的效果使换热系数变大提高了冷却效果。冲击后的气流再沿叶片内表面作横向流动进行对流冷却,所以采用冲击冷却往往伴随着对流冷却。

3)气膜冷却

在空心叶片的表面开有很多小孔或缝隙,冷却空气从这些小孔或缝隙流出后顺着燃气气流方向流动,在叶片表面形成一层薄气膜,将叶片表面与燃气隔开而对叶片起保护作用。与对流冷却对比,气膜冷却效果更好。

4)鳍片(销片)式冷却

通过在叶片出气边加装一些针状筋(鳍片)来加大换热效果,如图 2.56 所示。

(2)M701F 透平冷却系统

M701F 燃气轮机透平冷却系统包含有静叶冷却系统和转子冷却系统。

透平静叶的冷却空气根据级数不同采用来自不同的压气机抽气:第 1 级静叶冷却空气直接取自压气机出口空气;第 2 级静叶冷却空气来自于压气机第 14 级抽气;第 3 级静叶冷却空气来自于压气机第 11 级抽气;第 4 级静叶冷却空气来自于压气机第 6 级抽气。而透平动叶片冷却气源则全部来自压气机的排气，压气机排气首先经过外部冷却器 TCA 冷却和过滤器过滤，然后通过扭力软管送到传扭轴中空中，再通过传扭轴送到透平转子内部去冷却叶轮和动叶片，如图 2.57 所示。

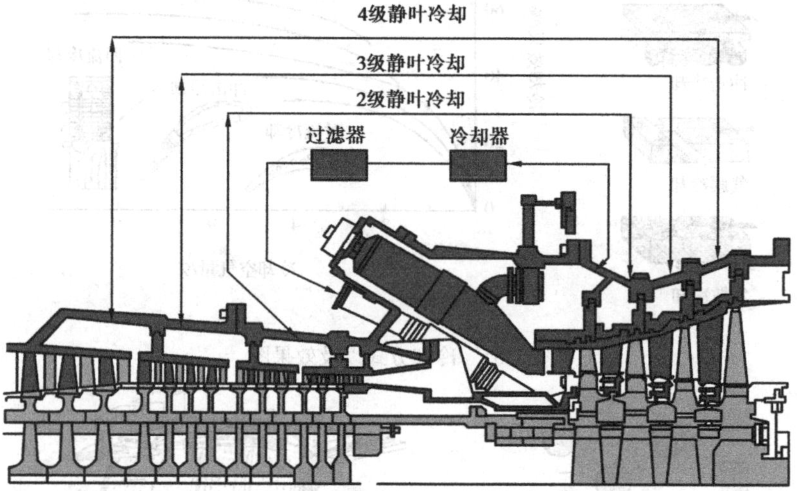

图 2.57　透平动、静部件冷却示意图

透平静叶冷却流程：来自压气机第 17 级出口的冷却空气，经燃烧室火焰筒周围的空腔引入第 1 级静叶持环，流入第 1 级静叶内部的冷却通道，冷却静叶后从静叶出气边小孔排至主燃气流中。来自压气机第 14、11、6 级的抽气，首先进入透平外气缸与静叶持环之间的空间，然后再分别被引入第 2、3、4 级空心静叶的内部冷却通道。冷却静叶后，其中 2、3 级静叶一部分气体通过静叶出气边的小孔排至主燃气流中，另一部分进入密封环腔室；4 级静叶中的冷却气体则全部进入密封环腔室中，如图 2.58 所示。

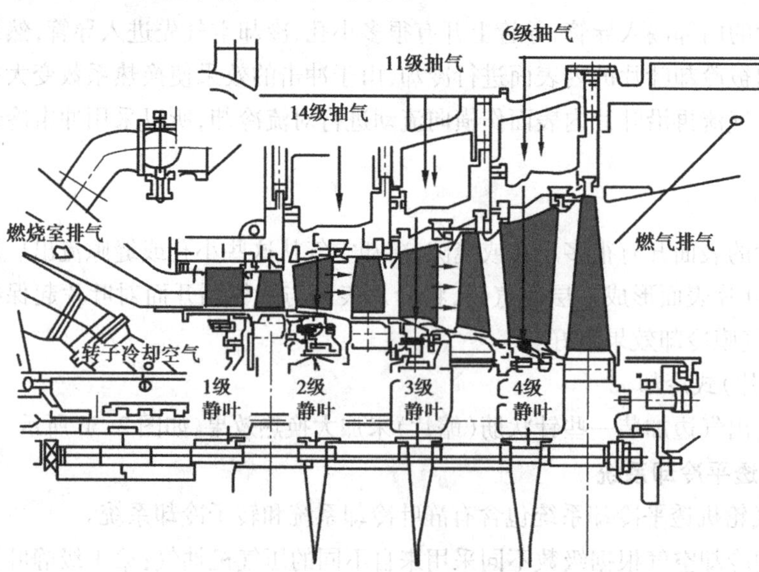

图 2.58　透平静叶冷却示意图

透平动叶冷却流程如图 2.59 所示，来自 TCA 冷却器的冷却空气分成两路：一路经第 1 级轮盘上的径向孔引至第 1 级动叶根部，再进入第 1 级空心动叶内部冷却通道进行冷却后，从叶顶和叶片出气边小孔排至主燃气流中；另一路空气经第 1 级轮盘上的轴向流道流至第 2 和 3 级轮盘之间的空腔，经动叶根槽底部的径向孔去冷却第 2 和 3 级轮缘及叶根。这样使每级叶轮的进气侧和出气侧都有冷却空气流过，使燃气透平各级叶轮的表面全部被冷却空气所包围，与燃气完全隔开，保证透平能够长期在高温下安全运行。

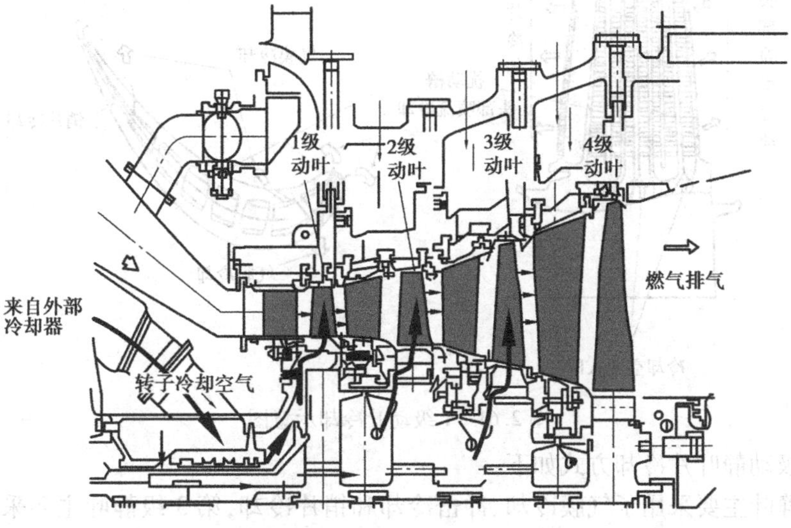

图 2.59　动叶冷却流程图

对于燃气轮机来说第 1 级静叶和动叶的工作条件最为恶劣，因此第 1 级静叶和动叶的冷却最为重要。下面重点描述 M701F 燃气轮机该组叶片的冷却过程。

第 1 级静叶采用了头部喷流冷却、冲击冷却、气膜冷却和鳍片式冷却。静叶内部用 3 个带孔的导管将冷却空气隔开，冷却空气通过内外缸之间的夹层引入静叶，从静叶的一端流入静叶内部的 3 个导管，进入导管中心的冷却空气通过导管壁的小孔垂直射向静叶内表面，利用冲击冷却形成湍流换热。静叶出气边横向布置的鳍片增强了冷却空气与静叶表面的换热效果，在叶片出气边形成气膜冷却和鳍片式冷却；沿静叶进气边及叶片表面小孔喷出的冷却空气同时又环绕叶身形成气膜冷却，同时在各部分还伴有对流冷却（见图 2.60）。

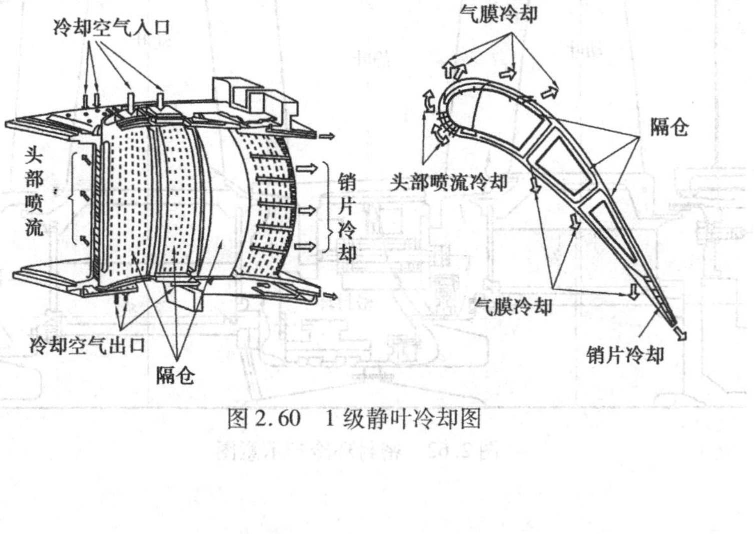

图 2.60　1 级静叶冷却图

第 1 级动叶采用头部喷流冷却、对流冷却、气膜冷却和鳍片式冷却。动叶内部的通道是多通道曲线型的，并在通道内设有扰动槽，以增强扰动换热，即绕流冷却；在动叶进气边同样采用头部喷流冷却和气膜冷却；动叶尾部采用鳍片冷却。这些冷却技术的综合效应可使叶片的金属温度低于主燃气流温度 300 ~ 600 ℃，使金属温度始终保持在材料允许的强度极限温度（约 800 ℃）以下。第 1 级动叶的冷却情况如图 2.61 所示。

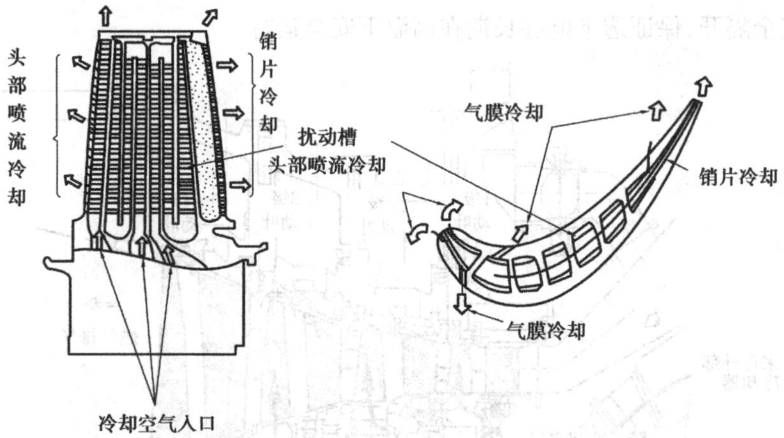

图 2.61　1 级动叶冷却示意图

其他各级动静叶片冷却方式如下：

第 2 级静叶主要采用了气膜冷却、冲击冷却和销片冷却，第 3 级静叶主要采用了气膜冷却和对流冷却，第 4 级静叶则主要采用对流冷却。

第 2 级动叶主要采用了绕流冷却和销片冷却，第 3 级动叶主要采用了气膜冷却和对流冷却，第 4 级动叶则没有进行冷却。

除了上述动静叶冷却系统外，在静叶冷却系统中还有两个重要的地方就是密封环处和隔热环的冷却。密封环处的冷却空气来自于静叶冷却完毕后的排气，冷却空气在通过密封环与轮盘腔室后分前后排入燃气主气流中，如图 2.62 所示。

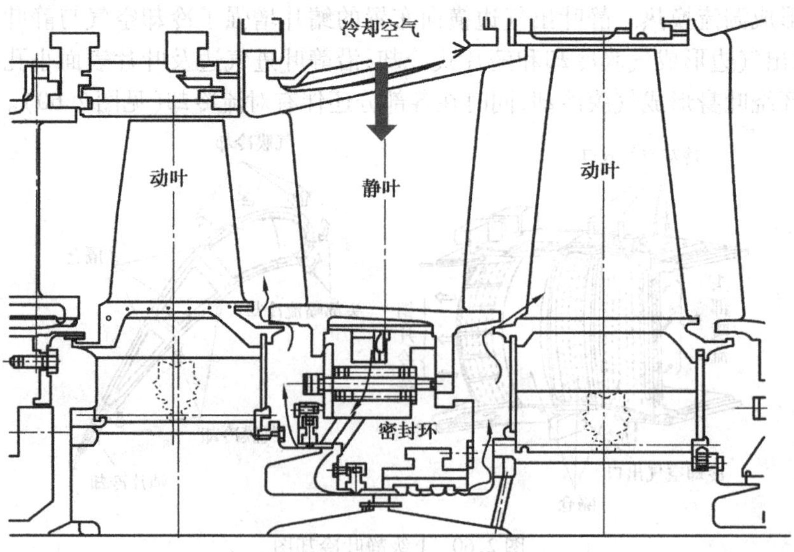

图 2.62　密封环冷却示意图

隔热环处的冷却空气来自于各级抽气,冷却以后的气流也排入燃气主气流中,冷却路径如图2.63所示。

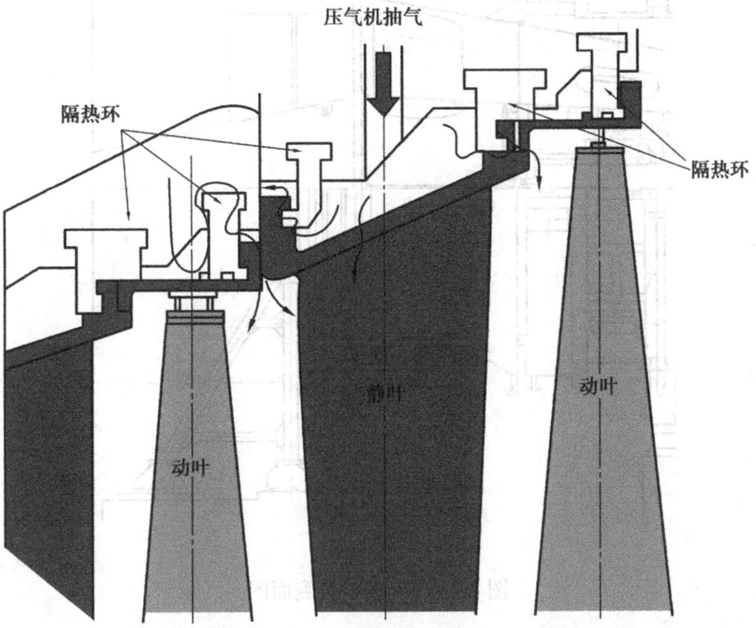

图2.63 隔热环冷却示意图

另外,三菱为提高M701F燃气轮机透平叶片的耐高温能力,还采取了以下两个方面的新措施:一是采用新材料;二是隔热涂层TBC。此部分具体描述详见本教材三菱M701F燃气轮机高温热部件相关介绍。

2.5 排气装置

排气装置接受来自透平做完功的燃气排气,在进行降速扩压后输送至下游的余热锅炉。排气装置包括有排气缸(排气扩压器)和前后排气通道(见图2.64)。

2.5.1 排气缸

如图2.65所示,排气缸由外至内采用四层结构,分别是排气缸外壳、扩压器内外锥体、#1轴承箱,这些部件通过切向支撑系统(见图2.66)相互联接在一起。透平排气流过扩压器内外椎体之间的空间,内外椎体的横截面被设计成渐扩型,目的是为降低排气余速,提高排气压力,故排气缸也称排气扩压器。外锥体可防止排气缸外壳过热,内锥体保护#1轴承箱免于暴露在热排气中。#1轴承座与排气缸是一个整体部分。在排气缸圆周方向布置有26个热电偶,分别用来监测叶片通道的温度和排气温度,所测量的温度数值除用于机组的控制保护外,叶片通道热电偶测量值还用于机组的负荷控制。

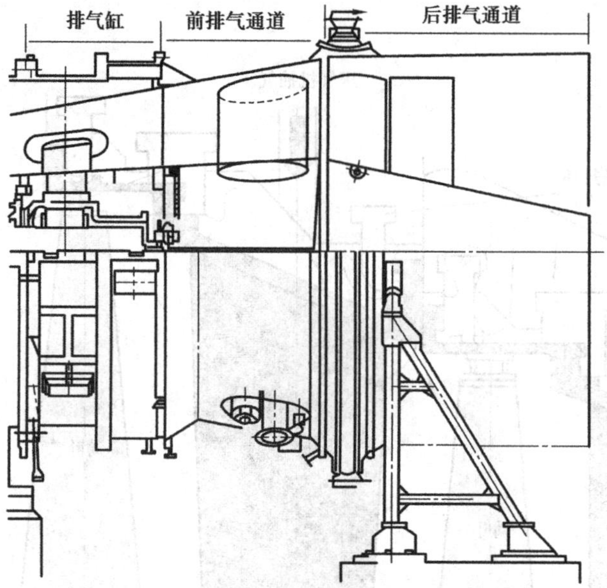

图 2.64　排气装置侧面图

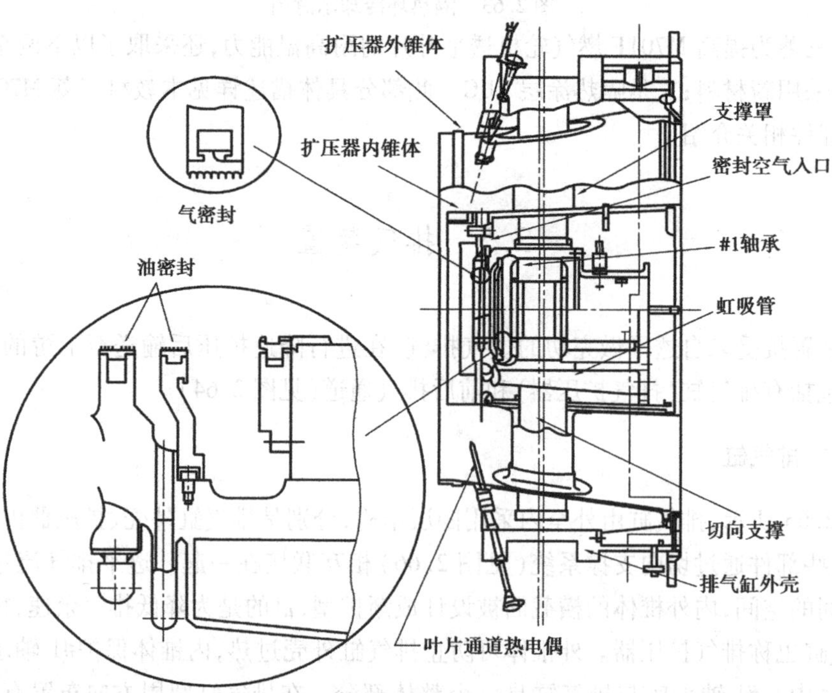

图 2.65　排气缸剖面图

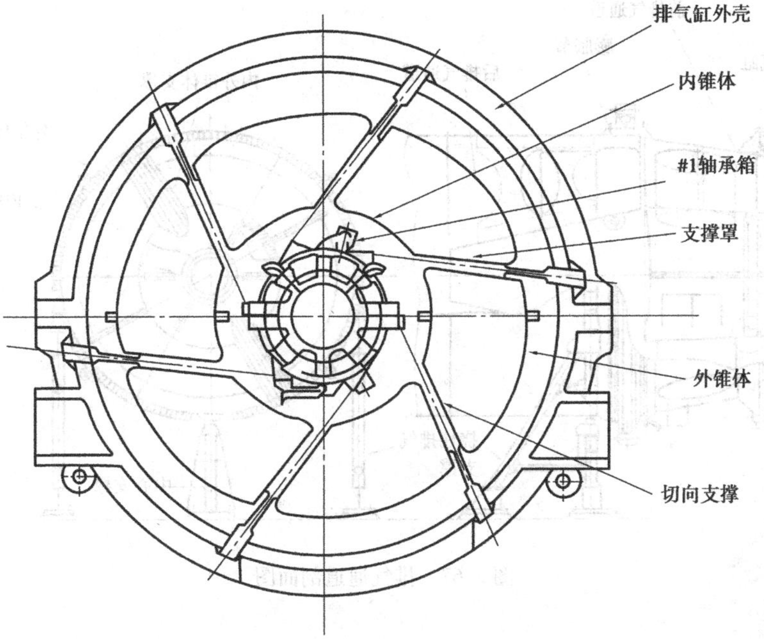

图 2.66　切向支撑结构

切向支撑系统由 6 个绕圆周等间距布置的支撑杆组成。这些支撑杆一端切向联接在#1 轴承箱上,另一端穿过内外锥体一直延伸至排气缸外壳体,对#1 轴承起着支撑固定作用。在内外椎体空间里的切向支撑部分被包裹在流线型空心的支撑罩内,这些支撑罩除了具有支撑排气扩压器内外锥体的作用,同时还可防止切向支撑受到热排气的高温冲击影响。另外,该支撑罩内通有来自压气机第 6 级的抽气,以保证切向支撑和支撑罩承受最小的热应力,从而保持#1 轴承在中心位置。

2.5.2　排气通道

排气通道的目的是引导热烟气从排气缸进入余热锅炉,同时继续降速增压,以充分利用排气余速,保持燃气轮机的高性能运行。排气通道分为前排气通道和后排气通道(见图 2.67)。前排气通道用螺栓联接到排气缸的垂直法兰上并开有人孔门,这样可以在不揭缸的情况下,进入排气缸内部进行轴承检查和维修。后排气通道前端通过膨胀节联接到前排气通道,下游端与排气导管联接起到支撑的作用。膨胀节可允许燃气轮机轴向膨胀,且不会产生过大的应力。

为达到降速扩压的目的,排气通道在横截面上也是渐扩型,由内外锥体构成。内外锥体之间由上下两个垂直锥体内表面的支撑支持。这两个支撑也是空心设计,以便为管道系统和仪器仪表等提供了安装检修通道。后排气通道外部装有挠性和中心支撑。

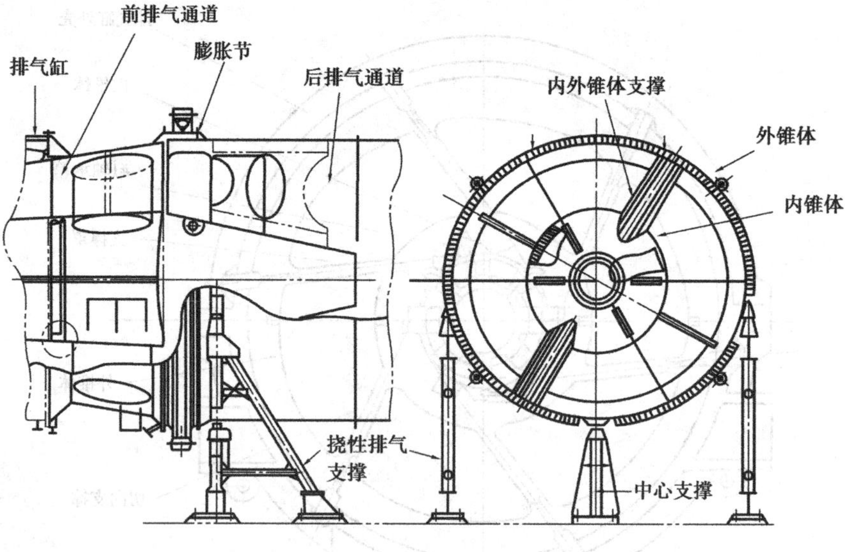

图2.67 排气通道剖面图

2.6 燃气轮机轴承及缸体支撑

由图2.1可知,压气机、燃烧室和透平外缸连同进排气缸都是刚性联接成一个整体,由处于中分面下方分别位于压气机缸、透平缸以及排气缸(排气通道)的3个外支撑立在底盘上。在工厂组装后,不用拆卸,就可以连同底盘一起直接运到现场安装。M701F燃气轮机转子采用两支点轴承支撑(在进气缸和排气缸处各有一个支撑轴承)而非3点轴承支撑(除进气缸和排气缸处各有一个支撑轴承外,在中间燃烧室缸体处还设有一个支撑轴承),使轴承避免了高温环境,其密封以及冷却系统也相对较为简单,容易对中。两个支撑轴承均采用滑动轴承,为两块可倾瓦式。

采用单轴布置的M701F型燃气-蒸汽联合循环机组,如图2.68所示。燃气轮机、汽轮机、发电机布置在一根轴线上,汽轮机在中间,整个机组采用一个推力轴承,推力轴承为双工作面,多块可倾瓦结构,位于燃气轮机的压气机端。燃气轮机和汽轮机的缸体和转子在受热后,都朝同一方向膨胀,使运行中动静部分的膨胀差控制在最小。

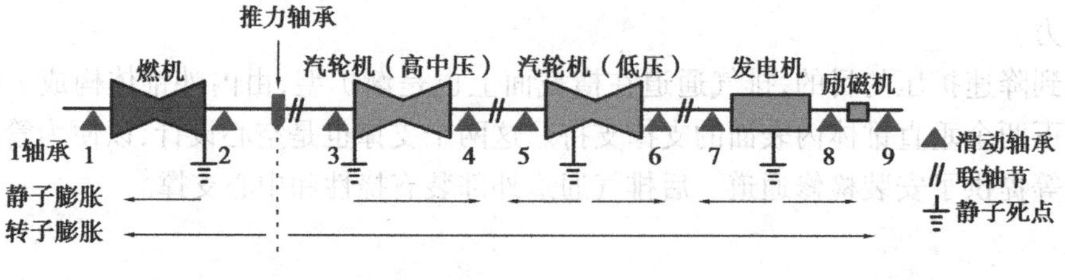

图2.68 M701F燃气-蒸汽联合循环机组轴系

2.6.1　燃气轮机轴承

轴承是支撑燃气轮机转子并允许转子高速旋转的承力部件。燃气轮机运行时，轴承将承受转子旋转所产生的径向及轴向作用力，并经过轴承座传至气缸或直接传至底盘上。轴承按照功能可分为径向轴承和止推轴承两种。径向轴承承受径向力，起支撑的作用也称支撑轴承。止推轴承承受轴向力，起承受燃气轮机机组轴向推力的作用也称推力轴承。

M701F燃气轮机采用了双轴承支撑着整个燃机转子，分别位于燃气轮机的压气机进气缸和透平排气缸；其中在压气机侧还安装有一个双工作面的推力轴承，用来保持整个转子的轴向位置。

(1)径向轴承

从排气方向看，位于透平排气端的轴承为#1径向轴承，压气机进气缸侧是#2径向轴承，两个径向轴承的结构相同，如图2.69所示。轴承的下半部轴承座为缸体的一部分，轴承盖由可拆卸的钢质壳体制成，该壳体在水平中分面处用螺栓与下半部分联接。径向轴承采用两块巴氏合金瓦连同瓦垫支撑安装在球面销上，此设计可保证轴承间隙和转子对中。径向轴承轴端安装有油密封和气密封，以防止润滑油泄漏。油密封处的油压通过控制轴承的进油量来保持。轴承壳体中的防转销与缸中的槽吻合在一起，以防止轴承旋转。

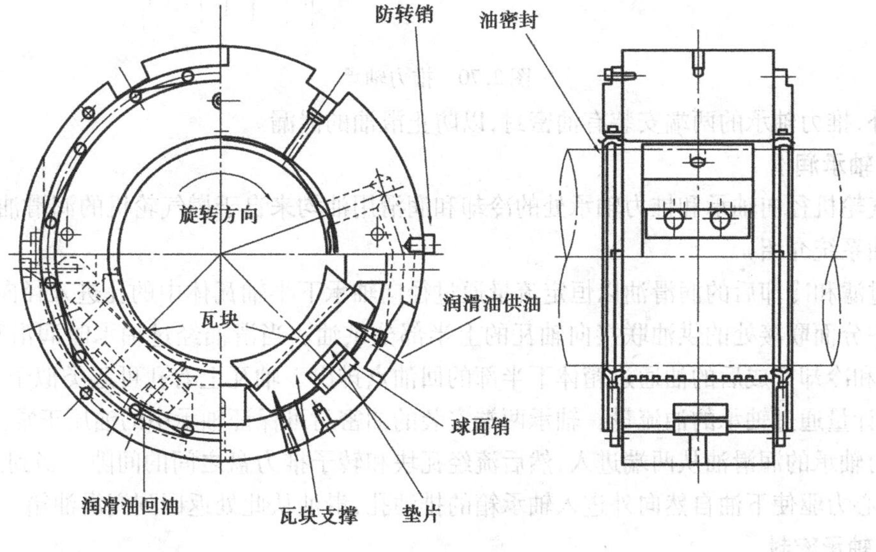

图2.69　径向轴承剖面图

(2)推力轴承

推力轴承与#2径向轴承共同装在压气机进气缸的#2轴承箱内，其功能是保持转子的轴向位置。推力轴承分为主推力轴承和副推力轴承，这是因为燃气轮机转子在正常运行和启停过程时，转子所承受的轴向推力是不一样的，方向正好相反，为了承受两个方向上的推力负荷，在一个转子轴上装有两个推力轴承，承载正常运行时轴向推力的为主推力轴承，承载启停过程推力的为副推力轴承。对于M701F型单轴联合循环燃气轮机发电机组，主推力轴承位于压气机的出气侧。

如图2.70所示，推力轴承包括推力盘、推力瓦(正副瓦块各10块)、油喷嘴和负载平衡机构等。推力盘与转子轴为一个整体，随转子一同旋转，转子推力通过推力盘传送到推力轴承上。负载平衡机构由装在两个开口环圈中的联锁平衡板组成，推力瓦由铜合金和带有锡基巴氏合金面制成，瓦块就位后，每块推力瓦均以钢支撑为枢轴旋转，与平衡板相互支撑，如果任一个推力瓦受压，则其运动立即传输到与其邻近的平衡板上，使平衡板一边向下倾斜，另一端则向上倾斜，从而强制下一个推力瓦向上移动，迫使它们承载均匀的负载。由于有负载平衡机构，所有推力瓦的厚度不一定必须相同，因为少量的差异可由平衡板进行补偿。推力瓦在偏离位有枢轴点，因此，为达到最佳承载能力，一般采取偏心支承方式。

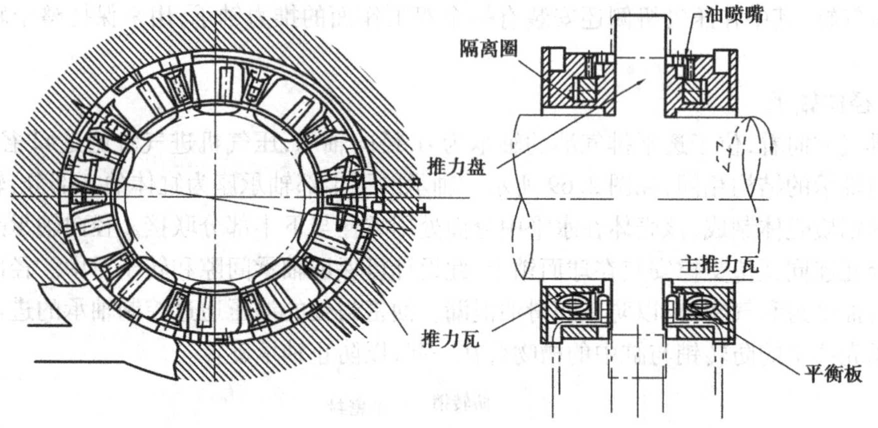

图 2.70　推力轴承

另外，推力轴承的两端安装有油密封，以防止滑油的泄漏。

(3)轴承润滑

燃气轮机径向轴承和推力轴承处的冷却和润滑用油均来自于燃气轮机的润滑油系统（详见润滑油系统介绍）。

经过滤和冷却后的润滑油以恒定流量通过径向轴承下半轴瓦体中的孔进入径向轴承，再经水平中分面联接处的供油联接向轴瓦的上半部分供油。当滑油经过轴承时润滑和冷却轴瓦，润滑和冷却完成后的油通过箱体下半部的回油点排出。轴瓦上有孔可起类似于节流孔板作用，可计量通过轴承的油流量。轴承两端安装的油密封可保证轴承中的油压正常。

推力轴承的润滑油从两端进入，然后流经瓦块和转子推力盘之间的间隙。当到达推力盘时，在离心力驱使下油自然向外进入轴承箱的排油孔，滑油从此处返回到润滑油箱。

(4)轴承密封

轴承处的密封分为油密封和气密封。

压气机侧#2 轴承箱内的油密封分为推力轴承油密封和径向轴承油密封。推力轴承的油密封位于轴承密封壳体中，轴承两端各一个（详见图 2.71 的剖面图 $A—A$、$B—B$），它们由一系列加工成形、环绕转子布置、直径相等的密封齿环与转轴表面共同组成迷宫式密封。在#2 径向轴承靠压气机侧，为防止润滑油可能沿转子泄漏到压气机中，也安装有油密封（详见图 2.71 的剖面图 $C—C$）。油密封和转子之间的迷宫式间隙可减少沿轴方向的润滑油的泄漏量，并且沿轴方向泄漏的油也可在微负压作用下经过轴承回油管路返回润滑油箱内（正常运行时，润滑油箱保持微负压状态）。

为防止轴承滑油沿转子轴向流入压气机，使压气机叶片免受油污染，在轴承箱内还安装了迷宫式气密封，来自压气机的第 6 级抽气被直接送到轴承密封空气系统（见冷却与密封空气系统介绍），并最终送到该气密封处（详见图 2.71 剖面图 *C—C*），对轴端进行密封。密封空气进入迷宫式密封腔室后，一部分沿轴向进入具有微负压的轴承箱内，防止滑油沿轴向流向压气机；另一部分沿轴向从轴端漏出，防止外部空气进入（见图 2.72）。

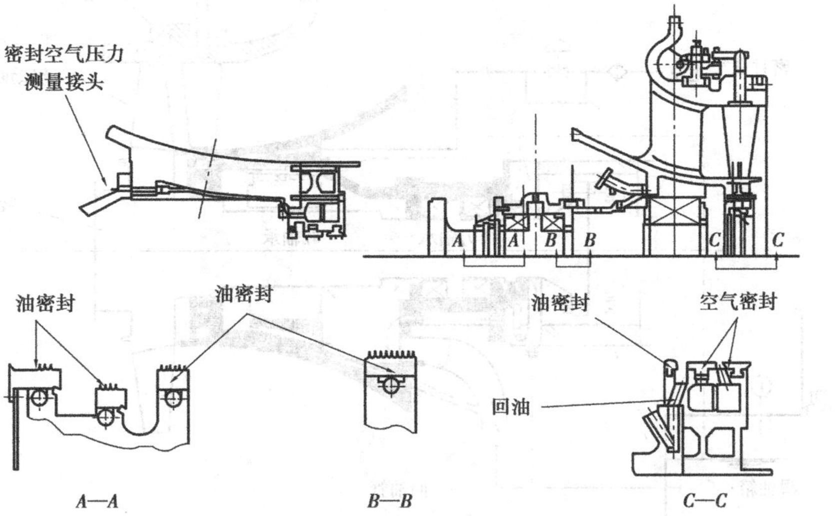

(a) #2轴承密封1

(b) #2轴承密封2

图 2.71　轴承密封

透平侧#1　径向轴承的两侧各有一个挡油环，靠近透平侧装有迷宫式油气密封，工作原理与作用和压气机侧相同（见图 2.73）。#1 轴承箱外装有一密封箱将#1 轴承箱与第 4 级后的透平轮盘腔室分开，该密封箱开有气流通道与透平第 4 级轮盘腔室相通。来自压气机的第 6 级抽气进入#1 轴承箱与排气缸内锥体之间的空间，再通过密封箱的气流通道进入第 4 级后的轮盘腔室，最后被不断吸入透平排气气流中以防止轮盘腔室处的热空气进入#1 轴承座及空间内。另外,#1 轴承气密封系统中一部分空气通过油气密封顺燃气排气流方向泄漏到微负压的轴承腔室内部,形成的油气混合物随回油管回到润滑油箱。其余则沿着#1 轴承气密封向着燃机排气反方向流动,进入 4 级轮盘腔室空间,最后也汇进燃机排气气流中(见图 2.74)。

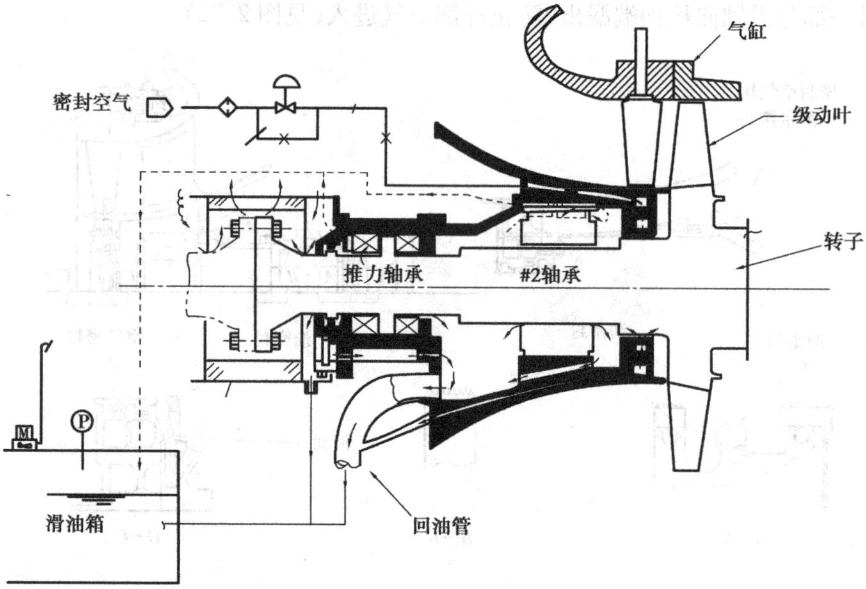

图 2.72　#2 轴承润滑和密封图

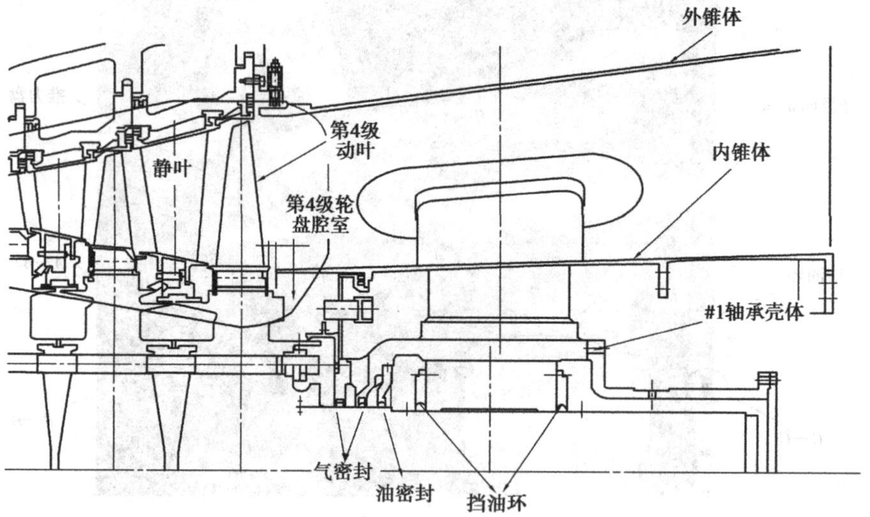

图 2.73　#1 轴承密封图

这样的结构既保证了#1 轴承的油气密封,而且为轴承箱周围提供了连续的通风,从而保证了轴承箱的工作温度在允许范围。4 级轮盘腔室处安装有热电偶测量轮盘温度,以监视冷却空气流量是否足够。

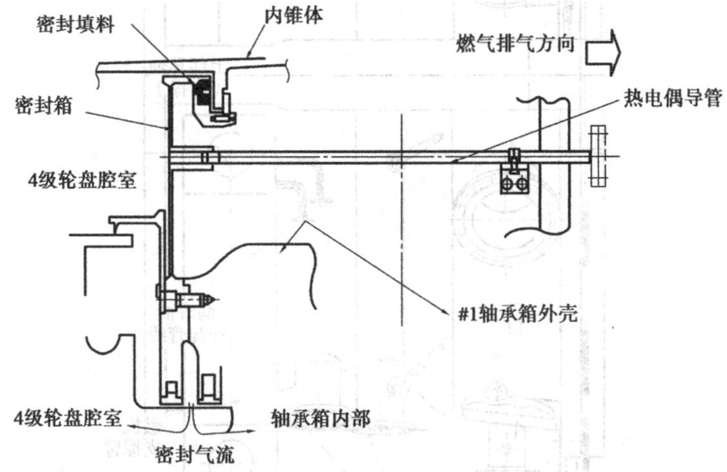

图 2.74 #1 轴承气密封图

2.6.2 缸体支撑

整个燃气轮机缸体共有 3 处支撑,分别位于压气机缸,透平缸和排气通道处(见图2.75)。

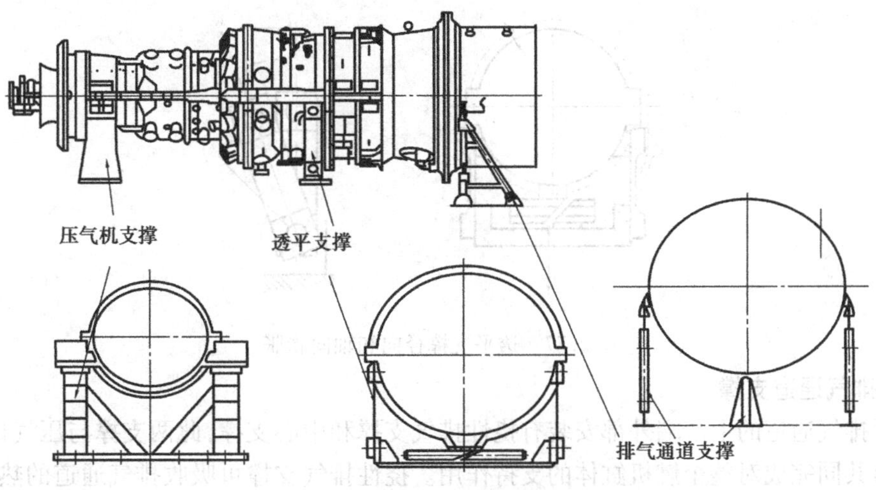

图 2.75 燃机缸体支撑

(1)压气机缸体支撑

在压气机缸的前端下部装有一刚性支架,此支架将压气机缸体沿轴向锁死,是整个燃气轮机缸体的膨胀死点,从而保证在燃气轮机缸体受热膨胀后,其变化方向只能从压气机进气端朝向透平排气端。

(2)透平缸体支撑

在透平缸的两侧装有柔性的耳轴支撑臂(也可称支撑腿,见图 2.76),支撑臂与透平缸和支架基座联接处均装有耳轴轴承。当透平气缸的温度增高时,耳轴支撑可以允许透平气缸沿轴向和水平方向进行热膨胀(见图 2.77),而不会影响与转子的对中。耳轴支撑臂上装有润滑油管路,润滑油通过其进入支撑臂中的油路通道冷却上部耳轴轴承。

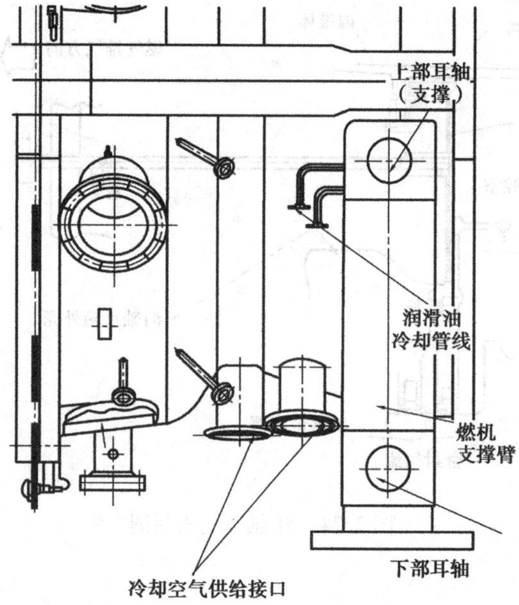

图 2.76　透平缸体支撑

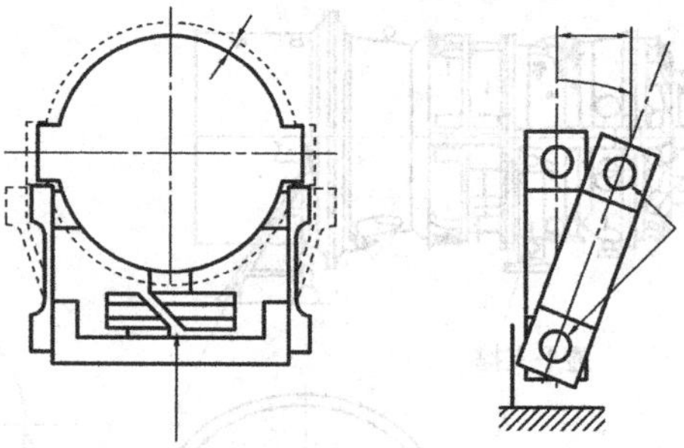

图 2.77　透平支撑径向和轴向膨胀

(3) 排气通道支撑

在后排气通道的上游端外部安装有挠性排气支撑和中心支撑，此两支撑与压气机侧和透平侧支撑共同完成对整个燃机缸体的支持作用。挠性排气支撑可吸收排气通道的热膨胀，用螺栓固定到基础板上，支架可按照需要加设垫片，以便透平找中。

2.7　三菱 F 级燃气轮机新技术介绍

根据燃气轮机特性，燃气轮机效率和功率随透平进口温度的提高而提升，所以不断提高热力参数一直是燃气轮机的发展趋势。为实现这一目的，各燃气轮机厂家不断开发新的高温合金材料，提高加工工艺水平以及采用新的冷却方式和涂层。

三菱公司为适应燃机市场的需要，提高自身 F 级机型的竞争力，针对 F 系列燃气轮机也进行了技术升级和改造。三菱公司最新 F 级升级版型号为 M701F4，该机型是在 F3 型和 G 型机组的设计与运行经验基础上开发设计的。M701F4 机组尽量保持了原有机型的结构特点，包括冷端驱动、双轴承、四级透平、拉杆式转子、环管燃烧室等，甚至包括轴承间距、转子直径，以使得机组能保持 F 级机组的特点，部分部件具有可互换性，以降低研发和生产成本，同时也为已有 F3 机组的电厂客户，在扩建以及升级改造时选择 F4 机型创造较大的便利条件。M701F4 具体设计参数见表 2.2。

表 2.2　M701F4 部分参数

项目名称		参数或说明
燃用燃料		气体燃料
单机总输出功率		312 MW
联合循环输出功率		465 MW
单机效率		39.3%
联合效率		59%
额定转速		3 000 r/min
压气机	叶片级数	17
	压气机空气流量	703 kg/s
	进口导叶开度角	-5°~34°
	形式	轴流式
	压比	18
	防喘抽气级数	3 级(6、11、14)
	IGV 控制方式	连续可调
燃烧室	布置方式	环管式
	燃烧器形式	干式低氮
	燃烧器数量	20
	燃烧器喷嘴数目	1 个值班喷嘴、8 个主喷嘴
透平	级数	4
	燃气初温	1 427 ℃
	冷却方式	空冷
燃气轮机排气温度		597 ℃

M701F4 燃气轮机与 F3 比较做了以下一些技术升级(见图 2.78、图 2.79)：

①增加压气机前 6 级叶片的高度，叶形从 F3 机组的双圆弧叶形改为多圆弧叶形，加大了 6% 的进气量，压比由 17 提高到 18。

②燃烧室采用了声衬结构避免了燃烧不稳定。

③透平第 4 级叶片采用宽弦比的叶片，通过增加高度来减少余速损失。

④热部件方面，引进了三菱 G 级燃气轮机的有关技术，燃烧室采用了与透平喷嘴相同的 MGA2400 材料。

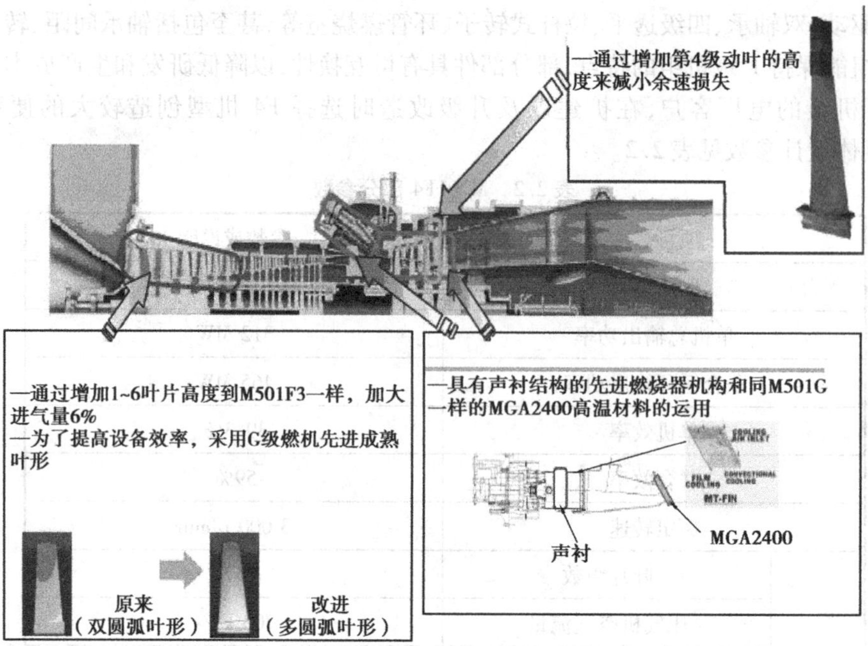

图 2.78　新技术运用 1

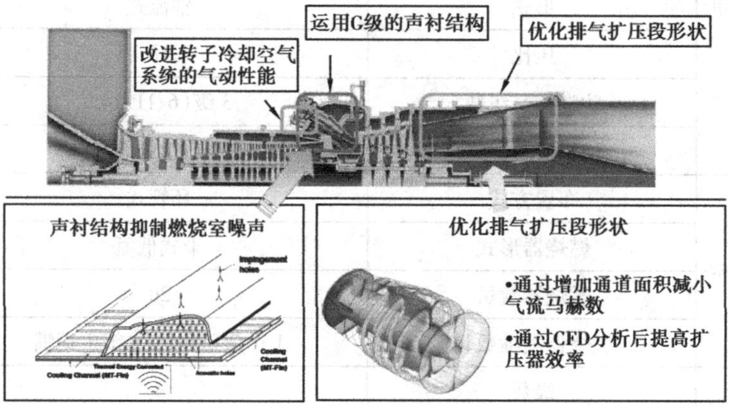

图 2.79　新技术运用 2

⑤透平部件通过更先进的冷却技术，使得透平进口温度提高了近 30 ℃而不影响部件使用寿命和大小修的周期。

⑥优化了排气段形状，通过增加通道面积减小气流速度。

通过以上升级改造，M701F4 型燃机单机出力和效率分别提升了 1.56% 和 1.1%，联合循环出力和效率提高了 1.68% 和 1.3%。

思考题

1. M701F 型燃气轮机结构的主要特点是什么？

2. 简述压气机、燃烧室、透平工作原理。

3. M701F 型燃气轮机压气机分段缸体的优点有哪些？
4. M701F 型燃气轮机压气机静叶设计上有何主要特点？
5. 简述 M701F 型燃气轮机压气机转子设计特点。
6. 扩散燃烧与预混燃烧的主要区别是什么？
7. 简述 M701F 型燃气轮机燃烧室燃料喷嘴结构特点。
8. M701F 型燃气轮机燃烧室火焰筒和过渡段是如何实现冷却的？
9. M701F 型燃气轮机燃烧室旁路阀是如何工作的？
10. M701F 型燃气轮机透平静叶的主要结构特点是什么？
11. 燃气轮机透平冷却方式有哪些？
12. M701F 型燃气轮机透平 1 级静叶和动叶冷却是怎样实现的？
13. 简述 M701F 型燃气轮机排气缸切向支撑的工作特点。
14. M701F 型燃气轮机轴承有哪几个？其主要结构特点是什么？
15. 简述 M701F 型燃气轮机缸体支撑的位置和特点。
16. M701F4 与 F3 比较有哪些技术改进？其主要参数有哪些提高？

第3章 燃气轮机高温热部件

3.1 高温合金及涂层介绍

3.1.1 高温合金材料介绍

(1)高温合金的概念及其特性

高温合金是指在650 ℃以上温度时具有一定力学性能和抗氧化、耐腐蚀性能的合金。

高温合金性能特点如下：

①高温合金具有较高的高温强度。

②良好的抗氧化和抗热腐蚀性能。

③良好的抗疲劳性能、断裂韧性、塑性。

高温合金组织特点为：高温合金为单一（奥氏体γ）基体组织，在各种温度下具有良好的组织稳定性和使用可靠性。

基于上述性能特点，且高温合金的合金化程度较高，又被称为“超合金”，是广泛应用于航空、航天、石油、电力、化工、舰船等领域的一种重要材料。

(2)高温合金的分类

按基体元素，可分为铁基、镍基、钴基等高温合金。

按合金强化类型，可分为固溶强化型合金、时效沉淀强化型合金。

按合金材料成型方式，可分为变形高温合金（可制成饼、棒、板、环形件、管、带和丝等）、铸造高温合金（普通精密铸造、定向铸造和单晶铸造合金）、粉末冶金高温合金（普通粉末冶金高温合金和氧化物弥散强化合金）。

按使用特性，可分为高强度合金、高屈服强度合金、抗松弛合金、低膨胀合金、抗热腐蚀合金等。

3.1.2 高温合金强化手段

高温合金强化就是把多种合金元素加到基体元素（镍、铁、钴）中，使之产生强化作用。

合金强化包括固溶强化、第二相强化(沉淀析出强化和弥散相强化)、晶界强化。

除合金强化外还有工艺强化,两者相互促进。工艺强化是通过新工艺改善冶炼、凝固结晶、热加工、热处理、表面处理等改善合金结构而强化。

(1)高温合金的固溶强化

固溶强化是将一些合金元素加入高温合金中,使之形成合金化的单相奥氏体而得到强化。高温合金中高熔点的铬、钨、钼是固溶强化的主要元素,提高合金的高温持久强度,其他元素的强化作用较弱。固溶强化作用随温度升高而下降。

(2)高温合金的第二相强化

高温合金主要依赖于第二相强化。第二相强化又分为时效析出沉淀强化、铸造第二相骨架强化、弥散质点强化。

时效析出沉淀强化主要是$\gamma'(Ni_3AlTi)$、$\gamma''(Ni_xNb)$或碳化物的时效沉淀强化。

弥散质点强化主要是氧化物质点或其他化合物质点的强化。

钴基铸造合金有碳化物骨架强化。

(3)高温合金晶界强化

高温时晶界产生滑动和迁移使晶界成为薄弱环节,降低高温强度。

晶界存在杂质元素的偏析,杂质在合金中平均含量很低时,就可能在晶界上产生很高的偏聚量,很多元素属于易偏聚元素,从它对高温合金的作用,可分以下两类:

①有害杂质。N_2、O_2、H_2、S、P要严格控制,其他有害元素有铋、碲、硒、铅、铊。

②有益的微合金元素。主要包括稀土元素,镁、钙、钡、硼、锆、铪等元素,这些元素通过净化合金及微合金化两个方面来改善合金。

(4)高温合金的强化工艺途径

高温合金的强化工艺主要有形变热处理、复相组织强化、单晶体位向与织构控制、快速凝固工艺。

3.1.3　高温合金部件制造工艺及热处理

(1)高温合金的冶金工艺

不含或少含铝、钛的高温合金,一般采用电弧炉或非真空感应炉冶炼。

含铝、钛高的高温合金如在大气中熔炼时,元素烧损不易控制,气体和夹杂物进入较多,因此应采用真空冶炼。为了进一步降低夹杂物的含量,改善夹杂物的分布状态和铸锭的结晶组织,可采用冶炼和二次重熔相结合的双联工艺。冶炼的主要手段有电弧炉、真空感应炉和非真空感应炉;重熔的主要手段有真空自耗炉和电渣炉。

(2)高温合金部件制造工艺

1)变形高温合金制造工艺

固溶强化型合金和含铝、钛低(铝和钛的总含量约小于4.5%)的合金锭可采用锻造开坯;含铝、钛高的合金一般要采用挤压或轧制开坯,然后热轧成材,有些产品需进一步冷轧或冷拔。直径较大的合金锭或饼材需用水压机或快锻液压机锻造。

2)铸造高温合金制造工艺

20世纪60年代,变形高温合金中的铝、钛及其他高熔点元素铬、钼、钨的含量不断提高,合金的热强度不断提高,但恰恰是高的热强度,使塑性变形加工过程的阻力严重增大,难以进行锻造、轧制等热加工，或者在加工过程中沿较脆弱的界面出现裂纹，变形高温合金已无法继续容纳更多的高熔点元素。

如果采用铸造的方式制备高温部件，那么合金中就可以熔入更多的固溶强化元素和第二相强化元素，因此铸造高温合金的工作温度达到 1 000 ℃左右，超过变形高温合金 50 ~ 100 ℃。而且，通过精密铸造工艺可以制成空心或多孔形叶片，通过对流和气膜冷却，可进一步提高叶片的工作温度。

铸造高温合金从 20 世纪 60—90 年代经历了等轴晶、定向柱晶到单晶的 3 个发展阶段。

①普通铸造(Conventional Casting,CC)

在一般条件下铸造零件时，熔融的合金在铸型中逐渐冷却，一开始就由多个晶核产生多个晶粒，随着温度降低，晶粒不断长大，最后充满整个零件。由于合金冷却时散热的方向未加控制，晶粒的长大也是任意的，因此得到的晶粒形状近似球形，称为等轴晶。

晶粒之间的界面称为晶界。晶界上往往存在许多杂质和缺陷，因而晶界往往是最薄弱的易破坏区域。虽然采用细晶铸造工艺能在一定程度上改善铸造高温合金的持久强度和疲劳性能，但是无论如何净化晶界或提高晶界强度，始终不能改变晶界是最薄弱环节的事实。

普通铸造获得的是大量等轴晶。等轴晶的长度和宽度大致相等，纵向晶界和横向晶界的数量也大致相同。横向晶界比纵向晶界更容易断裂。

②定向铸造(Directionally Solidified,DS)

定向柱晶铸造工艺的目的就是形成并列的柱状晶，消除横向晶界。使透平叶片工作时最大的离心力与柱晶之间的纵向晶界平行，减少了晶界断裂的可能性。

定向铸造是控制铸型中的散热方向和冷却速度，使熔融金属由叶片的一端向另一端逐渐凝固，由于开始时有若干晶核同时生成，因此沿叶片的纵向形成排列整齐的几条柱晶。

与普通铸造的等轴晶比较，定向柱晶组织更耐高温腐蚀，可使工作温度提高约 50 ℃，还使疲劳寿命提高 10 倍以上。

③单晶铸造(Single Crystal,SC)

单晶铸造的透平叶片只有一个晶粒，完全消除了晶界的有害作用。单晶铸造过程的特点是控制熔融金属在铸型内的散热条件，只允许一个优选的柱晶长大。

单晶铸造工艺广泛使用引晶法，熔融金属注入铸型后，与底部激冷板接触的合金首先凝固，形成许多细小的晶粒，继续注入熔融金属，使这些小晶粒沿螺旋选晶器向上生长，大部分晶粒受到阻碍，只有一个晶粒能通过选晶器的狭小通道继续生长，最后充满整个型腔。

3)粉末冶金工艺

铸造高温合金可以熔入大量的高熔点元素，如钼、钨、铊等。但这些元素密度较高，容易形成偏析，影响合金性能的稳定。

而粉末高温合金可以避免元素偏析的缺点。因为用快速凝固法制出的超细粉末，直径只有 10 ~ 100 μm 甚至更小，每一个粉末颗粒就是一个铸件，因此整体高温合金成分均匀，无宏观偏析，合金化程度可超过铸造合金。

(3)高温合金的热处理工艺

高温合金的性能与合金的组织有密切关系，而组织是受金属热处理控制的。高温合金需要进行热处理的工艺为：沉淀强化型合金通常进行固溶处理和时效处理；固溶强化型合金只进行固溶处理；有些合金在时效处理前还要进行一两次中间处理。

固溶处理的目的：一是使第二相溶入合金基体，以便在时效处理时使γ′、碳化物等强化相均匀析出；二是获得适宜的晶粒度以保证高温蠕变和持久性能。固溶处理温度一般为1 040 ~1 220 ℃。

时效处理的目的是使过饱和固溶体均匀析出γ′相或碳化物以提高高温强度。时效处理温度一般为700 ~1 000 ℃。

目前广泛应用的合金，在时效处理前多经过1 050 ~1 100 ℃中间处理。中间处理的主要作用是在晶界析出碳化物的同时，使晶界以及晶内析出较大颗粒的γ′相与时效处理时析出的细小γ′相形成合理搭配，提高合金持久和蠕变寿命。

3.1.4 高温合金保护涂层及工艺

(1)高温合金保护涂层简介

高温合金保护涂层主要有3种类型：一是扩散涂层(Diffusion Coating)；二是包覆涂层(Overlay Coating)，即MCrAlY型金属涂层；三是热障涂层(Thermal Barrier Coatings，TBC)，由金属结合层MCrAlY加陶瓷层$ZrO_2 \cdot Y_2O_3$构成。

1)扩散涂层

扩散涂层用于较高温度下需要抗氧化、抗腐蚀的部件，主要有简单铝化物涂层和改进型铝化物涂层等，常用的是改进型铝化物涂层，如PtAl、NiAl(20% ~33%的铝)等。

扩散涂层采用热渗法工艺，包括固渗、料浆渗、气相渗及熔渗等。

2)包覆涂层

MCrAlY型合金包覆涂层用于在极高温度下需要抗氧化的部件，用作独立涂层或热障涂层的底层。

MCrAlY中的M是基体元素，可以是Ni或Co，也可以是Ni、Co联合使用；Al是生成Al_2O_3的必需的元素，高Al含量能延长高温氧化条件下涂层的寿命，但也使其脆性增加，因此Al的质量分数控制为8% ~12%，并向低Al含量方向发展；Cr主要用来提高黏结层的抗氧化和耐腐蚀能力。高温条件下，黏结层中Al优先氧化完毕后，Cr继续在Al_2O_3膜与黏结层之间形成Cr_2O_3膜，起到屏蔽基体合金作用，并促进Al_2O_3膜的生成，但Cr会降低涂层的韧性，应在保证抗氧化及抗腐蚀性的前提下，使Cr含量尽可能低；Y质量分数一般在1%以下，起到细化晶粒、提高Al_2O_3膜与基体结合力的作用，改善涂层的热振性，降低黏结层的氧化速率。

MCrAlY涂层有双相显微结构β+γ。γ相能增强涂层的延性提高热疲劳抗力，涂层中的β(NiAl)相在高温热暴露下可趋向分解，Al向表面热生长氧化层(Thermally Grown Oxide，TGO)及基体内扩散，β相Al的消耗程度影响涂层的寿命。

MCrAlY涂层可用热喷涂、物理沉积、熔烧等工艺制备。

3)热障涂层

典型的热障涂层在结构上包含以下4个部分：

①基体。即被保护的零件。

②金属结合层(Bond Coat，BC)。通常为高温合金MCrAlY(M代表Ni、Co或NiCo合金)。

③热生长氧化物层(TGO)。TGO是在高温条件下外部氧通过陶瓷顶层到达BC层表面并使其氧化而形成的，通常为一致密的Al_2O_3薄膜，在随后的工作过程中能够阻止外部氧向BC层内部和基体扩散，起保护基体金属的作用。

④陶瓷顶层(Top Coat,TC)。一般常采用有 Y_2O_3(质量比6% ~8%)稳定的 ZrO_2 陶瓷层(氧化钇稳定的氧化锆,英文缩写为 YSZ)。正是由于陶瓷层 YSZ 具有低的热传导率和相对较高的热膨胀系数,使其有优越的热障和耐热冲击性能。

热障涂层(TBC)底层可用高速氧燃料火焰喷涂或低压等离子喷涂方法施加,陶瓷层可用大气等离子喷涂、低压等离子喷涂或电子束-物理气相沉淀工艺施加。

(2)高温合金保护涂层的施加工艺

高温合金保护涂层施加工艺主要有热渗、热喷涂、气相沉淀等。热渗法主要用于扩散涂层的制备;热喷涂法及气相沉淀法多用于金属涂层及热障涂层的制备。下面主要介绍几种常用的涂层制备工艺。

1)热喷涂工艺

目前,常用的热喷涂工艺有高速氧燃料火焰喷涂(High Velocity Oxygen Fuel,HVOF)、等离子喷涂等。

①高速氧燃料火焰喷涂(HVOF)

高速氧燃料火焰喷涂是20世纪80年代出现的一种高能喷涂方法,它的开发是继等离子喷涂之后热喷涂工业最具创造性的进展。高速氧燃料火焰喷涂方法可喷涂的材料很多,其火焰含氧少且温度适中,焰流速度很高,能有效地防止粉末涂层材料的氧化和分解。

②等离子喷涂

等离子喷涂技术是最早用于制备热障涂层的先进工艺。它是用等离子体发生器(等离子喷枪)产生等离子体,利用等离子焰流将金属或陶瓷粉末加热到熔融状态,并高速喷射在经预处理的基底表面上,当熔融状态的颗粒以30 ~500 m/s 的速度撞击在基底上时,迅速在基底表面铺展、凝固,形成薄片,下一个颗粒在撞击到基底上之前,前一个颗粒已经凝固,从而在基底表面形成一种具有特殊功能的涂层。按照工艺不同,可分为大气等离子喷涂(Atmospheric Plasma Spraying,APS)、低压等离子喷涂(Low Pressure Plasma Spraying,LPPS)等。

大气等离子喷涂(APS)工艺的特点是操作简便,加热温度高,对涂层材料的要求宽松,沉积率高,制备成本低。APS 涂层的组织呈片层状,空洞较多,优势在于孔隙率大,隔热性能好,但是涂层中较多的疏松与空洞以及片层界面都可能成为导致涂层失效的裂纹源,因此 APS 涂层的抗热振性能差。

低压等离子喷涂(LPPS)是在负压密封容器内进行的。低压等离子喷涂工艺的特点是焰流速度高,粒子动能大,形成的涂层致密,结合强度高。如图3.1所示为低压等离子喷涂工艺制备的 MCrAlY 涂层示意图。

2)电子束-物理气相沉淀(Electron Beam-Physical Vapor Deposition,EB-PVD)工艺

电子束-物理气相沉淀方法是用电子束来蒸发、汽化涂层材料,通过稀薄气氛把蒸气输送到基体上,涂层材料蒸气在基体上冷凝形成涂层。涂层附着力强、工艺温度低、涂层纯度高、组织致密,但设备复杂,生产成本高。

EB-PVD 沉积的涂层表面光洁,涂层/基体的界面为化学结合,结合力强。涂层为垂直于基体表面的柱状晶结构,柱状晶之间存在非冶金结合界面,这种结构明显提高了涂层的抗形变能力。如图3.2所示为EB-PVD 工艺制备的 TBC 涂层示意图。EB-PVD 涂层的热循环寿命高于 APS 涂层。

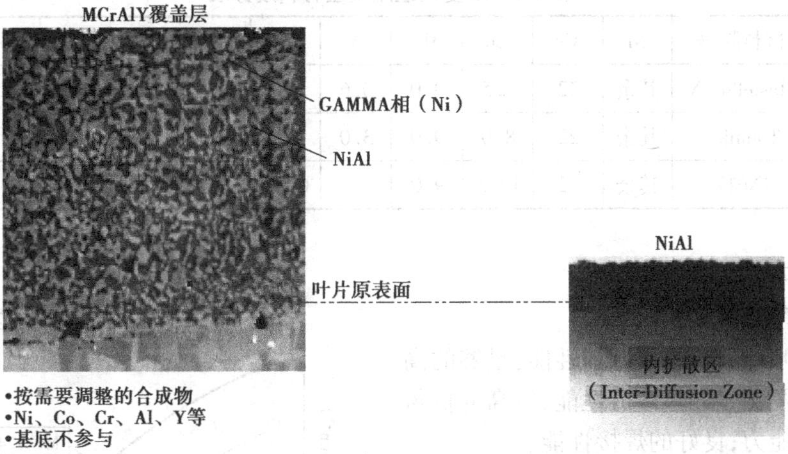

图3.1　低压等离子喷涂工艺制备的MCrAlY涂层示意图

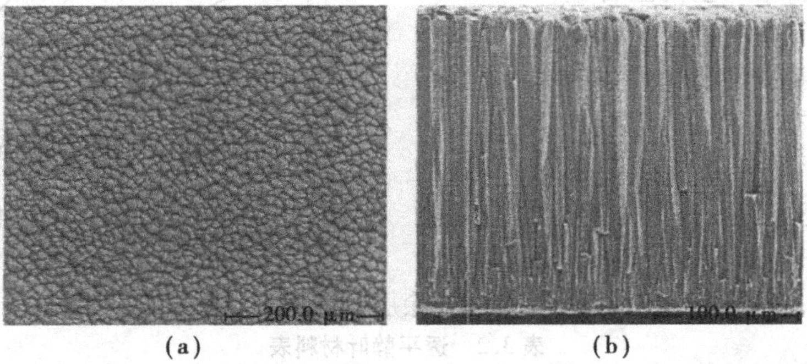

图3.2　EB-PVD工艺制备的TBC涂层的表面形貌(a)和断面形貌(b)

3.2　燃气轮机热部件材料及失效方式

3.2.1　燃气轮机热部件材料

(1)燃烧室热部件材料

燃烧室在高温、变工况的环境下运行，所受的机械应力较小，但热应力较大，对材料的主要要求有：高温抗氧化和抗燃气腐蚀性能；足够的瞬时和持久强度；良好的冷热疲劳性能；良好的工艺塑性（持久、弯曲性能）和焊接性能；合金在工作温度下组织的长期稳定性。

三菱M701F型机组燃烧室材料早期使用固溶强化型镍基变形高温合金Hastelloy X，升级后使用三菱专门开发的固溶强化型镍基变形高温合金Tomilloy，该合金源于IN617合金，在高达1 100 ℃高温下具有很好的瞬时和长期机械性能、高抗氧化性、高抗碳化性，并具有良好的焊接性能及冷热加工性能，3种合金材料成分见表3.1。

表 3.1　三菱机组燃烧室材料成分表

材料牌号	Ni	Cr	Co	Mo	W	C	Ti	Al	Cu	Fe
Hastelloy X	其余	22	1.5	9.0	0.6	0.1	—	—	—	18.5
Tomilloy	其余	22	8.0	9.0	3.0	0.2	—	—	0.5	3
IN617	其余	22	12.5	9.0	—	0.07	0.3	1.2	—	1.5

(2)透平热部件材料

1)透平静叶片用高温合金

透平静叶片材料应具有的性能:足够的高温持久强度及良好的热疲劳性能;较高的抗氧化和抗腐蚀能力;良好的焊接性能。

三菱开发了适用于 1 400 ℃以上温度的透平静叶片的新型镍基高温合金 MGA2400,代替了原来的钴基高温合金 X45、ECY768,3 种合金的蠕变断裂性能比较如图 3.3 所示。MGA2400 不仅有良好的高温蠕变强度,还具有很好的抗低周热疲劳、抗热腐蚀及抗高温氧化能力,同时还具有良好的焊接性能。三菱 M701F3 型燃气轮机透平静叶片都采用了 MGA2400 材料,其中透平 1、2 级静叶有 TBC 涂层,见表 3.2。

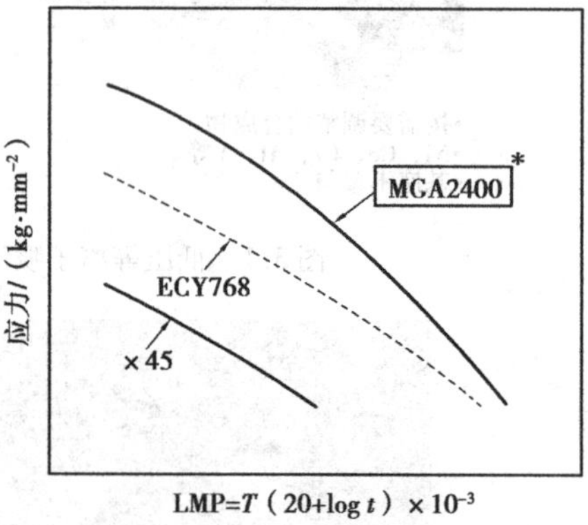

图 3.3　MGA2400 合金蠕变断裂性能 LMP(Larson-Millar 参数)比较

表 3.2　透平静叶材料表

叶　片	改进前(F 型)	改进后(F3 型)
透平 1 级静叶	ECY768	MGA2400 + TBC
透平 2 级静叶	ECY768	MGA2400 + TBC
透平 3 级静叶	X45	MGA2400
透平 4 级静叶	X45	MGA2400

2)透平动叶片用高温合金

透平工作叶片是燃气轮机上最关键的构件之一。虽然工作温度比透平静叶片要低,但是受力大而复杂,工作条件恶劣,因此对透平叶片材料要求有:高的抗氧化和抗腐蚀能力;高的抗蠕变和持久断裂能力;良好的机械疲劳和热疲劳性能等。

三菱开发了适用于 1 400 ℃以上温度的透平动叶片的新型镍基合金 MGA1400,代替了原来 IN738LC 和 U520 合金。第 1 级动叶采用定向结晶(DS)的铸造方法成型,采用定向结晶铸造的合金可以比普通铸造(CC)的合金耐温提高 20 ℃,比 IN738LC 提高 50 ℃,比 U520 提高 70 ℃,3 种合金的蠕变断裂性能比较如图 3.4 所示。三菱 M701F3 型燃气轮机透平动叶片都采用了 MGA1400 材料,其中透平 1、2 级动叶有 TBC 涂层,见表 3.3。

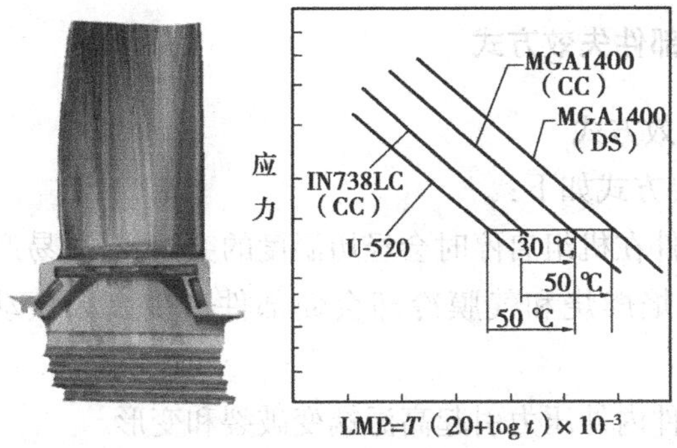

图 3.4　MGA1400 合金宏观组织及蠕变强度比较示意图

表 3.3　透平动叶材料表

叶　片	改进前（F 型）	改进后(F3 型)	
		材料	涂层
透平 1 级动叶	IN738LC	MGA1400DS	TBC
透平 2 级动叶	IN738LC	MGA1400	TBC
透平 3 级动叶	IN738LC	MGA1400	MCrAlY
透平 4 级动叶	U500	MGA1400	MiCrAlY

3.2.2　燃气轮机热部件涂层

燃气轮机高温热部件主要使用了金属包覆涂层(MCrAlY 涂层)和热障涂层(TBC)。

金属包覆涂层为 CoNiCrAlY,主要用在透平 3、4 级动叶表面和热障涂层的金属结合层。

热障涂层(TBC)主要用在燃气轮机的火焰筒、过渡段、透平的 1 级动叶及静叶、透平的 2 级动叶及静叶,采用热障涂层后,避免了高温燃气与金属表面直接接触,在有冷却的情况下,金属表面的温度可以比燃气的温度低 50 ℃左右。

热障涂层的陶瓷层采用的材料为 $ZrO_2 \cdot Y_2O_3$,厚度约为 0.3 mm;金属结合层采用 CoNiCrAlY包覆涂层,厚度约 0.1 mm(见图 3.5)。

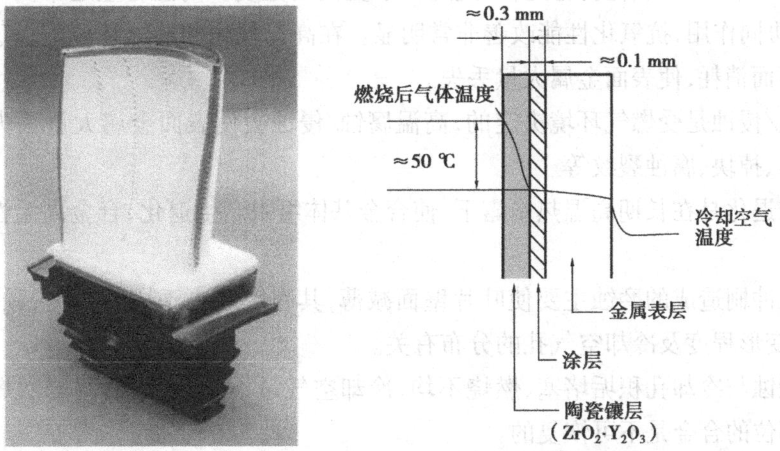

图 3.5　透平热部件热障涂层示意图

3.2.3 燃气轮机热部件失效方式

(1)燃烧室热部件失效方式

燃烧室部件失效主要方式如下：

①低周疲劳失效：部件在机组启停时会经历温度的突然变化，易产生低周疲劳失效。

②高周疲劳失效：火焰燃烧和气膜冷却会使部件产生高频振动而可能产生高周疲劳失效。

③高温蠕变破裂：部件内外压力引起高温蠕变破裂和变形。

④热机械疲劳：稳定运行时，燃烧过程及筒壁冷却所产生的热应力很可能产生热疲劳。

⑤高温氧化、烧蚀。

⑥磨损。

(2)透平热部件失效方式

透平热部件主要失效方式有：外物打击损伤(产生裂纹、掉块、打击坑)；涂层损耗失效(开裂及脱落)；高温氧化；高温腐蚀/侵蚀；基体组织退化；高温蠕变；燃气颗粒冲刷造成的磨蚀；由于积垢堵塞冷却孔或其他原因导致的局部烧蚀；由于温度剧烈变化引起的热疲劳裂纹。

外物打击损伤可能是燃料喷嘴、火焰筒、过渡段等部分组件脱落造成的损失。火焰筒弹性密封片脱落、值班燃料喷嘴裂纹导致头部脱落、过渡段后框浮动密封部分断裂等都可成为打击外物。

涂层消耗及失效是透平热部件使用期限的主要考虑因素。高温氧化、热腐蚀、燃气颗粒冲刷侵蚀、疲劳裂纹等都会使涂层产生减薄或脱落。涂层失效后会直接损害基体金属，使其产生高温氧化腐蚀、组织急剧退化、产生裂纹等，从而会因无法修复而报废。

高温氧化不管是燃用何种燃料都是普遍存在的，只是程度严重有别。高温合金及涂层抗高温氧化性能取决于 Cr、Al 的含量，Cr、Al 都会在金属表面生成致密的氧化层，从而防止基体组织进一步氧化，但 Cr_2O_3 在高温和高氧压下易形成挥发性的 CrO_3，使 Cr 消耗加剧，而 Al 的氧化物在高温下较 Cr 的氧化物稳定，因此适用于更高的温度。高温合金通常同时含有 Cr 和 Al，由于两者协同作用，抗氧化性能改善非常明显。在高温氧化和冲蚀环境下，氧化保护膜会不断开裂脱落而消耗，使表面金属大量丢失。

高温腐蚀/侵蚀是受燃气环境决定的，高温腐蚀/侵蚀会使表面金属大量丢失，形成腐蚀坑、孔洞、脱落、掉块、腐蚀裂纹等。

基体组织退化是在长期高温热暴露下，使合金基体组织产生退化，合金高温性能下降，合金变脆。

燃气颗粒冲刷造成的磨蚀主要使叶片壁面减薄，其程度取决于燃气温度、颗粒密度及硬度，也与叶片变形程度及冷却空气孔的分布有关。

过热和烧蚀与冷却孔积垢堵塞、燃烧不均、冷却空气量不足、火焰后移二次燃烧等有关。过热和烧蚀部位的合金是不可恢复的。

热疲劳裂纹：透平热部件在长期运行中产生裂纹的因素中热疲劳是首要的。材料在加热、冷却的循环作用下，由于交变热应力引起的破坏称为热疲劳。透平热部件热应力主要来源于:透平热部件各部位温度场分布不均匀、温度波动较大引起的应力;透平热部件自由膨胀或收缩受到约束限制引起的应力;透平热部件结构复杂、尺寸厚度变化很大,因此存在较大的结构内应力;透平热部件在加热、冷却时由于较大的温度梯度引起的应力等。透平热部件热疲劳裂纹扩展速度取决于热应力大小、热循环次数、结构内应力、燃气环境(高温腐蚀、氧化、积垢、冲蚀等)、材料的高温性能、涂层质量与工艺等因素。

产生热疲劳及影响热疲劳裂纹扩展速度的首要因素是透平热部件所经历的热循环次数和强度(单次热循环中部件的温度梯度、温度波动、结构内应力及其综合作用的大小)。热疲劳裂纹产生之后会快速发展,应力释放后会进入稳定发展期,尤其对透平静叶片这样的静止部件,由于没有大的外加应力,因此,热疲劳裂纹的稳定发展期会较长。

3.2.4　燃气轮机热部件失效示例

下面的热部件失效图片来自某三菱 F 级燃气-蒸汽联合循环电厂。

(1)燃烧室部件失效示例

燃烧室部件的失效示例如图 3.6、图 3.7 所示。

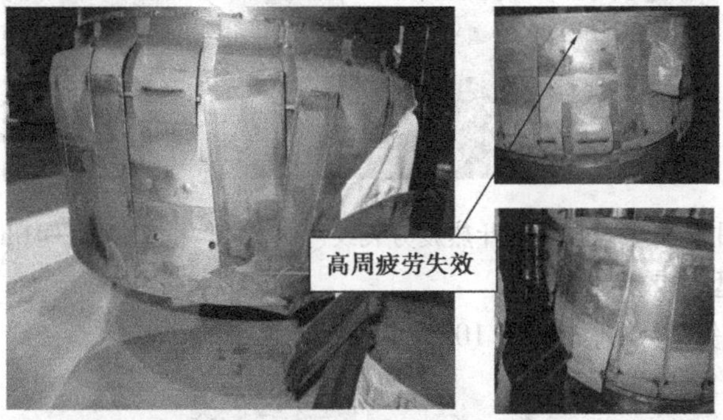

图 3.6　火焰筒弹性密封片高周疲劳失效示例(启停 293 次,6 529EOH h)

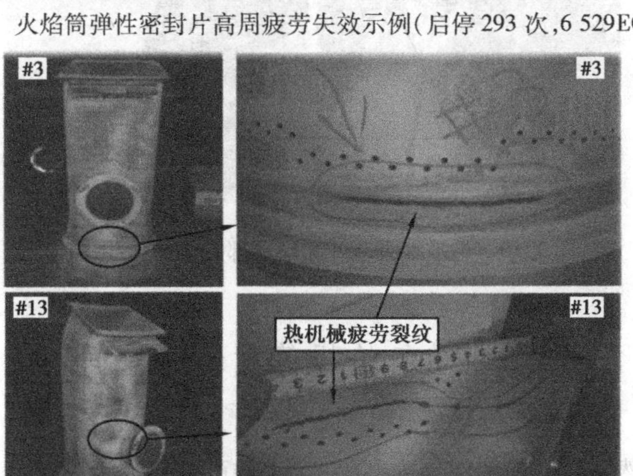

图 3.7　过渡段热机械疲劳失效示例(启停 300 次,6 369 EOH h)

(2)透平静叶典型失效示例

透平静叶的典型失效示例如图 3.8、图 3.9 所示。

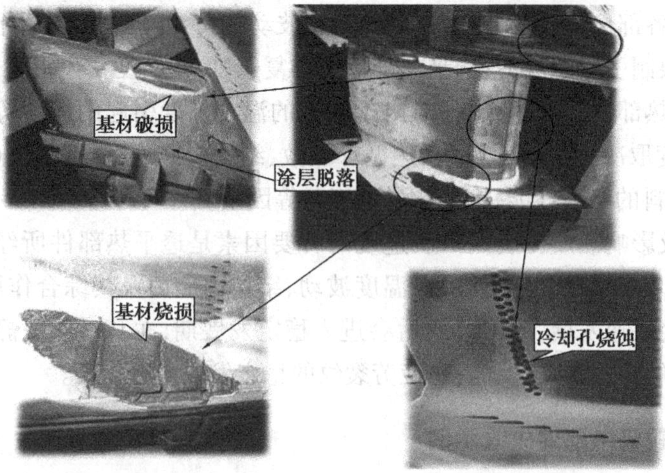

图 3.8　局部烧损比较严重的 1 级喷嘴静叶(启停 542 次,13 726EOH h)

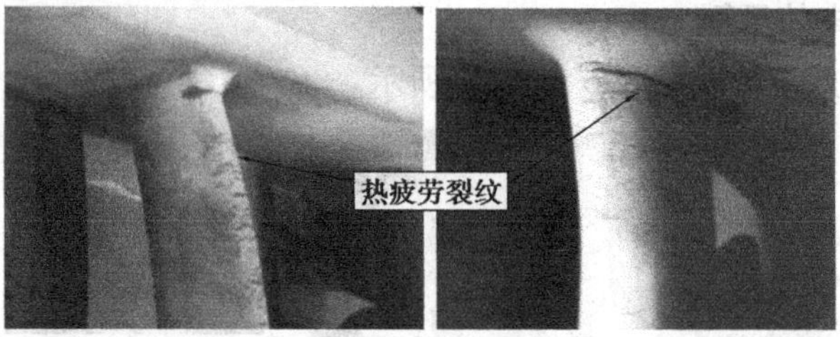

图 3.9　3 级喷嘴静叶热疲劳裂纹(启停 542 次,13 726EOH h)

(3)透平动叶典型失效示例

透平动叶的典型失效示例如图 3.10 所示。

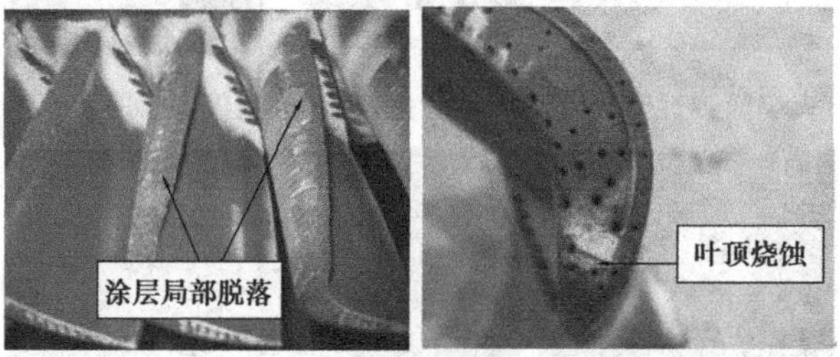

图 3.10　透平 1 级动叶涂层局部脱落及顶部烧蚀

3.3　燃气轮机等效运行时间

三菱 M701F 型燃气轮机热部件分为两类:第 1 类高温热通道热部件和第 2 类高温热通道热部件。

第 1 类高温热通道热部件承受更高的工作温度,包括火焰筒、过渡段、联焰管、燃料喷嘴、透平第 1 级静叶、透平第 1 级动叶和透平第 1 级复环。

第 2 类高温热通道热部件承受较低的工作温度,包括透平第 2 级静叶、透平第 2 级动叶、透平第 2 级复环、透平第 3 级静叶、透平第 3 级动叶、透平第 3 级复环、透平第 4 级静叶、透平第4级动叶和透平第4级复环。

(1)M701F型燃气轮机热部件等效运行时间

M701F型燃气轮机热部件等效运行小时(*EOH*)计算公式为

$$EOH(1)\text{或}EOH(2) = (AOH + A \times E) \times F$$

式中 *AOH*——燃气轮机实际运行时间,h;

EOH——燃气轮机等效运行时间,h;将跳机、甩负荷和快速负荷变化造成的寿命损失与正常运行时间一起折算后的燃气轮机运行时间;

EOH(1)——第1类热通道部件的等效运行时间;

EOH(2)——第2类热通道部件的等效运行时间;

A——正常停机(只针对第2类高温通道部件)、甩负荷、跳机及快速变负荷情况下的等效运行时间的修正因素。对于第1类热通道部件 $A = 20$;第2类热通道部件$A = 10$;

E——正常停机(只针对第2类高温通道部件)、甩负荷、跳机及快速变负荷情况下的正常停机等效时间,h;即

$$E = N + \sum_{i=1}^{B}(LR_i) + \sum_{i=1}^{C}(T_i) + \sum_{i=1}^{D}(LC_i)$$

式中 *N*——正常停机实际次数(只针对第2类高温通道部件);

B——甩负荷次数;

LR_i——甩负荷的修正系数(甩负荷换算成正常运行的启机次数),如图3.11所示;

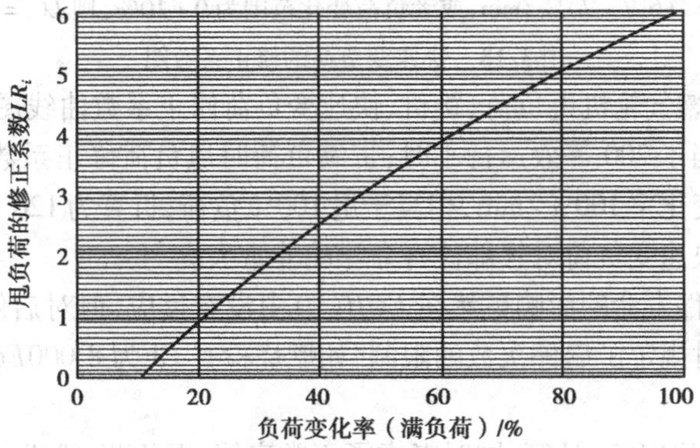

如果所甩负荷小于标准负荷的10%,则等效次数为0

图3.11　甩负荷的修正系数图

C——跳机次数;

T_i——跳机次数的修正系数(跳机换算成正常运行的启机次数),如图3.12所示;

D——快速变负荷的次数;

LC_i——快速变负荷的修正系数(快速负荷变化换算成正常运行的启机次数),如图3.13所示;

F——燃料因素。使用气体燃料时为1.0;使用液体燃料时为1.25。

(2)M701F燃气轮机热部件等效运行时间计算分析

第1类热部件的*EOH*(1)不计算正常启停的影响,只对甩负荷、跳机、快速变负荷进行*EOH*的折算。

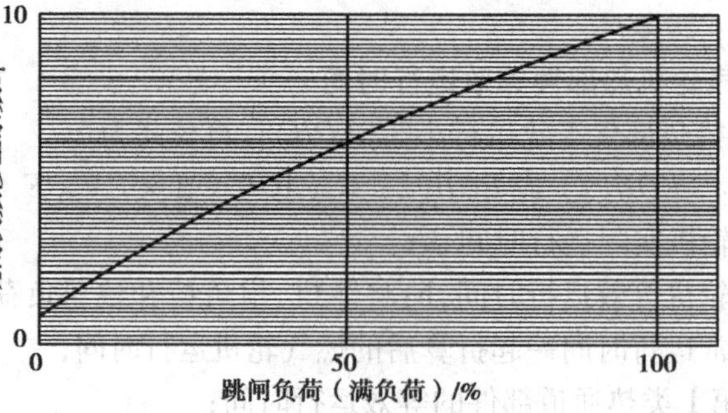

图 3.12　跳机次数的修正系数图

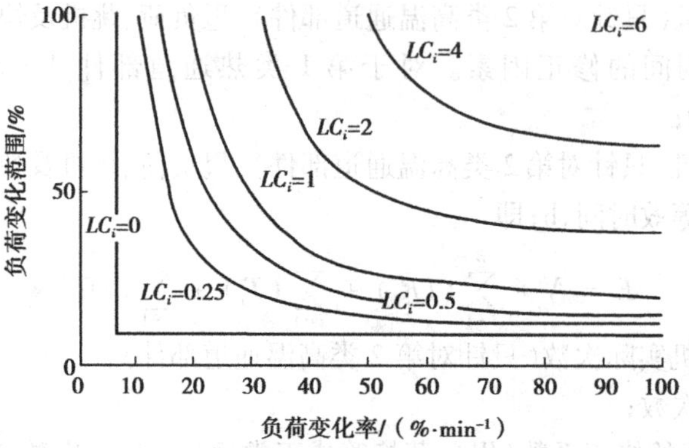

燃机负荷变化率≤(6.7～7)%/min,或者负荷变化范围为0～10%,则$LC_i=0$,等效次数为0

图 3.13　快速变负荷的修正系数图

根据三菱提供的燃气轮机甩负荷、跳机、快速变负荷修正系数曲线图,如果带满负荷跳机修正系数$T_i=10$,相当于200等效运行小时;带满负荷时甩负荷修正系数$LR_i=6$,相当于120等效运行小时;负荷变化率100%/min,相当于甩100%负荷,折算为120等效运行小时。由此可知,甩负荷、跳机、快速变负荷对热部件寿命影响非常大。

正常启停对热部件寿命的影响虽然在*EOH*(1)中没有反应,但对启停频繁的两班制运行方式的情况,三菱同时规定了启停次数的限制,如燃烧检查CI为8 000*EOH*(1)或300次启停以先到为准。

第2类热部件的*EOH*(2)计算,同时考虑了正常启停、甩负荷、跳机、快速变负荷对寿命的影响,根据三菱提供的*EOH*(2)计算公式,对于同样的实际运行小时,*EOH*(2)将远大于*EOH*(1),也就是同样的设计使用寿命下第2类热部件的实际运行寿命远小于第1类热部件的实际运行寿命。

3.4　燃气轮机检修间隔期及检修策略

(1)M701F 型燃气轮机检修间隔期

M701F型燃气轮机推荐的检修间隔期见表3.4。

表 3.4　三菱 M701F 型燃气轮机推荐的检修间隔期

检修类型	检修间隔期
燃烧室检查(CI)	8 000 等效运行小时或 300 次启停,以先到为准
透平检查(TI)	16 000 等效运行小时或 600 次启停,以先到为准
整体大修检查(MI)	48 000 等效运行小时或 1 800 次启停,以先到为准

(2)M701F 型燃气轮机检修策略

M701F 型燃气轮机检修策略:一是每年启动次数不超过 300 次;二是每次启动运行时间约 15 h;三是每年运行时间 4 500 h 的运行条件下,其建议的检修策略见表 3.5。

表 3.5　三菱 M701F 型燃气轮机一个大修周期内检修策略

检修间隔期	检查和维护类型	检修时间
第 1 次 8 000*EOH*(1)或者 300 次启停以先到为准	燃烧室检查	10 d
第 2 次 16 000*EOH*(1)或者 600 次启停以先到为准	透平检查	16 d
第 3 次 24 000*EOH*(1)或者 900 次启停以先到为准	燃烧室检查	10 d
第 4 次 32 000*EOH*(1)或者 1 200 次启停以先到为准	透平检查	16 d
第 5 次 40 000*EOH*(1)或者 1 500 次启停以先到为准	燃烧室检查	10 d
第 6 次 48 000*EOH*(1)或者 1 800 次启停以先到为准	大修检查	35 d

3.5　燃气轮机热部件设计寿命

按照三菱推荐,第 1 类和第 2 类热部件的预期使用寿命分别见表 3.6、表 3.7。

表 3.6　第 1 类高温通道热部件预期使用寿命 *EOH*(1)

第 1 类高温通道热部件	预期使用寿命(等效运行小时数或者启停次数)
火焰筒	24 000*EOH*(1)或者 1 600 次启停以先到为准
过渡段	24 000*EOH*(1)或者 1 600 次启停以先到为准
联焰管	24 000*EOH*(1)或者 1 600 次启停以先到为准
燃料喷嘴	50 000*EOH*(1)或者 1 800 次启停以先到为准

续表

第 1 类高温通道热部件	预期使用寿命(等效运行小时数或者启停次数)
透平第 1 级静叶	50 000*EOH*(1)或者 1 800 次启停以先到为准
透平第 1 级动叶	50 000*EOH*(1)或者 1 800 次启停以先到为准
透平第 1 级复环	50 000*EOH*(1)或者 1 800 次启停以先到为准

表 3.7　第 2 类高温通道部件预期使用寿命 *EOH*(2)

第 2 类高温通道热部件	预期使用寿命(等效运行小时数)/h
透平第 2 级静叶	50 000*EOH*(2)
透平第 3 级静叶	80 000*EOH*(2)
透平第 4 级静叶	100 000*EOH*(2)
透平第 2 级动叶	50 000*EOH*(2)
透平第 3 级动叶	50 000*EOH*(2)
透平第 4 级动叶	100 000*EOH*(2)
透平第 2 级复环	50 000*EOH*(2)
透平第 3 级复环	80 000*EOH*(2)
透平第 4 级复环	100 000*EOH*(2)

3.6　燃气轮机热部件寿命管理

三菱 F 型燃气轮机透平初温达到了 1 400 ℃以上,该温度接近热部件高温合金的熔点温度,即使 F 级燃气轮机热部件采用了先进的冷却技术、先进的铸造工艺和先进的涂层技术,但是根据目前我国在运行的 F 燃气轮机电厂的实际使用情况来看,部分高温端热部件的损坏失效周期还是远小于厂家推荐的更换周期,因此为保障机组安全不得不提前进行检修加以更换。对于透平第 3、4 级的热部件而言,由于温度相对较低,有可能使用周期要大于厂家推荐的更换周期。因此,为了提高热部件的运行可靠性、降低维修成本,对热部件进行完善的寿命监督管理变得非常重要。

热部件寿命监督管理是运用各种先进的方法对热部件的使用状态和寿命进行连续有效的监测和评估的一种动态管理模式,目标是确保机组安全、经济可靠地运行。

热部件寿命管理工作的内容应该包括建立热部件使用档案(包括热部件新件的质量验收档案、热部件每个更换周期内的运行档案和热部件返修档案等)、热部件备件优化管理、热部件使用状态监测、热部件使用寿命预测与评估、热部件的翻修及延寿等。

进行热部件寿命管理的难点在于对热部件使用寿命预测与评估,这对于延长热端部件的使用寿命和制订合理的检修计划具有重大的实际意义。目前,国内还没有成熟的热部件寿命预测与评估体系,国外一些研究机构在这方面已有较长时间的探索和研究,如美国电力研究所

(EPRI)、意大利中央电力研究所(CESI)都开发了相关管理系统,并且在不断深入与完善中。

3.6.1　热部件备件优化管理

我国现运行的F型燃气轮机电厂多采用昼启夜停的调峰运行方式,不同于国外F型燃气轮机电厂带基本负荷长期运行的方式。这样的运行方式对热部件的损伤尤为严重,因此要及时总结机组运行条件下的热部件损坏失效方式及合理的更换周期,同时结合机组数量及投运期,制订从全寿命周期成本最低出发的热部件优化配置(购置、返修)策略,从而实现对所有热部件进行全寿命周期的优化管理。

热部件优化管理是一个长期不断完善的过程,是一种动态管理,既要实现热部件全寿命周期内成本的最优化,又要实现风险的最低化。

燃气轮机电厂热部件优化管理分为两个阶段进行:一是机组投运前根据厂家推荐及使用经验的总结制订热部件优化配置方案;二是机组运行后通过各种先进的检测技术对热部件寿命状态进行跟踪监测与评估,从而不断完善热部件优化配置方案。

3.6.2　热部件使用状态监测

燃气轮机热部件使用状态监测可分为运行期间监测和检修期间监测,运行期间监测可以通过定期的内窥镜检查、实时状态监测等手段进行;检修监测是在小修、中修和大修期间运用破坏性检测及非破坏性检测方法对热部件进行检测。

破坏性检测包括金相分析、合金及涂层成分分析、力学性能试验等;非破坏性检测即无损检测包括目视检测、渗透检测、超声波检测、射线检测、涡流检测、红外检测、声发射检测等;实时状态监测包括燃料、排气、振动等目前常规的间接监控手段,也包括直接的监控手段,如目前国外已经开发的红外实时成像系统检测透平动叶状态的检测技术。

由西门子公司开发的新型红外实时成像系统可以对透平第1、2级动叶进行状态监测和故障诊断。该系统使用一个高速红外相机和可以照射到叶片上的凝聚光束,通过远程监视软件来对透平动叶上的局部TBC涂层脱落进行监测(见图3.14)。

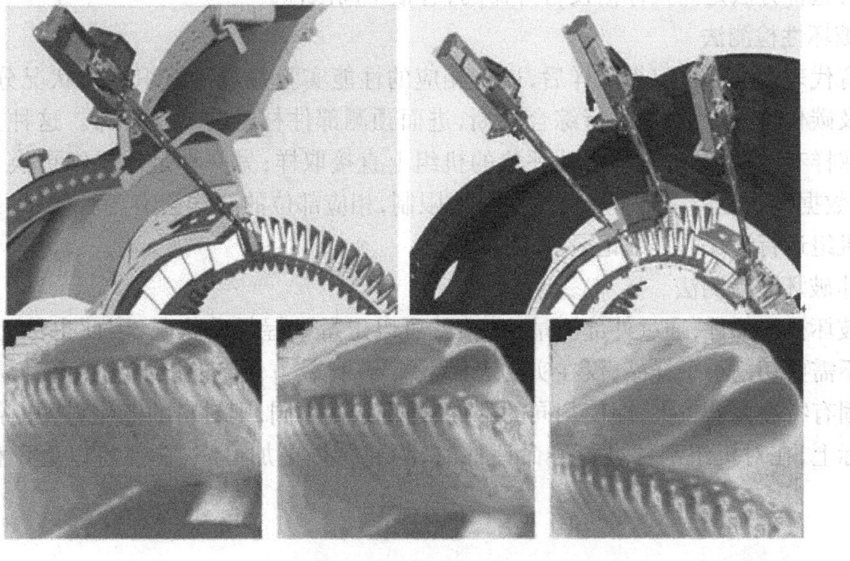

图3.14　西门子公司开发的新型红外实时成像系统

意大利中央电力研究所开发的透平动叶合金涂层检测技术,运用频率扫描涡流检测方法可以检测评估涂层的厚度及消耗退化情况(见图 3.15)。

图 3.15　频率扫描涡流检测技术 FSECT

3.6.3　热部件使用寿命预测与评估

(1)电力设备寿命评估的方法及理论

设备寿命评估方法分为以下 3 类:

1)解析法

根据各种运行情况下的材质老化数据和本机组使用时间、温度、应力大小及其分布状况、启停次数等工况,利用各种曲线、公式综合判断,然后可以预测部件的剩余寿命。该方法可以评价设备的任意部位,但若机组运行时间较长,机组的材料性能将发生变化,影响评价准确性。同时这种方法是间接评估设备寿命的,有很多局限性。

2)破坏性检测法

从有代表性的部位取得试样后,进行相应的性能实验并进行组织断口状况分析、化学成分分析及碳化物分析,而后进行综合判断,进而预测部件材料的剩余寿命。这种方法在实际机组上取样有两种形式:一种是从评价的机组上直接取样;另一种是从机组更换下来的部件取样,其数据准确性高。第 1 种方法受结构限制,相应部位的取样会有各种困难;第 2 种方法需要有机组运行情况的详细记录。

3)非破坏性检测法

不破坏机组部件,通过外部测量、试验就可以定量掌握材质状况,因此也称无损检测法。该方法不需要切割小型样品,仅在实物表面上测定,比较方便。但该方法也有其局限性,因为材料的固有特性偏差较大,即使相同的部件,运行条件不同,则材料的老化程度也各不相同。

实际上,在对机组部件进行寿命评估时,为使结果更加可靠,往往将以上 3 种方法综合运用。

(2)国外研究机构对热部件使用寿命预测与评估研究

1)热部件寿命管理平台(Hot Section Life Management Platform,HSLMP)

热部件寿命管理平台是美国电力研究所(EPRI)研究的一种寿命管理系统。

高温部件损坏的原因主要有3个:一是由于高运行温度引起的蠕变断裂;二是由于启停机产生的热机械疲劳(TMF);三是由于高温、氧化的环境和温度交变使涂层损坏。为此,EPRI研究出一种寿命管理程序,可精确地追踪和预测高温段的透平叶片寿命,包括蠕变寿命、TMF寿命和涂层氧化寿命。该方法可帮助技术人员决策,确定机组是否继续运行、维修或更换部件。

EPRI建立的寿命管理系统从第1级动叶扩大到其他高温段部件,可用于高温段部件的"运行—检修—更换"决策,提高高温段部件的寿命,减少高温段部件的运行和维修成本,还可为优化高温段部件的设计提供依据。

2)热端部件寿命管理系统(Life Management System,LMS)

热端部件寿命管理系统LMS是意大利中央电力研究所开发的,热端部件寿命管理系统的研制过程如下:

①了解热端部件设计参数、结构特点、材料性能。

②收集热端部件运行数据、缺陷产生与失效原因分析。

③流场、温度场、应力与变形分析计算。

④分析部件破坏机理,建立超级合金热疲劳断裂(TMF)、蠕变和TBC涂层材料氧化模型等。

⑤建立部件预期寿命(最终寿命或大修间隔)判断准则。

⑥编写LMS软件并在同类燃气轮机应用中反复修正。

思考题

1. 简述高温合金的概念及其特性。
2. 简述高温合金有哪些强化手段。
3. 简述高温铸造合金有哪几种制造工艺。
4. 简述高温合金涂层的种类及主要的涂层制备工艺。
5. 简述三菱M701F燃气轮机主要热部件的材料及失效方式。
6. 三菱M701F级燃气轮机热部件分为哪几类?它们都包含哪些部件?
7. 三菱M701F燃气轮机热部件推荐的预期使用寿命是多少?
8. 三菱M701F燃气轮机热部件寿命管理工作的内容应该包括哪些方面?

第4章 汽轮机结构

4.1 概　述

三菱 M701F 型燃气-蒸汽联合循环机组配备的汽轮机为 TC2F-30 型汽轮机，该汽轮机是一台三压、单轴、双缸双排汽、一次中间再热、凝汽式汽轮机。

汽轮机高中压汽缸采用合缸反向流动布置，低压汽缸为双缸双排汽，对称分流布置。汽轮机转子也分成高中压转子和低压转子两部分，高中压转子采用冲动式叶片，低压转子采用反动式叶片，两根转子用刚性联轴器联接。高中压转子和低压转子分别采用双轴承支撑，整个汽轮机轴系由 4 个径向轴承共同支撑。汽轮机整体布置如图 4.1 所示，机组设备规范见表 4.1。

表 4.1　TC2F-30 汽轮机设备规范

项　目	参数及说明	
型号	TC2F-30	三压、单轴、双缸双排汽、一次中间再热、凝汽式汽轮机
额定功率	129 800 kW	
主蒸汽参数	高压蒸汽压力	9.91 MPa
	高压蒸汽流量	276.31 T/h
	高压蒸汽温度	538 ℃
	中压蒸汽压力	3.34 MPa
	中压蒸汽流量	306.09 T/h
	中压蒸汽温度	566 ℃
	低压蒸汽压力	0.427 MPa
	低压蒸汽流量	48.24 T/h
	低压蒸汽温度	248.6 ℃

续表

项 目	参数及说明	
排汽压力	6.67 kPa	
转速	3 000 r/min	
旋转方向	顺时针(从发电机侧看)	
轴系联接方式	整根转子均采用刚性联轴器联接	
级数	高压级	8
	中压级	8
	低压级	7×2(双流)
轴承	支持轴承	高中压汽轮机:4 瓦块可倾瓦式(×2) 低压汽轮机:圆筒式(×2)
	推力轴承	与同轴的燃气轮机共用

4.2 汽轮机工作原理

汽轮机是以蒸汽为工质,将蒸汽的热能转换成机械能的回转式原动机。相比其他原动机,汽轮机具有单机功率大、效率高、转速高、运行寿命长和运行平稳等优点,在现代工业中主要作为热力发电用的原动机。

汽轮机由转动部分(转子)和静止部分(静子)组成。转动部分主要包括主轴和叶轮、动叶片、联轴器等;静止部分主要包括汽缸、隔板和静叶、汽封、轴承等。

4.2.1 级的工作原理与分类

在汽轮机中,由一列静叶栅和其后的一列动叶栅所组成的将蒸汽热能转换成机械能的基本单元,称为汽轮机的级。级的示意图如图4.2所示。

具有一定压力和温度的蒸汽通过汽轮机级时,先在静叶栅中将蒸汽的热能转变成汽流的动能,然后高速的汽流作用在动叶片上,使装配动叶片的转子转动,从而将汽流的动能转变成转子的机械能。

蒸汽流经动叶栅时速度的大小和方向变化情况如图4.3所示。汽流进入动叶栅的相对速度 w_1 与绝对速度 c_1、圆周速度 u 组成动叶栅的入口速度三角形;动叶栅出口汽流的相对速度 w_2 与绝对速度 c_2、圆周速度 u 组成动叶栅的出口速度三角形。

在汽轮机级的工作过程中,汽流对动叶片的作用分为冲动作用和反动作用两种。

如图4.4所示,蒸汽流沿动叶通道流动时,因动叶通道的限制而改变汽流方向,产生一个冲动力 F_t 对叶片做功,如图4.4(a)所示(图中 F_t 为动叶片受力的合力指示,图4.4(b)中的 F_t 和 F_r 也是指合力);当蒸汽流在动叶通道中发生膨胀时,因蒸汽压力下降而加速,汽流会对

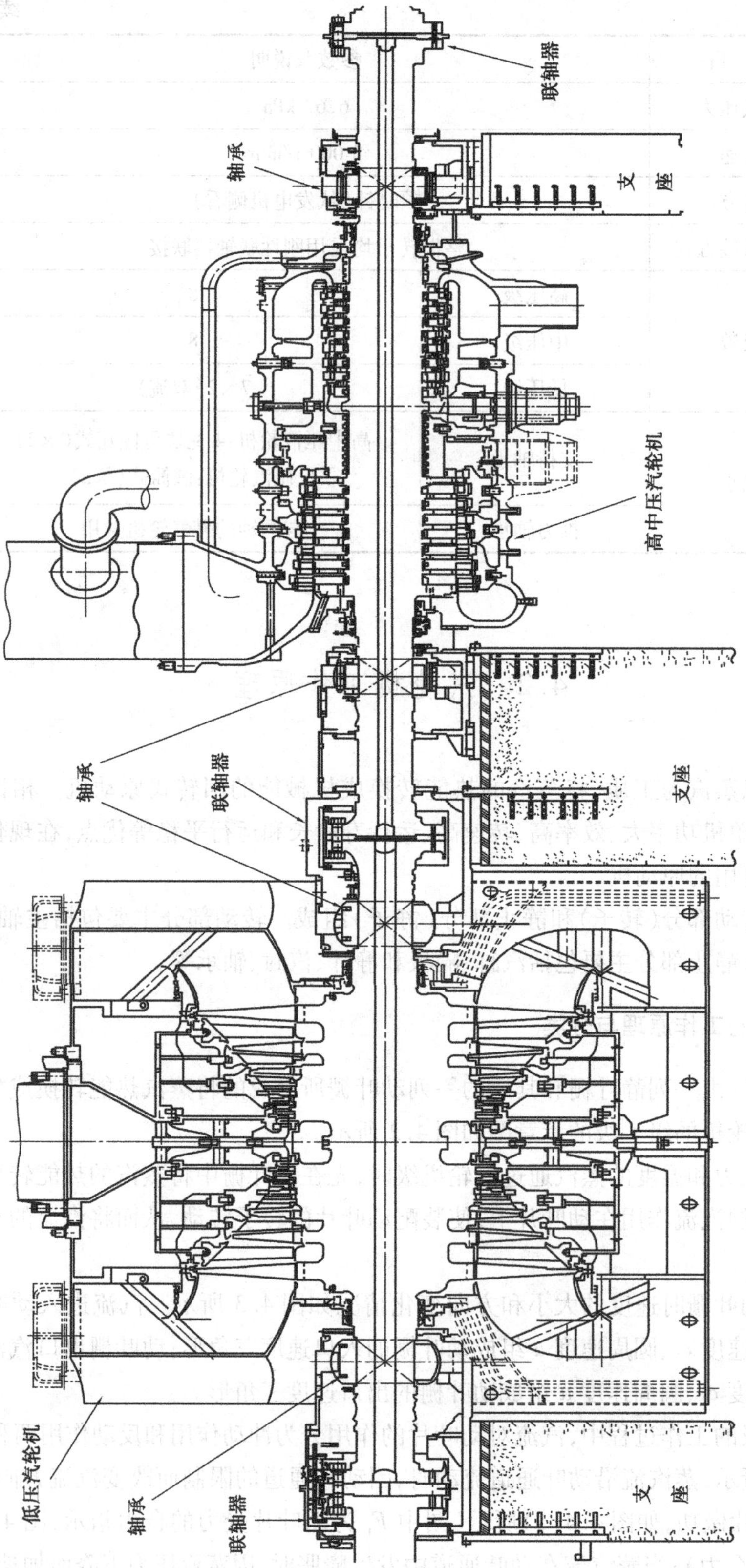

图4.1 TC2F-30型汽轮机整体布置

动叶片产生一个反动力 F_r,同时因为动叶通道导致汽流方向的改变,也会对动叶片产生一个冲动力 F_t,以上两个力叠加成汽轮机转子转动方向的力 F_u 对动叶片做功,如图4.4(b)所示。即当蒸汽流在动叶通道中不发生膨胀时,只有冲动作用对动叶片做功;蒸汽流在动叶通道中有膨胀时,是冲动作用和反动作用同时对动叶片做功。

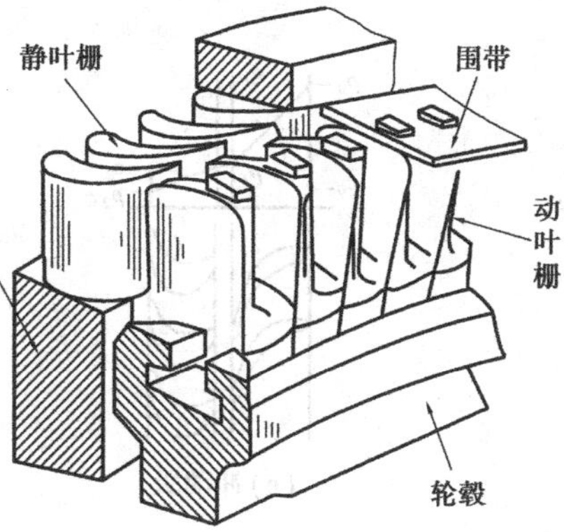

图4.2　级的示意图

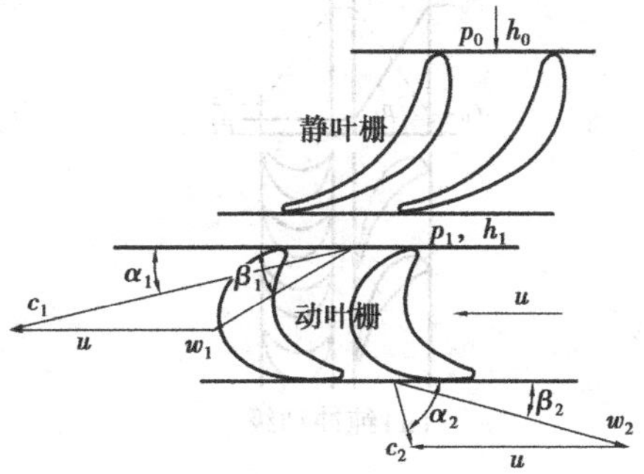

图4.3　动叶进出口速度三角形的形成

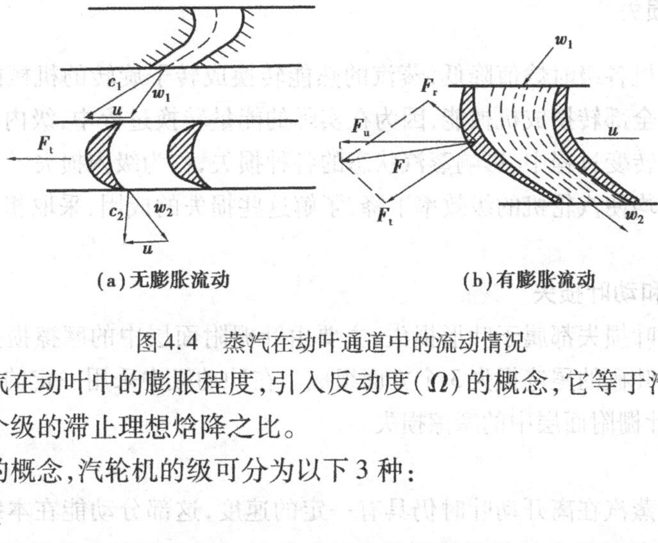

(a)无膨胀流动　　(b)有膨胀流动

图4.4　蒸汽在动叶通道中的流动情况

为了反映蒸汽在动叶中的膨胀程度,引入反动度(Ω)的概念,它等于汽流在动叶通道中的理想焓降与整个级的滞止理想焓降之比。

按照反动度的概念,汽轮机的级可分为以下3种:

(1)纯冲动级

反动度 $\Omega=0$ 的级称为纯冲动级。纯冲动级中能量转换的特点是级的滞止理想焓降全部在喷嘴中转换成蒸汽的动能,即汽流只在喷嘴中膨胀,在动叶中无膨胀,只改变速度方向,纯冲动级中仅有冲动力对动叶片做功。纯冲动级的动叶片叶形近似于对称弯曲,流道不收缩。纯冲动级的焓降较大,即做功能力大。纯冲动级中蒸汽参数变化如图4.5(a)所示。

(2)反动级

反动度 $\Omega=0.5$ 的级称为反动级,反动级是指蒸汽在喷嘴和动叶中的理想焓降相等的级,如图4.5(b)所示。反动级内能量转换的特点是级的滞止理想焓降有一半在喷嘴中转换成蒸汽的动能对动叶片施以冲动力,另一半在动叶中继续膨胀加速产生反动力,两个力一起对动叶片做功。反动级中动叶片与静叶片的形线完全相同,流道均为收缩型。反动级的焓降较小,做功能力比纯冲动级小,效率比纯冲动级高。

(3)带反动度的冲动级

在实际应用中,为了兼顾冲动级和反动级的特点,一般不采用纯冲动级,而是采用带有一定反动度的冲动级,一般取 $\Omega=0.05\sim0.2$,如图 4.5(c)所示。冲动级中汽流对动叶片的作用以冲动力为主,并伴有小部分反动力做功,兼顾了纯冲动级做功能力大和反动级效率高的优点。

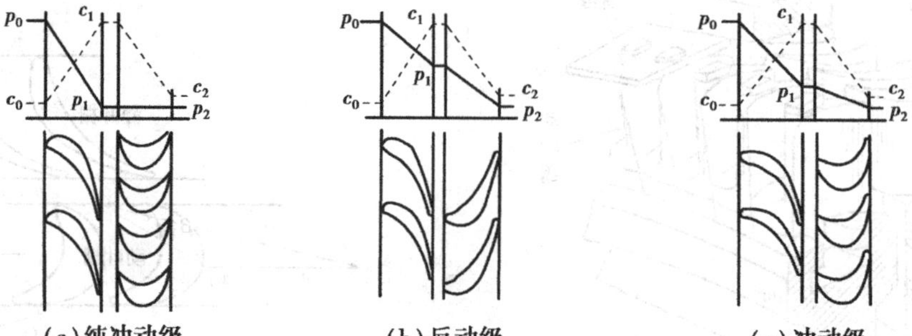

图 4.5　级中蒸汽参数变化示意图

4.2.2　级内损失

蒸汽经过汽轮机各级时焓值降低,蒸汽的热能转换成转子旋转的机械能,但蒸汽在各级的理想焓降并不能全部转换成机械能,因为在实际的能量转换过程中,级内存在着各种损失。蒸汽在级内的能量转变过程中,影响蒸汽状态的各种损失,称为级内损失。

级内各项损失均使汽轮机的级效率下降,了解这些损失的成因,采取相应措施,才能提高汽轮机级的效率。

(1)喷嘴损失和动叶损失

喷嘴损失和动叶损失都属于叶形损失,主要由叶栅附面层中的摩擦损失、附面层脱离引起的涡流损失以及叶栅的尾迹损失 3 个方面组成。在冲动级中采用一定的反动度,以增加汽流流速,可减小动叶栅附面层中的摩擦损失。

(2)余速损失

余速损失是指蒸汽在离开动叶时仍具有一定的速度,这部分动能在本级未被利用,是本级的损失。

(3)叶高损失

叶高损失属于蒸汽流过叶栅时在其通道的顶部和根部产生的二次流损失。叶片高度较大时,叶顶和叶根对主汽流的影响相对较小,叶高损失也较小,反之较大。当叶片高度小于 12 mm时,叶高损失急剧增大,此时可采用部分进汽方式,将叶片高度增加到大于 15 mm,以减小叶高损失。

(4)扇形损失

汽轮机级中的叶栅沿圆周布置成环形,叶栅通道的断面呈扇形,其节距、圆周速度及蒸汽参数均会沿叶高方向发生变化,叶高越高,变化越显著,即这些参数偏离平均直径处的设计值就越多,蒸汽流过时的流动损失也越大。为了减少扇形损失,较长的叶片一般都设计成变截面扭叶片。

(5)叶轮摩擦损失

叶轮摩擦损失由叶轮与其两侧蒸汽的速度差引起的摩擦损失和叶轮两侧蒸汽的涡流损失两部分组成。为减小叶轮摩擦损失,结构上应尽可能减少叶轮与隔板之间的轴向间隙。

(6)部分进汽损失

部分进汽损失发生在部分进汽的级中,由鼓风损失和斥汽损失两部分组成。对于全周进汽的级来说,这项损失为零。为了减小部分进汽损失,应选择合理的部分进汽度,并尽可能减少喷嘴的组数;另外可在非工作段加装保护罩,使动叶只在保护罩内的少量蒸汽中转动,以减小鼓风损失。

(7)漏汽损失

由于隔板前后有较大的压差,隔板与主轴之间有间隙,因此必定有部分蒸汽由此间隙漏入隔板与叶轮间的汽室,这部分蒸汽没有通过喷嘴加速,从而减少了对动叶的做功能力,且该部分蒸汽还会扰乱动叶中的主汽流,造成附加损失;对于带有反动度的级,动叶前后也有压差,一部分蒸汽会通过动叶片顶部与汽缸间的间隙漏到级后,没参与做功而造成损失,上述各种损失均为漏汽损失。

减小漏汽损失可采用以下措施:

①在隔板与主轴之间,动叶顶部与汽缸之间加装汽封。

②在叶轮上开平衡孔,使隔板漏汽从平衡孔漏到级后,避免对主汽流造成干扰。

③在动叶根部选择适当的反动度,减小甚至消除叶根处的吸汽或漏汽现象。

④对于漏汽量较大的高压部分叶片,采用径向和轴向汽封相结合的布置方式。

⑤在叶顶加装围带,使叶片构成封闭通道;对于无围带的较长扭叶片,将动叶片顶部削薄,以减小动叶与汽缸的间隙,达到叶顶汽封的作用。

⑥尽量减小动叶片顶部的反动度,使动叶顶部前后压差不致过大。

(8)湿汽损失

多级凝汽式汽轮机的最后几级是在湿蒸汽区内工作的,由于有水分的存在,干蒸汽的流动也会受到一定的影响,造成一部分能量损失,即为湿汽损失。

在湿蒸汽区域内工作的低压级,不仅因为湿汽损失使级的效率降低,而且还会因水滴对叶片表面的冲蚀作用而损伤叶片,危及汽轮机的安全运行。

减小湿汽损失及防止叶片冲蚀可采取以下措施:

①限制多级汽轮机末级的排汽湿度,一般要求末级的蒸汽湿度为12%~15%。尽量保持汽轮机在额定蒸汽参数下运行,大型机组可采用中间再热的方式来降低排汽湿度。

②采用各种去湿装置。如可设置捕水装置,使甩向叶顶的水滴通过捕水装置排走;可采用具有吸水缝的空心静叶,将静叶表面的水膜吸走。

③提高动叶表面的抗冲蚀能力。可对末几级动叶采用耐冲蚀性强的材料,如钛合金、镍铬钢、不锈锰钢等;也可采用将汽轮机的最后几级动叶片顶部进汽边背弧表面加焊硬质合金、局部淬硬、表面镀铬、电火花强化及氮化等措施。

4.2.3　多级汽轮机

为提高汽轮机的功率,且保证较高的效率,功率较大的汽轮机都被设计成多级汽轮机。

多级汽轮机是由按工作压力高低顺序排列的若干级组成的。

常见的多级汽轮机有两种:一种是多级冲动式汽轮机,另一种是多级反动式汽轮机。

与单级汽轮机相比,多级汽轮机有单机容量大和效率高的优点。单机容量大是因为多级汽轮机的级数多,虽然每一级的焓降较小,但总焓降较大,从而增大了汽轮机的单机功率。效率高主要体现在以下 5 个方面:

①由于每一级的焓降较小,可以保证各级都能在最佳速比附近工作。

②由于喷嘴出口速度较小,可以减小级的平均直径,提高叶片高度或增大部分进汽度,使叶高损失或部分进汽损失减小。

③由于各级焓降小,可采用渐缩喷嘴,提高了喷嘴的效率。

④多级汽轮机若各级间布置紧凑,则可充分利用上一级的余速动能。

⑤多级汽轮机还可以利用重热现象,回收部分损失。

但多级汽轮机也有结构复杂、体积庞大、存在级间漏汽和湿汽损失等缺点。

(1)多级汽轮机的损失

多级汽轮机的损失可分为两类:一类是指不直接影响蒸汽状态的损失,称为外部损失;另一类是指直接影响蒸汽状态的损失,称为内部损失。

多级汽轮机的外部损失包括机械损失和外部漏汽损失。一般通过设置轴端汽封的方式来减小外部漏汽损失。

多级汽轮机的内部损失包括进汽机构节流损失、排汽管的压力损失和中间再热管道的压力损失。为减小排汽管的压力损失,通常将汽轮机的排汽管设计成扩压效率较高的扩压管,即在末级动叶到凝汽器入口之间有一段通流面积逐渐扩大的导流部分,尽可能将排汽动能转变为静压,以补偿排汽管中的压力损失;同时,在扩压段内部和其后部还可设置一些导流环或导流板,使乏汽均匀地布满整个排汽通道,使排汽通畅,减小排汽动能的消耗。

(2)多级汽轮机的轴向推力

蒸汽在汽轮机级的通流部分膨胀做功时,除了产生一个推动转子旋转做功的周向力外,还会产生一个与轴线平行的轴向推力。轴向推力与汽流的流动方向相同,即从汽轮机的高压端指向低压端。多级汽轮机的轴向推力等于各级轴向推力之和。

在冲动式汽轮机中,蒸汽作用在叶轮上的轴向推力由 4 部分组成:动叶片上的轴向推力、叶轮轮面上的轴向推力、汽封凸肩上的轴向推力以及转子凸肩上的轴向推力。

反动式汽轮机的轴向推力由动叶上的轴向推力、转鼓锥形面上的轴向推力以及转子阶梯上的轴向推力 3 部分组成。对于反动式汽轮机,由于其反动度较大,各级动叶前后的压力差比冲动式汽轮机要大,所以它的轴向推力比同类型冲动式汽轮机要大得多。为了减小轴向推力,反动式汽轮机的转子都制成鼓形结构,鼓形转子没有叶轮。

多级汽轮机中,总的轴向推力一般都很大。反动式汽轮机的轴向推力可达$(2 \sim 3) \times 10^6$ N,冲动式汽轮机中也可达$(4 \sim 5) \times 10^5$ N。汽轮机转子在汽缸中的位置是由推力轴承来确定的,若轴向推力超过了推力轴承的承载能力,将会破坏推力轴承,导致转子产生轴向位移,造成汽轮机动静部件摩擦。因此,必须考虑轴向推力的平衡问题。

现代汽轮机常在结构上采取措施,使大部分的轴向推力尽可能被平衡掉,主要的方法有以下4种：

①在叶轮上开平衡孔。平衡孔用于减小叶轮两侧的压差，以减小转子的轴向推力。

②设置平衡活塞。通过加大转子高压端第一段轴封套的直径，使其产生相反方向的轴向推力，以达到平衡活塞的作用。

③采用汽缸反向对置，使汽流反向流动。大功率机组一般为多缸汽轮机，如可采用高、中压缸反向对置，低压缸分流布置，使对应汽缸的汽流反向流动，产生相反的轴向推力，以达到轴向推力相互抵消的目的。

④采用推力轴承。利用上述平衡措施后，转子上剩余的轴向推力最后由推力轴承承担。

4.3 汽轮机本体结构

4.3.1 静子

汽轮机静子就是机组在运行时处于静止状态的部分，主要包括汽缸、隔板和静叶、隔板套、汽封、滑销系统、轴承等部件。

本小节将分别对汽轮机静子各部件进行介绍，滑销系统和轴承在后面的支撑与膨胀章节进行介绍。

(1)汽缸

汽缸是汽轮机的外壳，它体积庞大、形状复杂且经常在高温高压的环境里工作。汽缸起着密封的作用，即将汽轮机内部做功的工质与外界隔绝，使工质在一个密闭的空间内流动；另外汽缸起支撑定位作用，汽缸里面安装着隔板套、隔板、汽封等静子部件，外部联接着进汽、排汽、抽汽等管道。

汽缸本身的受力情况复杂，汽轮机工作时，汽缸除了承受其本身和装在其内部各零部件的质量静载荷及汽缸内外的巨大压差外，还要承受由于沿汽缸轴向、径向温度分布不均匀而产生的热应力，对于高参数大功率汽轮机，这个问题更为突出。因此在结构上，汽缸除了要保证有足够的强度和刚度、严密性、各部分受热时能自由膨胀且始终保持中心不变以及通流部分有较好的流动性能外，还应尽量减小缸体工作时的热应力。

1)高中压汽缸

TC2F-30型汽轮机的高中压部分整体纵剖面图如图4.6所示。

汽轮机的高中压汽缸采用合缸结构，高压部分和中压部分采用反向流动布置。

高中压汽缸合缸反向流动布置有以下好处：

①进汽高温区都集中在汽缸中部，改善了整个高中压汽缸的温度场分布情况，减小了汽缸热应力。

②高中压缸通流部分反向布置，轴向推力可以互相抵消一部分。

③高中压缸的两端分别是高压侧排汽和中压侧排汽，蒸汽的压力和温度都比较低，因此两端的轴封漏汽量小，有利于改善机组经济性，同时轴承受汽封温度的影响也较小。

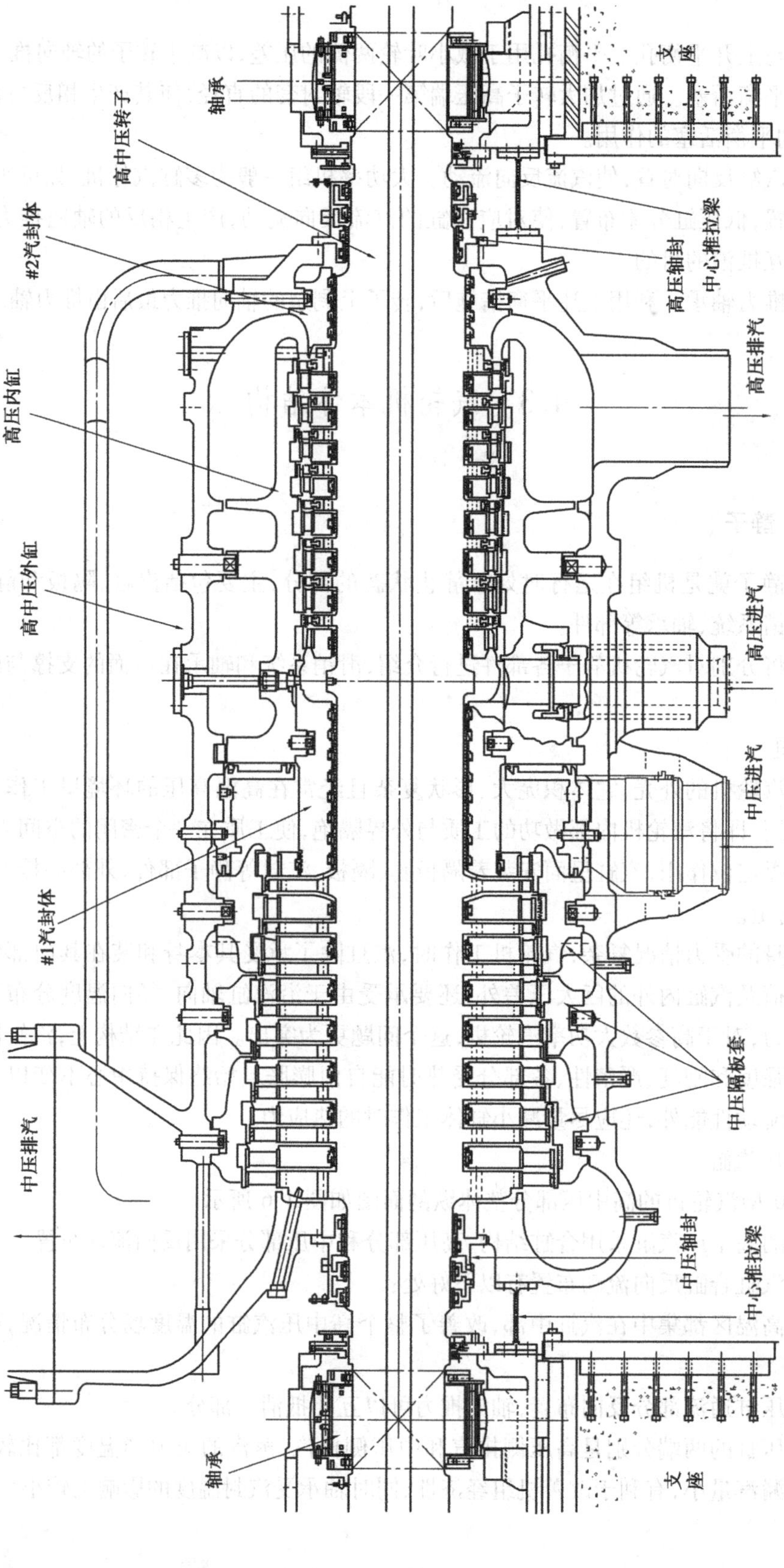

图4.6 高中压汽轮机纵剖面图

④采用高中压合缸，可以减少1～2个径向轴承，且减小了汽缸中部汽封的长度，缩短了机组主轴的总长度，降低了制造成本和维护量。

但高中压合缸的布置方式，使汽缸、转子的体积和质量变得更大，缸体形状更为复杂，增加了机组安装、检修的难度；另外，合缸后机组的相对膨胀较复杂，降低了机组对负荷变化的适应性。

高中压汽缸为双层缸结构，包括高中压外缸和高压内缸（中压隔板套组成的结构可看作中压内缸）。

采用双层缸设计，可使每层汽缸所承受的温差和压差减小，每层汽缸的缸壁和法兰厚度就可相应减薄，从而减小了机组启停机及变工况时缸体的热变形和热应力。

高中压外缸整体铸造成型。安装在高中压进汽口中间的#1汽封体，将高中压外缸分隔成高压和中压两个相对独立的部分，一侧装有高压内缸，形成汽缸的高压部分，另一侧装有中压隔板套，构成汽缸中压部分。

①高压部分。高中压外缸的高压部分有安装固定高压内缸的凸台和凸缘，高压内缸通过左右悬挂销搭在外缸上，悬挂销下面有垫片可以调整高压内缸中心高度，悬挂销上面的垫片可以调整内外缸的热膨胀间隙。

高压内缸在位于高压进汽口之前处有一定位环，为内缸的轴向定位死点，其外缘与外缸上相应位置的凸缘配合，确定内外缸的轴向位置，构成内缸相对于外缸的轴向膨胀死点。内、外缸之间靠径向销来引导内缸相对于外缸的膨胀，保持内外缸中心一致。

内缸外侧高压第4级处设置有隔热环将内外缸夹层空间分成两个相对独立的区域，如此可以降低内缸内外壁温差，提高外缸温度。有利于减小缸体金属热应力，加快机组启停速度。

高压内缸中装有高压1～8级隔板。

②中压部分。外缸中压部分有安装#1、#2、#3中压隔板套的凸缘，分别装配3幅中压隔板套。中压汽轮机共8级隔板，其中，1～3级隔板装在#1隔板套内，4～5级隔板装在#2隔板套内，6～8级隔板装在#3隔板套内。

采用隔板套可以简化汽缸结构，有利于汽缸的通用性，使汽轮机轴向尺寸减小。但隔板套的采用会增加汽缸的径向尺寸，使水平法兰厚度增加，延长了汽轮机的启停时间。中压部分用3个隔板套代替中压内缸，可以节省制造成本。

高中压外缸及高压内缸都采用水平中分设置，在汽缸中分面大法兰处，缸体的上下部分通过螺栓进行热紧联接，保证中分面严密性。高中压汽缸中分面结构如图4.7所示。

高压和中压进汽口都设置在高中压汽缸的中部，从高中压汽缸的下方进汽，该处是整个机组工作温度最高的部位；高压排汽从高压汽缸排汽端下方引出，中压排汽从中压汽缸排汽端上方引出。

高压进汽管通过弹性法兰固定在外缸上。高压进汽管的内套管与内缸之间通过活塞密封件密封，可以降低内套管的内外温差，减小对弹性法兰的热辐射，如图4.8所示。

中压进汽管及高、中压排汽管与高中压汽缸的联接都是采用焊接方式。

2）低压汽缸

低压汽缸采用对称双流布置，这样的设置方式同样具有高中压汽缸合缸布置方式的平衡轴向推力等优点，低压汽轮机纵剖面图如图4.9所示。

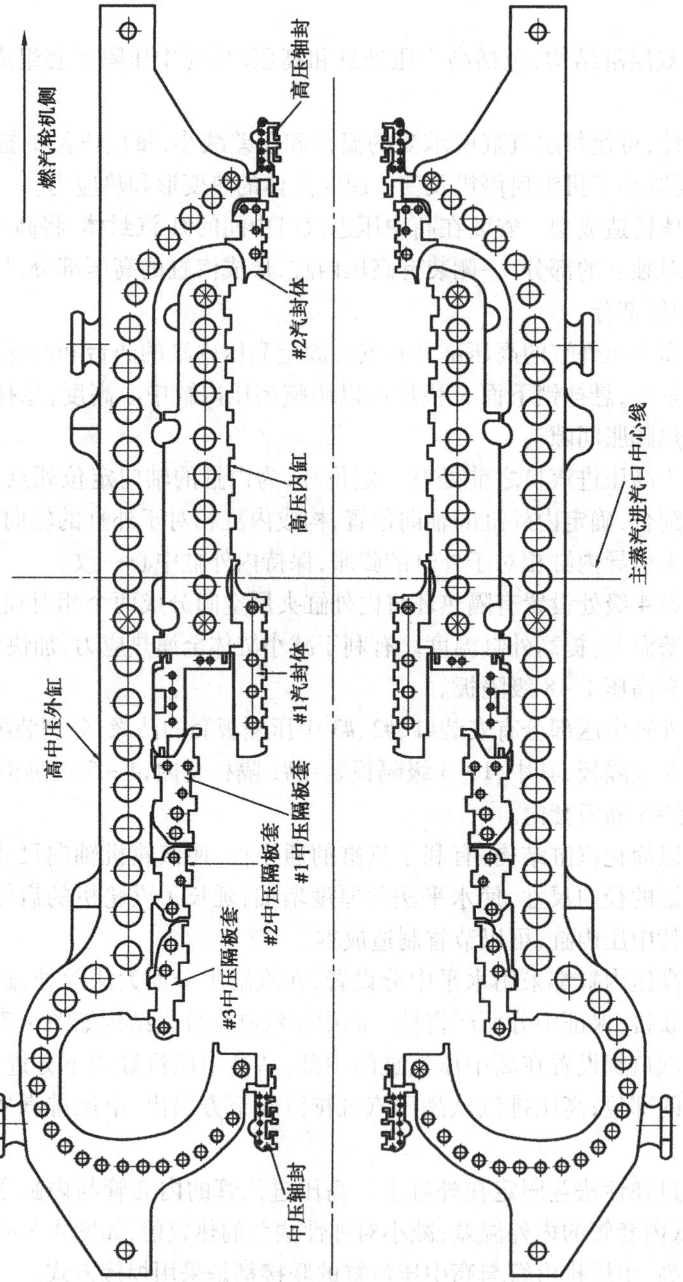

图4.7 高中压汽缸中分面结构

由于进汽温度较高，低压汽缸也采用双层缸结构。低压外缸采用钢板焊接结构，这样可以减轻低压缸的质量，节约材料，增加刚度。

低压外缸和内缸都是水平中分结构，上下两半通过法兰螺栓联接。低压汽缸中分面结构如图4.10所示。

低压内缸通过其下半水平中分面法兰支撑在外缸上，内缸的支撑面上支持整个内缸和所有静叶环的质量。

水平法兰中部及内缸下半底部对应的进汽中心处有定位键，作为内外缸的轴向相对死点，使内缸轴向定位而允许横向自由膨胀。内缸下半两端底部有纵向键，沿纵向中心线轴向设置，使内缸相对外缸横向定位而允许轴向自由膨胀。

低压内缸中装有静叶持环、静叶环、进汽室、进汽导流环等部件。

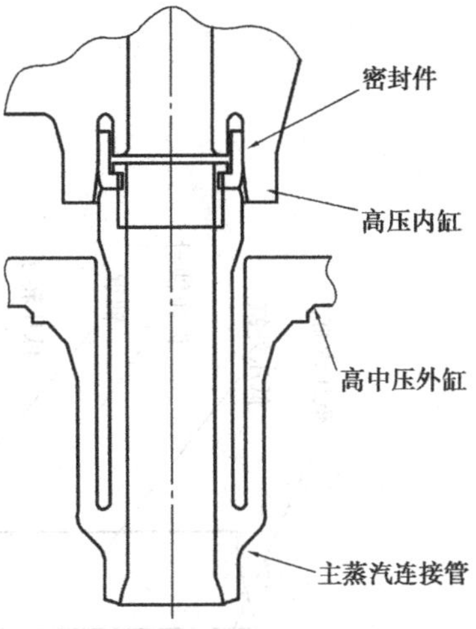

图4.8　高压进汽管

双流式低压汽轮机共有14级静叶环，两侧对称布置，每侧7级。其中，1～2级静叶环安装在进汽室中，3～5级静叶环安装在静叶持环中，第6级和第7级静叶环直接安装在低压内缸上。

低压进汽口设置在汽缸中部，在进汽口处设有进汽导流环，将低压蒸汽均匀分配到两侧的通流部分。做完功的乏汽分别从低压汽轮机两侧向下排入凝汽器。

中压排汽通向低压缸的管道称为连通管，是整个汽轮机的最高点。为了吸收连通管和机组的轴向热膨胀，平衡补偿管的前端设有波纹管。为了平衡连通管内蒸汽的轴向作用力，在平衡补偿管的后端设置了带波纹管的平衡室。平衡补偿管外由拉杆联接两端，蒸汽的轴向作用力由拉杆承受，不作用在波纹管上。连通管的布置如图4.11所示。

低压排汽缸上半顶部共装有两个大气安全阀，作为真空系统的安全保护措施。当凝汽器中冷却水突然中断，缸内压力升高到保护值时，大气阀中的破裂片破裂，使蒸汽排空，以保护低压缸、末级叶片和凝汽器的安全。大气安全阀的结构如图4.12所示。

大气安全阀由低压排汽缸盖板、负载盘、破裂片、支承盘和端盖组成。破裂片上有两圈螺孔，外圈固定在端盖与盖板之间，内圈固定在负载盘与支承盘之间。负载盘承受着低压汽缸内外的压差，当缸内为负压时，破裂片和负载盘被紧紧压在低压排汽缸盖板上，盖板可防止负载盘等部件掉进汽缸；当低压排汽缸内为正压时，负载盘受到向外的力，进而带动破裂片内圈一起向外运动，由于破裂片的外圈固定在盖板与端盖之间不能移动，破裂片的内外圈之间就受到一个剪切力，当低压排汽缸内压力升到保护值，破裂片所受的剪切力达到其承受极限时，负载盘带动破裂片向外撕裂，释放低压排汽缸中的蒸汽压力。端盖能在破裂片爆裂时保证负载盘等部件不至于飞出，以免造成其他伤害。大气安全阀中的破裂片可以用薄铅片制作。

低压汽缸排汽段与凝汽器之间采用柔性联接，柔性联接件可以吸收排汽缸和凝汽器上下方向的热变形。

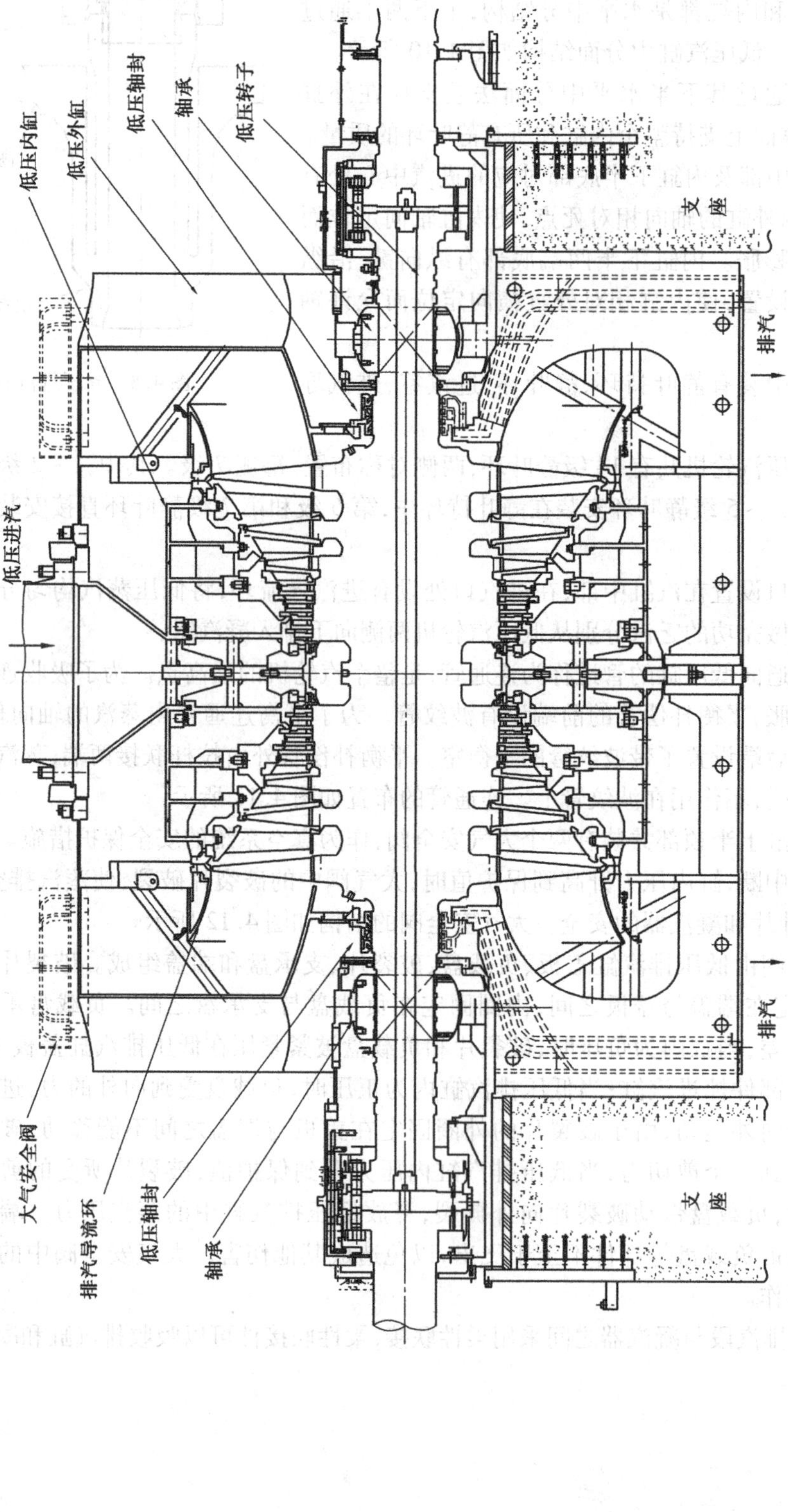

图4.9 低压汽轮机纵剖面图

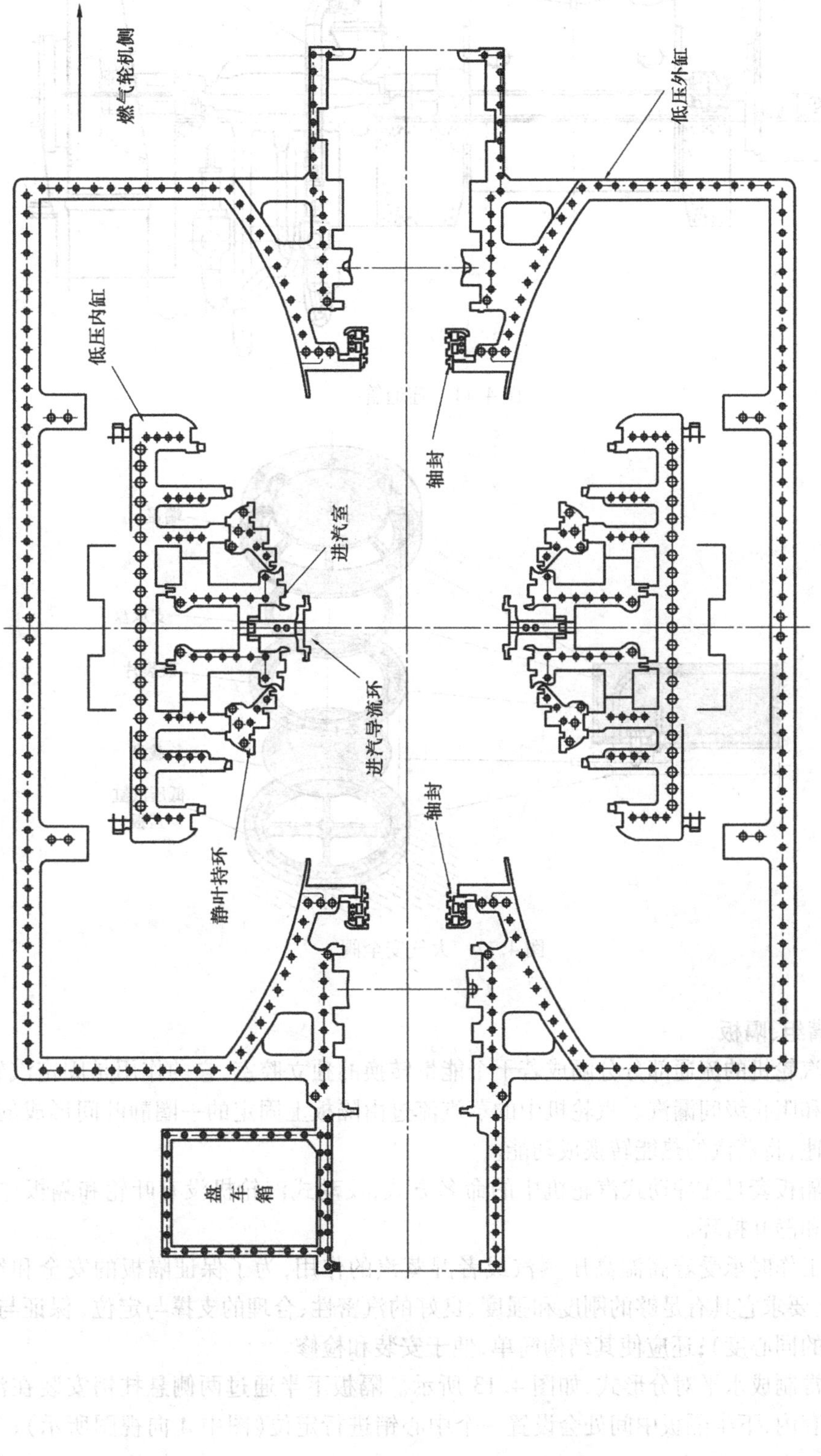

图4.10 低压汽缸中分面结构图

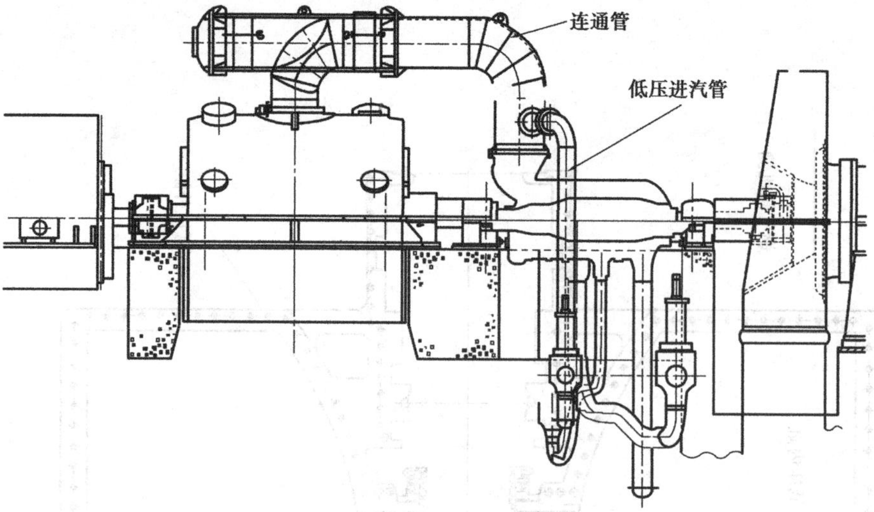

图 4.11　连通管

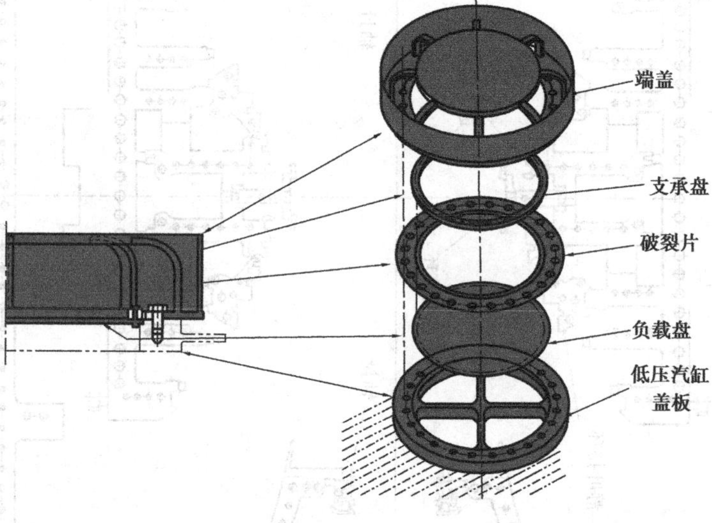

图 4.12　大气安全阀

(2)喷嘴组、隔板

隔板把汽轮机的流通部分分隔成若干个能量转换的独立腔室,它的作用是固定汽轮机各级的静叶片和阻止级间漏汽。汽轮机中的蒸汽流过由隔板上固定的一圈静叶间形成的流道,蒸汽降压增速,将蒸汽的热能转换成动能。

隔板和隔板套是在冲动式汽轮机中的命名方式,反动式汽轮机没有叶轮和隔板体,一般称为静叶环和静叶持环。

隔板在工作时承受着高温高压蒸汽或者湿蒸汽的作用,为了保证隔板的安全和经济运行,在结构上要求它具有足够的刚度和强度、良好的汽密性、合理的支撑与定位(保证与汽缸、转子有良好的同心度);还应使其结构简单,便于安装和检修。

隔板通常制成水平对分形式,如图 4.13 所示。隔板下半通过两侧悬挂销安装在汽轮机缸体或隔板套内,下半隔板中间处会设置一个中心销进行定位(图中 *A* 向视图所示);上下半隔板通过安装螺栓联接，压力较高部分隔板的中分面，因隔板体较宽，一般设置水平键进行密封定位。隔板体内侧开有一圈汽封槽，安装汽封后可形成隔板与转子之间的密封。

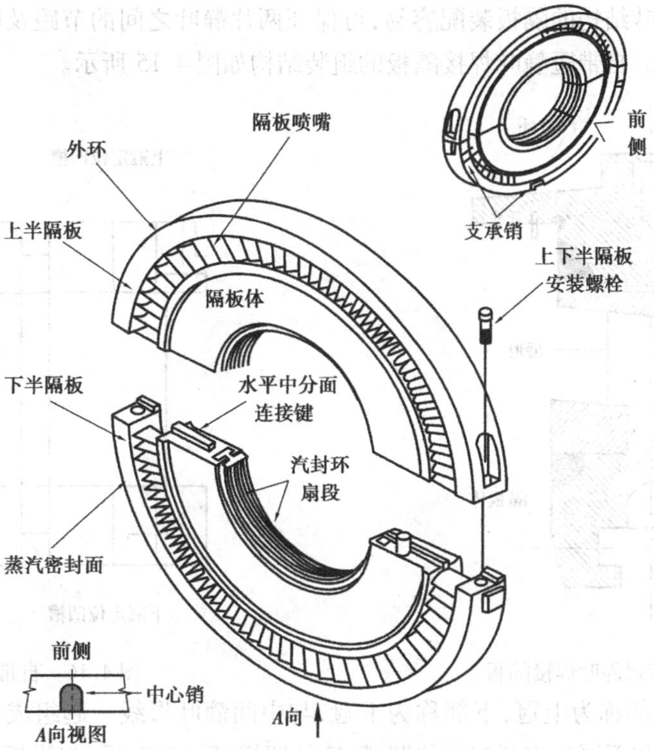

图4.13　隔板结构

TC2F-30型汽轮机的高、中压隔板都采用自带冠静叶的焊接结构。低压部分隔板，第1～4级采用自带冠静叶焊接结构，5～7级采用直焊式结构。

焊接隔板结构如图4.14所示。它是将喷嘴叶片焊接在内、外围带之间，组成环形叶栅，然后再将其与隔板体及隔板外环焊接在一起，组成焊接隔板。焊接隔板具有较高的强度和刚度，较好的汽密性。

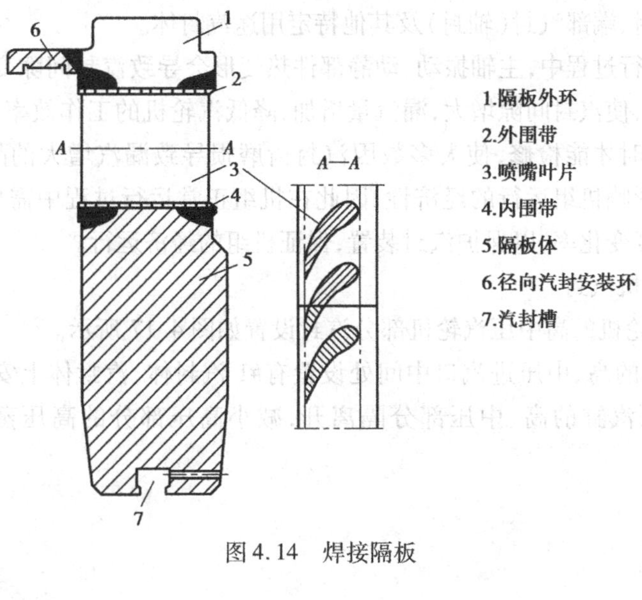

图4.14　焊接隔板

自带冠静叶是指单片静叶与内外围带的一段组成一体形成自带冠静叶，经过装配，再与隔板外环及隔板体焊接在一起，组成一级焊接隔板。

采用自带冠静叶结构的隔板装配容易，可保证两片静叶之间的节距及喉宽尺寸，从而提高汽轮机组的效率。自带冠静叶焊接隔板的组装结构如图 4.15 所示。

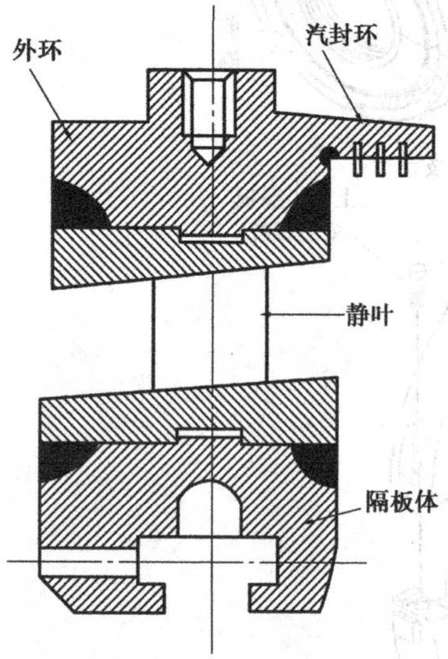

图 4.15　自带冠静叶焊接隔板

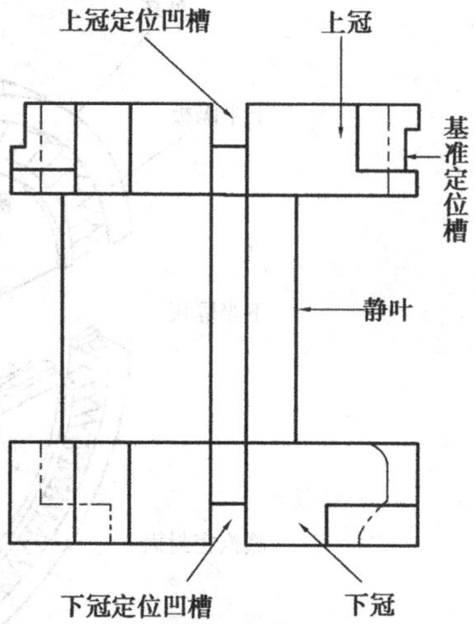

图 4.16　自带冠静叶

自带冠静叶上部称为上冠，下部称为下冠，与中间静叶形线一起组成一片自带冠静叶。自带冠静叶的上冠和下冠处都开有定位凹槽，定位凹槽经过加工后，与隔板外环、内环上的凸台相匹配。自带冠静叶的结构如图 4.16 所示。

(3)汽封

汽轮机工作时，转子高速旋转而静止部分不动，动静部分之间必须留有一定的间隙，以避免相互碰撞或摩擦；而间隙两侧的蒸汽一般都存在压差，这样就会有漏汽，造成能量损失，使汽轮机的效率降低。汽封就是减少汽轮机蒸汽泄漏的专用部件，依照安装部位和用途可分为隔板汽封、叶顶汽封、端部汽封(轴封)及其他特定用途汽封体。

汽轮机正常运行过程中，主轴振动、动静部件热变形会导致汽封间隙变小，甚至引起动静摩擦而磨损汽封齿，使汽封间隙增大，漏汽量增加，降低汽轮机的工作效率。由于汽封装置一般需要在机组开缸时才能检修，使大多数因汽封齿磨损导致漏汽增大的故障都不能及时处理，而较为长期地影响机组运行的经济性，因此在机组正常运行过程中需要特别注意控制机组振动、热部件温度变化率，以保护汽封装置，保证机组的经济运行。

1)高中压汽轮机汽封

TC2F-30 型汽轮机的高中压汽轮机部分汽封设置如图 4.17 所示。

高中压汽轮机的高、中压进汽口中间处设置有#1 汽封体，汽封体上安装有 6 道汽封圈，其作用是将高中压汽缸的高、中压部分隔离开，减小高压部分的高压蒸汽向中压侧的漏汽量。

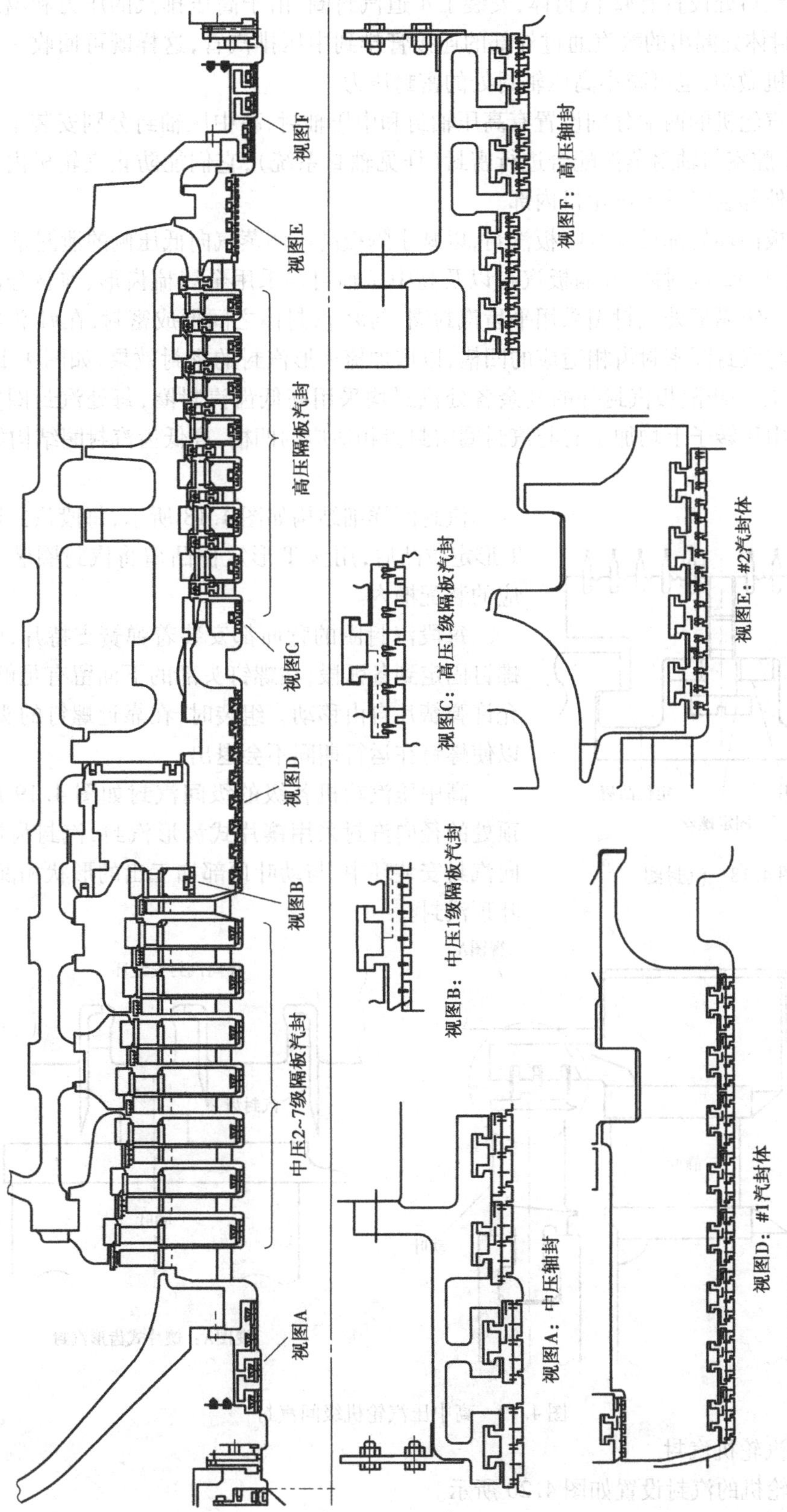

图4.17 高压汽轮机汽封

高压排汽口处设置有#2 汽封体,安装了 4 道汽封圈,由于高压排汽的压力和温度都还比较高,#2 汽封体处漏出的蒸汽通过外部的连接管排到中压排汽管,这样既可回收一部分工质到低压汽轮机做功,也可减小高压轴封处的密封压力。

高中压汽轮机的两端分别设置有高压轴封和中压轴封,高中压轴封分别安装了 4 道汽封圈,形成两个腔室与轴封蒸汽配合进行密封(详见轴封系统),它们能防止汽轮机内部的高压蒸汽泄漏或外部空气进入汽轮机内部。

每级隔板内环处都设置有隔板汽封,以减小隔板高压侧蒸汽向低压侧的泄漏量。

#1 汽封体、#2 汽封体、各隔板汽封以及高中压轴封均采用金属梳齿形、弹簧分段式汽封圈。中压第一级隔板处汽封圈采用平齿汽封圈,与#1 汽封体之间形成密封,在#1 汽封体外环面上加工有与汽封圈密封齿相适应的凹槽,以增加梳齿形汽封的密封效果,如图 4.17 中视图 B 所示;除中压一级隔板汽封外的其余各处汽封均采用高低齿汽封圈,每处汽封圈安装位置所对应的高中压转子上均加工有与汽封圈密封齿相适应的凹槽,高低齿汽封圈结构如图 4.17 中视图 C。

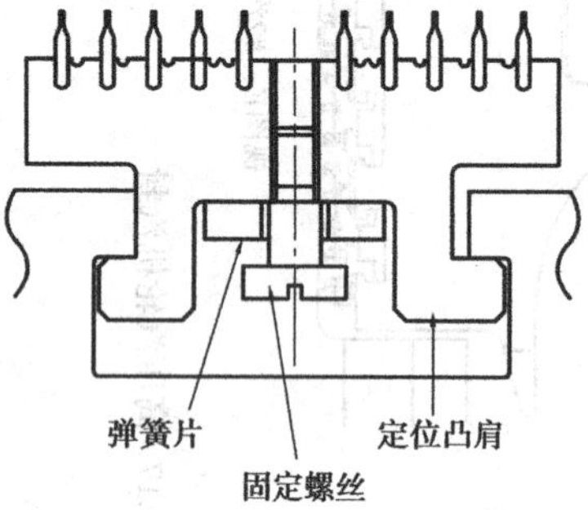

图 4.18　汽封圈

汽封圈详细结构如图 4.18 所示,每段汽封圈都带有 T 形定位凸肩,用该 T 形定位凸肩将汽封圈装入各处相应的装配槽内。

每段汽封圈的背面都安装着弹簧支持片,弹簧片用螺钉固定到各弧段,在螺钉头部的下面留有足够的间隙,允许弹簧片自由移动。组装时,在靠近螺钉的头部冲铆,以使螺钉在运行期间不会退出。

高中压汽轮机各级的级间汽封如图 4.19 所示。叶顶处的径向汽封采用镶片式齿形汽封,汽封齿镶嵌在径向汽封安装环中,与动叶顶部加工出的形状相配合,形成叶顶汽封。

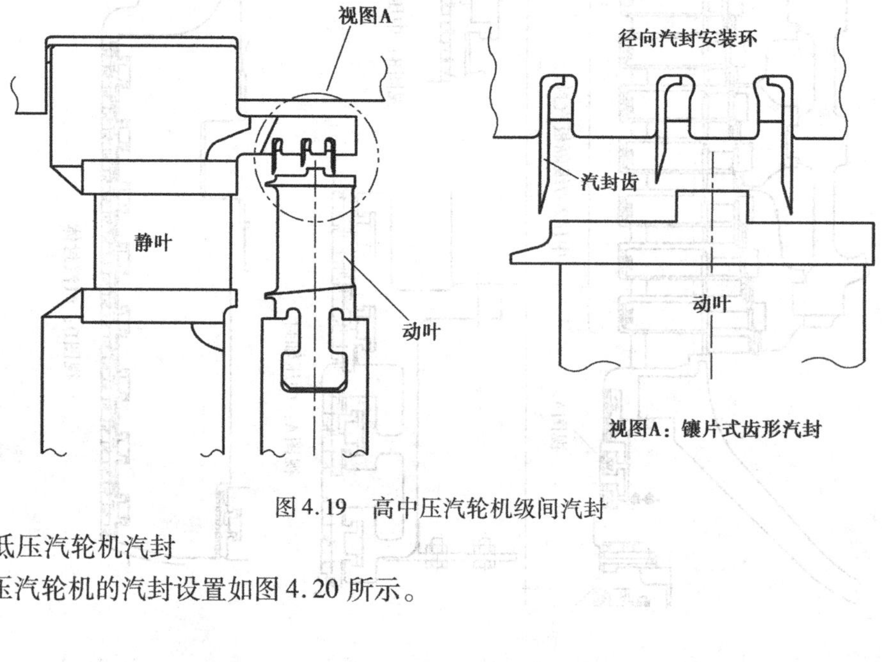

图 4.19　高中压汽轮机级间汽封

2)低压汽轮机汽封

低压汽轮机的汽封设置如图 4.20 所示。

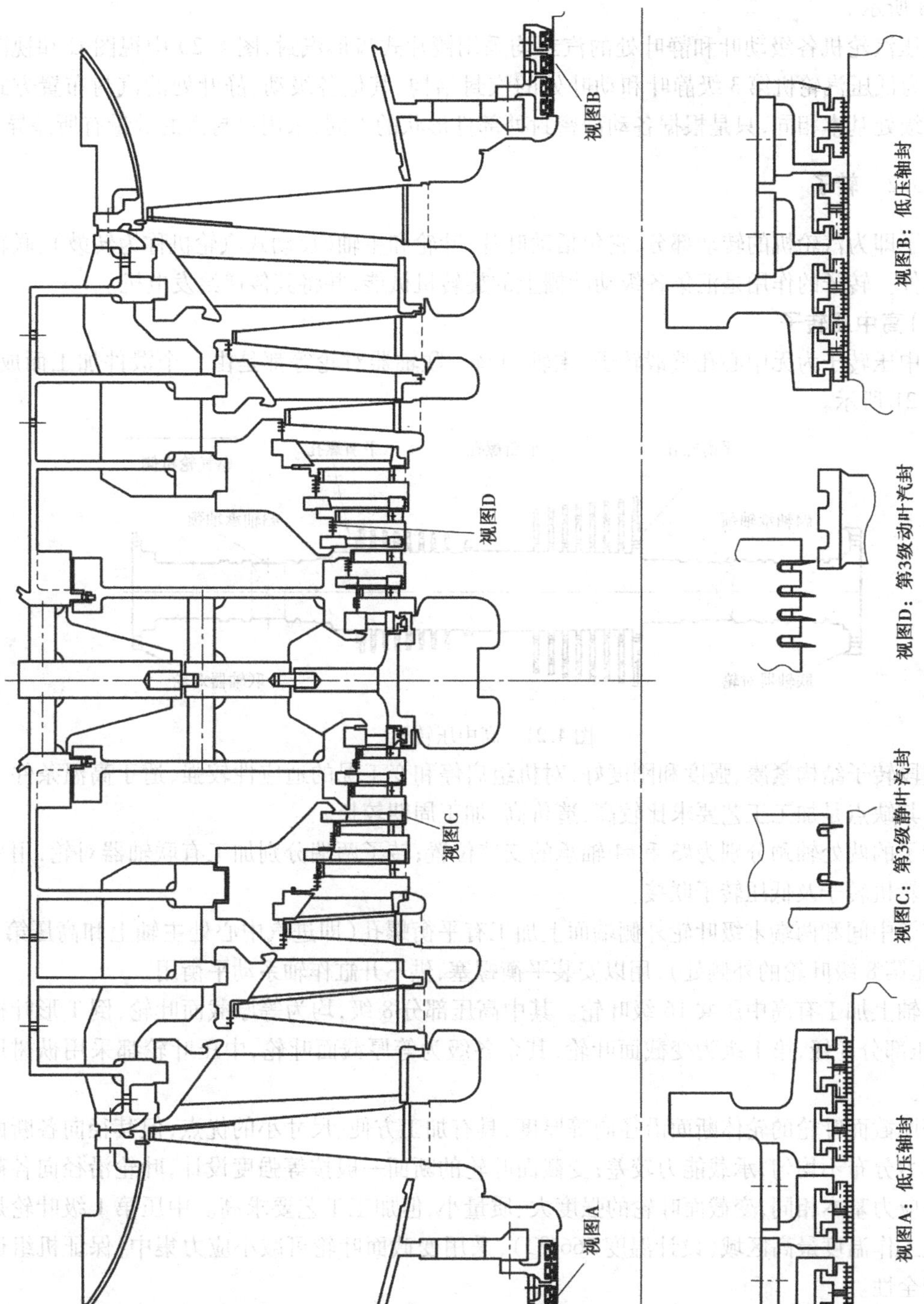

图4.20 低压汽轮机汽封

低压汽轮机两端分别设置有低压轴封,低压轴封采用平齿、金属梳齿形、弹簧分段式汽封圈,低压轴封处所承受的压力较低,低压转子上未加工与汽封圈相适应的凹槽,汽封圈结构如图 4.18 所示。

低压汽轮机各级动叶和静叶处的汽封均采用镶片式齿形汽封,图 4.20 中视图 C 和视图 D 分别为低压汽轮机第 3 级静叶和动叶处的汽封结构,其他各级动、静叶处的汽封布置方式与第 3 级处基本相同,只是根据各动静密封处部件形状的不同,采用汽封齿的数量有所差异。

4.3.2 转子

转子即为汽轮机的转动部分,它包括动叶片、叶轮和主轴(反动式汽轮机称为转鼓)、联轴器等部件。转子的作用是汇集各级动叶栅上的旋转机械能,并将其传递给发电机。

(1)高中压转子

高中压转子为无中心孔整锻转子,主轴、叶轮、联轴器对轮等都是由一个锻件加工而成,如图 4.21 所示。

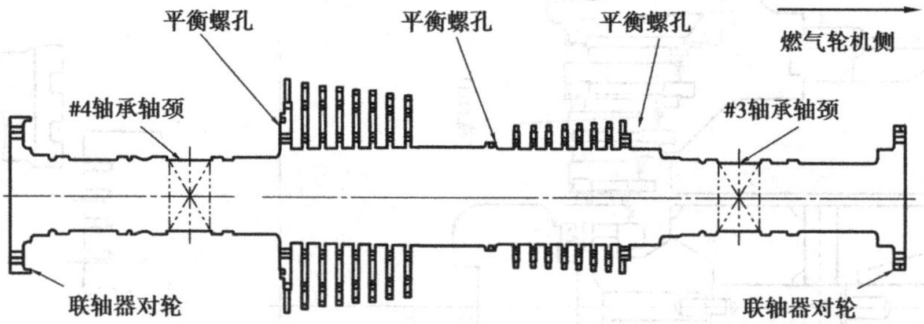

图 4.21　高中压转子

整段转子结构紧凑、强度和刚度好,对机组启停和变工况的适应性较强,适于高温条件下运行。其缺点是加工工艺要求比较高,造价高,加工周期较长。

转子的两处轴颈分别为#3 和#4 轴承的安装位置;转子两端分别加工有联轴器对轮,用来同燃气轮机转子及低压转子联接。

转子中间和两端末级叶轮外侧端面上加工有平衡螺孔(即进汽中心处主轴上和高压第 8 级、中压第 8 级叶轮的外侧处),用以安装平衡螺塞,供不开缸作轴系动平衡用。

主轴上加工有高中压共 16 级叶轮。其中高压部分 8 级,均为等厚截面叶轮,倒 T 形叶根槽;中压部分 8 级,第 1 级为变截面叶轮,其余各级为等厚截面叶轮,中压叶轮都采用枞树形叶根槽。

等厚截面叶轮的轮体断面沿径向等厚度,具有加工方便、尺寸小的优点,但其径向各断面上的应力分布不均匀,承载能力较差;变截面叶轮的断面一般按等强度设计,叶轮沿径向各截面上的应力基本相同,变截面叶轮的强度大、质量小,但加工工艺要求高。中压第 1 级叶轮是本机组工作温度最高区域(设计温度 566 ℃),采用变截面叶轮可减小应力集中,保证机组运行的安全性。

TC2F-30 型汽轮机的高中压部分共 16 级动叶片,均采用冲动式叶片。其中,高压 8 级采用 T 形叶根,中压 8 级采用枞树形叶根,如图 4.22 所示。

T 形叶根结构简单,加工方便,被较短叶片普遍采用;枞树形叶根承载能力大,强度适应性好,拆装也比较方便,但加工工艺要求较高。

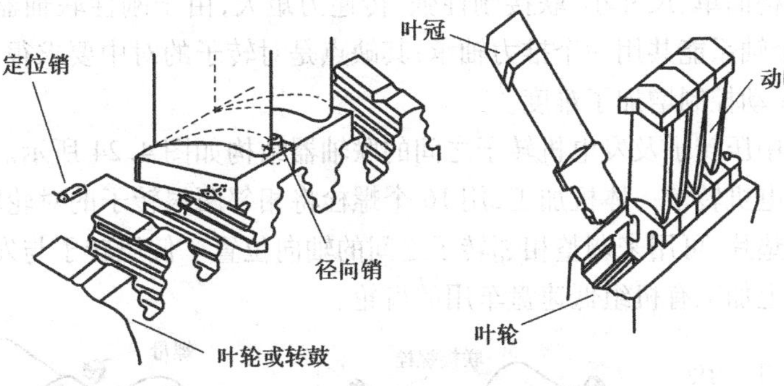

图 4.22　枞树形叶根和 T 形叶根

动叶片通过叶根与高中压转子叶轮上加工出的叶根槽配合,安装在转子叶轮上,呈一整周布置。高中压动叶均采用自带冠结构,叶冠顶部设置了径向汽封,如图 4.17 中视图 C。

(2)低压转子

低压转子也采用无中心孔整锻转子,整体结构如图 4.23 所示。

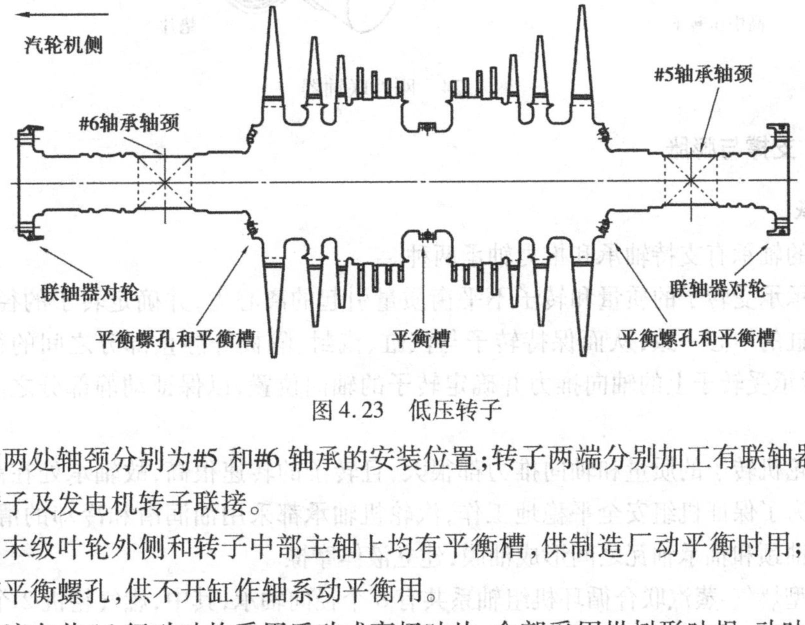

图 4.23　低压转子

转子的两处轴颈分别为#5 和#6 轴承的安装位置;转子两端分别加工有联轴器对轮,用来与高中压转子及发电机转子联接。

正反向末级叶轮外侧和转子中部主轴上均有平衡槽,供制造厂动平衡时用;正反向末级叶轮外侧有平衡螺孔,供不开缸作轴系动平衡用。

低压双流向共 14 级动叶均采用反动式弯扭叶片,全部采用枞树形叶根,动叶片通过叶根与低压转子上加工出的叶根槽配合,安装在转子上。

TC2F-30 型低压汽轮机使用反动式叶片,用来提高循环效率,同时弯扭叶片也最大限度地减少了低压级损失。

汽轮机末级叶片高度为 762 mm,在末级叶片进汽边采用了硬化处理措施,减小湿蒸汽对叶片的冲蚀。为增加长叶片的刚性和改善其振动特性,在末级叶片的叶形上加装了拉筋。

(3)联轴器

联轴器又称靠背轮,其作用是联接机组同一轴系的各个转子,并传递扭矩。

汽轮机高中压转子、低压转子和发电机转子分别通过刚性联轴器联接,与燃气轮机转子也用刚性联轴器联接,构成一个轴系。

刚性联轴器结构简单、尺寸小、联接刚性强、传递力矩大,由于刚性联轴器可以传递轴向推力,使机组的整个轴系能共用一个推力轴承;其缺点是对转子的对中要求很高,且可传递振动,给机组轴系的振动控制增加了难度。

低压转子和高中压转子及发电机转子之间的联轴器结构如图 4.24 所示。这些联轴器的对轮与汽轮机及发电机转子一体机加工,用 16 个螺栓将相邻两根转子的对轮联接在一起,在两个对轮之间插入垫片,可用来调整相邻转子之间的轴向位置。低压转子与发电机转子之间联轴器的垫片外圈上加工有机组低速盘车用的齿轮。

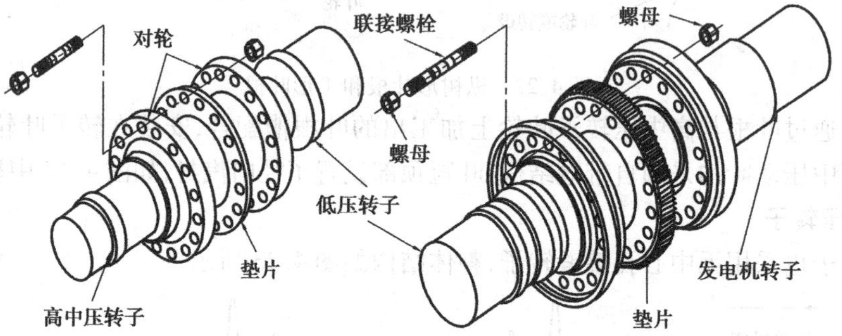

图 4.24 刚性联轴器

4.3.3 支撑与膨胀

(1)轴承

汽轮机的轴承有支持轴承和推力轴承两种。

支持轴承承受转子的质量和转子不平衡质量引起的离心力,并确定转子的径向位置,保证转子与汽缸的中心一致,从而保持转子与汽缸、汽封、隔板等静止部分之间的径向间隙正确;推力轴承承受转子上的轴向推力并确定转子的轴向位置,以保证动静部分之间正确的轴向间隙。

由于汽轮机转子的质量和轴向推力都很大,且转子的转速很高,故轴承处在高速重载条件下工作。为了保证机组安全平稳地工作,汽轮机轴承都采用油润滑和冷却的滑动轴承,工作时在转子轴颈和轴承轴瓦之间形成油膜,建立液体摩擦。

M701F 型燃气-蒸汽联合循环机组轴系共有 8 个径向轴承,其中,燃气轮机 2 个,汽轮机 4 个,发电机 2 个。从燃气轮机排气侧至发电机侧依次编号#1—#8。支撑汽轮机高中压转子的#3、#4 轴承为 4 瓦块可倾瓦轴承,支撑低压转子的#5、#6 轴承为圆筒式轴承。

4 瓦块可倾瓦轴承是自对中式轴承,由轴承润滑油系统供油,进油口位于轴承下部的中间处,从轴承下部的两侧回油,如图 4.25 所示。

轴瓦套为水平中分的上下两半,用两侧的销在中分面处定位对中。上、下半轴瓦套内各安装有两块轴瓦,轴瓦通过垫块支撑在轴瓦套内。垫块的一面呈球面,与内垫块接触,这样允许轴瓦以垫块的球面为中心旋转并与转子自动对中。

轴承在轴承座的球形孔座中由 4 个外垫块支撑。外垫块的外表面加工成半径稍小于支座孔半径的球面。这些外垫块装在上、下两半轴瓦套的外侧,外垫块与水平和垂直中心线分别成45°角。在每个外垫块和轴瓦套之间放有调整垫片。通过改变调整垫片的厚度对轴承的位置进行调整,以此来调整转子在汽缸中的精确位置。

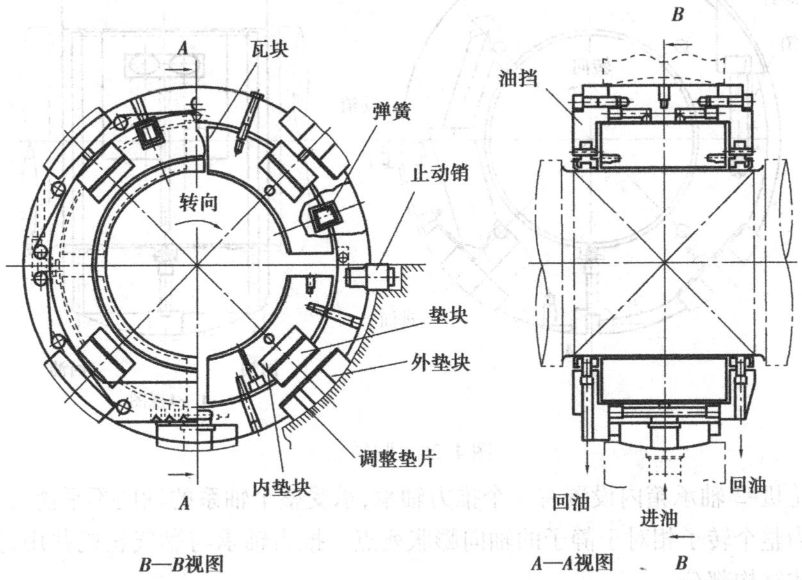

图4.25 4可倾瓦轴承

在下半轴瓦套的水平中分面处装有一个止动销,止动销的一端伸入轴承座的凹槽内,从而防止轴瓦套相对于轴承座旋转。

4块可倾瓦块在工作时可以随转速、载荷及轴承温度的不同而自由摆动,在轴颈四周形成油楔并自动调整油楔间隙,使其达到最佳位置。位于下半轴瓦套的两个瓦块承受着转子的载荷,上面的两个瓦块保持轴承运行的稳定。上半轴瓦套中的两个瓦块上装有弹簧,起减振的作用。

由于可倾瓦轴承的瓦块可以自由摆动,增加了支撑柔性,能够吸收转子振动的能量,因此具有较好的减振性;另外,可倾瓦轴承还具有运行稳定性高、承载能力大、摩擦耗功小等优点。但其结构复杂,安装检修比较困难,成本也较高。

#5和#6轴承为3垫块式圆筒轴承,同样由轴承润滑油系统供油,进油管口在轴承侧下方,润滑油通过轴承体内加工出的通道由轴承的侧上方进入内部,从轴承下部的两侧回油,如图4.26所示。

轴承体为水平中分的上下两半,用两侧的销在中分面处定位对中。轴承体内表面镀有巴氏合金。

轴承在轴承座的球面孔中由3个垫块支撑,垫块的外表面加工成半径稍小于轴承座孔半径的球面。其中,两个垫块装在轴承的下半,与水平和垂直中心线成45°角的位置,另一个垫块装在轴承顶部的垂直中心线上。在每个垫块和轴承之间都装有调整垫片,用来调整轴承位置,将转子精确地定位在汽缸内。

在下半轴承水平中分面处装有一个止动销,止动销的一端伸入轴承座的凹槽内,从而防止轴承相对于轴承座旋转。

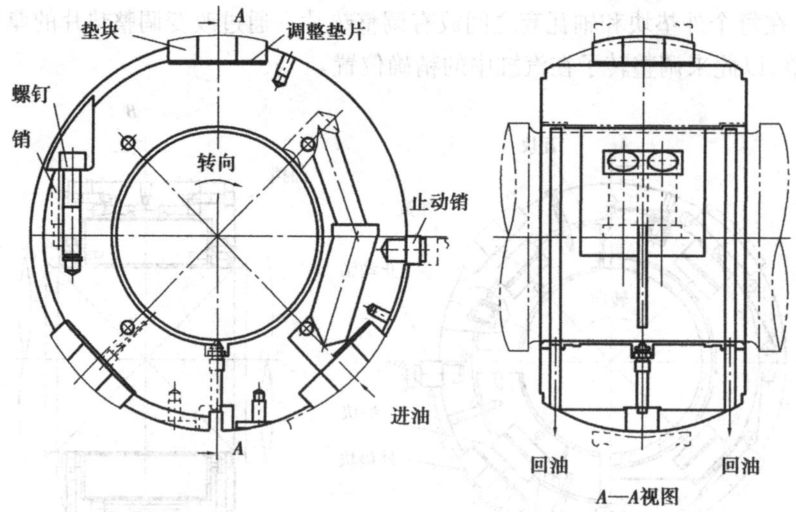

图4.26 圆轴承

在燃气轮机#2轴承箱内设置有一个推力轴承,承受整个轴系的轴向不平衡力。推力轴承的受力面即为整个转子相对于静子的轴向膨胀死点。推力轴承与燃气轮机共用,具体介绍见燃气轮机本体结构部分。

(2)滑销与膨胀

汽轮机每一次运行周期都包括启动、带负荷运行及停机3个阶段。在这样的运行周期中,汽轮机承受着加热和冷却的过程。随着机组温度的变化,汽轮机要热胀冷缩。为了引导因热胀冷缩给汽轮机带来的位移,汽轮机组装设了推力轴承和滑销系统,以确保机组安全运行。

TC2F-30型汽轮机的整个转子由4个径向轴承支撑,汽轮机高中压转子和低压转子及燃气轮机转子之间用刚性联轴器联接。推力轴承位于汽轮机高中压转子和燃气轮机转子之间,推力轴承是汽轮机转子的定位点,即为整个转子相对于静子的轴向膨胀死点,汽轮机转子由此点开始向低压汽缸方向膨胀。高中压汽缸的轴向膨胀死点位于#3轴承座处,高中压汽缸在轴向上由此处开始向#4轴承座方向膨胀;低压汽缸的轴向膨胀死点位于低压汽缸的中部靠#5轴承侧,低压汽缸在轴向上由此点开始分别向两侧膨胀,如图4.27所示。

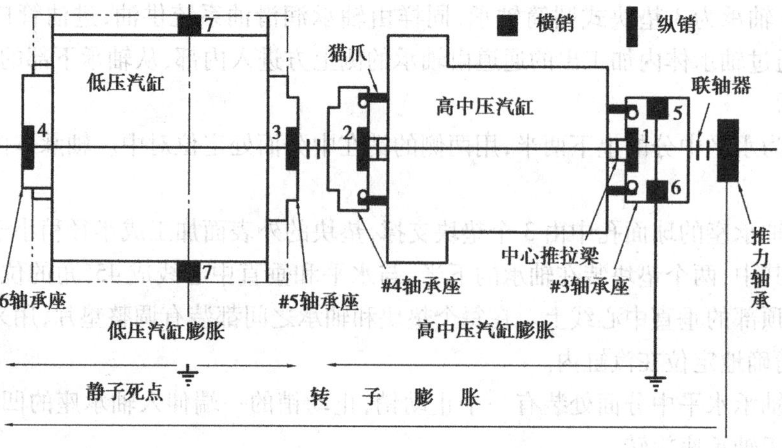

图4.27 TC2F-30型汽轮机滑销与膨胀

高中压汽缸由4个与汽缸一同铸造的猫爪支承在#3和#4轴承座处的键上，汽缸猫爪在键上能自由滑动。汽缸抬升及离开轴承座的任何趋势都受到穿过各个猫爪的螺栓限制，螺栓装配时，在螺母下面和螺栓四周都留有足够的间隙，允许汽缸猫爪由于温度变化而自由移动。猫爪支承结构如图4.28所示。

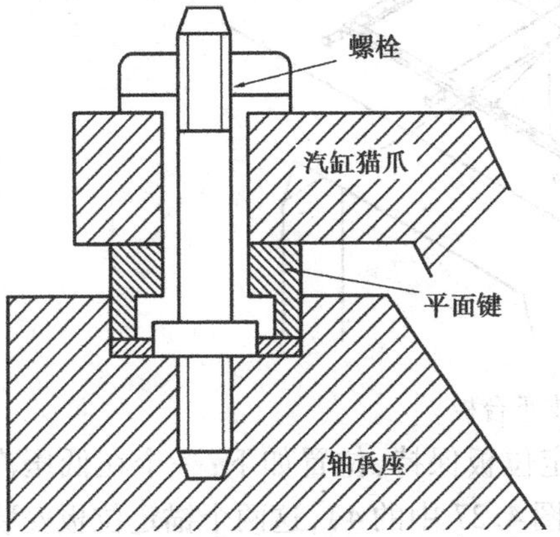

图4.28　汽缸猫爪支承

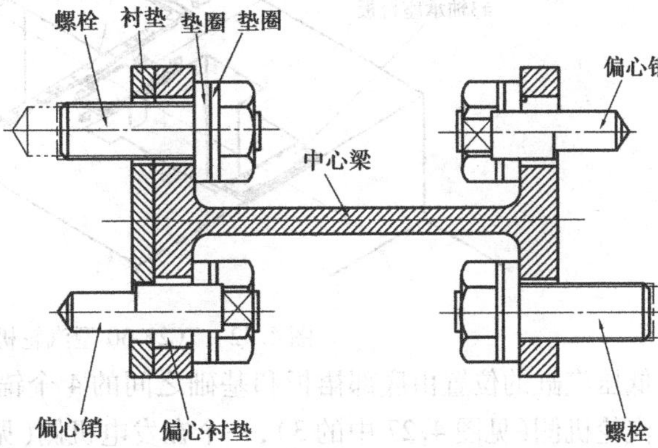

图4.29　H形中心推拉梁

高中压汽缸底座通过H形中心推拉梁联接到#3和#4轴承座上，该中心推拉梁对高中压汽缸同#3及#4轴承座进行对中定位，H形中心推拉梁的安装位置如图4.6所示，结构如图4.29所示，中心推拉梁两侧分别使用螺栓和偏心销与高中压汽缸下部及轴承座相连。

在图4.27中，#3轴承座由一个纵销1引导轴承座的自身轴向膨胀，由定位横销5、6进行轴向固定，这样高中压汽缸的热膨胀就通过中心推拉梁传到#4轴承座，使高中压汽缸整体向#4轴承座方向膨胀，纵销及横销的结构形式如图4.30所示。

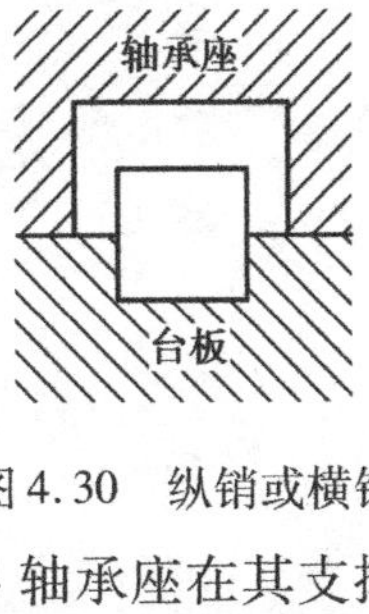

图4.30　纵销或横销

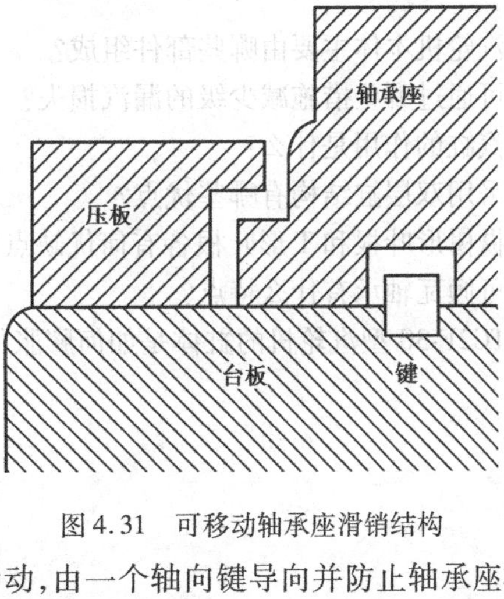

图4.31　可移动轴承座滑销结构

#4轴承座在其支撑台板上可以自由轴向滑动，由一个轴向键导向并防止轴承座横向移动，轴向键位于轴承座和其台板之间的纵向中心线上（见图4.27中的纵销2）。#4轴承座两侧装有压板，形成角销，防止轴承座移动过程中的倾斜或抬起。可移动轴承座的滑销结构如图4.31所示。

低压汽缸由其底部台板支撑，底部台板与下半缸体成一体，并沿底座的各端伸展。底部台板安装在基架板上，这些基架板用水泥砂浆浇在基础上。汽轮机台板布置如图4.32所示。

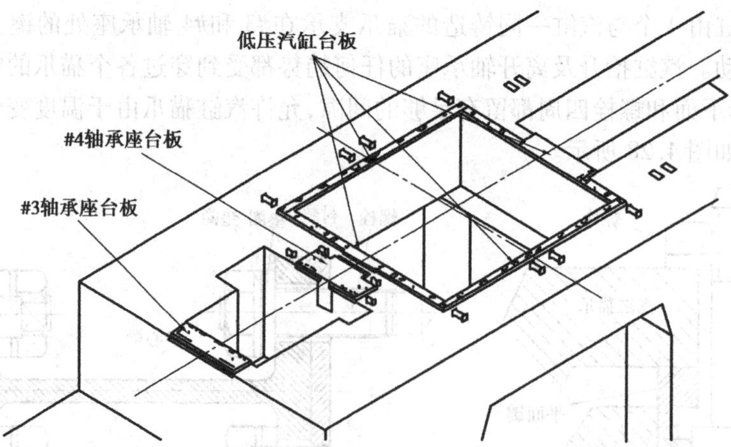

图 4.32　TC2F-30 型汽轮机支承台板

低压汽缸的位置由底部裙板和基础之间的 4 个锚定位板保持，位置如下：一个在低压汽缸的汽轮机侧（见图 4.27 中的 3），一个在发电机侧（见图 4.27 中的 4），这两个锚定位板安装在低压汽缸的横向中心线上，将低压汽缸横向定位，允许轴向自由膨胀；另两个锚定位板在低压汽缸的两侧（见图 4.27 中的 7），每侧一个，装在靠近低压汽缸纵向中心线的#5 轴承侧，对低压汽缸轴向定位，允许横向自由膨胀。因此，低压汽缸在基架水平面的任何方向都可以自由膨胀。

思考题

1. 汽轮机本体主要由哪些部件组成？
2. 可通过哪些措施减少级的漏汽损失？
3. 汽缸的作用是什么？
4. 采用双层缸结构有哪些优点？
5. 枞树形叶根和 T 形叶根各有何优缺点？
6. 可倾瓦轴承有什么特点？
7. TC2F-30 型汽轮机的缸体是如何膨胀的？

第5章 机岛辅助系统

一台燃气-蒸汽联合循环发电机组，除了主机（燃气轮机、蒸汽轮机、余热锅炉、发电机）和调节控制及保护系统外，必须配备有完善的辅助系统和设备才能正常运行。辅助系统的好坏是影响机组安全、可靠运行的重要因素之一。因此，全面掌握燃气轮机辅助系统的组成、运行及其在联合循环中所起的作用是十分必要的。

本章将详细介绍三菱 M701F 型燃气-蒸汽联合循环机组机岛的辅助系统。M701F 单轴燃气-蒸汽联合循环机岛辅助系统有：

◇ 盘车系统
◇ 滑油系统
◇ 顶轴油系统
◇ 控制油系统
◇ 进口可转导叶系统（IGV）
◇ 冷却与密封空气系统
◇ 燃料系统
◇ 进排气系统
◇ 二氧化碳灭火系统
◇ 罩壳通风系统
◇ 水洗系统
◇ 主蒸汽系统
◇ 旁路系统
◇ 疏水系统
◇ 轴封蒸汽系统
◇ 凝结水系统
◇ 辅助蒸汽系统
◇ 真空系统
◇ 密封油系统
◇ 发电机氢气系统
◇ 闭式水系统
◇ 天然气调压站系统

5.1 盘车系统

盘车装置是在机组启动前、停运后使转子保持均匀转动的装置。

盘车系统的主要作用是在机组启动升速前和停机后这个期间缓慢地转动转子，使机组在停机后能够得到均匀的冷却防止受热不均发生热弯曲，并避免机组在长时间静止状态下出现大轴下垂；机组启动前还可利用盘车来检查机组是否有动静摩擦，主轴是否弯曲等；另外，在盘车状态下冲转，还可减少启动力矩，保证机组平稳升速。

5.1.1 盘车装置的组成和扭矩传递过程

三菱 M701F 燃气轮机盘车装置安装在低压缸与发电机之间，具体组成如图 5.1、图 5.2 所示。它由盘车电动机、主动链轮、链条、从动链轮、蜗杆、蜗轮、小齿轮、惰轮、减速齿轮、齿轮、啮合齿轮和盘车啮合操作装置（啮合操作手柄及气动装置）以及其他附件组成。其中，蜗轮和小齿轮为同轴齿轮，减速齿轮和齿轮为同轴齿轮。啮合齿轮与主轴齿轮啮合，在盘车电动机（其转速为 980 r/min）的带动下以约 3 r/min 的速度带动转子转动。盘车机构的扭矩传递流程如图 5.3 所示。

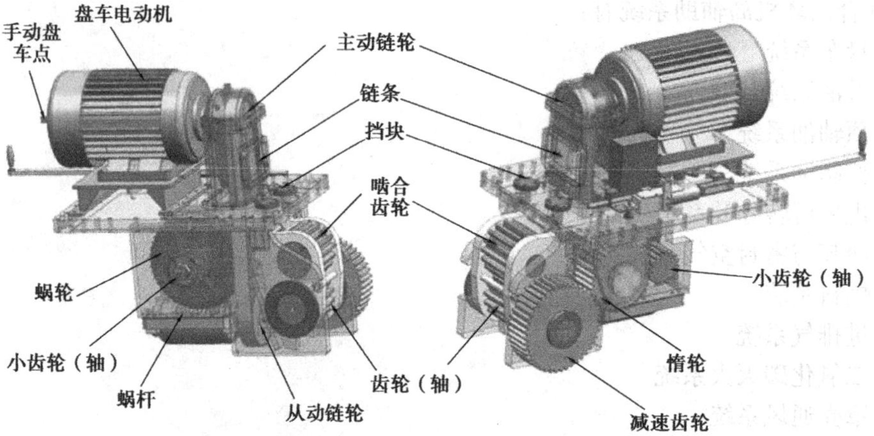

图 5.1 盘车装置结构示意图

啮合齿轮与主轴齿轮的啮合和脱开由一个带连杆机构的自动吸附装置控制，该装置伸出支架之外的部分加装了一个操作手柄，可用于手动推拉以使盘车啮合和脱开。盘车机构的自动吸附装置采用压缩空气作为动力源，并设有供气电磁阀。另外，盘车机构还设有行程开关，以监视盘车机构的动作状况。

当操作手柄或自动吸附装置通过啮合齿轮对主轴齿轮施加扭矩，齿轮将保持啮合；当机组转子的速度大到足以驱动盘车装置时，盘车齿轮就会自动脱扣，退出运行状态。

盘车装置内的蜗轮和蜗杆浸泡在盘车装置壳体的油箱里，油箱里的油来自于机组润滑油系统，并设置供油电磁阀。当盘车需要投入时应当确认供油电磁阀打开，供油压力正常，以防止盘车装置内部出现干磨。

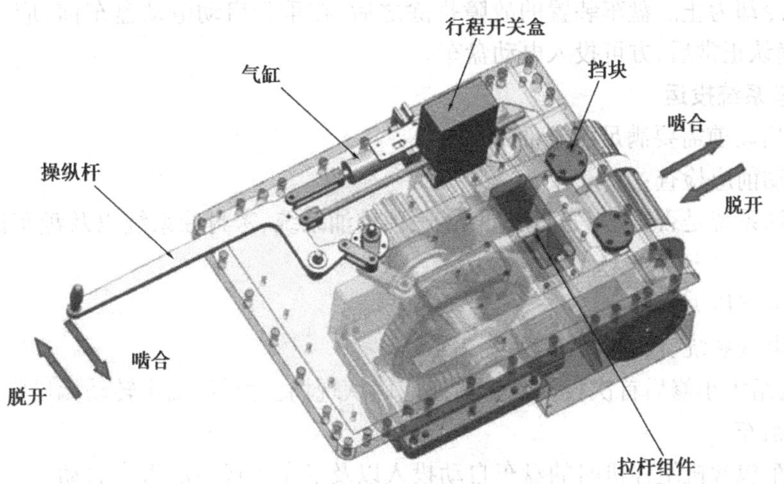

图5.2 盘车装置啮合操作示意图

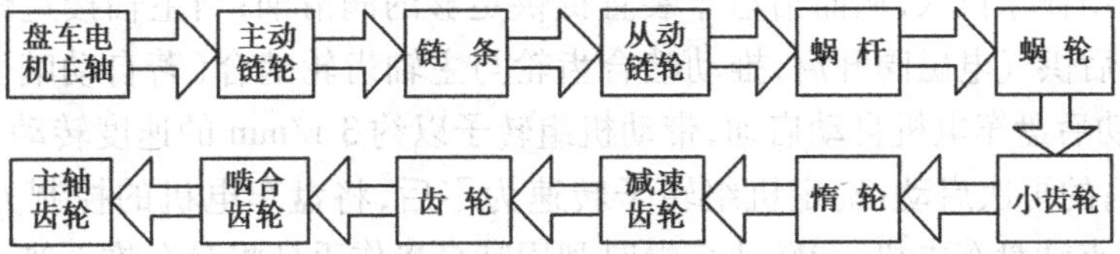

图5.3 盘车机构的扭矩传递流程

5.1.2 盘车运行

盘车系统运行主要包括盘车系统运行时间的要求,盘车系统的投运、退出以及盘车系统的闭锁设定。

(1)盘车系统运行时间要求

盘车系统运行时间和盘车中断时间以及是否满足盘车停运条件有着密切的关系。当盘车装置未满足停运条件时,如果转子静止,转轴将会出现弯曲,因为停机后热空气积聚在缸体上方,转子会因上下温差和重力作用而产生弯曲变形。当盘车装置满足停运条件后,盘车长期停运,机组大轴也会因自重出现下垂现象。这两种情况出现的变形都随时间增加而增加,尤其是盘车未满足停运条件停运时更为严重,甚至会造成动静摩擦、大轴弯曲等。因此,在机组启动前、停机后都必须保证足够的盘车时间。

三菱 M701F 型机组盘车正常停运后再次启动机组前,若盘车中断时间大于3 h,要求连续盘车要大于12 h;若盘车中断1 ~3 h,要求连续盘车大于8 h;若盘车中断时间小于1 h,则连续盘车要大于4 h。

盘车装置在未满足停运条件而出现盘车异常停运时:

①争取在5 min之内手动恢复盘车,最多不超过8 min,否则应连续盘车4 h以上才能再次启动机组。

②如果转子静止超过10 min,应将主轴旋转180°(可通过手动或点动的方式),静置一段时间(约为盘车停止时间的1/2)后,再重新投入盘车。

③若盘车装置故障,应立即进行抢修并以手动盘车的方式保证每隔30 min旋转180°,直

到机组自然冷却为止。盘车装置的故障排除之后，在重新启动电动盘车前，应先手动将主轴盘动一周，确认正常后，方可投入电动盘车。

(2)盘车系统投运

1)盘车启动前需要满足的条件

盘车启动前应检查：

①相关油系统是否正常，如润滑油系统、顶轴油系统、密封油系统以及盘车齿轮供油压力正常。

②仪用空气压力正常。

③相关电气系统、仪表及控制系统正常。

另外，机组大小修后首次投入盘车前还应确认现场已恢复，轴系转动无异常等。

2)自动盘车

自动盘车包含机组停机时的盘车自动投入以及盘车停运后的再次启动。

停机时的盘车自动投入：机组停机进入惰走阶段，当转速下降到一定值(约 600 r/min)时，盘车装置自动程序投入，从而给盘车装置提供足够的润滑油；当主轴接近停止时，盘车电机点动一次，其后供气电磁阀开启，推动啮合齿轮与主轴齿轮啮合(若自动啮合失败，需手动啮合)；啮合成功后盘车电机自动启动，带动机组转子以约 3 r/min 的速度转动。

盘车停运后的再次启动：确定机组转子转速为零后，将盘车电机的控制方式切换至"就地"位置并就地点动盘车电机，待转速变慢时利用啮合操作手柄将盘车推至啮合位置，啮合成功后，将盘车电机的控制方式切换至"远方"，盘车电机自动启动，带动机组转子以约 3 r/min 的速度转动。

3)手动盘车

在机组完全冷却下来之前，盘车电机出现故障或者有其他要求时，要实行手动盘车。手动盘车操作是在盘车电机开关拉至隔离位置后，通过啮合操作手柄将盘车啮合杆推至啮合位置，啮合成功后，再利用手动盘车工具在盘车电机突出的轴上(具体位置如图 5.2 所示)盘动转子。手动盘车应每隔 30 min 盘动 180°。

4)盘车运行时的检查

当机组处于盘车运行状态时，为了确保盘车系统正常应做到：

①检查盘车电机运行是否正常，电流有无波动。

②检查轴系有无异常，如轴系有无异常摩擦声，各轴承振动、回油温度、金属温度等是否在正常范围以内。

③检查相关油系统是否正常，如润滑油系统的供油压力、油箱油位、油温和发电机密封油供油压力、油氢压差以及顶轴油压力等参数是否正常。

④检查转子偏心值、转子轴向位移、汽轮机胀差等参数是否正常。

(3)盘车系统退出

盘车系统的停运包含两种：第 1 种是启机时当轴系转速超过盘车转速时，盘车装置自动脱扣退出运行；第 2 种是停机后轴系不需要运转时或者因检修需要而进行的盘车停运。

第 1 种停运：机组启动过程中当转子转速超过盘车转速时，啮合齿轮自动脱开，盘车电机停止、供气电磁阀关闭。当转速上升至一定值(约 600 r/min)时，盘车装置自动程序退出，切断盘车装置的润滑油。

第2种停运：盘车停运前应确认轴封系统已停运；机组膨胀已稳定且燃气轮机叶轮间隙温度 <95 ℃；汽轮机高、中压缸的金属温度 <180 ℃。满足上述停运条件后，通过停运盘车电机电源，使机组大轴转速下降直至为零。

(4)盘车系统闭锁条件

盘车系统设置有以下3个闭锁条件：

①盘车齿轮供油压力低于0.04 MPa。

②发电机油氢压差低于35 kPa。

③顶轴油压力低于5.9 MPa。

当以上任一条件达到时，盘车系统闭锁，控制系统无法启动盘车自投程序，同时盘车电机电源也将闭锁分闸。

5.1.3　盘车系统常见故障及处理

盘车系统是机组重要的辅助系统之一。若盘车系统异常停止运行，则可能使机组冷却不均匀，造成机组动静摩擦、大轴弯曲，严重时甚至会导致大轴“抱死”，从而影响机组启动。下面针对盘车故障时的故障现象、故障主要原因及处理方法进行介绍，以便在盘车出现故障时能及时处理。

(1)故障现象

①盘车系统停运后再次启动时，盘车不能正常投入。

②停机投运盘车时，当转速降到600 r/min开始计时，50 min后盘车没有启动，发出报警。

③盘车正常运行时，盘车电机异常停止或者齿轮脱扣超过10 s，发出报警。

(2)原因分析

①盘车电机异常。

②盘车装置故障。

③盘车限位开关或盘车程序异常。

④盘车齿轮供油压力低，发电机密封油氢压差低，顶轴油出口压力低，盘车装置出现闭锁禁止盘车启动。

⑤供气压力异常，导致啮合不成功。

⑥汽机主汽阀存在泄漏等不稳定因素，导致盘车无法正常投入或者中途脱开。

⑦大轴“抱死”。

(3)处理方法

①检查盘车电机，若出现电机线圈烧毁、轴承损坏、电源异常等应及时更换、修理或恢复。

②检查盘车装置，若盘车装置出现传动齿轮磨损、链轮断裂等应及时修理或更换。

③检查盘车限位开关或盘车程序，若出现异常应及时更换或修复。

④检查盘车齿轮供油压力、发电机密封油氢压差及顶轴油出口压力，若因这些压力或压差造成盘车装置闭锁禁止启动，则检查相关系统，查明原因并及时处理。

⑤检查压缩空气供气系统或供气电磁阀：若供气系统异常，应及时恢复；若供气电磁阀出现故障，应及时修理或更换。

⑥盘车自动投运过程中若出现多次自动啮合不成功，应检查压缩空气供气压力等，必要时应进行手动啮合，防止盘车反复啮合对大轴造成冲击，延误盘车投入时间。

⑦若出现主汽阀泄漏，可采取将主汽阀前管道泄压的方法使转速降下来。

⑧若上述故障在短时间内无法恢复正常，需进行手动盘车。

⑨若手动盘车时出现摩擦声或者大轴无法盘动，则可能是机组动静部分出现摩擦，应立即停止手动盘车，通知相关人员。

5.2 滑油系统

滑油系统是在机组启动、正常运行及停机过程中，向燃气轮机、汽轮机和发电机的轴承、盘车装置等润滑冷却部件提供油量充足、压力和温度适当、品质合格的润滑油。吸收轴承及各润滑部件所产生的热量，以维持零部件工作在允许的温度范围内，从而防止轴承烧毁、轴颈过热弯曲损坏，以保证机组安全可靠地运行。除此之外，还提供给顶轴油系统及氢冷发电机密封油系统用油。

联合循环发电机组的滑油系统有几种不同的布置形式，对于单轴机组而言，燃气轮机和蒸汽轮机通常共用一套滑油系统，对于多轴机组，燃气轮机发电机组和蒸汽轮机发电机组可以共用一套滑油系统，也可各自单设一套滑油系统，布置形式的选择视机组总体布置而定。就滑油系统而言，不管是共用系统还是分设系统，其设计原理及系统构成大致相同。下面以M701F 型单轴燃气轮机联合循环发电机组滑油系统为例进行详细介绍。

5.2.1 系统组成及工作流程

M701F 型单轴联合循环机组滑油系统图详见附录4。系统主要由滑油箱、交流油泵、直流油泵、滑油冷却器、滑油滤、蓄能器、排油烟装置、滑油净化装置及滑油加热器等组成，还包括管道阀门和热工测量元件等附属设备。

如图5.4 所示为滑油系统流程示意图。该系统是一个加压强制循环系统。当机组处于启停过程、带负荷运行及盘车时，交流滑油泵（一备一用）将油箱里的滑油加压到一定压力后通过滑油冷却器进行冷却，再经滑油温度调节阀进行温度调节，以保证供给的滑油温度维持在46 ℃左右。温度合适的滑油再经滑油过滤器（一备一用）进行过滤，滤除油中混入的杂质及油化学反应生成物，防止油品劣化及元件发生污染、磨损和堵塞。具有合适温度和一定清洁度的滑油需经调压阀进行压力调节，以维持滑油母管压力在设定值(0.22 MPa)。通过以上设备之后，具备压力和温度适当、清洁的滑油送至滑油供油母管。

当厂用电丢失或交流滑油泵故障时，则由直流滑油泵向机组轴承提供滑油，提供的滑油不经冷油器、滑油滤和调压阀，直接送至滑油母管。

滑油母管的滑油经冷却、过滤、调压之后压力、温度合适，品质合格，分别向以下设备（或系统）供油：

①提供燃气轮机轴承(#1、#2)润滑、冷却用油。

②提供汽轮机轴承(#3、#4、#5、#6)润滑、冷却用油。

③提供发电机轴承(#7、#8)润滑、冷却用油。

④提供发电机前后轴承的顶轴油系统供油（详见顶轴油系统介绍）。

⑤提供发电机检修或密封油空管启动前的注油（详见密封油系统介绍）。

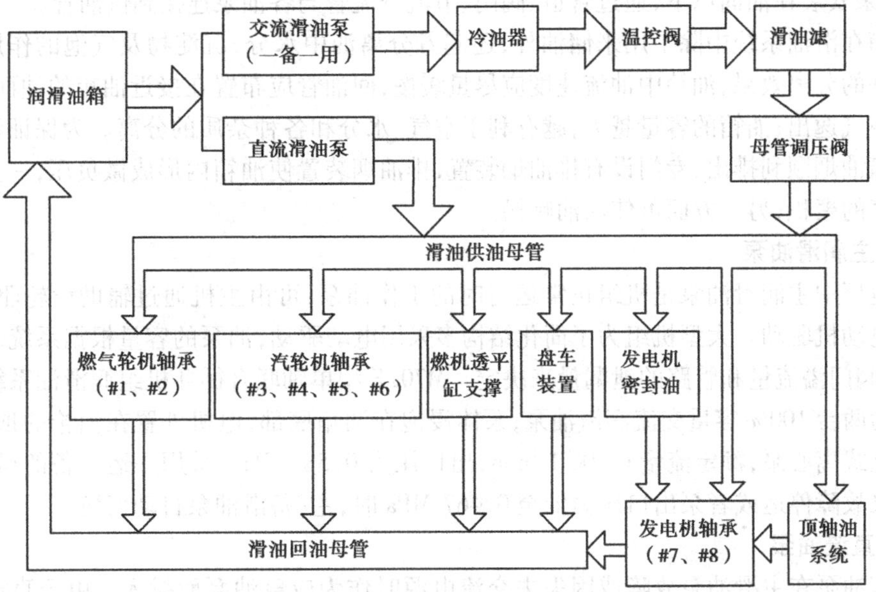

图5.4　滑油系统流程示意图

⑥提供盘车装置的润滑冷却用油（详见盘车系统介绍）。

⑦提供燃气轮机透平缸体支撑冷却用油。

经用油设备（或系统）后，所有的回油通过滑油回油母管回到滑油箱。其中，发电机前后轴承润滑油、顶轴油和密封油需经轴瓦排油汇集到循环密封油箱，循环密封油箱一部分继续提供发电机密封油，其余排至回油母管至滑油箱。各轴承回油管路上装有回油温度测量元件，以监测回油温度。

反复循环之后的滑油中存在油烟、水分及杂质，为了保证滑油品质合格，滑油系统专门设置了滑油抽油烟装置、油水分离装置、外置循环过滤装置等辅助设备来改善滑油品质。

为保证可靠供油及维持油箱正常油位，设置有一个备用油箱，储存备用滑油，在主油箱紧急缺油时及时补充，保证机组滑油正常供应。

为保证滑油系统安全可靠运行，系统装有压力开关、温度开关、液位指示等相关热工检测及保护元件，实现系统运行参数监测和保护功能。

5.2.2　系统主要设备介绍

滑油系统主要由滑油箱、交流油泵、直流油泵、滑油冷却器、滑油过滤器、蓄能器、排油烟装置及滑油净化系统等设备组成，在系统中承担相应的任务。下面分别对这些设备进行介绍。

(1)滑油箱

滑油箱主要作用是储存滑油，为封闭式正方体容器，长、宽、高分别为6 776 mm、3 876 mm、2 080 mm，油箱容量为31 000 L。

滑油箱顶板上装有交流油泵、直流事故油泵和排烟风机等主要设备，油箱上部装有人孔门，方便进入油箱内部检修或检查，底部有排油口；油箱上装设有相关温度、油位、压力等热工测量元件；为防止滑油温度过低，有些机组专门在滑油箱内部设置有电加热器设备；在滑油箱内部，油泵安装在油面以下，通过管道、阀门、节流分流管与各油泵连接到供油管。

油箱在滑油系统中除了用来储油外，还起着分离油中水分、沉淀物及气泡的作用。为了获得良好的分离效果，油箱中油流速度应尽量缓慢，回油管应布置在接近油箱的油面，以利于油层内空气逸出；油箱的容量越大，越有利于空气、水分和各种杂质的分离。为保证油箱内以及轴承箱油烟顺利排出，专门设有排油烟装置，排油烟装置使油箱内形成微负压，一方面防止易燃烟气的聚积，另一方面可使回油顺畅。

(2)主润滑油泵

发电厂中主润滑油泵是机组正常运行时的工作油泵，可由主机通过辅助齿轮驱动，也可由交流电动机驱动。大型机组为了简化结构多采用电动驱动，油泵的容量根据系统总的用油量、调节阀门溢流量和管路的泄漏量来决定。M701F 型单轴联合循环机组润滑油系统配备的主油泵为两台 100% 容量交流润滑油泵，泵体浸泡在油箱底部，电机外置在油箱的顶部，油泵形式为立式离心泵，额定流量 6 400 L/min，出口压力 0.58 MPa。采用一运一备的运行方式，当运行泵故障停运或者泵出口压力低至 0.467 MPa 时，主/备滑油泵自动切换。

(3)直流油泵

直流油泵在主滑油泵故障或因失去交流电源时作为应急油泵而投入。由于直流油泵只在应急状态下工作，其压力和容量一般选择偏小，泵出口压力略高于滑油母管压力，油不经冷油器和过滤器设备，直接进入滑油母管供给各轴承润滑。M701F 型单轴联合循环机组配置的直流油泵形式为立式离心泵，泵体浸泡在油箱底部，电机外置在主油箱的顶部，额定流量 4 800 L/min，出口压力 0.26 MPa，采用 220 V 直流电源。

(4)蓄能器

蓄能器是液压/气动系统中的一种能量储存装置。在适当的时机将系统中的能量转变为压缩能或势能储存起来，当系统需要时，又将压缩能或势能以液压或气压的能量形式释放出来，重新补供给系统。当系统瞬间压力增大时，它可吸收这部分的能量，保证整个系统压力正常。蓄能器对保证系统正常运行、改善其动态品质、保持工作稳定性等起着重要作用。

蓄能器在液压系统中的功能主要有以下 5 个方面：

①短期大量供油。

②系统保压。

③应急能源。

④缓和冲击压力。

⑤吸收脉动压力。

蓄能器类型多样，功能复杂，不同的液压系统对蓄能器功能要求不同。按加载方式，可分为弹簧式、重锤式和气体式。

弹簧式蓄能器如图 5.5(a)所示，它依靠压缩弹簧把液压系统中的过剩压力能转化为弹簧势能储存起来，需要时释放出去。其结构简单，成本较低。但是因为弹簧伸缩有限，而且弹簧伸缩对压力变化不敏感，消振功能差，所以只适合小容量、低压系统或者用作缓冲装置。

重锤式蓄能器如图 5.5(b)所示，通过提升加载在密封活塞上的质量块把液压系统中的压力能转化为重力势能储存起来。其结构简单、压力稳定。其缺点是安装局限性大，只能垂直安装，不易密封，质量块惯性大，不敏感。这类蓄能器仅供暂存能量用。

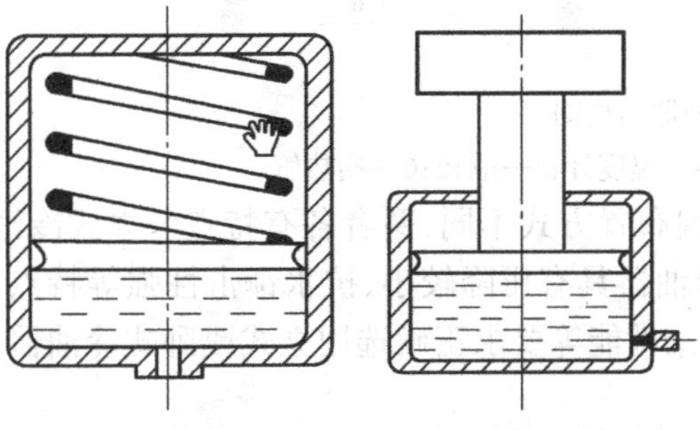

(a)弹簧式　　(b)重锤式

图5.5　弹簧式和重锤式蓄能器结构原理图

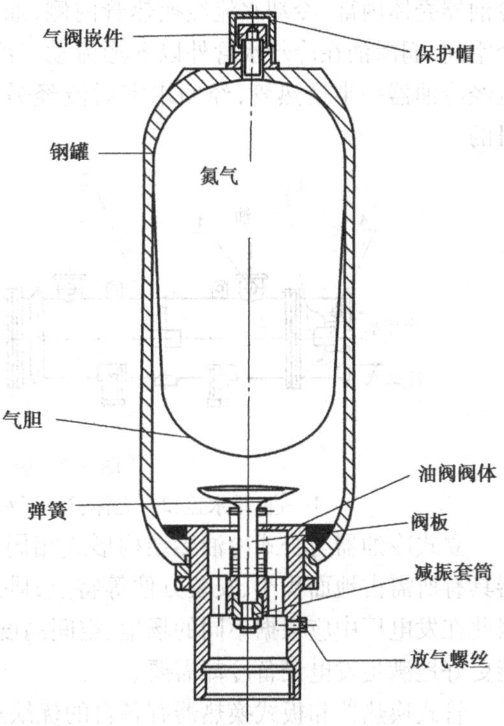

图5.6　气囊式蓄能器结构图

气体式蓄能器通过压缩气体完成能量转化，首先向蓄能器充入预定压力的气体。当系统压力超过蓄能器内部压力时，油液压缩气体，将油液中的压力转化为气体内能，当系统压力低于蓄能器内部压力时，蓄能器中的油在高压气体的作用下流向外部系统释放能量。这类蓄能器按结构可分为管路消振器、气液直接接触式、活塞式、隔膜式、气囊式等。在液压系统中，气囊式储能器使用较为广泛，下面以气囊式为典型进行介绍。

如图5.6所示为气囊式储能器结构图。它由钢罐、气胆、充气阀组件及油阀组件等部件组成。蓄能器内部分为油液部分和带有气密封件的气体部分，位于气囊周围的油液与油液回路接通，当压力升高时油液进入蓄能器，气体被压缩，系统管路压力不再上升；当管路压力下降时压缩空气（或氮气）膨胀，将油液压入回路，从而减缓管路压力的下降。这种蓄能器可做成不同规格，适用于各种类型的液压系统。气囊惯性小，反应灵敏，不易漏气，没有油气混杂的可能，维护容易，附件设备少，安装容易，充气方便，目前使用最为广泛。

M701F型单轴联合循环机组滑油系统，在交流滑油泵的出口管线上装有5个囊状蓄能器，每个容量为183 L，充入的气体为氮气，其设定压力0.29 MPa。

(5)滑油冷却器

滑油流过各轴承、齿轮等润滑部件后温度会上升14～33 ℃，因此，从滑油系统回来的滑油必须通过滑油冷却器冷却后才能保证轴承入口油温达到规定值。目前，发电厂中应用较为广泛的冷油器有管式冷油器和板式冷油器两种，通常采用水冷的冷却方式。板式冷油器结构见本章闭式水系统介绍。下面着重对管式冷油器进行介绍。

管式冷油器根据安装方式的不同，分为立式冷油器和卧式冷油器，图5.7为卧式冷油器结构图，主要由进/排水盖、壳体、换热管、隔板及回水盖等部件组成。细小的冷却水管分布在冷油器壳体内部,冷却水流经换热管内侧,油流经换热管外侧。换热管由隔板固定且隔成多个空间,润滑油在冷却水管外以S形流动。冷却水通过冷油器的顶部端盖进入冷油器,首先流经冷油器一半换热管,经回水室后流经另一半换热管至出口,带走润滑油热量达到冷却目的。

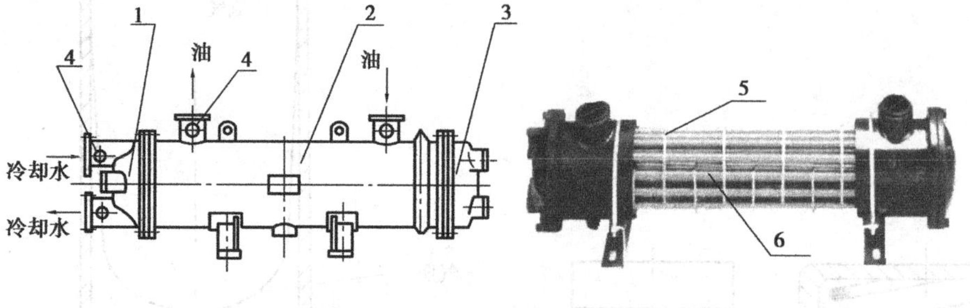

图 5.7　卧式冷油器结构图

1—进/排水盖;2—壳体;3—回水盖;4—温度计;5—隔板;6—换热管

立式冷油器与卧式冷油器结构形式相同,但因布置方式不同,两者各有特点。立式冷油器具有所需占地面积小、安装方便等特点;卧式冷油器具有压降较小、抗水锤击性强等特点。因此在发电厂中应根据不同的场地、空间高度、使用性能等要求正确选用立式或卧式冷油器,能更好地满足发电设备冷却需要。

管式换热器和板式换热器有各自的优缺点,管式换热器运行安全性好,对水质适应性强;板式换热器传热效率高、热损失小、质量轻便于拆装,结构紧凑,占地面积小,有利于紧凑的厂房布置。但是板式换热器对工作介质有一定要求,由于换热面流道较小容易堵塞,需要经常清洗换热板,维护工作量大,介质温度及压力不宜过高,否则容易造成密封件的损坏。

M701F 型单轴联合循环机组滑油系统较多采用平板式冷油器,一运一备的运行方式。一般采用闭式冷却水作为冷却水源。

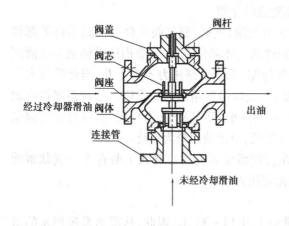

(6)滑油温度控制阀

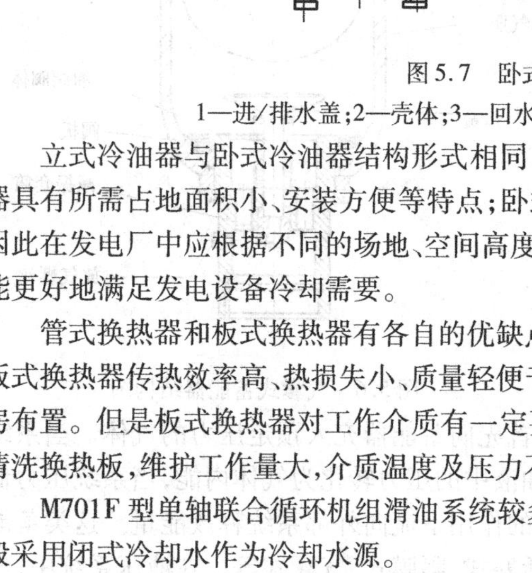

图 5.8　三通调节阀结构图

目前,电厂滑油温度调节主要通过两种手段来完成:一种是调节滑油冷却水量的方式来调节滑油温度;另一种是在滑油冷却器的出口设置一个油温控制阀,此温控阀为三通阀,通过控制冷、热油混合比,以达到调节油温的目的。M701F 型单轴联合循环机组滑油温度调节就是采用三通阀来完成的。图 5.8 为典型的三通调节阀结构图,安装在滑油冷却器出口管线上。三通阀分两路进油:一路为经过冷却器冷却的滑油,另一路为未经冷却的滑油。在三通阀出口,装有温度探测装置,由温度信号来控制三通阀,使滑油温度稳定在设定值(46 ℃)。当油温偏高时,三通阀开大未经冷却油路,关小被冷却油路,当油温偏低时,调节相反。

(7)滑油过滤器

为了防止杂质进入滑油系统,损坏轴承及润滑部件。M701F 型单轴联合循环机组滑油系统,在滑油温度控制阀后布置有两台双联过滤器,一台运行,另一台备用。结构示意图如图5.9所示。滤芯过滤精度为10 μm。在滑油过滤器上下游之间装有一个压差开关,当过滤器压差升高到0.147 MPa时,发出差压高警报,说明滤网脏污,这时应该进行过滤器的切换操作,对脏滤进行清洗。

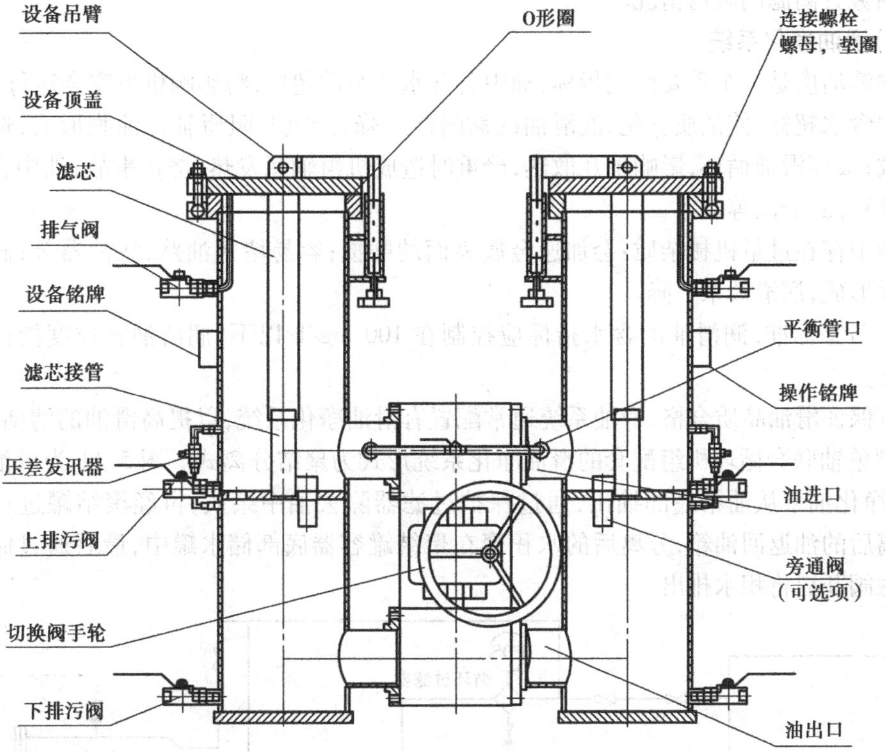

图5.9 滑油过滤器

(8)滑油压力调节阀

经过温度调节和过滤之后的润滑油,在供给各轴承之前需经过一个压力调节阀进行调压,保证滑油供给压力维持在设定值。图5.10为滑油母管压力调节阀简图。该阀根据母管压力自动调整开度,以维持母管压力始终维持在设定压力值0.22 MPa左右。

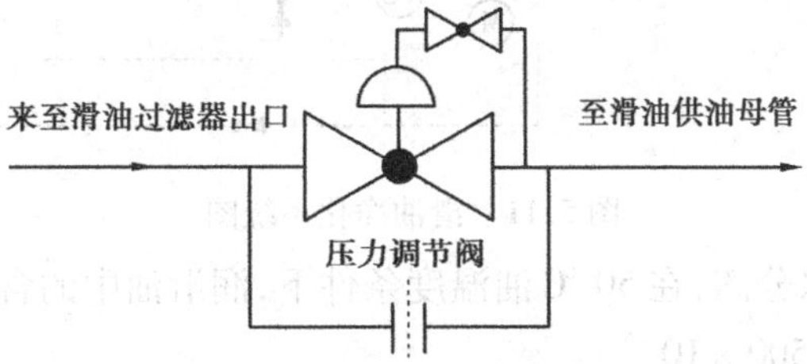

图5.10 滑油母管压力调节阀简图

(9)排油烟装置

为了及时排走滑油箱内的油烟,维持油箱微负压,保证滑油品质合格,M701F型单轴联合循环机组在滑油箱上方装设一套排油烟装置,排油烟装置由两台离心式排烟风机和两台油雾分离器组成,每台排烟机装有一台油雾分离器,从分离器和风机收集的油靠重力回流到润滑油箱，排油烟装置入口设置在主滑油箱顶部，系统流程图见附录4中附图4.4。

正常情况下，风机一运一备。当主润滑油箱压力≥-0.98 kPa时或排烟风机故障时自动切换为备用风机运行，以保持油箱中的微负压状态。在风机抽气管之间装有一个平衡管道，可使两台风机与任一油雾分离器交替使用。油雾分离器的运行状况由差压计监视，根据压差可判断油雾分离滤网脏污情况。

(10)滑油净化系统

滑油清洁度是一个重要监测指标，油中若含水和杂质超标，将影响机组安全运行。

油中含水超标：使油质乳化，润滑油的黏附性下降，严重时阻碍轴瓦油膜形成，造成机组烧瓦事故；破坏滑油循环，影响轴瓦散热，严重时造成机组轴瓦发热、烧瓦事故；油中含水会使金属部件锈蚀、卡涩等。

滑油中存在过量机械杂质：会加速金属表面的磨损；容易堵塞油路、滤油器等；破坏润滑油的油膜形成，润滑效果下降。

按照国家标准，润滑油的含水指标应控制在100 mg/L以下，润滑油颗粒度指标不劣于NAS 8级。

为了保证滑油品质合格，滑油系统通常配置有滑油净化系统，以提高滑油的清洁度指标。M701F型单轴联合循环机组配套的滑油净化系统形式为聚结分离式。图5.11为滑油净化系统图，由净化油泵从油箱底部抽出，通过保护过滤器除去油中杂质，再经聚结罐进行水分分离。分离后的油返回油箱，分离后的水积聚在聚结罐容器底部储水罐中，最后通过储水罐下部的电磁阀开启将积水排出。

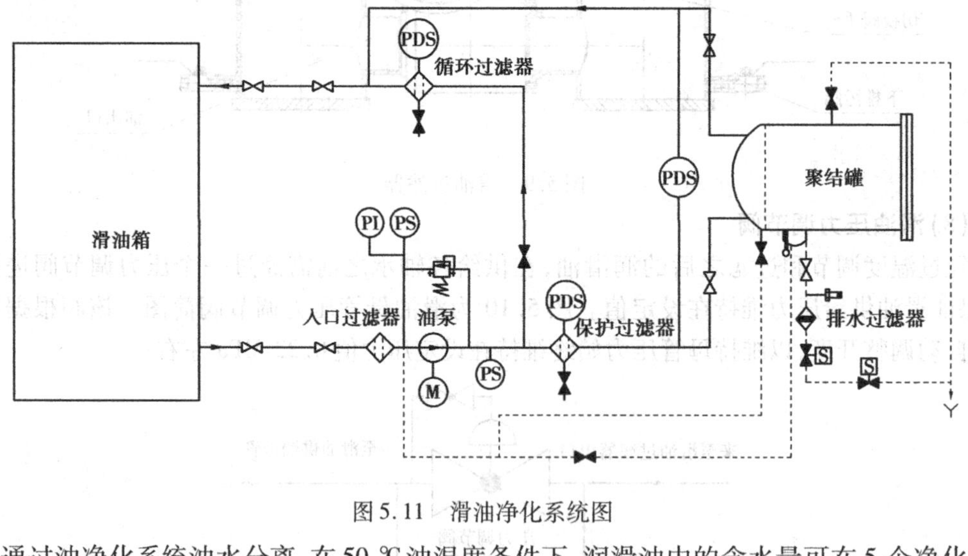

图5.11 滑油净化系统图

通过油净化系统油水分离，在50 ℃油温度条件下，润滑油中的含水量可在5个净化循环后从1 000 $\times 10^{-6}$下降至500 $\times 10^{-6}$。

1)滑油净化系统聚结分离原理

在聚结罐内装有5个聚结滤芯和1个分离滤芯。润滑油首先通过聚结滤芯，油中较大的水珠在重力的作用下沉降到容器底部，而尺寸较小的水珠在惯性作用下随同油液向上直至上方分离滤芯。分离滤芯由特殊的耐水渗透材料制成，在油液通过分离滤芯时，水珠被挡在滤芯外面，而油液则进入滤芯并从出口排出。挡在滤芯外面的水珠经过相互聚集，尺寸逐渐增大,最后由于重力的原因沉降到容器下部的储水罐中。分离出来的水储存在储水罐中,通过油水界面仪测量存水罐水位,当其达到设定上限值时,储水罐下部的电磁阀开启将积水排出。

2)滑油净化系统运行模式

为提高滑油系统的可靠性,滑油净化系统为24 h连续运行,正常运行时采用脱水过滤模式。当聚结分离容器故障或检修时,可关闭聚结罐进出口阀,采用循环过滤模式进行循环过滤。

5.2.3 系统保护元件介绍

为了使滑油系统安全稳定运行,在滑油系统中装设相应的温度、压力等热工测量保护元件,对运行参数进行实时监测,对异常参数发出报警响应及实现保护控制功能。滑油系统主要有滑油母管压力、滑油母管温度、滑油泵出口压力、滑油箱温度、轴承金属温度及回油温度等重要测量和保护元件。下面分别对这些监测元件进行介绍。

(1)滑油母管压力监测元件

在滑油系统中,滑油母管压力低保护是机组运行非常重要的保护。滑油压力过低,使轴承油膜形成不好,影响润滑冷却效果,导致轴颈与轴瓦碰摩、烧瓦等事故发生,甚至造成机组严重损坏。M701F型单轴联合循环机组滑油系统中,滑油供油母管装设有一个压力变送器、三个压力开关及压力表。滑油母管压力正常值为0.22 MPa,当润滑油母管压力变送器检测到压力<0.189 MPa时,控制系统发出滑油压力低报警信号,联锁启动备用交流滑油泵,如果压力继续下降,三个压力开关中任意两个检测到压力<0.169 MPa时,控制系统主保护动作,机组跳闸并发报警信号,且联锁启动直流滑油泵,保证机组安全停机。

(2)滑油供油温度监测元件

滑油供油温度过高会使油的黏性降低,润滑性能下降,长期运行会造成轴承及润滑部件损坏。为了及时监测滑油供油温度,在滑油供油母管上装设温度监测元件。M701F型单轴联合循环机组滑油母管上装设三个温度变送器,机组正常运行中滑油母管温度维持在46 ℃左右。当母管温度变送器检测到温度>60 ℃,控制系统发出润滑油供油温度高报警信号;当滑油温度继续上升,滑油供油母管三个变送器中任意两个同时检测到油温>65 ℃,机组主保护动作跳闸,并发出报警信号。

(3)滑油箱油位监测元件

滑油箱设有高、低油位监测元件。机组运行中,若油位过高,油箱气空间减小,影响油气分离效果,当检测到油面至油箱安装法兰表面距离小于870 mm时,系统发出油位高报警;若油位过低,使滑油泵入口静压降低,可能导致泵吸入空气,使滑油压力波动,影响机组安全运行,当检测到油面至油箱安装法兰表面距离大于1 170 mm时,系统发出油位低报警信号。

(4)滑油滤压差监测元件

滑油滤过滤油中的杂质,保证供油具备一定清洁度。为监视过滤器脏污程度,通常采用滤前后的压力差值来反映。在机组运行时,当滤网前后压差达到0.147 MPa时,控制系统发出滤网压差高报警,提示运行人员切换滑油滤。

(5)滑油箱油温监测元件

为保持滑油理化特性,滑油系统投入运行时,滑油箱油温不宜过低。当主油箱油温≤15 ℃时,滑油加热器自动投入;当主油箱油温≥20 ℃时,滑油加热器自动退出。

5.2.4 系统运行

滑油系统运行是将系统各设备投入正常工作,向机组轴承及其他润滑冷却部件提供所需温度合适、压力满足要求的清洁润滑油。系统运行正常与否直接影响机组轴承及部件的润滑冷却效果,是机组安全稳定运行的关键系统之一。

(1)滑油系统投运

滑油系统是机组启动前最早投入的辅助系统,系统投运成败直接影响机组正常启动。

系统投运前,需充分做好投运前的设备检查及准备工作。主要确认系统管线阀位具备投运条件;系统有关动力电源、控制电源和仪表电源已送上,电气开关均投远方控制方式;系统有关联锁、保护试验已合格,所有仪表已投入在线运行;确认滑油箱油位正常,油品化验合格;与滑油系统有关的其他系统必须满足条件,如密封油系统及顶轴油系统具备投运条件,压缩空气系统已投运且压缩空气母管压力正常,滑油冷却水系统运行正常等。对于滑油温度较低时,需提前投运滑油循环系统,提高滑油温度。

完成系统启动前检查及准备工作后,首先投入滑油箱排油烟装置,对于检修后的启动,还需调整风机进口手动阀开度控制抽风量,以维持滑油箱内负压值在 -2 kPa 左右;启动交流滑油泵,启动后各轴承及供回油管道应无油渗漏,各轴承回油视窗可见稳定油流,油箱油位稳定在正常范围之内;确认系统正常后,最后将另外一台交流滑油泵和直流事故油泵投入联锁备用。对于检修之后启动,需测量电机振动及电流情况。

滑油系统投运后,需监视滑油冷却器、过滤器、母管压力调节阀等设备工作情况,滑油供油温度应维持在 46 ℃左右,滑油母管压力应维持在 0.22 MPa 左右,滑油过滤器压差显示正常。

(2)滑油系统停运

在停运滑油系统前,必须确认机组盘车、顶轴油系统及密封油系统已停运,且机组转速降为零。

首先将直流事故油泵和备用交流滑油泵解除联锁保护,目的是防止主运行泵停运后,联锁启动备用泵及直流事故油泵。然后停止运行的交流滑油泵,交流滑油泵停运后,各管路回油回到油箱,这时需注意油箱油位上升情况,直到油箱油位稳定之后,停运排油烟装置。

系统停运完毕,对滑油系统进行全面检查,确认系统各设备状态。对于滑油系统常规停运,可保持滑油净化系统运行,对滑油进行过滤净化,提高滑油清洁度。

5.2.5 系统常见故障及处理

滑油系统是机组重要的辅助系统之一。在运行中,由于系统设备本身原因或者因操作不当导致一些故障或异常发生,将直接影响机组安全稳定运行。下面针对 M701F 单轴联合循环机组滑油系统一些常见的故障处理进行介绍。

(1)滑油供油温度高

故障现象:滑油母管温度高于 60 ℃,控制系统发出滑油温度高报警;母管温度高于 65 ℃,控制系统发出温度高高报警,机组跳闸。

原因分析:导致滑油供油温度上升的原因主要有 3 个方面:

①滑油温度控制阀故障,导致滑油温度调节失灵,使滑油温度升高。

②滑油冷却器长时间运行，换热面结垢，换热效果降低，油温上升；或者冷却器冷却水系统故障，冷却水不足或水温升高。

③温度测量元件故障，测量出现偏差，导致滑油温度假偏高。

处理方法：针对以上3个方面分析，逐一进行检查和处理：

①检查滑油温度控制阀的运行情况，如果出现失调，说明控制阀故障或卡涩，需进行手动干预，若影响机组安全运行，则停机处理。

②检查滑油冷却器滑油和冷却水的温度情况，如发现油温异常，可能是滑油冷却器脏污，换热效果下降，或者冷却水供给减少，这时需切换冷却器或者检查冷却水系统并及时处理。

③通过多个温度测量元件进行对比，判断温度测量元件是否故障，如果温度测量元件故障，则进行校正或更换，及时恢复正常。

(2)滑油母管压力低

故障现象：滑油母管压力低至0.189 MPa，控制系统发出滑油压力低报警；滑油母管压力低至0.169 MPa，控制系统发出滑油压力低低报警，机组跳闸。

原因分析：造成滑油压力低主要有以下6个方面：

①滑油泵故障跳闸，备用泵未联锁启动，供油中断。

②滑油管线泄漏，导致油压降低。

③过滤器堵塞，造成供油不足，油压降低。

④滑油冷却器堵塞，造成供油不足，油压降低。

⑤滑油压力调节阀故障。

⑥压力测量元件故障，出现误报警。

处理方法：根据以上原因分析，着重从6个方面进行处理：

①首先检查滑油泵运行情况，如果主选运行泵跳闸，需确认备用泵是否启动，或者事故油泵自动启动。如果滑油泵运行正常，出口压力正常，可能是管线泄漏导致滑油压力降低，或者滑油冷却器堵塞、滤网堵塞或压力调节阀故障造成。

②检查滑油系统管线是否存在漏油，发现漏油点时，可根据漏油情况作相应处理，如果漏油量不大，则进行临时封堵，若不能封堵，需加强监视，注意油箱油位情况，待停机后处理；如果漏油量较大，难于维持机组安全运行，则紧急停机。

③检查复式过滤器压差，如压差高报警，则需尽快切换过滤器。

④检查滑油冷却器运行情况，若冷却器堵塞，则对滑油冷却器进行切换。

⑤检查母管压力调节阀的运行情况，如果出现卡涩或调压阀取样管堵塞等造成调压阀工作异常，则需对调压阀进行紧急处理。

⑥以上几种情况不存在时，可能是压力测量元件故障，检查压力开关及压力变送器，核对就地压力表指示，如果测量元件异常则需校正或更换。

(3)滑油箱油位低

故障现象：油箱滑油液面到油箱安装法兰表面距离低于1 170 mm，控制系统发出液位低报警。

原因分析：

①滑油供油系统泄漏，导致油位下降。

②滑油箱防火排油阀误开。

③油位开关故障。

处理方法：

①检查滑油系统管线及设备是否存在漏油现象，同时观察滑油压力变化情况及就地油位计指示，如果管路或阀门存在漏油，对于轻微漏油，在不影响机组安全运行情况下，进行隔离或封堵，待停机后进行处理，同时做好补油工作；对于漏油较大难于维持机组正常运行时，必须紧急停机处理。

②检查油箱防火排油阀是否打开，如果处于打开状态，应立即关闭，并及时补油至正常油位。

③如果油箱就地油位指示正常，同时也未发现系统漏油点，可能是油位开关故障造成的假报警。检查油位开关和信号线路，如有异常，及时检修或更换油位开关。

(4)轴承回油温度高

故障现象：任何一个轴承回油温度高于77 ℃，控制系统发出轴承回油温度高报警。

原因分析：

①轴承损坏，轴颈与轴瓦发生摩擦，造成回油温度上升。

②润滑油供油管路泄漏，导致轴承供油量不足。

③温度控制阀故障或润滑油冷却器故障，导致供油温度上升。

④温度测量元件故障。

处理方法：

①检查轴承回油温度与润滑油供给温度，对比各个轴承温度变化趋势及回油温度报警对应轴承的振动变化情况。如果滑油母管供给温度不变，而某个(或多个)轴承回油温度较之前相比有较大变化，且轴承振动上升，原因可能是轴承损坏，应立即停机。

②现场检查滑油管线有无泄漏，若泄漏导致轴承供油不足使回油温度升高，则按照滑油管线泄漏导致供油压力低故障的处理方法进行处理。

③如果母管供油温度上升导致回油温度上升，则主要从温度控制阀、滑油冷却器方面进行处理，处理方法参见滑油供油温度高故障处理。

④若以上原因均排除，则可能是温度测量元件故障，检查并校正测量元件。

5.2.6 系统维护及保养

滑油系统日常运行维护包括转动设备定期切换、滑油滤切换、冷油器切换等。

(1)转动设备定期切换

互为备用的运转设备若停运时间过长，会发生电机受潮、绝缘不良、机械卡涩、阀门锈死等现象，而定期切换备用设备正是为了避免以上情况的发生，保证设备的运转性能。

滑油系统互为备用的转动设备主要有交流滑油泵和排油烟风机，根据厂商设备保养要求及定期切换周期，对上述两泵定期进行切换，保证转动设备处于完好状态。

(2)滑油过滤器切换

随着长时间运行，油中杂质不断被滑油滤过滤，滤网脏污。当滑油过滤器压差达0.147 MPa时，压差高报警。为了保证滑油母管油压供应正常，需手动进行滑油滤切换。

首先检查确认备用过滤器处于完好状态；然后对备用过滤进行充油放气；充油放气结束后切换至备用过滤器运行；最后确认滑油压力正常，滤网压差下降至正常。

(3)滑油冷却器切换

①发生以下情况之一,滑油冷却器需进行切换:

a. 根据设备定期切换制度,滑油冷却器定期切换周期达到。

b. 运行中的滑油冷却器出现故障,影响机组安全运行。

c. 滑油冷却器换热面脏污,换热效率下降,需进行清洗。

②主要操作步骤如下:

a. 确认备用冷油器处于完好状态。

b. 投入备用冷油器冷却水。

c. 对备用冷油器充油放气。

d. 将冷油器切向备用冷却器,切换中严密监视润滑油压、油温变化,出现异常立即停止操作,恢复原状态。

e. 关闭原运行的冷油器水侧进、出口阀,切换完成。切换后的冷油器如需放油时,应注意冷油器出口油压、主油箱油位不应下降。

5.3 顶轴油系统

对于大型发电机组而言,由于转子质量大,为了减少转子转动力矩和避免轴瓦的磨损,一般都设置有顶轴油系统。顶轴油是在发电机组盘车、启动、停机过程中起顶起转子,避免机组低转速过程中轴颈和轴瓦之间的摩擦,同时减小盘车力矩,对转子和轴承的保护起到重要作用。

对于单轴联合循环机组而言,因燃气轮机、蒸汽轮机、发电机同为一个轴系,虽然不同机型顶轴位置不同,但通常都是共用一套顶轴油系统。对于分轴布置的联合循环机组而言,因燃气轮机和蒸汽轮机分别与各自配套的发电机联接单独组成轴系,因布置的要求可能不在同一厂房内,因此,分轴布置的机组一般分别设置顶轴油系统。对于顶轴油系统而言,不管共用系统还是分设系统,系统组成及功能是相同的。下面以M701F型单轴联合循环机组顶轴油系统为例进行详细介绍。

M701F型单轴联合循环机组设置的顶轴油系统为发电机前、后轴承提供顶轴用油,将发电机大轴顶至一定高度,防止因大轴自重下倾而造成轴瓦损坏,同时减小盘车力矩。

5.3.1 系统组成及工作流程

顶轴油系统主要由进口过滤器、顶轴油泵、出口泄压阀、热工监测元件及管道阀门等设备组成。

顶轴油系统入口取油通常有两种方式:一种通过滑油母管作为取油口,另一种直接从主滑油箱取油。M701F型单轴联合循环机组顶轴油系统从滑油母管取油,该系统布置有3台油泵,其中两台交流油泵(一台运行、一台备用),一台为直流油泵,滑油经顶轴油泵升压至14 MPa左右,提供给发电机前后轴承顶轴用油。发电机前后轴承的顶轴回油与滑油系统回油一起回到主滑油箱。系统流程示意图如图5.12所示。

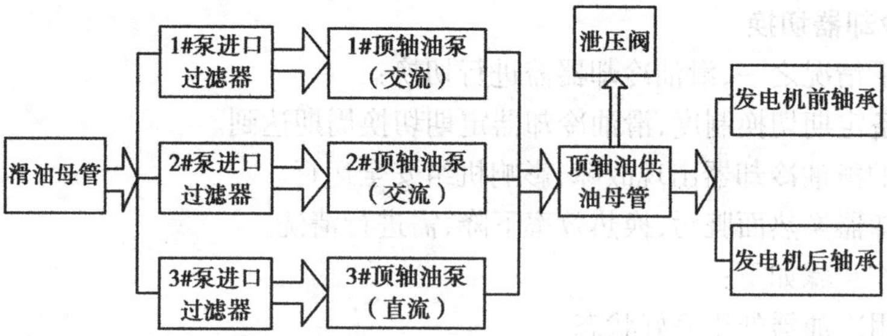

图 5.12　顶轴油系统流程示意图

交流顶轴油泵用于机组盘车运行或启动时保持轴瓦与轴颈之间的间隙。而直流顶轴油泵是当交流电源故障(如停电情况)或交流油泵故障情况下作为紧急备用泵。

为防止异物进入顶轴油泵,3 台顶轴油泵入口均装有过滤器,在过滤器上装有压差指示器以监视滤网压差情况。当压差指示器报警时,说明过滤器脏污,需要更换滤芯。

为了保证顶轴油压力稳定,满足机组运行要求,在顶轴油泵入口及出口母管上装设压力低保护开关及压力变送器等热工元件,监测油压变化。同时,在顶轴油母管装设泄压阀。当压力高于设定限值时,泄压阀自动打开泄压,以防止油压过高损坏设备。

M701F 单轴联合循环机组顶轴油系统图详见附录 4。

5.3.2　系统主要设备介绍

顶轴油系统主要由顶轴油泵及母管泄压阀等设备组成。下面分别进行介绍。

(1)顶轴油泵

M701F 型燃气轮机联合循环机组顶轴油系统配置 3 台顶轴油泵,均为容积式轴向柱塞泵,流量为 42 L/min,出口压力为 14 MPa。其中,两台由交流电机驱动,一台为直流电机驱动。

柱塞泵被广泛用于高压、大流量、大功率的液压系统中和流量需要调节的场合。柱塞泵按柱塞的排列和运动方向不同,可分为径向柱塞泵和轴向柱塞泵。如图 5.13(a)、(b)所示分别为典型的径向柱塞泵和轴向柱塞泵结构原理图。

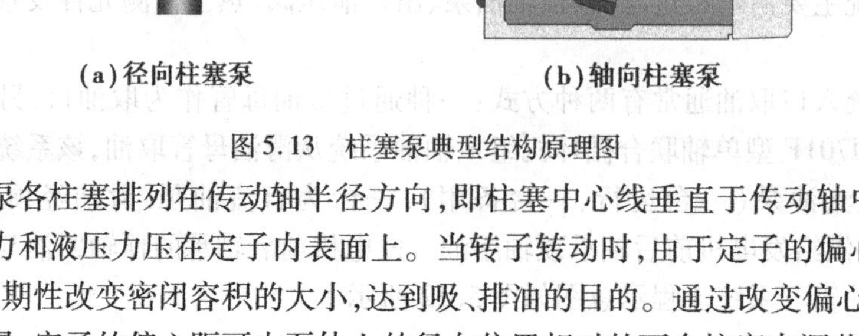

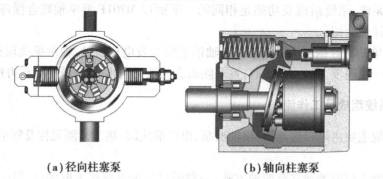

(a)径向柱塞泵　　(b)轴向柱塞泵

图 5.13　柱塞泵典型结构原理图

径向柱塞泵各柱塞排列在传动轴半径方向,即柱塞中心线垂直于传动轴中心线,泵转动时它依靠离心力和液压力压在定子内表面上。当转子转动时,由于定子的偏心作用,柱塞将作往复运动,周期性改变密闭容积的大小,达到吸、排油的目的。通过改变偏心距的大小和方向调节排油流量,定子的偏心距可由泵体上的径向位置相对的两个柱塞来调节。

轴向柱塞泵是将多个柱塞轴向配置在一个共同缸体的圆周上，并使柱塞中心线和缸体中心线平行。根据倾斜元件的不同，轴向柱塞泵分为斜盘式和斜轴式两种。下面以斜盘式轴向柱塞泵为典型进行工作原理介绍。

如图5.14所示为典型的斜盘式柱塞泵内部结构图。它主要由柱塞泵壳体、缸体、柱塞、斜盘、滑靴、配流盘及变量控制器等部件组成。柱塞装在柱塞泵缸体中，沿轴向圆周均匀分布。柱塞端部带有滑靴，由弹簧通过回程盘将其压紧在斜盘上，同时在弹簧力和工作油压力作用下，缸体被压向固定的配流盘。配流盘上有两个配流窗口，一个与壳体的吸油口相连，另一个与壳体的排油口相连。

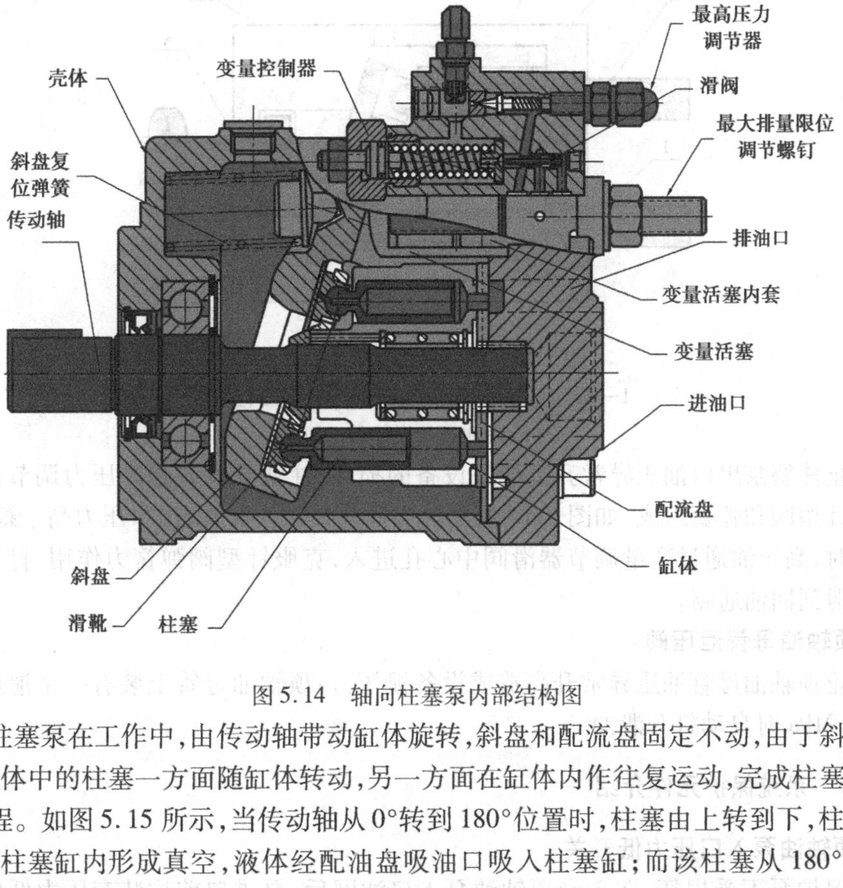

图5.14 轴向柱塞泵内部结构图

轴向柱塞泵在工作中，由传动轴带动缸体旋转，斜盘和配流盘固定不动，由于斜盘具有一定倾角，缸体中的柱塞一方面随缸体转动，另一方面在缸体内作往复运动，完成柱塞泵的吸油和排油过程。如图5.15所示，当传动轴从0°转到180°位置时，柱塞由上转到下，柱塞缸容积逐渐增大，柱塞缸内形成真空，液体经配油盘吸油口吸入柱塞缸；而该柱塞从180°位置转到360°位置时，即由下转到上，柱塞缸容积逐渐减小，柱塞缸内液体经配油盘的出口排出。缸体每转动一周，每个柱塞完成一次吸、排油过程，只要传动轴不断旋转，柱塞连续作往复运动，即可达到连续吸、排油的目的。

为了实现柱塞泵恒压变排量的工作特点，柱塞泵专门设置一套变量控制器，通过改变斜盘倾斜角度来改变柱塞在缸体内的行程，从而改变泵的流量，保持油压恒定。如图5.14所示，变量调节器由弹簧和带中心孔的滑阀组成，变量调节器根据泵出口油压变化，通过其滑阀调整变量活塞内的进、排油量，而改变变量活塞的行程，在斜盘复位弹簧的共同作用下，从而达到调整斜盘倾斜角度的目的。

控制油泵出口压力是通过变量调节器内弹簧进行整定的。柱塞泵工作时，当载荷或系统压力低于变量调节器弹簧设定压力时,变量调节器滑阀保持在最右侧位置,变量活塞泄油通路导通,进油通路堵住,变量活塞无油压建立,斜盘始终保持柱塞泵在最大排量工作位置运转。当载荷或系统压力达到变量控制器弹簧设定压力时,变量控制器滑阀将克服弹簧力开始向左移动,泵出口的高压油将按比例流进变量活塞腔,在压力油作用下,变量活塞推动斜盘克服斜盘复位弹簧力的作用向减少柱塞泵排量的方向移动,变量控制器继续按比例给变量活塞供油,调节柱塞泵斜盘角度进而调整柱塞泵排量,直到系统压力恒定为止。此时,柱塞泵仅提供载荷需要的液压油流量。

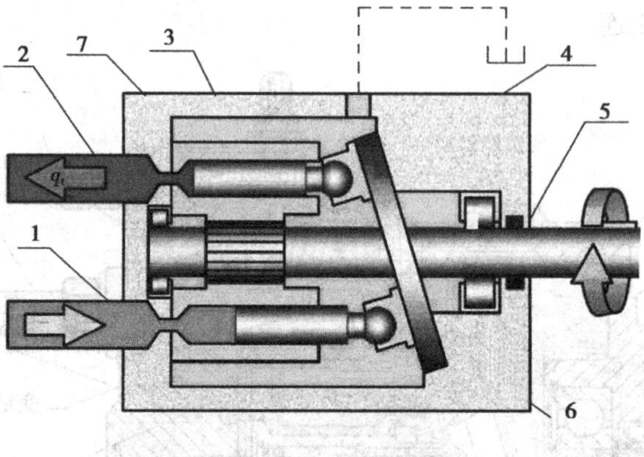

图 5.15 轴向柱塞泵工作原理图
1—吸油口;2—排油口;3—柱塞;4—斜盘;
5—传动轴;6—壳体;7—缸体

为防止柱塞泵出口油压异常升高导致设备的损坏,柱塞泵设有最高压力调节器,该调节器主要由针型阀和弹簧组成,如图 5.14 所示。当柱塞泵工作异常,出口压力高于最高压力弹簧设定值时,高压油通过变量调节器滑阀中心孔进入,克服针型阀弹簧力作用,打开针型阀,将高压油泄到回油通路。

(2)顶轴油母管泄压阀

为防止顶轴油母管油压异常升高造成设备损坏,在顶轴油母管上装有一个泄压阀,当油压高于 16 MPa 时自动打开泄油。

5.3.3 系统保护元件介绍

(1)顶轴油泵入口压力低开关

为了保护泵不受损坏,在 3 台顶轴油泵入口滤网后,泵进口前均装有压力低保护开关。当该压力下降低至 0.1 MPa 时,压力开关动作发出入口油压低报警,备用交流顶轴油泵联锁启动。

(2)顶轴油出口压力低开关

顶轴油正常压力为 8.5 MPa 左右,当顶轴油压力下降至 5.9 MPa 时,发出顶轴油压力低报警,联锁启动备用顶轴油泵运行。

5.3.4 系统运行

顶轴油系统为机组大轴提供高压顶轴用油,油压的稳定决定了顶轴效果和机组安全。

在机组启动、停机及盘车过程中,必须保证顶轴油系统工作正常,油压稳定,应密切监视和检查管道系统的密封性,以保证系统的正常工作。在机组正常运行中轴瓦内已形成并保持完整的润滑油膜,即可停运顶轴油泵。

M701F 型单轴联合循环机组启动过程中,当转速大于某一设定转速(600 r/min),顶轴油泵自动停运;机组停机过程中,转速小于某一设定转速(500 r/min),顶轴油泵自动启动。

若需手动启动顶轴油泵试运,首先需确认顶轴油系统满足启动条件,即滑油系统运行正常,油压稳定,密封油系统运行正常等。选择一台交流顶轴油泵作为主选泵启动。停运时,当满足停运条件,即盘车已停运,解除联锁保护,停运顶轴油泵。

系统运行维护方面,以检查系统管路密封性为重点,根据滤油器压差指示及时更换滤芯。

5.4 控制油系统

联合循环发电机组的控制油系统是向燃气轮机和蒸汽轮机的液压执行机构提供高压液压油,实现机组调节与保护功能。根据联合循环机组配置形式及生产厂商的设计要求,燃气轮机和蒸汽轮机可共用一套控制油系统,也可单独设置一套控制油系统。对于单轴联合循环机组,共用一套控制油系统较为普遍;而对于分轴联合循环机组而言,燃气轮机和蒸汽轮机分别设置一套控制油系统较为常见。联合循环机组不管是共用一套控制油系统,还是分别设置控制油系统,系统原理及设备组成大致相同。下面以 M701F 型单轴燃气轮机联合循环发电机组控制油系统为典型案例进行介绍。

M701F 型单轴联合循环机组的燃气轮机和蒸汽轮机共用一套控制油系统。该系统向燃气轮机的燃气关断阀、燃气放散阀、燃气主压力控制阀、燃气主流量控制阀、燃气值班压力控制阀、燃气值班流量控制阀、进口可转导叶(IGV)、燃烧室旁路阀,以及汽轮机的高、中、低压蒸汽主汽阀和调节阀提供温度合适、压力稳定、品质合格的高压液压油,实现机组调节与控制功能。

5.4.1 系统组成及工作流程

M701F 型单轴联合循环机组控制油系统图见附录 4。系统主要由供油单元、执行机构和危机遮断系统 3 大部分组成。其中,供油单元主要由控制油箱、两台控制油泵、过滤器、蓄能器、溢流阀、供回油管、回油冷油器及自循环清洗再生装置等设备组成;执行机构主要由油动机、快速卸载阀、伺服阀、逆止阀及管道等设备组成;危机遮断系统主要由自动停机危机遮断(Automatic System Trip, AST)阀组、超速保护控制(Overspeed Protection Controller, OPC)电磁阀、手动遮断阀及热工测量保护元件等设备组成。

如图 5.16 所示为控制油系统流程示意图,液压油首先从油箱底部经油泵入口阀、两台控制油泵(一运一备)升压至 11.8 MPa 左右的高压油,再经泵出口过滤器过滤后送至控制油母管。在每台控制油泵出口的过滤器后设置有一个泄压阀,防止控制油压力过高造成设备损坏。为防止高压控制油系统出口压力波动对执行机构工作影响,在控制油供油母管上装设两个高压蓄能器以维持供油压力的稳定。供油母管上还设置一套自循环清洗再生装置,除去油中的杂质,改善控制油的品质,满足系统用油要求。

控制油母管提供 3 路供油:第 1 路是向燃气轮机执行机构提供操作控制油(包括燃气关

断阀、燃气放散阀、燃气主压力控制阀、燃气主流量控制阀、燃气值班压力控制阀、燃气值班流量控制阀、进口可转导叶(IGV)、燃烧室旁路阀);第 2 路是向汽轮机的高、中、低压蒸汽主汽阀和调节阀的执行机构提供操作控制油;第 3 路是向危机遮断装置提供控制油。

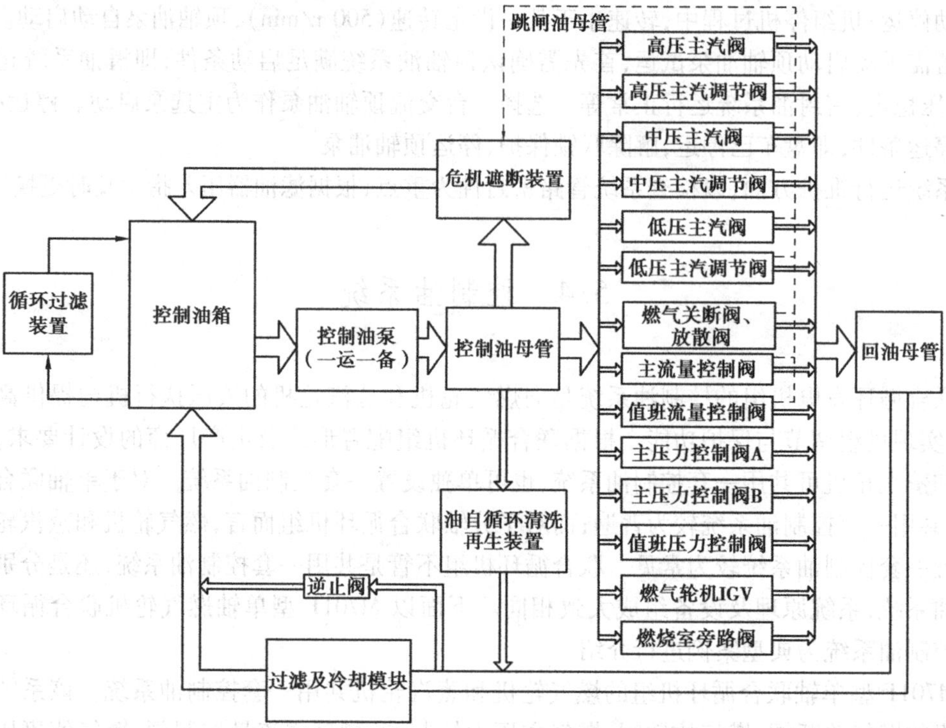

图 5.16　控制油系统流程示意图

经各用油设备后,所有的控制油分两路回到油箱:

①所有执行机构的回油,经回油支管汇聚到回油母管,再经过滤和冷却后回到油箱。在回油管路上专门装有压力开关,以监视回油压力,为防止回油超压损坏冷油器,在冷油器前有一管路经弹簧式逆止阀回到油箱,当回油压力高于 0.5 MPa 时,逆止阀打开,回油不经冷油器直接回油箱;

②另一路回油是危机遮断装置中 AST 跳闸阀组和手动遮断阀的回油,这路回油不经过滤和冷却,直接回到油箱。

机组运行中,各执行机构响应控制系统发来的电指令信号,以控制油为介质调节和控制各设备,实现机组运行调节功能。控制油所操纵的设备中有开关型和调节型两种类型。其中,燃气轮机的燃气关断阀、燃气放散阀和汽轮机的中压主汽门、低压主汽门为开关型;燃气轮机的燃气主压力控制阀(A、B)、燃气值班压力控制阀、燃气主流量控制阀、燃气值班流量控制阀、IGV、燃烧室旁路阀和汽轮机的高压主汽阀、高压调节阀、中压调节阀、低压调节阀均为调节型。

为了防止机组运行中因部分设备工作失常而导致重大事故的发生,在机组上安装有危机遮断保护装置。在机组需要紧急停机时,AST 电磁阀动作或通过手动遮断阀动作来泄掉跳闸油母管油压,实现停机。

5.4.2 系统主要设备介绍

控制油系统分为供油单元、执行机构和危机遮断系统3部分。下面对这3部分主要设备的结构、作用及工作原理进行介绍。

(1)供油单元

1)控制油箱

控制油箱主要作用是储存液压油,油箱为不锈钢板焊接而成密封结构,容积约为1 300 L。油箱装有空气滤清器和干燥器、磁棒、加热器及温度、液位检测元件。

空气滤清器和干燥器用于过滤和吸收进入油箱的空气中的杂质和水分,以确保控制油不受污染,油箱内的磁棒吸附油箱中游离铁磁性微粒,改善油质。

控制油为磷酸酯抗燃油,具有良好的抗燃性,为保证控制油系统运行正常,需对控制油箱油温及油位进行必要监测。控制油正常油温应维持为45~55 ℃。当温度≥70 ℃,油温高报警发出;当温度≤30 ℃,油温低报警发出。这时需查找油温偏离正常的影响因素,并及时处理。为了防止油温过低,油箱内部布置有两组管式电加热器,每组功率为4 kW。当油温低于20 ℃时,加热器自动投入运行;当油被加热至25 ℃时,加热器自动退出。在油箱上装有液位检测开关。当控制油箱油位偏离正常值±70 mm,控制系统发出油位高或低报警;当油位偏离正常油位-210 mm时,控制油泵自动停运,避免油泵缺油损坏。

2)控制油泵

M701F型单轴联合循环机组控制油系统配置两台控制油泵,采用一运一备的运行方式。油泵形式为轴向柱塞泵,流量为150 L/min,出口压力11.8 MPa,配用电机45 kW。有关柱塞泵结构特点和工作原理详见顶轴油系统章节。

控制油泵出口装有一个过滤器和溢流阀,过滤器主要过滤油中杂质,改善供油品质,过滤精度为3 μm,当滤网前后压差超过0.69 MPa时,压差指示报警,说明过滤器脏污需要更换滤芯;泵出口管路上装有泄压阀,当控制油泵出口油压超过14.7 MPa时,泄压阀自动打开将高压控制油泄回油箱。

3)蓄能器

在蒸汽控制阀和燃气控制阀动作时,或者在控制油泵切换过程中,为防止控制油系统供油压力波动对执行机构工作影响,控制油供油母管设置了两台高压蓄能器来维持油压的稳定。该蓄能器充氮压力为7.4~7.9 MPa。同样,在高压主蒸汽阀、高压主蒸汽调节阀、中压主蒸汽阀及低压主蒸汽阀的回油管上各有一台低压储能器,用于在机组卸负荷时暂存一部分回油,以缓冲系统排油压力冲击。该蓄能器内充有0.2 MPa的氮气。有关蓄能器结构及工作原理详见滑油系统章节。

4)控制油再生装置

控制油再生装置是通过储存的吸附剂(硅藻土)使控制油再生的一种装置,目的是降低油的酸值,使油保持中性,同时吸附并去除油中水分。它主要由硅藻土滤器与波纹纤维滤器串联而成,通过带节流圈的管道与高压母管相通。由于有节流圈的作用,再生油压一般不超过0.5 MPa,油流较小。

硅藻土滤器主要用来除去油中含有酸的物质,而波纹纤维滤器用来防止上级过滤器产生的污染、颗粒杂质进入油中,过滤精度为3 μm。硅藻土滤器与波纹纤维滤器的滤芯均可更换,硅藻土滤器前后装有压力表,用来监视再生油压和硅藻土滤器的压差。当压差达0.21 MPa时,滤芯需要更换。波纹纤维过滤器装有压差开关,也是用来监视其滤芯工作情况。当压差达0.24 MPa时,发出高报警,需更换滤芯。

操作硅藻土过滤器前的截止阀可使再生装置投入运行,控制油流进硅藻土滤器,再流入波纹纤维滤器,最后返回油箱。

5)控制油回油冷油器

控制油系统正常运行中,因各执行机构回油温度较高,需经冷油器冷却后回到油箱中。系统设置两台板式冷油器,采用闭式冷却水作为冷却水源,冷油器冷却水进口安装有自动温度控制阀,将回油温度调节到50 ℃左右。

6)控制油循环过滤系统

控制油循环过滤系统主要是完成控制油过滤、循环加热和控制油箱进/排油功能。循环过滤系统主要由一台循环油泵、一个过滤精度为3 μm过滤器及相应的管道阀门组成。其流程图如图5.17所示。当控制油清洁度不高时,可单独启动该系统对油进行循环过滤;当控制油箱温度低于35 ℃时,循环油泵在自动控制模式下联锁启动,打循环提高油温,直到控制油箱温度高于45 ℃后停运;当控制油箱需要添加或更换油时,可操作进、排油阀,启动循环油泵来完成。

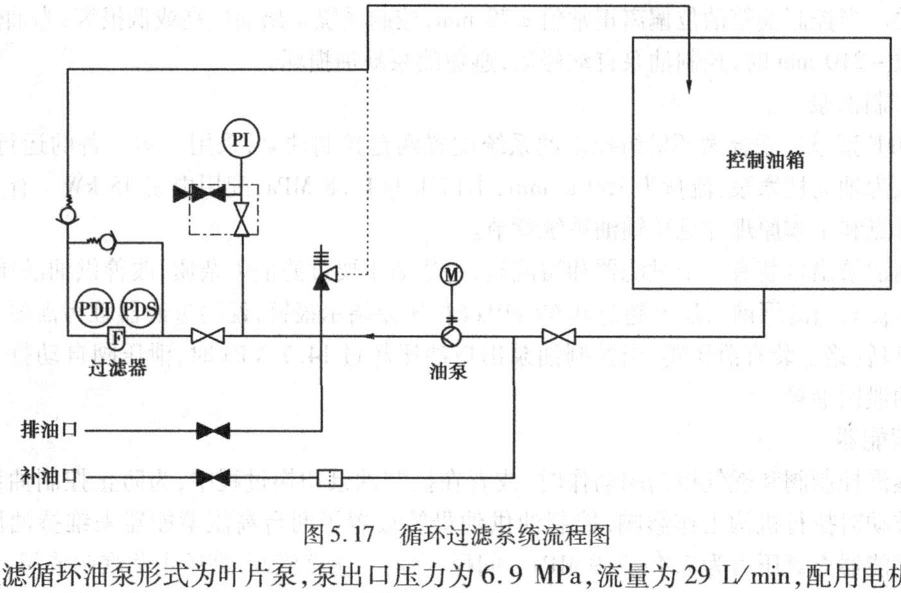

图5.17　循环过滤系统流程图

过滤循环油泵形式为叶片泵,泵出口压力为6.9 MPa,流量为29 L/min,配用电机功率为7.5 kW。图5.18为典型的叶片泵结构图,主要由定子、转子、叶片、轴承、前后盖体及左右配流盘等部件组成。传动轴带动转子旋转,叶片在离心力作用下紧贴定子内表面,因定子内环由两段大半径圆弧、两段小半径圆弧和四段过渡曲线组成,故有两部分密闭容积将增大形成真空,从配流盘入口吸油,另两部分密闭容积将减小,受挤压的油经配流盘排出至出口管道。

(2)执行机构

执行机构是响应控制系统发来的电指令信号,以控制油为介质,实现机组调节和控制功能。而油动机是执行机构的重要组成部分,完成阀门开与关和调节的执行部件。油动机分"开关控制"和"伺服控制"两种类型:开关控制型油动机所操纵的阀门只能处于全开或全关位置,一般由油缸、液压块、电磁阀、快速卸荷阀、逆止阀等组件组成;而伺服控制型油动机在开关控制型基础上安装有电液转换器(伺服阀)和线性位移变送器(LVDT),可将其相应的阀门控制在中间任意位置上，以适应机组运行中控制调节需要。下面分别对开关控制型和伺服控制型油动机工作原理进行介绍。

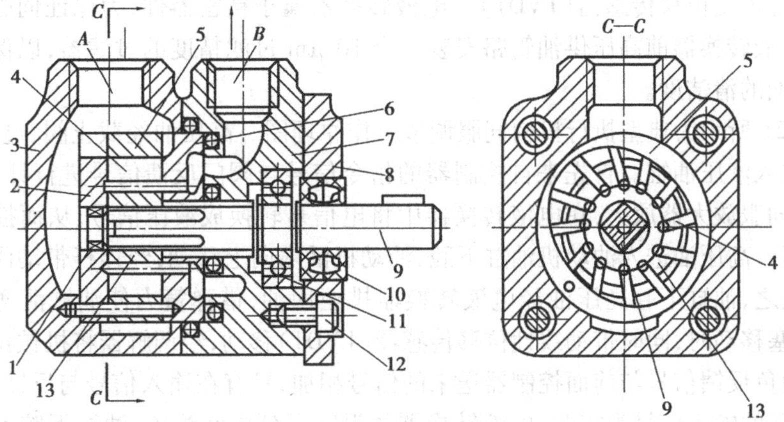

图5.18 双作用叶片泵结构图

1、11—轴承；2、6—左右配流盘；3、7—前、后盖体；4—叶片；5—定子；8—端盖；9—传动轴；10—防尘圈；12—螺钉；13—转子

1)"开关控制"型油动机

图5.19为"开关控制"型油动机结构图。高压控制油通过节流孔板进入油动机液压油缸腔室。在机组复位时，卸载阀因跳闸油压建立而关闭，而液压油缸下腔室因卸载阀关闭断开泄油通路，使之压力升高，推动连杆打开阀门；当机组跳闸信号发出，AST跳闸阀组开启，泄掉跳闸油，导致卸载阀开启，接通液压油缸回油通路，将液压油缸的高压油快速泄掉，阀门在操纵座弹簧力的作用下迅速关闭。

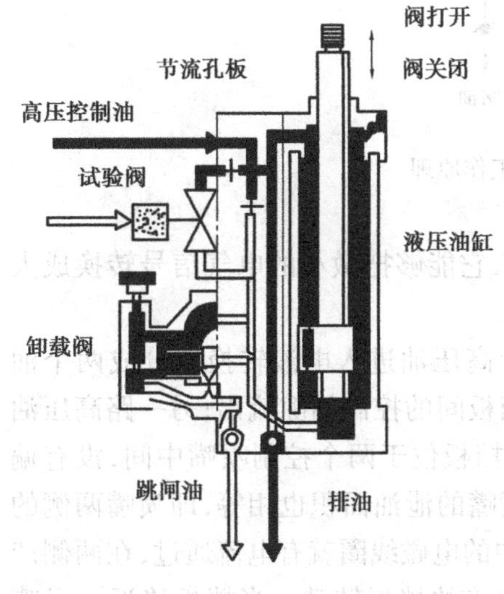

图5.19 "开关控制"型油动机

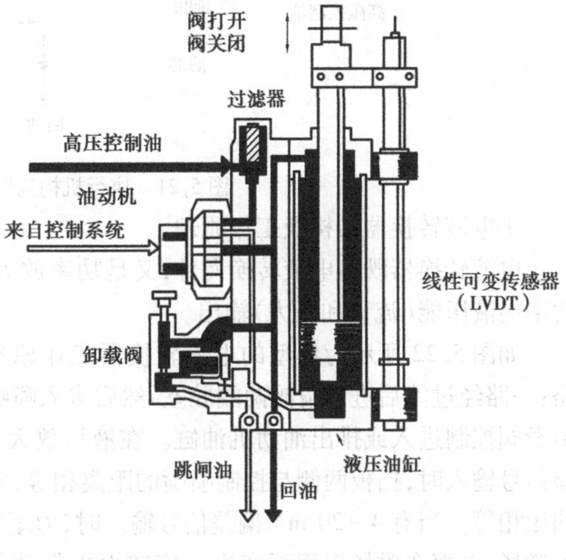

图5.20 "伺服控制"型油动机

为了在线进行阀门活动实验，在油动机阀块上安装有一个实验阀。通过实验电磁阀开启泄掉液压油缸的高压油，使阀门关闭。

2)"伺服控制"型油动机

如图 5.20 所示为"伺服控制"型油动机结构图。"伺服控制"油动机配备了相应的电液转换器和线性可变位移传感器(LVDT)。电液转换器属于精密器件,为保证伺服阀工作可靠性,在进入电液转换器前高压供油管路安装一个 10 μm 过滤精度的过滤器,以保证进入伺服阀高压控制油的清洁度。

如图 5.21 所示为典型执行机构伺服调节工作原理图。高压油经截止阀、过滤器、电液转换器,然后进入液压油缸。首先来自控制器的指令信号与阀门反馈信号进行计算,经计算后的电信号由伺服放大器放大,在电液转换器中将电信号转换成液压信号,从而控制高压油的进、排油通道。高压油进入油动机油缸下腔,油动机活塞向上移动,经连杆带动阀门上移使之开启阀门;反之,油缸下腔高压油经电液转换器排至回油,借弹簧力使油缸活塞下移关闭阀门。油缸活塞移动时,同时带动线性位移传感器(LVDT)移动,经调解器将机械位移转换成电气信号,作为负反馈信号与前面控制器送来的信号相加,只有在输入信号与反馈信号相加,使伺服阀放大器的输入信号为零时,电液转换器的滑阀回到中间位置,油缸下腔室不再进油或泄油,此时阀门保持在一个新的工作位置。

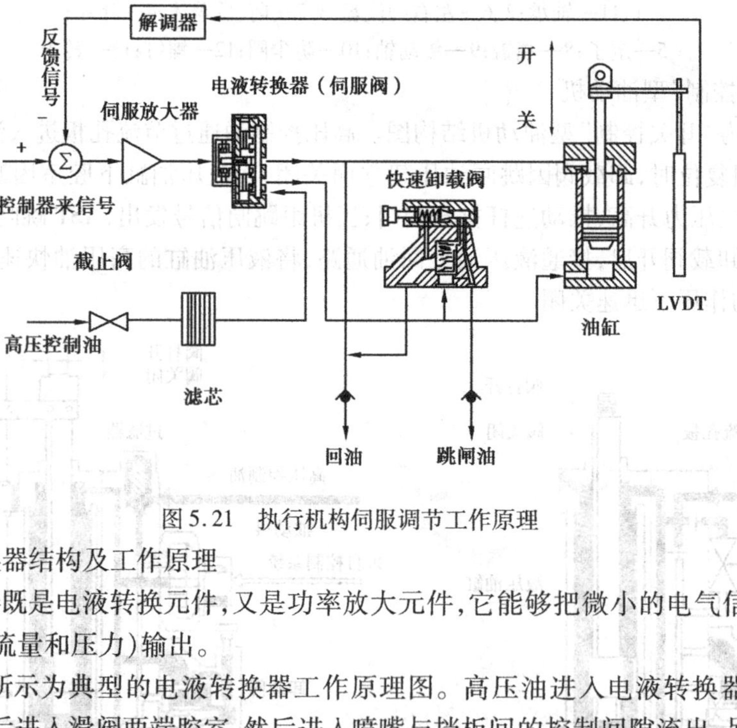

图 5.21　执行机构伺服调节工作原理

①电液转换器结构及工作原理

电液转换器既是电液转换元件,又是功率放大元件,它能够把微小的电气信号转换成大功率的液压能(流量和压力)输出。

如图 5.22 所示为典型的电液转换器工作原理图。高压油进入电液转换器分成两个油路:一路经过滤后进入滑阀两端腔室,然后进入喷嘴与挡板间的控制间隙流出;另一路高压油由滑阀控制进入或排出油动机油缸。在液压放大器中,挡板位于两个控制喷嘴中间,没有偏差信号输入时,挡板两侧与控制喷嘴的距离相等,两侧喷嘴的泄油面积也相等,即喷嘴两侧的油压相等。当有 4 ~ 20 mA 偏差信号输入时,力矩马达中的电磁线圈就有电流通过,在两侧产生磁场,电枢在磁场作用下产生一旋转力矩带动与之相连的挡板转动。当挡板移近一只喷嘴,该喷嘴的泄油面积变小,泄油量变小,使喷嘴前的油压升高,同时对侧的喷嘴与挡板的距离变大,泄油量增大,喷嘴前的油压降低,这样就将原来的电气信号转变为力矩而产生机械位移信号,再转变为油压信号的过程,并通过喷嘴挡板系统将信号放大。由于挡板两侧的喷嘴前油路与下部滑阀两侧腔室相通,当两个喷嘴前油压不等时,滑阀两端的油压即不相等,由此,滑阀因两端油压差而产生移动,从而通过滑阀上凸肩控制高压油进、排油量,达到调节阀门的目的。

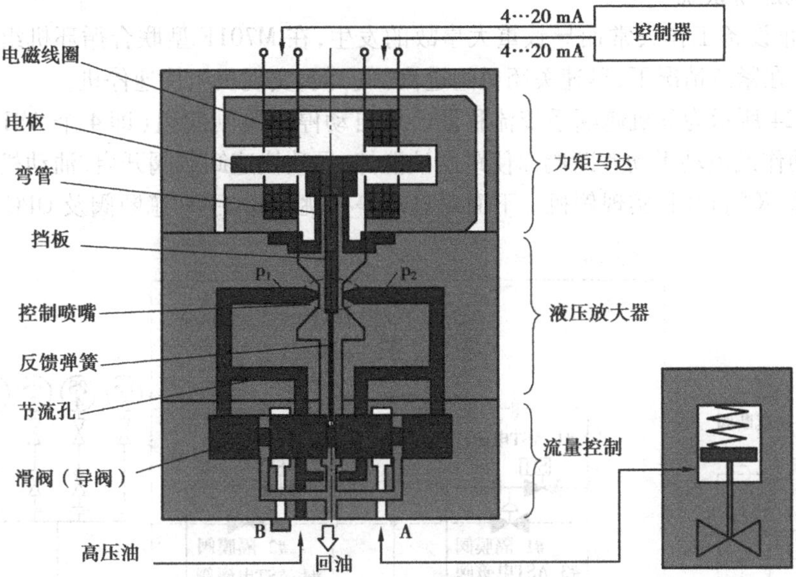

图5.22　电液转换器工作原理图

②快速卸载阀结构及工作原理

快速卸载阀安装在油动机液压块上,它的作用是当机组发生故障必须紧急停机时,使油动机活塞下腔的高压油快速释放,阀门迅速关闭。如图5.23所示为典型的快速卸载阀结构原理图。在快速卸载阀中有一杯状滑阀,杯状滑阀下部腔室与油动机油缸下腔的高压油路相通。针型阀右侧复位油腔室与跳闸油路相通,针型阀左侧腔室与回油通道相连。在正常运行时,杯状滑阀上部的油压与下部的油压相等,由于杯状滑阀上部弹簧力作用,将杯状滑阀压在底座上,使油动机活塞下腔的高压油路与泄油通路关闭。当跳闸油泄掉时,复位油腔室及杯状滑阀上部油压失去,杯状滑阀下部高压油将顶开滑阀,打开泄油口,使油动机油缸下腔的高压油经快速卸载阀快速释放至回油管路,在阀门座弹簧力作用下,阀门迅速关闭。

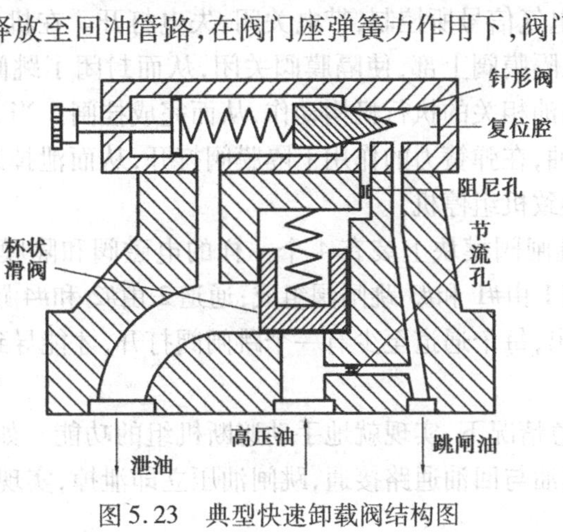

图5.23　典型快速卸载阀结构图

快速卸载阀的节流孔提供快速卸载阀复位油，机组挂闸时，通过此节流孔给跳闸油路充油，建立油压，机组复位。而阻尼孔对杯状滑阀起稳压作用，以免在系统油压变化时产生不利的振荡。

(3)危机遮断系统

为了防止设备工作失常而导致重大事故的发生，在 M701F 型联合循环机组上安装有危机遮断系统，在紧急情况下，迅速关闭机组进汽(气)阀，实现机组快速停机。

如图 5.24 所示为危机遮断系统流程图。当自动停机跳闸阀组(即 4 个 AST 电磁阀及 4 个隔膜阀)动作或扳动手动遮断阀而使跳闸油泄掉，导致快速卸载阀开启，油动机油缸内的高压油快速泄掉关闭阀门，实现停机。下面对自动停机跳闸阀、手动遮断阀及 OPC 电磁阀进行介绍。

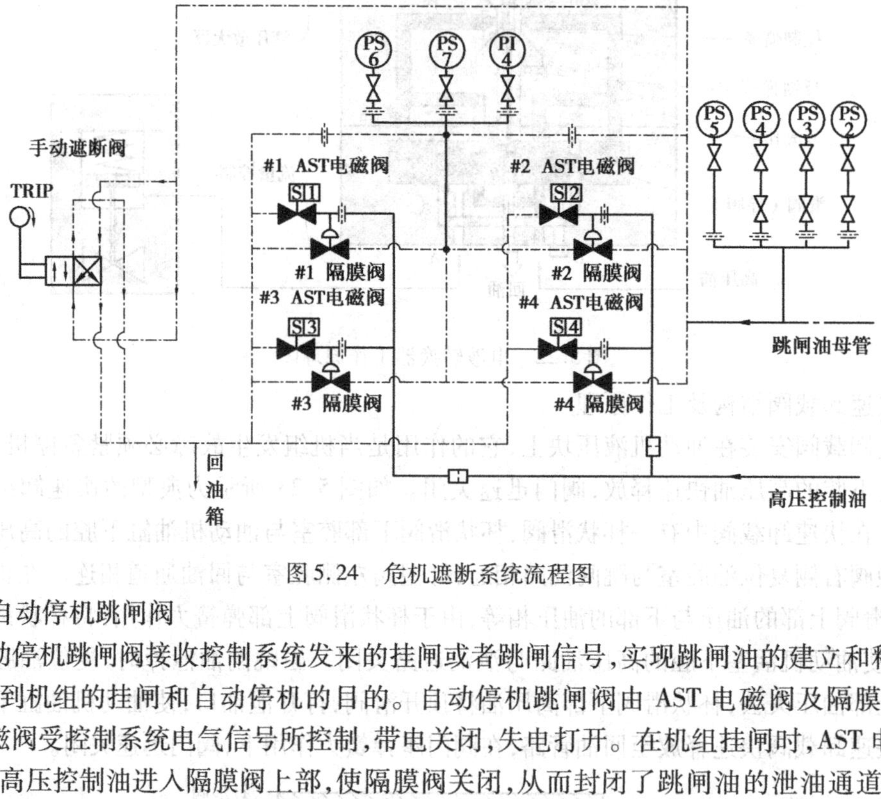

图 5.24　危机遮断系统流程图

1)自动停机跳闸阀

自动停机跳闸阀接收控制系统发来的挂闸或者跳闸信号，实现跳闸油的建立和释放的功能，以达到机组的挂闸和自动停机的目的。自动停机跳闸阀由 AST 电磁阀及隔膜阀组成，AST 电磁阀受控制系统电气信号所控制，带电关闭，失电打开。在机组挂闸时，AST 电磁阀带电关闭，高压控制油进入隔膜阀上部，使隔膜阀关闭，从而封闭了跳闸油的泄油通道，建立了跳闸油压，使所有与跳闸油相关的执行机构动作，从而完成挂闸。当 AST 电磁阀失电打开，泄掉隔膜阀上的高压控制油，在弹簧力的作用下隔膜阀打开，从而泄掉跳闸油，使所有与跳闸油相关的执行机构动作，导致机组停机。

为提高可靠性，在跳闸阀模块上装有 4 个一样的电磁阀和隔膜阀，采用串、并联混合布置。分为两个通道，通道 1 由#1 和#3 跳闸阀组成；通道 2 由#2 和#4 跳闸阀组成，如图 5.24 所示。在机组跳闸信号发出，每个通道至少有一个跳闸阀打开，才能导致停机。

2)手动遮断阀

手动遮断阀用于紧急情况下，实现就地手动遮断机组的功能。如图 5.24 所示，当扳动手动遮断阀手柄后，使跳闸油与回油通路接通，跳闸油压立即泄掉，实现机组跳闸目的。

3)OPC 电磁阀

为了防止机组超速运行损坏设备,M701F 型单轴联合循环机组配套的汽轮机高压调节阀、中压调节阀和低压调节阀配有 OPC 电磁阀。当机组发生超速,转速超过规定限值时,3 个 OPC 电磁阀带电打开,泄掉汽轮机 3 个调节阀液压油,调阀随之关闭。当超速条件消失并延时 1.8 s 后,3 个 OPC 电磁阀失电关闭,调节阀液压油缸油压重新建立,调门打开。

当以下工况发生时,OPC 电磁阀动作:

①机组超速达 107.5% 额定转速。

②机组负荷高于 24% 额定负荷时,发生甩负荷。

③机组只带厂用电运行。

5.4.3　保护元件介绍

为了使控制油系统安全稳定地运行,在控制油系统中装有相应的温度、压力、油位等热工测量元件,实现参数监测和保护功能。该系统主要有控制油母管压力、跳闸油压力、跳闸阀中间油压、控制油箱油位和温度等重要监测保护元件。

(1)控制油供油母管压力低保护元件

控制油供油母管压力检测元件用来监测控制油供油压力变化情况。为了保证供油压力满足执行机构的动作要求,系统设有压力低报警和联锁启动备用泵等保护。控制油供油压力正常值为 11.8 MPa 左右。当压力低于 8.8 MPa 时,控制系统发出压力低报警信号;当压力继续下降至 8.3 MPa 时,控制系统发出压力低低报警,且联锁启动备用控制油泵。当油压低报警出现后,运行人员应查找原因,采取相应的措施处理,尽快恢复油压正常。

(2)跳闸油压力低保护元件

机组运行中,跳闸油压力是一个非常重要的监测参数。正常的跳闸油压力是确保液压执行机构稳定工作的必要条件,如果油压过低将导致执行机构工作异常,甚至出现机组误动跳闸,所以必须对跳闸油压力进行监测。如图 5.24 所示,在跳闸油母管上安装有 4 个压力开关,其中 3 个压力开关(PS2、PS3、PS4)用于油压低保护,当 3 个压力开关中任两个同时检测到跳闸油压力低于 6.9 MPa 时,机组保护动作跳闸;另一个压力开关(PS5)用于机组挂闸时的油压检测,当油压达到 6.9 MPa 后油压信号触发,机组已复位。

(3)跳闸阀中间油压监测元件

为了监视危机遮断模块通道 1 的两个跳闸阀和通道 2 的两个跳闸阀工作状况,在两通道间安装有两个压力开关(PS6 和 PS7),如图 5.24 所示,用来监视跳闸阀工作情况,根据检测的油压升高或降低,可判断通道 1 两个跳闸阀或者通道 2 两个跳闸阀是否故障;另外,在跳闸阀独立在线试验时,可通过中间压力监测来确认 4 个跳闸阀动作是否正常。通过两个节流孔板产生的中间油压约 6.9 MPa,当中间油压力低于 3.9 MPa 时,压力开关 PS6 动作发出低报警,说明下游跳闸阀#1 或#3 故障打开;当中间油压力高于 9.8 MPa 时,压力开关 PS7 动作发出高报警,说明上游跳闸阀#2 或#4 故障打开。

(4)控制油箱温度监测元件

控制油正常油温应维持为 45 ~ 55 ℃,过高或过低将影响油的正常理化特性。当控制油箱油温≥70 ℃,发出油温高报警;油箱油温≤30 ℃,发出油温低报警。对于发出的异常报警,需检查相应设备并作出处理,尽快恢复油温正常。

(5)控制油箱油位监测元件

在控制油箱上装有两个油位检测元件(LS1 和 LS2),用于监测油箱油位情况。控制油箱正常油位以 0 mm 处为基准,以此基准设置有高、低报警限制。当 LS1 油位开关检测到控制油箱油位高于正常值 +70 mm 时,油位高报警;当检测到油位低于正常值 -110 mm 时,油位低报警;当 LS2 油位开关检测到控制油箱油位低于正常值 -210 mm,油位低低报警,控制油泵自动停运,以防止油泵缺油损坏。

5.4.4 系统运行

控制油系统运行指系统中各设备投入正常工作,向机组液压控制阀提供温度、压力满足要求的高压油,确保液压执行机构正常工作。系统运行主要包含系统投运及停运、系统运行监视和维护等内容。

(1)控制油系统投运

控制油系统启动前,主要确认系统管线阀位、设备电源、系统控制及仪表具备投运条件;确认控制油箱油位正常;与控制油系统相关的系统必须满足条件,如闭式冷却水系统已投运正常。对于长期停运的控制油系统,需确认油品化验合格。

控制油系统检查完成后,首先启动循环油泵进行控制油箱油循环过滤,对于油温较低而不能满足系统启动要求时,需提前启动循环油泵对循环加热,天气寒冷或长期停运后的控制油系统再次投运时,需考虑启动电加热器提高控制油油温。

启动一台控制油泵,检查油泵及系统各设备工作正常,系统管路无泄漏,油压正常,然后将备用泵投入联锁备用状态,最后投入自循环清洗再生装置。对于大修后的控制油系统启动,必要时,需做控制油泵联锁试验和 AST 电磁阀独立试验。

(2)控制油系统停运

机组停运后,方可停运控制油系统。首先解除备用控制油泵联锁,防止主泵停运,备用泵联锁启动;然后停运控制油泵,确认控制油母管压力逐渐下降至零,全面检查控制油系统各设备应处于正常状态。

控制油系统停运后,若无特殊要求,控制油过滤循环油泵一般保持运行,进一步净化油品。

(3)蓄能器充氮

控制油供油母管高压蓄能器需定期检查压力是否满足要求,当压力低于要求值时,需进行充氮。对于常用的囊式蓄能器充氮,首先通过排放阀泄掉蓄能器中的液压油,然后对蓄能器进行充氮至合格压力,最后恢复蓄能器至工作状态。

蓄能器充氮时需注意:

①蓄能器充氮前检查蓄能器气囊是否破损。

②充氮必须使用专用工具。

③充氮时应缓慢进行,防止气压过猛冲破气囊。

5.4.5 系统常见故障及处理

控制油系统日常运行中,常见的故障有控制油压力低、跳闸油压力低、控制油箱油位异常、控制油箱油温高等,这些故障的出现将直接影响机组液压执行机构正常工作,严重时将导致机组跳闸或设备的严重损坏。下面分别对这些故障进行原因分析和处理方法介绍。

(1)控制油压力低

故障现象:控制油压力低于8.8 MPa,控制系统发出压力低报警;控制油压力低于8.3 MPa,控制系统发出压力低低报警,且备用油泵联锁启动。

原因分析:

①控制油泵故障导致供油压力降低。

②控制油供油滤网脏污或堵塞,使控制油压力降低。

③泄压阀故障,将控制油泄放至油箱,供油压力无法维持正常。

④控制油管路泄漏油压难于维持,导致油压低。

⑤控制油箱油位过低,导致控制油泵吸油量不足,泵出力下降。

⑥控制油压力传感器故障。

处理方法:

①检查控制油泵运行情况,若控制油泵异常,则应切换至备用泵运行,并观察供油压力情况,如果压力恢复正常,说明泵本身故障所致,应隔离,并通知有关人员紧急处理,尽早恢复可用;对于控制油泵故障,供油压力已降低至8.3 MPa后,备用泵未联锁启动,应及时检查联锁是否投入,尽快启动备用泵恢复压力,保证机组正常运行。

②检查滤网差压是否增大,如滤网堵塞,滤网压差高报警,在机组运行时,可采取切换控制油泵方式,保证机组运行,待停机后对滤网进行更换。

③检查控制油管路有无泄漏,若有泄漏,在保证安全的前提下尽量隔离泄漏点,如果泄漏较大,难于维持油压,则应采取紧急停机处理。

④如果泄压阀故障打开,则需及时处理,尽快恢复正常。

⑤控制油箱油位低,应及时补油。

⑥若以上故障均不存在,则可能是控制油压力传感器故障,应及时修复。

(2)跳闸油压力低

故障现象:跳闸油管路上的3个压力低检测开关中任一个检测到油压低于6.9 MPa,发出压力低报警,任意两个开关同时检测到压力低于6.9 MPa,机组跳闸。

原因分析:

①控制油供油压力低导致跳闸油压力低。

②手动遮断阀故障或内漏,导致跳闸油压力降低。

③跳闸油管线泄漏。

④跳闸阀故障。

⑤压力开关故障。

处理方法:

①检查控制油供油系统,若是控制油压力低导致,应按控制油压力低故障处理方式进行处理。

②检查手动遮断阀及管路是否故障。

③检查跳闸油管线是否泄漏,如果发现泄漏,则视泄漏量大小进行相应处理:当泄漏量小但不影响机组安全运行时,可隔离则隔离;当泄漏量较大且无法隔离时,则需停机处理。

④通过电磁阀在线试验,检查4个AST电磁阀故障情况,如果是电磁阀故障导致跳闸油

油压降低,则需停机检修或者更换电磁阀。

⑤若判断为压力开关故障,则应隔离并更换压力开关,尽快恢复正常。

(3)控制油箱油位异常

故障现象:油箱油位高于正常油位70 mm,控制系统发出油位高报警;油箱油位低于正常油位70 mm时,控制系统发出油位低报警。

原因分析:

①油箱油位高,可能油中进水导致油位上升。

②油箱油位低,可能控制油系统存在漏油。

③油位开关故障,发出假报警。

处理方法:

①如果是油中进水导致油位上升,需检查油箱内的油质情况,通过化验油品确定是否含水,如果油中含水,控制油回油冷油器可能有漏,需停机对冷油器进行检修,同时根据油品污染程度对油进行更换。

②油箱油位低,主要考虑控制油系统存在漏油,需检查控制油所有管路和执行机构是否存在泄漏,发现漏点后根据泄漏点情况进行相应处理,并及时补油,如果油位难于维持,已影响机组安全运行,则立即停机。

③以上两点不存在,可能是油位开关故障,发出假报警信息,此时需核对就地油位计指示,如果确实是油位开关故障,需检修或更换油位开关。

(4)控制油箱油温高

故障现象:控制油箱油温≥70 ℃,控制系统发出油温高报警。

原因分析:

①控制油回油冷油器冷却水中断,导致回油得不到冷却。

②控制油回油冷油器脏污或堵塞,影响冷却效果。

③控制油箱电加热器异常,没有自动退出,持续加热控制油。

④控制油箱温度测量元件故障。

处理方法:

①就地检查控制油箱温度计显示值是否上升。如果上升则可排除温度测量元件故障的可能;如果就地温度计正常,则可能温度测量元件故障,需进行更换和处理。

②如果控制油箱就地温度计显示值升高,需检查控制油箱加热器是否退出,若处于投入状态,则马上退出。

③如果加热器已经处于退出状态,则检查控制油回油冷油器冷却水压力是否正常,冷油器阀门是否关闭。如果是冷却水中断引起油温升高,应尽快恢复冷却水。

④若经上述处理后油温不能恢复正常,则可能是冷油器脏污或堵塞,导致冷油器换热效果降低,此时应切换冷油器。

5.4.6 系统维护及保养

为保证控制油系统运行正常,需对控制油系统进行必要的维护和保养工作,主要有控制油品质控制,控制油泵的定期联动试验,冷油器、滤网切换,蓄能器充氮,等等。

(1)控制油品质控制

为了保证控制油的理化特性,使执行机构具有良好的工作条件,必须对控制油品进行监测和控制。定期对控制油进行化验,分析油的水分、颗粒度等指标是否满足要求。如果品质达不到要求,需对油进行过滤或者更换。

(2)控制油泵定期联动试验

为了保证控制油泵联锁保护可靠性,建议每周进行一次联动试验。

(3)冷油器定期切换

定期进行控制油冷油器切换,切换周期根据维护保养要求进行。切换操作过程如下:

①检查确认备用冷油器处于完好备用状态。

②对备用冷油器水侧和油侧进行放气。

③切换至备用冷油器,退出原运行冷油器至备用状态。

(4)蓄能器充氮

定期进行储能器氮气压力检查,如果压力低于要求,需进行充氮。

5.5　进口可调导叶系统(IGV系统)

压气机进口可调导叶(IGV)系统是通过改变IGV叶片角度达到控制进入压气机的空气流量,从而实现以下功能:

①防止压气机喘振。在燃气轮机启动或停机过程中,关小IGV的角度,减少进气流量和改变进气角度,从而扩大压气机的稳定工作范围,避免压气机出现喘振。

②排气温度控制。排气温度控制是指在燃气-蒸汽联合循环中,通过IGV角度的调节实现对燃气轮机排气温度的控制,从而保证余热锅炉的正常工作和最佳联合循环效率。例如,燃气轮机在部分负荷运行时要适当关小IGV,相应减少空气流量而维持较高的燃气轮机排气温度,其结果是使联合循环的总效率得到提高。

③减少启动时耗功。机组启动时关小IGV角度,压气机空气流量减少,使机组的启动阻力矩变小,减少启动过程中压气机的功耗,有利于减小启动装置的配置功率,并可以缩短启动时间。

5.5.1　压气机喘振的发生及防喘措施

压气机在运行期间不一定总是在设计工况下运行,如果偏离设计工况太远的话,压气机就会在不稳定工况下运行,此时压气机就会出现失速、喘振和阻塞等现象。当出现喘振时,压气机的空气流量会忽大忽小,压力忽高忽低,甚至会出现气流倒流回入口处,并伴随有巨大的声响和强烈的振动,对压气机叶片带来严重损害。

(1)压气机喘振的产生

压气机喘振的发生与压气机通流部分中出现的气流脱离现象有密切关系。当压气机运行时,气流进入工作叶栅都会有一定的冲角i,只不过这个冲角会随着气流变化成不同程度的变化,而所带来的后果也截然相反。

当压气机在设计工况下运行时,冲角很小接近于零,但是当空气体积流量增大时,即$G_V >$

G_{V0}，其中 G_V 为体积流量，G_{V0}为设计体积流量（见图 5.25(a)），气流的轴向速度 c_{1a}就要加大，假如压气机的转速恒定不变，那么 β_1 和 α_2 角就会增大，由此就会产生负冲角（$i<0$）。如果空气体积流量继续增大，而使负冲角加大到一定程度时，在叶片的内弧面上就会发生气流边界层的局部脱离现象。不过，由于气流沿着叶片的内弧侧流动时，在惯性力的作用下，气体的脱离区会朝着叶片的内弧面方向靠近，因而，这个脱离区不会继续发展。此外，在负冲角的工况下，压气机的级压缩比有所减小，即使产生了气流的局部脱离区，也不至于发展形成气流的倒流现象。

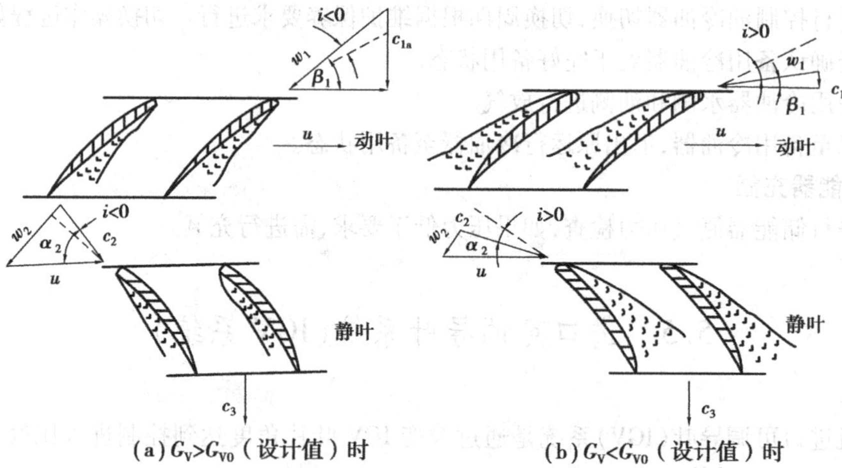

图 5.25　当空气的容积流量偏离设计时，在动叶和静叶流道中发生的气流脱离现象

当流经工作叶栅的空气体积流量减小时（见图 5.25(b)），情况将完全相反，此时气流的 β_1 和 α_2 角都会减小，产生正冲角（$i>0$）。当 β_1 和 α_2 角减小到一定程度后，就会在叶片的背弧侧产生气流边界层的脱离现象，只要这种脱离现象一出现，脱离区就有不断发展扩大的趋势，这是由于当气流沿着叶片的背弧面流动时，在惯性力的作用下，存在着一种使气流离开叶片的背面而分离出去的离心力。此外，在正冲角的工况下，压气机的级压比会增高。因而，当气流发生较大的脱离时，气流就会朝着压气机的进气方向倒流，这就为发生喘振现象提供了条件。

上述气流脱离现象往往并不是在压气机工作叶栅的整圈范围内同时发生的。在环形叶栅的整圈流道内，可同时产生几个比较大的脱离区，而这些脱离区的宽度只不过涉及一个或几个叶片的通道，而且这些脱离区并不是固定不动的，它们将围绕压气机工作叶轮的轴线，沿着叶轮的旋转方向，以低于转子的旋转速度，连续地旋转着，因而这种脱离现象又称为旋转脱离。

但是需要注意，压气机通流部分中产生的旋转脱离如果比较微弱的话，压气机并不一定会马上进入喘振工况，只有当体积流量继续减小，旋转脱离进一步加强后，在整台压气机中才会出现不稳定的喘振现象。此时，压气机的流量和压力会发生大幅度的、低频的周期性波动，并伴随有风啸似的喘振声，甚至有空气从压气机倒流到大气中去，在这种情况下压气机就不能正常工作。

压气机发生的旋转脱离为什么会发展成为喘振？这可以用压气机喘振的发生过程来解释：当压气机接近于设计工况工作时，压气机出口压力稳定，但是当压气机空气体积流量减少到一定程度时，在压气机的通流部分中将开始产生旋转脱离现象，若空气的体积流量继续减小，旋转脱离就会强化和发展，当它发展到某种程度后，由于气流的强烈脉动，就会使压气机的出口压力突然下降,此时,压气机后面系统(燃烧室和透平)的空气压力将高于压气机出口的压力,从而导致气流从后面系统倒流到压气机中去,同时另一部分空气仍然会继续流到系统外面去,由于这两个因素的共同作用,导致压气机后面系统的压力会立即降低。随着压气机后面系统压力的下降,流经压气机的空气体积流量就会自动增加,与此同时,在叶栅中发生的气流脱离现象逐渐趋于消失,压气机的工作情况将恢复正常,当这种情况继续一个很短的时间后,压气机后面系统的压力会再次增高,流经压气机的空气流量又会重新减少下来,在压气机通流部分中发生的气流脱离现象又会再现。上述过程就会周而复始地进行下去,这种在压气机和压气机后面系统之间发生的空气流量和压力参数的时大时小的周期性振荡,就是压气机的喘振现象。

喘振对压气机有极大的破坏性。出现喘振时,压气机的转速和功率都不稳定,整台机组都会出现强烈的振动,并伴有突发的、低沉的气流轰鸣声,有时会使机组熄火跳闸。倘若喘振状态下的工作时间过长,压气机和燃气透平叶片以及燃烧室的部件都有可能因振动和高温而损坏,因此在燃气轮机的工作过程中,绝不允许出现压气机的喘振工况。

(2)防喘措施

根据喘振产生的原因,防止压气机发生喘振现象可从以下两个方面来进行:

①在压气机通流部分的某一个或几个截面上,安装防喘放气阀的措施。

鉴于机组在启停工况和低转速工况下,由于空气体积流量较小,压气机容易进入喘振工况,于是就在容易进入喘振工况的压气机某些级后面,开启一个或几个旁路放气阀,强制让大量空气流过放气阀之前的级,就有可能避免在这些级中产生过大的正冲角,从而达到防喘的目的。

M701F型燃气轮机在压气机第14、11、6级后面安装了3个防喘放气阀,在机组启停过程中,防喘放气阀保持打开以防止喘振的发生。详细介绍见本章5.6节冷却与密封空气系统。

②在轴流式压气机的第一级,或者前面若干级中,装设可调导叶的防喘措施。

图5.26(a)中的①、②、③分别为固定导叶角度下,空气流量在设计工况下、大于设计值以及小于设计值情况时,气流进入压气机动叶冲角 i 的变化趋势。在燃气轮机启动时即③的情况将产生正冲角 $i>0$,根据前面所述压气机产生喘振的原因,这时压气机的前几级容易进入喘振工况的。从图5.26(b)可知,当流进压气机的空气流量发生变化时,只要把压气机导向叶片的安装角(进气角) γ_p 关小,就能减小或消除气流进入动叶时的正冲角,从而达到防喘的目的。

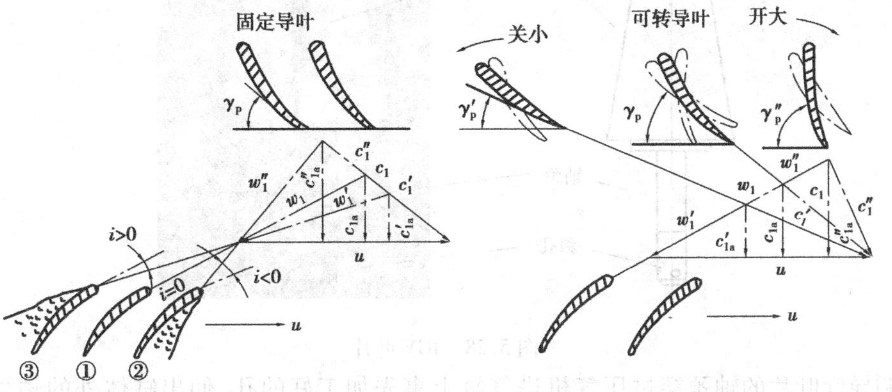

(a)导叶安装角 γ_p 恒定不动的情况　　(b)入口导叶可旋转的情况

图5.26　压气机入口导叶恒定不动和可以旋转时,气流速度三角形的变化情况

另外,压气机在设计时合理选择各级之间流量系数的配合关系,采用双转子的高低压压气机以及合理地选择压气机的运行工况点,使机组在满负荷时的运行点远离压气机喘振边界等措施均可扩大压气机的稳定工作范围。详细论述可参考相关专业书籍。

5.5.2 进口可调导叶(IGV)结构

M701F 燃气轮机进口可调导叶(IGV)系统位于压气机进气缸,安装在压气机第 1 级动叶片的前面,进气导叶机构主要包括 38 只 IGV 叶片、连杆、拉杆,一个转动环,一个油动机(见图 5.27)。M701F 燃气轮机每个可调导叶由轴颈和叶片组成(见图 5.28)。

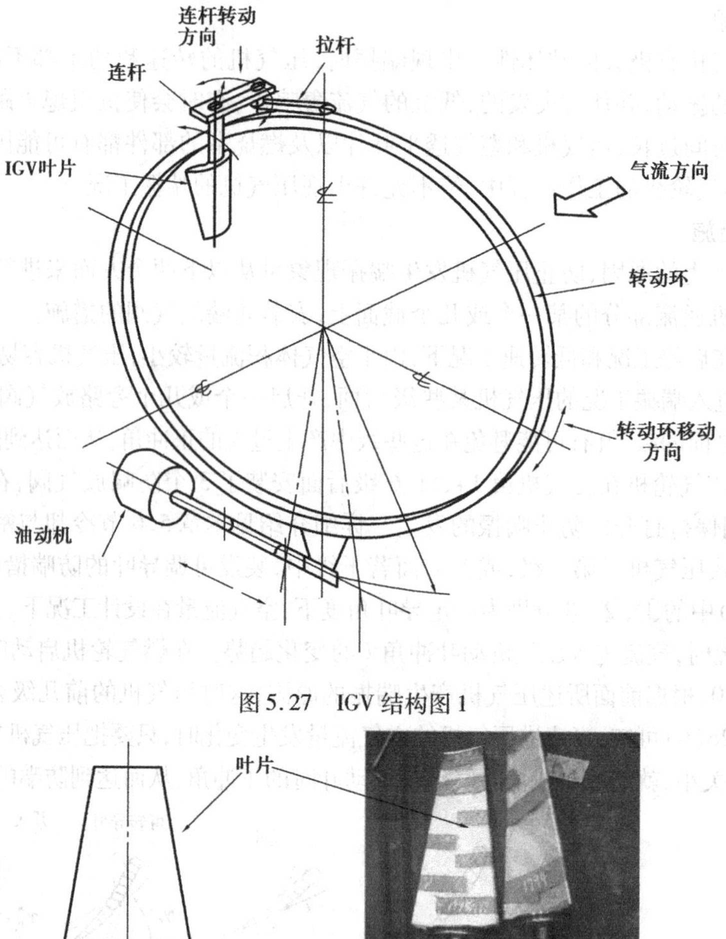

图 5.27　IGV 结构图 1

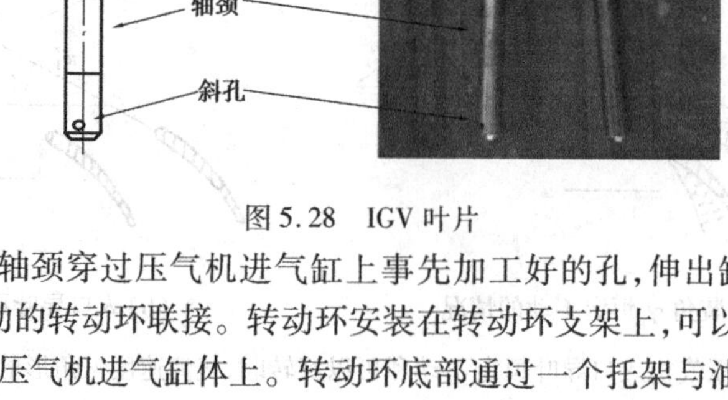

图 5.28　IGV 叶片

可调导叶叶片的轴颈穿过压气机进气缸上事先加工好的孔,伸出缸体外的轴颈通过连杆、拉杆与油动机驱动的转动环联接。转动环安装在转动环支架上,可以沿圆周方向转动,而转动环支架则固定在压气机进气缸体上。转动环底部通过一个托架与油动机相连,当给出控制信号时,油动机动作操纵转动环转动,并通过拉杆、连杆,最终使 IGV 叶片转动,以达到调节 IGV 叶片安装角度的目的。另外,IGV 系统上装有位置传感器,位置传感器检测 IGV 的角度并反馈给控制系统(见图 5.29、图 5.30)。IGV 执行机构的油动机和伺服阀详细介绍见控制油系统。

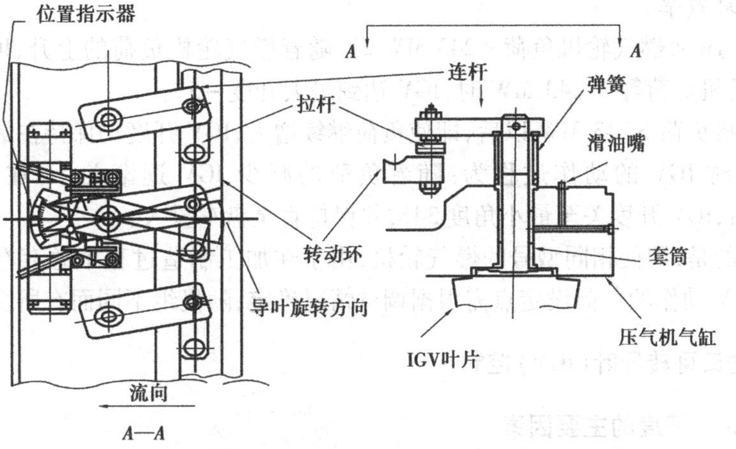

图 5.29 IGV 结构示意图 2

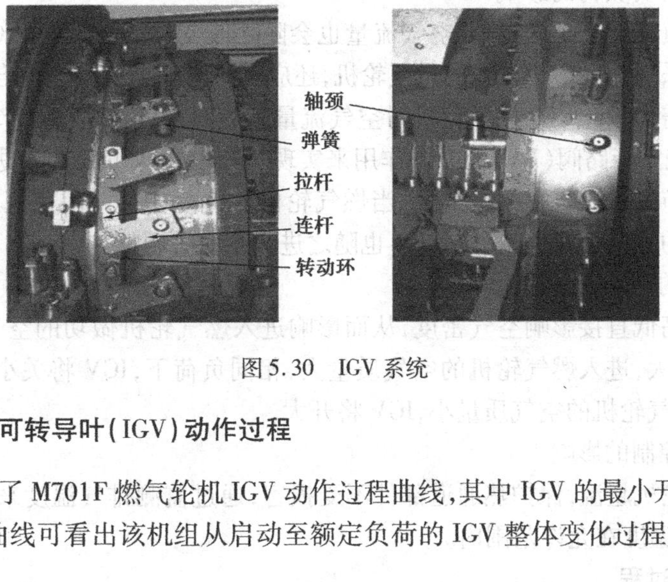

图 5.30 IGV 系统

5.5.3 进口可转导叶(IGV)动作过程

图 5.31 给出了 M701F 燃气轮机 IGV 动作过程曲线,其中 IGV 的最小开度为 34°,最大开度为 -5°。根据曲线可看出该机组从启动至额定负荷的 IGV 整体变化过程如下:

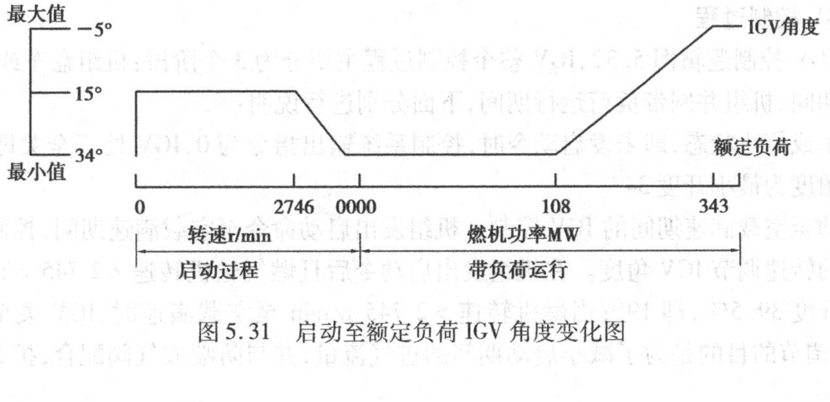

图 5.31 启动至额定负荷 IGV 角度变化图

①机组发出启动命令后，IGV 角度由最小开度开至中间开度 19°，当燃机转速大于 2 745 r/min时关小至最小开度 34°。

②机组并网后燃气轮机负荷 <108 MW 时，IGV 保持 34°的最小开度（此时空气流量大约为 IGV 全开时空气流量的 70%），这样可提高排烟温度，增加余热锅炉蒸汽量，提高部分负荷运行时联合循环效率。

③当 108 MW < 燃气轮机负荷 <243 MW 时，随着燃气轮机负荷的上升，IGV 的角度逐渐开大，在燃气轮机负荷等于 243 MW 时，IGV 达到最大开度 -5°。

④燃气轮机负荷 >243 MW 以后，即使负荷继续增大，IGV 开度仍保持在最大开度不变。

机组停机时 IGV 的动作过程为：随着负荷的减少 IGV 逐渐关小，在机组负荷降至 119.1 MW以后，IGV 开度关至最小角度 34°，并保持直至盘车投入。

需要说明的是，即使相同型号的燃气轮机，由于在加工制造过程中总存在差别，因此，每台燃气轮机 IGV 动作的负荷设定点需根据调试情况确定，随机组不同而有所变化。

5.5.4 进口可转导叶（IGV）控制

（1）影响 IGV 开度的主要因素

IGV 开度变化受多重因素的影响，主要包括：

1）燃气轮机有功负荷的影响

当燃气轮机负荷变化时，燃料和空气流量也会随之改变，此时必须对 IGV 角度做出相应调整，另外，对于采用预混燃烧方式的燃气轮机，还应实时调整燃料空气混合比以满足稳定燃烧和环保排放的需要。M701F 燃气轮机对空气流量和燃料空气混合比调节是依靠进口可转导叶（IGV）和燃烧室旁路阀（BV）的共同作用来实现。其中，IGV 负责调节进入压气机的总空气量，BV 负责调节进入燃烧室的空气量，当燃气轮机的负荷在某一门槛值之下时，IGV 开度随燃气轮机负荷的升降而开大或关小，BV 也随之进行相应的调整。

2）进气温度的影响

环境温度的高低直接影响空气密度，从而影响进入燃气轮机做功的空气质量，一般进气温度低，空气密度大，进入燃气轮机的空气质量大，相同负荷下，IGV 将关小；进气温度高，空气密度小，进入燃气轮机的空气质量小，IGV 将开大。

3）排气温度控制的影响

为防止燃气轮机超温，保护热通道部件不受损害，通过监测排气温度来调节 IGV 开度以保证燃气轮机 T_3 温度在允许范围内。

（2）IGV 控制过程

根据 IGV 控制逻辑图 5.32，IGV 整个控制过程主要分为 3 个阶段：机组盘车或停止状态、机组启停期间、机组并网带负荷运行期间，下面分别进行说明：

①盘车或停止状态，即未发启动令时，控制系统输出指令为 0，IGV 处于全关即 0% 开度，对应实际角度为最小开度 34°。

②启动至空载满速期间的 IGV 控制。机组发出启动命令至空载满速期间，控制系统根据燃气轮机的转速调节 IGV 角度。在机组发出启动令后且燃气轮机转速 <2 745 r/min 时，IGV 位于中间开度 39.5%，即 19°；当燃机转速 >2 745 r/min 至空载满速时，IGV 关至最小角度 34°。这样调节的目的是为了减小启动期间的进气流量，并与防喘放气阀配合，扩大压气机的

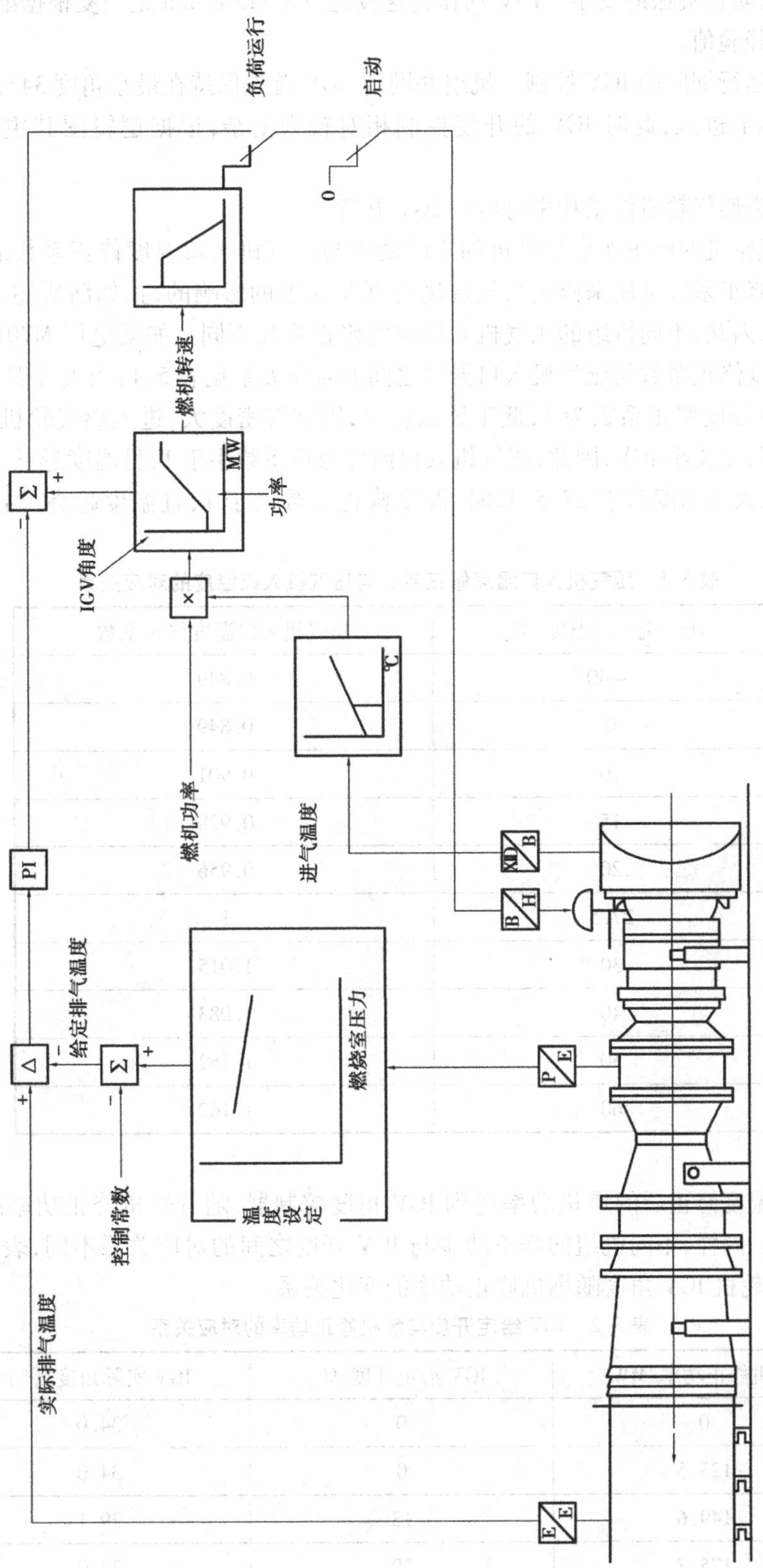

图5.32 IGV控制逻辑图

稳定工作范围,防止喘振的发生。IGV 动作转速设定点 2 745 r/min 是三菱根据配备的启动装置试验所得的经验值。

③带负荷运行期间的 IGV 控制。机组并网后,IGV 首先保持在最小角度 34°,同时转速调节退出,负荷调节进入,此时 IGV 的开度控制相对较为复杂,根据逻辑图其主要由两部分组成:

第 1 部分为燃气轮机修正功率对应的 IGV 开度。

其中,燃气轮机的修正功率是燃机的实际功率与压气机入口温度修正系数的乘积,而压气机入口温度修正系数是用来修正大气温度对 IGV 角度的影响的,正如前所述,每台机组有其自身的特点,因此,不同机组的压气机入口温度修正系数不同。如某电厂 M701F 燃气轮机压气机入口温度修正系数与压气机入口温度之间的对应关系见表 5.1:当大气温度为27.5 ℃时,压气机入口温度修正系数为 1,低于该温度时,因空气密度大,进入燃气轮机的质量流量大,相同负荷下,需关小 IGV,因此,压气机入口温度修正系数小于 1,且温度越低,温度修正系数越小。同理,大气温度高于 27.5 ℃时,温度修正系数大于 1,且温度越高,温度修正系数越大。

表 5.1 压气机入口温度修正系数与压气机入口温度的对应关系

压气机入口温度/℃	压气机入口温度修正系数
-40	0.849
0	0.849
10	0.901
15	0.928
20	0.956
27.5	1
30	1.015
40	1.083
50	1.162
60	1.162

通过大气温度修正后的燃机功率送到 IGV 角度控制器,随着燃机修正功率的增加,IGV 角度逐渐开大。同样,不同机组的修正功率与 IGV 开度之间的对应关系不同,表 5.2 为某电厂 M701F 燃气轮机 IGV 角度随燃机修正功率的变化关系。

表 5.2 IGV 给定开度与燃机修正功率的对应关系

燃机修正功率/MW	IGV 给定开度/%	IGV 实际角度/(°)
0	0	34.0
123.5	0	34.0
149.6	13	29.1
175.7	29	23.0

续表

燃机修正功率/MW	IGV 给定开度/%	IGV 实际角度/(°)
190.7	39.5	19.0
206.4	58.7	11.7
219.5	78.2	4.3
227.4	94.7	−2
229.9	100	−5
350.6	100	−5

第2部分为根据燃气轮机排气温度进行PI调节后的控制。

其输出为实际排气温度平均值与排气温度参考值之差经PI控制器计算后的输出值。其中,实际排气温度平均值是根据排气热电偶测量并经控制系统计算后得到的平均排气温度值,排气温度参考值则是根据压气机排气压力计算后得到的基准值,详细介绍可参考系列培训教材的《控制分册》。

第1部分输出值与第2部分输出值相加后得出IGV角度的最终控制信号,作为带负荷运行期间IGV角度的控制输出。

根据上述分析,机组带负荷运行时M701F燃气轮机IGV的具体控制过程如下:

①额定负荷运行。机组额定负荷运行时,机组进入温控运行方式,第1部分的输出保持不变,主要是第2部分排气温度控制回路调节IGV的开度。当实际排气温度与给定排气温度有差别时,根据实际差值幅度来开关IGV,从而控制排气温度,防止超温。

②部分负荷运行。机组部分负荷的运行过程中,第1部分控制起主要作用,第2部分控制主要用于监控排气温度。防止超温,也就是说带部分负荷运行时燃机控制系统将根据压气机入口温度(即大气温度)和燃机实际功率来调节IGV开度。例如,当上述某电厂燃气轮机的实际负荷为230 MW,压气机入口温度为20 ℃时,IGV的开度应为修正功率所对应的IGV开度,而此时的修正功率为219.88 MW(实际功率230 MW与20 ℃时的压气机入口温度修正系数0.956之积),故IGV开度约为78.2%,实际角度4.3°左右。

(3)IGV系统报警和保护设置

为保证机组安全运行,M701F型燃气轮机保护系统对IGV系统设置了如下相关报警,以监视IGV动作情况:

①在停机期间和停止时IGV没有全关,发出报警信号。

②IGV控制信号输出(IGVCSO)和IGV实际阀位偏差达到±5%并保持5 s时,发出报警信号。

③IGV控制信号输出(IGVCSO)和IGV实际阀位偏差达到±5%并保持10 s时,机组跳闸,并发出报警信号。

5.6　冷却与密封空气系统

M701F燃气轮机冷却密封空气系统包括燃气轮机透平热部件冷却空气系统、压气机防喘放气系统和轴承密封空气系统 3 个子系统，这 3 个子系统的气源都来自于运行时压气机的抽气。国内燃机电厂为了适应机组日启停，对三菱 M701F 燃气轮机加装了燃气轮机缸体冷却空气系统。各子系统功能如下：

①为燃气轮机透平热部件提供冷却空气。燃气轮机的效率与透平进口燃气初温相关，初温越高，效率越高，但透平进口初温的提高对透平部件的耐高温性能提出了更高的要求。为了使透平能耐受燃气的高温，设计者在不断改进和使用新材料的同时，也不断完善热通道部件的冷却空气系统的设计，以提高冷却空气对高温部件的冷却能力，使热通道部件能够耐受更高的燃气温度。

M701F4 机组相对于 F3 机组几项改进都是和冷却空气系统相关。例如，在 F3 机组的基础上增大冷却空气量，改进透平一级动叶，一级静叶的冷却设计，从而提高了一级透平的耐高温能力，F4 的透平进气温度比 F3 提高 27 ℃，单机效率从 38.2% 提高到 39.3%。

②防止压气机喘振。燃气轮机在低转速工况下，流经压气机前几级的空气流量较小，以致会产生较大的正冲角，从而使压气机进入喘振工况。针对此现象，在最容易进入喘振工况的某些级后，开启一个或几个放气口，以加大压气机前几级的空气流量，这样就可避免在这些级中产生过大的正冲角，从而达到防止喘振的目的。

三菱 M701F 燃气轮机分别在压气机的第 6 级、11 级和 14 级设置了防喘放气阀。

③提供轴承密封空气。为防止排气段内的烟气通过轴承动静之间的间隙渗入燃气轮机排气侧 1#轴承箱，影响轴承的正常润滑并破坏整个润滑油系统的油质，同时为避免压气机侧 2#轴承处滑油漏入进气通道而污染压气机叶片，在#1 和#2 轴承的动静间隙处设置有一路密封空气，用以隔绝润滑油和主流道内的气体之间可能的双向流动。

④停机后均匀冷却燃气轮机缸体，以适应调峰运行。三菱 M701F 缸体采用水平中分面结构，其两侧的缸体厚度较其他部分厚，停机后左右两侧的变形比缸体上下两侧的变形小、恢复快，故热通道的横截面易呈现上下直径稍长，左右直径稍短的椭圆形变形；此外，停机后低转速状态下，热通道内的热空气集中在缸体上方，冷空气聚集在下部，还会导致出现上部和下部变形不均的"猫拱背"现象。

基于上述因素，三菱机组启动前要严格控制上下缸温差，而我国联合循环机组基本都是日启停的调峰运行模式。为满足三菱机组要求的启动条件并适应调峰运行，我国一些电厂对 M701F 机组进行了技术改进(经三菱制造商许可)，加装了停机后燃气轮机缸体冷却空气系统，即停机后将压缩空气引入热通道，使燃气轮机缸体能够均匀冷却。事实证明，通过该项技术改进，燃气轮机缸体温差可以满足日启停的要求。

5.6.1 系统组成与工作流程

冷却和密封空气系统包括压气机防喘放气系统、透平热部件冷却系统和轴承密封空气系统。整个系统流程如下：透平热通道的静子冷却空气来自于压气机第 6、11、14 级抽气，转子冷却空气来自于压气机出口抽气。压气机的 3 处抽气管路还分别设置有防喘放气通道，经防喘放气阀后排至燃气轮机排气扩散段。另外，第 6 级抽气的另一部分经分离器后通往 1#和2#轴承处，起到密封作用。热通道的转子冷却空气由压气机出口抽气经外置于机组本体的冷却橇体(TCA)降温后沿设计通道流向透平转子处，对转子进行冷却。整个系统的流程如图 5.33—图 5.36 所示。

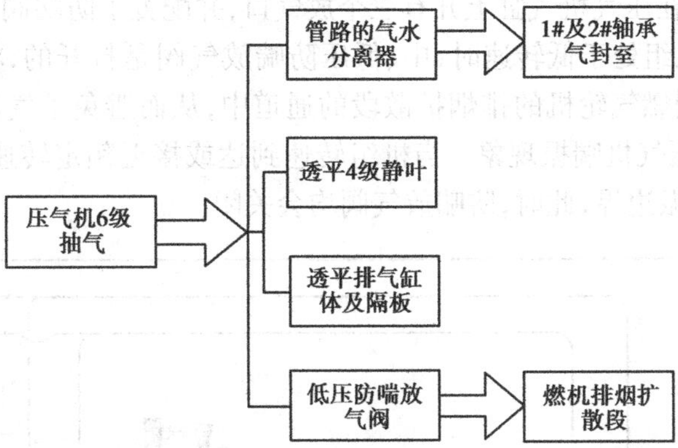

图5.33 压气机6级抽气流程

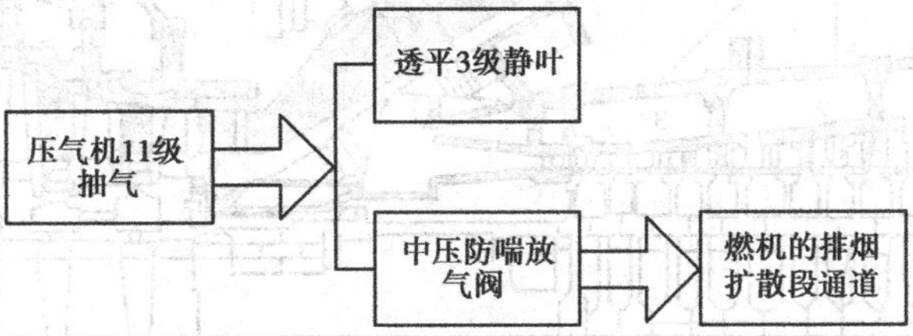

图5.34 压气机11级抽气流程

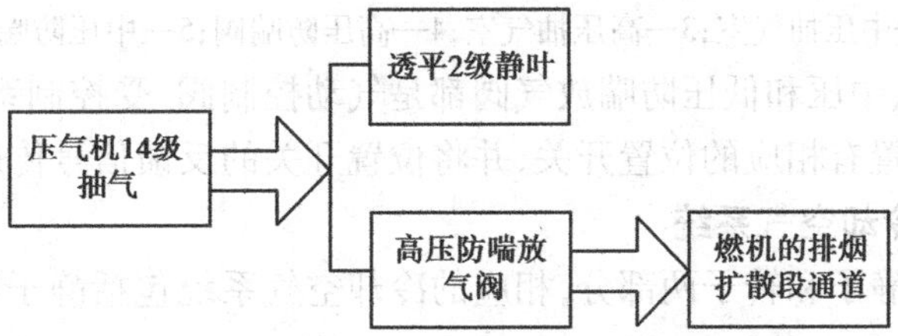

图5.35 压气机14级抽气流程

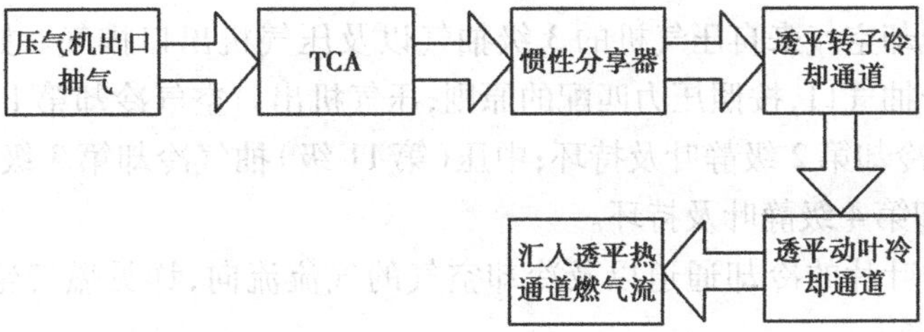

图5.36 压气机出口抽气流程

燃气轮机缸体冷却系统的流程相对独立并且较为简单,可参见附录4中的系统图,在此不再赘述。

(1)压气机防喘放气系统

由于压气机在启停时的低转速工况下,气流在各级叶片的入口冲击角将变成正冲角,此时,容易在叶片背部产生气流附面层分离的现象,严重时会使压气机流道堵塞产生喘振。喘振发生时可能会损坏压气机的叶片,导致灾难性后果的发生(喘振产生及预防的原理详见IGV系统)。

M701F 燃气轮机在压气机气缸上开有三个放气口,并配置了防喘阀,构成防喘放气系统,如图 5.37 所示。当机组处于低转速时,中、低压防喘放气阀是打开的,将进入压气机中的一部分空气放出,排放到燃气轮机的排烟扩散段的通道中,从而避免了气流在压气机通流部分发生“前喘后堵”,即压气机喘振现象。当机组转速到达或接近额定转速时,机组的运行工况已远离了压气机的喘振边界,此时,防喘放气阀均会关闭。

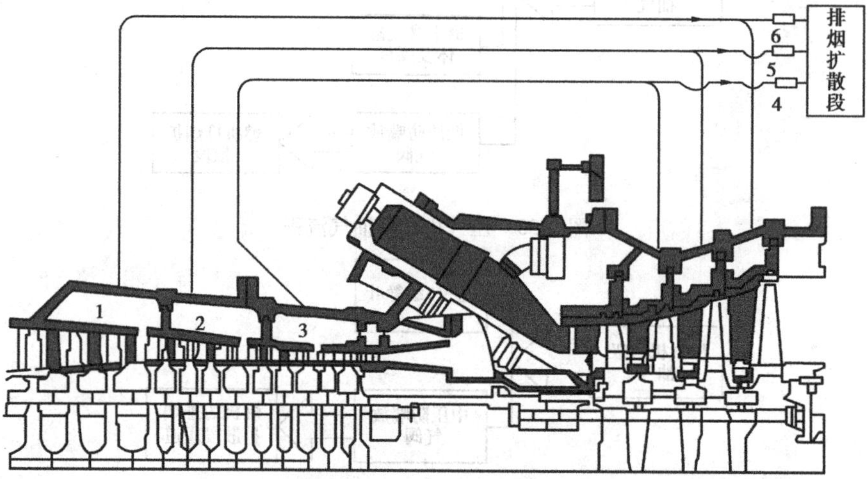

图 5.37　防喘抽放气通道

1—低压抽气室;2—中压抽气室;3—高压抽气室;4—高压防喘阀;5—中压防喘阀;6—低压防喘阀

系统配置的高压、中压和低压防喘放气阀都是气动控制阀,受控制系统控制打开或关闭,各个防喘放气阀都配置有相应的位置开关,并将位置开关的反馈信号传送至控制保护系统。

(2)透平热部件冷却空气系统

透平热部件包括静子和转子两部分,相应的冷却空气系统包括静子冷却空气和转子冷却空气两部分。

1)静子冷却空气

静子部分的冷却空气来自压气机的 3 级抽气以及压气机出口排气。如图 5.38 所示,压气机上设置有 3 个抽气口,按照压力匹配的原则,压气机出口空气冷却第 1 级静叶及持环;高压抽气(第 14 级)冷却第 2 级静叶及持环;中压(第 11 级)抽气冷却第 3 级静叶及持环;低压抽气(第 6 级)冷却第 4 级静叶及持环。

静叶持环和静叶片的冷却通道以及冷却空气的气流流向,详见燃气轮机本体结构相关章节。

2)转子冷却空气

转子冷却空气来自压气机出口,进入透平冷却空气冷却橇体(TCA)中,与机组燃用天然气加热装置(FGH)内的天然气进行以空气为媒介的换热(详细换热过程详见设备介绍中的 TCA 部分内容)后,经过 TCA 冷却的高压空气能对转子起到较好的冷却效果。

在图 5.38 中,由设备 4、5、6 及相应管线组成的支路,即为转子冷却空气支路。压气机出口抽气经过透平冷却空气冷却橇(TCA)冷却之后,进入惯性分离器,去除空气中的杂质和小水滴,最后进入透平转子,在转子处按照设计的流道进入各级轮盘,并最终流入动叶内部的冷却通道,再从动叶上的冲击冷却孔或顶部流出后与主流燃气汇合。冷却空气在透平转子内部和动叶内的通道及流程可详见本教材燃气轮机本体结构相关内容。

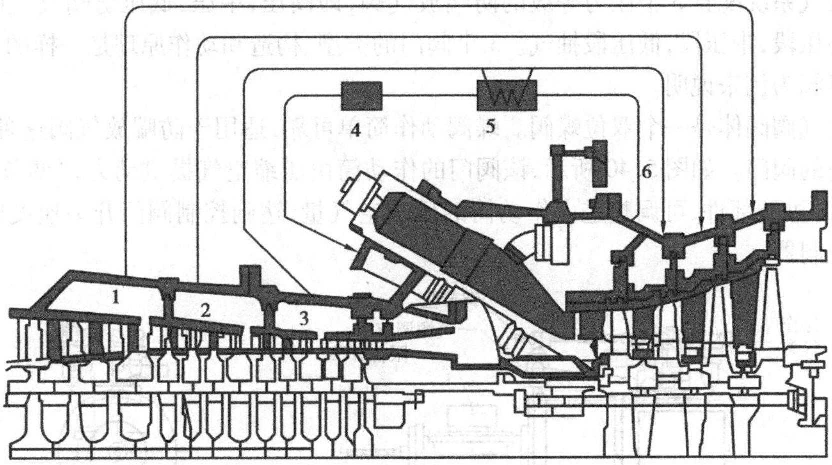

图5.38 冷却空气系统示意图
1—低压抽气室;2—中压抽气室;3—高压抽气室;
4—惯性分离器;5—TCA;6—压气机出口轴气

(3)轴承密封空气系统

燃气轮机两侧的轴承箱内充有不间断的滑油。在2#轴承箱处,由于压气机进气道为负压,滑油有漏入压气机缸体的可能,而在1#轴承处,燃气轮机的排气可能通过动静间隙进入轴承箱而污染滑油,为此机组设置有密封空气系统,如图5.39所示。

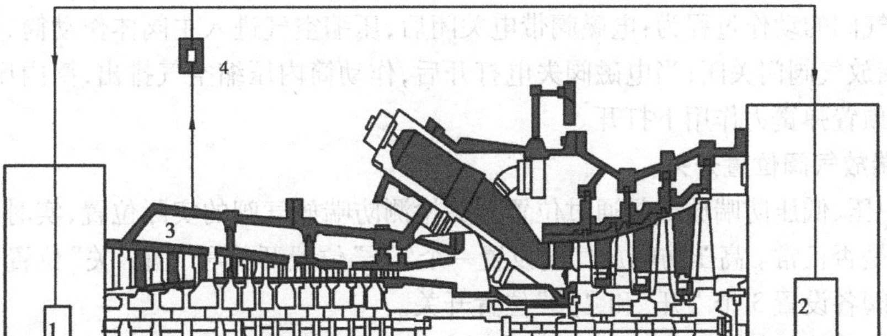

图5.39 轴承密封空气流程
1—#2轴承箱;2—#1轴承箱;3—低压(6级)抽气室;4—旋转分离器

轴承密封空气系统的气源来自于压气机第6级抽气,并经旋转分离器过滤和除湿处理后,通往1#、2#轴承处。1#、2#轴承处的空气密封结构及流程介绍详见第2章燃气轮机结构的轴承部分。

5.6.2 系统主要设备介绍

冷却与密封空气系统图见附录4,主要设备包括防喘放气阀,防喘放气阀位置开关以及透平冷却空气冷却撬。

(1)防喘放气阀

防喘放气系统配置3个压力等级的防喘放气阀,即高压,中压,低压防喘放气阀,分别从压气机的高压段,中压段,低压段抽气。3个阀门的类型、构造和动作原理是一样的,此处以高压防喘放气阀为例来说明。

防喘放气阀阀体是一个双位蝶阀。蝶阀动作简单可靠,适用于防喘放气阀这种对动作可靠性要求高的阀门。如图5.40所示,该阀门的作动筒由压缩空气提供动力,"调节钮"和"气源调节阀"为可调部件,可调整进入作动筒的压缩空气量,达到控制阀门开关速度的目的,故称为速度控制器。

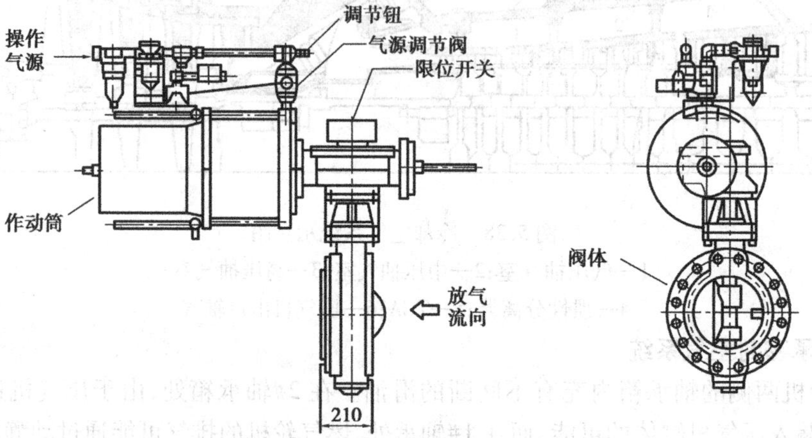

图5.40 高压防喘放气阀阀体及操作执行机构

防喘放气阀的动作过程为:电磁阀带电关闭后,压缩空气进入主阀体作动筒,筒内压力升高后,使防喘放气阀门关闭;当电磁阀失电打开后,作动筒内压缩空气排出,筒内压力降低,防喘放气阀在预置弹簧力作用下打开。

(2)防喘放气阀位置开关

高压、中压、低压防喘放气阀通过位置开关检测防喘放气阀的实际位置,实时监测防喘放气阀的动作是否正常。高压防喘放气阀设置一个"开"位置开关和3个"关"位置开关;中、低压防喘放气阀各设置3个"开"和"关"位置开关。

中低压防喘放气阀的开、关和高压防喘放气阀的关闭正确与否关系到机组的安全和经济性,故中低压防喘放气阀"开""关"位置开关和高压防喘放气阀的"关"位置开关均采用冗余配置;而高压防喘放气阀只在机组脱网后打开,对其可靠性的要求较低,故只配置一个"开"位置开关。

(3)透平冷却空气冷却橇(TCA)

透平冷却空气冷却橇的设备布置和装置结构如图5.41所示。其中,燃料气加热装置(FGH)属于燃料系统,位于燃料橇体燃料温度控制阀后,温控阀通过控制送入FGH的燃料量,来调整燃料温度。

流经TCA的冷却空气与流经FGH的天然气之间通过3台风机的鼓风对流来完成热交换,从而一方面使冷却空气的温度降低,以更好地冷却透平转子;另一方面使天然气提高到合适温度,满足燃气轮机燃烧的需要。

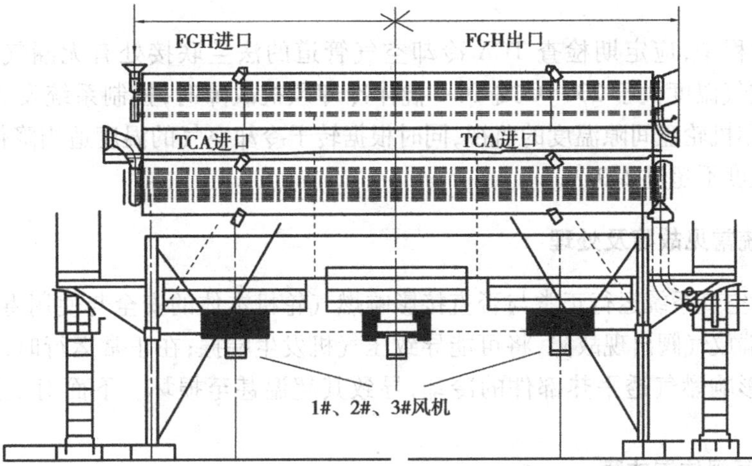

图5.41 透平冷却空气冷却橇布置和结构

5.6.3 系统运行

系统运行包括防喘放气阀的动作过程、燃气轮机缸体冷却空气系统运行以及TCA撬体运行。

(1)防喘放气阀动作过程

机组启动时,高压防喘放气阀全程关闭,中/低压防喘放气阀在0~2 815 r/min转速范围内保持打开,当机组转速达到2 815 r/min时,压气机低压防喘放气阀自动关闭,延时5 s后中压防喘放气阀自动关闭;停机脱网或机组跳闸后,3个防喘放气阀打开,直到满足如下任一条件后关闭:惰走20 min;转速低于300 r/min延时10 s。

(2)燃气轮机缸体冷却空气系统运行

燃气轮机缸体冷却空气在燃气轮机停机之后冷却热通道。在停机过程中转速下降到300 r/min时系统投入,并在停机后16 h内,持续冷却燃气轮机缸体,以使上下缸温差在停机后6~30 h内不超过限制启动的温度值。

燃烧室缸体冷却空气取自厂内杂用空气系统,按气体流向依次设置有滤网,截止阀和供气阀,在截止阀和供气阀之间设置有疏水阀(系统图详见附录4)。杂用空气系统的投运过程如下:

①当机组转速下降到300 r/min时,杂用空气供气阀、疏水阀同时打开,通过重力回流对杂用空气供气阀下游管道进行疏水。

②下游管道疏水完成后,杂用空气供气阀关闭,打开杂用空气截止阀,对其上游管道进行疏水。

③上游管道疏水完成后,杂用空气疏水阀关闭,杂用空气供气阀打开,向燃机通入冷却空气。

燃气轮机缸体冷却空气系统在机组再次启动前退出。如果该系统故障,应当根据机组的启停计划,决定是否需要进行高盘冷却,以保证机组缸体温差在限制值以内。

(3)TCA橇体运行

发出起机指令后,3台TCA风机同时自动启动;机组停机脱网1 h后,3台冷却风机自动停运。

机组运行过程中,应定期检查 TCA 冷却空气管道的法兰联接处有无漏气的现象。当 TCA 出口冷却空气温度大于 230 ℃或 TCA 橇体冷却风机故障时,控制系统发出报警信号。此时,应加强对燃机轮盘间隙温度的监视,同时根据转子冷却空气的温度适当降低负荷,使转子冷却空气的温度不超过 230 ℃。

5.6.4 系统常见故障及处理

冷却与密封空气系统运行正常与否直接影响燃气轮机本体的安全与使用寿命。在启停过程中,如果防喘放气阀出现故障,将可能导致压气机发生喘振;在正常运行时,若转子冷却空气温度高,将影响燃气透平热部件的冷却,导致其超温甚至损坏。下面对上述故障进行分析。

(1)防喘放气阀位置故障

故障现象:防喘放气阀位置出现以下任一异常时,控制系统发出报警,机组跳闸:

①高压防喘放气阀在启机令发出后 20 s 未完全关闭。

②机组启动令发出后延时 3 s 且转速小于 2 815 r/min 时,低压防喘放气阀未完全开启;启机期间转速达到 2 815 r/min 时延时 20 s 或转速大于 2 940 r/min,低压防喘放气阀未完全关闭。

③机组启机令发出后延时 3 s 且转速小于 2 815 r/min 时,中压防喘放气阀未完全开启;启机期间转速达到 2 815 r/min 时延时 20 s 或转速大于 2 940 r/min 时,中压防喘放气阀未完全关闭。

④停机过程中,中压、低压防喘放气阀在转速降到 2 800 r/min,3 s 内全开失败。

⑤正常运行中,限位开关显示(三选二)低压防喘放气阀未关闭延时 1 s。

⑥正常运行中,限位开关显示(三选二)中压防喘放气阀未关闭延时 1 s。

⑦正常运行中,限位开关显示(三选二)高压防喘放气阀未关闭延时 1 s。

原因分析:

①阀门本体阀杆或阀芯卡涩。

②控制电磁阀故障或控制气源丢失。

③阀门位置开关故障。

故障处理:

当保护系统检测到防喘放气阀位置故障时,将立即发出报警并自动跳闸机组,以防事故扩大。机组跳闸后可进行以下一些检查和处理,使机组尽快恢复正常。

①现场检查防喘放气阀阀体的阀芯和阀杆部分是否有卡涩,如有卡涩则通过清洗处理等措施,直至阀杆动作灵活。

②如果阀杆不存在卡涩现象,则要检查阀门动作的控制回路,包括控制电磁阀动作是否正确,控制用压缩空气是否正常等,若存在异常,则需采取措施使之恢复正常。

③如果上述故障均不存在,则可能是阀门位置开关故障,此时应检查并修复位置开关。

(2)转子冷却空气(RCA)温度高

故障现象:转子冷却空气(RCA)的温度异常升高到 230 ℃,机组发出“转子冷却空气温度高”报警;温度升高至 235 ℃时,触发低速 RUNBACK(见本书第 9 章相关内容)。

原因分析：

①TCA 冷却风机故障。

②TCA 冷却空气管道泄漏。

③RCA 温度传感器故障。

故障处理：

①出现温度高报警，若在起机过程中，应当手动停止升负荷，尽量保证 RCA 平均温度不超过 235 ℃而触发 RUNBACK 保护动作，如有必要也可适当降低机组负荷，通过上述措施以使 RCA 温度稳定。

②确保 RCA 温度稳定后，现场检查 TCA 的冷却风扇是否正常工作，如有风扇停运，要加紧排故，确保 3 台风扇运行；检查风机皮带是否完好，如果皮带断裂，应当在线抢修；检查 TCA 冷却空气管道的法兰联接处有无漏气的现象，如有要紧急排故，消除泄漏。排故过程中要加强对燃气轮机轮盘间隙温度（DCT）的监视。

③盘面上检查 RCA 温度随负荷变化的趋势是否均匀，如果出现温度跳变等情况，则 RCA 测量回路可能故障，此时应检查 RCA 温度传感器及其信号传送回路，尽快消除故障。

5.7 燃料系统

燃料系统接收来自天然气调压站的燃气，并经过一系列处理后通过燃气母管均匀分配到 20 个燃烧器中，以满足燃气轮机在各种运行工况下的燃料需求。燃料系统主要功能有：

①流量调节。通过燃气压力控制阀和流量控制阀调整燃气流量，使其符合燃气轮机的要求。

②加热。通过燃气温度控制阀调节进入燃气加热器及其旁路的燃料量，来调整天然气温度使其满足燃气轮机的要求。

③计量。通过燃气流量计测量天然气的瞬时流量和累计流量，并将流量信号送至控制系统，用于机组性能计算和结合调压站流量计对比检查贸易结算流量计的可靠性。

④过滤。进一步对天然气过滤，确保天然气清洁。

另外，燃料系统管线上还设有充氮口和排空阀，可在系统检修等情况下，利用氮气对管道进行置换，防止天然气与空气混合产生安全隐患。

5.7.1 系统组成与工作流程

燃料系统图如附录 4 的附图 4.12—附图 4.14 所示。它主要由燃气流量计、燃气温度控制阀、燃气加热器、末级过滤器、燃气关断阀、燃气放散阀、燃气压力控制阀（包括燃气主压力控制 A 阀、燃气主压力控制 B 阀和燃气值班压力控制阀）、燃气流量控制阀（包括燃气主流量控制阀、燃气值班流量控制阀）以及相关仪表、变送器等组成。

燃料系统具体流程如图 5.42 所示。天然气调压站来气经燃气流量计计量后进入燃气温度控制阀（在机组并网前所有的燃料都是从燃气加热器的旁路通过，只有当机组并网后，燃气温度控制阀才开始打开），通过温度控制阀控制进入燃气加热器及其旁路的燃料量，进而调节燃气温度。符合温度要求的天然气经过末级过滤器、燃气关断阀后分两路：一路经燃气主压力控制(A 和 B)阀,燃气主流量控制阀,主燃料喷嘴进入燃烧室;另一路经燃气值班压力控制阀,燃气值班流量控制阀,值班燃料喷嘴进入燃烧室。另外,在燃气关断阀与燃气压力控制阀之间还设有一个燃气放散阀,用于停机后将燃气关断阀和燃气流量控制阀之间的燃气排出。

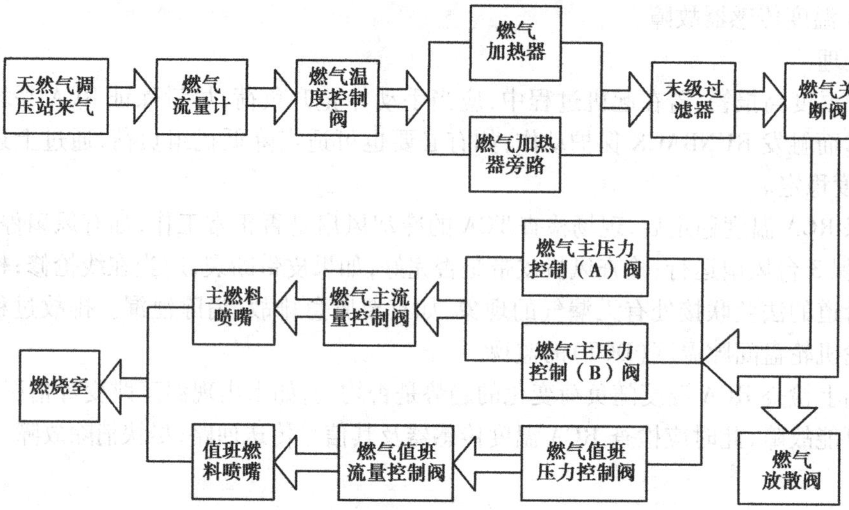

图 5.42　燃料系统流程图

5.7.2　系统主要设备介绍

燃料系统主要设备包括燃气流量计、燃气温度控制阀、燃气加热器、末级过滤器、燃气关断阀、燃气放散阀、燃气压力控制阀、燃气流量控制阀等。

(1)燃气流量计

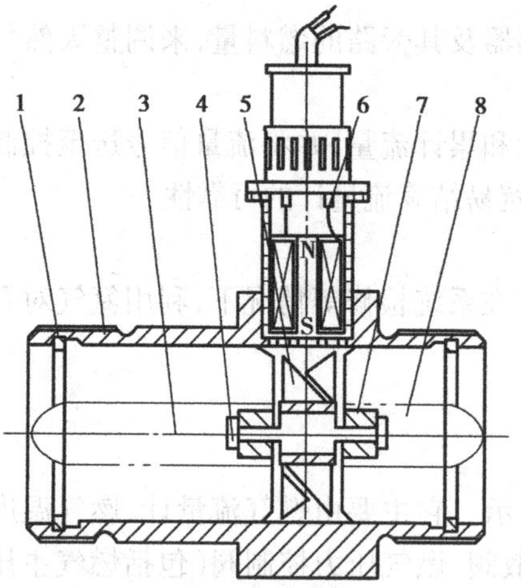

图 5.43　涡轮流量计结构

1—紧固件;2—壳体;3—前导向件;4—止推片;5—叶轮;6—电磁感应式信号检出器;7—轴承;8—后导向件

燃气流量计主要作用是测量天然气的瞬时流量和累计流量,并附设变送器,将流量信号传送到透平控制系统(TCS)以用于监测。流量计测量结果可用于机组性能计算和结合调压站流量计对比检查贸易结算流量计的可靠性。

燃气流量计种类繁多,主要有差压式流量计、涡轮流量计、流体振动流量计、容积式流量计、超声波流量计、靶式流量计和科氏质量流量计等。这些流量计的测量原理很大程度上决定了它们的特性和适用范围。

下面以某电厂采用的涡轮流量计为例简要介绍其测量原理。

如图 5.43 所示为一个典型的涡轮流量计结构图。流体经由壳体和前导向件组成的通道冲击叶轮,由于叶轮的叶片与流向有一定的角度,流体的冲力使叶片具有转动力矩,在克服摩擦力矩和流体阻力之后叶片旋转,在力矩平衡后转速稳定。在一定的条件下，转速与流速成正比，由于叶片有导磁性，并处于信号检测器（由永久磁钢和线圈组成）的磁场中，旋转的叶片切割磁力线，周期性地改变着线圈的磁通量，从而使线圈两端感应出电脉冲信号。此信号经过放大器的放大整形，形成有一定幅度的连续的矩形脉冲波，可远传至显示仪表，显示出流体的瞬时流量和累计流量。

(2)燃气温度控制阀

燃气温度控制阀是气动三通隔膜型控制阀。该阀接收控制系统燃气温度指令值并和燃料实际温度值进行比较，进而调节经过燃气加热器及其旁路的燃气流量，以便控制燃气进气温度，使其符合控制系统的温度要求。

如图5.44所示，温度控制阀是一个气动调节阀，由主阀体和调节执行机构两部分组成。

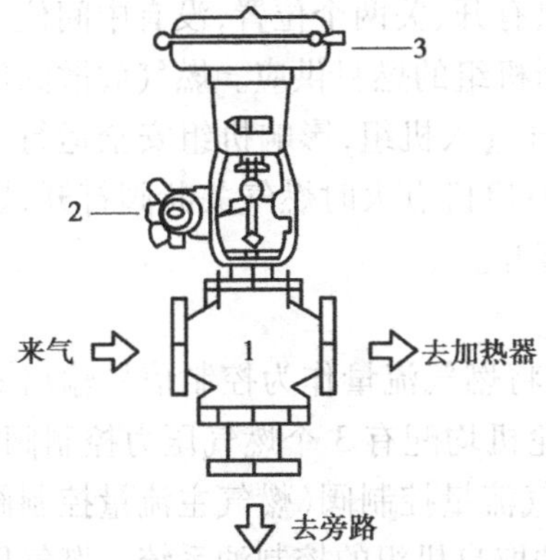

图5.44　燃气温度控制阀

1—主阀体；2—作动筒；3—远程位置调节器

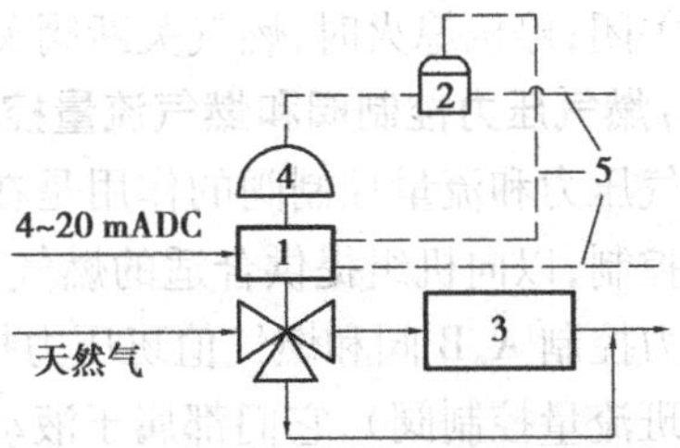

图5.45　燃气温度控制阀操作执行机构

1—远程位置调节器；2—分压器；3—燃气加热器；4—气动作动筒；5—压缩空气管路

1)主阀体

主阀体是三通阀，通过调节通往燃气加热器及其旁路的开度来改变各路的燃气流量，从而达到调节燃气温度的目的。

2)调节执行机构

燃气温度控制阀是以压缩空气作为动力的气动调节阀，阀门的调节执行机构由远程位置调节器、分压器、压缩空气管路以及相应的压缩空气调压器，调压阀等组成。

气动执行机构对温度控制阀的调节原理如图5.45所示，远程位置调节器接收控制系统送来的4～20 mA的电流信号，并将该电流信号转换为分压器的压缩空气压力值输出，具有一定压力值的压缩空气送到分压器后，被用来控制分压器输出到气动作动筒的压缩空气压力，通过送到作动筒的压缩空气压力变化，使三通阀阀杆产生不同方向的移动，从而改变通往燃气加热器和旁路的阀门开度，进而改变通往各路的燃气流量，直至燃气温度达到控制系统给定的温度值，整个温控回路达到平衡，三通阀的阀位趋于稳定，最终达到调节燃气温度的目的。

(3)燃气加热器

燃气加热器（Fuel Gas Heater，FGH）是具有散热片的管束，它与透平冷却空气冷却橇（TCA）冷却器共同组成一套换热系统。其作用是回收从TCA冷却器风扇排出的高温热能，并用于预热进入燃烧室之前的燃气，使其达到燃气轮机的要求，从而提高燃气轮机效率。TCA

的详细介绍见冷却与密封空气系统。

(4)末级过滤器

燃气末级过滤器的功能是在燃气进入燃烧室燃烧之前进一步过滤去掉燃气中夹带的液体和固体颗粒以保证气体的清洁性。虽然燃气在此之前经过调压站过滤清洁，但调压站到机端要经过很长的管道及阀门，为防止燃料内出现凝结液滴和管道及阀门内的锈皮等杂质进入机组而影响机组的正常运行，故设置了末级过滤器。末级过滤器设置有两个，机组正常运行时一用一备。

末级过滤器进出口压差超过 0.05 MPa 时系统会发出报警，此时需切换末级过滤器。

(5)燃气关断阀和燃气放散阀

燃气关断阀和燃气放散阀都是液动式开关型阀门，只有开、关两个位置，没有中间位。燃气关断阀主要作用是在机组紧急停机或正常停机时，切断机组的燃料供应。燃气放散阀用于机组熄火后排放燃气关断阀后的管道内的燃气，防止燃气进入机组，影响机组安全运行。燃气关断阀和燃气放散阀在机组启停时的动作过程具体为：启机点火时燃气关断阀打开，燃气放散阀关闭；停机熄火时，燃气关断阀关闭，燃气放散阀打开。

(6)燃气压力控制阀和燃气流量控制阀

燃气压力和流量控制阀的作用是在各种负荷条件下将燃气流量作为控制信号输出的函数加以控制，以向机组提供合适的燃气流量。每台燃气轮机均配有 3 个燃气压力控制阀(燃气主压力控制 A、B 阀和燃气值班压力控制阀)和两个燃气流量控制阀(燃气主流量控制阀和燃气值班流量控制阀)，它们都属于液动控制阀，其液压油取自机组的控制油系统。燃气压力控制阀的作用是用来调节燃气流量控制阀的压差使其维持在 0.4 MPa 附近，以满足流量控制阀精确调节的需求；燃气流量控制阀的作用是根据机组实际燃料需求控制进入机组的燃气流量，以满足机组对燃料的需求。燃气压力和流量控制阀在机组启动点火时打开，停机熄火时关闭，3 个燃气压力控制阀还会在机组停机时(转速降至约 500 r/min)打开 90 s，以将燃气压力控制阀和流量控制阀之间的燃气排空。

每个燃气压力和流量控制阀均设有两个位置变送器，用来监测控制阀的开度，同时将位置信号送到控制系统与控制系统的指令阀位进行对比，以检查相关控制阀是否发生了故障。当燃气压力或流量控制阀的信号输出和实际阀位偏差达到 ±5% 时，延时 10 s 燃气轮机跳闸并发出报警。

另外，每个燃气流量控制阀还设有两个压差变送器，用来调节燃气压力控制阀开度，以使燃气流量控制阀进出口压差保持恒定，同时用来监测燃气压力控制阀是否发生故障。当燃气流量控制阀的压差在点火成功至熄火期间达到 0.589 MPa 及以上时，燃气轮机跳闸并发出报警。

燃气压力控制阀和流量控制阀在结构上都由阀体和调节执行机构组成。

1)燃气压力控制阀阀体

3 个燃气压力控制阀的组成、构造及工作原理是一样的，只是阀门部件的尺寸大小、阀门的通流能力和调整流量的作用不同。燃气压力控制阀的阀体结构如图 5.46 所示。

燃气压力控制阀的作用是使其下游流量控制阀的进出口压差为恒定值。其控制原理是：流量控制阀配置有压差变送器，并实时将压差信号传送到压力控制阀的伺服控制器，同时压力控制阀本身设置了位置变送器，这样就在压力控制阀的阀位和流量控制阀的进出口压差间建立了二元对应关系。当流量控制阀进出口压差需要调整时，通过调节执行机构改变压力控制阀的开度即可。调节执行机构通过改变阀芯位置来改变阀体内减压口的大小。当减压口变大时,阀体流阻变小,出口压力变大;当减压口变小时,阀体流阻变大,出口压力变小,从而达到调节出口压力的目的。

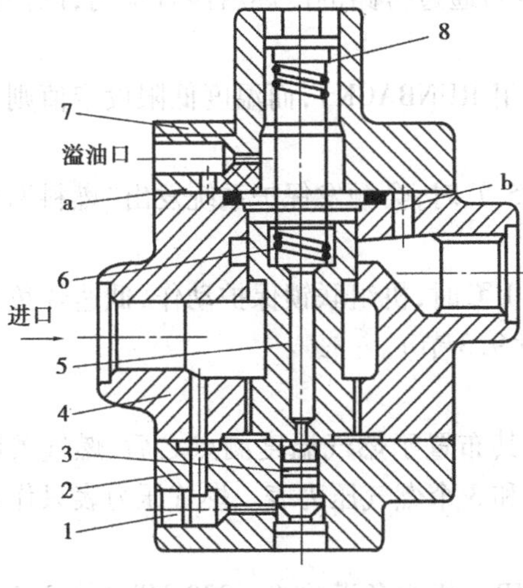

图5.46 燃气压力控制阀

1—螺堵;2—下阀盖;3—控制活塞;4—阀体;5—阀芯;6—弹簧;7—上阀盖;8—油枪

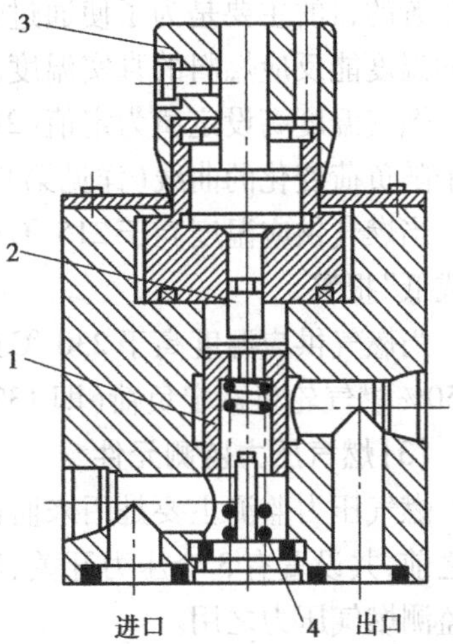

图5.47 燃气流量控制阀

1—阀芯;2—阀杆;3—阀盖;4—弹簧

2)燃气流量控制阀阀体

两个燃气流量控制阀的构造及工作原理也是一样的,流量控制阀阀体的结构如图5.47所示。该阀在本身油动机的作用下,阀杆可以来回移动,阀杆移动使阀芯和周围阀壁围成的通流截面积(即阀门开度)发生改变,从而改变通过阀门的燃气流量。

M701F型机组燃料在流量控制阀中的流动处于亚临界工况。在该工况下,流过阀体的质量流量与阀门开度,阀门前、后的气体温度、压力变化等因素有关。燃气流量控制阀上游设置了压力控制阀,以控制燃气流量控制阀前后压差恒定,因此流量控制阀前后压力变化对流量的影响可忽略;另外,因燃料温度的变化通常较小,对燃料流量影响也可忽略。这样流量控制阀对流量的调整就转化为通过阀体的流量和阀门开度之间的二元关系,流量控制阀通过控制阀的开度来调整通过阀门的燃料流量。

3)燃气压力控制阀和流量控制阀的调节执行机构

燃气压力控制阀和流量控制阀的调节执行机构介绍详见控制油系统。

5.7.3 保护元件介绍

燃料系统在机组运行中应关注末级过滤器压差、燃气温度、燃气压力等参数,以保证机组的正常运行。

(1)燃气末级过滤器压差监测元件

监视末级过滤器压差主要是监测滤芯的脏污程度,以防止末级滤堵塞,阻挡燃气通道。

当燃气末级过滤器压差超过0.05 MPa时,保护系统就会发出末端滤压差高报警,此时应及时切换末端滤,并更换脏滤滤芯。

(2)燃气温度监测元件

燃气温度测点共两个,其主要目的是为了监视燃气供应温度,并给燃气温度控制阀提供反馈信号,以保证燃气温度符合机组运行要求。两个温度测点均布置在末级过滤器之后,这样布置的目的主要是为了使通过燃气加热器的热燃料与通过旁路的冷燃料混合均匀,以使测得的温度能反应燃料的真实温度。

燃气温度高设定值为定值(215 ℃报警、230 ℃机组 RUNBACK),而温度低限设定值则为一个随负荷变化的曲线(详见第 9 章图 9.1)。

当燃气供应温度高于 215 ℃或低于低限设定值 25 ℃时,会触发保护系统发出“燃料温度高或低”报警。

当燃气供应温度高于 230 ℃或低于低限设定值 50 ℃时,机组联锁保护动作,低速降负荷至 50% 燃气轮机额定负荷(即 132 MW,见本书第 9 章 9.3 节)。

(3)燃气压力监测元件

燃气压力监测主要是用来监视燃气的供气压力,其布置于燃气温度测点之后、燃气关断阀之前,共设置有 3 个压力开关、1 个燃气压力变送器和 3 个燃气压力表。燃气压力表只作现场监测燃气压力之用。

当燃气压力变送器检测到的燃气压力低于 3.1 MPa(机组负荷在 0 ~ 230 MW)或 3.1 ~ 3.4 MPa的插值(机组负荷在 230 MW 以上)时,就会触发保护系统发出“燃料压力低”报警。

当燃气压力变送器检测到的燃气压力低于 2.9 MPa(机组负荷在 0 ~ 230 MW)或 2.9 ~ 3.2 MPa的插值(机组负荷在 230 MW 之上)时(燃料压力最低设定值与负荷的关系详见第 9 章图 9.1),就会触发报警并使机组中速 RUNBACK(详见本书第 9 章 9.3 节),直至燃气压力恢复到 2.96 MPa 或燃气轮机负荷低于 132 MW。

当 3 个燃气供气压力开关中任两个检测到的燃气压力低于 2.7 MPa 时,机组跳闸,并发出报警。

5.7.4 系统运行

燃料系统是燃气轮机至关重要的辅助系统,燃料系统的运行主要包括燃料温度控制,燃料流量控制,燃气压力、流量控制阀开度的调节。另外,由于 M701F 型燃气轮机燃烧室配有旁路机构,且旁路机构是用来调整燃烧室内参与燃烧的空气量,以达最佳燃空比,使低负荷下火焰稳定,高负荷下燃烧空气充足,燃烧温度低,NO_x 产生量最小,因此,旁路机构的调节与燃料流量的调节密切相关,故燃烧室旁路机构调节也在本节介绍。

(1)燃料温度控制

燃料的温度控制是通过燃气温度控制阀控制进入燃气加热器和加热器旁路的燃料量来实现的。机组启动并网前,所有的燃料都是从燃气加热器的旁路通过,只有当机组并网后,燃气温度控制阀才投入工作。

燃料温度控制原理如图 5.48 所示。当机组并网后,燃气轮机负荷信号送进燃料温度控制功能块,该信号经 FX 修正后,输入 PI 控制器,该 PI 控制器同时接收燃气温度信号,两信号相减后,作为 PI 控制器的输入信号(并网前该 PI 控制器被预置为 -5%),该信号经 PI 控制器的比例积分运算后输出,作为 FGTCSO 的赋值,FGTCSO 输出到 I/P 转换器,I/P 转换器将送入的电信号转换为气压信号,调节作用在温控阀作动筒上的压缩空气压力,该压力是改变温控阀阀位的动力,从而实现对温控阀阀位的控制,进而调节燃气温度。

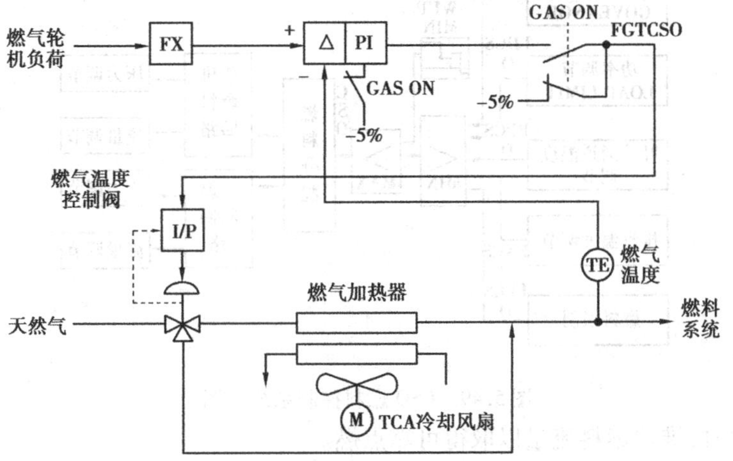

图5.48　燃料温度控制原理简图

FGTCSO—燃料温度控制信号输出;I/P—电/气压信号转换器;FX—预置函数

(2)燃料流量控制

1)燃料控制信号输出(CSO)的形成

M701F型燃气轮机设置有4个控制燃料流量的主控制系统,每个系统相对燃料流量都有一个对应的输出指令CSO(Control Signal Output)(控制信号输出)。这几个控制系统分别是负荷控制系统、转速控制系统、温度控制系统、燃料限制控制系统。其各自功能见表5.3。

表5.3　控制系统功能及输出信号

控制系统	功能及对应的CSO
负荷控制系统(LOAD CONTROL)	带负荷运行工况下跟踪负荷设定点进行负荷控制;负荷控制燃料基准LDCSO
转速控制系统(GOVERNOR CONTROL)	用于发电机同期调节和发电机并网前空载的转速控制;转速控制燃料基准GVCSO
温度控制系统(TEMPERATURE CONTROL)	控制燃烧室内燃气温度,包括从点火到加负荷的全运行区间;排气温度限制控制燃料基准EXCSO以及叶片通道温度限制控制燃料基准BPCSO
燃料限制控制系统(FUEL LIMITCONTROL)	一是限制启动过程中最大加速度,二是限制燃料流量在一个与燃气轮机转速和压气机出口压力相匹配的数值之内;燃料限制控制燃料基准FLCSO

控制系统对燃料最后的控制信号输出(CSO)(见图5.49),是上述4个控制系统的控制输出信号经过最小值选择器选择,取其中的最小值作为控制输出。同时,为防止燃料量过低,造成火焰丢失,选出的最小值还要与MDO、FIRE、WUP、MIN一起送到最大值选择器选择最大值,作为控制系统的最终输出,即CSO。

M701F机组控制系统内预置的4个输入高选块的参数意义如下:

MDO:点火之前,CSO为−5%。

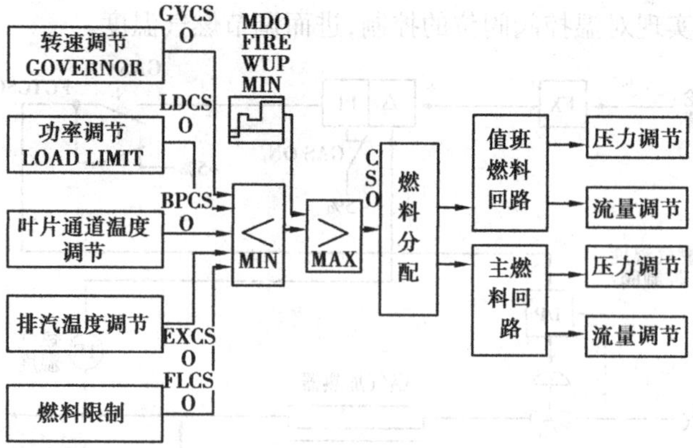

图 5.49　CSO 燃料控制系统简图

FIRE:点火时,维持燃料流量以取得可靠点燃。

WUP:在加速期间,维持燃料流量,防止火焰熄灭并足以预热及加速达到额定速度。

MIN:加速后快达到额定速度时,维持最低的燃料流量以防止火焰在瞬变操作期间熄灭。

2)燃料流量的分配

经过上面的最小和最大选择之后,控制系统输出燃料控制信号 CSO。该信号将按控制系统预置的控制逻辑算法分成两个 CSO,即 CSO 要分成主燃料控制信号输出(MCSO)和值班燃料控制信号输出(PLCSO),它们分别用于控制主燃料支路和值班燃料支路,进而控制着该支路的燃料流量。

燃料控制信号 CSO 的分配如图 5.50 所示。在防喘放气阀关闭前由"转速"控制,PLCSO 由 FX 根据相应的 SPEED 值修正后输出。此过程,MCSO 值由 CSO 减去 PLCSO 而得;当防喘放气阀关闭后,"转速控制"支路被断开,CSO 值经过 FX 修正后,直接赋值给 PLCSO,而此阶段 MCSO 值同样由 CSO 减去 PLCSO 获得。

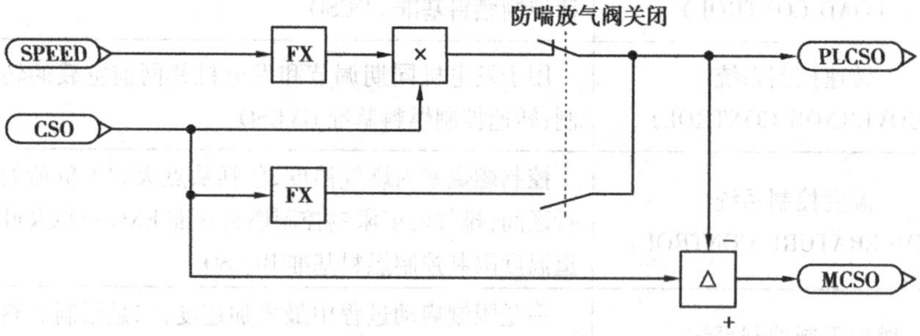

图 5.50　燃料分配控制原理简图(一)
FX—前置函数量;SPEED—转速信号;CSO—控制信号输出

MCSO 和 PLCSO 转换成相应流量控制阀控制信号的过程如图 5.51 所示。当 MFPLMIN 和 MFMMIN 被赋值后,代表着燃气轮机点火成功,此时 MFCSO 经过预置函数 FX 的修正并送到高值选择器,分别与 PLCSO 和 MCSO 比较,并输出高值,分别为 MFPLCSO 和 MFMCSO,这两个值分别负责控制调整值班燃料和主燃料流量控制阀阀位,进而调节燃料流量,完成机组对燃料流量的控制。而 MFCSO 也为 MFPLCSO 和 MFMCSO 之和。

M701F 型燃气轮机从机组点火直至满负荷时的主燃料、值班燃料流量变化趋势如图 5.52 所示。从图 5.52 中可大体了解主燃料和值班燃料流量随转速及负荷的变化趋势。主燃料流量从机组点火到额定负荷阶段,一直在按一定比例逐渐增加。值班燃料流量在燃气轮机转速到达额定转速前也是按照一定比例逐渐增加,只是增加幅度不同,并在额定转速时值班燃料流量达到最大,机组并网带负荷后,随着负荷的增加,值班燃料流量所占百分比逐渐减少,直至额定负荷时变为定值。另外,在20%额定负荷前、后,值班燃料流量所占百分比的减少幅度也是不同的。在机组额定负荷运行时经过主燃料喷嘴的燃料量约占总燃料量的95%,经过值班燃料喷嘴的燃料量约占总燃料量的5%。从额定负荷到熄火,二者燃料量的分配是逆过程。

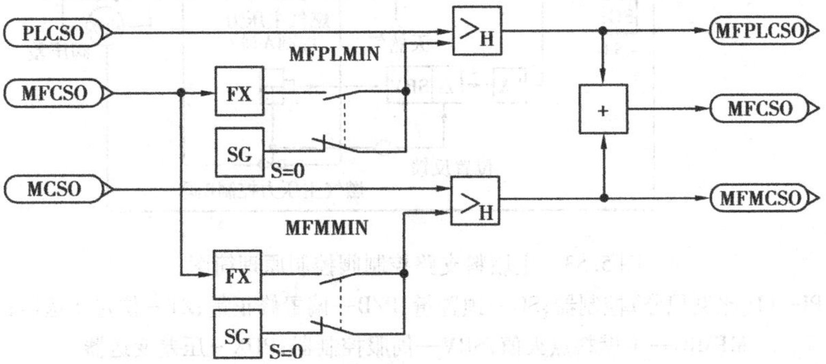

图5.51 燃料分配控制原理简图(二)

MFCSO—燃料流量控制信号输出;MFPLCSO—值班燃料流量控制阀控制信号输出;
MFMCSO—主燃料流量控制信号输出;SG—预置量;
MFPLMIN—值班燃料流量控制阀最小值信号;MFMMIN—主燃料流量控制阀最小值信号

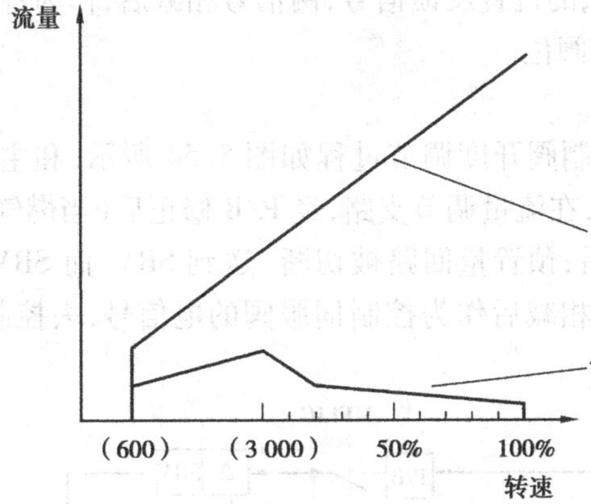

图5.52 燃料全工况下的燃料流量图

(3)燃气压力、流量控制阀开度调节

如燃料流量分配中所述,主燃料控制信号输出(MCSO)和值班燃料控制信号(PLCSO)输出(PLCSO)转换成相应流量控制阀的控制信号输出(MFMCSO 和 MFPLCSO),这两个控制阀的控制信号调节压力和流量控制阀的过程介绍如下:

1)主燃料支路

在主燃料控制支路,为适应更宽范围的压力变化,主燃料供给管线由两个不同容量的压力控制阀组成,即A阀和B阀。主燃料支路压力、流量控制阀开度调节过程如图5.53所示。

主燃料流量控制阀控制信号 MFMCSO 送到主燃料控制模块后,在流量调节支路,通过P/B修正 MFMC 后(当燃气轮机未点火时,该处预置量直接赋值 -5%,而点火后,预置量回路被切断)送到主燃料流量控制阀的 SRV,而 SRV 又接受主燃料流量控制阀阀位反馈信号,二者相减后作为控制伺服阀的电信号,去控制主燃料流量控制阀阀位。

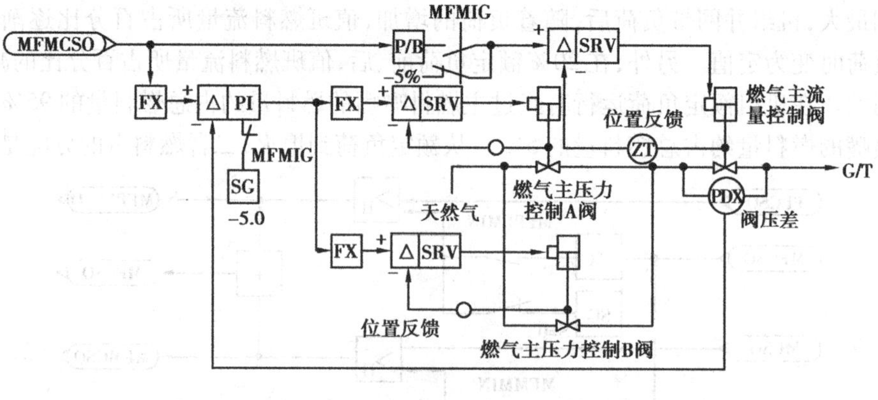

图 5.53　主燃料支路控制阀控制原理简图

PI—PI(比例积分)控制器;SG—预置量;P/B—偏置修正量;ZT—位置变送器;

MFMIG—主燃料点火值;SRV—伺服控制器;PDX—压差变送器

在主燃料压力控制支路,MFMCSO 先经过预置函数 FX 修正,再送到 PI,PI 同时接受主燃料流量控制阀的进出口压差变送器的反馈信号,两信号相减后作为 PI 的输入信号(此路中,当机组未点火时,PI 接受预置值 SG,为 -5)。该信号经过 PI 的比例积分运算后分别输送到压力控制阀 A 阀和 B 阀的控制支路,并分别接受相应的预置函数 FX 修正后送到各自的 SRV,而 SRV 又接收 A 阀或 B 阀的位置反馈信号,两信号相减后,作为各自 SRV 的控制信号,并触发 SRV 去控制 A 阀或 B 阀阀位。

2)值班燃料支路

值班燃料支路压力、流量控制阀开度调节过程如图 5.54 所示,和主燃料控制块一样,当 MFPLCSO 送到值班燃料支路后,在流量调节支路,经 P/B 修正后(当燃气轮机未点火时,该处预置量直接赋值 -5%,而点火后,预置量回路被切断)送到 SRV,而 SRV 同时接收值班燃料流量控制阀阀位反馈信号,二者相减后作为控制伺服阀的电信号,去控制值班燃料流量控制阀阀位。

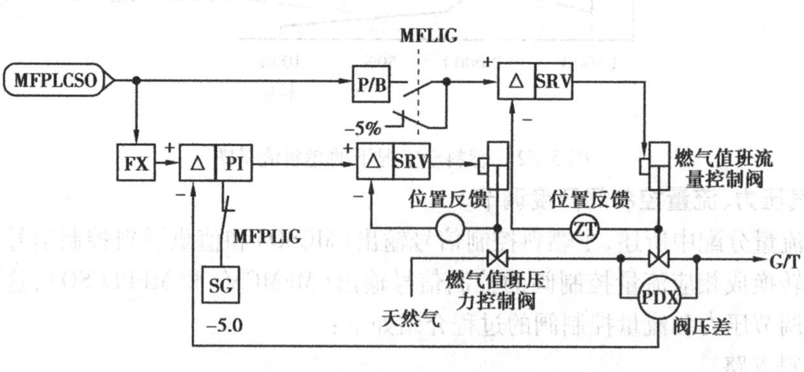

图 5.54　值班燃料支路控制阀控制原理简图

MFPLIG—值班燃料点火值

在值班燃料压力控制支路,MFPLCSO 值经预置函数 FX 修正后送入 PI,PI 同时接受来自值班燃料流量控制阀进出口压差反馈信号,二者相减后,作为 PI 的输入信号(当机组未点火时,PI只接受预置量SG,为-5)。该信号经过PI的比例积分运算后,输入值班燃料压力控制阀的SRV,该SRV同时接收来自值班燃料压力控制阀的位置反馈信号,二者相减后作为SRV的控制信号,在该信号的控制下,SRV完成对值班燃料压力控制阀阀位的调整。

(4)燃烧室旁路阀控制

天然气经过燃气压力、流量控制阀调节后,由主燃料喷嘴和值班燃料喷嘴进入燃烧室燃烧。为了降低 NO_x 的排放,改进部分负荷时燃烧的稳定性,M701F型燃气轮机还设置了燃烧室旁路机构。燃烧室旁路机构由栅形阀、执行机构和连接杆组成,通过控制进入燃烧室内参与燃烧的空气量燃烧在最佳燃空比下进行。旁路机构结构具体介绍详见燃气轮机结构。

燃烧室旁路阀控制原理如图5.55所示,它的控制输出是机组负荷、燃烧室罩壳压力、压气机入口空气温度和机组转速的函数。燃气轮机点火前燃烧室旁路阀被控制系统预置为100%全开状态,点火成功后升速过程中旁路阀开度与燃烧室罩壳压力、压气机入口空气温度和机组转速有关,并网带负荷后还与机组负荷有关。

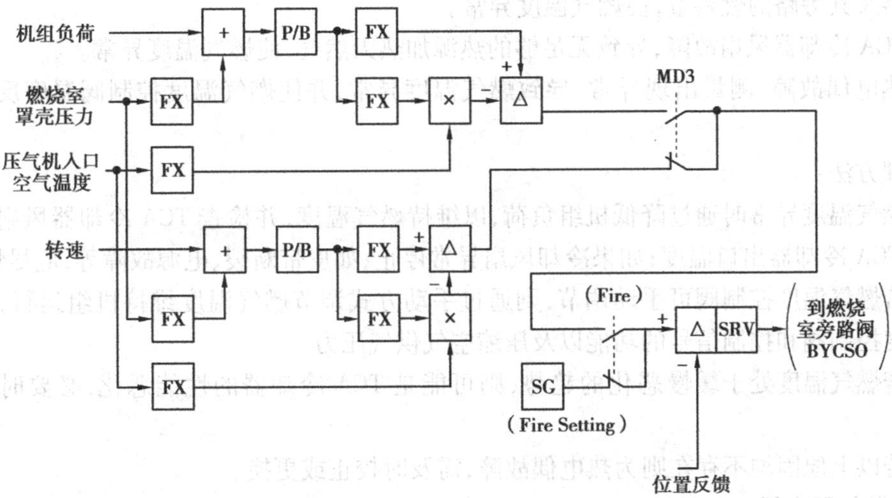

图5.55　燃烧室旁路阀控制原理简图

燃烧室旁路阀在启动至满负荷期间,通过调节开度来控制进入燃烧室的空气量,在此期间旁路阀的开度变化如图5.56所示。在机组点火前,处于全开状态,点火后从全开位置逐渐关小至一定值,暖机结束后随着燃气轮机转速的上升又逐渐开大,至额定转速时处于全开位置,机组并网带负荷后又随负荷的增加逐步关小,额定负荷时处于全关位置。从额定负荷到熄火,燃烧室旁路阀的开度变化,是点火到额定负荷的逆过程。

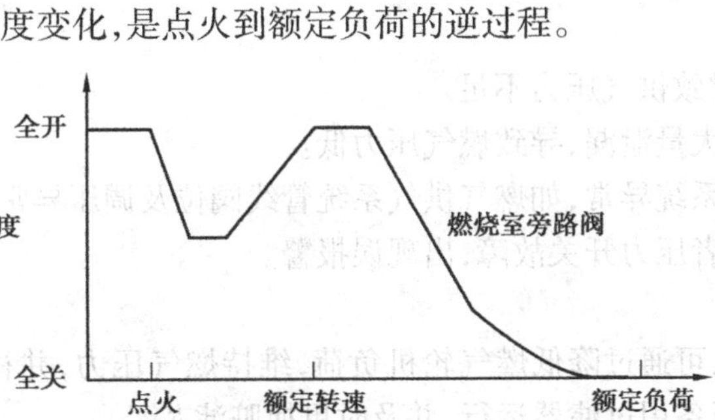

图5.56　燃烧室旁路阀开度典型变化曲线

5.7.5 系统常见故障及处理

燃料系统是机组重要的辅助系统之一，若燃料系统出现异常，则影响整套联合循环机组的运行，导致机组降负荷，甚至跳闸。常见故障主要包括燃气温度异常、燃气压力异常以及燃气压力控制阀或燃气流量控制阀异常等。

(1)燃气温度异常

故障现象：

①燃气温度达到215 ℃或比低限设定值低25 ℃时，发出报警信号。

②燃气温度达到230 ℃或比低限设定值低50 ℃时，RUNBACK(低速降负荷)到50%燃气轮机额定负荷。

原因分析：

①燃气温度控制阀故障或压缩空气压力不足，导致燃气温度调节失灵，无法控制经过燃气加热器及其旁路的燃料量，使燃气温度异常。

②TCA冷却器风扇故障，导致无足够的热源加热天然气，使燃气温度异常。

③热电偶故障，测量出现异常，导致燃气温度异常，并使燃气温度控制阀温度反馈信号错误。

处理方法：

①燃气温度异常时通过降低机组负荷，以维持燃气温度，并检查TCA冷却器风扇的运行情况及TCA冷却器出口温度；如果冷却风扇异常停止，如皮带断裂、电源故障等，应尽快恢复。

②若燃气温度控制阀可手动调节，则通过手动方式调节燃气温度维持机组运行，并检查燃气温度控制阀和控制信号的功能以及压缩空气供气压力。

③若燃气温度处于缓慢恶化的趋势，则可能是TCA冷却器的性能恶化，必要时应进行清理。

④若以上原因均不存在则为热电偶故障，需及时校正或更换。

(2)燃气压力低

故障现象：

①燃气供气压力变送器检测到燃气压力低于报警值，发出报警信号。

②燃气供气压力变送器检测到燃气压力低于RUNBACK(中速降负荷)值，机组减负荷，并发出报警。

③燃气供气压力开关检测到的燃气压力低于2.7 MPa时，机组跳闸，并发出报警信号。

原因分析：

①过滤器堵塞，导致供气压力不足。

②燃气管线出现大量泄漏，导致燃气压力低。

③燃气上游供应系统异常，如燃气供气系统管线阀位及调压异常等造成供气压力不足。

④压力变送器或者压力开关故障，出现误报警。

处理方法：

①燃气压力低时，可通过降低燃气轮机负荷，维持燃气压力，并检查过滤器压差，如果过滤器压差高，应切换至备用过滤器运行，并及时更换脏滤芯。

②检查燃气管道是否有泄漏，出现泄漏时应及时隔离，不能隔离且影响机组安全运行时，

应及时停机处理。

③检查燃料供应系统,如果相关阀位不正确或调压异常,应及时恢复。

④如果以上原因均不存在,则可能是压力变送器或者压力开关出现故障。对比就地压力表,如果测量元件故障则需及时进行处理。

(3)燃气压力控制阀或燃气流量控制阀异常

故障现象:

①燃气流量控制阀的压差在点火成功后至熄火期间大于0.589 MPa时,机组跳闸并发出报警。

②燃气压力控制阀或燃气流量控制阀的信号输出和实际阀位偏差达到±5%时,延时10 s机组跳闸并发出报警。

③燃气供应压力和流量异常,叶片通道温度、排气温度异常。

原因分析:

①燃气压力控制阀或燃气流量控制阀阀体故障或者执行机构故障。

②相关控制阀供油出现异常,如控制油系统故障、管线漏油、控制阀前供油管路上的过滤器出现堵塞以及控制油品质不合格等。

③压差变送器或阀位变送器出现故障。

处理方法:

①该故障出现后,若燃气轮机已触发跳闸保护,此时应确认燃气轮机已跳闸,机组进入惰走状态,并及时通知相关人员。

②检查燃气压力控制阀或燃气流量控制阀的供油:若控制油系统故障,应及时恢复;若供油管线出现泄漏,应尽量隔离并及时恢复;若滤网堵塞,应及时清理或更换滤网;若控制油失效,应更换控制油。

③如果以上原因均不存在,可能是压差变送器或阀位变送器出现故障,及时修复或者更换。

5.7.6 系统维护及保养

燃料系统的维护和保养主要是末级过滤器的更换和管道及相关设备的充氮置换操作。

(1)末级过滤器的更换

在末级过滤器压差超过0.05 MPa、末级过滤器出现泄漏以及为了防止滤芯长时间不使用可能出现破损等情况时需对末级过滤器进行更换。

末级过滤器的更换过程如下:

①确认备用滤处于备用状态。

②将运行率切换至备用滤运行。

③隔离原运行滤。

④对原运行滤泄压并用氮气置换天然气后进行滤芯更换。

⑤更换完成后再次进行氮气置换空气以及天然气置换氮气将原运行滤投入备用状态。

(2)管道及相关设备充氮置换操作

在燃气管道及相关设备检修时或者机组长期停机进行保养时需进行充氮置换操作。M701F型机组在燃料系统流量计前、末级过滤器前均设置有充氮口;在流量计后,末级过滤器以及燃气关断阀的前、后均设有排空管路,这样布置的目的是为了方便对燃料系统不同管段的分段置换、检修而互不影响。燃料系统的置换操作可单独进行,也可与天然气调压站系统同时进行,操作方法同调压站的置换操作相同,具体操作方法详见天然气调压站系统。

另外,机组长期停机进行氮气置换保养时,应保证置换完成后管道处于微正压状态,这主要为了防止空气进入腐蚀管道。

5.8 进排气系统

燃气轮机进排气系统包括进气系统和排气系统。

进气系统主要作用是改善压气机进口空气质量,防止大颗粒尘埃或杂物被吸入而损伤压气机叶片,除此之外还可降低噪声污染。一个良好的进气系统应能满足在各种温度、湿度和污染环境中,改善空气质量,确保机组高效可靠运行。

排气系统是将高温燃气经由排气缸(排气扩压器)、排气道引至余热锅炉以进行余热再利用,提高联合循环的效率。

进排气系统的气流通道在设计上均以气流均匀,并减小气流压力损失为目的,以提高机组的性能。

5.8.1 系统组成与工作流程

燃气轮机进气系统如图 5.57 所示。它主要由防雨罩和惯性过滤器、入口双级过滤器、防内爆门、膨胀节、消音器及拦异物筛网等组成。

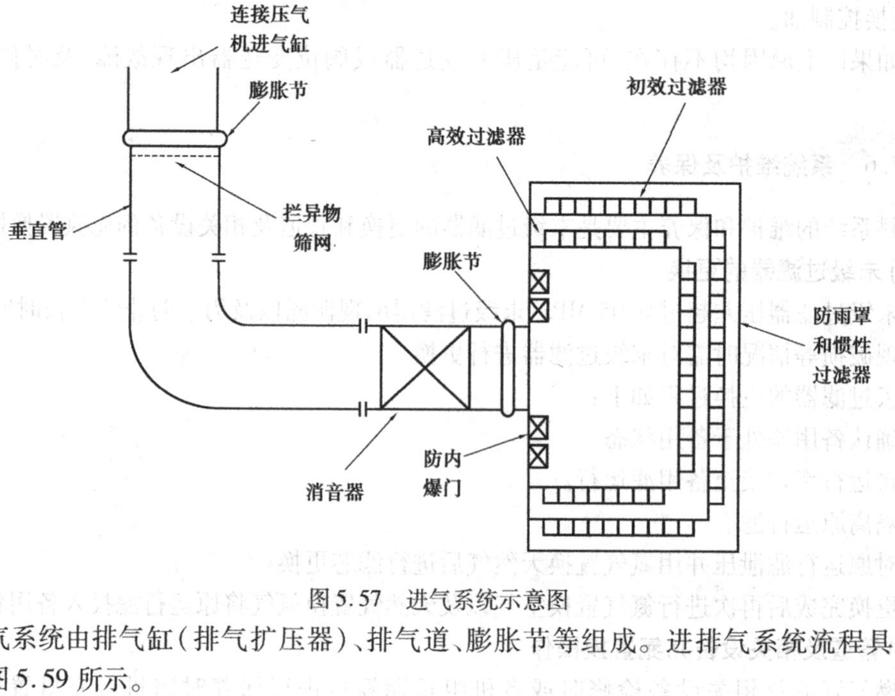

图 5.57 进气系统示意图

排气系统由排气缸(排气扩压器)、排气道、膨胀节等组成。进排气系统流程具体如图 5.58和图 5.59 所示。

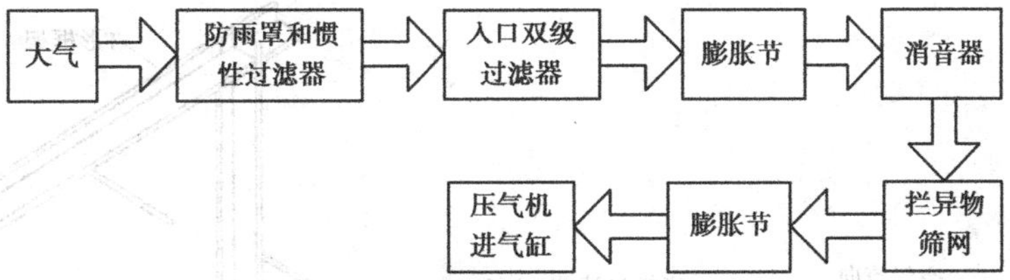

图 5.58 进气系统流程图

图 5.59 排气系统流程图

5.8.2 系统主要设备介绍

进气系统的主要设备包括防雨罩和惯性过滤器、入口双级过滤器、防内爆门以及进气通道等；排气系统的主要设备包括排气缸（排气扩压器）、排气道等。这些主要设备的功能如下所述：

(1)防雨罩和惯性过滤器

空气在进入过滤器之前要经过防雨罩和惯性过滤器。其中防雨罩安装在模块的空气进气面，防止雨水的直接进入；惯性过滤器通过使用脉动栅栏系统，可防止雨水被空气带入。另外，防雨罩和惯性过滤器还能防止像小鸟、树枝、纸片之类的物件进入机组。

(2)入口双级过滤器

入口双级过滤器用来过滤空气中的杂质，保证压气机进气清洁度。根据电厂所处地域环境的不同，过滤器主要选用静态过滤和自清过滤两种形式，即带反吹和不带反吹功能两种。自清过滤器可自动清除滤芯上的灰尘杂质，延长滤芯的使用寿命，但是在机组运行时，反吹下来的灰尘可能会被重新吸回去，导致反吹效果不理想。另外，在设计上自清过滤器防潮性能也较静态过滤器差。

以某电厂为例，空气过滤器采用三面进气二阶静态排列方式，可对 1 908 000 m^3/h 的空气进行过滤。入口双级过滤器包含 480 个初效过滤器和 480 个高效过滤器。初效过滤器采用 PFS-4 型过滤器，它由合成纤维材料制造，成褶皱状，有金属网支撑，包裹在刚性框架内，尺寸大小约为 0.1 m×0.6 m×0.6 m；高效过滤器为 Tricel85 型过滤器，它由玻璃纤维纸材料制造，压制成褶皱状，密封在塑料框架内，尺寸大小约为 0.3 m×0.6 m×0.6 m。它们均可达到较高的灰尘捕捉率。初效过滤器和高效过滤器的组装如图 5.60 所示。

空气先经过初效过滤器过滤掉大部分的杂质和粉尘微粒，然后进入第 2 级高效过滤器进行深度过滤。过滤器设置有压差变送器，可通过监测空气经过初效过滤器和高效过滤器的压力下降情况来判断滤芯的清洁度。

初效过滤器和高效过滤器通过两个单独的固定装置固定，可单独完成初效过滤器的更换，而不会损伤高效过滤器的清洁空气密封。

另外，在进气滤模块的斜坡和通风地板上还设有排水装置，可通过排水阀进行疏水，但在机组运行时应保证排水阀处于关闭状态。

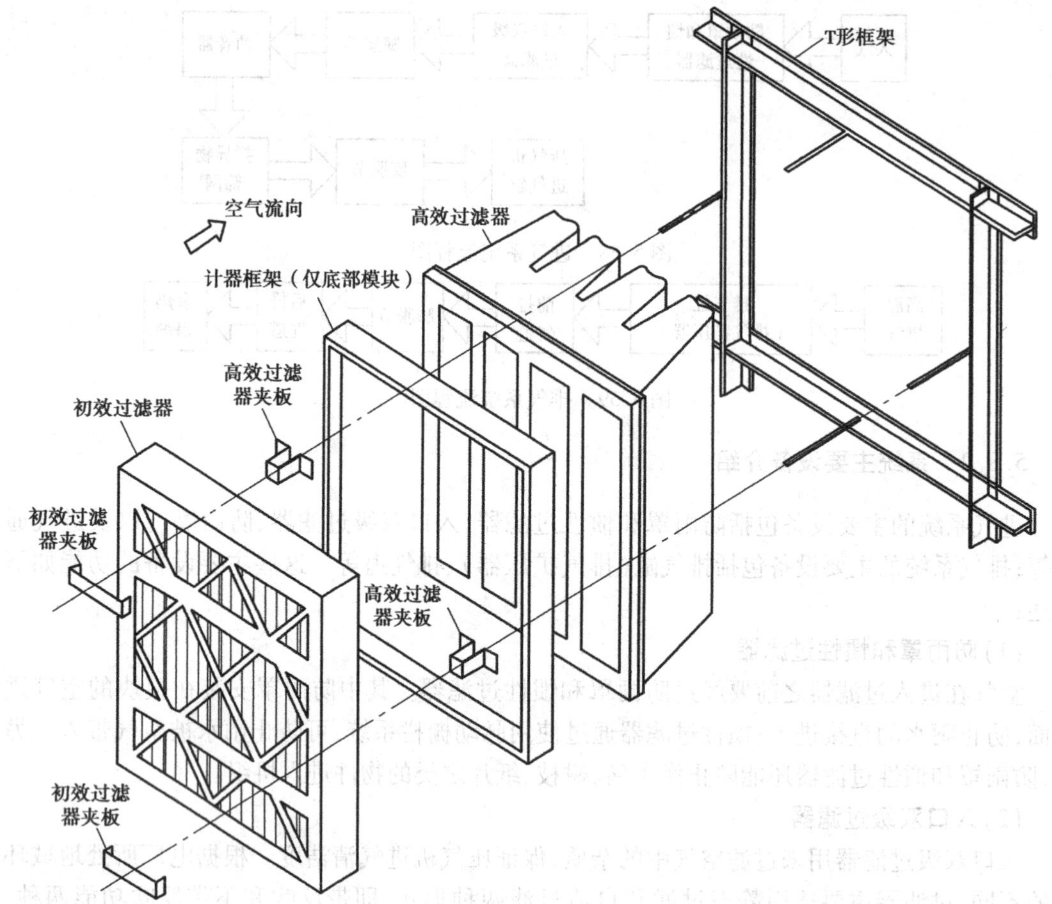

图 5.60　标准过滤器组装图

(3) 防内爆门

防内爆门属于配重式，靠内外压差自动打开，安装于过滤室洁净空气侧，共 4 扇，其主要作用是为了防止过滤器因堵塞等原因造成过滤室内外压差过高，进而使过滤室损坏。防内爆门在正常情况下处于关闭状态，当内外压差达到一定极限值时，在压力的作用下 4 扇防内爆门会自动打开以避免滤室外壳内爆，布置在防内爆门上的限位开关将开信号传至控制系统，随后控制系统有报警显示，此时燃气轮机需手动停机。为避免防内爆门在开启后有大颗粒杂质随空气进入压气机，因此，在防内爆门处安装有筛网。防内爆门全部开启时，可保证机组 50% 的空气流量，以防止压气机喘振。防内爆门动作后，在机组启动前应手动复位。

(4) 进气通道

进气通道安装在进气滤和压气机之间，其作用是引导空气从高效过滤器出口到压气机进口。进气通道被设计成分段式自立单元，与压气机相连。它通过销式固定系统，用螺栓固定在基础和支撑框架上。进气通道外部通过矿棉作隔声处理。进气通道包含膨胀节、消音器、拦异物筛网等设备。

①膨胀节。进气系统膨胀节有两个：一个位于过滤室与进口消音器之间，另一个位于垂直管和进气缸之间。在机组正常运行时，吸收进气系统和钢制管路的热膨胀。

②消音器。消音器由数个噪音衰减控制板构成，可衰减压气机产生的高频噪音，对其他

频率的噪声也有削弱作用。

③拦异物筛网。拦异物筛网主要为防止异物进入压气机，损坏机组。一般在机组初次投运时使用，正常运行后多已拆除。

(5)排气缸(排气扩压器)

排气缸由轴承箱，排气扩散段的内、外锥体以及外壳组成，所有这些部件均被切向支撑系统联接在一起。高温燃气通过透平做功后进入排气缸，热空气流经内外锥体间通道，横截面不断增大，以使背压尽可能减小。外锥体可以防止排气缸过热，内锥体可防止轴承箱暴露到热气体中(详细介绍见燃气轮机结构部分)。

(6)排气道

排气道的作用是引导热气流从排气缸流到余热锅炉，流道在设计上以降低流速并减少压损为目的，以保持燃气轮机的高性能。排气道分为前排气道和后排气道。前排气道通过螺栓联接到排气扩压器的垂直法兰上，后排气道通过膨胀节联接到前排气道上。膨胀节是为了吸收机组产生的热膨胀，可允许燃气轮机轴向膨胀，且不会产生过大的应力(详细介绍见第2章燃气轮机结构部分)。

5.8.3 保护元件介绍

进排气系统在正常运行时应关注过滤器压差、排气压力以及排气通道内天然气浓度等相关参数，以确保机组正常运行。

(1)过滤器压差监测元件

监视过滤器压差是为了检测过滤器滤芯的清洁度和防止滤室因压差过大损坏。在入口双级过滤器处安装有压差变送器，实时监测压差情况。

在初效过滤器压差达到0.375 kPa，高效过滤器压差达到0.625 kPa，过滤器前后总压差达到1.0 kPa时，控制系统将发出压差高信号报警。此时，应进行滤芯的更换工作。

在入口双级过滤器前后总压差达到1.25 kPa时，一个防内爆门开启，限位开关发出门开的信号；在入口双级过滤器前后总压差达到2.85 kPa时，4个防内爆门将全部开启，此时应手动停运机组。

(2)排气压力监测元件

排气压力监测元件作用是监视燃气轮机的排气压力，判断排气段及余热锅炉运行是否正常，并防止因排气压力高而导致高温烟气进入排气侧轴承箱。

当排气压力变送器检测到排气压力高于4.9 kPa时，发出报警，此时应进行减负荷操作以使报警恢复；当3个排气压力开关中的任何两个检测到排气压力高于5.5 kPa，燃气轮机跳闸，并发出报警。

(3)天然气浓度监测元件

排气通道内的天然气浓度探测器在燃气轮机停运后开始工作，检测排气通道内是否存在天然气积聚现象，防止在启动时影响机组的安全运行。

当探测到排气通道天然气浓度达到25% LEL时，发出报警。在出现浓度高报警后应进行高盘操作直至报警复位方可启动机组。

5.8.4 系统常见的故障及处理

入口双级滤网出现滤芯脏污，则会阻碍空气流通，降低机组经济性，严重时甚至会导致防内爆门开启，使未经过滤的空气进入机组，严重影响机组的安全性。另外，若出现较高的排气压力，使高温烟气进入排气侧轴承箱，造成相关设备损坏，同时较高的排气压力也会降低机组的经济性。为了保证机组安全、经济运行，在进排气系统出现异常时应及时处理。该系统常见故障主要有入口双级过滤器滤芯脏污、防内爆门开启和排气压力高等。

(1)入口双级过滤器滤芯脏污

故障现象：

①初效过滤器压差达到 0.375 kPa 时，发出压差高信号报警。

②高效过滤器压差达到 0.625 kPa 时，发出压差高信号报警。

③入口双级过滤器前后总压差达到 1.0 kPa 时，发出压差高信号报警。

原因分析：

①初效过滤器或高效过滤器使用时间较长或环境空气质量差导致滤芯脏污，使压差升高。

②压差变送器故障，导致误报。

处理方法：

①压差升高时，应密切监视过滤器压差，可手动降负荷使压差恢复至合理范围内，必要时可在线更换初效过滤器滤芯。

②如果滤芯脏污不严重，能够维持运行，则在停机后更换过滤器滤芯。

③查看就地压差表指示值，若指示值未达报警值，则可能是压差变送器故障，热控人员检查确认后，需及时校正或更换压差变送器。

(2)防内爆门开启

故障现象：

①入口双级过滤器前后总压差达到 1.25 kPa 时，1 个防内爆门开启，发出报警信号。

②入口双级过滤器前后总压差达到 2.85 kPa 时，4 个防内爆门全部开启。

原因分析：

入口双级过滤器脏污严重，导致滤室内外压差过高，使防内爆门开启。

处理方法：

① 1 个防内爆门动作后，应注意机组运行状况，必要时应手动停运燃气轮机；在 4 个防内爆门均动作后，应观察机组运行参数，手动停运机组。

②检查入口双级过滤器，更换脏污滤芯。

③防内爆门动作后，在机组启动前应手动复位。

(3)排气压力高

故障现象：

①排气压力变送器检测到排气压力高于 4.9 kPa 时，发出报警信号。

② 3 个排气压力开关中的任何两个检测到排气压力高于 5.5 kPa 时，燃气轮机跳闸，并发出报警。

原因分析：

①烟气排气不畅，导致排气压力升高。

②如果启机时报警信号发出，很可能的原因就是点火前清吹不充分发生爆燃现象，导致排气压力升高。

③压力变送器或者压力开关故障,导致误报。

处理方法:

①检查排气段内部是否堵塞,余热锅炉烟气通道是否堵塞,烟囱挡板是否误关;若排气段内部或余热锅炉烟气通道堵塞,必要时应停机处理;若烟囱挡板位置异常,应及时恢复。

②若是因为清吹不充分,则检查逻辑和清吹时间的设置。

③在出现排气压力高报警后,应进行减负荷操作直到报警信号复位,必要时(如排气段堵塞、余热锅炉烟气通道堵塞等),应进行停机处理。

④若以上原因均不存在,则可能是压力变送器或压力开关故障:核对就地压力表,并通过热控人员检查,若确认为压力变送器或压力开关故障,应及时进行校正或更换。

5.8.5　系统维护和保养

进排气系统的维护和保养主要有过滤器的定期检查、更换和进排气通道的清洁检查。

(1)过滤器的定期检查、更换

过滤器的定期检查主要查看过滤器有无破损、滤器安装有无松动以及滤的清洁程度等。滤芯出现破损或者在压差达到更换值后需要进行更换(一般初效过滤器使用期限为4~6个月,高效过滤器使用期限为10~12个月,具体应根据滤芯的实际脏污程度来决定)。在安装新的过滤器之前,应检查过滤器是否有损伤,安装后应确认现场无异物等。

另外,初效过滤器和高效过滤器属于易燃品,在正常运行及维护和保养时应注意防火,以防滤室着火进而危害整个机组。

(2)进排气通道的清洁检查

进排气通道的定期清洁检查,主要是清除异物并检查外表面是否有弯曲和机械损伤,以及是否有未过滤空气泄漏区域。进排气通道的定期清洁时应小心不要损伤表面油漆。

在进行任何维护和保养以后,都应确保进排气通道内部是清洁的,无任何异物,并确认所有检查门都牢固关闭,并按指导方法闭锁。

5.9　二氧化碳灭火系统

CO_2灭火系统是一个十分重要的保护系统。由于运行时罩壳内和轴承区域温度很高,一旦有燃料气体或滑油泄漏,很容易发生火灾,如不能及时扑灭,将使机组受到严重的破坏。三菱M701F机组的CO_2灭火系统分成两个独立的单元,分别是燃气轮机罩壳灭火系统和轴承区域灭火系统,两者都采用自动控制。本节重点介绍燃气轮机罩壳CO_2灭火系统,并对轴承区域CO_2灭火配置作简单介绍。

5.9.1　罩壳CO_2灭火系统

(1)系统功能

罩壳CO_2灭火系统的功能是快速扑灭罩壳内火灾并在一定时间内防止复燃。系统的动作过程是:一旦罩壳内发生火灾,该系统立即释放CO_2气体,同时关闭罩壳的通风口,停运所有罩壳风机,将CO_2气体释放在罩壳内,使罩壳内氧气的含量减少到15%以下,这样的氧气浓度不足以维持燃料气或滑油的燃烧，从而达到灭火的目的。另外，考虑到暴露在高温金属中的可燃物质在灭火后再次复燃的可能性，该系统提供有持续的 CO_2 排放系统，可使罩壳间的 CO_2 浓度保持在熄火浓度达 20 min，从而把再次起火的可能性减小到最低程度。

(2)系统组成与工作流程

罩壳 CO_2 灭火系统主要由火灾检测与报警装置、灭火装置和控制系统组成。

罩壳 CO_2 灭火系统有两路气体分配管道：一路是初始排放；另一路是持续排放。CO_2 气体储存在高压气瓶中，高压气瓶又分为灭火气瓶和持续排放气瓶，经各自的集合母管分别连接至初始排放和持续排放管道，CO_2 经不同的辐射状喷放管道和喷嘴到达指定灭火区域。系统流程如图 5.61 所示。

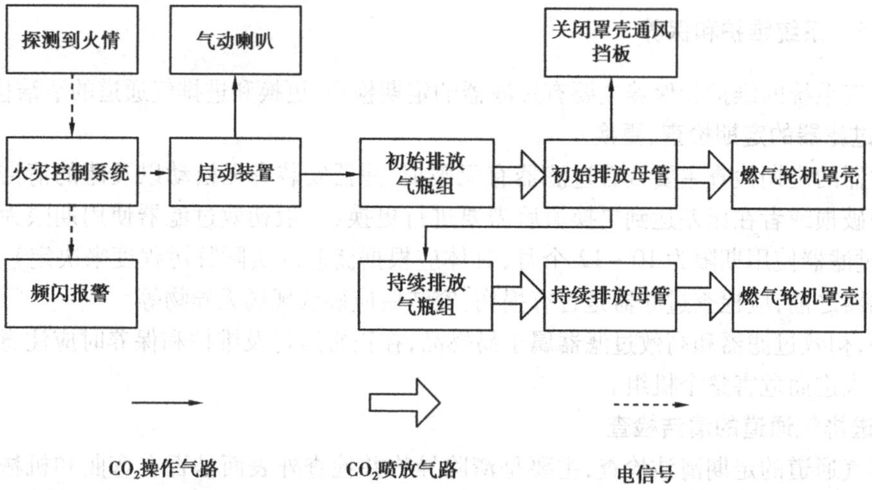

图 5.61　罩壳 CO_2 灭火系统流程

(3)系统主要设备介绍

机组设置独立的罩壳 CO_2 灭火控制系统，控制盘设在机组的热控电子间，属于全厂消防系统的一部分，报警和控制信息传输到集中火灾报警控制主盘。罩壳灭火系统图见附录 4，从图 5.61 中可知，系统主要由以下设备组成：

1)火灾探测器

火灾探测器对罩壳内火情进行实时监测。系统设两种探测器：防爆感温探测器和火焰探测器。它们被分成 3 路安装：火焰探测器为一路，另外两路安装防爆感温探测器，每个回路由若干同种类型的探测器组成。为了提高检测的可靠性，在每个检测区域两路感温探测器成对布置，并在该区域附近设置有火焰探测器。任何一路探测器探测到火情时，发出报警；当 3 路火灾探测器中有两路探测到燃机罩壳内起火时，发出报警且机组跳闸。当仅有报警发出时，操作员要检查确认火灾是否真实发生；如果 CO_2 喷放并导致机组跳闸，按照本节“(4)系统运行”进行处理，查明原因。

2) CO_2 灭火气瓶组

灭火气瓶贮存有高压 CO_2。M701F 型燃气轮机组采用 45 kg、充装率 0.67 kg/L 的标准气瓶。所有气瓶分为两组：一组是初始排放气瓶，设置 27 个，执行快速灭火功能；另一组是持续排放气瓶，设置 31 个，火灾发生时持续喷放，执行火灾扑灭后的防止复燃的任务。每个气瓶都设有机械称重装置,当气瓶中气体损失超过一定程度时,会产生报警,提醒工作人员应该向气瓶加注 CO_2。

3)灭火气瓶启动装置

灭火气瓶启动装置包括电磁阀和伺服气瓶,以及执行与延时装置(VZ-2E)。

伺服气瓶是一个3.6 kg的二氧化碳气瓶,其气瓶阀的开启受电磁阀控制。在收到火灾探测器发出的火灾信号时,经过一定时间的电子延时后,在电磁阀作用下,开启伺服气瓶。伺服气瓶喷放的气体进入VZ-2E装置,在一定的延时后打开初始排放气瓶,初始排放气瓶开始喷放。另外,伺服气瓶有一路细管连接到两个气动喇叭(声响报警器),当发生火灾,伺服气瓶动作时,发出声响报警。

4)气体管路和喷嘴

灭火气路和持续排放气路是两套独立的管路,分用不同的排放母管。初始排放母管有一条引管通向持续排放气瓶组的开启执行机构,当初始排放气瓶喷放后,持续排放气瓶组的开启执行机构在 CO_2 气体压力的作用下,打开持续排放气瓶组,持续排放气瓶组开始喷放。同时,在两条排放母管的出口处设置有压力开关。

喷嘴布置在罩壳空间里面,与初始排放气路相连的喷嘴直径较大,释放气体的速度较快,与持续排放气路相连的喷嘴直径较小,释放气体的速度较慢。

5)声光报警装置

系统设置的声光报警装置包括频闪装置和声响报警器,安装在罩壳内易于看到和听到的部位,使发生火情时在 CO_2 排放之前方便人员快速撤离。检测到火灾后,控制系统触发频闪装置,同时伺服气瓶动作并发出声响报警。

6)手动释放按钮和机械释放装置

当火灾自动监测系统置于"手动"状态时,火灾探测器的动作只会发出报警,不能使之喷放,需要由区域外的工作人员按动手动释放按钮实现喷放,这其实是一种远程手动控制,需要说明的是,采用此方式时,喷放无电子延时。

同时,在就地气瓶组处,还设置有机械释放装置,通过现场手动操作也可以实现 CO_2 灭火系统的喷放。

7)止喷和维修开关

为保证罩壳内人员在 CO_2 喷放前有充分时间安全撤出,系统设置有止喷开关。当出现火情时,气体灭火系统进入喷放电子延时期间,按下止喷开关,计时器复位到预设值,直到放开该开关,计时器重新开始计时。

维修开关是在机组检修时使 CO_2 气体喷放控制系统退出。维修开关在"维修位置"时,即使发出火灾报警或按下手动释放按钮,气体也不会喷放。

(4)系统运行

通常火灾保护系统总是保持通电的,以保持对罩壳内火情的时刻监测。值班员不需要采取其他措施,只需监控各系统的参数正常。当发生火情时,系统的运行和响应可以用图5.62表示。

因火灾保护系统动作而引起机组跳闸时,应进行下列处理:

①如罩壳内有人,应全部撤离。

②确认机组已经跳闸。

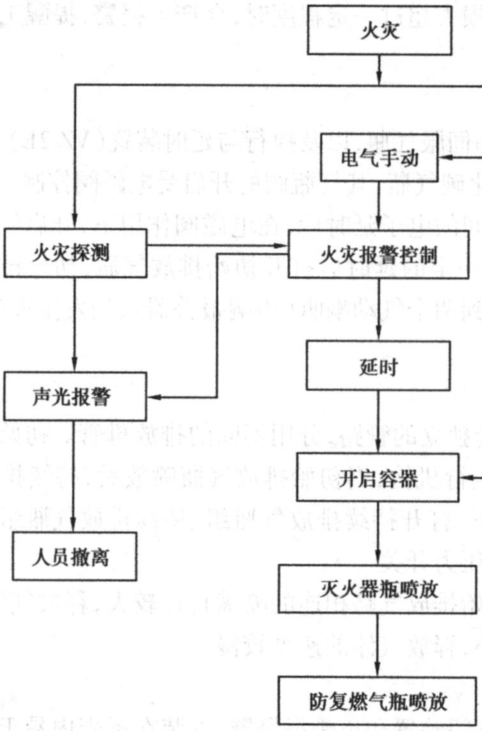

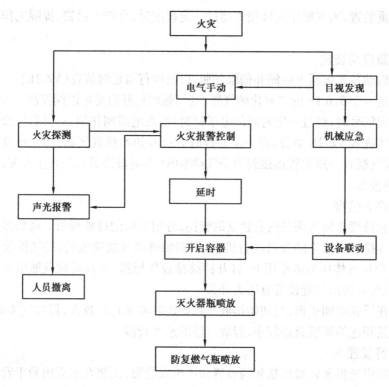

图5.62　火灾时系统响应图

③确认罩壳风机停运,罩壳通风挡板关闭,罩壳两侧的门关闭。

④到气瓶组区域检查喷放正常,通过管线外侧的结霜等现象确认气瓶确已喷放。

⑤通知有关人员。

特别要注意的是,在 CO_2 气体浓度达到能够灭火的情况下,也足以危及人的生命安全。因此,在 CO_2 系统释放前,要保证罩壳内没有任何人员。

(5)系统维护

对二氧化碳灭火系统要进行认真的检查和维护,保证该系统处于良好的备用状态。二氧化碳灭火系统的检查和维护可以参照NFPA(美国防火协会)标准。主要包括以下内容:气瓶称重和进行电磁阀试验、系统试验、罩壳的严密性检查和目视检查。

①气瓶称重和进行电磁阀的试验。每隔半年,将所有气瓶的操作头拆下,对每只气瓶称重,若净重损失10%以上,对气瓶进行充注或更换;电磁阀的试验主要是通过短接检测电路的方法模拟火灾信号发生。

②系统试验。目的是验证与二氧化碳系统有关的各设备能够正确的响应,包括对感温型探测器和火焰探测器的试验。系统试验每年进行一次。

③机组罩壳的严密性检验。二氧化碳灭火系统要求在火灾情况下罩壳内形成密闭空间,因此,要对罩壳严密性进行每年一次的检查,检查内容主要是罩壳的侧壁、顶壁、底座之间的接缝是否严密。这项检查最容易简便的方法是:在阳光明媚的天气,关掉罩壳内的照明,在罩壳内观察是否有阳光从缝隙处射进,如若发现缝隙,要进行填塞。

④目视检查。每月对系统进行目视检查一次,检查的主要内容是:气瓶中压力符合要求,对气瓶、阀体、压力软管、母管、启动装置、管网与喷嘴等全部系统部件进行外观检查,部件应

无碰撞变形及其他机械性损伤，表面应无锈蚀。定期检查应做好记录，检查中发现的问题应及时处理。

5.9.2 轴承区 CO_2 灭火系统

轴承区域灭火方式的选择有一定的灵活性。目前，国内三菱 M701F 燃气-蒸汽联合循环机组一般选用预作用水喷淋方式。同时，三菱厂家也提供了轴承区 CO_2 的灭火方式以供选择。下面对后者作简单的说明。

轴承区域的 CO_2 灭火系统是一个就地系统，其系统图参见附录4。在轴承区域设置有感温探测器，主要用于保护汽轮机和发电机的4个轴承区域，具体如下：

区域1：蒸汽轮机 HP-IP 侧的#3 轴承。

区域2：蒸汽轮机 HP-IP 侧的#4 轴承和 LP-ST 侧的#5 轴承。

区域3：蒸汽轮机 LP-ST 侧的#6 轴承和发电机侧的#7 轴承。

区域4：发电机侧的#8 轴承。

上述4个区域的轴承灭火系统，包含两套灭火气瓶组，采用一用一备的模式。每套气瓶组由两个45 kg 的标准气瓶组成，与罩壳灭火系统的启动装置类似，采用伺服气瓶、电磁阀加执行与延时装置（VZ-2）的启动装置形式。所不同的是，该系统并不设置初始排放和持续排放。当某一轴承区域的一路探测器探测到火情时，发出火灾报警，当两路都发出火灾信号时，两瓶气瓶同时喷放，在电磁阀的作用下，打开着火区域的气路选择阀，CO_2 经选择阀通往着火的轴承区域，排放时间为30 s，保证灭火区域 CO_2 浓度不小于34%。

轴承区域灭火系统的流程、设备、运行维护等与罩壳灭火系统类似，不再赘述。

5.10 罩壳通风系统

为避免燃气轮机缸体直接暴露在环境中，燃气轮机设置有罩壳。这种设置一方面可隔离运行中燃气轮机缸体的高温，另一方面在火灾发生时为灭火提供了封闭空间，同时还能起到降低噪声的目的。罩壳通风系统设置3台罩壳风机，以保证罩壳空间内温度不至于过高，并可及时排出泄漏的天然气和其他气体杂质，使罩壳内空气保持清洁。同时，为了防止运行中燃料气在罩壳空间内泄漏积聚所引起的危险情况，还设置有燃料气泄漏探测装置。

5.10.1 系统组成及流程

罩壳通风设备由3台罩壳风机、罩壳风机压差变送器、罩壳通风挡板、罩壳风机出口天然气浓度探测装置组成。其中罩壳风机压差变送器是为了监测风机进出口压差，防止通风不足。

通风系统的流程较为简单，其设计思想就是使罩壳内空气与外界联通，通过罩壳风机的运行使罩壳内建立起负压，大气则通过罩壳侧面的通风挡板进入罩壳后，再通过风机和风道排出，同时带走罩壳内积聚的热量和可能泄漏的燃料气。罩壳风机出口处设置有可燃气浓度探测装置，实现对燃料泄漏情况的监测。

5.10.2 系统的主要设备介绍

罩壳通风系统的设备布置参见图5.63。

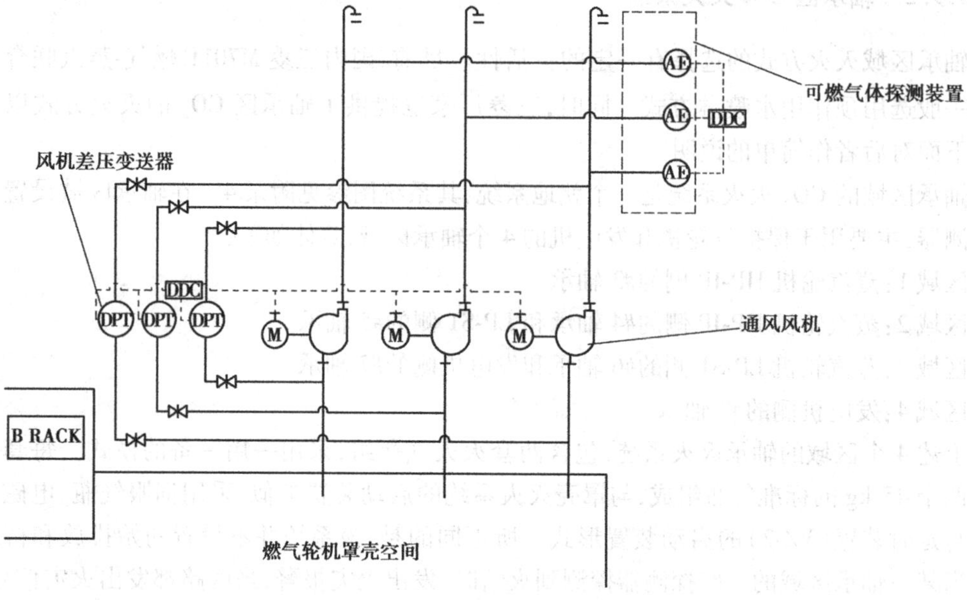

图5.63 通风系统基本布置

(1)进气通风挡板

燃气轮机罩壳左右两侧以及前侧面(压气机方向)分别设置有进气通风挡板。挡板带有 CO_2 锁闩。风机运行时,在罩壳内负压的作用下,进口挡板开启;罩壳 CO_2 灭火系统的快速喷放气瓶组母管与通风挡板锁闩通过一条管路相连,火灾发生时,喷放的 CO_2 会在进气挡板的锁闩上施加压力推动锁紧杆,从而关闭进气挡板,形成封闭的灭火空间。

(2)罩壳通风风机

机组设置有3台型号相同的通风风机,每台风机的通风量为450 m^3/min,正常运行时采取两用一备的运行模式。在机组的每次启动之前,应确认两台风机正常启动。

(3)罩壳风机压差变送器

压差信号取样于每台风机的进口和出口,主要用于监测风机的空气流量。当压力差小于0.1 kPa时,联起备用风机。

(4)可燃气泄漏探测装置

每台通风风机出口处都设置有一套可燃气体探测装置,包括型号为VH-2-4和PE-2DC的两种探测器。前者设定两个报警整定值,分别为1st stage 2% LEL(LEL为天然气着火浓度下限)和2nd stage 25% LEL;后者只设定一个25% LEL的整定值。运行中,当检测到浓度达到2% LEL时,会发生报警,并自动联起备用风机。当可燃气体探测器三取二检测到燃气轮机间排放口燃料泄漏大于25% LEL时,机组跳闸。当燃气轮机停运时,罩壳风机出口可燃气体探测器停止运行。

5.10.3 系统运行

机组启动前,要检查确认所有通风挡板开启,燃气轮机罩壳门关闭,发出机组的启动命令之前，要确认两台通风风机已经启动。机组正常运行期间，除了对运行状态参数的监控外，并不需要干预。机组停机之后，待罩壳空间温度降至合适温度时停运风机。具体停运时间应考虑燃气轮机缸体的温度降低速率，以防止罩壳内空间温度过高为原则。另外，当发生火情时，要确认该系统中的风机停运和通风挡板关闭。

由于燃气轮机罩壳内属于高温危险区域，因此在机组运行中要遵守以下两点要求：

①燃气轮机运行时，一般不允许在燃气轮机罩壳内工作。

②当需要进入燃气轮机罩壳内进行相关工作时，必须将灭火系统的维修开关打到“维修位置”，以防止二氧化碳误喷，确保人员的生命安全。

三菱燃气轮机外缸体设置了保温层，正常运行中罩壳空间内温度较为稳定。如若出现温度缓慢上升，原因可能是罩壳风机故障从而引起通风不足，应检查风机进出口压差是否有变化，必要时切换风机；如果温度升高较为迅速，则可能是罩壳内抽气管道等发生了泄漏。此时，应密切监视相应参数的变化，如果确定是由泄漏原因所致，应停机处理。

正常运行时，需要对3台风机进行定期切换。

5.11　水洗系统

燃气轮机使用的空气源自于大气，虽然这部分空气在进入机组之前经过过滤将大部分杂质过滤掉，但仍会有部分微小杂质进入机组。另外，如果压气机进口处轴承密封失效的话，滑油烟雾也可能进入压气机。这些进入压气机的物质经过长时间的积累，慢慢地会在压气机叶片表面沉积下来，这样会导致压气机效率和燃气轮机运行性能的下降，具体表现为出力下降，热耗增加，更为关键的是会使压气机的运行工况接近喘振边界线，即喘振裕度减小，降低机组运行可靠性。因此，为恢复其运行性能，提高机组运行可靠性，需对燃气轮机的压气机进行水洗。

燃气轮机透平部分的积垢现象与其燃用的燃料有密切的关系，若燃用气体燃料，透平叶片一般不会产生积垢现象，不对透平水洗；如果燃用液体燃料（尤其是油质差的原油、重油），透平部分往往会产生积垢现象，油的品质越差积垢现象一般会越严重。此时燃气透平的结垢物主要是重质油的残渣，如重油中的灰分、积炭、水溶性组分、不溶解的灰尘和腐蚀性介质等。如果发生了叶片腐蚀，腐蚀介质将助长沉积并使其稳定。透平叶片积垢后，流道面积减小阻力变大，透平的效率降低，机组的出力和效率也会下降，机组运行可靠性也会降低。因此对燃用液体燃料的机组来说，在进行压气机水洗的同时需对燃气透平进行水洗。

目前，国内M701F型燃气轮机大都采用天然气作为燃料。故本节只对压气机水洗进行介绍。

压气机清洗方式从介质来分包括湿洗和干洗。湿洗采用合格的除盐水，而干洗采用固体清洗剂，由于干洗对机组叶片磨损较大，还可能堵塞火焰筒的冷却孔，故现代大型燃气轮机广泛采用湿洗方法去除叶片污垢。

湿洗又分在线水洗和离线水洗。其中离线水洗是在高速盘车模式下进行的，一般要求环境温度≥8 ℃；而在线水洗是在燃气轮机出力为75%～90%额定负荷下进行。其优点是水洗可在不停机的状态下进行，可减少水洗时机组停运带来的经济损失，但是在线水洗的效果没有离线水洗好。因此，在线水洗不能替代离线水洗。

水洗周期一般根据压气机叶片的实际脏污程度和机组检修安排来决定。离线水洗周期一般建议为每月1次,在线水洗周期一般建议为每周1次。

5.11.1　系统组成与工作流程

燃气轮机水洗系统包含水洗橇体部分和机组本体部分。水洗橇体部分如图5.64所示。它主要由清洗水箱、清洗水泵,以及相关阀门、液位计、液位开关和电气控制箱等组成。机组本体部分详见附录4。它主要由在、离线水洗管道、喷嘴和相关疏水阀、隔离阀等组成。

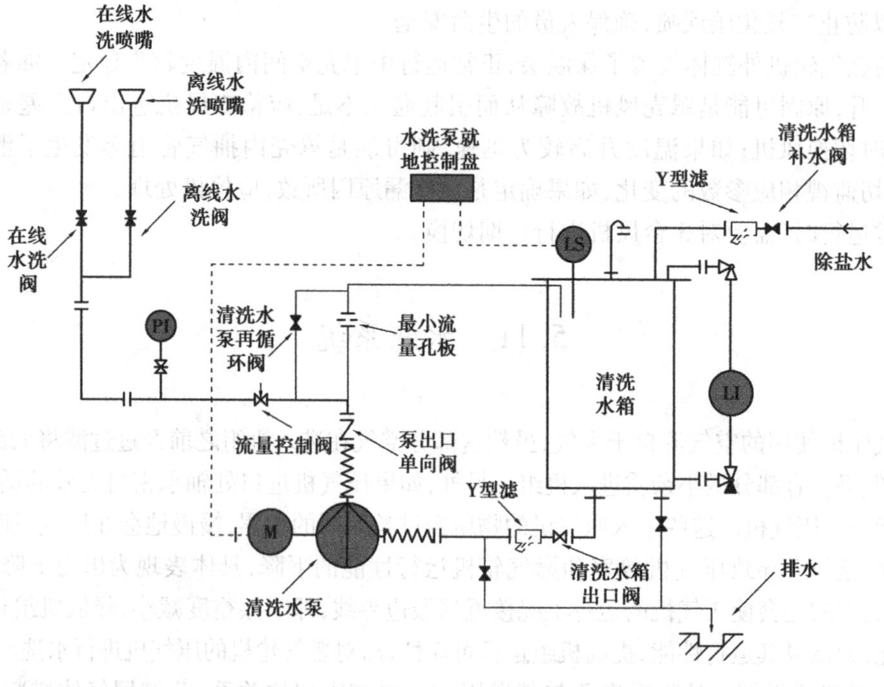

图5.64　水洗系统示意图

燃气轮机的水洗工作流程如图5.65所示,水洗水经清洗水泵升压后经流量控制阀,在、离线水洗阀,以及在、离线水洗喷嘴进入压气机进行水洗。

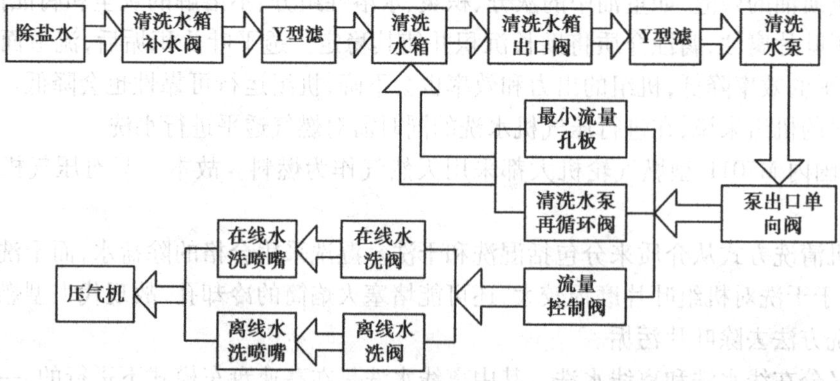

图5.65　水洗系统流程图

另外,为了保护清洗水泵组的安全运行,还设有最小流量孔板和清洗水泵再循环阀。在进行水洗时,清洗水泵再循环阀处于关闭状态,只有在自循环时打开。

5.11.2 系统主要设备介绍

水洗系统的主要设备有清洗水箱、清洗水泵、水洗喷嘴以及相关疏水阀、隔离阀等。

(1)清洗水箱

清洗水箱容量为1 600 L,用于存储燃气轮机清洗用水。清洗水箱上有液位计用以观察清洗水箱水位。清洗水箱中还设有一个电磁液位开关,用于检测清洗水箱中的最低水位和最高水位,当水位处于高水位和低水位时,有相应报警出现。在清洗水箱水位低报警出现时,将停运清洗水泵。另外,在清洗水箱底部和出口滤后各设有一个排水阀。

(2)清洗水泵

清洗水泵采用单级离心泵,设计流量为250 L/min ,设计压力为0.98 MPa,其作用是用来向燃气轮机提供符合流量和压力要求的清洗用水。

(3)水洗喷嘴

水洗喷嘴分离线水洗喷嘴和在线水洗喷嘴,分别环周布置于压气机进气缸,各8个。

(4)与水洗相关的疏水阀和隔离阀

机组本体部分与水洗系统相关的疏水阀和隔离阀,主要是为了离线水洗时疏水和隔离管路。离线水洗时具体阀门及阀门状态见表5.4。

表5.4 离线水洗时主要阀门及状态说明

阀门名称	阀门状态	阀门名称	阀门状态
#1、#2 轴承密封空气管疏水阀	打开	排气道疏水阀	打开
压气机缸体疏水阀	打开	透平冷却管线疏水阀	打开
燃烧室缸体疏水阀	打开	TCA 冷却空气进、出气联箱疏水阀	打开
低、中、高压抽气管疏水阀	打开	TCA 冷却器旁路疏水阀	打开
3 级、4 级静叶冷却空气管疏水阀	打开	TCA 冷却器滤网疏水阀	打开
燃烧室兼压气机缸疏水阀	打开	压气机进气道疏水阀	关闭
3 级、4 级轮盘疏水阀	打开	#1、#2 轴承密封空气总阀	关闭
排气缸疏水阀	打开	TCA 排污管隔离阀	关闭

机组本体部分与水洗系统相关的疏水阀门布置在压气机、燃烧室、燃气透平、排气框架等处的底部,在机组水洗前开启,将水洗时机组内的水、清洗液以及清洗下来的积垢排放到污水池,以防止在燃气轮机及管道中积聚;而与水洗系统相关的隔离阀门则在水洗前关闭,可避免水洗水进入相关管路。

5.11.3 系统运行

水洗系统运行主要包括离线水洗和在线水洗的操作。在线水洗一般不推荐使用洗涤剂,而离线水洗可通过添加洗涤剂将机组内的油性污垢去除。

(1)水洗注意事项

水洗时不论是离线水洗还是在线水洗,都应注意机组运行参数的记录以及清洗水质的控制。

机组运行参数的测量和记录,是为了查验水洗效果。即在机组水洗前测量和记录出力为100%时的运行参数,并在机组水洗后记录同样负荷下的运行参数,两者进行比较,以查验水洗效果。

在进行清洗水箱补水操作时应确保除盐水水质合格,一般要求除盐水总固体含量不大于5×10^{-6},碱金属含量或其他加速热腐蚀的有害物含量小于0.5×10^{-6},pH 值为 6.5 ~7.5。

(2)压气机离线水洗

在启动离线水洗程序之前,需确认燃气轮机停止时间没有超过 31 d,这主要为了防止冷却空气管里的铁锈进入燃气轮机。对长期停运的燃气轮机进行离线水洗之前必须进行几次机组带负荷操作。机组停运时间在 31 ~60 d 时,燃气轮机至少需要启动两次;机组停运时间在 60 ~140 d 时,燃气轮机至少需要启动 4 次;机组停运时间超过 140 d 时,燃气轮机至少需要启动 5 次,方可进行压气机离线水洗。长时间停运后机组进行离线水洗前的负荷操作次数具体如图 5.66 所示。

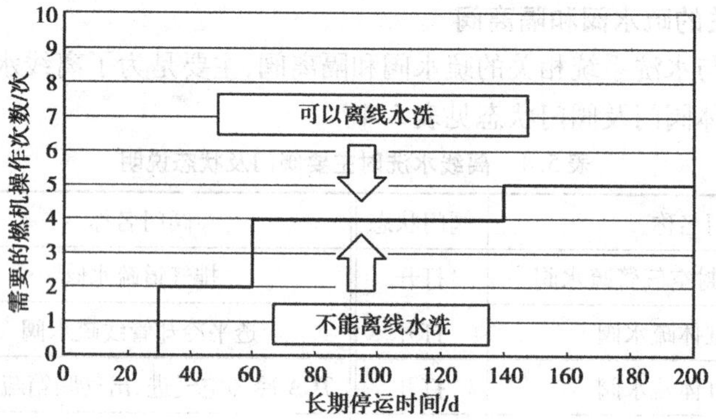

图 5.66　长时间停运后机组进行离线水洗前的负荷操作次数

离线水洗在满足上述关系后,进行水洗操作前还应检查确认机组具备高盘启动的条件;水洗系统正常,管线清洁;凝汽器真空建立,二级轮盘间温度低于 95 ℃;并已做好水洗隔离措施后方可进行压气机离线水洗。离线水洗过程如图 5.67 所示分以下 4 个阶段进行:

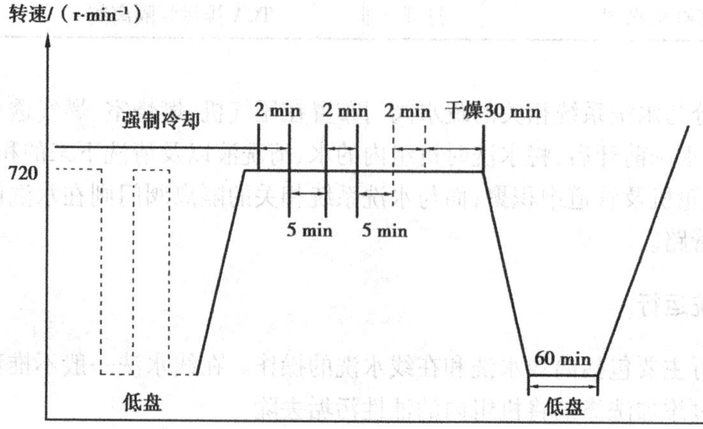

图 5.67　离线水洗操作的时序图

1)水洗启动

水洗时选择高盘模式,并在高盘模式下启动燃气轮机,当转速升至约700 r/min时,检查转速正常稳定,机组无异常。若二级轮盘间温度不低于95 ℃,则需通过高速盘车的方式强制冷却使其满足水洗条件。这主要是为了防止机组内部因进水温度突降引起高温部件变形。

2)注水

在高盘转速稳定后,打开压气机离线水洗阀,就地启动清洗水泵,打开流量控制阀,通过此阀调整并维持供水压力(约0.5 MPa)和供水流量(约0.15 m^3/min)。在此供水压力和流量下持续向压气机注水2 min后,关闭离线水洗阀。5 min后重新打开再次向压气机注水2 min,根据水洗效果和叶片脏污程度来决定重复次数(一般3次)。完成注水后,停运清洗水泵,关闭离线水洗阀。在此期间应注意清洗水箱水位,以保证充足的水洗用水。另外,还要密切监视燃气轮机的振动,如有异常,立即关闭流量控制阀和离线水洗阀,停运清洗水泵。

离线水洗时若需要添加清洗剂,则在压气机第1次注水后第2次注水前将清洗剂加入清洗水箱,然后进行第2次注水操作并在5 min后停运燃气轮机,进行浸泡,0.5 h后高盘模式下再次启动燃气轮机重复压气机注水操作,对压气机进行冲洗,直至排污管排出清水为止。进行压气机注水冲洗前应对清洗水箱进行除盐水置换操作,并确保清洗水箱置换干净。

3)干燥

在注水操作完成后,打开清洗水箱及管道的排水阀进行排水,并打开进气道疏水阀门,保持燃气轮机高盘状态运行30 min,目的是为了疏水和干燥设备。在干燥操作完成后停高盘,并投入盘车运行。

4)恢复

盘车投入并检查所有的排污口无水排出后,将所有的阀门恢复到初始状态。

(3)压气机在线水洗

在线水洗操作前同样需要确认水洗系统满足在线水洗要求。在线水洗过程如图5.68所示,分以下3个阶段进行:

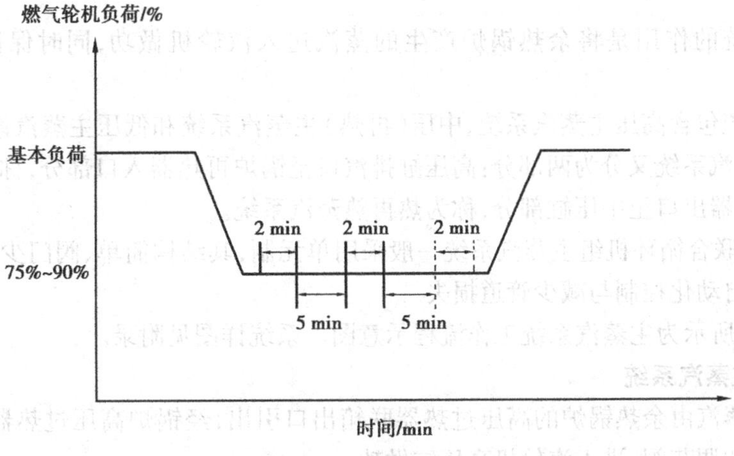

图5.68 在线水洗的操作时序图

1)降负荷

燃气轮机在高负荷下运行,在线水洗时水进入透平可能会导致燃气轮机超负荷,为了避免超负荷运行，在线水洗前必须将燃气轮机负荷降到75% ~90%额定负荷。

2)注水

在机组负荷满足在线水洗条件后，打开燃气轮机在线水洗阀，就地启动清洗水泵，打开流量控制阀，通过此阀调整并维持供水压力(约0.5 MPa)和供水流量(约0.15 m^3/min)。在此供水压力和流量下持续向压气机注水2 min后，关闭在线水洗阀，并检查燃气轮机运行参数。5 min后再次打开在线水洗阀向压气机注水2 min，根据水洗的效果和压气机叶片的脏污程度来决定重复次数(一般3次)。注水完成后，停止清洗水泵，关闭燃气轮机在线水洗阀。在此期间，应注意清洗水箱水位，以保证充足的水洗用水。另外，还需密切监视燃气轮机的振动、燃烧器压力波动以及叶片通道温度的变化情况，如有异常，立即关闭流量控制阀和在线水洗阀，停止清洗水泵运行。

3)恢复

注水操作完成后，打开清洗水箱及管道的排水阀排水，并将机组负荷升到100%或者预定目标值。在全部工作完成后需将水洗橇体部分恢复至备用状态。

5.12 主蒸汽系统

F级燃气-蒸汽联合循环机组蒸汽系统通常为三压、再热系统。余热锅炉中产生的蒸汽有3种压力，即高压(HP)蒸汽、再热(RH)蒸汽和低压(LP)蒸汽。它们相应地进入汽轮机的高、中、低压缸做功。

主蒸汽系统的范围，从余热锅炉各蒸汽出口开始至汽轮机高、中、低压进汽口，并从汽轮机高压缸排汽口开始至余热锅炉再热器止。本节主要介绍高压主蒸汽系统、再热蒸汽系统与低压主蒸汽系统。

5.12.1 系统功能、组成与工作流程

主蒸汽系统的作用是将余热锅炉产生的蒸汽送入汽轮机做功，同时保证机组的安全启停。

主蒸汽系统包含高压主蒸汽系统、中压(再热)主蒸汽系统和低压主蒸汽系统3个部分。其中，中压主蒸汽系统又分为两部分：高压缸排汽口至锅炉再热器入口部分，称为冷再热蒸汽系统；锅炉再热器出口至中压缸部分，称为热再热蒸汽系统。

燃气-蒸汽联合循环机组主蒸汽系统一般采用单元制，其结构简单、阀门少、阻力小，有利于整套机组的自动化控制与减少管道损失。

如图5.69所示为主蒸汽系统工作流程示意图。系统详图见附录。

(1)高压主蒸汽系统

高压过热蒸汽由余热锅炉的高压过热器联箱出口引出，经锅炉高压过热器出口流量计、高压缸主汽阀和调节阀，进入汽轮机高压缸做功。

为满足联合循环机组的调峰和启停要求，设置汽轮机高压旁路系统。主蒸汽管道中的过热蒸汽经高压旁路减温、减压后进入冷再热蒸汽管道。

在高压蒸汽管道上抽取一路蒸汽供应到轴封蒸汽系统，作为轴封蒸汽的备用汽源，起到

稳定轴封联箱压力的作用。当辅助蒸汽联箱至汽轮机轴封联箱调压阀全开状态下，轴封蒸汽压力仍然较低（约低于0.025 MPa）时，高压蒸汽供轴封蒸汽调节阀自动打开，以维持轴封蒸汽联箱的压力在正常范围内。

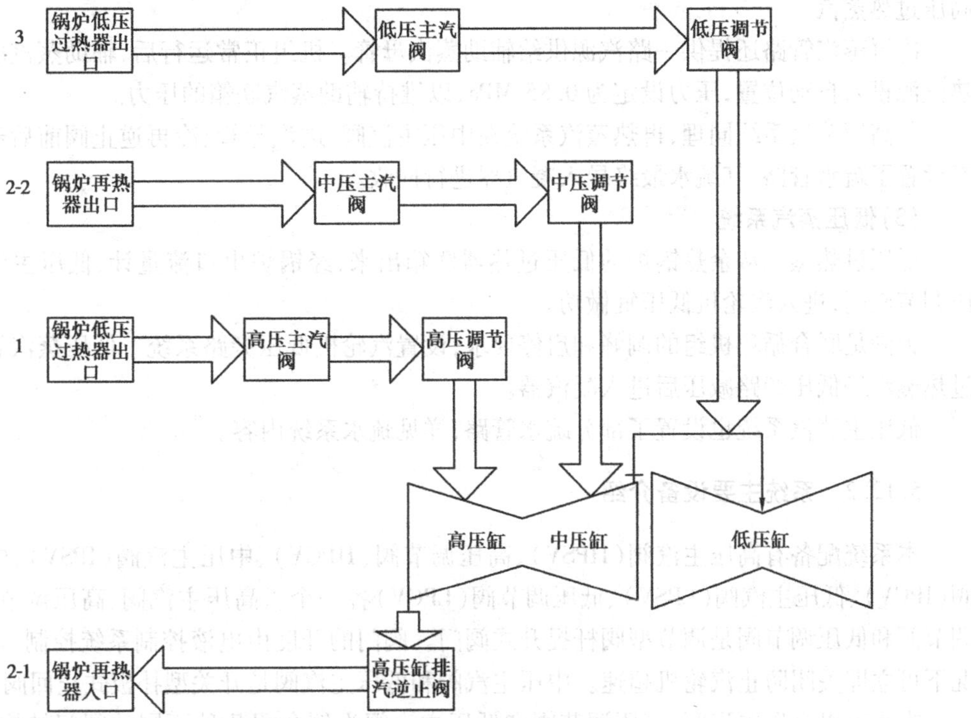

图5.69　主蒸汽系统工作流程图

1—高压主蒸汽系统；2-1—中压冷再热蒸汽系统；2-2—中压热再热蒸汽系统；3—低压主蒸汽系统

为了防止汽轮机在启动、停机或低负荷运行时，蒸汽管道的凝结水产生水击或进入汽轮机本体，从而引起设备损坏或造成汽轮机转子弯曲等严重事故，在高压蒸汽管道、主汽阀和调节阀、进汽导管的最低部位都设置了疏水管道，控制系统可根据机组负荷情况自动打开或关闭相关疏水阀。

另外，高压主汽阀和高压调节阀都设置有高压阀杆漏汽管道和低压阀杆漏汽管道，其中高压漏汽管道接到汽轮机高压排汽管道上，低压漏汽管道连到轴封冷凝器上。

(2)中压主蒸汽系统

中压主蒸汽系统依据再热器的前后划分，可分为冷再热蒸汽系统和热再热蒸汽系统两部分。

冷再热蒸汽系统是指汽轮机的高压缸排汽经过高压缸排汽逆止阀后，经冷再热蒸汽管道回到余热锅炉前，与余热锅炉中压过热器出来的蒸汽混合，进入再热器。

热再热蒸汽系统是指从余热锅炉再热器联箱出口的再热蒸汽，经汽轮机中压缸的中压主汽阀和中压调节阀，并进入汽轮机中压缸做功。

同样，为满足联合循环机组的调峰和启停要求，设置汽轮机中压旁路系统。再热蒸汽管道中的过热蒸汽经中压旁路减压、减温后进入凝汽器。

在汽轮机高压缸排汽管道上设置高压排汽通风管道及高排通风阀，连接至凝汽器。在汽轮机未带负荷或带极低负荷的情况下，利用凝汽器的负压带走汽轮机转子高速旋转所产生的鼓风热并回收排汽工质。

冷再蒸汽管路还在排汽逆止阀前后分别接收高压阀杆漏汽和经高压旁路减温、减压后的高压过热蒸汽。

冷再蒸汽管路还提供一路汽源供给辅助蒸汽母管。机组正常运行后，辅助蒸汽联箱冷再热汽源投入自动位置，压力设定为 0.85 MPa，以维持辅助蒸汽联箱的压力。

与高压蒸汽系统同理，再热蒸汽系统在中压主汽阀、进汽导管、冷再逆止阀前后蒸汽管道都设置了疏水管路，其疏水最终导入凝汽器进行回收。

(3)低压蒸汽系统

低压过热蒸汽从余热锅炉的低压过热器联箱出来，经锅炉出口流量计、低压主汽门和低压调节汽门，进入汽轮机低压缸做功。

为满足联合循环机组的调峰和启停要求，设置汽轮机低压旁路系统。低压蒸汽管道中的过热蒸汽经低压旁路减压后进入凝汽器。

低压主蒸汽系统也设置了部分疏水管路，详见疏水系统内容。

5.12.2 系统主要设备介绍

本系统配备有高压主汽阀(HPSV)、高压调节阀(HPCV)、中压主汽阀(IPSV)、中压调节阀(IPCV)、低压主汽阀(LPSV)、低压调节阀(LPCV)各一个。高压主汽阀、高压调节阀、中压调节阀和低压调节阀是调节型阀杆提升式阀门。阀门的开度由电液控制系统控制，在紧急情况下可立即关闭防止汽轮机超速。中压主汽阀和低压主汽阀是开关型扑板式止回阀。

本小节以高压主汽阀、高压调节阀和低压主汽阀为例介绍几种不同的阀门结构，其执行机构及动作原理详见控制油系统。

(1)调节型阀杆提升式阀门

1)高压主汽阀

高压主汽阀与中压调节阀结构基本相同，是油压传动的“双塞”型阀门，阀体焊接为一个整体部件。执行机构安装在执行机构支架和弹簧室上，并通过联杆和操纵杆连接到主汽门阀杆上。

如图 5.70 所示，高压主汽阀包括两个单座不平衡阀碟 4 和 3，预启阀碟 3 置于主阀碟 4 内。在如图 5.70 所示的关闭位置时，进汽压力与压缩弹簧 7 的负载结合在一块，通过阀杆 2 起作用，以将各个阀碟紧紧地固定在其阀座上。预启阀碟 3 由两部分组成，与阀杆 2 构成挠性连接，以使它在关闭时能够自动调整与阀碟 4 阀座的对中。因此，当阀杆 11 提升打开主阀碟时，预启阀碟 3 首先打开；阀杆进一步提升导致阀杆 11 上的锥面与轴套 5 接触，并将主阀碟 4 移离阀座。当阀碟 4 达到其最大开度位置时，轴套 5 上端的锥面与轴套 6 的下端贴紧，并防止蒸汽沿阀杆泄漏。

阀杆密封包括紧密配合的轴套 6，轴套有适当的漏泄，这些漏泄接入低压区。当阀门在如图 5.70 所示的关闭位置时，弹簧导杆 8 的下端与轴套 6 的上端锥面贴紧，以防止蒸汽沿阀杆泄漏。

2)高压调节阀

高压调节阀与低压调节阀均为单座插入式结构。

高压调节阀阀体由钢锻造而成，且焊接在高压主汽门上。蒸汽在一端通过高压主汽门进入高压调节阀。

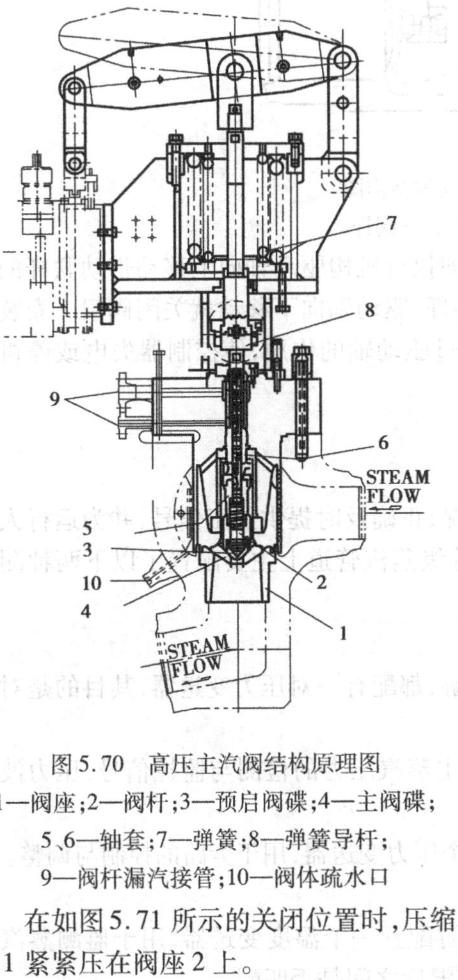

图5.70　高压主汽阀结构原理图

1—阀座；2—阀杆；3—预启阀碟；4—主阀碟；

5、6—轴套；7—弹簧；8—弹簧导杆；

9—阀杆漏汽接管；10—阀体疏水口

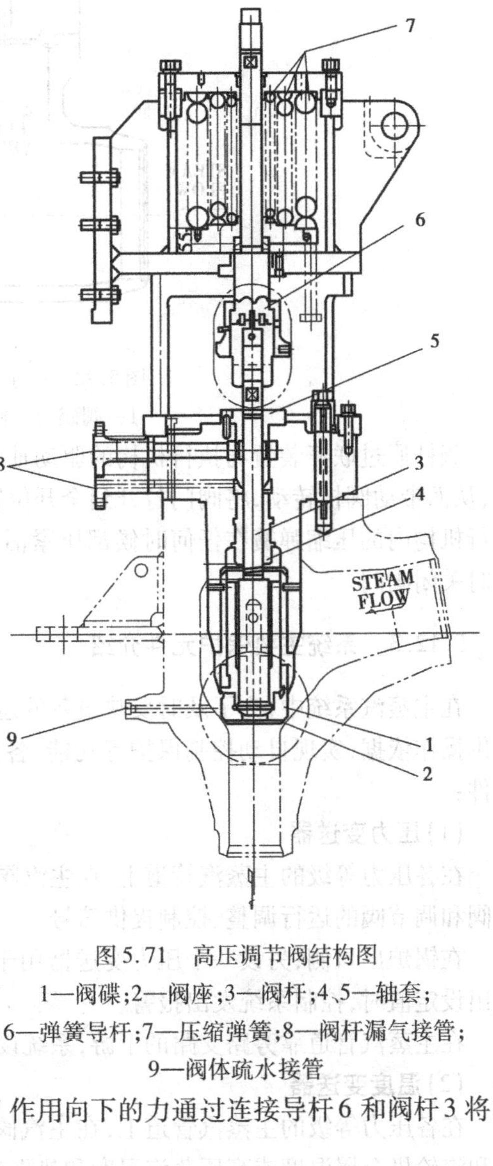

图5.71　高压调节阀结构图

1—阀碟；2—阀座；3—阀杆；4、5—轴套；

6—弹簧导杆；7—压缩弹簧；8—阀杆漏气接管；

9—阀体疏水接管

在如图5.71所示的关闭位置时，压缩弹簧7作用向下的力通过连接导杆6和阀杆3将阀碟1紧紧压在阀座2上。

当主汽阀碟1达到其最大开度位置时，阀杆3的凸肩面与轴套4下端面贴紧，并防止蒸汽沿阀杆泄漏。

阀杆密封包括紧密配合的轴套5。该轴套装有两根漏泄接管8，接到轴封蒸汽集箱和轴封加热器上。

(2)开关型扑板式止回阀

中压主汽阀和低压主汽阀都是开关型扑板式止回阀，它们的结构基本相同。

中压主汽门安装在中压调节阀之前。当超速跳闸机构动作时，如果中压调节阀未能关闭，则中压主汽门快速关闭，防止汽轮机超速。

图5.72示出了中压主汽阀组件。它包括固定在杠杆2上的主汽阀碟1，而杠杆悬臂吊于

阀杆 3 上。

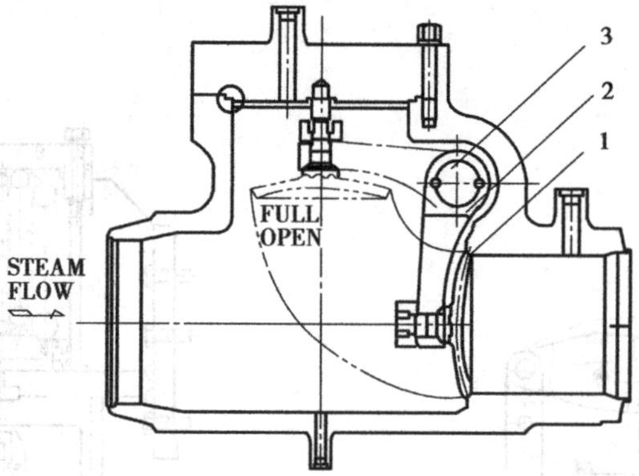

图 5.72　中压主汽阀阀体结构图

1—阀碟;2—杠杆悬臂;3—阀杆

阀杆通过联杆装置与执行机构的驱动轴联接,即执行机构驱动轴向上移动带动联杆的转动,从而带动阀杆转动,将阀门打开到全开位置。同理,驱动轴向下移动就关闭阀门。安装在执行机构内的压缩弹簧在任何时候都压紧活塞,通过驱动轴的作用,使控制器失电或停机状态时关闭阀门。

5.12.3　系统主要保护元件介绍

在主蒸汽系统中,为了及时反映设备的运行工况,正确及时提供热工信号,并为运行人员提供操作依据,实现自动控制保护等功能,各压力等级蒸汽管道上主要配置了以下两种测量元件:

(1)压力变送器

在各压力等级的主蒸汽管道上,在主汽阀的上游,都配有一对压力变送器,其目的是对主汽阀和调节阀的运行调整、控制提供信号。

在锅炉出口侧,另设一个压力变送器用于提供主蒸汽压力的检测与监控信号,压力波动超出设定值时,控制系统发出报警。

在主蒸汽管道靠旁路支路的下游,系统设置一个压力变送器,用于旁路的控制与调整。

(2)温度变送器

在各压力等级的主蒸汽管道上,在主汽阀的上游配置一个温度变送器,用于监测蒸汽温度和汽轮机金属温度或高压蒸汽温度和热再热蒸汽温度之间是否匹配。

在锅炉出口侧,另设一个温度变送器用于提供主蒸汽温度的检测与监控。

5.12.4　主蒸汽系统运行

主蒸汽系统除了为汽轮机输送余热锅炉产生的品质合格的蒸汽以实现能量转换之外,还起到保障汽轮机的安全启停作用。本小节以某 M701F 型燃气-蒸汽联合循环电厂为例介绍主蒸汽系统中重要阀门的动作过程和主蒸汽系统在汽轮机运行过程中的一般原则和注意事项。

(1)主汽阀组动作介绍

1)高压主汽阀

①启动过程

机组并网5 min后打开至4%对HPSV进行暖阀,然后以每分钟0.15%的速率向10%的目标值继续打开,50 min后如果高压主汽阀内壁金属温度低于260 ℃则继续向20%打开,如果温度高于260 ℃则停止不开,在此期间若HPCV阀打开,则HPSV立即开至全开位置。

②停机过程

机组打闸,HPSV关闭至全关位置。

2)中压主汽阀和低压主汽阀

①启动过程

机组挂闸后,IPSV、LPSV开启至全开位置。

②停机过程

机组打闸,IPSV、LPSV关闭至全关位置。

3)高压调节阀和中压调节阀

启动过程:高、中压主蒸汽参数满足汽轮机进汽条件后HPCV和IPCV打开,并以控制系统设定的开启速率打开至全开位置,HPCV和IPCV全开后进入压力控制模式,在压力控制模式下,HPCV设定压力控制值5.3 MPa,IPCV设定压力控制值1.38 MPa,当主蒸汽压力或再热蒸汽压力低于上述设定值时,HPCV或IPCV关小,以维持该压力。HPCV及IPCV的开启速率根据汽轮机的热、温、冷态而设定,控制高压缸入口蒸汽温度变化率在10 min内不超过56 ℃且1 h内不超过165 ℃。

停机过程:当LPCV关至冷却位置后,HPCV和IPCV以控制系统设定的速率关闭到全关位置。

4)低压调节阀

①启动过程

机组转速大于2 000 r/min时,LPCV逐步开启至冷却位置(LPCV冷却位置的开度为实际冷却蒸汽压力的函数,以保持稳定的冷却蒸汽流量,如某电厂LPCV的冷却位置约为20%开度),汽轮机低压缸冷却蒸汽由辅助蒸汽切换至余热锅炉低压蒸汽供给时,LPCV以控制系统设定的速率开启至全开位置。当汽轮机开始进汽或机组负荷大于50%额定负荷且低压旁路全关后,LPCV进入压力控制模式,设定压力控制值0.25 MPa。

②停机过程

在正常运行过程中,LPCV的设定压力为0.25 MPa,如果低压蒸汽压力低于此值,LPCV将关小以保持阀前压力。当停机时负荷小于50%额定负荷后,LPCV将关闭至冷却位置维持缸内叶片的冷却,直到机组打闸,LPCV关闭至全关位置。

(2)高压缸排汽通风阀动作介绍

在汽轮机未带负荷或带极低负荷的情况下,高压缸体内没有压力或者蒸汽压力很低,没有足够的工作流体可带走叶片在高速旋转情况下的鼓风热,排出的蒸汽也没有足够的余压进入再热系统再热。在该类工况下,高压缸排汽通风阀用于将高压缸排汽段的工质直接引入凝汽器进行冷却回收,而不进入再热系统。

高压排汽通风阀将中压缸入口的蒸汽压力值作为判断机组负荷的依据,用于决定阀门是否需要开关。在汽轮机进汽过程中,可能会由于中压缸入口压力出现波动,导致高排通风阀关闭之后再次打开,直至启动完毕之后,该阀门都无法自动关闭。所以,在启动过程中,需确认该阀门开、关状态是否正常。

(3)主蒸汽管道疏水

机组运行时,在主蒸汽系统中,有蒸汽经过的管道和设备内,都可能积聚凝结水,如机组启动暖管、暖机时;蒸汽停留在某些管段不流动时;停机后残存在管道和汽缸内的蒸汽凝结成水时;蒸汽带水或减温器喷水过多时,等等。在汽轮机运行过程中,应注意把高温蒸汽与冷的金属管壁接触时所产生的凝结水及时排走,否则积存于管内不仅影响暖管速度,而且可能引起管道的水冲击,造成阀门、管道支架的损坏,如果凝结水进入缸体内,还会发生更严重的水冲击事故。

汽轮机发生水冲击或低温蒸汽进入时,将使处于高温下工作的金属部件受到突然冷却而急剧收缩,产生很大的热应力和热变形,导致汽缸裂纹、大轴弯曲、动静部分严重磨损以及机组强烈振动等事故。水冲击还将使轴向推力急剧增大,甚至使推力轴瓦乌金熔化,叶片损坏等。因此,在汽轮机运行中应尽量杜绝这类恶性事故的发生。

在主蒸汽系统的各段管道上,都设置有底部疏水管道。当机组启动和停运中蒸汽温度未达到系统要求时,必须自动或手动开启这些管道疏水阀进行充分疏水,在机组带一定负荷或蒸汽参数满足系统要求后才能关闭。

需要特别注意的是,在启动过程中(特别是冷态启动或事故跳机后再次启动),应加强各系统管道、设备的疏水,并严密监视各金属部件和蒸汽管路(包括疏水系统和轴封系统的蒸汽管路)的温度变化。一旦发生异常变化,要及时应对处理,防止因锅炉异常或系统疏水不足等原因造成水冲击或缸体进入低温蒸汽事故。

(4)系统阀门可靠性

主蒸汽系统的阀门主要包括各级主汽阀和调节阀、管道的疏水阀以及与其他系统连接的阀门等。在机组运行过程中,出现阀门开关动作异常或内漏等现象,轻则影响机组的发电效率,重则对设备带来各种损害。

各级主汽阀、调节阀由液压驱动系统通过联杆、驱动杆控制阀门的开关。阀门及其部件因长期处于高温、高压蒸汽环境下工作,容易产生应力变形或同心度偏移等问题,而执行机构、驱动机构等部件在长期工作中也需要做好定期检验和维护。在机组日常发电运行中,应注意其关断、开启的灵活、可靠。对比最近一段时间来的运行参数,如金属部件温度、暖管转速、惰走时间或停机管道压力下降速度等,检验阀门是否关闭严密。

在机组启停机期间,主蒸汽系统各管道的疏水阀,必须迅速排泄凝结水,避免疏水时间过长带来汽水损失,并延长起机时间,影响机组的经济性。起机过程应注意各系统管道和部件的温度变化,确定各疏水点的阀门动作正常,避免出现个别疏水点阀门无法打开,造成疏水管道凝结水积聚,并带入主蒸汽管道,对汽轮机运行带来安全风险。

机组正常发电运行时,通过对蒸汽压力、温度等参数的监视、比较,来检验主蒸汽系统管道的各连接阀门是否关闭严密。必要时可到现场对阀门前后管道温度进行测量,确定其关断可靠或关闭其手动阀,避免产生蒸汽泄漏带来损失。

5.12.5 系统常见故障及处理

主蒸汽系统在运行中发生任何事故,特别是设备损坏事故,将给整个联合循环发电机组带来重大损失。因此,当故障发生时,操作员应该准确判断、果断处理,防止事故扩大。

(1)高压主蒸汽截止阀内/外金属温差大

故障现象:当高压主蒸汽截止阀内外壁金属温差高于设定值时,控制系统发出报警。

原因与处理方法:此故障一般出现在机组启停机过程中,其原因为负荷变化快,或者是热电偶出现故障。

处理方法:

如果在起机过程中出现此报警,则应停止升负荷,在负荷保持时,若温差继续增大,则可适当降负荷;如果在停机过程中出现此报警,则应停止降负荷,在负荷保持时,若温差继续增大,则可适当升负荷。如果经上述处理后,报警仍一直存在,则可能是热电偶故障,应及时处理。

(2)主蒸汽温度低(以高压主蒸汽为例)

故障现象:正常运行时高压主蒸汽温度示值下降,当其低于设定值时发出报警,严重时可能导致汽轮机水冲击。

故障原因:

①燃气轮机负荷较低或者异常导致排气温度较低,导致主蒸汽温度低。

②余热锅炉汽包水位高、疏水不畅或减温水调节阀故障导致主蒸汽带水。

③温度测量元件故障导致误报警。

处理方法:

①对比临近主蒸汽温度测点,若两者相差较大,则可能为温度测量元件故障,此时可监视运行,待停机后处理。

②如果燃气轮机负荷低或者异常导致主蒸汽温度低,则适当提高燃气轮机负荷或者尽快处理燃气轮机异常,恢复排气温度。

③若主蒸汽带水导致主汽温度低,则检查余热锅炉汽包水位、疏水系统阀位及减温水调节阀是否正常,否则及时恢复。

5.13 旁路系统

汽轮机旁路系统是指与汽轮机并联的蒸汽减温减压系统。其作用是匹配各种运行工况下锅炉和汽轮机负荷上的不平衡。具体来说,F级联合循环机组的旁路系统一般有启动、溢流和安全3个主要功能。

①启动功能。在机组启动和停机时,用来适配余热锅炉和汽轮机启动特性上的差异,使余热锅炉蒸汽温度与汽轮机缸温相匹配,从而加快升温升压速率,缩短机组启动时间。

②溢流功能。其目的是在汽轮机跳闸、甩负荷等紧急情况下,排泄机组在负荷瞬变过渡过程中的剩余蒸汽,维持余热锅炉和燃气轮机的稳定状态。

③安全功能。主要体现在机组事故工况时旁路的快开和快关功能,旁路快开,可以对锅炉起到超压保护作用,防止安全阀动作;旁路快关,可保护凝汽器不超温超压。

除这3个功能外,旁路系统还有回收工质、暖管和减少不合格蒸汽对叶片的侵蚀等功能。

F级联合循环机组上常见的三压汽轮机通常都配有高、中、低压3个旁路,对应汽轮机的

3个压力级。根据各个压力级别旁路之间相互关系的不同，F级联合循环机组常见的旁路形式可分为并联一级大旁路和高中压串联二级旁路两种。并联一级大旁路的高、中、低压旁路彼此独立，各个旁路的蒸汽减温减压后直接排入凝汽器，如图5.73所示。高中压串联二级旁路的高、中压旁路串联布置，高压蒸汽首先经过高压旁路阀，其压力和温度降到汽轮机高压缸排汽参数，然后与中压过热器出口蒸汽混合，一起进入再热器，再经过中压旁路，进一步降低其参数，最后排入凝汽器。低压旁路与并联一级大旁路相同，蒸汽经旁路直接排入凝汽器，如图5.74所示。

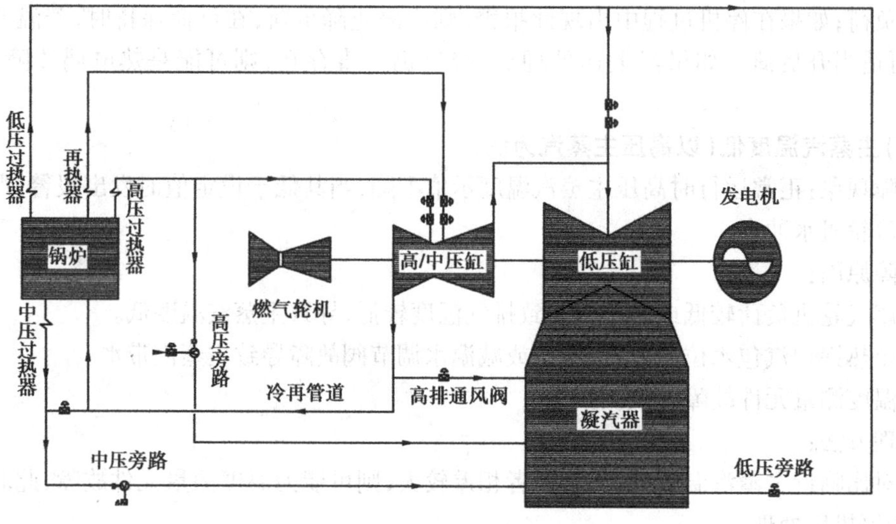

图5.73　并联一级大旁路

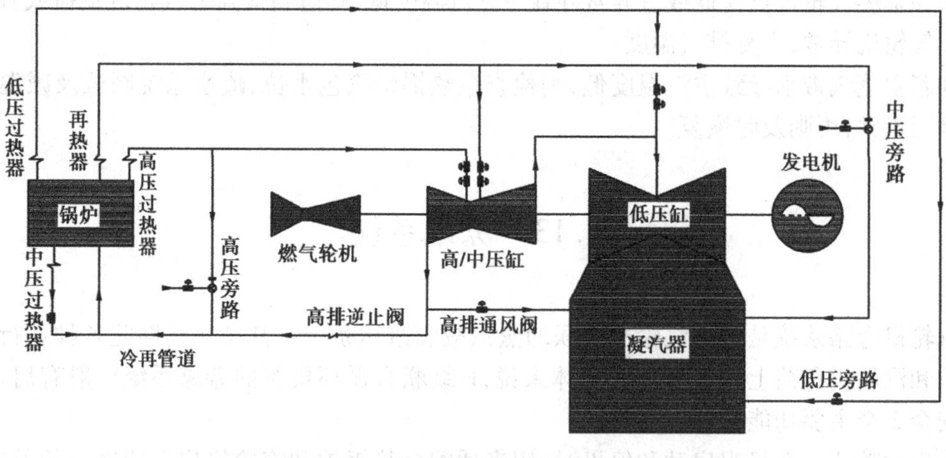

图5.74　高中压串联二级旁路示意图

旁路系统通过执行机构控制旁路阀开度，从而调节旁路蒸汽流量和汽轮机主蒸汽压力，以满足机组运行要求。根据所采用旁路阀动力源的不同，F级联合循环机组上常见的旁路阀可分为液压旁路阀和气动旁路阀两种。液压旁路阀动力源可以是机组控制油系统提供的液压油，也可以是独立旁路油站提供的液压油，液压旁路阀具有力矩大、执行速度快、精度高等优点，但成本高，维护量大；气动旁路阀动力气源为压缩空气，投资小，维护量小，执行速度和精度虽差于液压旁路阀，但也能满足联合循环机组的要求。

目前，国内M701F机组的旁路系统多采用高中压串联二级旁路。本节以某电厂为例，介绍串联二级气动旁路系统。

5.13.1　系统组成与工作流程

M701F 机组的旁路系统包括高压旁路、中压旁路和低压旁路。

(1)高压旁路

高压旁路主要由高压旁路阀和高压旁路减温水调节阀等设备组成。高压旁路容量按联合循环机组冬季运行工况下，余热锅炉的最大高压过热蒸汽量来设置。余热锅炉的高压过热蒸汽经高压旁路阀减温减压后进入冷再管道，后进入余热锅炉再热器再次加热。

高压旁路减温水是为了在高压旁路阀开启期间保护余热锅炉冷再管道不超温超压而设置的。旁路阀本身带有减温器，减温水来自中压给水泵出口母管，经减温水调节阀后喷入旁路蒸汽汽流中，降低旁路蒸汽温度与压力。

(2)中压旁路

中压旁路主要由中压旁路阀、中压旁路减温水调节阀等设备组成。

中压旁路的容量按联合循环机组冬季运行工况下，中压旁路全开时余热锅炉再热器出口联箱产生的蒸汽量来设置。余热锅炉的中压再热蒸汽在中压主汽阀前进入中压旁路管道，经中压旁路减温减压后进入凝汽器，进行工质的回收。

中压旁路减温水主要作用是在中压旁路阀开启期间保护中压旁路管道和凝汽器，防止管道和凝汽器超温。中压旁路阀本身带有减温器，减温水来自凝结水母管。中压旁路减温水调节阀调节喷入旁路蒸汽中的水量，以控制蒸汽温度。

(3)低压旁路

低压旁路的容量按联合循环机组冬季运行工况下，余热锅炉的最大低压过热蒸汽量设置。低压旁路的主要设备是低压旁路阀。余热锅炉产生的低压过热蒸汽由低压主汽门前引出，经低压旁路管道进入凝汽器。由于低压蒸汽温度和压力较低，对凝汽器的热冲击较小，所以低压旁路不设减温水。

5.13.2　系统主要设备介绍

旁路系统的主要设备有高、中、低压旁路阀。

无论是液压旁路阀还是气动旁路阀，阀体结构大致相同，都是由阀体、阀芯、执行机构等部件组成。主要区别在于执行机构的不同。下面以某厂 M701F 机组的气动型高、中、低压旁路阀为例进行介绍。

(1)高压旁路阀

高压旁路阀为角型气动阀，如图 5.75 所示，主要部件有气动双作用活塞动作器 10、阀杆 9、阀芯 3、迷宫式减压件 4、减温器 12 等。阀门关闭方向和气流方向相反，蒸汽由阀门入口进入，经过阀芯和减压件后从出口排出。压缩空气失压时阀门处于关闭位置。

流体的流速和压差密切相关。高压旁路阀前后的蒸汽压差大，流速高。高速流体流经阀门，会造成阀体振动和强噪声，流体冲刷阀门的密封面，极易造成密封面磨损，影响阀门的密封效果，甚至造成阀门损坏。某电厂高压旁路阀采用迷宫式减压结构，以减小高流速带来的不利影响。

图5.76 是其中一种迷宫式减压件的实物图。图5.76(a)为其中一层盘片的正面，盘片上

有一定数量的迷宫状通道,每个通道又有一定数量的转弯,当高速流体流经这些弯道后,经过能量的转换,使得流速降低。转弯数量的设置取决于阀门前后压差要求,而通道数量的设置取决于阀门通流能力的要求。

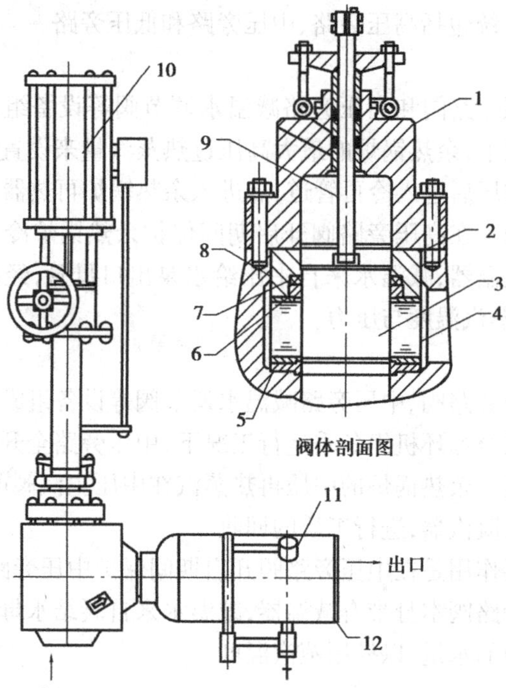

图 5.75　高压旁路阀

1、8—法兰;2—垫片;3—阀芯;4—迷宫减压件;5—密封环;6—导套;7—密封塞;9—阀杆;10—动作器;11—减温水喷头;12—减温器

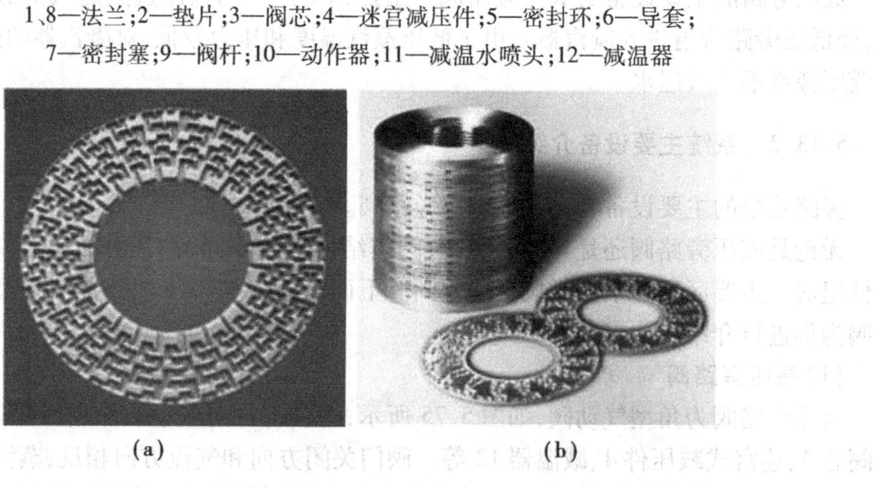

图 5.76　迷宫式减压件

图 5.76(b)为筒状的减压件,是由多层带减速迷宫的盘片叠在一起组合成一个筒状结构。阀芯安装在减压件内筒中,与减压件紧密配合。当阀芯从阀座提升时,蒸汽从阀芯内孔进入,穿过迷宫减压结构,进入扩散区减温后排出,降低流体的流速,解决高压差工况引起的噪声、振动和冲刷等问题,提高阀门的使用寿命。迷宫阀的价格高,快速通流能力低,一般使

用在对噪声要求严格的场合。

高压旁路阀出口端有一个组合在阀体内的减温器。减温器的雾化喷嘴将减温水喷射成很小水滴进入流经减温器的蒸汽,水滴快速蒸发,降低蒸汽的温度。

(2)中压旁路阀

如图5.77所示,中压旁路阀和高压旁路阀结构大致相似。但中压旁路阀的压差较小,其噪声、振动和冲刷等问题也小于高压旁路,故没有采用迷宫减压件,而是采用了笼型减压件8。这种减压件减振、减噪效果没有迷宫式减压件的好,但价格低,流量特性好。

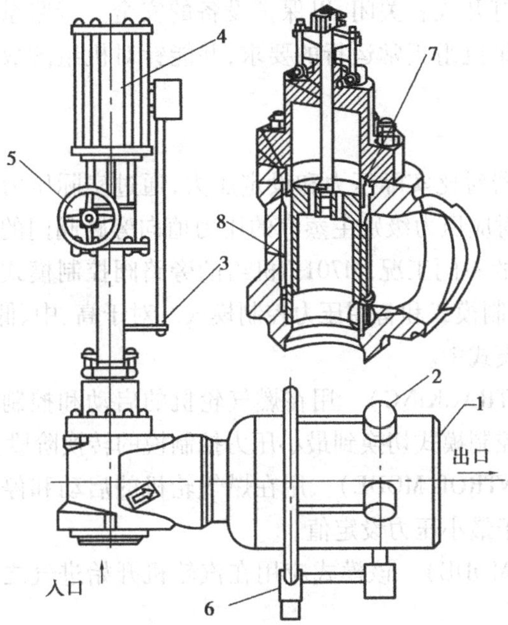

图5.77 中压旁路阀

1—减温器;2—减温水喷头;3—定位器;4—动作器;5—手操轮;6—减温水进水口;7—阀芯;8—笼型减压件

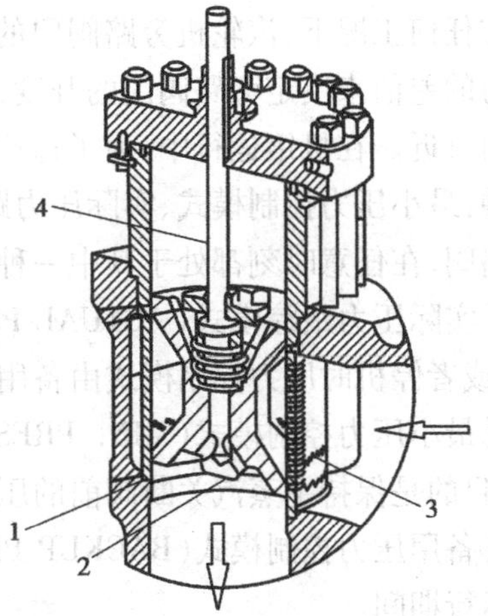

图5.78 低压旁路阀阀芯剖视图

1—密封垫;2—阀芯;3—笼型减压件;4—阀杆

中压旁路阀出口端有一个组合在阀体内的减温器,功能和高压旁路阀的减温器一样,中压旁路阀的减温水来自凝结水泵出口母管。

(3)低压旁路

低压旁路阀为角形气动阀,带有活塞动作器。压缩空气失压时旁路阀处在关闭位置。阀门关闭方向和流体方向相同。

和中压旁路阀一样,低压旁路阀也采用笼型减压件。其结构如图5.78所示。

5.13.3 系统主要保护设置

为了时刻监视系统的工作状态,保证机组在最佳工作状态,旁路系统设置有热控监测元件以监视系统的参数,并在系统异常时发出报警信号或者保护指令。

(1)高、中压旁路阀后蒸汽温度监测元件

为了防止旁路阀后蒸汽温度过高,引起下游管道热冲击或者凝汽器超温,在高、中压旁路阀后各安装一个温度监测元件。该参数作为减温水控制阀的控制输入,并在旁路蒸汽温度过高时发出报警。

(2)高、中压旁路减温水压力监测元件

为了防止旁路阀开启时减温水量不足,引起冷再管道或者凝汽器超温,旁路减温水压力监测元件监测减温水压力是否正常,当此压力低于设定值时,控制系统发出报警信号。

5.13.4 系统运行

正常运行中,M701F 联合循环机组的旁路阀有 3 种控制模式,以适应机组正常运行时的要求。当机组发生危急情况时,旁路阀快速打开或者关闭,以保护设备的安全。旁路系统有专门的控制逻辑和硬件设备,使旁路阀能满足机组正常运行的要求,并能针对机组的故障做出快速反应。

(1)旁路阀控制模式

在任何工况下,汽轮机旁路阀门的控制器对比实际压力和设定压力,通过实际压力和设定压力的差值来决定旁路阀门的开度,以使对应压力级别主蒸汽的压力值向旁路阀门的设定压力值靠近。在机组运行中,为了适应机组的不同工况,M701F 机组的旁路阀控制模式有以下 3 种:最小压力控制模式、实际压力跟踪控制模式和备用压力控制模式。对于高、中、低压 3 个旁路阀,在任意时刻都处于其中一种控制模式中。

①实际压力跟踪模式(ACTUAL PRESS TRACKING)。用在燃气轮机的启动和控制模式转换;或者停机时压力控制模式由备用压力控制模式切换到最小压力控制模的转换阶段。

②最小压力控制模式(MIN. PRESS CONTROL MODE)。用在燃气轮机的启动和停机过程中,目的是保持主蒸汽关断阀前的压力大于最小压力设定值。

③备用压力控制模式(BACKUP PRESS MODE)。该模式应用在汽轮机开始进气之后的正常运行期间。

下面以正常启动和停机过程为例来介绍旁路阀控制过程。

燃气轮机启动阶段,余热锅炉产生的蒸汽品质不符合汽轮机进汽条件,同时为了使汽包水位在燃气轮机点火后保持稳定,汽轮机旁路阀需打开一定开度。从燃气轮机点火直到旁路阀开度大于最小开度(约为5%)之前,主蒸汽压力控制模式一直是实际压力跟踪控制。旁路阀开度大于5%后,实际压力跟踪模式结束,切换至最小压力控制模式。直到主汽门进汽、旁路阀全关之前,旁路处于最小压力控制模式下运行。

最小压力控制模式下,在旁路压力达到设定压力值之前,高、中、低压旁路的最小压力控制模式的设定值是一个常数,旁路压力达到设定值后,最小压力设定值是燃气轮机输出功率的函数。随着燃气轮机输出功率和锅炉产汽量的增加,旁路蒸汽压力设定值按设定的升压率逐渐增加但略小于实际压力。如果压力设定值过大,容易发生水击,如果压力设定值太小,则升压缓慢,启动时间变长。当蒸汽满足进汽条件时,旁路阀开度达到最大,汽轮机开始进汽。随着机组输出功率的增加,主汽门的开度逐渐增加,旁路阀逐渐关闭,当旁路阀全关时,开始进入备用压力控制模式。

从主汽调节阀开始进汽且旁路全关直到燃机停机的正常运行阶段,旁路阀在备用压力控制模式下运行,在备用压力控制模式下,为了避免压力上升过多,汽轮机旁路压力设定值略大于实际值,是实际压力和一个预设值之和,处于该模式下的旁路阀不会主动的干预主蒸汽压力的调节。如果机组没有故障,旁路阀会一直处于关闭状态。只有当机组发生故障,导致主蒸汽压力大幅升高而超过其设定的动作压力时,旁路阀才会打开泄压以保护机组的安全。

在停机以前,旁路阀处于备用压力控制模式下。随着负荷下降,低压主蒸汽调门开始关闭,低压旁路阀此时也转换到最小压力控制模式。当低压主蒸汽调门关闭到冷却位置时,高中压主汽调门开始按程序关闭,此时,高、中压旁路阀控制模式从备用压力控制模式转换到最小压力控制模式,以抑制压力忽然上升。在备用压力控制模式转换到最小压力控制模式的过程,有一个瞬间的实际压力跟踪控制模式过程,利用实际压力跟踪控制模式,将压力设定值过渡到实际压力值附近,燃气轮机再次起机点火成功之前,机组一直处于最小压力控制模式。

(2)旁路阀的快开和快关

安全功能是旁路功能的一个很重要的部分,主要是保护凝汽器不超温超压和保护余热锅炉不超压。由于锅炉本身有安全阀,一般优先保护凝汽器,所以快关的优先级别一般高于快开。

以高压旁路阀为例,当满足以下条件之一时,旁路阀快关:

①凝汽器背压高于设定值。

②凝汽器水位达到高高值。

③旁路减温水故障无法投入。

当满足以下条件之一时,旁路阀快开:

①机组跳闸。

②汽轮机甩负荷。

③主蒸汽压力超过设定值。

当机组发生紧急情况时需要快速关闭或者打开旁路阀,以保证设备安全。在正常运行时,气动旁路阀由全开位置到全关位置或者全关位置到全开位置,耗时大概为10~20 s,不能满足保护功能的要求;旁路阀的快开和快关是通过专门的硬件实现阀门的快速关闭或者打开,这种状态下,阀门由全开到全关或者全关到全开,只需3~5 s。

如图5.79所示为一个旁路阀的快开快关原理简图。旁路阀的操作气源由压缩空气供气管路引入,进入各电磁阀和调节器。通过控制电磁阀的开合和调节各调节器后管道的空气压力,即可控制电磁阀下游管路和旁路阀操作器的缸内气压,从而控制旁路阀的动作。

某M701F机组的高中低压旁路阀的快开快关是通过A1、A2、D1、D2、D3、D4等几个控制阀门的协调动作来实现的,调节器C1和C2主要功能是实现对阀门开度的精确控制。动作过程说明如下:

当A1带电、A2带电时:A1、A2阀芯往下移,A1、A2后管道带压,D1、D2、D3、D4阀芯在压缩空气的作用下往下移,接通调节器C1、C2,旁路阀处于可调状态,通过调节器C1、C2调节下游管道的压力就能实现阀门的开度控制。

当A1带电、A2失电时:A1阀芯往下移、A2阀芯在弹簧作用下往上移,A1后管道带压,A2后管道失压,D1、D2阀芯在弹簧作用下往上移,在压缩空气作用下D3、D4阀芯往下移,压缩空气通过D2和D4进入气缸下部,气缸上部分的压缩空气通过D3、D1排大气,旁路快开。

当A1失电、A2任意状态时:A1阀芯在上面,D3、D4在弹簧作用下往上移。压缩空气经B,D3进入气缸上部,气缸下部压缩空气经D4排大气,旁路快关。

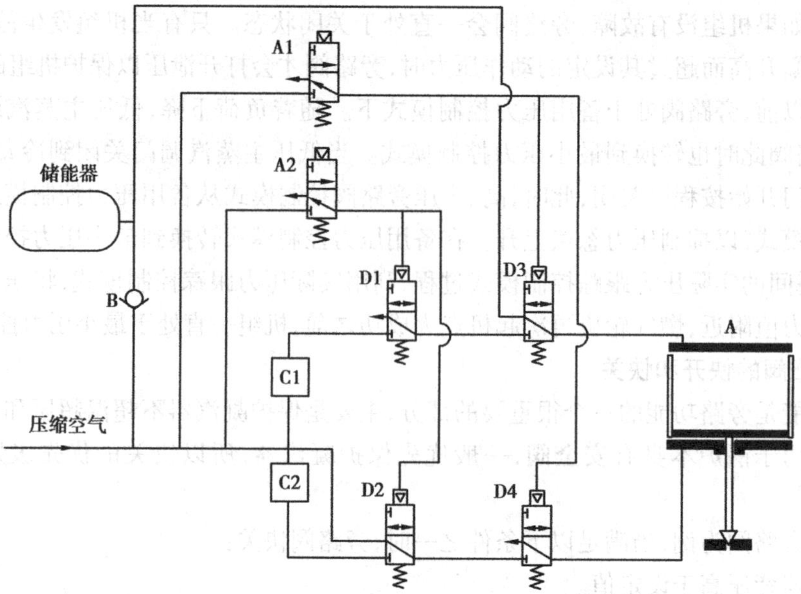

图 5.79　M701F 的旁路阀快开快关原理图

5.13.5　系统常见故障及处理

旁路系统常见的故障有旁路阀后蒸汽温度高和旁路阀动作异常等。当发生以上故障时，可能影响相关系统甚至机组的安全运行，若旁路减温水异常，则在旁路全开时可能造成再热器或者凝汽器超温；若阀门关闭不严，则造成漏气损失，加重凝汽器的负荷，使凝汽器真空下降，导致联合循环效率降低，在机组启停等过程中发生旁路阀异常时，还可能影响机组的安全和启停。

(1)旁路蒸汽温度高(以中压旁路为例)

故障现象：旁路阀蒸汽温度高，控制系统发出高报警，严重时会导致凝汽器温度升高，甚至真空下降。

原因分析：

①旁路减温水压力不足导致减温水量不足，引起旁路阀后蒸汽超温。

②减温水调节阀故障，引起旁路阀后蒸汽温度超温。

③旁路蒸汽温度测量元件故障。

处理措施：

①检查减温水压力是否正常，若压力低，检查提供减温水的系统，尽快恢复供水压力。

②对比减温水的流量确定减温水调节阀有无异常，如有异常则切换至手动调节，若手动调节仍无法维持旁路阀后蒸汽温度正常，则打开减温水调节阀的旁路阀。

③若不是以上的原因，则可能是热控监测元件故障，应检修或者更换温度检测元件。

(2)旁路阀动作异常

故障现象：旁路阀实际位置和指令不一致，可能导致凝汽器温度压力升高、余热锅炉水位大幅波动。

原因分析：

①旁路阀动力源压力不足，动作器无法克服阻力动作。

②电液伺服阀或者快开、快关电磁阀故障，导致阀门动作异常。

③阀门卡涩，影响阀门动作。

处理措施：

①检查就地位置指示，若与位置变送器的反馈不一致，则判断为位置变送器故障，通知相关人员处理，尽快恢复。

②检查动力源(压缩空气或者液压油)压力是否满足要求，若压力低，则检查压缩空气系统或液压油系统，尽快恢复压力。

③若是阀门卡涩，可尝试通过振动阀门等手段恢复阀门正常，若仍不能恢复正常，应检查阀内是否有异物。

④若电液伺服阀或者快开、快关电磁阀故障或旁路阀门卡涩导致旁路阀动作异常，为保证机组安全，应尽快停机处理。

5.14 疏水系统

由于各种不同原因，在蒸汽经过的管道和设备内，都可能聚集凝结水。当管道处于运行工况时，由于汽、水密度和流速不同，管内积存的凝结水会引起管道发生水冲击，轻则使管道振动，重则管道破裂。当凝结水一旦进入汽轮机时，必将产生各种危害。因此，为保证发电机组的安全运行，必须及时地将蒸汽管道内和汽缸中积聚的凝结水疏泄出去。

疏水系统的主要作用是在机组启动、停机、低负荷运行时，或在异常情况下，排除汽轮机本体及管道内的凝结水，防止因汽轮机进水引起汽轮机转子弯曲、汽缸变形及内部零件受到损害等严重事故。

5.14.1 系统组成与工作流程

用于疏泄和收集凝结水的管道和设备组成了汽轮机的疏水系统。它可分为汽轮机本体疏水和蒸汽管道疏水两部分，系统简图如图5.80所示。

(1)汽轮机本体疏水

汽轮机本体疏水包括高、中压缸缸体疏水以及与之相连的高压进汽导管疏水和中压进汽导管疏水，疏水经疏水手动阀，疏水气动阀排入凝汽器。本体疏水点一般布置在缸体及其连接管道的最低部位，如汽缸的排气端或内外缸腔室最低处、入口导管的最低点等，有利于机组启动暖机时快速、彻底排泄缸体积聚的凝结水。

(2)蒸汽管道疏水

蒸汽管道疏水按管道投入运行时间和运行工况可分为以下3种方式：

①自由疏水。又称放水，机组启动暖管之前把管道内停机后产生的凝结水放出，此时管内还没有蒸汽，疏水在大气压力下经漏斗排出，不经疏水母管回收。

②启动疏水。蒸汽管道在启动过程中排出暖管时的凝结水，此时管内已有一定压力，且疏水量较大。

③经常疏水。在蒸汽管道正常工作压力下进行,为了不使蒸汽外漏,疏水必须经疏水阀排出,当疏水阀故障时经旁路排出。

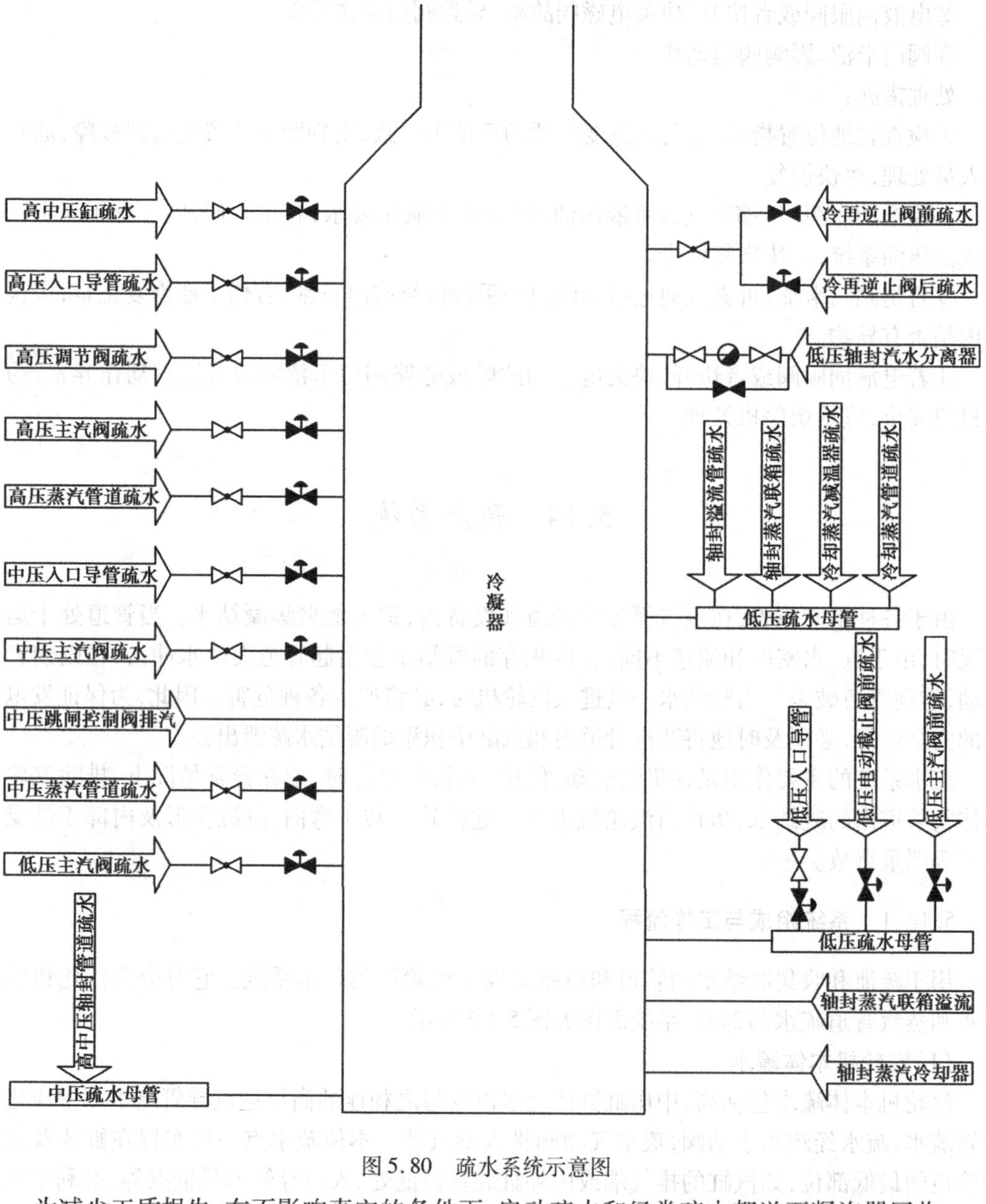

图5.80　疏水系统示意图

为减少工质损失,在不影响真空的条件下,启动疏水和经常疏水都送至凝汽器回收。

(3)蒸汽管道疏水分布

蒸汽管道疏水主要包括高压主蒸汽管道疏水、中压主蒸汽管道疏水、冷再热蒸汽管道疏水、低压主蒸汽管道疏水及其他疏水。各系统疏水分布如下:

1)高压主蒸汽系统疏水

高压主蒸汽系统疏水包括高压主蒸汽管道疏水、高压主汽阀阀体疏水和高压调节阀阀体疏水,疏水均经疏水手动阀、疏水气动阀后排入凝汽器。

2)热再热蒸汽系统疏水

热再热蒸汽系统疏水包括再热主蒸汽管道疏水和中压主汽阀阀体疏水,疏水均经疏水手动阀,疏水气动阀后排入凝汽器。

3)冷再热蒸汽系统疏水

冷再热蒸汽系统疏水包括冷再逆止阀前管道疏水,冷再逆止阀后管道疏水。冷再逆止阀前疏水经疏水手动阀,疏水气动阀后排入凝汽器。冷再逆止阀后有两段疏水管路,分别由不同的疏水气动阀控制,两路疏水汇合后经疏水手动阀排入凝汽器。

4)低压主蒸汽系统疏水

低压主蒸汽系统疏水包括低压进汽导管疏水、低压主汽阀阀体疏水、低压主汽阀前疏水、低压主蒸汽电动阀前疏水。其中低压主汽阀阀体疏水经疏水手动阀、疏水气动阀后直接进入凝汽器。低压进汽导管疏水经疏水手动阀、疏水气动阀后进入疏水母管,低压主汽阀前疏水和低压主蒸汽电动阀前疏水在经过各自管道的疏水气动阀后也进入疏水母管,最终全部进入凝汽器。

5)其他疏水

在机组的辅助蒸汽系统、轴封蒸汽系统、冷却蒸汽系统等低压蒸汽管道上还设置了部分疏水管道,这些疏水一般通过自动疏水阀、疏水母管接入凝汽器。

5.14.2　系统主要设备介绍

疏水系统包括手动疏水阀、气动疏水阀、自动疏水器、疏水罐、疏水母管及其疏水管道、节流孔板等设备与附件。下面介绍气动疏水阀与自动疏水器两种设备的结构与工作原理。

(1)气动疏水阀

气动疏水阀由执行机构和阀体组成,执行机构通过气缸活塞(或膜片)所受的气体压力的增加或减少而上下运动,并通过阀杆调节阀芯位置,达到关断阀门的目的。所以,各种气动阀工作原理的区别在于执行机构的不同形式。

气动阀有时还必须配备一定的辅助装置,常用的有阀门定位器和手轮机构。阀门定位器利用反馈原理来改善气动调节阀的性能,使它能按调节器的输出信号实现准确的定位。手轮机构可以直接操纵阀体部件,当控制系统因停电、停气、调节器无输出或气动执行机构损坏而失灵时,利用它可保证疏水正常进行。

气动执行机构一般包含气动薄膜式执行机构和气动活塞式执行机构。

1)气动薄膜式执行机构

气动薄膜执行机构的结构如图5.81所示。它结构简单,动作可靠,维修方便,价格低廉,最为常用。

气动薄膜式执行机构分正作用和反作用两种形式,国产型号为ZMA型(正作用)和ZMB型(反作用)。气压信号增大时推杆向下移动的称为正作用执行机构,气压信号增加时推杆向上移动的称为反作用执行机构。正、反作用执行机构基本相同,均由上膜盖、下膜盖、波纹薄膜、支架、压缩弹簧、弹簧座、调节件、标尺等组成。

这种执行机构的输出位移和输入的气压信号成比例关系。输入的气压信号进入薄膜气室后,在薄膜上产生一个推力,使推杆移动并压缩弹簧,当弹簧的反作用力和输入的气压信号在薄膜上产生的推力相等时,推杆稳定在一个新的位置上。输入的气压信号越大,在薄膜上产生的推力就越大，与其平衡的弹簧反作用力也就越大，推杆的位移量也就越大。推杆的位移就是执行机构的直线输出位移，也称行程。

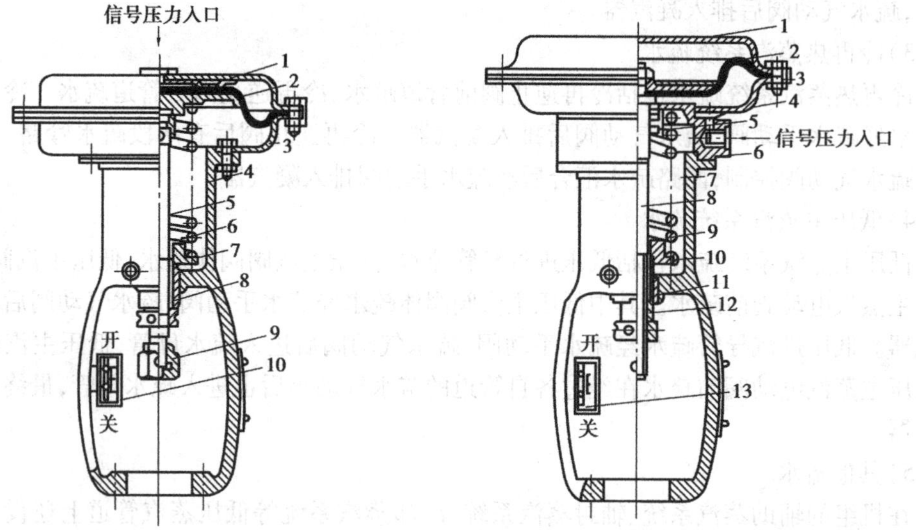

(a) 正作用式（ZMA型）气动薄膜执行机构　　(b) 反作用式（ZMB型）气动薄膜执行机构

图 5.81　气动薄膜执行机构

(a)

1—上膜盖；2—波纹薄膜；3—下膜盖；4—支架；5—推杆；
6—压缩弹簧；7—弹簧座；8—调节件；9—螺母；10—行程标尺

(b)

1—上膜盖；2—波纹薄膜；3—下膜盖；4—密封膜片；5—密封环；6—垫块；7—支架；
8—推杆；9—压缩弹簧；10—弹簧座；11—衬套；12—调节件；13—行程标尺

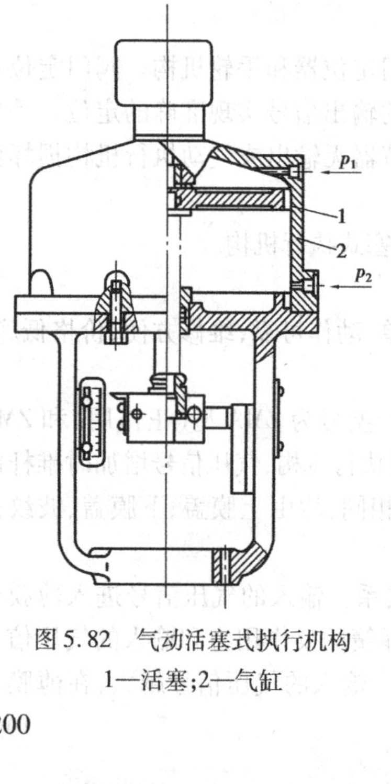

图 5.82　气动活塞式执行机构

1—活塞；2—气缸

气动薄膜执行机构的行程有多种尺寸，薄膜的有效面积有不同的规格，有效面积越大，执行机构的位移和推力也就越大。

2）气动活塞式执行机构

气动活塞式执行机构如图 5.82 所示。它结构简单，动作可靠，是一种较为常用的气动执行机构。

气动活塞式执行机构是由活塞、气缸、标尺等组成。其活塞随着气缸两侧输入的气压信号之差而移动。气缸两侧输入的气压信号或者都是变化量，或者一个是变化量，一个是常量。由于气缸允许输入的气压信号可达 0.5 MPa，又没有弹簧抵消推力，因此产生的推力很大，特别适合高静压、高压差的工艺场合。

这种执行机构的输出特性有两种：一种是比例式的，其推杆的位移和输入的气压信号成比例关系，但这时它必须带有阀门定位器；另一种是双位式的，活塞两侧输入的气压信号之差，把活塞从高压侧推向低压侧，使推杆由一个极端推向另一个极端。

(2)自动疏水器

能够自动排放凝结水并能阻止蒸汽泄漏的设备,称为自动疏水器。其用途是在排除冷凝水的同时,防止蒸汽泄出,减少热量损失,提高热效率。自动疏水器的种类很多,常用的有浮筒式疏水器、钟形浮子式疏水器和偏心热动力式疏水器。

1)浮筒式疏水器

浮筒式疏水器的结构如图5.83所示。图5.84是它的工作原理图。

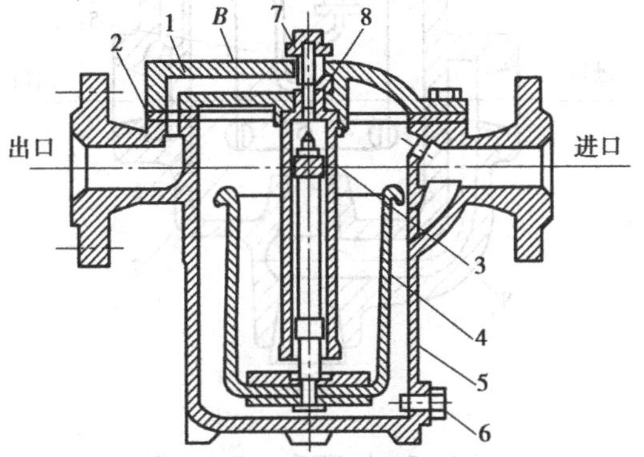

图5.83 浮筒式疏水阀结构

1—上盖;2—垫圈;3—截止阀;4—浮筒;5—壳体;6—塞头;7—调节阀;8—阀套

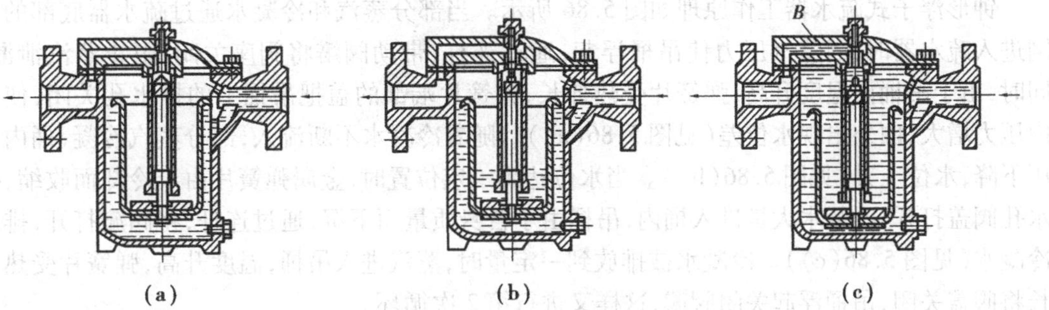

图5.84 浮筒式疏水阀原理图

当冷凝水和部分蒸汽进入疏水器时,由于水的浮力使浮筒上升,截止阀关闭,阻止蒸汽泄漏(见图5.84(a))。随着冷凝水的不断流入,水位逐渐升高,当液面上升到一定高度时,溢入浮筒(见图5.84(b))。当浮筒中冷凝水的质量超过浮筒所受的浮力时,使浮筒下沉,打开截止阀,浮筒中的冷凝水在蒸汽压力下经套管、截止阀和调节阀排出(见图5.84(c))。当排出一定量冷凝水后,浮力又使浮筒重新上升而关闭截止阀,冷凝水不断地流入,又进行第2次循环。由于浮筒内经常保存有一定的冷凝水,且水位高于套管下端,形成水封,蒸汽无法外泄。调节阀用来调节排水时的水流速度,使浮筒缓慢上升,避免产生强烈水击。

有的疏水器在调节阀附近装有直通阀,供运行时泄放空气和排出积聚的冷凝水。*B*处装有观察阀,用来检查疏水器的工作情况。当旋开该阀时,能间歇喷出冷凝水,则工作正常:如有大量蒸汽连续喷泄,则工作状况不佳,应及时调整或修理。

这种疏水器结构可靠,几乎没有蒸汽泄漏,且不需加双滤器,但体积大且笨重。

2)钟形浮子式疏水器

如图 5.85 所示为钟形浮子式疏水器。它由壳体、上盖、阀门、金属双弹簧片、吊桶(即钟形浮子)及连杆等组成。这种疏水器是利用金属弹簧片受热弯曲的特性来阻汽排水的。

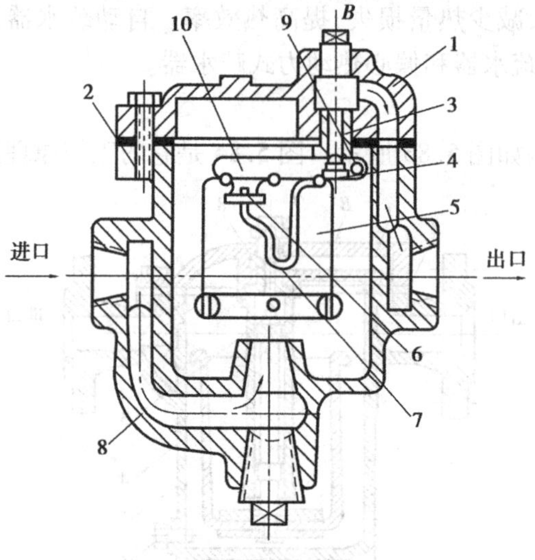

图 5.85 钟形浮子式疏水器

1—上盖;2—垫料圈;3—阀座;4—阀瓣;5—吊桶;6—阀盖;

7—金属双弹簧片;8—壳体;9—吊桶销钉;10—连杆

钟形浮子式疏水器工作原理如图 5.86 所示。当部分蒸汽和冷凝水通过疏水器底部的滤网进入疏水器时,因蒸汽压力使吊桶浮起,通过连杆,带动阀瓣将阀座关闭,阻止蒸汽泄漏。同时,由于吊桶内温度升高,弹簧片受热伸长,弹簧片端部的盖把吊桶上的排水孔关闭,使桶内压力增大,内外出现水位差(见图 5.86(a))。随着冷凝水不断流入,部分蒸汽冷凝,桶内汽压下降,水位上升(见图 5.86(b))。当水位达到一定位置时,金属弹簧片由于冷却而收缩,排水孔阀盖打开,冷凝水大量进入桶内,吊桶由于自身质量而下沉,通过连杆,将阀瓣打开,排出冷凝水(见图 5.86(c))。冷凝水被排放到一定量时,蒸汽进入吊桶,温度升高,弹簧片受热伸长将阀盖关闭,吊桶浮起关闭阀瓣,这样又进行第 2 次循环。

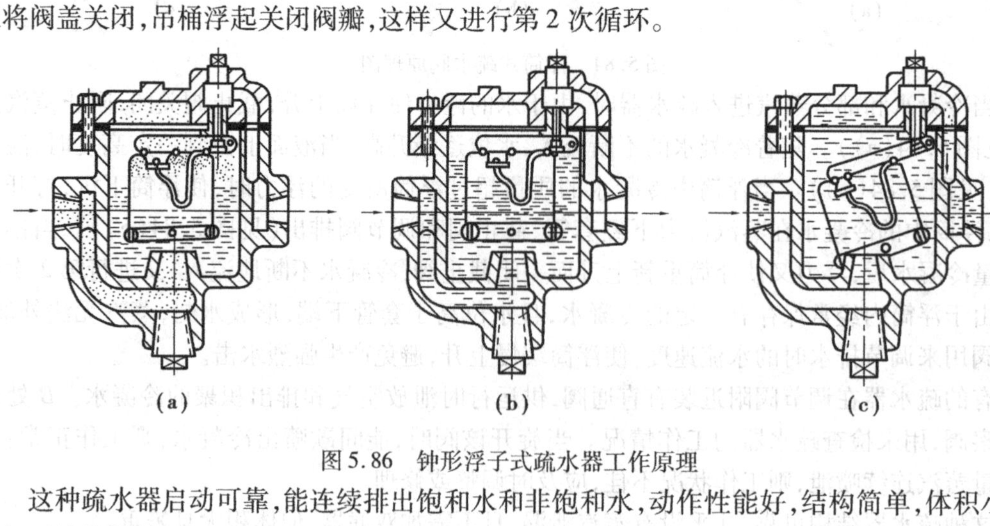

图 5.86 钟形浮子式疏水器工作原理

这种疏水器启动可靠,能连续排出饱和水和非饱和水,动作性能好,结构简单,体积小,但需加强维修保养。

3)偏心热动力式疏水器

如图5.87所示为偏心热动力式疏水器。它主要由壳体、上盖、阀片、阀座滤网等构成,利用热动力学原理来阻汽排水。

当冷凝水由进口处经滤网流入*A*孔,到阀片下方时,由于变压室*D*、环形槽*B*和出口管道*C*中的蒸汽,因温度下降而冷凝使压力降低。在蒸汽压力的作用下,冷凝水顶开阀片,经环形槽*B*,从*C*孔排出。

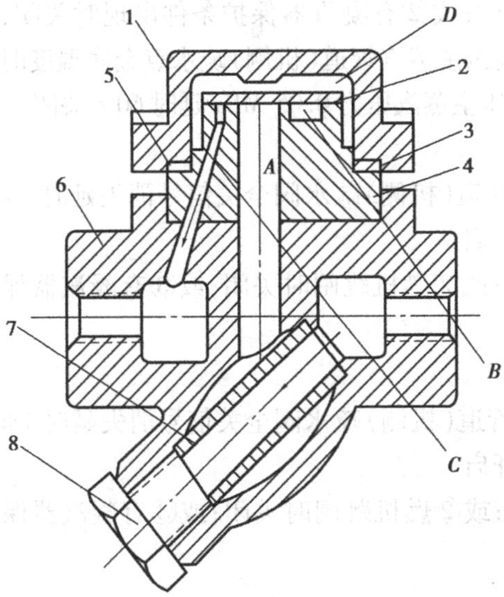

图5.87　偏心热动力式疏水器

1—上盖;2—阀片;3、5—垫片;4—阀座;

6—壳体;7—滤网;8—螺塞

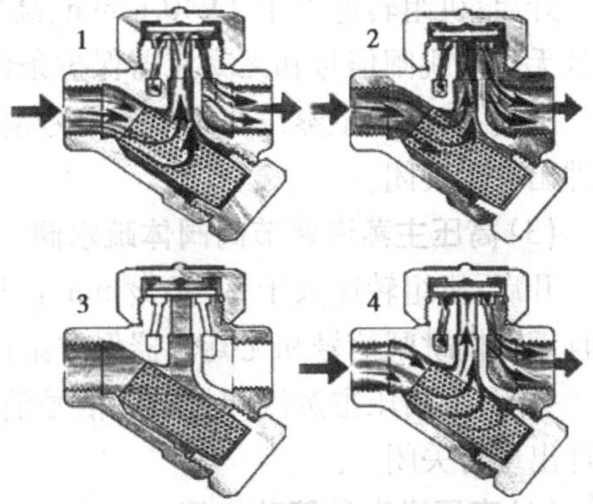

图5.88　偏心热动力式疏水器工作过程

当蒸汽进入疏水器的瞬间,因出口孔*C*比入口孔*A*小,蒸汽遇阻,即沿阀片的边缘进入变压室*D*。由于蒸汽不断流入变压室*D*,使室内压力增大。同时,蒸汽沿环形槽高速流向孔*C*时,根据热动力学原理,将出现一个较周围为负压的区域,导致阀片下方的压力将小于上方的压力,再加上阀片自身的质量,阀片将迅速下落,关闭通道,阻止了蒸汽的继续泄出。由于疏水器的散热,变压室的蒸汽冷凝后,使变压室的压力降低。当冷凝水再次流入疏水器时,再进行上述的循环。其工作过程如图5.88所示。

这种疏水器的性能比较好,疏水量大,结构简单,体积小,使用寿命长,维修比较方便。

5.14.3　系统运行

一般来说,在机组启动前,确认凝汽器运行正常并建立一定真空后,由控制系统自动开启各疏水支管的气动疏水阀。当机组充分暖管或带一定负荷后,控制系统按高压、中压、低压的顺序依次关闭各蒸汽管道气动疏水阀。而停机或降负荷时,自动控制系统将依次开启低压、中、高压段各气动疏水阀。

汽轮机事故停机时,各气动疏水阀自动打开。当自动开启失效时,运行人员应手动开启疏水阀。特别是当汽轮机跳闸甩负荷后需尽快再起机时,运行人员必须根据实际情况判明是否应开启或关闭高压主汽管、高中压缸的气动疏水阀,以免因主蒸汽系统压力波动引起主蒸汽管道的急剧冷却及造成汽缸上下温差过大等故障,从而损害设备。

下面为某电厂三菱 F 级燃气联合循环机组的疏水系统运行规则,供参考。

(1)高压主蒸汽管道(机侧)疏水阀

开启:①点火后,无凝汽器保护条件出现且高压主蒸汽压力大于 0.3 MPa,且当前高压主蒸汽压力对应饱和温度大于高压主蒸汽管道(机侧)疏水点金属温度时开启;或②点火后,无凝汽器保护条件出现且高压主蒸汽压力上升超过点火时高压主蒸汽压力 0.05 MPa 时开启。

关闭:①高压主蒸汽调节阀全关信号消失时关闭;或②有凝汽器保护条件出现时关闭;或③点火后,当前高压主蒸汽压力对应饱和温度低于高压主蒸汽管道(机侧)疏水点金属温度时关闭;或④点火后,高压主蒸汽压力上升超过点火时高压主蒸汽压力 0.05 MPa 延时 60 s 关闭。

(2)高压主汽阀阀体疏水阀

开启:机组转速大于 2 940 r/min、高压主蒸汽管道(机侧)疏水阀全关信号消失延时 180 s 后且无燃机跳闸信号和无凝汽器保护条件出现时开启。

关闭:①高压主蒸汽调阀全关信号消失时关闭;或②燃机跳闸时关闭;或③有凝汽器保护条件出现时关闭。

(3)高压主蒸汽调节阀阀体疏水阀

开启:机组转速大于 2 940 r/min、高压主蒸汽管道(机侧)疏水阀全关信号消失延时 180 s 后且无燃机跳闸信号和无凝汽器保护条件出现时开启。

关闭:①高压主蒸汽调阀全关信号消失时关闭;或②燃机跳闸时关闭;或③有凝汽器保护条件出现时关闭。

(4)高压进汽导管疏水阀

开启:中压进汽压力小于 0.57 MPa 时开启。

关闭:中压进汽压力大于 0.74 MPa 时关闭。

(5)冷再逆止阀前疏水阀

开启:①冷再逆止阀关闭时开启;或②燃机跳闸时开启。

关闭:冷再逆止阀开启且无燃机跳闸信号时关闭。

(6)高、中压缸缸体疏水阀

开启:中压进汽压力小于 0.57 MPa 时开启。

关闭:中压进汽压力大于 0.74 MPa 时关闭。

(7)再热主蒸汽机侧疏水阀

开启:①点火后,再热主蒸汽压力大于 0.2 MPa,且无再热主蒸汽机侧疏水阀自动不可用信号,且无凝汽器保护条件出现时开启;或②点火后,中压过热器出口蒸汽压力上升超过点火时中压过热器出口蒸汽压力 0.05 MPa,并且无凝汽器保护条件出现时开启;或③APS 启动时,机组点火后无凝汽器保护条件出现时开启。

关闭:①中压主蒸汽调节阀全关信号消失且无再热主蒸汽机侧疏水阀自动不可用信号时关闭;或②点火后,中压过热器出口蒸汽压力上升超过点火时中压过热器出口蒸汽压力 0.05 MPa并延时 60 s 关闭;或③有凝汽器保护条件出现时关闭。

(8)中压主蒸汽阀阀体疏水阀

开启:机组转速大于 2 940 r/min、中压主汽阀前疏水阀全关信号消失延时 180 s 后且无燃机跳闸信号和无凝汽器保护条件出现时开启。

关闭:①中压主蒸汽调节阀全关信号消失时关闭;或②燃机跳闸时关闭;或③有凝汽器保护条件出现时关闭。

(9)中压进汽导管疏水阀

开启:中压进汽压力小于0.57 MPa时开启。

关闭:中压进汽压力大于0.74 MPa时关闭。

(10)冷再蒸汽管道#1疏水阀

开启:点火后,#1再热器入口蒸汽压力大于0.2 MPa且当前冷再供辅助蒸汽压力对应饱和温度大于冷再蒸汽管道#1疏水点金属温度且无凝汽器保护条件出现时开启。

关闭:点火后,无自动开阀信号且当前冷再供辅助蒸汽压力对应饱和温度小于冷再蒸汽管道#1疏水点金属温度时关闭。

(11)冷再蒸汽管道#2疏水阀

开启:①点火后,#1再热器入口蒸汽压力大于0.2 MPa,且#1再热器入口蒸汽温度小于其压力对应的饱和温度且无凝汽器保护条件出现时开启;或②冷再蒸汽管道疏水器液位高且无凝汽器保护条件出现时开启。

关闭:①点火后,#1再热器入口蒸汽温度大于其压力对应的饱和温度且无自动开阀信号时关闭;或②冷再蒸汽管道疏水器液位低且无自动开阀信号时关闭;或③有凝汽器保护条件出现且无自动开阀信号时关闭。

(12)低压主蒸汽电动阀前疏水阀

开启:点火后,低压主蒸汽压力大于0.2 MPa,且低压主蒸汽电动阀全关,且无凝汽器保护条件出现时开启。

关闭:①低压主蒸汽电动阀关闭信号消失时关闭;或②有凝汽器保护条件出现时关闭。

(13)低压主汽阀前疏水阀

开启:无凝汽器保护条件出现且低压缸冷却蒸汽电动阀全关信号消失,凝汽器真空小于-87 kPa,低压主蒸汽调节阀全关时开启。

关闭:①有凝汽器保护条件出现时关闭;或②低压主蒸汽调节阀全关信号消失时关闭。

(14)低压主蒸汽阀阀体疏水阀

开启:机组选择正常模式发启机令后无燃机跳闸信号和无凝汽器保护条件出现,且低压主蒸汽调节阀全关时开启。

关闭:①燃机跳闸时关闭;或②有凝汽器保护条件出现时关闭;或③低压主蒸汽调节阀全关信号消失时关闭。

(15)低压进汽导管疏水阀

开启:燃机跳闸时开启。

关闭:低压主蒸汽调阀全关信号消失延时120 s后关闭。

5.15　轴封蒸汽系统

在汽轮机启动、停止和运行时,轴封蒸汽系统向轴封提供连续不断的密封蒸汽,防止高、中压缸内蒸汽向外泄漏,使汽轮机效率降低,同时防止空气漏入低压汽缸,使机组真空恶化。

除此之外,轴封蒸汽系统还具有回收汽轮机轴封和汽轮机主汽阀、调节阀的阀杆漏汽,加热凝结水等功能。

5.15.1 轴封密封原理

汽轮机在启动和低负荷(一般在30%额定负荷以下)时,由于汽轮机高、中、低压缸内部压力较低,轴封蒸汽系统向高、中、低压缸轴封处(*A* 腔室)提供的蒸汽一部分进入汽缸内,另一部分蒸汽进入与轴封加热器相通的 *B* 腔室,如图 5.89 所示。此时,进入 *B* 腔室的蒸汽与大气侧漏入 *B* 腔室的空气形成蒸汽-空气混合物被轴封风机抽至轴封加热器,以防止空气进入汽轮机,起到密封作用。

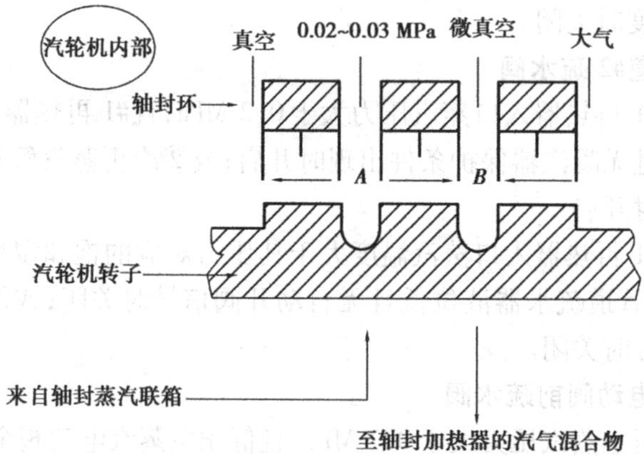

图 5.89 启动和低负荷时轴封密封原理图

当汽轮机负荷在30%以上时(见图 5.90),高、中压缸排汽端的蒸汽压力相对较高,蒸汽向 *A* 腔室泄漏后,一部分流向轴封蒸汽母管,经减温后向低压轴封处提供密封蒸汽;另一部分经密封齿泄漏至 *B* 腔室,在 *B* 腔室形成的蒸汽-空气混合物被轴封风机抽至轴封加热器,汽轮机轴封蒸汽实现自密封。

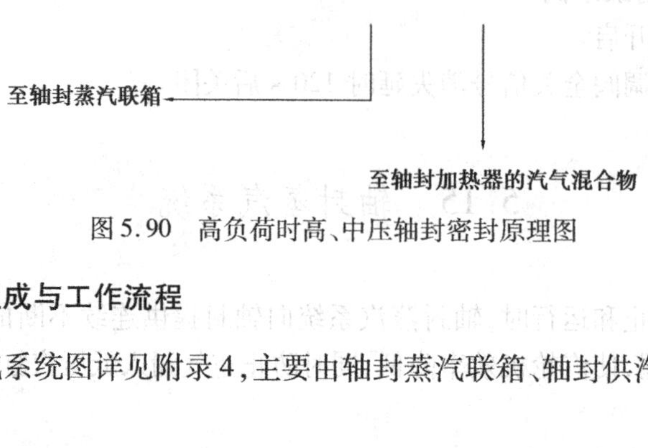

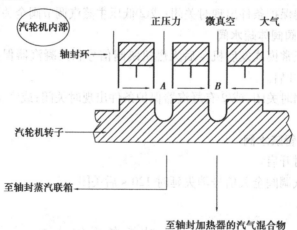

图 5.90 高负荷时高、中压轴封密封原理图

5.15.2 系统组成与工作流程

汽轮机轴封蒸汽系统图详见附录 4,主要由轴封蒸汽联箱、轴封供汽调节阀、溢流阀、低压

轴封减温水调节阀、轴封加热器、轴封风机及自动疏水器等组成。

在机组启动,停机或者低负荷运行阶段,轴封蒸汽系统的工作汽源由辅助蒸汽联箱提供,蒸汽通过轴封供汽调节阀进入轴封蒸汽联箱,然后分别提供给高中压轴封和低压轴封。其工作流程如图5.91所示。

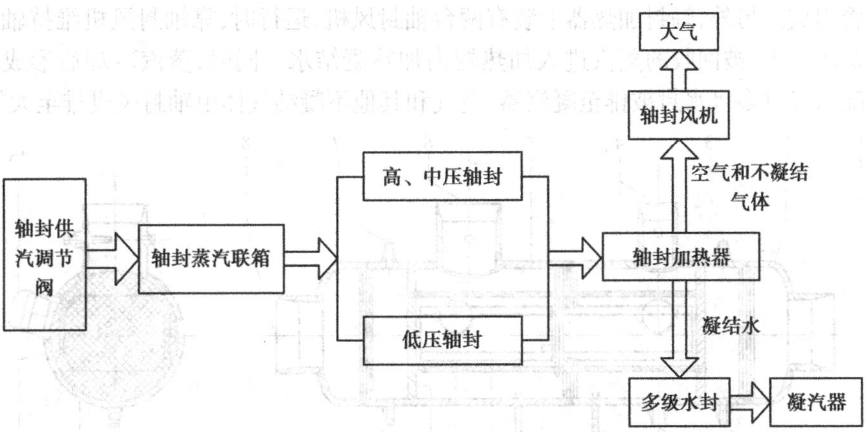

图5.91 启动、低负荷下,轴封蒸汽系统工作流程图

随着汽轮机负荷增加到30%时,高、中压缸轴端汽封的漏汽进入轴封蒸汽联箱,再经喷水减温后作为低压轴封的供汽;当机组的负荷继续增加,高、中压缸轴端的漏气量将超过低压轴封所需的蒸汽量,轴封供汽调节阀自动关闭,溢流阀自动打开,将多余的蒸汽溢流至凝汽器,至此,轴封蒸汽系统进入自密封状态。其工作流程如图5.92所示。

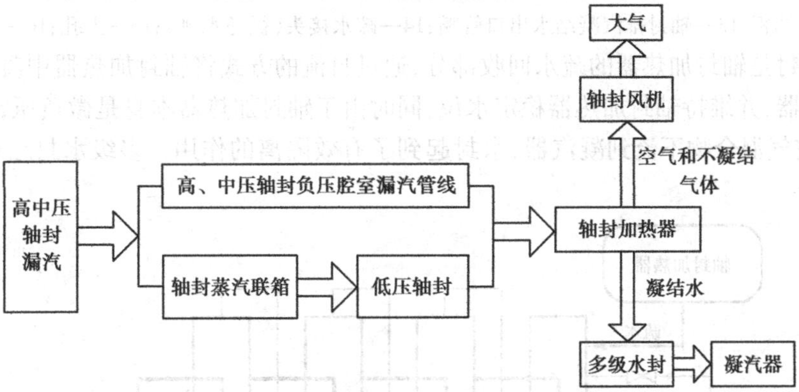

图5.92 轴封蒸汽系统自密封工作流程图

5.15.3 系统主要设备介绍

轴封蒸汽系统主要设备包括轴封、轴封蒸汽联箱、轴封加热器及主要阀门等。轴封的结构形式详见本教材第4章汽轮机结构介绍。

(1)轴封蒸汽联箱

轴封蒸汽联箱上装有温度、压力测量元件,用以监测联箱内蒸汽温度和压力;联箱顶部装有安全阀,当联箱压力超压时,快速释放压力,保证系统设备安全;联箱底部、联箱汽源管线和供汽管线均装有自动疏水器。

(2)轴封加热器

轴封加热器是用来回收轴封腔室漏汽和主汽阀、调节阀阀杆漏汽的热量,加热凝结水;因轴封腔室的漏汽和相关阀杆的漏汽受到主凝结水的冷却,故轴封加热器又称作轴封蒸汽冷却器。

系统设置一台100%容量的轴封加热器,结构如图5.93所示。它主要由壳体、进出口水室和热交换管组成。另外,轴封加热器上装有两台轴封风机,运行时,靠轴封风机维持轴封加热器壳体为微负压状态,被回收的蒸汽进入加热器内加热凝结水。同时,蒸汽冷却后形成的凝结水通过壳体疏水经过多级水封被排至凝汽器,空气和其他不凝结气体由轴封风机排至大气。

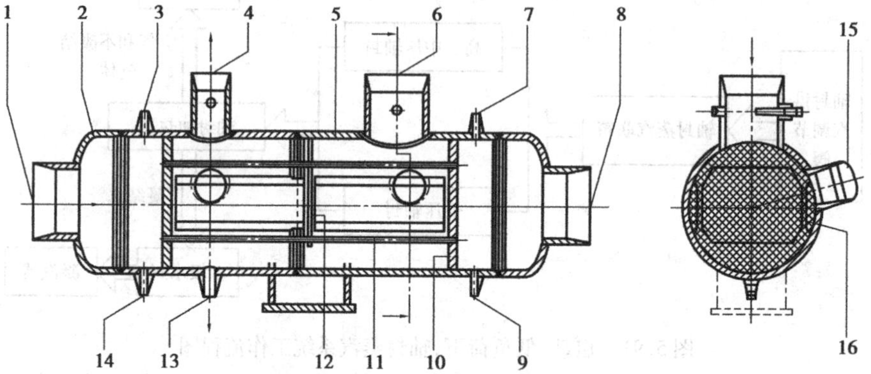

图5.93 轴封加热器结构图

1—凝结水进口管嘴;2—水箱;3—排气接头-循环水侧;4—空气和未凝结的轴封排汽的出口管;5—凝汽器外壳;6—轴封排汽/空气混合物的进口管嘴;7—排气接头(循环水侧);8—凝结水出口管嘴;9—疏水接头(循环水侧);10—管板;11—凝汽器管子;12—挡板;13—轴封排汽凝结水出口管嘴;14—疏水接头(循环水侧);15—人孔;16—导板

多级水封是轴封加热器的疏水回收部分,通过自流的方式将轴封加热器中凝结的疏水及时排到凝汽器,并维持轴封加热器稳定水位,同时由于轴封加热器本身是微负压,保证加热器内的蒸汽-空气混合物不流到凝汽器,水封起到了有效隔离的作用。多级水封结构如图5.94所示。

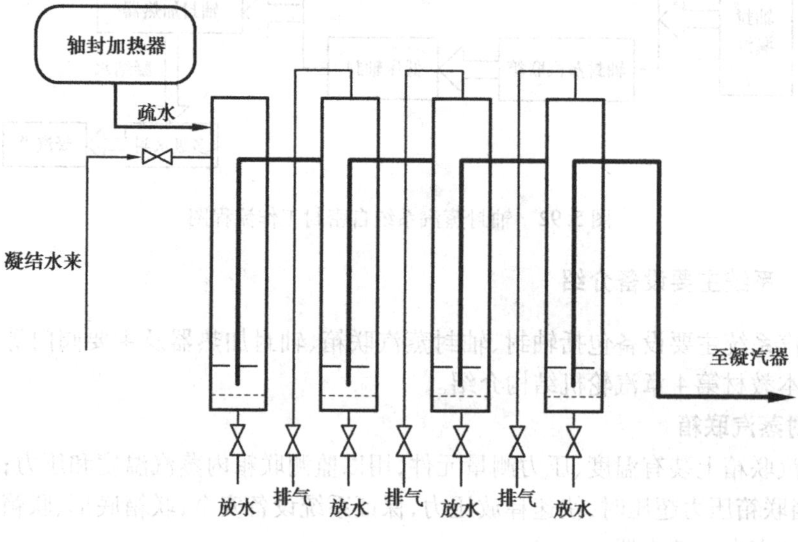

图5.94 多级水封结构示意图

(3)主要阀门

①轴封供汽调节阀。在轴封系统启停过程中，通过此阀向轴封蒸汽联箱提供参数稳定的蒸汽；机组正常运行时，该阀根据轴封蒸汽联箱压力自动调整开度，以维持轴封蒸汽联箱压力在设定值。

②主蒸汽供轴封用汽调节阀。该调节阀管路主要考虑单机运行时机组突然跳闸，无辅助蒸汽汽源或者辅助蒸汽汽源参数不合格时，依靠主蒸汽的余汽向轴封供汽，防止轴封断汽；同时作为轴封蒸汽联箱的备用汽源，这一路汽源由于压力和温度都非常高，使用时须格外注意。

③轴封蒸汽溢流阀。该阀为了稳定轴封蒸汽联箱蒸汽压力而设置，根据轴封蒸汽联箱压力自动调整阀位，将联箱内多余的蒸汽排至凝汽器。

④低压轴封蒸汽减温水调节阀。作用是降低轴封蒸汽的温度，使低压轴封蒸汽温度与低压轴封处的金属温度相匹配；该阀通过与低压轴封处布置的两个热电偶测得温度作比较，自动调整该阀开大或关小，低压轴封温度一般维持为120～179 ℃，减温水来自凝结水。

5.15.4 系统运行

轴封蒸汽系统运行包括系统投运、停运及注意事项。

(1)系统投运

系统投运前，须确认系统管线相关阀位、电气、仪表等设备符合系统投运条件；与轴封蒸汽系统相关的其他系统必须满足条件，如压缩空气系统、辅助蒸汽系统、凝结水系统、循环水系统、盘车系统等均已投运且运行正常，同时真空系统具备投运条件。

完成系统投运前的检查和准备后，首先对系统疏水和暖管，投运轴封风机，待疏水和暖管完毕后，开启轴封供汽调节阀向轴封蒸汽联箱提供参数稳定的蒸汽，联箱内蒸汽分别向汽轮机高、中压合缸两端和低压缸两端轴封提供连续不断的密封蒸汽；将低压轴封减温水调节阀和轴封溢流阀投入自动状态。

(2)系统停运

确认机组真空系统停运，真空降为零后，才允许停运本系统。停运过程为：切断轴封蒸汽联箱汽源，退出减温水，对系统疏水，使辅助蒸汽联箱压力降至常压，停运轴封风机。

(3)系统运行注意事项

①系统投运前必须充分暖管和疏水，以免轴封蒸汽带水，导致轴封处金属热变形。

②投运时，密切监视凝汽器压力，防止轴封蒸汽压力过高，大气安全阀破裂。

③运行过程中，密切监视轴封蒸汽压力，防止轴封蒸汽压力过高，损坏密封齿以及滑油进水。

④机组停机后，真空到零才能停运轴封蒸汽系统，否则冷空气将从轴端进入汽缸，使转子和汽缸局部冷却，严重时会造成轴封摩擦或汽缸变形。

5.15.5 系统常见故障及处理

轴封蒸汽压力、温度异常均会对机组的安全性和经济性造成严重影响。当轴封蒸汽压力过高时，对轴封处密封齿造成损坏，使密封效果变差，当压力过低时，轴封密封变差，导致真空下降；而轴封蒸汽温度过高或过低，都会导致轴封处金属温度变化过大，发生热变形。

(1)轴封蒸汽压力高

故障现象：轴封蒸汽压力高，发出报警；当压力超过联箱安全阀的整定值时，安全阀自动打开,能听到明显的排汽声音,高、中压轴封处还可能有蒸汽漏出。

原因分析:

①轴封供汽调节阀、主蒸汽供轴封用汽调节阀异常。

②高、中压轴封齿损坏,导致漏入轴封蒸汽系统的蒸汽量过大。

③轴封溢流调节阀异常。

④压力变送器故障,导致压力高报警。

处理方法:

①检查轴封溢流调节阀位置正常全开,否则手动打开,必要时打开溢流管道旁路电动阀。

②检查轴封供汽调节阀和主蒸汽供轴封用汽调节阀位置正常全关,否则手动关闭。

③经上述处理后仍不能回到正常值的情况,有可能轴封齿损坏,可先启动备用轴封风机,防止轴封漏汽过多进入滑油系统,然后进一步检查轴封和机组参数有无异常,作出相应处理。

④通过就地压力表判断压力变送器是否故障,若故障则及时处理。

(2)轴封蒸汽压力低

故障现象:轴封蒸汽压力低,发出报警;伴随凝汽器真空下降。

原因分析:

①轴封供汽汽源中断。

②轴封蒸汽系统蒸汽管线泄漏,安全阀漏汽或误动。

③轴封溢流阀调节异常,溢流旁路阀误开。

④压力变送器故障,导致压力低误报警。

处理方法:

①机组若在启停过程时,应确认轴封蒸汽汽源是否正常,及时手动调节轴封蒸汽供汽调节阀开度,关闭溢流阀,恢复轴封联箱压力正常,机组若在正常运行时,还应密切监视凝汽器真空。

②就地检查轴封系统管线有无泄漏,如果泄漏过大无法隔离,或轴封压力不能维持正常运行,则应及时停机处理。

③检查本系统各处疏水阀位置是否正确,将位置错误的阀门调整到正确位置,系统管路设备有无泄漏,发现漏点后,能安全隔离的尽快隔离。

④通过就地压力表判断压力变送器是否故障,若故障则及时处理。

(3)轴封蒸汽温度低

故障现象:轴封蒸汽温度下降,当低于正常值时,发出报警。

原因分析:

①轴封汽源带水,温度过低。

②疏水或暖管不充分。

③热电偶故障,测量出现偏差,导致温度低报警。

处理方法:

①及时检查轴封蒸汽汽源温度,提高汽源温度,恢复正常值,必要时应打开轴封蒸汽系统相应疏水阀。

②若轴封蒸汽汽源温度正常,则可能因系统启动时系统疏水或暖管不充分导致,应打开轴封蒸汽系统各处相应疏水阀,排出系统积水。

③通过就地温度表判断温度变送器是否故障,若故障则及时处理。

5.16　凝结水系统

凝结水系统的作用是凝结汽轮机的排汽和收集其他系统的疏水，并经凝结水泵升压后送往余热锅炉给水加热器。此外，凝结水系统还供给其他设备的密封水和减温水、辅助系统的补充水。

5.16.1　系统组成与工作流程

凝结水系统主要由凝汽器、凝结水泵、凝结水再循环阀等设备组成，其系统图见附录4。自汽轮机排汽口和旁路管道来的蒸汽，经过凝汽器换热面冷却后凝结成水进入热井，再通过凝结水泵送往余热锅炉给水加热器。这个过程中，凝结水顺序流经以下设备：凝汽器热井、凝结水泵进口电动阀、凝结水泵进口滤网、凝结水泵、凝结水泵出口逆止阀、凝结水泵出口电动阀、凝结水流量测量装置、轴封加热器，如图5.95所示。

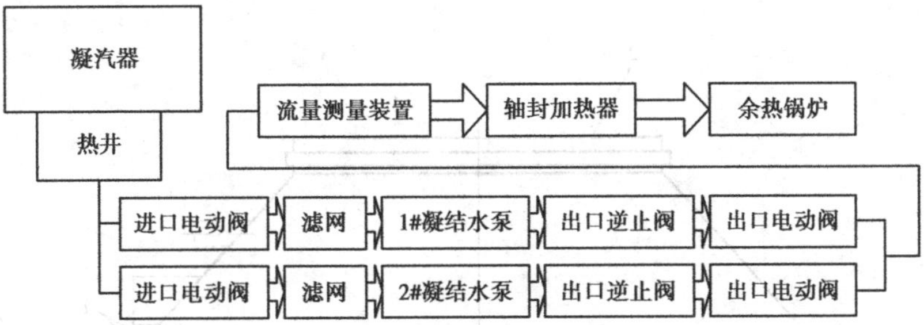

图5.95　凝结水流主程图

凝结水流量测量装置下游的管道上装有加药管和取样管。加药管用于加入联氨和氨水，联氨用以去掉在凝结水中残余的氧气，而氨水用以调节系统中的酸碱度。抽样管道则用于在线和人工监测凝结水水质。

凝结水系统除了提供锅炉的给水外，还向机组部分设备提供减温水和密封水，如图5.96所示。密封水联箱的压力由稳压阀控制，以保证密封水的密封效果。稳压阀的溢流排回凝汽器。

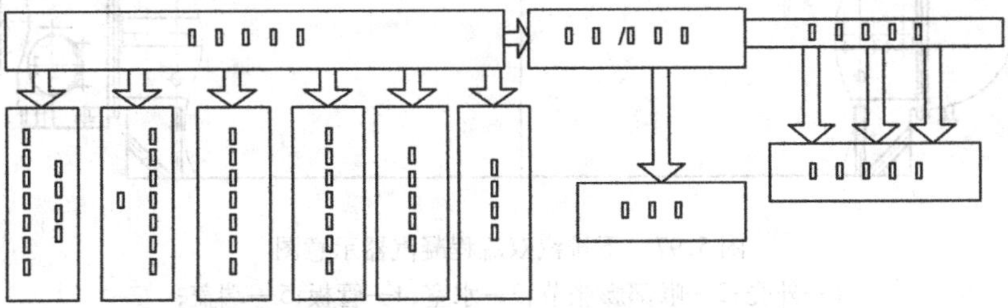

图5.96　凝结水的其他用途

补水管道在运行中为凝汽器提供除盐水以补充机组的工质损耗，或者在机组投运前为机组补水。补水来自除盐水箱，由两条支路向凝汽器补水：

①补水主路。在运行中为机组提供正常补水之用，补水量由气动调节阀调节，在运行中，根据凝汽器的两个水位传感器，调整补水阀的开度，稳定热井水位。

②补水旁路。作为补水主路的备用和紧急补水之用。

5.16.2　系统主要设备介绍

凝结水系统主要设备有凝汽器、凝结水泵、凝结水再循环阀及凝汽器检漏装置等。

(1)凝汽器

凝汽器是将汽轮机排汽冷凝成水,并在其中形成真空的热交换器。M701F 机组采用的是表面式、双流程、带除氧功能的下排汽式凝汽器。

如图 5.97 所示,凝汽器是一个带有缩放喉部的箱型热交换器,安装在汽轮机排气口下方的固定基座上,通过喉部的膨胀节 2 与汽轮机排气口连接,膨胀节可吸收凝汽器水平和垂直方向的膨胀。凝汽器两端连接着形成水室的端盖,端盖与外壳之间装有端部管板 4。管板装有一定数量的热交换管 9,热交换管连接两端管板,使得两端水室相通,并和凝汽器的汽室相隔开来。在汽轮机中做完功的乏汽从喉部进入凝汽器并从上往下地流过热交换管的外面,并与管内的循环水进行热交换,蒸汽被冷凝成水汇集到凝汽器底部的热井。凝汽器壳体和热井由碳钢制成,热交换管则一般采用铜、不锈钢或者钛等不易腐蚀材料,以延长使用寿命。凝汽器的内表面衬有橡胶并装有牺牲阳极保护系统,用电化学效应来降低凝汽器金属材料的腐蚀。

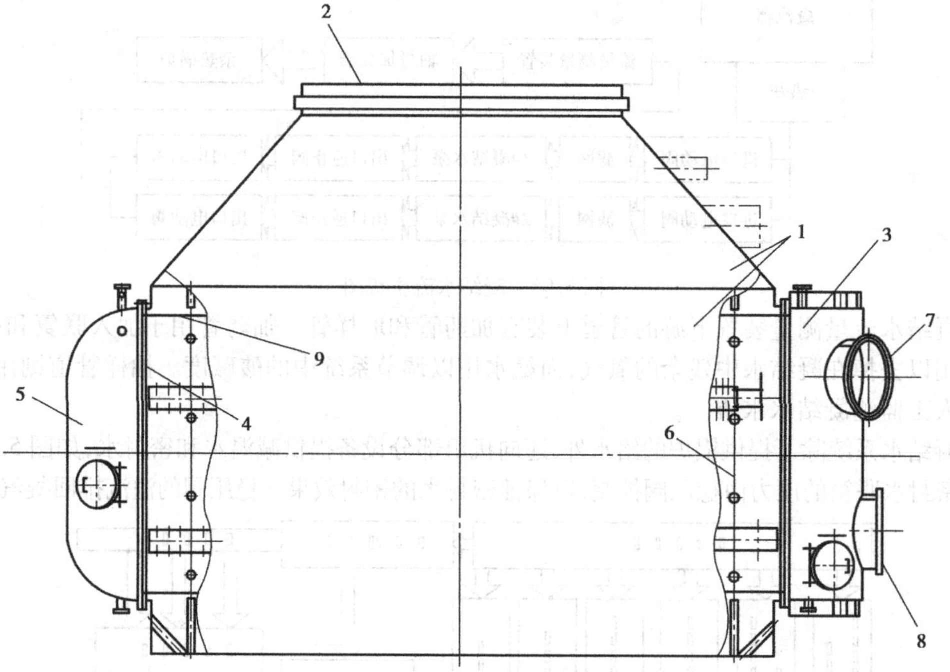

图 5.97　下排汽双流程凝汽器示意图

1—外壳;2—喉部膨胀节;3—水室;4—管板;5—端盖;

6—热交换管支撑板;7—循环水进水管;8—循环水出水管;9—热交换管

凝汽器在负压条件下运行,当背压过高时会影响设备安全。故在与凝汽器相连的汽轮机低压汽缸壳体上装有大气安全阀。当凝汽器超压时,大气安全阀上破裂片会破裂,释放凝汽器的压力,在发生紧急情况时也可以通过敲破破裂片以快速破坏真空。

凝汽器底部设置有热井以收集凝结水,凝结水泵入口管接在热井的底部,利用热井的水位高度提高凝结水泵入口静压,以防止凝结水泵入口汽化,对叶轮造成汽蚀。

联合循环的汽水循环中常漏入少量的不凝结气体,这些不凝结气体会汇集到凝汽器中,影响其换热效率,为此,真空系统将凝汽器中不凝结气体抽出,详见真空系统介绍。

凝结水中溶有氧气等气体,会对设备造成腐蚀,影响设备寿命。M701F联合循环机组利用凝汽器来进行热力除氧。凝汽器除氧的原理是:在封闭容器中,气体的溶解度与其分压力成正比。随着凝结水状态向饱和状态靠近,水蒸气的分压力会越来越大,而氧气的分压力则会越来越小。在饱和条件下,氧气的分压力降低到接近零,凝结水中溶解的氧气从水中逸出,水中溶氧会降到接近零,从而达到去除水中溶氧的目的。

(2)凝结水泵

凝结水泵作用是将热井中的凝结水抽出,加压后送往余热锅炉等凝结水用户,以维持机组的汽水循环。

凝结水泵在接近凝结水的饱和状态下工作,为防止泵发生汽蚀,除提高泵的入口静压外,还可采用以下方法以防止汽蚀的发生和减少其带来的危害:

①采用多级离心泵。

②叶轮材料采用铜或者不锈钢等抗汽蚀材料。

③采用筒袋泵,筒袋泵的进出口都在上端,第1级叶轮处在泵的底端,提高泵入口的倒灌高度,从而提高泵入口静压,减少汽蚀发生概率。

④首级设置前置诱导叶轮,使得凝结水在进入叶轮前就有一个旋转的速度,降低净正吸入压力,如图5.98所示。

⑤首级叶轮采用双吸结构和较宽的吸入口,以保持较低的入口流速,如图5.99所示。

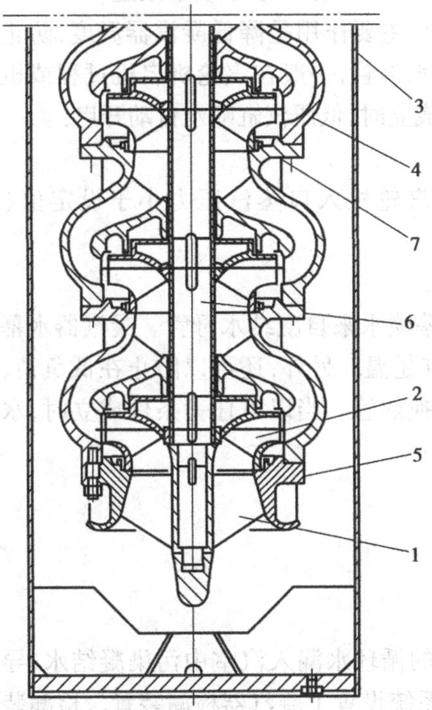

图5.98 前置诱导叶轮

1—首级诱导叶轮;2—首级叶片;3—外筒体;4—导叶壳体;5—进水喇叭;6—轴;7—口环

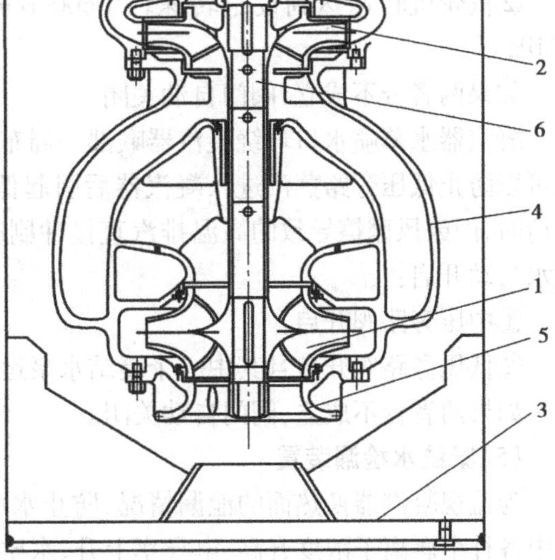

图5.99 首级双吸结构

1—首级叶轮;2—次级叶轮;3—外筒体;4—首级涡轮壳体;5—进水喇叭;6—轴

⑥在泵的轴封处装设平衡管,平衡管的另一端接到凝汽器汽室,以在运行中抽出泵内的汽体。

凝结水泵负荷大、工况多变,为了监测泵体和电机的状态,在泵体和电机上安装有温度传感器。其中,电机定子绕组上安装有6个温度传感器,当温度达到报警值时,系统发出定子温度高报警,温度达到跳闸值,且设定时间内没有恢复正常,系统发出跳泵指令;凝结水泵上、下轴承和推力轴承上各安装有一个温度探头,通过对轴承温度的检测,监视泵的运行状态,当温度达到高值时,发出温度高报警,当温度达到高高值时,发出跳泵指令。

某电厂采用一备一用的两台100%容量的凝结水泵,型号是NLT250-370×8,为筒袋型立式多级离心泵,出口管径为250 mm,叶轮名义直径为370 mm,共有8级叶轮。首级叶片采用不锈钢材料并装有前置诱导叶轮。

(3)凝结水再循环阀

为了保证凝结水泵最小流量,防止凝结水泵打闷泵,并保证有一定量的凝结水通过轴封加热器以避免轴封加热器超温,在轴封加热器出口设有再循环阀。当凝结水母管流量低于设定值时,再循环阀开启,将一部分的水放回凝汽器,提高凝结水泵和轴封加热器的流量。

再循环阀前后压差大,阀后压力接近凝汽器压力,阀芯处极易发生汽化现象,对阀门造成汽蚀破坏,为了保护该阀门,除了选择抗汽蚀特性好的阀门外,还应避免该阀门在小开度运行。

(4)低压汽缸喷水和水幕喷水

为了防止凝汽器超温,M701F机组设置有低压汽缸喷水减温和水幕喷水减温。

低压汽缸喷水减温的喷水口设在低压汽缸排汽口,主要作用是降低凝汽器温度,防止凝汽器热管端口受热膨胀变形,低压汽缸喷水来自凝结水母管,一般在汽轮机启机过程或机组低负荷、低压汽缸温度较高时使用。当以下任一条件成立时,低压汽缸喷水自动开启:

①低压排汽温度过高(约70 ℃)。

②汽轮机转速达到设定转速(约600 r/min)且汽轮机入口蒸汽压力小于设定值(约3 MPa)。

如果两者皆不成立,阀门自动关闭。

凝汽器水幕喷水口环绕凝汽器喉部一周布置,水幕喷水来自凝结水母管。凝汽器水幕喷水可以防止低压旁路蒸汽进入凝汽器后引起低压汽缸超温。另外,还可以防止在低负荷、空负荷时,因鼓风摩擦导致的高温排汽直接冲刷凝汽器换热管。当以下任一条件成立时,水幕喷水自动开启:

①中压旁路阀开启。

②低压旁路阀开启且其中一个凝结水泵运行。

如果两者皆不成立,阀门自动关闭。

(5)凝结水检漏装置

为监视凝汽器换热面的泄漏情况,防止水质较差的循环水漏入汽室中污染凝结水,导致水中各种金属离子浓度升高、电导率上升、水质恶化,系统设置了凝汽器检漏装置。检漏装置将凝结水从凝汽器热井中抽出并监测其电导率,当检漏装置测得电导率超过设定值时,发出报警信号。

5.16.3 系统主要保护设置

为了检测凝结水系统的运行状态，在凝结水系统内布置有热控探头，在系统异常时发出报警信号或者保护指令。

(1)凝汽器压力监测元件

凝汽器压力不仅是机组安全运行的重要保护参数，也是机组经济运行的重要监控参数，因此，M701F联合循环机组的凝汽器上设置有5个压力开关和两个压力变送器，以监测凝汽器压力。其中，3个压力开关用于真空低跳闸保护，动作设定值为-74 kPa左右(三选二)；另两个压力开关则用于保护凝汽器，其中一个压力开关设定值为-87 kPa左右，用于真空低报警，另一个压力开关设定值为-56 kPa左右，当凝汽器压力高于此设定值时，关闭高压旁路阀以及通往凝汽器的疏水阀。两个压力变送器用于实时监测凝汽器真空。

(2)凝汽器热井水位监测元件

系统设置了两个水位监测元件监视热井水位，以防止凝汽器热井水位异常影响凝汽器的工作效率和凝结水泵的安全运行。水位监测元件参与热井水位调节。在运行中，凝汽器水位被控制在一个设定的正常值附近，若凝汽器实际水位比正常值高150 mm左右，发出凝汽器水位高报警；若实际水位比正常值低150 mm左右，则发出凝汽器水位低报警，设定时间内报警未复位，发出凝结水泵跳泵指令。

(3)凝结水温度监测元件

在一定的凝汽器背压下，凝结水温能反映凝汽器的工作效率：凝结水温高，循环水带走的热量少，机组经济性好；凝结水温低，则循环水带走的热量多，机组经济性差。凝结水系统上装有3个温度监测元件，以监视凝结水温度，其中一个安装在凝汽器热井，另一个安装在凝结水泵的入口管道，第3个安装在轴封加热器出口管道。

(4)凝结水压力监测元件

为监测凝结水系统管道上的压力，系统设置了两个压力低开关和一个压力变送器。两个压力低开关分别安装在两台凝结水泵的出口管道上，监测凝结水泵的出口压力，在压力低至设定值时，发出凝结水泵出口压力低报警；压力变送器安装在凝结水母管上，当母管压力低于设定值时，切换至备用泵运行。

(5)凝结水母管流量检测元件

为了检测凝结母管的流量，在母管上安装了流量监测元件。该测量元件参与凝结水再循环阀的调节。

(6)凝结水泵入口滤网压差检测元件

为了防止凝结水泵入口滤网过于脏污，影响泵的入口静压，每台凝结水泵的入口过滤网都装有压差传感器。当滤网压差到达设定值时应清洗或者更换滤网。

5.16.4 系统运行

凝结水系统运行是将系统的各设备按一定次序投入正常运行状态，为机组提供水质和参数都满足要求的凝结水，以维持机组的汽水循环和设备的正常运行。

(1)凝结水系统投运

凝结水系统投运前，应检查确认系统管线阀位具备投运条件；系统有关动力电源、控制电源及仪表电源已送上，所有仪表已投入在线运行；与凝结水系统相关除盐水、压缩空气系统已正常工作。若是检修之后的第一次投运，则投运前应先给凝汽器上水，并给凝结水泵和凝结水管道充水放气。

投运前准备工作完成后，启动凝结水泵，确认泵和系统各参数正常，凝结水再循环阀动作正常；压力稳定后，将备用泵连锁保护投入。

凝结水系统投入运行后，重点监视凝汽器水位、凝结水泵电流、轴承温度、油位、给水调节阀、凝结水再循环阀的开度等参数。

(2)凝结水系统停运

确认机组已停运，轴封系统、真空系统已退出，所有凝结水用户已满足停运要求后，停运凝结水泵，现场检查阀门动作正常，凝结水泵无反转现象。

5.16.5 系统常见故障及处理

凝结水系统是联合循环重要的辅助系统之一，其参数(如凝汽器水位、凝结水含氧量、凝结水泵振动等)的正常与否，不但影响机组的安全性，还影响机组的经济性。例如，凝汽器水位高将使凝汽器的换热空间减小，换热效率降低，凝结水过冷度升高，甚至淹没设备造成更大的事故，而凝汽器水位低使凝结水泵的入口静压下降，严重时导致凝结水泵汽蚀；其次，凝结水中的含氧量过高会加快设备氧化腐蚀，缩短设备使用寿命；另外，凝结水泵是凝结水系统正常运行的关键设备，其振动高将影响泵的安全运行，严重时可能造成泵出力不足。下面对上述常见故障分别进行分析。

(1)凝汽器水位高

故障现象：控制系统显示凝汽器水位高，系统发出凝汽器水位高报警信号。

原因分析：

①凝汽器补水阀异常使得补水量过大，凝汽器水位过高。

②锅炉给水调节阀异常关小、凝结水再循环阀异常开大或凝结水再循环旁路阀误开等，使得余热锅炉给水流量不足、汽包水位下降、凝汽器水位上升。

③由于凝汽器水侧压力较高，凝汽器换热面泄漏时，循环水会进入汽侧，使得凝汽器水位上升，同时凝结水被水质较差的循环水污染，使得水质恶化。

④凝结水泵入口汽化或者变频器故障等原因使得凝结水泵工作异常，凝结水压力不足，甚至供水中断，从而导致凝汽器水位上升。

处理方法：

①出现凝汽器水位高报警时，应参考各水位监测元件示值，确定是否为误报警，若为误报警，应尽快处理，在故障恢复前，严密监视凝汽器水位。

②若凝汽器水位确实已经过高，则通过凝汽器系统和余热锅炉侧的疏水阀放水；在余热锅炉水位允许的前提下，适当提高锅炉汽包水位以降低凝汽器水位。

③检查补水调节阀和补水旁路阀的阀位有无异常，如果补水调节阀没在关闭位置，应手动关闭；若补水阀已经关闭，补水流量却不为零，则检查补水调节阀是否内漏或者补水旁路阀是否误开；若补水调节阀内漏，则应隔离补水阀以便检修，故障恢复前通过补水旁路阀调节凝汽器水位，并加强对凝汽器水位的监视。

④若补水阀正常，余热锅炉的水位偏低，则可能是再循环阀或者给水调节阀异常，检查再

循环阀、再循环旁路阀和给水调节阀有无异常，必要时手动控制给水调节阀和再循环阀，以稳定凝汽器水位。

⑤参考凝结水检漏装置、凝结水在线水质监测和人工水质监测的结果，确认凝结水电导率有无异常，如果电导率伴随着水位持续上升，则可能是换热面泄漏，应在停机后尽快查找泄漏点并修复，如果泄漏量大以致水位失控或者水质严重恶化，应手动停机，并尽快查找、修补漏点。

⑥若凝结水泵有异常的振动或者噪声，则可能是泵入口汽化导致出力下降，此时应确认凝结水泵平衡管道上阀门为全开状态，否则手动打开；如果打开该阀后仍无改善，则切换至备用泵运行。

⑦如果凝结水泵是变频泵，则应检查凝结水泵变频器输出电流的频率和泵的转速有无异常，如果泵转速异常，则应切换至备用泵运行。

(2)凝汽器热井水位低

故障现象：控制系统显示热井水位低，发出热井水位低报警，凝结水泵跳闸。

原因分析：

①补水调节阀异常或者除盐水系统工作异常，使凝汽器补水不足，水位降低。

②凝结水管线有较大的泄漏，使得凝汽器水位下降。

③相关系统的疏水/排污阀阀位异常，疏水/排污量过大，使得凝汽器水位下降。

处理方法：

①出现凝汽器水位低报警时，应通过各水位监测元件测量值的比较确定是否为误报警，若为误报警，应尽快处理，在故障恢复前，严密监视凝汽器水位。

②在确认水位低后，检查凝汽器补水阀和旁路阀的阀位，若补水阀阀位开至最大，但补水流量为零，则可能是补水阀阀芯脱落、管道上隔离阀误关等原因造成，应尽快做针对性的检查并修复发现的异常；在低压汽包水位允许的前提下，适当降低低压汽包水位，以提高凝汽器水位。

③若凝汽器补水一直保持在大流量，则系统可能存在大的泄漏或者疏水/排污量过大。现场检查有无误开的疏水阀或者排污阀，控制锅炉的水质，在余热锅炉水质允许的前提下，关闭定排阀和连排阀；若现场有泄漏，应设法隔离泄漏点，若泄漏点无法隔离，且泄漏量较大水位无法维持，应选择手动停机，并在停机后尽快修复泄漏点。

④如果凝结水泵已经跳闸，应将备用泵的连锁解除，防止泵反复切换，在水位恢复正常后再将备用泵投入运行。

(3)凝结水泵振动大

现象：凝结水泵大幅振动，发出大的噪声、泵出口压力大幅波动，严重时凝结水泵出力下降。

故障原因：

①凝结水泵入口汽蚀，导致泵内压力大幅波动，泵体振动。

②凝结水泵入口漏气或平衡管阀门未开，导致泵内积气。

③轴承润滑油不足或者油品不合格，造成轴承油温高甚至轴承磨损。

处理方法：

①如果凝结水泵振动过高，达到跳闸值时，若保护拒动，则应手动切换至备用泵运行。

②检查凝汽器水位有无异常,如有异常,查找原因并恢复至正常水位,检查确认凝结水泵平衡阀已全开,否则手动打开。

③检查泵前管道的密封和平衡管阀门是否正常,否则及时恢复正常。

④检查泵体和电机各轴承的润滑油油位和油品是否满足要求,必要时更换或者添加品质合格的润滑油。

(4)凝结水溶氧量高

故障现象:凝结水在线和人工水质监测显示溶氧量高。

原因分析:

①真空系统或轴封系统工作异常、与凝汽器相连的设备密封水异常、大气安全阀破裂片有裂纹等,导致凝汽器中的空气增加,溶解在凝结水中的氧气增加,并使得蒸汽分压下降,除氧效果变差。

②凝结水泵前负压管道上的阀门或其他设备密封不严,导致空气漏入凝结水管道,溶氧量上升。

③凝结水过冷度大,远离饱和状态,使得凝汽器除氧效果变差。

④联氨加药系统工作异常。

处理方法:

①检查真空系统、轴封系统工作是否正常,如有异常应及时调整,检查和凝汽器相连通的设备的密封水是否正常,如有异常,应调整密封水压力。

②检查凝结水泵前负压管道上设备的密封性能,若有异常及时处理。

③若凝结水的过冷度大,及时调整凝汽器水位或循环水量,使之恢复正常。

④检查确认联氨加药系统工作正常,药品质量合格。

5.17 辅助蒸汽系统

在机组启、停以及低负荷或异常工况时,辅助蒸汽系统向轴封蒸汽系统和汽轮机低压缸提供数量充足,压力和温度适当的蒸汽,保证机组安全可靠地启停;同时,在系统正常运行时还可向相邻机组提供启停辅助用汽。

5.17.1 系统组成与工作流程

辅助蒸汽系统图详见附录4,主要由辅助蒸汽联箱、减温减压装置、疏水装置、管道、仪表及阀门等组成。

(1)辅助蒸汽汽源

辅助蒸汽系统有以下3路汽源:

①启动锅炉供汽。当相邻的机组都处在停运状态时,机组启动所需要的辅助蒸汽由启动锅炉供给。

②机组冷再蒸汽供汽。机组启动期间,随着负荷增加,当再热蒸汽冷段(又称冷再蒸汽)压力符合要求时,辅助蒸汽由启动锅炉切换至冷再蒸汽供汽。

③相邻机组辅助蒸汽联箱供汽。例如,某电厂三台机组的辅助蒸汽联箱互为备用,当任

一台机组处在运行中，均可向其他两台提供辅助蒸汽用汽。

(2)工作流程

在机组启动或停运阶段，来自启动锅炉或者相邻机组辅助蒸汽联箱的蒸汽进入辅助蒸汽联箱后，一路向轴封蒸汽系统提供用汽，另一路向汽轮机低压缸提供冷却用汽，用于冷却和带走机组高转速和低负荷时（即低压主汽进汽前）低压缸内部产生的鼓风热。其工作流程如图5.100所示。

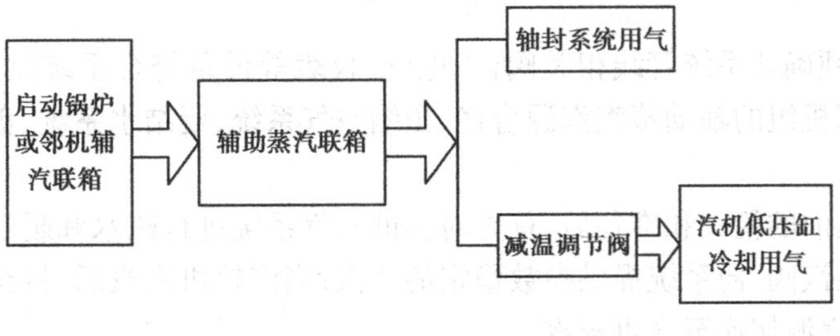

图5.100　机组启动、停运阶段系统工作流程

随着机组负荷的增加，当低压主蒸汽参数满足进汽条件时，辅助蒸汽至低压缸冷却用汽调阀自动关闭，低压缸冷却用汽由低压主蒸汽提供；当汽机高中压缸进汽后，负荷继续增加，轴封蒸汽系统将实现自密封（一般30%负荷左右），轴封用汽调节阀自动关闭；当负荷继续增加至50%基本负荷左右，机组冷再蒸汽参数满足辅助蒸汽要求时，系统汽源将切换为机组冷再蒸汽，以维持辅助蒸汽联箱的压力，此时系统工作流程如图5.101所示。机组正常运行后，可向相邻机组提供辅助用汽。

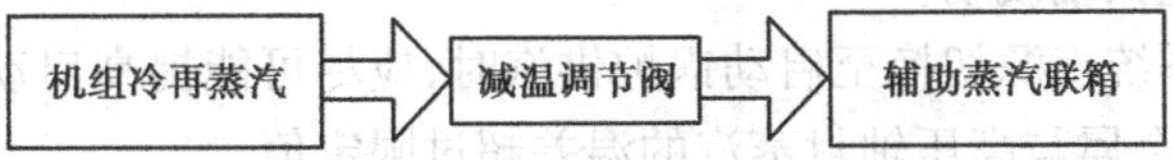

图5.101　机组正常运行时系统工作流程图

5.17.2　系统主要设备介绍

本系统主要设备包括辅助蒸汽联箱、冷再至辅助蒸汽联箱调压阀、低压缸冷却用汽调压阀、冷再蒸汽减温水调节阀、低压缸冷却用汽减温水调节阀。

(1)辅助蒸汽联箱

辅助蒸汽联箱上装有温度、压力测量元件，检测联箱内蒸汽温度和压力；联箱顶部装有安全阀，当联箱压力超压时，快速释放压力，保证系统设备安全；联箱底部、联箱汽源管线和供汽管线均装有自动疏水器，系统启、停和运行时自动排出系统中可能存有的积水。

(2)主要阀门

①冷再至辅助蒸汽联箱调压阀：该阀用于切换辅助蒸汽联箱的汽源，在机组启动过程中，当冷再蒸汽参数满足辅助蒸汽要求时，将辅助蒸汽联箱汽源切换至冷再蒸汽供汽，维持联箱压力。

②低压缸冷却用汽调压阀：通过此阀调整进入汽轮机低压缸的蒸汽压力，保证机组启、停过程时低压缸冷却蒸汽压力符合要求。

③冷再蒸汽减温水调节阀：辅助蒸汽联箱的汽源切换至机组冷再蒸汽后，由于冷再蒸汽温度较高，为了防止联箱内蒸汽温度过高，设置有减温调节阀，减温水来自凝结水。

④低压缸冷却用汽减温水调节阀:为了保证辅助蒸汽联箱提供的低压缸冷却蒸汽温度符合要求,故设置此阀,对低压缸冷却蒸汽减温,减温水来自凝结水。

5.17.3 系统运行

辅助蒸汽系统正常运行是保证汽轮机安全启停的条件之一,系统的运行操作和注意事项如下:

(1)系统启停

系统投运前,须确认系统管线相关阀位、电气、仪表等设备符合系统投运条件;确认来自启动锅炉或者相邻机组的辅助蒸汽汽源合格,压缩空气系统、凝结水系统、盘车系统等均已投运且运行正常。

完成系统投运前的检查和准备后,首先对辅助蒸汽系统进行疏水和暖管;待疏水完毕,全开辅助蒸汽汽源供汽阀,向系统提供参数稳定的蒸汽;当汽轮机进汽后,机组冷再蒸汽参数满足要求时,将系统汽源切换至冷再蒸汽。

在机组停机前,将辅助蒸汽系统的供汽切换至启动锅炉或者相邻机组,在凝汽器真空破坏后,轴封蒸汽系统停运退出后方可停运本系统,停运过程为:切断辅助蒸汽系统汽源,对系统疏水,使辅助蒸汽联箱压力降至常压。

(2)系统运行注意事项

①辅助蒸汽系统在投运前和机组停机之前,必须确认其汽源的稳定。

②系统投运后,系统汽源由启动锅炉切换至机组的冷再蒸汽时应缓慢平稳,以免发生辅助蒸汽压力、温度产生大幅波动。

③机组停机前,系统汽源切换至启动锅炉供汽时,应尽可能提高启动锅炉供汽温度,以防止汽轮机高压缸末级金属与高压轴封蒸汽的温差超过限定值。

5.17.4 系统常见故障及处理

机组启、停时,辅助蒸汽压力、温度的异常将直接影响到轴封蒸汽参数和低压缸冷却效果。辅助蒸汽系统常见故障有辅助蒸汽压力异常,辅助蒸汽温度异常。

(1)辅助蒸汽压力异常

故障现象:系统运行时,辅助蒸汽联箱的压力高于或低于设定值时,发出报警;当压力超过安全阀的动作值时,安全阀自动打开,机房内能听到明显的排汽声。

原因分析:

①汽源压力异常。

②辅助蒸汽联箱相关供汽阀阀位异常,如冷再供辅助蒸汽联箱调压阀自动调节失灵,相邻机组至本机辅助蒸汽联箱的供汽阀误开,大量冷再蒸汽进入联箱导致压力高。

③压力变送器故障,导致压力误报警。

处理方法:

①如果辅助蒸汽压力异常出现在机组启停过程时,应及时检查系统汽源压力是否正常,手动调整供汽阀的开度,观察辅助蒸汽联箱压力,恢复系统正常。

②如果该异常出现在机组正常运行时,应及时检查本机冷再供辅助蒸汽联箱调压阀、减温阀的阀位是否正常,手动调节阀位开度,维持系统压力正常;如果是相邻机组至本机辅助蒸

汽联箱的供汽阀误开引起,应及时关闭供汽阀。

③如果系统以上阀位均处在正常状态,应检查压力变送器,通过与就地压力表进行对比,或通过热工人员检查,发现压力变送器异常或故障时,需对其进行校正或更换。

(2)辅助蒸汽联箱温度异常

故障现象:系统运行时,辅助蒸汽联箱温度异常,高于或低于设定值时,发出报警;如果系统在向轴封系统提供汽源,则伴随轴封蒸汽联箱温度异常。

原因分析:

①汽源温度异常。

②冷再至辅助蒸汽联箱减温调节阀故障或者误开。

③系统管线疏水器故障,或疏水管堵塞,疏水倒流或积聚在联箱内部。

④热电偶故障,测量出现偏差,导致温度异常。

处理方法:

①如果辅助蒸汽温度异常出现在机组启停过程时,应检查系统汽源温度是否正常,调整汽源温度以保证汽源温度合格。

②如果该异常出现在机组正常运行时,应及时检查冷再蒸汽减温水调节阀是否正常,手动调节减温阀开度,以恢复系统正常;若减温阀出现堵塞或内漏无法调节时,应打开其旁路阀,调整联箱温度。

③若联箱蒸汽温度下降过快时,应及时打开系统相关疏水阀,注意观察联箱温度变化情况,防止系统管道积水。

④如果系统的汽源和相关阀位均正常,应检查热电偶,通过与就地温度计进行对比,或通过热工人员检查,发现热电偶测量异常或故障,需对其进行校正或更换。

5.18　真空系统

汽轮机真空系统的作用是在机组启动过程中,将凝汽器汽侧及与之相连的设备空间内的气-汽混合物抽走,建立真空,保证疏水通畅、促进凝汽器内蒸汽凝结,加快机组启动速度;在机组正常运行时,及时抽走漏入凝汽器的空气和其他不凝结气体,使凝汽器的真空保持在设计值。

5.18.1　系统组成与工作流程

汽轮机真空系统一般配置两台真空泵,一运一备,运行时每台真空泵同时与一台气水分离器和一台工作水冷却器共同工作,但由于各电厂对真空泵的选型各有不同,导致系统具体组成有所不同,常见的真空泵有平面式和锥体式。

本节以某电厂汽轮机真空系统为例,系统图详见附录4,系统配置了两台100%容量(一运一备)的平面式真空泵,每台真空泵均配置了一台大气喷射器,一台气水分离器,一台工作水冷却器,以及相关管道、阀门和仪表元件等。

本系统工作流程如图5.102所示。当真空泵启动后,关闭真空破坏阀,从凝汽器抽出来的气-汽混合物,通过与泵联动的进口蝶阀、大气喷射器或者其旁路阀进入真空泵,经真空泵加压后的气-水混合物进入分离罐进行气、水分离，分离后的气体经过排空阀后排向大气，水留在分离罐底部，分离罐底部的水进入换热器，在换热器中循环水被开式冷却水冷却后向真空泵提供工作水；从凝结水管路过来的凝结水作为分离罐的补水。

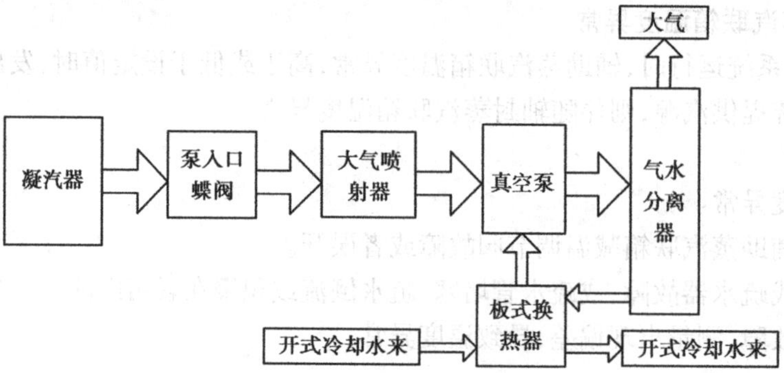

图 5.102　真空系统工作流程图

5.18.2　系统主要设备介绍

真空系统主要设备包括真空泵、气水分离罐、板式换热器、真空破坏阀、真空泵入口蝶阀等。

(1)真空泵

真空泵的作用是在机组启动时使凝汽器内建立真空，在正常运行时不断地抽出漏入凝汽器的空气，以保证凝汽器的正常工作。真空泵常见的形式有机械离心式和水环式(在早期的电厂中，还常用喷射式抽气器建立和维持真空)，水环式真空泵又包括平面式和锥体式。目前，电厂常用的真空泵为水环式真空泵，下面分别介绍平面式和锥体式水环真空泵。

1)平面式水环真空泵

平面式水环真空泵是将泵的进气口和排气口设计在同一个平面端面上，泵的壳体内部是一个圆柱体空间(见图 5.103)，叶轮偏心地装在这个空间内，两端由端侧盖封住，侧盖端面上开有吸气口和排气口，分别与泵的进出口相通。当泵内充有适量工作水时，由于叶轮的旋转，工作水受离心力作用向四周甩出，在泵体内壁与叶轮之间形成一个旋转的水环，工作水内表面与叶轮毂表面及侧盖端面之间形成月牙形的工作腔室，叶轮叶片又将气腔分隔成若干互不连通容积不等的封闭水室，转子每转一周，转子上两个相邻叶片与水环间所形成的空间均会形成由大到小，又由小到大的周期性变化。当空间处于由小到大的变化时，该空间产生真空，进气口便吸入气体；当空间处于由大变小时，该空间内的气体被压缩而产生压力，经排气口排出，随着叶轮的稳定转动，吸、排气过程连续不断地进行。

由于平面式水环真空泵在机组低负荷运行状态和真空泵密封水温度升高的情况下，容易受到“极限抽吸压力”的影响，这时真空泵的抽气速率会大量减少以及泵内部容易产生气蚀，影响泵的使用寿命。为了避免这种情况的发生，采用平面式水环真空泵的真空系统，一般在泵的入口前加装大气喷射器，其原理是利用大气压相对于真空泵的压差，产生空气射流，在喷射器内获得比真空泵更低的抽吸压力，从而提高真空泵的入口压力，防止真空泵气蚀，起到保护真空泵的作用。

大气喷射器工作原理：大气喷射器由喷嘴、吸气室和扩压器组成。在平面式水环真空泵入口前串联一个大气喷射器,如图5.104所示。

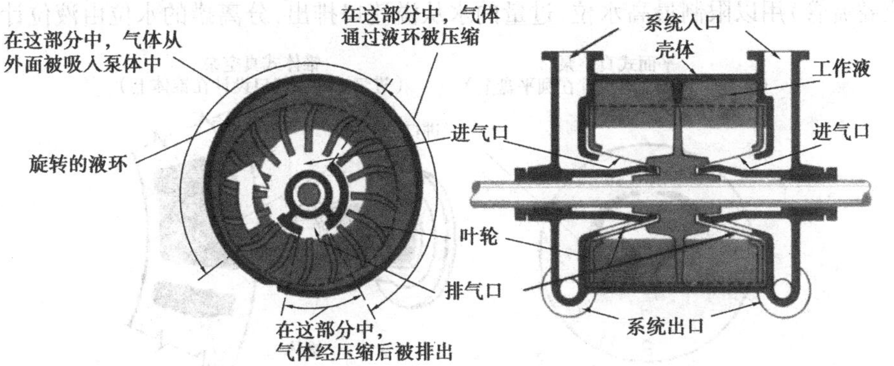

图5.103 水环式真空泵工作原理图

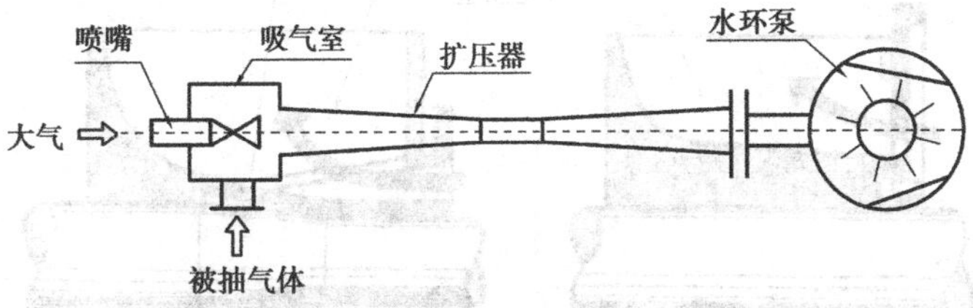

图5.104 水环泵加装大气喷射器的示意图

水环泵启动之后,当真空泵与大气喷射器串联工作时,喷嘴进气口与排气口间形成压力差,大气便从喷嘴进入泵内。当压力差达到一定值时,空气介质经喷嘴收缩、扩张后,形成高速射流,射向扩散器,造成吸气室内的压力比被抽容器内的压力低,因此将被抽气体吸入室内。由于两股气流在吸气室内混合,动量交换产生的损失使气流速率逐渐减慢,进入扩散器喉部、扩张段后,速度进一步降低,压力不断升高,最后达到大气喷射泵排气压力,即水环泵吸气压力,由水环泵把气体吸入,再排出泵外,即完成了吸气、排气过程。

2)锥体式水环真空泵

锥体式水环真空泵是在平面泵基础上发展起来的,采用进气口和排气口设计在锥体上,如图5.105所示。在同样的泵体尺寸中,锥体式设计进气口和排气口尺寸要比平面式设计的要大,使得锥体泵在入口空气中夹带水分进入泵体而对泵的效率影响较小,可在锥体泵入口管上加冷凝喷嘴,而且还可设计成双级叶轮泵,叶轮偏向外壳下部等。

因此,在同样的泵体尺寸和同样的电机功率下,锥体式真空泵比平面式真空泵效率较高,寿命长,能有效防止气蚀,安全可靠性高,越来越多的新建电厂在设备选型,或者对抽气设备更新改造时,都倾向于选择锥体式双级水环真空泵。

(2)气水分离罐

气水分离罐是真空系统的重要设备之一,罐内储存适量的工作水,对真空泵抽出的气水混合物进行分离。当真空泵运行时,被抽气体与部分工作水经泵的排气口进入气水分离罐,气体与水分离后,气体通过分离罐顶部排气阀排出,留在分离罐内的工作水在真空泵的自吸作用下通过板式换热器冷却后再次进入真空泵。

分离罐水位过高将使真空泵电机耗功增加,水位过低将使真空泵的性能急剧下降导致凝汽器真空下降,所以汽水分离罐的水位控制非常重要。水环真空泵所需的工作水从补充水接口进入分离罐内，在分离罐内装有低水位控制器，使水位保持在最低水位之上，高水位控制器（高水位溢流管）用以限制最高水位，过量的水从溢流口排出，分离罐的水位由液位计指示。

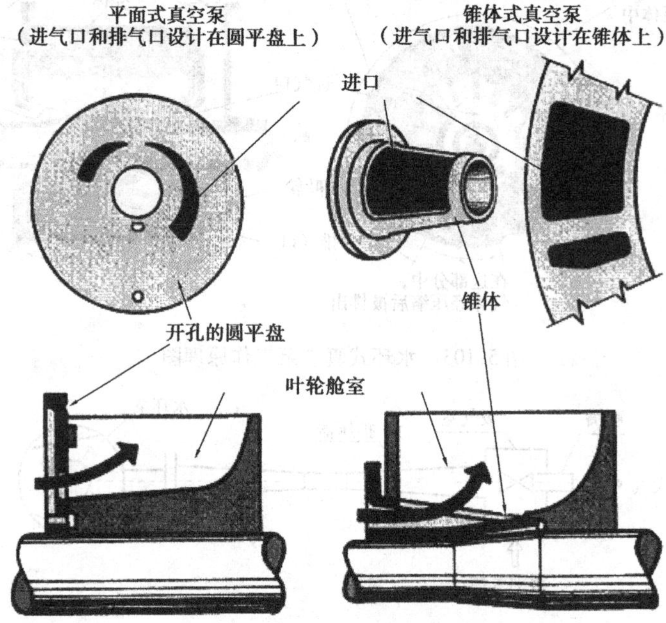

图 5.105　锥体泵和平面泵的开口位置图

(3)板式换热器

真空系统设置的换热器用于冷却进入真空泵的工作水。工作水被冷却后，靠泵的自吸作用，一路进入真空泵，另一路经过喷淋管路进入。冷凝真空泵吸入的绝大部分的水蒸气，起到降低泵的进气温度，提高泵的抽气能力的作用。该系统设置的换热器为板式换热器，冷却水来自开式冷却水，关于板式换热器的介绍详见本章 5.21 节。

(4)主要阀门

1)真空泵入口蝶阀

系统设置的真空泵入口蝶阀依靠蝶阀前后压差控制，真空泵启动后，蝶阀前后产生压差，当压差达到设定值时，真空泵入口蝶阀自动打开，系统开始抽真空。

2)大气喷射器旁路阀

水环真空泵启动后，在泵达到极限抽吸压力之前，泵的抽吸能力和效率较高，因此系统启动初期，打开大气喷射器旁路阀，旁路大气喷射器。当检测到真空泵入口压力达到设定值时，大气喷射器旁路阀关闭，大气喷射器入口阀打开，大气喷射器与真空泵串联，共同工作以获得更佳的抽真空效果。

3)真空破坏阀

真空破坏阀的作用是在系统启动前关闭，注入密封水防止空气漏入凝汽器；机组紧急情况或停运真空系统时，打开真空破坏阀，用以破坏机组真空，使凝汽器真空迅速降低。真空破坏阀一般选用电动阀，为防止漏气，阀芯阀杆都用密封水密封（密封水来至凝结水）；阀芯处的密封采用了 U 形管的结构，使得密封水布满了整个阀芯面，如图 5.106 所示。

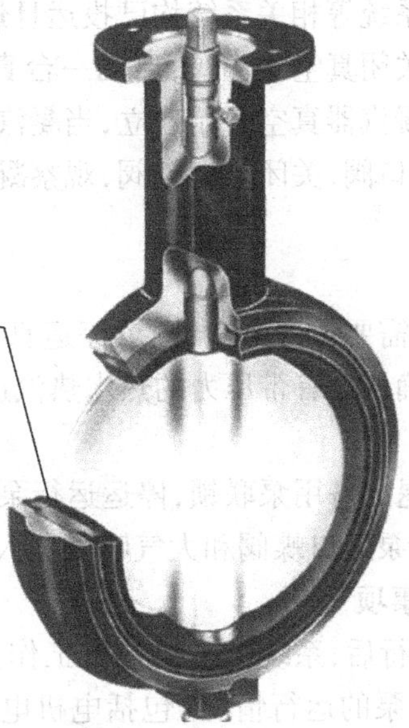
阀门中仅两个部件会与
公值接触：
阀体内衬
阀盘
具有增强支持环
的弹性阀体内衬
由于定中心的结构，
在双向中的液体
和气体的密封

图5.106 真空破坏阀阀芯密封图

5.18.3 系统保护元件介绍

真空系统设置的保护元件有真空泵入口蝶阀前后压差检测装置、真空泵入口压力检测装置、气水分离罐液位检测装置。

(1)真空泵入口蝶阀前后压差检测装置

两台真空泵入口蝶阀均装有前后压差检测装置(PDS)，在系统启动时用以控制入口蝶阀的打开。当启动运行真空泵后，该装置检测到入口蝶阀前后的压力差达到设定值时(一般是3 kPa)，系统发出运行真空泵入口蝶阀前后压差高报警，并自动打开运行真空泵的入口蝶阀。

(2)真空泵入口压力装置

本系统在两台真空泵入口蝶阀前还装有两个压力检测装置(PS)，在系统投运后用以控制大气喷射器旁路阀和大气喷射器入口阀的切换。当启动运行真空泵后，该装置检测到压力达到设定值时，系统发出报警，此时，大气喷射器入口阀和旁路阀开始切换，即大气喷射器入口阀开始打开，其旁路阀开始关闭，大气喷射器投入运行。

(3)气水分离罐液位检测装置

两台气水分离罐内均装有液位检测装置，用以检测分离罐液位的高低限。系统启动运行后，当该装置检测到运行泵的分离罐液位低时，系统发出分离罐液位低报警，分离罐的水位控制阀自动打开，分离罐进行补水到设定值时，水位控制阀自动关闭；当检测到分离罐液位高时，系统发出分离罐液位高报警，分离罐内过多的水从溢流阀排出。

5.18.4 系统运行

真空系统运行包括系统投运、停运和运行注意事项。

(1)系统投运

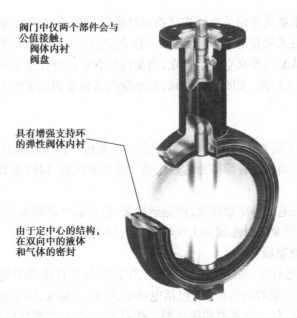

系统投运前，须确认系统管线相关阀位、电气、仪表等设备符合系统投运条件；与真空系统相关的其他系统必须满足条件，如压缩空气系统、辅助蒸汽系统、凝结水系统、循环水系统、

闭式冷却水系统、盘车系统等相关系统均已投运且运行正常，同时真空系统具备投运条件。

系统投运过程为：关闭真空破坏阀，启动一台真空泵，顺序打开大气喷射器旁路阀、真空泵入口蝶阀，检查确认凝汽器真空开始建立，当凝汽器真空达到接近水环泵抽吸的极限值时，自动打开大气喷射器入口阀，关闭其旁路阀，观察凝汽器真空到达正常真空，将另一台真空泵投入联锁备用。

(2)系统停运

机组停机后如果不需要保持真空，则可停运真空系统。停运前确认机组转速较低（一般小于 300 r/min），而且确认没有带压力的热水热汽进入凝汽器，以防止真空系统停运后，凝汽器超压损坏设备。

系统停运过程为：退出备用泵联锁，停运运行泵，打开真空破坏阀，真空到零（即凝汽器压力到常压）时，关闭真空泵入口蝶阀和大气喷射器入口阀。

(3)系统运行注意事项

①真空系统启动运行后，系统的主要设备工作正常与否直接影响凝汽器真空，所以运行过程中要密切监视真空泵的运行情况（包括电机电流、线圈温度、轴承温度、运转声音、振动、盘根密封等）是否正常，气水分离器和换热器工作有无异常，真空破坏阀水封是否完好。

②真空系统停运前确认机组无须保持真空，且满足停运条件：一般规定机组转速小于 300 r/min停运真空系统，如果转速较高时破坏真空的话，由于鼓风摩擦热会使汽轮机叶片温度异常升高，叶片变形导致动静摩擦。

③真空系统停运后，要求保持真空破坏阀开启，防止异常热水热汽进入凝汽器，导致凝汽器压力升高，损坏设备。

5.18.5 系统常见故障及处理

真空系统在运行过程中，常见故障有水环真空泵运行异常，汽水分离罐水位异常，换热器换热效果变差等，这些故障如不及时发现和处理的话，势必影响凝汽器真空，导致机组效率下降。

(1)真空泵运行异常

故障现象：常出现轴承温度高或电机温度过高，并可能伴随泵的运行声音异常、振动大、凝汽器真空下降等现象。

原因分析：

①轴承密封过紧，冷却水无法正常溢出，轴承无法得到及时冷却。

②泵内发生气蚀，叶轮晃动大，转轴振动增大，增加了轴承的摩擦。

③轴承润滑油油脂变质、有杂质，缺少润滑油脂等，轴承无法得到良好的润滑。

处理方法：

①如发现真空泵运行异常，应及时切换至备用泵，同时密切监视凝汽器真空。

②就地检查故障泵是否缺油或者油质是否恶化。如因缺油，应及时补充润滑油；如油质恶化，则及时更换。

③现场试转或盘动故障泵，如果振动大，有摩擦声音，则应进一步检修处理，尽快消除缺陷。

(2)气水分离罐水位异常

故障现象:发出气水分离罐水位高或低报警;可能影响水环真空泵的出力,从而导致凝汽器真空变差。

原因分析:

①补水阀故障一直处在打开位置,或者补水阀的旁路阀被误打开,使得分离罐一直处在补水状态,导致液位高;或者补水阀关闭后,分离罐溢流阀故障堵塞,无法将多余的水溢流。

②补水阀故障不能及时自动打开,导致分离罐无法得到及时补水;或者分离罐底部放水阀漏水或被误打开。

③气水分离罐液位检测装置故障。

处理方法:

①如发现气水分离罐水位异常,应及时切换至备用泵运行,保证真空系统正常。

②检查停运后的气水分离罐的自动补水阀和溢流阀是否故障或堵塞,旁路补水阀和底部放水阀有无被误打开,恢复相关阀位,调整分离罐水位至正常水位,将其投入备用状态。

③检查气水分离罐液位检测装置是否故障,与就地液位计相比,如果液位检测装置故障,及时处理。

(3)真空泵工作水温度异常

故障现象:真空泵工作水温度升高;凝汽器真空变差。

原因分析:

①换热器脏污,使换热效果变差。

②换热器的冷却水量不足(如进口滤网堵塞,冷却水进出口阀被误关闭,冷却水供水压力低等)导致真空泵的工作水无法得到正常冷却。

处理方法:

①如真空泵工作水温度异常,应及时切换至备用泵运行,并密切监视凝汽器真空。

②检查冷却水系统是否正常,如冷却水压力,阀位等,如有异常,及时恢复。

③检查换热器冷却水滤网有无堵塞,如有堵塞,及时清理。

④若换热器冷却水流量正常,则可能由于换热器赃污所致,及时处理,尽快恢复。

5.19　密封油系统

密封油系统的作用是向氢冷发电机密封机构提供适当温度和压力的密封油,该油压略高于发电机内氢气压力,以防止发电机内氢气外漏,又不至于导致发电机内大量进油;同时,还对密封油中的氢气、空气、水分和杂质进行有效清除。

密封油系统按密封机构形式的不同,可分为盘式(径向轴封)和环式(轴向轴封)两种。其中,环式密封机构广泛用于大型发电机组。环式密封机构按密封瓦结构及进油方式的不同,又可分为单流环式和双流环式。单流环式密封油系统与双流环式密封油系统的共同点是密封油进入密封瓦后都分为氢侧和空侧两路。不同的是单流环式密封油系统在密封瓦之前只有一路供油管路,进入密封瓦后才分氢侧和空侧两路,而双流环式密封油系统在密封油进入密封瓦之前就是独立的空侧和氢侧供油油路。

三菱 M701F 燃气轮机单轴联合循环机组采用单流环式密封油系统,设计用油为机组轴承润滑油,密封瓦进油流量为 70 L/min,供油温度为 45 ℃,回油温度小于等于 70 ℃。密封油系统图详见附录4。

5.19.1 系统组成与工作流程

(1)系统组成

密封油系统设有两台主油泵和一台事故油泵提供油循环动力,在供油管路上设有过滤器、冷却器和压力调节阀等设备,用于滤除油中杂质、调节供油温度和压力。其他设备包括排氢调节油箱、真空油箱、真空泵、主油-氢压差调节阀、备用油-氢压差调节阀、主油泵溢流阀及再循环油路溢流阀、事故油泵溢流阀及监测元件等。

(2)工作流程

密封油系统有 3 种工作状态:主密封油泵供油时为正常油流回路;事故密封油泵供油时为事故油流回路;机组润滑油系统直接供油时为检修油流回路。另外,在正常油流回路工作时,还有一路平衡油回路,用于防止密封瓦卡涩。

1)正常油流回路

当发电机内部充满压力为 0.4 MPa 的氢气时,密封油系统应处于正常油流回路:油源取自真空油箱,采用主密封油泵供油,经主压差调节阀调压后供给发电机两端密封瓦,油压大于发电机内氢气压力一定值(0.06 ±0.01 MPa),然后分空气侧和氢气侧两路回油,分别到达循环密封油箱和排氢调节油箱,最终返回真空油箱。同时,发电机轴承润滑油回油也会排至循环密封油箱,经过循环密封油箱排出可能存在的氢气后,这部分润滑油将回到润滑油系统。如图 5.107 所示为正常油流回路。

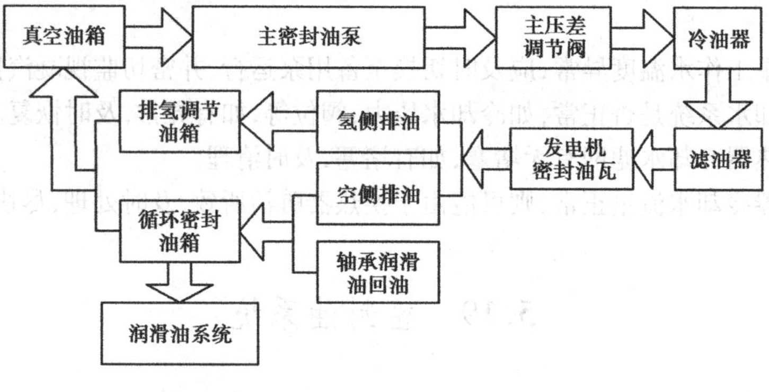

图 5.107 正常油流回路

2)事故油流回路

当正常油流回路不能正常工作时,可投入事故油流回路。事故油流回路由事故油泵供油,其油源来自排氢调节油箱和循环密封油箱的排油母管,密封油经位于油泵旁路的备用压差调节阀调压后供给发电机两端密封瓦。与正常油流回路相比,该压差调节阀整定的压差稍高,油压大于发电机内氢气压力 0.085 ±0.01 MPa。如图 5.108 所示为事故油流回路。由于密封油未经真空油箱净化处理,油中所含空气和水分可能进入发电机内导致氢气纯度下降,因此,该回路不可长期工作,应尽快恢复到正常油流回路工作,且在该回路工作时应加强对发电机内氢气纯度的监视。

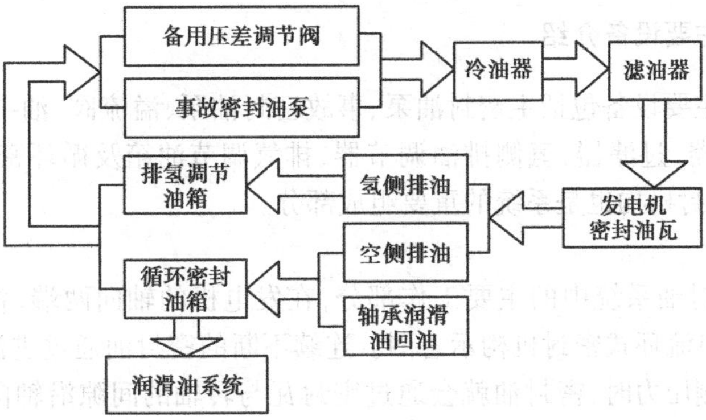

图5.108　事故油流回路

3)检修油流回路

检修油流回路用于发电机检修,或密封油系统空管启动前的注油操作。如图5.109所示,该回路供油来自润滑油系统,顺序经过两个手动阀,冷油器旁路阀和滤油器后供油给发电机密封瓦,然后经空气侧排至循环密封油箱,最后返回润滑油系统。

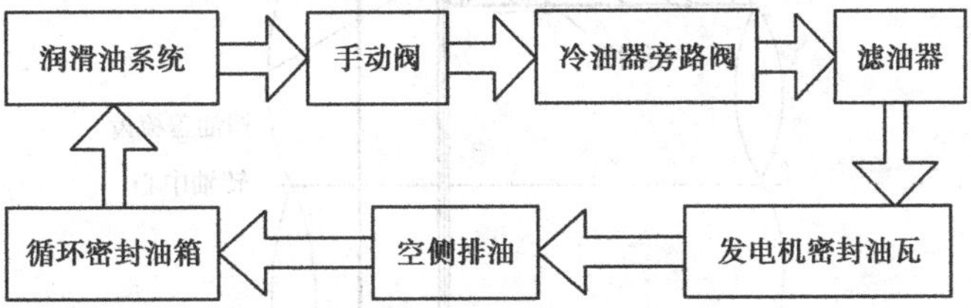

图5.109　检修油流回路

在发电机有检修工作前,需要对发电机内氢气进行泄压和置换操作。当发电机内氢气压力泄至0.02~0.05 MPa时,从正常油流回路改为检修油流回路,然后进行置换工作。由于润滑油系统供油压力偏低,而且该管路上没有调压设备,因此在投入该回路前,需要首先确认发电机内氢气已经泄压,然后调节供油手动阀以保证达到合适的氢油压差。

4)平衡油回路

该回路接至密封瓦的外侧,作用是防止由于发电机轴振而可能引起的密封瓦卡涩。该路供油量很小,仅起到平衡密封瓦两侧压力的作用,经过密封瓦的油和正常油流回路汇合,最终返回真空油箱。其回路如图5.110所示。

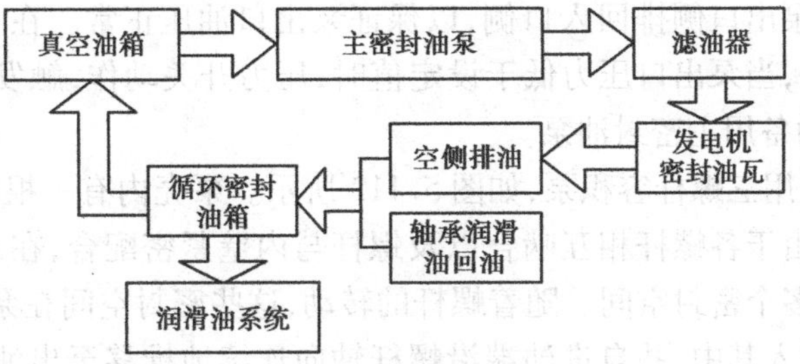

图5.110　平衡油回路

5.19.2 系统主要设备介绍

密封油系统的主要设备包括主密封油泵、事故密封油泵、溢流阀、油-氢压差调节阀、真空油箱、真空泵、冷却器、过滤器、氢侧排油调节器、排氢调节油箱及循环密封油箱等设备。另外，发电机两端的密封机构也是系统的重要组成部分。

(1)密封机构

密封机构是密封油系统中的主要工作部分，在发电机的轴向两端，各有一组密封机构。如图 5.111 所示为单流环式密封机构示意图。连续不断的密封油通过进油孔到达密封瓦，当密封油压力大于氢侧压力时，密封油就会通过密封瓦与转轴的间隙沿轴向双方向流出，分别到达空气侧和氢气侧，这样就在密封瓦与转轴的间隙内形成油膜，阻止氢气从发电机内沿轴向泄漏。

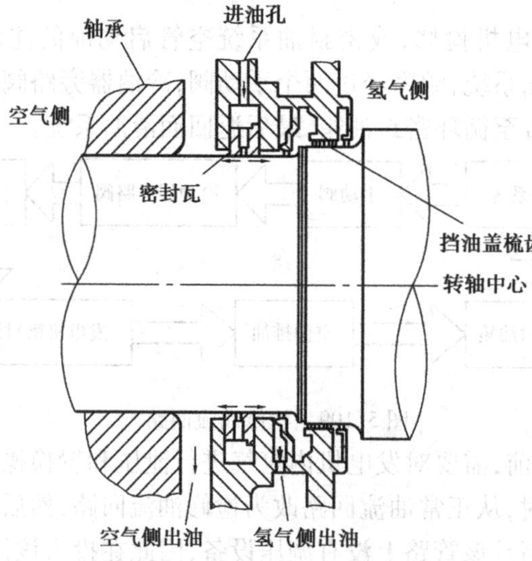

图 5.111 单流环式密封机构示意图

(2)主密封油泵

主密封油泵的作用是为发电机密封机构提供一定压力、一定流量、连续不断的密封油。密封油系统设置两台主密封油泵，流量为 24.0 m^3/h，出口压力 0.95 MPa，由交流马达驱动，一台运行，一台备用。为了防止主密封油泵出口压力高，在主密封油泵出口母管上装有一个溢流阀，将部分油从泵出口侧排回入口侧，以保证泵出口油压正常。在主密封油泵的出口母管装有一个压力开关，当泵出口压力低于设定值时，压力开关动作，触发“主密封油泵出口压力低”报警，联锁启动备用主密封油泵。

主密封油泵多采用三螺杆容积泵，如图 5.112 所示。泵壳内有一根由马达驱动的主动螺杆和两根从动螺杆，由于各螺杆相互啮合以及螺杆与内壁紧密配合，在泵的进油口和排油口之间，就会被分隔成多个密封空间。随着螺杆的转动，这些密封空间在泵的进油端不断形成，将吸入该空间的油封入其中，并自进油端沿螺杆轴向连续地推移至出油端，将封闭在各空间中的油不断排出。

(3)事故密封油泵

事故密封油泵的作用是在主密封油泵发生故障时给发电机提供密封油，其流量为

12.0 m^3/h,出口压力0.70 MPa,由直流电机驱动。事故密封油泵进口接至循环密封油箱到真空油箱的回油管道上,油泵出口设有溢流阀,其作用是防止泵出口超压。

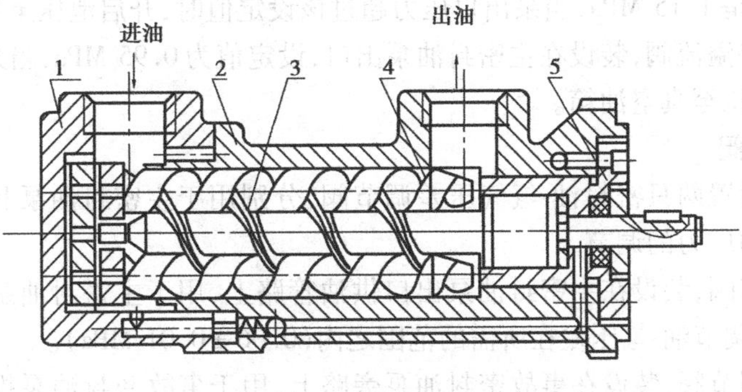

图5.112　三螺杆泵示意图

1—后盖;2—壳体;3—主动螺杆(凸螺杆);

4—从动螺杆(凹螺杆);5—后盖

事故密封油泵可采用螺杆泵或齿轮泵,螺杆泵结构详见主密封油泵介绍。齿轮泵结构如图5.113所示。两个尺寸相同的齿轮装在泵壳内相互啮合,壳体内部类似“8”字形,两个齿轮的外侧与壳体间隙极小。其中,一个齿轮由马达驱动,这个齿轮再驱动另一个齿轮。当齿轮按图中箭头方向旋转时,左侧空间由于齿轮逐渐脱开而容积增大,形成局部真空,将油吸入,油随齿轮旋转被带到右侧空间,由于齿轮逐渐啮合右侧空间容积减小,油受到挤压排出。

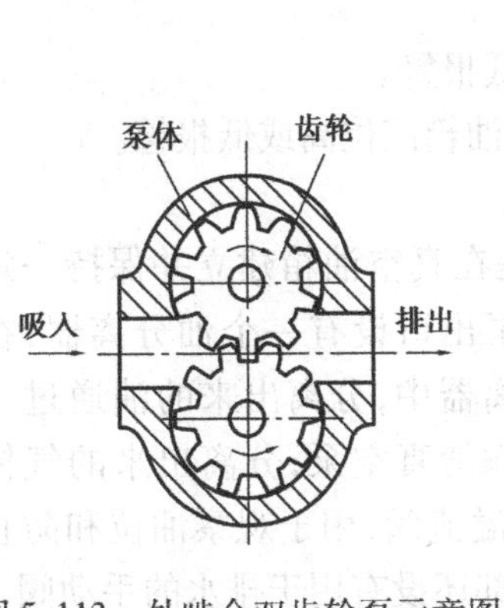

图5.113　外啮合双齿轮泵示意图

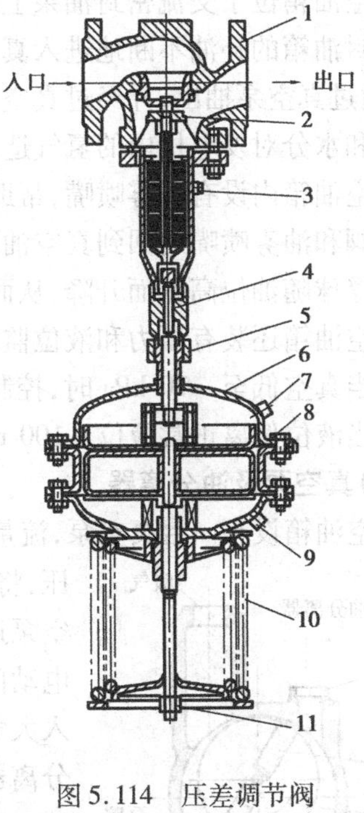

图5.114　压差调节阀

1—阀体;2—阀芯;3—密封波纹管;

4—中间密封;5—联接螺母;6—隔膜腔;

7—氢压信号口;8—工作隔膜;9—油压信号口;

10—调节弹簧;11—调节螺母

(4) 溢流阀

①主密封油泵和事故密封油泵出口溢流阀,分别装设在主密封油泵和事故密封油泵的旁通管路上,设定值是1.15 MPa,当泵出口压力超过该设定值时,开启泄压至泵入口。

②再循环油路溢流阀,装设在主密封油泵出口,设定值为0.95 MPa,当泵出口压力超过该设定值时,开启泄压至真空油箱。

(5) 压差调节阀

密封油系统设置两只密封油-氢气压差调节阀,分别用于主密封油泵和事故密封油泵投入时对密封瓦供油压力的调节。

①主压差调节阀,装设在主密封油泵出口供油管路上,用于主密封油泵投入时自动调整密封瓦进油压力,调节油-氢压差在所需的范围之内(0.06 ±0.01 MPa)。

②备用压差调节阀,装设在事故密封油泵旁路上,用于事故密封油泵投入时自动调整密封瓦进油压力,调节油-氢压差在所需的范围之内(0.085 ±0.01 MPa)。

主密封油-氢气压差调节阀,如图5.114所示。由于气体压力和密封油压力向相反方向起作用,因此当压力不平衡时,阀杆或向上运动,或向下运动。当氢气压力上升或密封油压力下降时,阀杆向下运动,阀门开大,密封油流量增加,使密封油压力上升;反之,当阀芯向上运动时,密封油压力会减小。对工作隔膜预加载即可设定该阀的预期压差(设定值)。设定值由压缩弹簧调节,弹簧上端刚性联接到阀轭,而其下端用调节螺母与阀杆相联接。

(6) 真空油箱

真空油箱位于交流密封油泵上游,容量1 800 L,设计压力 -100 kPa。正常工作时,来自循环密封油箱的补油不断地进入真空油箱中,补油中含有的空气和水分在真空油箱中被分离出来,通过真空泵抽出,并经过真空管路被排至厂房外,从而使进入密封瓦的油得以净化,防止空气和水分对发电机内的氢气造成污染。

真空油箱内设有油雾喷嘴,帮助分离溶入密封油中的气体。交流密封油泵一部分排油通过溢流阀和油雾喷嘴返回到真空油箱。真空油箱油位由箱内装配的浮球阀进行自动控制,浮球阀的浮球随油位高低而升降,从而调节浮球阀的开度达到控制油位的目的。

真空油箱还装有压力和液位监测元件:

①当真空低至 -70 kPa时,控制系统发出真空油箱真空低报警。

②当液位偏离正常液位 ±100 mm时,控制系统发出真空油箱液位高或低报警。

(7) 真空泵及油分离器

真空油箱设有一台真空泵,流量为1 200 L/h。其作用是在真空油箱建立并保持一定负压,将油中的气体分离。真空泵出口设有一个油分离器,在真空泵运行时,油雾被排到油分离器中,分离出来的油通过一个电动门流到真空泵中,密封和润滑真空泵;分离出来的气体排入大气。油分离器装有油标和溢流阀,用于观察油位和防止油分离器满油;另外,油分离器底部还设有用于排水的手动阀。

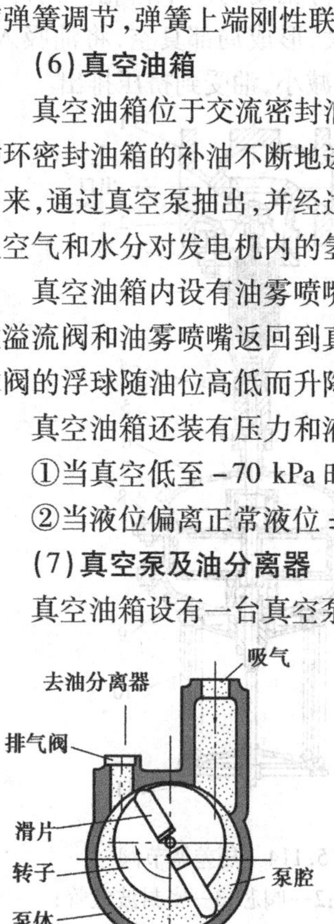

图5.115　离心真空泵示意图

真空泵的形式为离心式,如图5.115所示。吸入和排出气体由偏心转子的旋转来实现,真空泵的泵体被偏心转子分成两个腔室,随着偏心转子的转动,一个腔室吸收来自真空油箱的气体,另一个腔室通过排气阀将气体排到油分离器。真空泵的冷却水来自闭式冷却水系统供水母管。

(8)密封油冷却器

密封油冷却器常用板式换热器和管壳式换热器，一般采用效率高的板式换热器。两台板式换热器设置在滤油器的进口管路上，一台运行，另一台作为备用。将密封油供油调节到合适的温度(45 ℃)，两台密封油冷却器均为百分之百容量。板式换热器介绍详见本章闭式冷却水系统。

(9)过滤器

密封油系统设置两套过滤器：一套为密封油过滤器，另一套为平衡油过滤器。

①密封油过滤器，为防止油中混入的固体颗粒损坏密封机构，密封油系统在油冷却器的出口管路上设有双联过滤器，一台运行，一台备用，当过滤器压差达到设定值，会导致压差开关动作，触发报警。

②平衡油过滤器，也为双联式过滤器，设置在平衡油支路上，一运一备，用以滤除该油路中的固态杂质，当过滤器压差达到设定值，控制系统发出报警。

(10)氢气侧排油调节器

氢气侧排油调节器位于密封机构处的氢侧排油出口，其作用是将一部分氢气与密封油分离开，同时维持适当的油量来密封氢气。调节器通过浮子控制阀将过多的油排到排氢调节油箱，浮子控制阀设有旁路阀。排油调节器设有回油液位探测器，当排油调节器的油位高时，报警将被触发。

(11)排氢调节油箱

氢侧回油经氢气侧排油调节器后进入排氢调节油箱，该油箱的作用是使油中的氢气分离，容量为200 L。排氢调节油箱内部装有自动控制油位的浮球阀，以使该油箱中的油位保持在一定的范围之内；油箱外部装有手动旁路阀及液位观察窗，以便在必要时手动控制油位；另外，油箱内还设有液位监测元件，当液位偏离正常液位 ±100 mm 时，控制系统发出排氢调节油箱液位高或低报警。

(12)循环密封油箱

循环密封油箱收集空侧密封油回油及发电机轴承润滑油回油，其顶部设有两台防爆风机，保持循环密封油箱内为微负压状态(一般为 -0.5 ~ 0.25 kPa)，以保证回油顺畅并抽走油箱内可能存在的氢气。循环密封油箱底部同时与真空油箱和润滑油系统相连，将收集到的空侧回油和发电机轴承润滑油回油排出。

5.19.3 保护元件介绍

为保证密封油系统安全稳定运行，系统设置有若干保护元件，在系统运行异常时发出报警或采取保护动作。

(1)油-氢压差监测元件

油-氢压差监测元件检测到发电机油-氢压差低至0.035 MPa时，控制系统发出油-氢压差低报警，事故密封油泵将自动投入运行，备用压差调节阀调节油-氢压差在0.085±0.01 MPa。

(2)密封油泵出口压力监测元件

密封油泵出口压力监测元件检测到主密封油泵出口压力低至0.85 MPa时，控制系统发出密封油泵出口压力低报警。此时，备用主密封油泵将自动投入运行。

(3)密封油温度监测元件

密封油供油母管上装有温度监测元件，当密封油温高至55 ℃，控制系统发出密封油温高报警，此时应与温度计指示值相比较，若确认报警无误，则查看冷却器水侧压力及温度是否正常，若水压和水温均正常，可适当增大冷却水量，必要时可切换至备用冷却器。

(4)氢侧回油液位探测器

两个密封油氢侧回油液位探测器分别与发电机两端的氢侧回油管上游直管段底部相连接，当液位探测器中聚集的油达到600 cm^3 时，控制系统发出报警。

出现该报警可能是氢侧排油量增加或回油不畅，也可能是排氢调节油箱液位升高。此时，应迅速操作液位探测器底部的排污阀和氢侧回油管排污阀进行紧急排油，以免回油液位过高而导致发电机进油。如果是排氢调节油箱液位高所致，则可打开排氢调节油箱的旁路阀疏通氢侧回油，必要时应将排氢调节油箱退出。

(5)密封油、平衡油过滤器压差监测元件

密封油和平衡油过滤器压差监测元件分别用于监测密封油和平衡油过滤器脏污情况，以上两套过滤器压差高报警值均为50 kPa。当控制系统发出过滤器压差高报警时，应比较压差表指示值，若确认报警无误后，严密监视过滤器压差，在过滤器压差达到70 kPa时切换至备用过滤器，已脏污滤芯应拆除进行清洗，必要时应更换滤芯。

5.19.4 系统运行

在密封油系统投运前，首先应保证机组润滑油系统正常运行，闭式冷却水系统运行正常，密封油系统自身具备启动条件。系统投运过程为：首先启动防暴风机，待循环密封油箱建立微负压后，试运事故密封油泵，确认其可以正常工作；然后启动一台主密封油泵，确认主油-氢压差调节阀正常工作，油-氢压差在正常范围以内；最后启动真空泵，在真空油箱建立稳定真空。

系统投入运行后处于正常油流回路，应重点监视主密封油泵出口压力、油-氢压差、过滤器压差以及油温、油位等参数均稳定在正常范围以内；检查主密封油泵和真空泵等转动设备运行正常，无异音、异常振动等现象。

只有在机组转速为零，且发电机内氢气被完全置换出之后，密封油系统才允许停运。系统停运时首先停运主密封油泵，然后停运真空油箱真空泵，破坏真空，最后停运循环密封油箱防爆风机。

5.19.5 系统常见故障及处理

密封油系统运行正常与否，密切关系到整个机组的安全，例如油-氢压差低可能会导致发电机内氢气外漏；主密封油泵出口压力低会导致油-氢压差低，而出口压力高可能会造成发电机内大量进油。另外，真空油箱真空度下降会影响净油效果。下面针对该系统中以上常见故障进行分析。

(1)油-氢压差低

故障现象：油-氢压差低于0.06 MPa，将影响密封效果；当油-氢压差低至0.035 MPa时，控制系统发出密封油-氢气压差低报警，直流事故密封油泵和备用压差调节阀将自动投入运行。

原因分析：

①两台主密封油泵均故障，造成油压中断。

②主油-氢压差调节阀故障，造成油-氢压差低。

③主密封油泵后管道、阀门或设备泄漏，造成密封瓦进油压力降低。

④密封油过滤器或冷却器堵塞，造成密封瓦进油压力降低。

处理方法：

①出现密封油-氢气压差低报警，应首先确认事故密封油泵和备用油-氢压差调节阀已自动投入运行，油氢压差稳定在0.085 MPa左右。该工况不可长期运行，应立即查找原因，尽快恢复主密封油泵运行。

②如果检查发现故障原因为主密封油泵后管道、阀门或设备泄漏，应立即对泄漏点进行隔离，然后修复；若泄漏点无法隔离，则视泄漏量大小决定正常停机后处理或立即紧急停机处理。

③确定无泄漏后，查看密封瓦处压力表示值，如果低于正常值，则为密封油过滤器或冷却器堵塞所致，此时应切换过滤器或冷却器。

④如果因主油-氢压差调节阀故障而导致不能正常调压，可通过手动控制该调节阀的旁路阀来维持正常油-氢压差，待停机后处理。

(2)主密封油泵出口压力异常

故障现象：主密封油泵正常运行时，油泵出口压力偏离设定值。

原因分析：

①溢流阀故障。

②密封油过滤器或冷却器堵塞，导致主密封油泵出口压力偏高。

③主密封油泵后管道泄漏，造成油压降低。

处理方法：

①若主密封油泵出口压力偏低，首先查看密封油管道是否存在泄漏，如果是则按照“油-氢压差低”故障处理方法的第2条进行。

②若主密封油泵出口压力偏高，且密封瓦处压力表示值偏低，应为密封油过滤器或冷却器堵塞所致，则此时应切换过滤器或冷却器。

③若主密封油泵出口压力偏离设定值且不是以上原因，则故障原因应为两个溢流阀设定值出现偏差，此时应切至事故油流回路，对溢流阀设定值进行重新标定后，恢复正常油流回路运行。

(3)真空油箱真空度下降

故障现象：系统运行中，真空油箱的真空度出现异常下降。

原因分析：

①密封油真空泵故障或出力下降。

②真空破坏阀误开或真空区域有漏点。

处理方法：

①密封油真空油箱的真空度出现异常下降，应首先检查真空泵的运行情况，如果真空泵故障应立即进行抢修。

②如果真空泵运行正常，则检查真空破坏阀是否处于全关位置，否则手动关闭。

③如果真空泵和真空破坏阀均正常，则检查真空泵的冷却水是否正常投入，可通过水压和进回水温差等参数判断。

④若排除以上原因，真空度下降应为真空区域有泄漏所致，则尽快查漏并修复。

⑤在查找故障原因或处理过程中，应严密监视真空油箱油位以及油-氢压差的波动情况。如果出现真空油箱油位大幅度波动的情况，应当视情况的严重性决定是否投入事故油流回路。

5.20 发电机氢气系统

5.20.1 系统功能及特点

(1)系统功能

发电机氢气系统主要作用是向发电机转子绕组和定子铁芯提供适当压力、高纯度的冷却用氢，同时还要完成对氢气的冷却、干燥、检测及置换等。详细功能介绍如下：

①为发电机提供安全的充、排氢措施和设备。由于发电机内空气和氢气不允许直接置换，需要用二氧化碳作为中间介质，以免形成具有爆炸浓度的混合气体。

②维持发电机内正常运行时所需的气体压力和纯度。发电机内氢气压力低于密封油压力过多，会导致发电机内冷却效果不佳，严重时会出现大量进油的情况。

③干燥氢气，氢气干燥系统可排出可能从密封油系统进入发电机内的水汽。氢气中的含水量过高对发电机将造成多方面的不良影响，因此，发动机外设置专用的氢气干燥器。

④在线监测发电机内氢气压力、纯度和湿度，监测发电机是否有漏氢。

(2)氢气优点

运行经验表明，发电机通风损耗大小取决于冷却介质的质量，质量越轻，损耗越小，反之亦然。氢气是气体中密度最小的，之所以选择氢气作为冷却介质，是因为氢气有以下优点：

①氢气的导热系数高，换热能力好，有利于加强发电机的冷却，可快速带走发电机的热损耗。

②氢气密度小，作为冷却介质时，可使发电机通风损耗减到最小，从而提高发电机的效率。

③氢气的绝缘性能好，技术相对较为成熟。

(3)氢气缺点

氢气作为发电机的冷却介质无疑是最好的选择，但也存在一些缺点，主要缺点如下：

①氢气的渗透性很强，容易扩散泄漏，因此发电机的外壳必须很好地密封。

②氢气与空气混合后在一定比例内(4% ~74%)具有强烈的爆炸特性，故发电机外壳都设计成防爆型，气体置换常采用二氧化碳作为中间介质。

5.20.2　系统组成与工作流程

(1)系统组成

发电机氢气系统主要由发电机氢气装置和二氧化碳装置两大部分组成。其中,氢气系统主要由氢气瓶、氢气减压阀、调压阀、干燥器、冷却器、过滤器、纯度分析器、液体探测器、露点仪及除油过滤循环风机等设备组成;二氧化碳系统装置由二氧化碳储气罐、电加热器及减压器等设备组成。氢气系统图详见附录4。

(2)系统工作流程

1)发电机氢气系统氢气流程

发电机氢气系统氢气流程如图5.116所示。从制氢系统或蓄氢站来的氢气经氢气供应装置将高压氢气调整至合适压力后送入发电机供氢母管,氢气从发电机供氢母管出来流经转子绕组和定子铁芯并对其进行冷却,氢气变成热氢,热氢在发电机转子风扇的驱动下,流经安装在发电机顶部的氢气冷却器冷却后变成冷氢,再流回发电机冷却转子绕组和定子铁芯,从而形成一个闭式的循环冷却系统。部分氢气流过油雾分离器除去氢气中的杂质及油烟,经过氢气干燥装置进行干燥以除去氢气中的水分,干燥后的氢气再次回到发电机中。

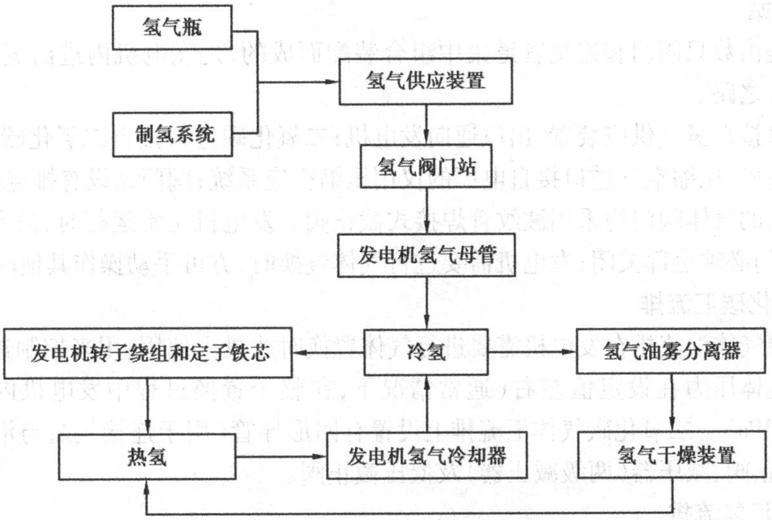

图5.116　发电机氢气系统氢气工作流程

2)氢气系统二氧化碳置换流程

发电机氢气系统二氧化碳置换流程如图5.117所示。二氧化碳从气瓶出来后经过二氧化碳减压装置,然后送至二氧化碳阀门站,最后直接送至发电机底部二氧化碳母管。

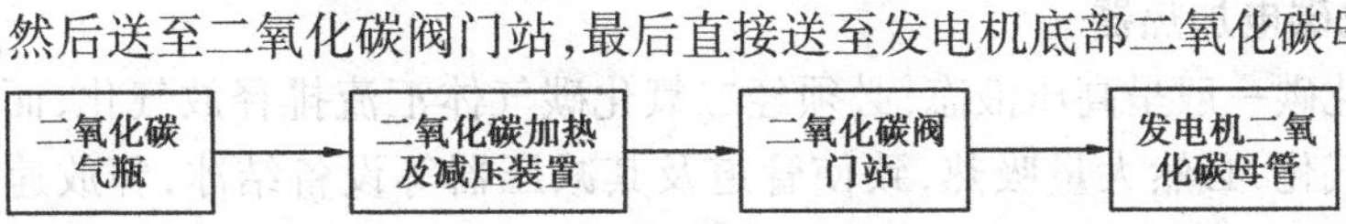

图5.117　发电机氢气系统二氧化碳工作流程

5.20.3　系统主要设备介绍

氢气系统主要包括氢气供应装置、阀门站、二氧化碳汇流排、氢气汇流排、氢气干燥装置

(带油-气分离器)、氢气冷却器、漏液探测装置、氢气压力/纯度检测装置、漏氢检测装置以及管道、阀门等辅助设备。此处将简要介绍一些主要设备的作用、原理及设备规范等。

(1)氢气供应装置

氢气供应装置是向发电机供应氢气的设备。氢气供应装置设置一个氢气进口阀、一个氢气过滤器、两个氢气调压阀、一个安全阀和氢气阀门站。通常,氢气来自蓄氢站或者是制氢系统,通过双母管引入氢气供应装置,再经调压阀调整至所需压力后送入发电机。

①供应装置设有两个调压阀,两个调压阀互为备用,其作用是将氢气罐来的高压氢气调整至预定的压力值。

②供应装置装设一只角型安全阀。其作用是防止氢气系统超压,保护系统设备。当氢气压力超过规定值时,安全阀动作,直接将氢气通过排放管排到大气来降低氢压。安全阀的开启和回座压力取决于内装弹簧的松紧程度。

③气体过滤器。氢气供应装置上装有气体过滤器,用来过滤掉氢气中杂质和脏物。当过滤器脏污时,需对滤芯进行清洗。

④压力开关及压力表。氢气供应装置上还设置有压力监测元件,其中压力开关用于监测供氢压力,压力偏低时发报警信号,而压力表则是显示减压器进出口的氢气压力。

(2)阀门站

阀门站是由数只阀门和连接管道集中组合装配而成的,是发电机内进出氢气、二氧化碳和空气的必经之路。

氢气进口接自氢气供应装置,出口通向发电机;二氧化碳进口接自二氧化碳气体汇流排,出口通向发电机;压缩空气进口接自电厂的仪用压缩空应系统;阀门站设有排空口。

阀门站上的气体阀门均采用波纹管焊接式截止阀。发电机正常运行时,只允许进氢阀门开启,其余阀门必须全部关闭;发电机需要进行气体置换时,方可手动操作其他阀门。

(3)二氧化碳汇流排

二氧化碳气体汇流排在发电机需要进行气体置换时才投入使用,用来控制进入发电机内的二氧化碳气体压力在设定值左右(通常情况下,在整个置换过程中发电机内气压保持为0.02~0.03 MPa)。二氧化碳气体汇流排上设置有回形导管(用于连接气瓶与汇流总管)、直角阀、高压截止阀、减压器(两级减压器)及低压截止阀。

(4)氢气汇氢流排

氢气系统设有氢气汇流排,汇流排仅在采取气瓶供氢时使用。可将标准气瓶中的氢气经减压器降压至规定值后,进入氢气供应装置,先经过滤器滤除固态杂质,再经装置上的调压阀调至所需值后送入发电机。氢气汇流排的结构形式与二氧化碳气体汇流排相同。

(5)二氧化碳电加热器

瓶装二氧化碳一般呈高压液态,必须经二氧化碳气体汇流排释放气化,而液态二氧化碳从气瓶中释放气化,必然大量吸热,致使管道及其减压器等设备结冰,释放速度因而受到限制。在汇流排减压器上安装电加热器,释放二氧化碳气体时投入可避免结冰。但是只允许向发电机内充二氧化碳期间才投入该电加热器,一旦停止充二氧化碳,应立即切断电源,以避免没有气体流通导致烧损加热器。

(6)氢气干燥系统

氢气在冷却发电机过程中可能会增加含水量,为了除去氢气中的水分,在发电机外设置了专用的氢气干燥装置，其进氢管路接至转子风扇的高压侧，回氢管路接至风扇的低压侧，从而使发电机内部分氢气不断地流进干燥器内进行干燥。

氢气干燥系统采用吸附式干燥装置，如图5.118所示。其对氢气进行干燥处理的基本原理是利用活性氧化铝的吸收性能。活性氧化铝是一种固态干燥剂，高疏松度的活性氧化铝具有非常大的表面积和强吸湿能力。湿度高的氢气通过填满活性氧化铝的吸收塔后，氢气中的湿气被活性氧化铝吸收。当活性氧化铝吸收水分达到饱和后，可通过加热来清除自身的水蒸气，得到“再生”，从而恢复它的吸收能力，且活性氧化铝的性能和效率并不受重复再生的影响。

图5.118 吸附式氢气干燥装置图

干燥装置有两个吸收塔，是一种自动连续干燥运行的氢气干燥系统。当其中一个吸收塔处于吸湿过程时，另一个吸收塔则处于再生过程。因此，干燥装置能够连续循环工作，从而保证了氢气的干燥和系统的再生。

干燥塔一般投入自动连续运行，由PLC定时循环控制程序来实现。定时循环包括每个干燥塔进行定时吸湿过程和定时再生作用。再生作用又包括可设定的定时加热和可设定的定时冷却。

(7)油雾分离器

为防止氢气中的含油杂质或液体直接进入吸附式氢气干燥器设备中，影响设备的干燥效果，氢气干燥装置还专门配有一台油气分离器，让氢气在进入干燥塔前先通过油气分离器，滤除液体杂质及油烟，保证氢气的洁净。

(8)氢气冷却器

为了将发电机内换热后氢气热量带走，保证发电机的冷却效果，发电机安装有四个管式氢气冷却器。冷却器水平布置在发电机顶部，由套片式的水管压合组成，分为前后水箱、套片、冷却水管和外壳几个部分。冷却介质为闭式冷却水，冷却水在水管内流动，氢气在水管间流动，每个冷却器进口和出口均分别设置单独的隔离阀。

冷却器出口设置有温度探测器，用来监测氢气温度。如果温度超过设定值，控制系统就会发出“冷却器出口氢气温度高”报警。氢气温度可通过调整闭式冷却水流量来控制。

5.20.4 系统保护元件介绍

为了使氢气系统安全稳定运行，系统中设置了相应的压力/纯度监测装置、漏氢及漏液等热工测量保护元件，对运行进行实时参数监测，对异常参数及时发出报警及保护。

(1)氢气压力/纯度监测装置

氢气纯度不合格，将导致发电机冷却效率降低，造成机内部件局部过热，同时有害气体的存在还会造成绝缘老化，铁芯及金属部件腐蚀。因此，系统设置了氢气纯度监测装置来监测氢气纯度。

氢气压力/纯度监视设备的作用是监测发电机内部的氢气压力和纯度。该装置能连续自动测量、指示发电机在运行过程中机内氢气纯度、压力、露点及补氢流量，并可输出报警信号

(开关信号)和监控信号,还能对发电机的气体置换进行全过程的在线监测。

装置内装设三范围气体成分在线分析仪及就地指示仪表。在气体置换期间,用以分析并指示发电机壳内气体置换时排出气体中二氧化碳或氢气的含量(测量二氧化碳在空气中的含量:0 ~ 100%;测量氢气在二氧化碳中的含量:0 ~ 100%);气体置换完成后,用以分析并指示发电机壳内氢气纯度(测量 H_2 在空气中的含量:85% ~ 100%)。除了有就地氢气纯度指示外,还可送出 4 ~ 20 mA 信号用于远方监测。

装置上还装设有氢气压力表、氢气压力开关、变送器、氢气露点仪以及氢气流量计等监测仪表,对氢气压力、露点和进氢流量等提供就地指示及远方监测数据。当氢气压力高于 0.435 MPa时,压力高开关动作,控制系统发出压力高报警;当氢气压力低于 0.38 MPa 时,压力低开关动作,控制系统发出压力低报警;当氢气压力低于 0.25 MPa 时,压力低低开关动作,控制系统发出压力低低报警;发电机内氢气高压区与低压区之间设置有压差表(DPI),用来监视高低压区之间的压差;氢气湿度传感器,用来监测氢气湿度。

气体密度、压力和温度信号送至纯度变送器,在显示气体纯度的同时送至控制系统,用于远方指示。纯度变送器也输出氢气纯度高低报警,当出现氢气纯度低报警时,表明发电机内的氢气纯度低于设定值;如果出现氢气纯度高报警,则表明纯度指针已达100%或以上,这种情况表明检测回路故障或者是纯度风机停运。

(2)漏氢监测装置

漏氢监测装置是为了监视氢气泄漏情况而设置的,以免发生危险。漏氢监测装置能连续自动检测发电机氢、密封油系统中各取样点处的氢含量,一旦氢含量超限($>1\,000 \times 10^{-6}$),则发出报警信号。

如某 F 级燃气轮机电厂氢气系统设置了六处漏氢测点,在发电机封闭母线箱 A、B、C 三相及中性点侧各设一点,发电机两端轴承回油侧各设一点。

(3)漏液探测器

漏液探测器是用来检测发电机内部的漏油或水,本系统装有两只油水探测器,分别接自发电机汽、励两端机座底部及出线盒排液接口。如果发电机内部漏进油或水,油水将流入探测器内。探测器内设置有一只浮子,浮子上端载有永久磁钢,探测器上部设有磁性开关。当漏液探测器内油水积聚液位上升时,浮子随之上升,当浮子上升到设定位置时,永久磁钢随之吸合,磁性开关接通报警装置,发出报警。

5.20.5 系统运行

氢气属于可燃性气体,在氢气和空气的混合气体中,若氢气含量在4% ~74%便有爆炸危险性,因此,严禁空气和氢气直接接触。燃气轮机在进行检修等与发电机氢气系统相关联的工作时,必须先进行发电机内的氢气置换工作。目前,发电机气体置换主要有两种方法:一种是中间介质置换法,另一种是抽真空置换法。抽真空置换法是用真空泵直接将发电机内的空气抽出来,使发电机气体管路内形成真空,然后再充入氢气。这种方法简便、省时、节约,但是对于发电机内部结构是否有不良影响,目前难以定论,故不推荐采用;采用中间介质置换法,即在发电机充氢或排氢过程中,采用二氧化碳作为中间介质进行置换。

当用二氧化碳置换发电机内的空气时,二氧化碳经过发电机内底部的二氧化碳汇流母管进入下部,空气则被赶到发电机内上部,经顶部的氢气汇流母管排出。当向发电机内充氢时,氢气从发电机内顶部的氢气汇流母管进入，二氧化碳则被赶到发电机内下部，经底部的二氧化碳汇流母管排出。采用氢气和二氧化碳汇流母管的方式，将不同气体之间的混合降低到最低，以确保气体置换过程的安全和高效。

向发电机内引入二氧化碳之前，应提前做好准备工作：检查氢气和密封油系统报警功能是否完善，发电机气密试验合格，密封油系统正常运行，系统设备、仪表整定校验合格，发电机房内停止一切动火工作，现场清理干净，做好安全隔离措施，现场消防设备完好等。

发电机的气体置换包括发电机启动前气体置换（充氢）和发电机检修前气体置换（排氢）两种过程。其中，发电机启动前气体置换（充氢）工作包括两个阶段：首先要进行二氧化碳置换发电机内空气，待置换完空气后再用氢气置换发电机内二氧化碳；发电机检修前气体置换（排氢）也需要两个阶段，首先要进行二氧化碳置换发电机内氢气，待氢气置换结束后再用压缩空气置换发电机内二氧化碳。

发电机投入使用后，应对氢气系统进行定期维护和保养，以保证机组的安全可靠运行。氢气系统日常运行维护与监视工作注意事项如下：

①发电机内氢气压力不能过低，机内氢压保持在设定值(0.4 MPa)左右，以确保冷却效果；反之，氢气压力也不能过高，否则损耗增大，同时会造成漏氢量增加，影响机组的安全运行。

②发电机内氢气纯度必须维持在规定值(96%)以上运行，含氧量不得超过1.2%。氢气纯度低，一是影响冷却效果，二是将增大发电机运行的不安全系数。氢气纯度低于报警值(90%)则应降负荷运行，并要求进行发电机排污，以使氢气纯度达到要求。

③氢气水分不能过高，否则会造成发电机绝缘下降等不良后果。

④氢气纯度、压力、露点温度指示是否正常，应定期对氢气纯度检测装置进行排污，防止影响纯度检测装置的灵敏及准确度。

⑤发电机任何情况下氢气压力必须大于大气压力，同时保持油氢压差在设定值范围（一般为0.06～0.08 MPa）。

⑥发电机氢气冷却器出口氢气温度应保证在规定的温度范围内运行，氢气温度过高过低均会影响发电机的绝缘，严重时会导致绝缘破坏。

5.20.6　系统常见故障及处理

氢气系统是机组重要的辅助系统之一。在运行中，由于设备本身原因或者因操作不当将可能导致一些故障或异常，从而影响到机组安全运行。例如，机组在运行过程中如果氢气压力降低，发电机的冷却效果有所降低，可能引起部件温度上升；氢气压力过高，一是可能增加漏氢量，二是存在一定的安全隐患；发电机氢气纯度降低，将给发电机带来一系列的连锁影响，最直接的一是影响冷却效果，二是增加通风损耗；发电机氢气温度过高，将会降低对发电机部件的冷却效果，间接影响发电机部件的绝缘，严重情况下可能会造成短路事故等。氢气系统常见的故障较多，此处将主要介绍氢气压力低、纯度低及温度高处理过程。

(1)发电机内氢气压力低

故障现象：氢气压力低于设定值，控制系统发出发电机氢气压力低报警，或者是补氢量增加。

原因分析：

①补氢调节阀失灵或供氢系统压力下降。

②密封油压力降低，导致密封效果变差。

③氢气系统泄漏。

④氢冷却器出口氢温突降。

⑤压力开关故障。

处理措施：

①就地检查氢压，若氢压确实已低于报警值，应立即进行补氢，同时加强对氢气纯度及发电机铁芯、绕组温度的监视。若补氢后氢压仍不能维持，则应减负荷或停机处理。

②检查氢气压力调节阀是否正常，若压力调节阀故障，则切换至备用压力调节阀，对故障压力调节阀进行隔离处理。

③检查氢气是否泄漏，若漏气量小，且不影响安全运行，则密切监视相关参数待停机后处理；若漏氢量大且漏氢处无法立即消除，应降氢压，同时减负荷运行，若降氢压后仍不能维持运行，则应停机排氢后处理；当氢气泄漏到厂房内时，应加强通风换气，禁止一切动火工作。

④检查密封油系统压力是否正常，若密封油压低导致氢气泄漏，则按密封油压低处理，使密封油压尽快恢复正常。

⑤检查和对比各氢压表，若为压力开关故障，则对其进行相应的处理。

(2)发电机内氢气纯度低

故障现象：氢气纯度低于设定值发出氢气纯度低报警；发电机铁芯、绕组温度可能升高。

原因分析：

①氢气干燥器故障，导致氢气中水分含量高。

②密封油系统工作不正常（密封油系统真空油箱真空下降、密封油压力过高）或者氢气系统油雾分离器故障导致氢气中油气含量增加。

③新补充氢气品质不合格。

④氢气纯度监测装置故障。

处理措施：

①发电机内氢气纯度低于设定值(96%)时，应立即进行排污补氢（补氢气纯度不得低于99.5%)，直至机内氢气纯度达98%以上。

②若发电机内氢气纯度低于报警值(90%)时，则必须降负荷运行，并监控发电机铁芯、绕组温度，若补充氢气后纯度仍不能维持，立即停机。

③检查干燥器是否故障，若是干燥剂失效，应更换干燥剂；若是干燥器加热器故障，应立即采取措施处理。

④检查油雾分离器工作是否正常，若分离效果不好，则检查处理油雾分离器；若密封油系统工作不正常，则按密封油系统相关事故处理措施进行处理。

⑤检查氢气纯度监测装置是否故障，若故障，则尽快处理。

(3)氢气温度高

故障现象：机组运行中，热氢温度、冷氢温度高于设定值；发电机铁芯、绕组温度可能升高。

原因分析：

①氢气冷却器脏污或者冷却水异常(压力降低、水温升高等)。

②氢气压力低或者纯度不足。

③发电机过负荷或异常导致铁芯、绕组温度高。

④温度监测装置故障。

处理措施：

①加强对机组振动、发电机铁芯、绕组温度等参数地监视。必要时,可适当降负荷运行。

②检查氢气冷却器水温、水压及流量是否正常。若不正常,应立即查找原因进行处理,使其尽快恢复正常运行。

③检查氢气纯度或压力是否正常。若异常,按氢气纯度或压力异常处理。

④若发电机铁芯、绕组温度等参数均正常,则可能为温度监测装置故障,应尽快处理。

5.21 闭式冷却水系统

燃气轮机、蒸汽轮机、发电机及其辅助系统在工作期间产生热量的部件需要被冷却,闭式冷却水系统的作用就是为整个机组的各种换热器、辅机轴承、旋转设备等提供清洁的冷却水源。顾名思义,该系统为闭式循环,介质为除盐水,故运行过程损失少,避免了系统中各种管板、阀门等金属部件的腐蚀、堵塞、结垢问题,大大减少了设备维护成本。

5.21.1 系统组成和工作流程

燃气-蒸汽联合循环机组往往配置单元制闭式水循环系统。单元制有系统简单,便于集中控制,同时管道短、附件少、管道压损小的优点,但相邻机组闭式水系统之间不能切换运行,因此,发电厂各闭式水系统之间通常增加联络母管,以增加系统运行灵活性。下面以某电厂为例介绍单元制闭式水系统。

该系统配置两台100%容量的闭式冷却水泵,用于闭式冷却水的升压循环,即在用户端换热后的高温冷却水被送至闭式水换热器,经换热降温以后,再次回到各用户端,对需冷却的设备进行冷却,如图5.119所示。系统的具体流程分两部分:

闭式水冷却流程为:闭式水回水管→闭式水泵→经换热器冷却→去机组各个用户冷却→换热后热水再回到闭式水回水管。

闭式水补水流程为:化学除盐水→闭式水高位水箱→补水到闭式水回水管。

闭式水换热器采用循环水系统的冷却水作为二次水源,冷却一次水,习惯称为开式冷却水。开式冷却水从循环水供水母管上接出,经1×100%容量的自动滤水器和2×100%容量(一运一备)升压泵升压后,送至闭式水换热器进行热交换,开式水回水排至循环水回水母管。

5.21.2 系统主要设备介绍

闭式水系统主要设备包括高位水箱、闭式水泵和换热器。其系统详图详见附录4。

(1)高位水箱

高位水箱接收除盐水泵供水,主要为系统提供缓冲容量,且一般布置在高位,提高闭式水泵入口静压,提高汽蚀余量。

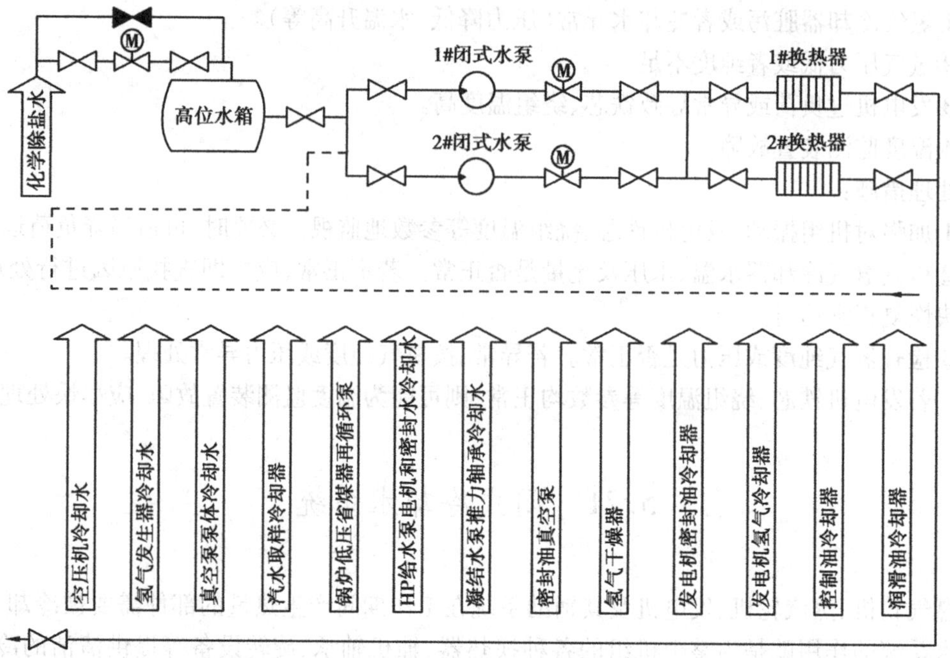

图 5.119　闭式水工作流程示意图

(2)闭式水泵

闭式水泵为普通离心水泵,其扬程需克服系统管道、阀门、换热器等阻力,同时需满足系统流量的要求。

(3)板式换热器

闭式水系统换热器有管壳式换热器和板式换热器两种形式。在电厂应用上各有优缺点。板式换热器结构紧凑,占地小,换热效率高,但维护工作量大,对工质有一定要求;而管壳式换热器具有制造成本低、清洗方便、工质温度、压力的适应范围大等优点。因为闭式冷却水系统工作压力、温度低,冷热介质杂质少,一般都选用板式换热器。

1)工作原理

板式换热器是通过压紧螺栓将换热波纹板片夹紧组装在一起,冷热介质各自通过波纹板片上不同的角孔导入板片与板片之间的表面进行流动。如图 5.120 所示,每张板片都是一个传热面,板片的两侧分别通过冷热介质进行热交换。角孔及板片四周粘有密封垫片,限制了介质在板片组内按各板片设计的平面通道流动。流经板片表面的介质,在板片波纹的作用下形成激烈的湍流,增强介质与板片间的换热效果,从而达到充分、高效换热的目的。

冷、热介质分别在波纹板片的两侧流动,两张波纹板片之间主要通过密封垫或大量的焊缝来进行密封,在换热板片不开裂破损的情况下,冷热介质不会发生混淆,充分保证设备在系统中运行的安全。

2)整体结构

板式换热器的结构如图 5.121 所示,主要分为 3 大部分:框架、波纹板片、密封垫。

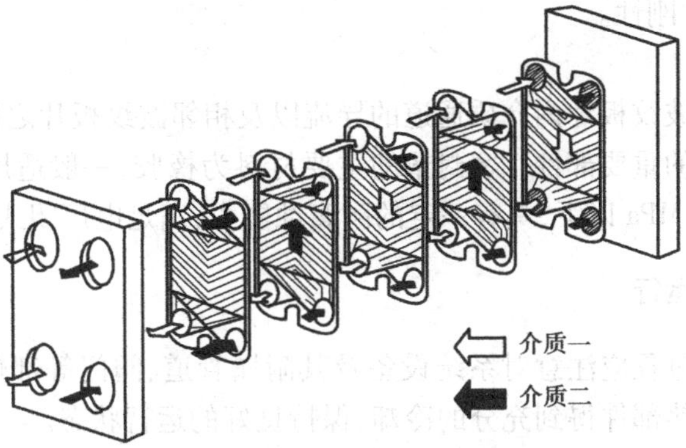

图5.120　板式换热器工作原理示意图

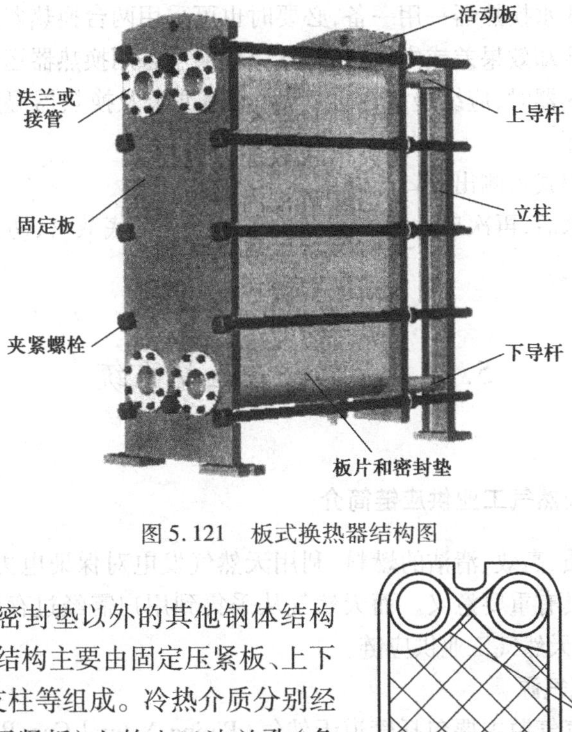

图5.121　板式换热器结构图

①框架

设备中除板片和密封垫以外的其他钢体结构一般统称为框架。其结构主要由固定压紧板、上下导杆、活动压紧板及支柱等组成。冷热介质分别经固定压紧板（或活动压紧板）上的入口法兰孔（角孔）流入由波纹板片组成的各自通道，热交换后再由固定压紧板（或活动压紧板）上的出口法兰孔流出。

②波纹板片

如图5.122所示，波纹板片一般选用所需板材，压制形成特定花式的波纹，组装后形成统一的介质通道，是换热器的核心部件。波纹板片采用一次压制成型技术，合理的波纹设计主要有以下3个方面的作用：一是增加有效传热面积；二是强化传

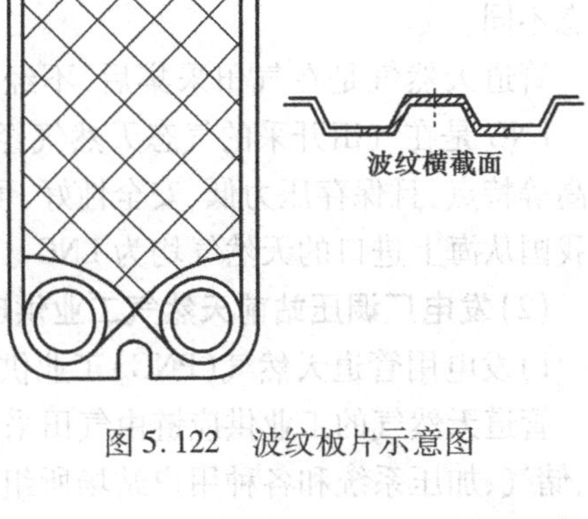

图5.122　波纹板片示意图

热效果;三是提高板片刚性。

③密封垫

密封垫主要用于波纹板片内介质通道的导流以及相邻波纹板片之间的密封,是确保板式换热器安全稳定运行的重要部件。密封垫的主要材料为橡胶,一般适用范围为工作温度0~200 ℃,工作压力2.0 MPa以下,具有一定的耐腐蚀能力,满足电厂闭式水系统的需要。

5.21.3 系统的运行

闭式水系统运行过程应注意对系统设备及其附属管道、阀门等部件的检查,保证机组在发电运行过程中各发热部件得到充分的冷却,保持良好的运行状态。

系统运行时,应注意以下6点情况:

①任何情况下,闭式水换热器开式水侧压力不得大于闭式水侧压力。

②正常情况下闭式水换热器一用一备,必要时也可采用两台换热器并列运行的方式。

③当一台换热器冷却效果差或内部泄漏时,应切换至备用换热器运行。

④投入或停止换热器时,应缓慢操作,以防止水锤冲击及换热器温度变化过快造成换热器波纹板间的密封破坏。

⑤运行时换热器闭式水侧出入口阀保持全开。

⑥冷却水系统放水后,再次启动系统前需对管路进行彻底放气,防止气体在某个部位引起气塞,影响换热效果。

5.22 天然气调压站系统

5.22.1 发电用天然气工业供应链简介

天然气是一种优质、高效、清洁的燃料,利用天然气发电对保证电力供应、提高电网调峰能力、减少大气污染,具有重要意义。而天然气从采集到用户需经过存储、运输、分配等一系列环节,这些环节构成天然气工业供应链。

(1)发电用天然气气源

我国发电用天然气气源主要包括管道天然气(Piping Natural Gas,PNG)和进口液化天然气(Liquefied Natural Gas,LNG)。两类气源的组分基本相同,只是天然气在储存和运输过程中状态不同。

管道天然气是在气田采集后,不经液化、气化等环节,直接采用管道输送的方式供给用户。LNG是在气田开采的气态天然气经液化工艺处理后形成的。因为LNG具有热值大、性能高等特点,且保存压力低、安全性好,可大大节约储运空间和成本,特别适宜长途海上运输,故我国从海上进口的天然气均为LNG。

(2)发电厂调压站前天然气工业供应链

1)发电用管道天然气(PNG)工业供应链

管道天然气的工业供应链由气田采集输送管道、气体净化与加工、输气管(支)线、配气管网、储气、加压系统和各种用户站场所组成。它包括采气、净气、输气、储气及供气5大环节,如图5.123所示。

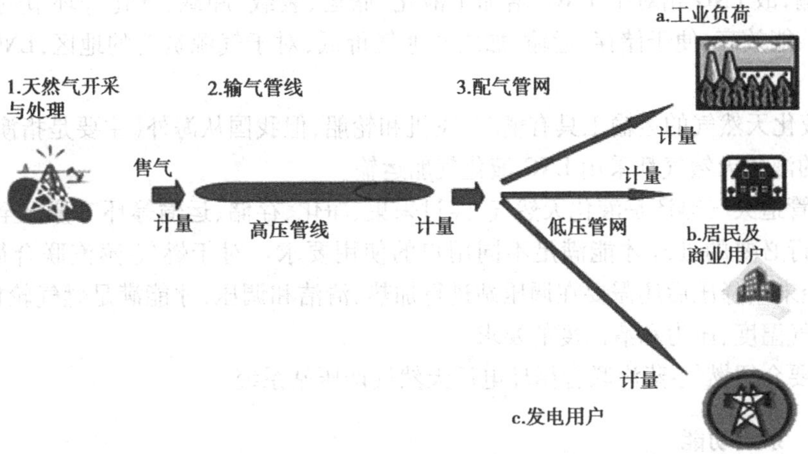

图5.123 发电用NG的工业供应链

“天然气开采与处理”是指管道天然气的采气，净气工业环节。

“输气管线”包括管道天然气的输气、储气环节。天然气输气管道系统是连接气田天然气或油田伴生气与城市门站之间的管线，由输气站和线路两部分组成。输气管道起点也称首站，负责收集集输管道系统的来气，通过除尘、计量后输往下站。如果从气田来气没有足够高的压力，则需要在首站设置压缩机增压。如果管道较长，天然气在沿管道流动过程中，压力会不断降低，此时需要在管道中间设置增压站，以保证将天然气输送到终点。输气站终点又称末站，其任务是接收来气，通过计量、调压后将天然气分配给不同的用户。

“配气管网和用户”组成管道天然气的供气环节。从输气管线末站出来的天然气通过配气管网及计量装置送到各用户，实现了天然气的工业用途。图5.123中的c用户即为发电厂。

2）发电用液化天然气（LNG）工业供应链

液化天然气是天然气经净化和降温环节，在超低温状态下（-162 ℃，一个大气压）液化的产物。液化后的天然气体积大大减少，约为气态天然气（0 ℃，一个大气压）体积的1/600，比较适合储运。

液化天然气供应链是一条包括采气、储运、液化、气化等一系列的产业链，如图5.124所示。

图5.124 发电用LNG的工业供应链

该产业链通常划分为上游项目，中游链接和下游项目3个部分。上游项目包括天然气的采集、处理和分离环节；中游链接包括液化、储存、装载、运输、卸载环节；下游项目包括储存、气化、输气、配气等环节。

液化天然气供应链相对于管道天然气供应链，要增加液化、储存、装载、卸载、气化等环节,在整个供应链的中游链接环节的输出端和接收端要配置大量储罐并使用运输设备(如LNG 船)运输,故 LNG 相对于 PNG,增加了液化、储运、装载、卸载、气化等环节的成本,但因LNG 热值高、能效高,便于储存、运输,加之产地气价低,对于气源贫乏的地区,LNG 也得到广泛的应用。

目前,液化天然气的运输工具有槽车、飞机和轮船,但我国从海外(主要是指澳大利亚、印尼等)采购的液化天然气都采用 LNG 液化气船运输。

无论是管道天气热还是液化天然气,经过采集、净化、存储、运输等环节分配至各用户后,仍然需要进行必要的处理才能满足不同用户的使用要求。对于燃气-蒸汽联合循环电厂来说,天然气经末站降压后还需要在调压站进行加热、清洁和调压,才能满足燃气轮机燃料前置模块对天然气温度、压力和清洁度的要求。

本节主要介绍燃气-蒸汽联合循环电厂天然气调压站系统。

5.22.2　系统功能

天然气调压站系统主要功能是向燃气轮机和启动锅炉等设备提供洁净且温度、压力合适的天然气,并在调压站发生故障的情况下,及时切断气源,保护下游设备。调压站一般包括入口单元、加热单元、清洁单元及调压单元,各单元的作用如下:

①入口单元主要完成输入调压站天然气的计量和粗过滤。

②加热单元加热天然气以满足燃气轮机前置模块对天然气温度的要求,同时防止天然气在降压时因温度降低而结露。

③清洁单元除去天然气中的杂质和液滴。

④调压单元调整天然气压力以满足燃气轮机的要求,并维持压力稳定。

5.22.3　系统组成与工作流程

我国绝大多数天然气发电厂采用的是西气东输或 LNG 气源,上游气源压力较高,因此,调压站进行降压调节(如若上游气源压力较低,则调压站进行增压调节)。基于机组供气可靠性和系统建设成本等方面的考虑,调压站系统有不同的配置方案,本节以某电厂(该厂有 3 台 M701F 燃气-蒸汽联合循环机组)为例,对典型的降压调压站系统进行介绍。其系统流程如图 5.125 所示。

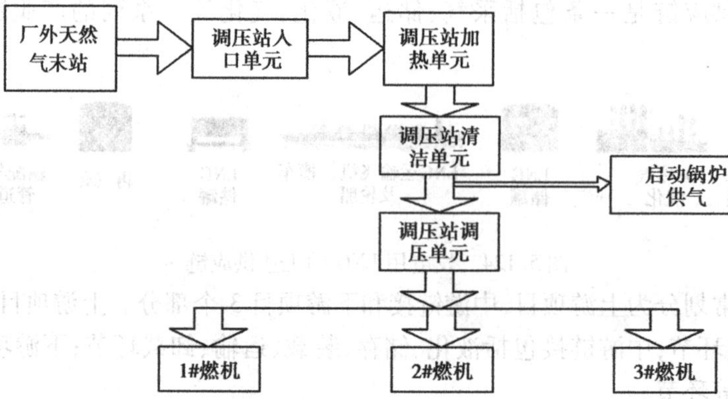

图 5.125　天然气调压站系统流程

该调压站系统按设备功能的不同,分为入口单元、加热单元、气体清洁单元及调压单元。

(1)入口单元

入口单元接受上游天然气末站的高压天然气,对天然气进行计量和粗过滤。入口单元流程如图5.126所示。它主要由绝缘接头、火警关断阀、流量计及旋风分离器等设备组成。

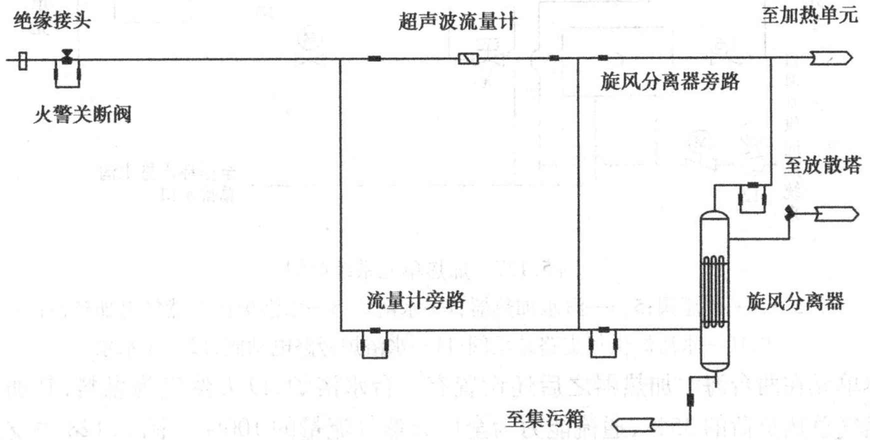

图5.126　入口单元系统简图

绝缘接头将天然气末站和调压站管线连接在一起,作用是将调压站与外部管线间相互绝缘隔离,保护管道不受电化学腐蚀,延长使用寿命;调压站的入口设置了一个火警关断阀,关闭时间小于0.3 s,该阀接受厂区火灾或机组遮断信号,并紧急关断天然气供气;流量计是一台超声波流量计,流量计自备流量计算机和气相色谱分析仪,流量计可靠计量天然气的总用量,同时设置有流量计旁路,以保证流量计支路故障时供气;旋风分离器的作用是在机组安装完毕后的运行初期对天然气进行过滤分离(主要过滤掉管道内的焊渣、铁锈等),对10 μm以上颗粒清除效率可达到99.5%,机组正常运行一段时间后,旋风分离器就被隔离,天然气经旁路进入加热单元。

(2)加热单元

加热单元主要作用是加热天然气使其温度满足前置模块的要求并高于相应压力下的水露点和烃露点,以防止天然气结露。M701F燃气轮机前置模块要求入口天然气温度为15 ℃,最低不能低于5 ℃。如图5.127所示,加热单元主要设备包括海水加热器和水浴炉,水浴炉设置有旁路管道及相应的电动阀门。当海水加热器出口天然气温度低于设定值时,则水浴炉不投入,天然气从水浴炉旁路直接进入天然气清洁单元。在实际运行中,地处南方的天然气电厂一般水浴炉无须投入,但对于北方的天然气电厂来说,因冬季海水温度低,仍有投入的必要。

加热单元并联配置两台海水加热器,每台海水加热器的设计热负荷为全厂天然气总热负荷的65%,通流能力为全厂天然气流量的100%。正常运行时,两台海水换热器同时投入,出口天然气温度一般为22 ℃,水浴炉只作为紧急备用。海水加热器进出口均设置有调节阀,其作用:一是控制海水加热器的投入和退出;二是当入口单元来的天然气压力高时,起到减压的作用,以防止加热单元天然气压力过高损坏加热器中天然气侧管线。两台海水加热器共用3台调压站海水泵,设计为两用一备。

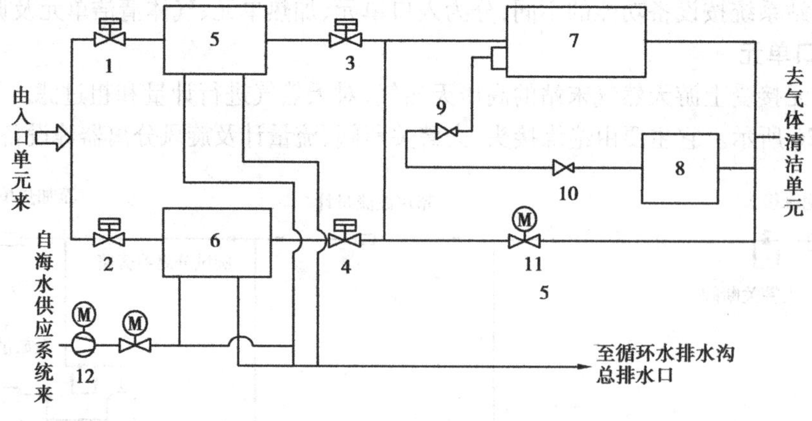

图 5.127　加热单元系统简图

1、2、3、4—调压阀;5、6—海水加热器;7—水浴炉;8—水浴炉用天然气电加热器;

9、10—水浴炉供气支路减压阀;11—水浴炉旁路电动阀;12—海水泵

加热单元在两台海水加热器之后还设置有一台水浴炉,以天然气为燃料,其加热容量为全厂天然气总热负荷的35%,通流能力为全厂天然气流量的100%。图5.128中支路是水浴炉用天然气供应和调压支路,因供水浴炉用天然气压力下降很大,为避免温度降低过大导致天然气结冰,在水浴炉供气调压支路上游配备一个电加热器加热进入水浴炉的天然气。在水浴炉投入的情况下,当电加热器腔体温度低于38 ℃,或者电加热器前天然气温度低于35 ℃,电加热器投入;当电加热器腔体温度高于50 ℃,或者电加热器前天然气温度高于40 ℃,电加热器退出。另外,炉体还配有水温监控装置以保证安全。水浴炉可自动调节热负荷,并在出现故障时自动熄火以保护设备。

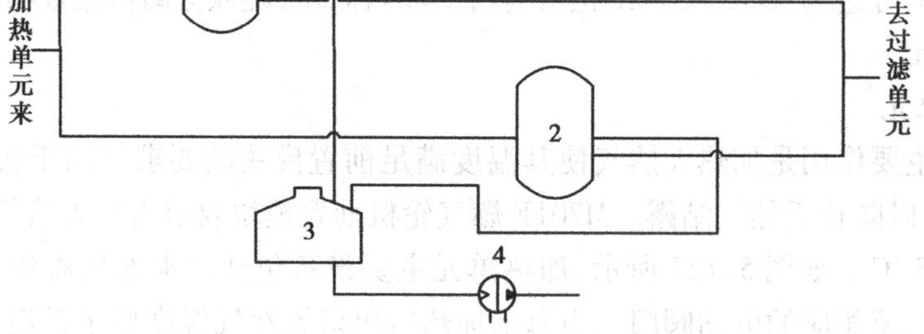

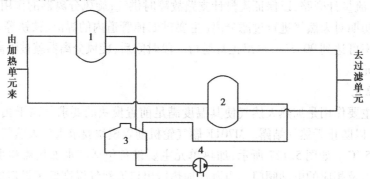

图 5.128　气体清洁单元系统简图

1—#1 过滤器;2—#2 过滤器;3—集污箱;4—排污泵

水浴炉设置有旁路管道及相应的电动阀门,当海水加热器出口的天然气的温度能满足燃气轮机前置模块的要求,则水浴炉退出,天然气从旁路直接进入清洁单元。

(3)气体清洁单元

气体清洁单元如图5.128所示。该单元并联设置了两台卧式双级过滤分离器,单台设计流量为全厂燃料总流量的100%,两台过滤器运行方式为一用一备。过滤器过滤的液滴和杂质进入集污箱,集污箱安装有就地液位计和液位开关。当控制系统检测到液位高信号时,排污泵自动启动排出污水,低液位开关动作时关闭。污水泵也可在就地控制间的触摸屏上手动操作，手动操作时仍然与液位开关保持连锁。

(4) 调压单元

调压单元调压支路设计原则一般为 $N+1$（N 为机组台数），如图5.129所示。该厂有3台燃气轮机，故设计为4路供气（三用一备），分别向3台燃气轮机提供适应各种运行工况下所需的稳定气源。当工作调压支路发生故障时，调压站会自动切换到备用调压支路，以保证调压站满负荷、不间断地供气。

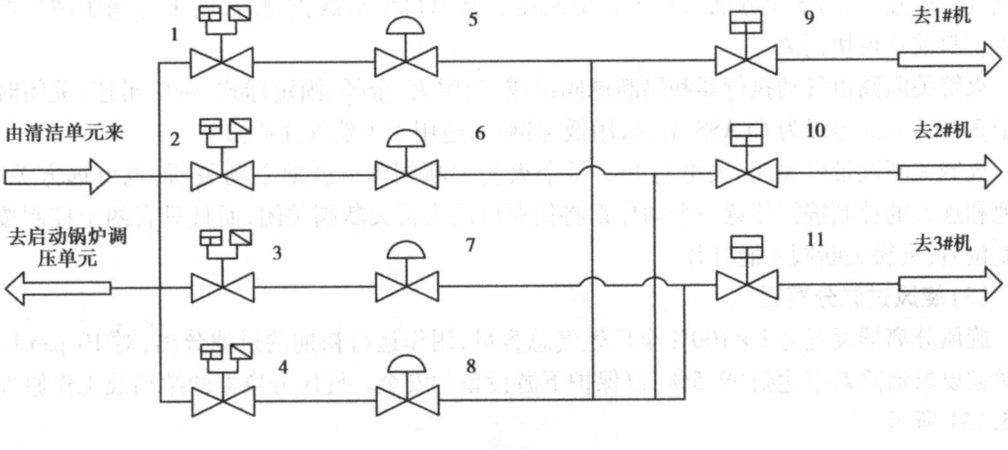

图5.129　调压单元系统简图

1、2、3、4—监控器；5、6、7、8—调压器；9、10、11—火警关断阀

每一调压支路上设置一个监控器（失效关闭）和一个调压器（失效开启），调压器在下游，监控器在上游串接在管路上。另外，3条主路上分别各设一个火警关断阀。在正常运行中，调压器负责主要的调压功能，将天然气压力从末站出口压力（一般为5.3～5.9 MPa）调整至满足燃气轮机的使用要求（三菱M701F燃气轮机要求天然气入口压力为3.4 MPa±1.5%），监控器作为紧急调压器，在调压阀失效时起后备压力调节作用。当调压器故障时，其阀门全开，此时调压器下游压力升高，监控器监测到调压器下游压力升高后，自动投入运行；如果监控器也发生故障，监控器阀门全关，该调压支路出口压力将逐步降低，当压力降低到备用调压支路的工作调压器设定点时，备用支路（图5.129中4、8支路）自动投入，以保障机组供气。

在每一工作调压支路出口都设置一个火警关断阀，关闭时间小于0.3 s，该阀接受厂区火灾或机组遮断信号，具有关断天然气供气，将调压站与燃气轮机隔离的作用。

5.22.4　系统主要设备介绍

(1) 绝缘接头

绝缘接头主要用于燃气输配系统和燃气调压站中，其作用是将上、下游管线或调压站与外部管线相互绝缘隔离，保护管道不受电化学腐蚀，延长使用寿命。安装时，绝缘接头与管道或法兰直接焊接，可适用于天然气、人工煤气、液化气及空气等腐蚀性介质。

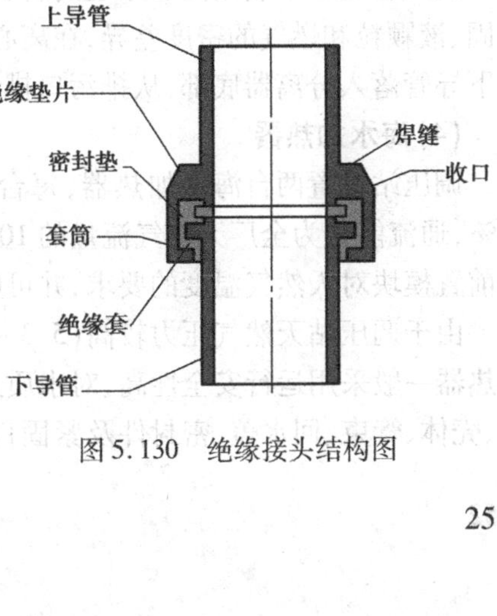

图5.130　绝缘接头结构图

绝缘接头结构如图5.130所示。整体式绝缘

接头由上下导管、套筒、绝缘件、密封垫、绝缘涂层组成。在绝缘接头的上下导管对接端面间，夹有绝缘件和密封件，形成具有绝缘性能的双密封结构。套筒采用坡口焊接或与上导管直接焊接两种形式，将绝缘件和上下导管牢固封裹在里面，形成“密封容器”，从而既保证了良好的绝缘效果，又大大地提高了绝缘接头的承压能力。

(2)火警关断阀

调压站系统一共设置 4 个火警关断阀，一个布置于入口单元进口处，用于将调压站与上游供气管道隔离；另 3 个分别布置于 3 个调压主路出口手动截止阀后，用于将调压站与燃气轮机燃料前置模块隔离。

火警关断阀由气动执行器和隔断球阀组成，为耐火、全径、固定球式，响应迅速，关闭时间小于 3 s；其泄漏等级为 CLASS Ⅵ，采用低温钢材，适用于天然气介质。

火警关断阀带电关闭、失电打开。每个火警关断阀既可就地手动关断，也可远方关断。就地和远方的控制按钮任意一个动作都将使对应的火警关断阀关闭，而且只有两个控制按钮都复位后，火警关断阀才能打开。

(3)旋风过滤分离器

旋风分离器设置为 1 ×100% 全厂燃气总容量，用作运行初期的过滤分离，对 10 μm 以上的颗粒要求清除效率达到 99.5%，以保护下游设备的安全。旋风分离器的结构及工作原理如图 5.131 所示。

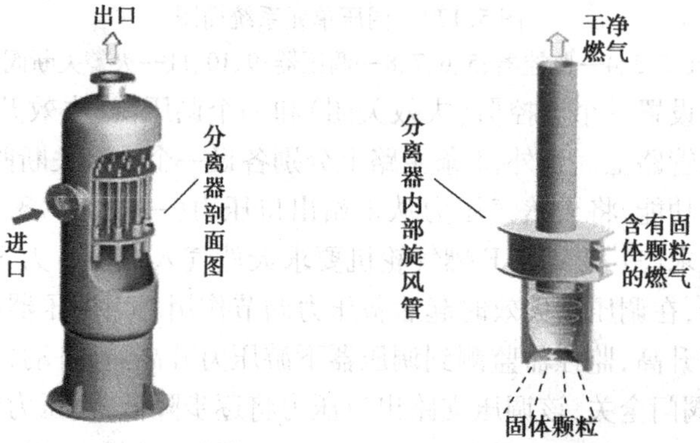

图 5.131　旋风分离器结构及工作原理图

旋风分离器由若干只旋风管组成，旋风管的数量是根据实际的气流量和允许的压降决定的。旋风管是一个利用离心原理的管状物，待过滤的燃气从进气口进入，在管内形成旋流，由于固、液颗粒和燃气的密度差异，在离心力的作用下分离，清洁燃气从上导管流走，固、液颗粒从下导管落入分离器底部，从排污口排走。

(4)海水加热器

调压站设置两台海水加热器，每台海水加热器的设计热负荷为全厂天然气总热负荷的 65%，通流能力为全厂天然气流量的 100%。海水加热器的作用是加热天然气以满足燃气轮机前置模块对天然气温度的要求，并可防止天然气因压力降低而结露。

由于调压站天然气压力较高(5.3 ~5.9 MPa)，且冷却介质为海水，为保证安全运行，海水加热器一般采用运行安全性高、对水质适用性强的管壳式换热器。管壳式换热器主要由进水盖、壳体、管束、回水盖、密封件及紧固件等部件组成。具体结构详见滑油系统滑油冷却器介绍,除冷却介质和冷却对象不同外,在结构形式上大同小异。

(5)水浴炉

水浴炉为直燃水浴式加热炉,水套式结构,具有体积小启动快的特点。它主要由加热炉炉体、燃烧系统、PLC控制系统、火筒及烟管、换热盘管、支座、防爆门及烟囱等部分组成。水浴炉以天然气为燃料,燃料在炉膛内燃烧加热炉膛内的水,机组用天然气通过浸泡在水中的盘管吸热,实现加热天然气的目的,水浴炉的热效率可达90%以上。在启动炉不投运时,天然气可通过旁路直接进入气体清洁单元。

(6)双级过滤分离器

如图5.132所示,双级过滤分离器的第一级过滤利用滤芯渗透过滤原理,由若干只可更换和可清洗的过滤元件组成。此类过滤元件的类型和精度等级需根据工作条件选择,目的是除去最小的固体颗粒,并凝聚雾状物以有利于第2级分离。第2级是一个叶片分离器,其作用是除去液体颗粒。该级分离器利用叶片分离原理工作,即轻的天然气通过叶片,而重的液滴在本身重力和叶片阻力作用下落到罐底。两级分离出来的污物收集到积液箱。

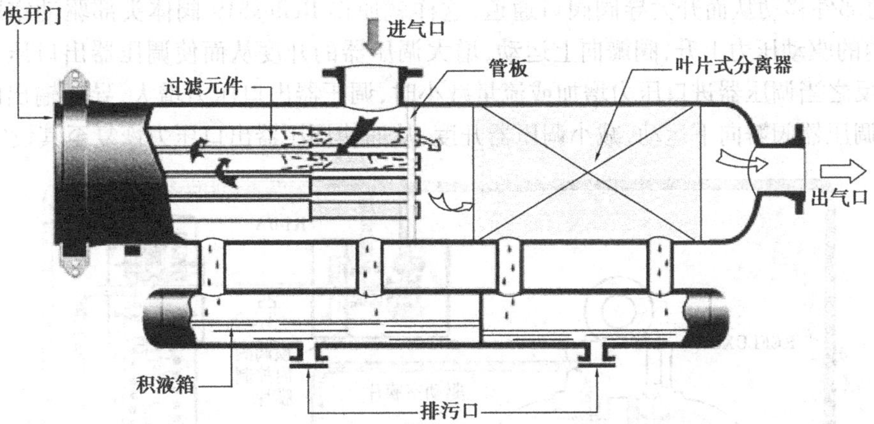

图5.132 卧式滤芯叶片组合式过滤分离器结构图

过滤器的滤芯一般采用复合玻璃纤维材质,具有过滤精度高、容尘量大、阻力小、流通能力大、耐腐蚀、适应范围广、无二次污染等特点。当介质温度<15 ℃、滤芯阻力<2 500 Pa时,过滤器的过滤效率为:对5 μm以上的颗粒,清除效率达到100%;对3~5 μm的颗粒,除尘效率不小于99.9%;对2~3 μm的颗粒,过滤效率不小于99.1%;对1 μm颗粒,过滤效率不小于99%。

每台双级过滤器设置两套就地液位计和液位开关。当高液位开关动作时,气动排污阀自动打开,将积液箱里的污水排放至集污罐,直到低液位开关动作时关闭。每个气动控制排污阀都可单独在就地控制间的触摸屏上手动操作,手动操作时仍然保持闭锁关系。

(7)调压器和监控器

调压器和监控器是调压站调压单元的主要设备,负责调节调压站输出到燃气轮机前置模块的天然气压力。调压器负责正常运行时的压力调节,监控器则负责应急调压,是调压器的后备。

1)调压器

调压器的种类较多,按工作原理可分为直接作用式(利用出口压力的变化直接控制启闭件运行)和间接作用式(利用出口压力的变化通过指挥器放大,控制调节器启闭件的动作)两种类型。按调压器执行元件的动力来源,可分为自力式调压器和非自力式调压器。

该电厂调压站配置的调压器型号为 Reflux819 + 204 + R14/A + DB819,属间接作用非自力式调压器。其中,Reflux819 为调压器,204 表示该控制器内加装了“204”型的指挥器(设定压力范围为 0.03 ~4.3 MPa),R14/A 为预调器,与指挥器配合构成指挥器系统,控制调压器的降压操作;DB819 是该调压器配置的消音器型号,用来降低调压器由降压而产生的噪声。该型调压器为天然气调压站的典型调压器。

该调压器工作原理如图 5.133 所示。引自调压器进口腔的燃气进入预调器(R14/A)中节流,预调器由阀芯、弹簧和膜片组成,膜片两侧分别作用有节流后压力(导阀进口压力)和调压器出口压力,经预调器节流后的燃气进入导阀(导阀是指挥器的主要部件),进一步减压后进入调压器 Reflux819 阀体头部驱动室 E,导阀输出的燃气压力(驱动压力)由导阀阀口的流通面积确定,而导阀设定弹簧压力和作用在膜片上的调压器出口压力共同决定了导阀阀口的通流面积。如果工作时进口压力下降或流量增加,调压器出口压力就会降低,力的不平衡使导阀驱动部件移动从而开大导阀阀口通道,这样就使得 Reflux819 阀体头部驱动室膜片下方气室 E 内的驱动压力上升,阀瓣向上运动,增大调压器的开度从而使调压器出口压力恢复至设定值;反之当调压器进口压力增加或流量减小时,调压器出口压力增大,导阀输出的驱动压力下降,调压器阀瓣向下运动,减小调压器开度,从而使调压器出口压力恢复至其设定值。

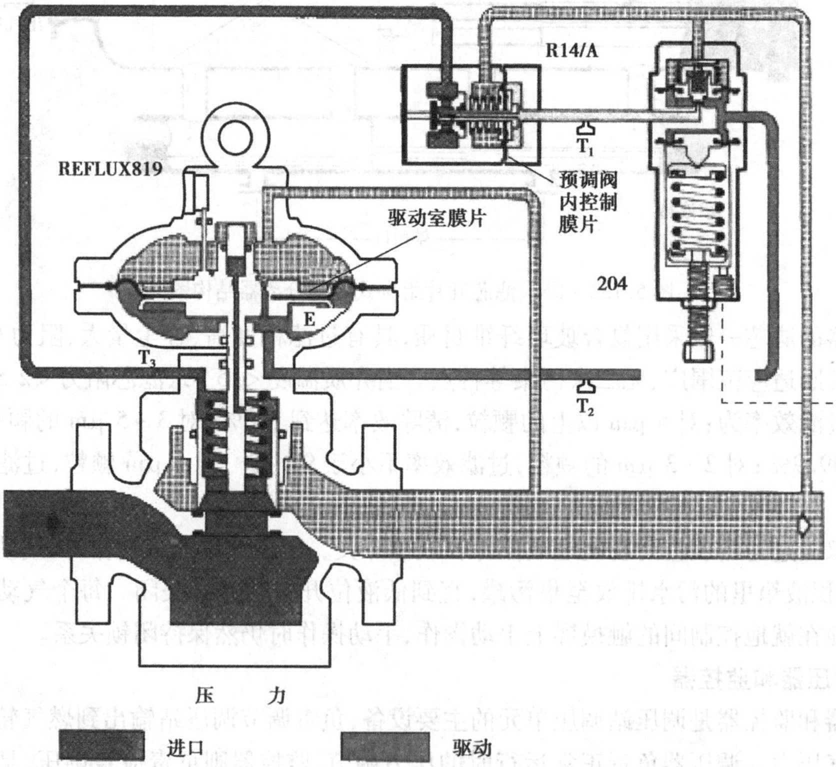

图 5.133 调压器结构原理图

2)监控器

监控器为应急调压器,当某种原因使调压器出口压力达到预设的监控器介入压力时,监控器就替代调压器进入工作状态。而在正常供气状态时,监控器是全开的。

与调压器配用的监控器可以是同型号的调压器,安装在调压器之前成为串联式监控器,而调压器成为主调压器。监控器也可以直接安装在主调压器的阀体上,即两台调压器共用一个阀体,但有各自的头部、预调器和导阀,称为内装式监控器。该电厂调压站配置的是串联式监控器。

监控器的工作原理与主调压器相同,唯一不同点是其驱动压力设定值略高于主调压器,因此在正常情况下,监控器处于全开状态,而主调压器负责调节燃气压力,当调压器发生故障时,监控器就自动进入工作状态,此时调压站出口压力略高于原出口压力。

5.22.5 系统保护元件介绍

天然气调压站各单元都配置有必要的保护元件,以监控系统的运行。调压站主要的保护元件包括可燃气体泄漏监测元件和天然气压力、温度监测元件。

(1)可燃气体泄漏监测元件

调压站布置有可燃气体监测元件,用于探测天然气泄漏,并及时发出天然气泄漏警报,避免酿成事故。

可燃气体报警器与可燃气体检测器配套使用,采用红外式补偿检测原理,测量范围是可燃气体爆炸下限浓度的0~100%。可燃气体报警器输出的模拟信号,送到站控系统及电厂的集中控制室,以监测调压站是否泄漏,如果空气中天然气含量超过设定值,则保护动作,关闭相应的火警关断阀。

(2)天然气压力、温度监测元件

调压站入口、调压单元入口、海水加热器天然气侧入/出口、调压单元出口都布置有压力变送器。其主要作用是监测调压站系统关键部位天然气压力值,因为压力超过允许值将损坏设备,如海水加热器进口天然气压力过高将损坏换热管,造成天然气泄漏;压力过低又影响机组正常运行。

调压站在海水加热器出口、水浴炉出口以及调压器之后均设置有温度监测元件监测天然气温度。其中,两台海水加热器出口各设置一个天然气温度变送器,当温度低于设定值时,水浴炉自动启动以保证天然气温度符合要求;水浴炉出口设置一个温度变送器监控加热单元出口天然气温度,以防止天然气温度低于相应压力下的烃露点而出现结露;另外,3个主调压支路出口也均设置一个温度变送器,检测天然气在经过调压器降压后的温度,以满足燃气轮机前置模块对天然气温度的要求。

5.22.6 系统运行

天然气调压站是燃气-蒸汽联合循环电厂重要的辅助系统,运行正常与否关系到燃气轮机的安全。这里主要介绍水浴炉的运行和调压站气体置换操作。

(1)水浴炉运行

当任一台海水换热器故障时,水浴炉自动投入运行,以保证加热单元出口天然气温度大于22 ℃。

水浴炉在自动控制状态时，投入和退出条件如下：

①海水加热器出口天然气温度低于 20 ℃启动水浴炉，水浴炉投入，关闭旁路电动阀。

②海水加热器出口燃气温度高于 23 ℃时，水浴炉退出，打开旁路电动阀。

水浴炉还设有手动控制系统，当自动控制系统出现故障，可通过手动控制系统控制水浴炉的正常运行。由于该电厂上游供气温度较高，故水浴炉一般只作为紧急备用。

(2)调压站气体置换操作

当系统设备出现故障需要检修或者机组长期停运时，需要对供气管路进行气体置换操作。管道气体置换的原则是避免管道中天然气与空气并存，按照此原则，气体置换过程包括以下 3 步：

①将管线中的天然气置换为氮气。

②将空气置换为氮气。

③将氮气置换为天然气。

调压站系统的气体置换应当根据设备状况进行判断采取分段置换或者整段置换。当调压站全停大修时，推荐对调压站进行整段置换，便于缩短置换操作的时间。如果只是设备故障需要部分置换时，应当首先确定隔离范围，然后对隔离范围内的设备进行气体置换。

气体置换详细操作及注意事项：

1)氮气置换天然气

①放散天然气。将管线内天然气通过放散塔放散，放散天然气时，要注意检查管道压力，当确认管道内压力下降至 0.01 MPa 时，停止排气，防止空气倒灌。

②充氮。天然气放散完毕后向管线内充氮气，打开管路的充氮阀充氮，将剩余天然气逐渐从手动放散阀排出。为保证充氮气母管压力稳定，需及时更换氮气瓶。

③检测。充注氮气一段时间后，开始用可燃气体检测仪检测管道内的可燃气体浓度，直至所有单元各段管路均检测到可燃气浓度下降至接近于 0 时，置换完成。如果需要保养，将管道内的氮气压力保持微正压，防止空气进入。

2)氮气置换空气

①充氮。打开管路的充氮阀充氮，将管道内空气逐渐从手动放散阀排出，要注意检查并保证氮气母管压力稳定。

②检测。充注氮气一段时间后，开始用可燃气体检测仪检测管道内的氧气浓度，直至所有单元各段管路均检测到氧气浓度下降至接近于 0 时，置换完成。

3)天然气置换氮气

①充天然气排氮气。微开入口阀的平衡阀，给系统管道充入天然气，打开管道放散阀放散氮气，充天然气时，要注意检查天然气压力，维持压力为 0.2 ~0.3 MPa。

②检测。充注天然气一段时间后，开始用可燃气体检测仪检测管道内的可燃气体浓度，直至所有单元各段管路均检测到可燃气浓度至接近于 100% 时，置换完成。

③恢复系统至备用。置换合格则关闭放散阀，将管道压力缓慢升至 1 MPa，进行闭压查漏，阀门试验，检查无异常，可逐渐将系统升压至 5.3 MPa，恢复系统备用。

5.22.7 系统常见故障及处理

燃气轮机对天然气温度、压力等参数有严格的要求，当温度、压力异常时，会造成燃气轮机燃烧不稳定甚至跳闸等故障,给设备带来较大危害。下面简述这些常见故障发生时的现象、故障原因以及对应的处理措施。

(1)天然气泄漏

故障现象:天然气泄漏检测装置发出报警,现场灯光闪烁,可能有泄漏的气流声。

原因分析:

①法兰、接口、阀门、管道等设备泄漏。

②天然气泄漏检测装置故障。

处理方法:

①现场检查泄漏情况,如泄漏量大,不能维持机组运行,则立即停机处理,通知天然气末站切断气源。

②如果确认现场设备只是少量泄漏,用仪器、检漏液等方法查出具体的漏气点,发生泄漏的设备如果有备用设备的(如双级过滤器),立即切换至备用设备;如果没有备用设备,在不影响设备安全运行的前提下,则对能隔离的泄漏设备立即隔离,若不能隔离则密切监视运行。

③联系相关人员处理漏气点。

④若现场确认无泄漏的,则为天然气泄漏检测装置故障,及时检修该设备并加强监视。

(2)天然气温度低

故障现象:海水加热器出口温度低报警,水浴炉可能自动投入。

原因分析:

①运行海水泵故障或停运,而备用海水泵未启动。

②海水加热器内海水侧换热管内壁积垢严重,导致换热效果变差。

③水浴炉故障,出现海水加热器出口天然气温度低时未自动启动。

处理方法:

①检查调压站海水加热器海水侧压力是否正常。若不正常,手动启动备用海水泵。

②备用海水泵启动后,海水加热器出口天然气温度仍不能恢复正常,则立即检查水浴炉是否自动投入。若未自动投入,应立即手动投入,使天然气温度符合要求。

③若水浴炉发生故障,无法投入,且天然气温度不能满足燃气轮机前置模块的要求,则检查经TCA加热后的天然气温度是否满足燃气轮机的要求,如果温度低于低限设定值,将触发低速RUNBACK,此时应观察燃气轮机控制系统是否动作正常,若不正常可手动减负荷。在此期间,应采取各种有效措施(如尽快恢复海水泵、水浴炉正常)尽量提高天然气温度。

5.22.8 系统维护及保养

系统维护保养包括双级过滤器的切换及滤芯的更换、水浴炉维护及其他定期维护保养。

(1)双级过滤器切换及滤芯清洗或更换

双级过滤器前后压差达到报警值0.07 MPa,应切换至备用双级过滤器运行,隔离脏污双级过滤器,并清洗或更换滤芯,使之处于良好的备用状态。

滤芯清洗或更换时也应遵循避免天然气与空气并存这一原则。其更换过程如下:

①将脏污过滤器中的天然气置换成氮气。

②氮气置换完毕后清洗或更换滤芯。

③将过滤器中的空气置换为氮气。

④氮气置换为天然气，恢复至备用状态。

详细置换过程可参考本节“系统运行”部分。

(2)调压站其他维护保养

①定期对各调压支路的火警关断阀进行启闭试验，以确认切断阀动作良好有效。

②定期隔离各调压支路，对监控阀、调压阀及放散阀的设定值进行检查校准。

思考题

1. 机组为什么要进行盘车？

2. 盘车装置有哪些设备组成？扭矩是如何传递的？

3. 盘车正常停运需要满足哪些条件？为什么？

4. 机组在停机后投盘车时，盘车啮合失败如何处理？

5. 滑油系统作用是什么？M701F 型单轴联合循环机组滑油系统主要由哪些设备组成？提供的用油设备有哪些？

6. 为了满足机组轴承润滑冷却需要，滑油温度、压力是如何保证的？为了改善滑油品质，滑油系统设置哪些装置及辅助系统来实现的？

7. 滑油系统常见一些事故现象及处理方法是什么？

8. 顶轴油系统的作用是什么？工作流程是什么？

9. 轴向柱塞泵工作原理是什么？恒压变排量调节原理是什么？

10. 顶轴系统投运和停运的注意事项是什么？日常运行维护主要有哪些方面？

11. 控制油系统作用是什么？M701F 型单轴联合循环机组控制油系统主要由哪些设备组成？系统工作流程怎样？

12. 控制油供向哪些执行机构提供高压油？在执行机构中，快速卸载阀起什么作用？AST 电磁阀中间油压监测的目的是什么？

13. 在执行机构中，伺服调节油动机工作原理是什么？

14. 控制油系统日常运行维护保养项目主要有哪些？

15. 喘振是如何发生的？如何防止喘振？

16. M701F 燃气轮机在结构上如何实现防喘？

17. M701F 燃气轮机 IGV 启停过程角度如何变化？

18. 从喘振的原理简单说明 3 个防喘放气阀的作用，并指出 3 个阀门的开启和关闭的动作规则。

19. 冷却空气系统出现故障时，可能引起机组运行中哪些参数的变化，并思考其中的原因。

20. 通过拓展阅读相关资料，试着列举几项透平冷却新技术的应用。

21. 燃料系统主要保护元件有哪些？它们是怎么参与保护的？

22. 燃料温度控制阀、燃料压力控制阀和燃料流量控制阀是如何参与燃料温度、压力以及流量控制的？

23. 三菱 M701F 型燃气轮机在启动和带负荷期间，值班燃料喷嘴(扩散燃烧)和主燃料喷嘴(预混和燃烧)燃料比如何变化?

24. 燃烧室空气旁路阀的伺服执行机构有哪些组成部分? 如何进行调节?

25. 燃气供应温度、压力出现异常报警时应如何处理?

26. 进排气系统监视哪些参数? 监视这些参数的目的及响应是什么?

27. 为什么要对压气机进行水洗?

28. 高、中、低 3 种不同压力等级的主汽阀与调节阀的结构有什么不同?

29. 主蒸汽系统运行时有应注意什么问题?

30. 旁路系统如何影响机组启动方式?

31. 偏心热动力式疏水器的结构与工作原理是什么?

32. 轴封蒸汽联箱压力低是什么原因导致? 如何处理?

33. 凝汽器真空如何影响联合循环的效率? 什么是凝汽器的最佳真空?

34. 凝汽器的过冷度和端差的各指什么?

35. 什么是离心泵的汽蚀和气缚现象?

36. 辅助蒸汽联箱压力高是什么原因导致? 应如何处理?

37. 简述水环真空泵的工作过程。

38. 水环真空泵前加装大气喷射器有什么好处?

39. 为何设置密封油系统?

40. 密封油系统中的真空油箱有何作用?

41. 目前大功率的发电机为什么选择氢气作为冷却介质?

42. 氢气系统有哪些主要设备? 其作用是什么?

43. 氢气系统在进行置换时有哪些注意事项? 为什么?

44. 简单画出天然气调压站的流程,并标注出沿程主要设备。

45. 从调压站管线检修到再次投入备用,试复述整个过程中对管道中气体的置换过程,并说明在操作中的注意事项。

第 6 章 机组操作

6.1 M701F 燃气-蒸汽联合循环机组启动

燃气-蒸汽联合循环机组的启动是指机组从静止状态加速到全速空载、并网并带至满负荷的过程,它包括燃气轮机启动、蒸汽轮机启动和联合循环机组整组启动。

燃气-蒸汽联合循环机组的启动过程与轴系布置方式密切相关。M701F 燃气-蒸汽联合循环机组按轴系布置方式,可分为单轴机组和分轴机组。其中,分轴机组又可分为"一拖一"和"二拖一"甚至"多拖一"的布置方式。常见的是"一拖一"和"二拖一"的布置方式(详见本书第 1 章相关部分)。单轴机组的燃气轮机和蒸汽轮机在一根轴上,两者之间的启动相互关联、相互制约;而分轴机组的燃气轮机和蒸汽轮机在不同的轴上,两者之间联系不像单轴机组那么密切,如果配置有旁路烟气挡板,在不考虑经济性的情况下,燃气轮机的启动与蒸汽轮机的启动甚至可以独立进行。不过 F 级燃气-蒸汽联合循环机组因烟气流量大,水平烟道的截面积也大,不利于配置挡板,故分轴机组一般不配置旁路烟气挡板。

由于目前国内 M701F 燃气-蒸汽联合循环机组多为单轴布置方式,故本节主要介绍 M701F 单轴燃气-蒸汽联合循环机组的启动。

6.1.1 燃气轮机启动

燃气轮机的启动是指燃气轮机从静止状态加速到空载满速、并网并带负荷的过程。分轴机组与单轴机组的燃气轮机的启动过程在并网之前基本没有区别,并网之后的带负荷过程稍有差别。分轴机组的燃气轮机,在并网带负荷后需要在某个负荷下停留等待蒸汽条件满足后,对汽轮机进行冲转升速直至汽轮发电机并网;而对于单轴机组来说,燃气轮机虽然也需要在某个负荷下停留等待汽轮机进汽,但是由于汽轮机不需要进行冲转升速,所以停留的时间较短,故整套机组启动时间也短一些。

(1)燃气轮机启动前准备

为使燃气轮机能够安全、顺利地完成启动过程,在启动前需进行相应的启动准备,并满足一定的启动条件。

1)启动前准备

启动前,必须全面地对各设备和各辅助系统进行检查,确认设备具备启动条件,并掌握设备现状和特性,当设备均处于允许启动的状态时,方可开始进行启动操作。

2)启动条件

燃气轮机启动前需满足的条件如下:

①润滑油和控制油系统运行正常。

②燃气轮机罩壳风机运行正常。

③启动装置(SFC)无故障报警。

④燃气轮机进气室滤网压差及4个防内爆门正常。

⑤IGV(入口导向叶片)在关闭状态,燃烧室旁路阀在开启状态,燃气关断阀在关闭位置,燃气放散阀在开启位置,值班燃气压力控制阀、值班燃气流量控制阀、主燃气压力控制阀A、主燃气压力控制阀B、主燃气流量控制阀均在关闭状态。

⑥点火器可用,火焰探测器未探测到有火焰存在。

⑦燃烧器缸体上下金属温度之差在65 ℃以内,燃气透平缸体上下金属温度之差在90 ℃以内。

⑧天然气压力大于3.1 MPa,燃气轮机排气道无可燃气体浓度高报警。

⑨机组仪用压缩空气压力大于0.45 MPa。

⑩余热锅炉出口烟囱挡板在开位。

⑪3台TCA冷却器风扇都可用。

⑫机组无跳闸信号。

3)启动低速盘车

M701F联合循环机组的低速盘车转速为3 r/min,三菱建议若盘车中断时间大于3 h,要求机组启动前需低速盘车大于12 h,在检修后低速盘车大于24 h(具体要求详见第5章盘车系统一节)。盘车启动后需检查盘车电机电流值是否正常,检查机组动静部分有无摩擦声。

另外,燃气轮机在停运后,由于材料和结构上的差异,热通道内各部件从高温状态冷却的速度不尽相同,容易导致部件之间冷却不均匀。如果在这种情况下再次启动会造成动静部件之间的摩擦,损伤机组。针对M701F的温度变化特性,三菱DIASYS系统限定燃气轮机从打闸后1.5 h之内不能再次启动。

(2)燃气轮机启动过程

M701F燃气轮机启动过程由透平控制系统(TCS)全自动控制,包括发启动令、清吹、点火暖机、升速、并网带负荷5个阶段。M701F燃气轮机从发启动令至额定转速约30 min。

1)发启动令

在TCS上选择NORMAL方式,机组启动条件满足后,即可单击"START"按钮,发出启动令。启动令发出后:静态变频装置(SFC)将发电机作为同步电机拖动整个转子开始升速;同时压气机中压和低压防喘放气阀打开,高压防喘放气阀保持关闭,防止压气机在升速过程中发生喘振;IGV角度由全关的34°开至19°(详见本书第5章IGV系统),防止压气机发生喘振并维持足够的空气流量进行清吹,但又不至于使SFC的负载过大;透平冷却空气(TCA)冷却器冷却风扇开始运行;点火器自动推到点火位置;主燃气压力控制阀和值班燃气压力控制阀打开泄压约 1 min。

2)清吹

SFC 系统拖动燃气轮机转子升速至 700 r/min 进行清吹,对残留或漏入排气通道和锅炉炉膛内的可燃气体进行吹扫,防止点火后发生爆燃。当转速大于 500 r/min 时开始计时,转速到 700 r/min 时维持转速持续清吹,计时 550 s 后降转速点火。清吹时间的计算以美国防火协会(NFPA, National Fire Protection Association)制订的余热锅炉工业安全标准《NFPA 8506 *Standard on Heat Recovery Steam Generator System* 1998 Edition》为依据,即要求清吹空气的总容积 5 倍于整个 HRSG 烟气流道的总容积,然后再根据清吹空气总容积和清吹空气流量来确定需要清吹的时间。三菱给出的 ISO 条件下 700 r/min 时清吹空气流量为 3 658 m^3/min。

3)点火,暖机

机组清吹 550 s 后降速至点火转速点火,点火转速为大气温度的函数(见图 6.1),目的在于修正点火时大气温度对空气流量的影响。当压气机入口温度 20 ℃ 时点火转速为 580 r/min。转速降至点火转速后,控制油 4 个 AST 电磁阀关闭,跳闸油压建立后燃气放散阀关闭,关断阀打开,发出 FUEL ON 信号,以 15.4% 的燃料基准(CSO)(注:作为一种减少值班喷嘴的热应力的方法,某些机组点火 CSO 减为 14.6%)点火。两个点火器分别位于 8 号和 9 号燃烧筒,通过联焰管传递火焰到其他燃烧筒,火焰检测器布置在对侧的 18 号和 19 号燃烧筒内。点火器持续工作 10 s,如果 10 s 内不能检测到火焰,机组自动跳闸。

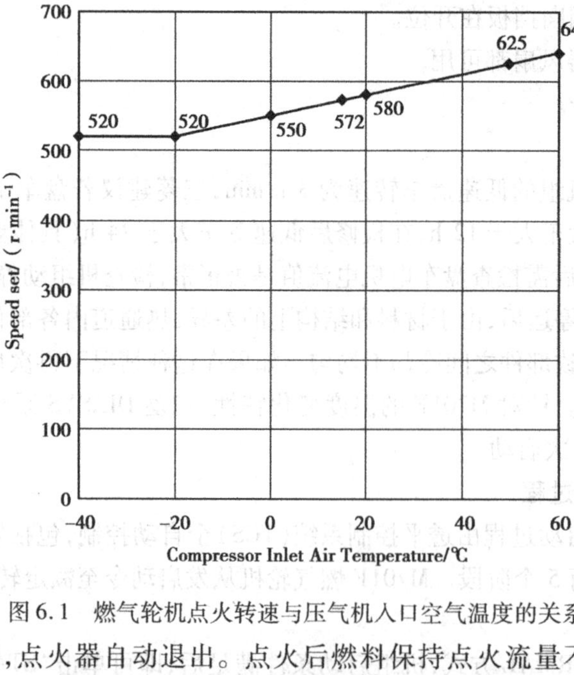

图 6.1 燃气轮机点火转速与压气机入口空气温度的关系

机组点火成功后,点火器自动退出。点火后燃料保持点火流量不变,控制机组升速的"FUEL LIMIT"控制方式则开始以 135 r/min^2 升速率计算燃料输出量,但因点火后在燃气轮机透平开始做功,转速上升迅速,升速率远超过了 135 r/min^2,故燃料输出一直保持点火流量不变。当燃气轮机升速至 1 050 r/min 左右时,因气动阻力增大升速变缓,待"FUEL LIMIT"燃料输出大于点火流量后,机组开始以 135 r/min^2 升速率平稳升速至额定转速。在燃料维持在点火流量期间燃气轮机也得到了暖机，使机组的高温部件、转子和气缸得到了均匀的热膨胀，从而有效防止动静部件因膨胀不均所导致的摩擦。燃气轮机的点火和暖机燃料流量如图6.2所示。

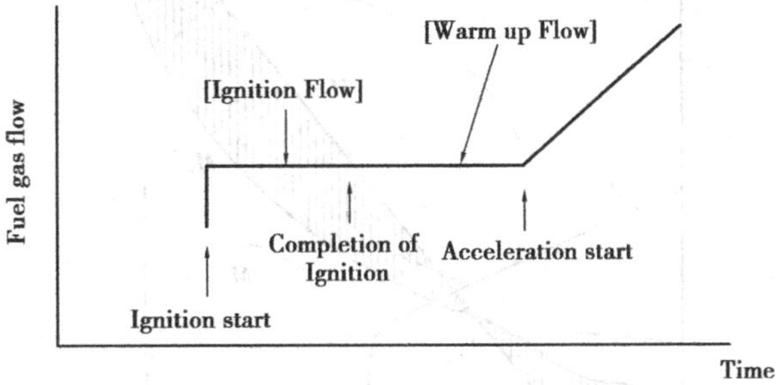

图6.2 燃气轮机点火和暖机燃料流量

点火后升速至800 r/min左右时，为轴系的一阶临界转速，需要密切关注轴系的振动情况。

4)升速

点火成功后约120 s，控制机组升速的"FUEL LIMIT"的燃料基准大于点火燃料基准后，燃气轮机转子开始以135 r/min^2的升速率升速，此时的升速由燃气轮机透平和SFC共同拖动(见图6.3)。随着机组转速的上升，通过压气机的空气流量增加，压气机出口压力也增加，供入机组的燃料量也增加，因此透平的输出功率也增大，已有足够的剩余功率使机组升速。在升速至2 000 r/min延时80 s后，SFC退出，燃气轮机通过透平自身动力继续加速至3 000 r/min的额定转速。

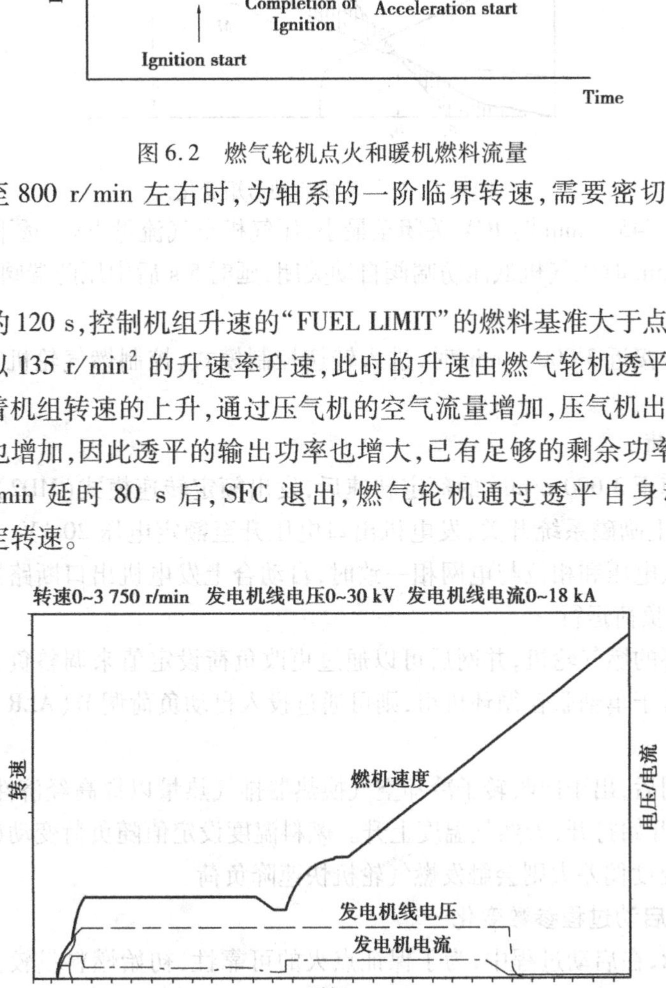

图6.3 M701F燃气轮机启动过程中SFC运行

如图6.4所示给出了在机组启动过程中，压气机的阻力矩M_c、透平发出的扭矩M_T、启动机提供的扭矩M_n、用以加速转子的剩余扭矩M以及燃气初温T_3^*随机组转速n的变化关系。在低转速情况下，转子的加速主要是依靠启动机所提供的扭矩M_n来实现的。在点火后，透平就开始产生扭矩，当达到自持转速n_s时，透平发出的扭矩正好能带动压气机工作，但是还没有多余的扭矩可以被用来加速转子，因此启动机尚不能停止工作，机组还需要依靠它带动转子继续增速,直到燃气透平已具有足够的剩余扭矩,机组可以自行加速时,启动机便可以脱开,停止工作。

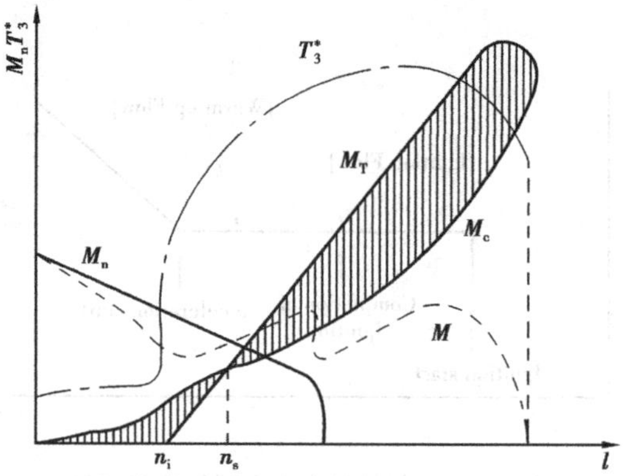

图 6.4　燃气轮机启动力矩变化

转子升速至 2 745 r/min 时 IGV 关闭至最小,压气机空气流量下降,透平入口温度开始明显上升。2 815 r/min 时压气机低压防喘阀自动关闭,延时 5 s 后中压防喘阀自动关闭,防止抽气管道发生激振。

燃气轮机升速接近 3 000 r/min 时,进入转速控制模式,控制燃气轮机在额定转速运行,等待并网。

5)并网,带负荷

燃气轮机升速至 3 000 r/min 的额定转速后,发出额定转速模式(MD2)信号。在电网调度同意并网后,合上励磁系统开关,发电机出口电压升至额定电压 20 kV。选择自动同期按钮,当发电机频率、电压和相位与电网相一致时,自动合上发电机出口断路器(GCB),机组并入电网带 5% 初始负荷运行。

对于简单循环的燃气轮机,并网后可以通过更改负荷设定值来调整负荷,或改变转速设定值调整负荷。对于单轴联合循环机组,则可通过投入自动负荷调节(ALR)自动控制整套机组的负荷。

燃气轮机并网后,出于回收转子冷却空气换热器排气热量以提高经济性和燃烧稳定性的考虑,燃气温控阀开始打开,天然气温度上升。燃料温度设定值随负荷变动(详见本书第 9 章相关章节),如果温度偏差大则会触发燃气轮机快速降负荷。

(3)燃气轮机启动过程参数变化

如图 6.5 所示,在启动过程中,为了保证点火的可靠性,初始燃料量较多,因此转速上升迅速,此后由于转速上升后压气机耗功增加,升速趋势变缓。在转速控制下,当计算的升速率达到设定值后,燃料开始增加,以 135 r/min^2 的升速率控制转子升速。CSO 在 2 800 r/min 左右时出现波动,是由于 IGV 关闭和中、低压防喘放气阀关闭,空气流量发生变化所致。

燃气轮机在点火后,燃气轮机排气温度上升迅速,随后燃气轮机透平部分吸热升温,以及压气机空气流量增加,排气温度逐渐下降。在 IGV 关闭后空气流量有所减少,排气温度下降缓慢并趋于平稳;而在中、低压防喘放气阀关闭后,燃烧室空气流量增加,排气温度出现快速下降。

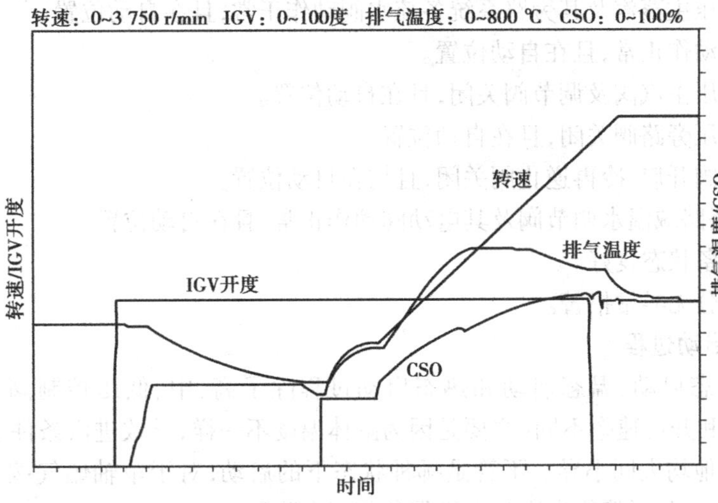

图6.5 燃气轮机启动过程中排气温度、CSO的变化

6.1.2 汽轮机启动

汽轮机的启动是指把燃气轮机高温烟气排入余热锅炉对水和蒸汽进行加热产生的过热蒸汽送入汽轮机，对汽轮机进行冲转、暖机和做功带负荷的过程。M701F燃气-蒸汽联合循环机组的汽轮机一般为三压、单轴、双缸双排汽、一次中间再热、凝汽式汽轮机，高压（HP）和中压（IP）部分采用高中压（HIP）合缸布置，汽轮机高、中、低压主蒸汽系统均设置有旁路系统。对于分轴联合循环机组的汽轮机来说，其启动过程分为准备阶段、等待蒸汽满足冲转条件阶段、转子冲转升速阶段、并网带负荷阶段。对于单轴联合循环机组的汽轮机来说，在启动阶段汽轮机转子由SFC和燃气轮机共同带动，不存在冲转升速阶段，所以其启动过程主要分为准备阶段、等待进汽阶段和暖机带负荷阶段。下面介绍M701F单轴联合循环机组汽轮机的启动。

（1）汽轮机启动前准备

1）汽轮机启动状态划分

汽轮机的启动按高压缸入口金属温度分为冷态、温态和热态：

①冷态：高压缸进口金属温度≤230 ℃。

②温态：230 ℃＜高压缸进口金属温度＜400 ℃。

③热态：高压缸进口金属温度≥400 ℃。

2）汽轮机启动前准备

汽轮机启动前需保证循环水系统运行正常，凝汽器抽真空合格；汽轮机在启动前的轴封蒸汽由启动锅炉或其他机组提供，蒸汽参数为0.85 MPa，温度280 ℃左右，蒸汽流量要求为：轴封蒸汽5 t/h，低压缸冷却蒸汽20 t/h；汽轮机转子在检修后需启动低速盘车24 h以上。

3）汽轮机启动条件

①过程控制系统（PCS）及透平保护系统（TPS）投入正常。

②汽轮机本体保温完好，各种测量元件指示正确。

③确认汽轮机及辅机设备各联锁保护试验合格，全部联锁保护投入。

④汽轮机缸体疏水阀动作正常，且在自动位置。

⑤高、中、低压主蒸汽及其旁路系统各疏水阀动作正常,且在自动位置。

⑥各疏水阀动作正常,且在自动位置。

⑦高、中、低压主汽阀及调节阀关闭,且在自动位置。

⑧高、中、低压旁路阀关闭,且在自动位置。

⑨高排通风阀开启,冷再逆止阀关闭,且均在自动位置。

⑩高、中压旁路减温水调节阀及其电动阀动作正常,且在自动位置。

⑪各辅机设备状态良好。

⑫系统各部分无异常报警。

(2)汽轮机启动过程

汽轮机的冷态启动、温态启动和热态启动过程除了高、中、低压控制阀(HPCV、IPCV、LPCV)开启时间和开启速率不同(主要是因为缸体温度不一样,导致进汽条件、升温率和暖机时间不同)外,其他均大同小异。不管是哪种状态下的启动,对于单轴燃气-蒸汽联合循环机组的汽轮机来说,均包括等待进汽和暖机带负荷两个阶段。

1)等待进汽阶段

①低压缸冷却

汽轮机在升速过程中,低压缸叶片可能会因高速旋转产生的鼓风热而损坏,因此在转速大于 2 000 r/min 后打开低压控制阀导入冷却蒸汽对叶片进行冷却,低压控制阀的开度为实际冷却蒸汽压力的函数,目的在于保持稳定的冷却蒸汽流量。冷却蒸汽要求压力大于 0.2 MPa,温度高于 160 ℃,蒸汽流量为 20 t/h。在锅炉低压模块受热产生蒸汽后,当低压主蒸汽压力大于 0.25 MPa,温度高于 160 ℃后,低压缸冷却蒸汽由辅助蒸汽切换至低压主蒸汽供给(详见本教材辅助蒸汽系统一节)。

②汽轮机旁路系统控制

在燃气轮机点火前,汽轮机每一个旁路阀的压力设定值被保持在停机期间的预设定值,燃气轮机点火后,该压力设定值跟踪点火时的实际压力,之后高、中、低压旁路阀进入最小压力控制模式,随着燃气轮机负荷的增加,余热锅炉各级蒸汽压力逐步提高,旁路阀的控制压力设定值也逐步提高,表 6.1 为不同燃气轮机轮机负荷下各级旁路阀最小压力设定值。压力设定值将按照机组不同的启动状态所对应的升压率逐步变化到预设的最小压力。启动过程各级旁路阀控制的作用一是维持汽包压力平稳,防止水位波动;二是保护汽包,防止汽包在启动过程中由于压力波动大造成上下壁温差大;三是保持蒸汽系统的蒸汽流动,对管道进行暖管和参数匹配,并防止过热器干烧。

表 6.1 旁路阀最小压力设定值

燃气轮机负荷/MW	高压/MPa	中压/MPa	低压/MPa
0	5.29	1.37	0.29
86	5.29	1.37	0.29
134	6.8	2.5	0.5
228	7.2	2.5	0.5
269	10.4	3.5	0.5

③等待进汽条件满足

机组并网(此时发电机完全由燃气轮机驱动)后,投入 ALR ON,机组以16.7 MW/min 升至设定负荷(冷态52 MW、温态78 MW、热态120 MW)后,汽轮机等待蒸汽满足进汽条件。进汽条件需同时满足以下条件:

A. 高压蒸汽进汽条件

a. 高压蒸汽截止阀进口蒸汽温度小于430 ℃,且过热度大于56 ℃。

b. 高压蒸汽不匹配温度处于 -56 ~ +110 ℃,不匹配温度定义为高压缸入口蒸汽温度减高压缸首级金属温度。

c. 高压蒸汽压力大于4.7 MPa。

B. 中压蒸汽进汽条件

a. 中压蒸汽截止阀进口蒸汽过热度大于56 ℃。

b. 中压蒸汽不匹配温度大于 -56 ℃,不匹配温度定义为中压缸入口蒸汽温度减中压缸叶环金属温度。

c. 中压蒸汽压力 >1 MPa。

在等待进汽时,主汽阀前疏水阀将打开,高压主汽阀在并网5 min后也逐渐打开,以尽快满足进汽条件。汽轮机的高、中、低压旁路阀将打开维持相应系统的蒸汽压力在设定值。

2)暖机带负荷阶段

当汽轮机进汽条件满足后,高压控制阀和中压控制阀同时打开,按照设定的曲线进行暖机和带负荷(见图6.6)。在中压缸入口压力大于0.4 MPa后高排通风阀关闭,冷再逆止阀打开,高压缸排汽进入锅炉再热器。当高、中压汽轮机开始进汽后,高、中压调阀及旁路阀响应如下:

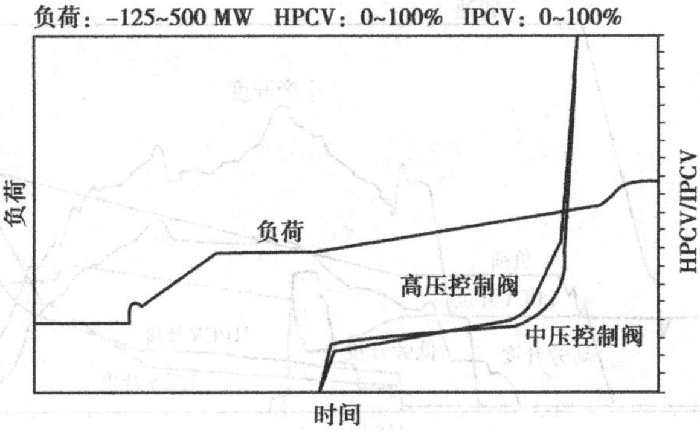

图6.6 汽轮机热态启动过程中高中压控制阀动作情况

①高、中压调节阀程序开至全开位置。

②高、中压旁路阀为维持高、中压主汽阀前压力为最小压力设定值,随着主汽阀的开启逐渐关至全关位置。

③高、中压调节阀全开后,高、中压调节阀进入压力控制模式。

④高、中压旁路阀全关后,高、中压旁路阀进入后备压力跟踪模式。

为满足暖阀和暖机要求，同时结合控制阀开度-流量特性，高压和中压控制阀在前段开启较慢，后段开启较快，以减少汽轮机启动过程中的热应力并使汽轮机负荷均匀上升。

在汽轮机进汽后，机组负荷按照冷态 1.5 MW/min、温态 2.5 MW/min、热态 4 MW/min 的升负荷速率自动升至启动目标负荷 200 MW。

当负荷大于50%（198 MW）时，汽轮机高中压控制阀全开后进入压力控制模式，旁路阀全关后进入后备压力控制模式，这时控制系统发出启动完成信号，机组可以自由升降负荷，或投入 AGC 运行。

汽轮机等待进汽时机组相当于燃气轮机以简单循环方式运行，如在热态启动时，带 120 MW初始负荷等待进汽时的燃料量和联合循环 200 MW 负荷运行时的燃料量基本相同，所以应尽量缩短进汽等待时间以提高机组经济性。

（3）汽轮机启动过程参数变化

在启动过程中，燃气轮机设定不同的初始负荷值使余热锅炉的蒸汽温度和汽轮机的金属温度尽可能匹配，以减少热应力。M701F 单轴联合循环机组设定汽轮机在冷态启动时负荷为 58 MW、温态为 72 MW、热态为 120 MW。

在汽轮机的启动过程中，汽轮机旁路阀按照设定压力控制，以维持汽包水位和满足进汽参数要求。由于余热锅炉各模块的升压和升温速率不一样，一般高压系统升温升压速率较快，低压系统较慢，中压系统居中，故在冷态启动时汽轮机旁路的动作顺序一般为先高压，后中压，最后低压。在汽轮机进汽后，旁路阀将逐渐关小，待汽轮机控制阀全开时，旁路阀也基本关闭完毕，如图 6.7 所示。

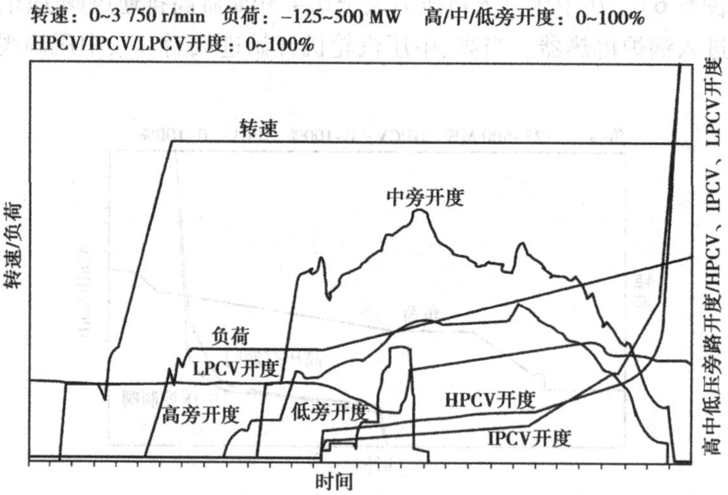

图 6.7 汽轮机启动过程中控制阀和旁路阀的动作情况

汽轮机在启动过程中胀差和蒸汽温度的变化如图 6.8 所示。在汽轮机进汽后，汽缸金属开始膨胀，由于转子质量比缸体要小，膨胀速度相对快些，因此胀差值在进汽后缓慢升高。另高压缸入口蒸汽温度在进汽后上升迅速，一般要求温升速率不超过 56 ℃/10 min 和 165 ℃/h，如果超过此值则发出报警，此时应调整汽轮机控制阀的开启速度。

转速：0~3 750 r/min 负荷：-125~500 MW 高中压缸胀差：-10~25 mm 低压缸胀差：-5~45 mm 高压缸入口蒸汽温度：0~600 ℃ 高压缸上下壁温度：0~600 ℃

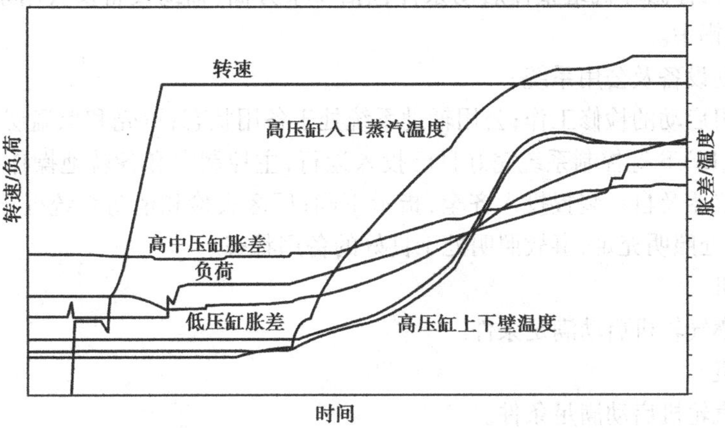

图6.8 汽轮机启动过程中胀差和蒸汽温度的变化

6.1.3 单轴燃气-蒸汽联合循环机组启动

燃气-蒸汽联合循环机组的启动过程分为以下4个阶段：

①启动前的检查、准备。

②发启动令后SFC冷拖升速清吹、点火、暖机。

③升速至全速空载。

④并网及带负荷。

M701F联合循环机组整体启动按照汽轮机高压缸入口金属温度分为冷态启动、温态启动和热态启动。

①冷态：高压缸进口金属温度≤230 ℃。受汽轮机外保温材料的保温性能影响，高压缸进口金属温度下降到冷态的时间有长有短，一般停机都大于5 d。冷态情况下从启动至启动完成（机组负荷200 MW）约需3 h。

②温态：230 ℃＜高压缸进口金属温度＜400 ℃。一般停机大于1 d小于5 d，从启动至启动完成根据缸温不同需时100～120 min。

③热态：高压缸进口金属温度≥400 ℃。一般停机小于1 d，从启动至启动完成需时约70 min。

不管是冷态、温态还是热态启动，其启动前的检查准备都一样，启动过程、步骤大致相同，只是在具体操作上存在区别。

（1）联合循环机组整体启动前准备

为使燃气-蒸汽联合循环机组能够安全、顺利地完成整体启动，在启动前需进行相应的启动准备，并满足一定的启动条件。

1）整体启动前准备

联合循环机组整体启动前准备由燃气轮机、蒸汽轮机和余热锅炉3个部分的启动准备组成。包括启动机组盘车，且盘车时间满足相关规定；检查确认各辅助系统阀门位置、热工仪表等符合启动要求；检查确认各设备处于完好的备用状态等（详见本节燃气轮机启动、汽轮机启动相关描述和《余热锅炉分册》的余热锅炉启动相关章节）。

2)联合循环机组启动整体启动条件

燃气-蒸汽联合循环机组整体启动条件包括 4 个方面:辅助设备及公用系统、燃气轮机、蒸汽轮机、余热锅炉。

①机组辅助设备及公用系统

无影响机组启动的检修工作;公用辅助系统处于备用状态;罩壳和保温层已经恢复;机组 NCS、TCS、DCS、EFCS 等控制系统完好且已投入运行,主控制室和各就地操作、控制、监视、保护、测量仪表、仪器及自动装置投入齐全,指示正确;厂区火检和消防系统处于良好的备用状态;厂房内外各处照明充足,事故照明处于良好的备用状态。

②燃气轮机

详见本节燃气轮机启动满足条件。

③蒸汽轮机

详见本节汽轮机启动满足条件。

④余热锅炉

锅炉出口烟囱挡板全开;高、中、低压汽包上水完毕,调整汽包水位至启动水位;高、中压给水泵和低压再循环泵均有一台正常运行;高、中、低压给水管路、疏水系统和排空系统阀门状态正常;确认给水品质合格,取样和加药系统处于可用状态;所有监视仪表如压力表、温度表、流量表、水位表等已经投入运行并确认能正常工作(具体可参见余热锅炉分册)。

(2)M701F 联合循环机组冷态启动

M701F 联合循环机组冷态启动过程实际上是燃气轮机启动过程与汽轮机启动过程的叠加,由发启动令后 SFC 冷拖升速清吹、点火、暖机;升速至全速空载;并网及带负荷 3 个阶段组成。由于联合循环机组整体启动实际上也包括余热锅炉的启动,所以在描述整体启动过程的某个关键点时,可能还包括部分余热锅炉的操作,但本节只对与机岛启动过程相关的操作进行描述,余热锅炉的启动详细步骤可参见本套教材的《余热锅炉分册》。

1)发启动令后 SFC 冷拖升速清吹、点火、暖机阶段

①发令

机组启动条件满足后,在 TCS 上选择“NORMAL START”,机组启动。启机令发出后,IGV 由全关开至 19 度;压气机中压、低压防喘放气阀自动开启(确认高压防喘放气阀在关闭位置);3 台 TCA 冷却风扇启动;点火装置投入。

②清吹

SFC 启动带动机组开始升速(在机组整个升速过程中,都应随时密切监视机组轴振、各轴瓦金属温度、各轴承回油温度、润滑油供油温度、供油压力等重要参数);盘车装置正常脱扣,盘车马达在机组转速约 50 r/min 时自动停运(就地检查啮合手柄在脱扣位置);顶轴油泵在 600 r/min 时自动退出;汽轮机低压缸冷却蒸汽系统各电动阀,压力、温度调节阀动作正常,调节低压主汽阀前压力为 0.23 MPa,温度大于 160 ℃;当转速大于 500 r/min 时开始清吹计时,转速到 700 r/min 时维持转速持续清吹。

③点火

清吹结束后,机组降速至点火转速(约 580 r/min),开始投入燃料,同时启动点火程序,此时应检查确认如下项目:机组 AST 电磁阀关闭,跳闸油压建立;中、低压主汽阀完全打开;燃气放散阀关闭,燃气关断阀打开;燃气流量控制阀开至点火位置;“燃料投入”(“FUEL ON”)指

示灯亮;8 号和 9 号燃烧室的点火器开始点火;燃气压力调节阀工作正常,各流量调节阀前后压差为 0.392 MPa;监视叶片通道温度的温升在正常范围,叶片通道温度雷达视图分布均匀;当"FUEL ON"后 10 s 内同时出现"FLAME #18 ON"和"FLAME #19 ON"信号时,点火程序完成(否则,点火失败)。如果点火失败,确认机组 AST 电磁阀打开,燃气关断阀、燃气流量控制阀、汽轮机主汽阀和汽轮机控制阀关闭,燃气放散阀打开,机组转速下降;就地检查确认各燃料喷嘴的法兰联接处无天然气泄漏的现象,同时在 TCS 上查看燃气轮机罩壳风机处可燃气体含量。如有泄漏应当立即启动备用罩壳风机,并通知检修人员处理。

点火成功后,应检查确认以下事件或操作:

a. 应就地检查点火器自动退出。

b. 检查调压站工作正常。

c. 检查低压缸喷水减温阀在 600 r/min 时自动打开。

d. 检查中压并汽旁路电动阀和主路电动阀依次打开,并汽调节阀开启至 20%。

e. 开启锅炉高、中、低压系统各疏水阀,开启各启动排汽阀。

f. 各系统压力上升至约 0.05 MPa 时,逐个关闭疏水阀。

g. 锅炉高、中、低压汽包水位控制正常,水位无异常波动,启动排汽阀的调整应按照保证锅炉温升速度和排净管道内空气的要求进行。

2)升速至全速空载阶段

①升速

机组进入稳定升速阶段,该过程中注意检查确认以下事件或操作:

a. 机组加速过程平稳,升速过程无中断、波动、偏差,升速率正常。

b. 叶片通道温度(BPT)和排汽温度(EXT)的变化均匀正常,BPT 的雷达图变化均匀无变形。

c. 轴系的相关参数变化正常,包含轴承回油温度和轴承金属温度上升正常,轴承振动变化正常,一阶及二阶临界转速附近各轴承的振动峰值无明显变化。

d. 热通道及叶片冷却系统的各个温度测点的温升速率正常,与以往正常情况相比无明显变化。

e. 转速达 2 000 r/min 之后,检查确认汽轮机低压控制阀缓慢开至冷却位置(约 20% 开度),低压缸冷却蒸汽投入。

f. 转速达 2 000 r/min 延时 80 s 后 SFC 退出运行,燃气轮机自行升速,检查确认"STARTING DEVICE RUN"指示灯熄灭。

g. 视情况(水位或水质)适当开启高、中、低压汽包连续排污阀和蒸发器定期排污阀;在不影响真空过度下降的情况下,使炉侧疏水充分后关闭各疏水阀。

h. 当机组转速达 2 745 r/min 时,检查 IGV 关至最小开度。

i. 当机组转速达 2 815 r/min 时,检查压气机低压防喘阀自动关闭,延时 5 s 后中压防喘阀自动关闭,无异常报警。

②全速空载

机组到达额定转速之后,检查并确认以下项目:

a. 额定转速("RTD SPEED")指示灯亮。

b. 检查 BPT 和 EXT 及其偏差正常,热通道和冷却系统的温度测点正常,机组转速稳定。

c. 检查确认轴系的各项参数稳定,主要包括振动、回油温度和轴瓦金属温度等且各项参数与以往正常启动无明显差异。

d.就地对机组进行全面检查,确认各设备运行正常。

3)并网及带负荷

①并网

经有关人员同意后进行并网操作,机组带5%额定初始负荷。投入"ALR ON",机组自动增加负荷,TCA温控阀动作开启,燃气轮机燃料温度开始上升。

②升负荷

投入"ALR ON"后,机组会自动升负荷至冷态暖机预设负荷52 MW,并维持暖机负荷不变以等待汽轮机进汽条件满足。机组带预设负荷期间,低压主蒸汽参数达到进汽要求(压力大于0.25 MPa,温度大于160℃),低压缸冷却蒸汽切换至余热锅炉供汽。

③汽轮机进汽

当汽轮机进汽条件满足后,汽轮机高、中压控制阀程序开启,汽轮机开始带负荷,燃气轮机也开始以1.5 MW/min的升负荷率逐渐增加负荷,直至联合循环负荷达到50%额定负荷。高压控制阀开始开启时,高压主汽阀由5%开度迅速开至100%。高、中压控制阀在打开时,阀门的开启按照不同的启动状态以不同的速率开启,控制高压缸入口蒸汽温度变化率不超过56 ℃/10 min和165 ℃/h。在机组并网、暖机和升负荷过程中,要密切监视机组各参数是否正常,特别是汽轮机高、中、低压旁路阀动作情况和锅炉高、中、低压汽包水位,如自动给水不能及时控制汽包水位,应将给水调节阀切换至手动状态。

当高、中压汽轮机开始进汽后:高、中压控制阀程序开启至全开位置;高、中压旁路阀为维持高、中压主汽阀前压力为最小压力设定值,随着主汽阀的开启逐渐关闭至全关位置;高、中压控制阀全开后,高、中压控制阀进入压力控制模式;高、中压旁路阀全关后,高、中压旁路阀进入后备压力跟踪模式;进汽后,在中压进汽压力达到0.4 MPa时检查高压缸排汽通风冷却阀自动关闭,冷再逆止阀自动开启。

④启动完成

当机组负荷达200 MW,高、中压控制阀全开,旁路阀全关时,启动过程结束,"ST START COMPLETED"指示灯亮。将辅汽联箱汽源切至机组冷再供汽。投入一次调频,投入机组自动发电控制(AGC),机组启动完成。

机组冷态启动曲线如图6.9所示。启动过程中各阀门动作情况详见后面的图6.21。

4)联合循环冷态启动过程注意事项

M701F联合循环机组冷态启动全过程实质是将机组各部件(包括机组本体静子、转子以及机组的辅助设备和辅助系统等)温度从完全冷态情况下加热至正常运行时的温度。因此,冷态启动过程一般耗时较长,在启动过程中尤其需要注意各部件的升温率控制在规定的范围内,防止对机组造成潜在的损伤。在冷态启动的全过程中,还需要特别注意以下4点:

①由于机组管道和锅炉温度低,管道内存有空气,因此在启动时需注意机组真空情况,特别是汽轮机旁路阀打开时的真空变化。此外管道需做好充分的暖管,防止发生水冲击。

②锅炉由于水受热膨胀,启动前水位要低一些,并且要注意水位的调节;锅炉侧模块受热膨胀,需注意膨胀情况。

③汽轮机侧的热膨胀则应注意监测胀差、缸胀、上下缸温差和温升速率,防止发生缸体变形、水冲击、动静摩擦和轴承振动高等事故。

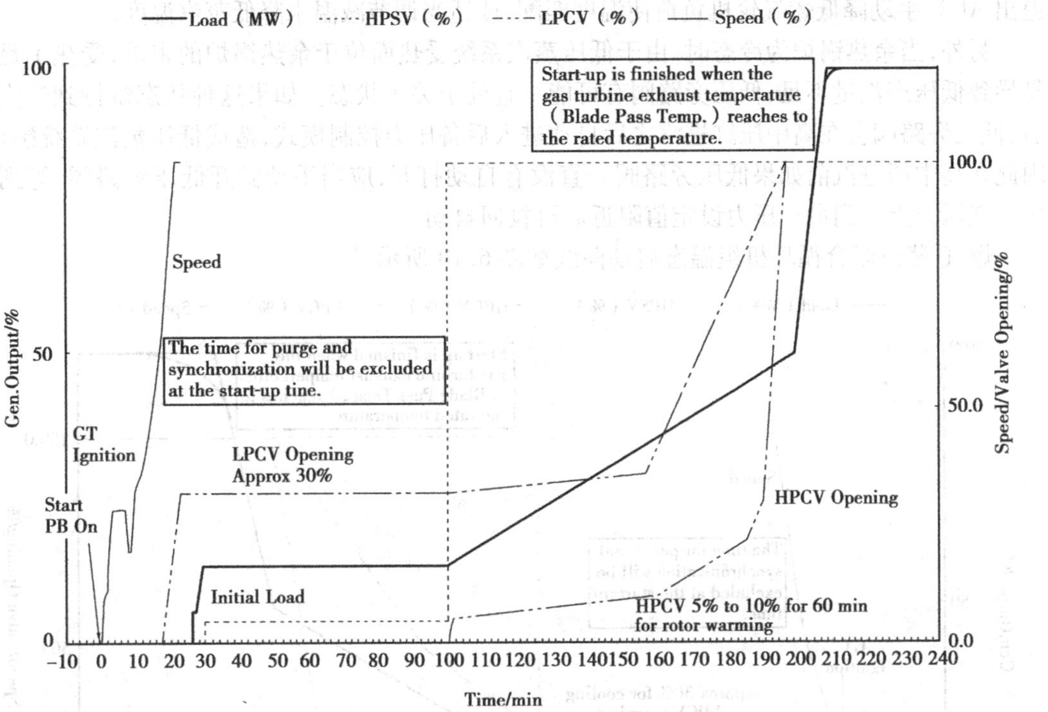

图6.9　M701F联合循环机组冷态启动曲线

④燃气轮机点火后由于余热锅炉侧疏水阀开启，可能会对凝汽器真空产生较大影响，此时应密切监视凝汽器真空，在真空下降时应及时判断并作出相应调整以防止凝汽器真空过度下降，影响机组运行安全。

(3)M701F联合循环机组温态启动

当汽轮机高压缸进口金属温度大于230 ℃、小于400 ℃时的启动为温态启动，机组温态启动过程与冷态启动过程基本相同，但也有以下特点：

①温态启动的初始负荷和升负荷率均要大。温态启动的初始负荷为78 MW，升负荷速率为2.5 MW/min。

②启动时间短。由于汽轮机高、中、低压控制阀的开启速率比冷态要快(与进汽后相应的升负荷时间匹配)，故温态启动时间相对要短。

③温态启动可能出现机岛和余热锅炉两者热力参数的变化趋势不匹配的情况，增加启动过程中的不稳定因素。由于余热锅炉的热力系统容量大、阀门多，日启停运行方式下工况变化频繁等因素导致余热锅炉的热力系统密封性出现较大的不确定性，因此，相对于汽轮机和燃气轮机而言，余热锅炉在停机之后的保温保压性能就存在很大的不稳定性。而三菱DIASYS系统的启停程序只根据高压缸入口金属温度自动判定机组的启动状态(热态、温态或冷态)，进而决定对应的燃气轮机的初始负荷，从而容易导致启动过程中，机岛和余热锅炉两者之间的热力参数的变化趋势不匹配的情况，增加启动过程中的不稳定因素。

当机组在汽轮机是温态而锅炉是冷态的工况下启动时，机组负荷到达78 MW后，操作员应当密切注意进汽条件的变化，尤其是高压蒸汽不匹配度的情况。若出现高压蒸汽压力条件尚不满足进汽条件但高压蒸汽温度不匹配度即将超限的情况，应迅速采取措施。例如，出现高压蒸汽温度超出进汽条件的430 ℃或超出+110 ℃的匹配度导致机组一直不能进汽，则应退出 ALR,手动降低燃气轮机负荷使温度匹配,或适当调节减温水降低蒸汽温度。

另外,当余热锅炉为冷态时,由于低压蒸汽系统受热面位于余热锅炉的末端,受热不足容易导致低压产汽量不足,低压旁路阀有可能一直处于关闭状态。如果这种状态维持到进汽之后,低压旁路阀会在高中压缸进汽之后自动进入后备压力控制模式,造成低压蒸汽系统憋压。因此在高中压进汽前如果低压旁路阀一直没有自动打开,应当手动微开低压旁路阀,等到低压主汽压力上升到最小压力设定值附近后再投回自动。

燃气-蒸汽联合循环机组温态启动曲线如图 6.10 所示。

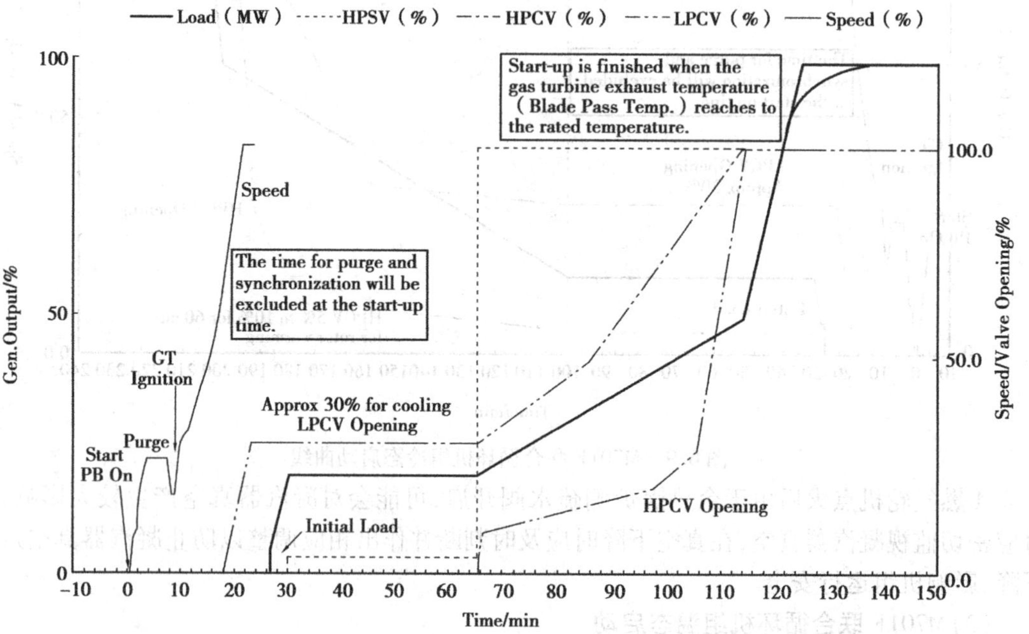

图 6.10　M701F 联合循环机组温态启动曲线

(4) M701F 联合循环机组热态启动

当汽轮机高压缸进口金属温度等于或大于 400 ℃时的启动为热态启动,机组启动过程也基本与冷态启动过程相同,不同之处有以下 4 点:

①热态启动的初始负荷和升负荷率比温态启动、冷态启动都要大。热态启动的初始负荷为 120 MW,升负荷速率为 4 MW/min。

②热态启动由于机组停机时间短,汽轮机和锅炉仍然保持着很高的温度,高压汽包压力很高,因此疏水过程中不开启各压力级的启动排汽阀。

③高压旁路阀很快进入最小压力控制模式。为维持高压主汽阀前压力稳定,高压旁路阀动作速率较快,此时应当密切注意高压汽包的水位波动情况,必要时手动进行干预。

④一般情况下,机组热态启动时发启动令后低压旁路阀立即打开,且升温较快,故低压缸冷却蒸汽切换较早。

燃气-蒸汽联合循环机组在日启停方式下,一般为热态启动。机组并网后至汽轮机进汽时间越短越好,有助于提高机组的经济性。一般来说,热态启动过程中影响汽轮机进汽时间的主要因素为蒸汽温度难以快速达到汽缸的匹配温度,因此,在机组启动过程中加强主汽阀前疏水可以有效提高阀前蒸汽温度,加快进汽速度;另外在停机后,汽轮机和锅炉的良好保温也有利于缩短进汽时间。

机组的热态启动曲线如图6.11所示。

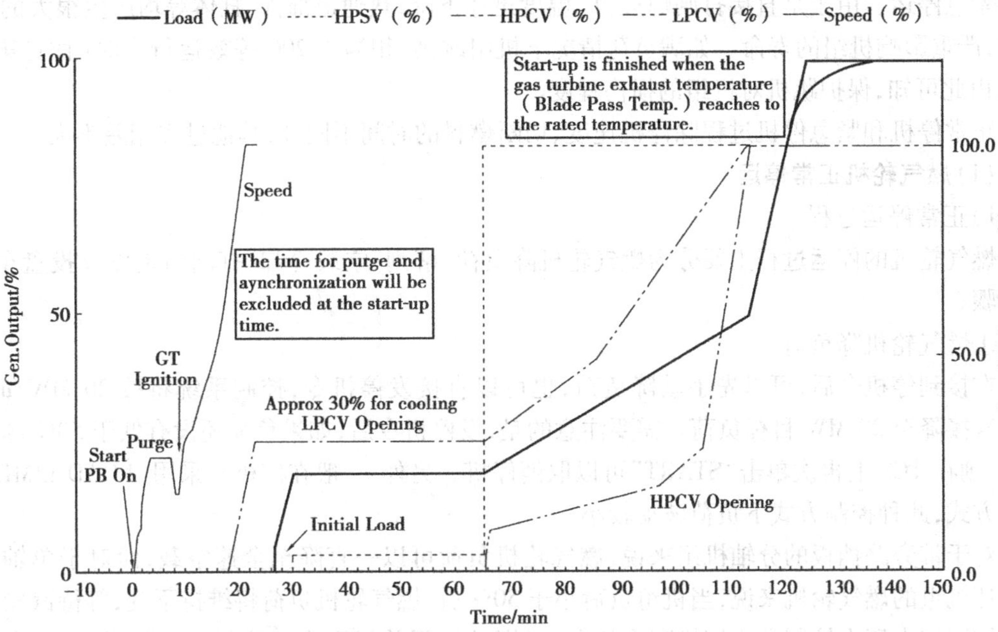

图6.11 M701F联合循环机组热态启动曲线

6.2 M701F燃气-蒸汽联合循环机组停运

燃气-蒸汽联合循环机组的停运是指机组从正常运行状态经过降负荷、解列、空载冷却、打闸惰走直至机组盘车投入的过程。它包括燃气轮机停运、蒸汽轮机停运和联合循环机组整组停运。

与机组启动一样,燃气-蒸汽联合循环机组的停运过程也与轴系布置方式有关,单轴机组的燃气轮机和蒸汽轮机在一根轴上,两者的停运相互关联、相互制约,而分轴机组的燃气轮机和蒸汽轮机联系不像单轴机组那么密切。

本节主要介绍M701F单轴燃气-蒸汽联合机组的停运。

6.2.1 燃气轮机停运

燃气轮机停运是指燃气轮机发电机组从带负荷的正常运行状态到发电机解列再到打闸停机直至投入盘车的过程。单轴机组与分轴机组的燃气轮机停运过程区别不大,只不过单轴机组的燃气轮机在降负荷过程中更应注意与蒸汽轮机的配合。燃气轮机的停运方式可以分为以下两种:

①正常停机。正常停机为机组一般采取的停机方式,包括接到调度停机命令的正常停运和机组出现某些故障(如BPT温差大、RCA温度高等,详见第9章相关部分)情况下的自动停机。正常停机过程中逐步减少燃料量,直到机组打闸后才切断燃料。在减负荷过程中燃气轮机的T_3温度逐步下降,热通道部件能够得到均匀地冷却,有利于延长机组的寿命。

②紧急停机。紧急停运包括机组保护动作后的自动紧急跳机和出现异常紧急情况下的手动紧急停运。由于是直接打闸熄火,T_3 温度迅速下降,热通道部件、缸体等均产生很大的热应力,严重影响机组的寿命。如满负荷情况下机组跳闸,相当于 200 等效运行小时(详见第 3 章),由此可知,保护跳机对机组的损伤程度。

正常停机和紧急停机过程除停机速度、切断燃料的时间不同外,其他过程相差不大。

(1)燃气轮机正常停运

1)正常停运过程

燃气轮机的停运过程主要分为燃气轮机降负荷、解列、空载冷却、打闸惰走以及投盘车 5 个步骤。

①燃气轮机降负荷

在接到停机令后,可以先手动降负荷,也可以直接发停机令,控制系统将按 20 MW/min 速率直接降至 20 MW 目标负荷。需要注意的是,发停机令后,如果负荷还没有低于 50% 额定负荷,则在 TCS 上再次单击"START"可以取消停机。另外,一般在停机时采用"LOAD LIMIT"控制方式,此种控制方式下负荷波动较小。

对于带旁路挡板的分轴机组来说,燃气轮机负荷可以一直降至全速空载;而对于单轴联合循环机组的燃气轮机来说,当机组负荷小于 50% 后,燃气轮机负荷将维持不变,等待汽轮机低压控制阀由压力控制方式切换到冷却方式(即控制阀关闭到冷却控制方式的开度)。之后高中压缸控制阀开始关闭,机组负荷下降至 120 MW 左右基本关闭完毕,燃气轮机继续向下降负荷至 20 MW 的设定值。

②解列

当负荷小于 23 MW,发电机出口断路器分开,机组解列。

③空载冷却

机组解列后燃气轮机保持额定转速空载 5 min,对燃气轮机热部件进行冷却,以防止应力过大而损坏机组。

④打闸惰走

燃气轮机空载冷却 5 min 后,跳闸油压泄去,机组打闸。燃气轮机燃气关断阀关闭,放散阀打开;压气机高、中、低压防喘放气阀打开。转子惰走至 500 r/min 时,主燃料压力控制阀和值班燃料压力控制阀打开泄压约 90 s。

在打闸后 20 min,燃气轮机防喘放气阀关闭(见图 6.12);打闸后 1 h,TCA 冷却风机停运。

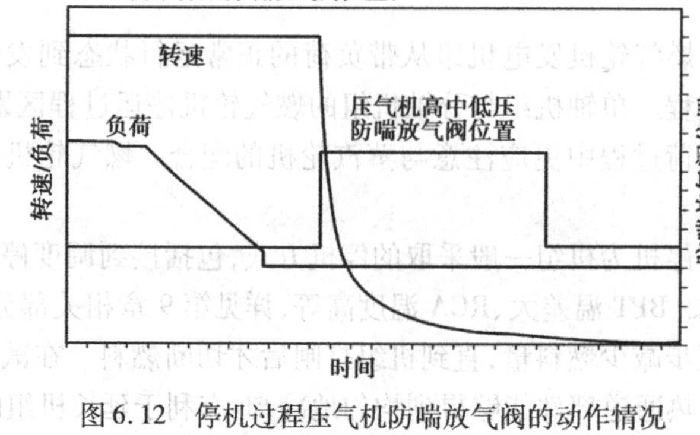

图 6.12 停机过程压气机防喘放气阀的动作情况

⑤投盘车

转子惰走至零后，盘车装置自动投入运行，盘车转速为 3 r/min，一般打闸至投入盘车的时间为 35 min 左右。

针对 M701F 的温度变化特性，DIASYS 系统设置了燃气轮机从打闸之后 1.5 h 之内不能再次启动的闭锁。

2）正常停运过程参数变化

燃气轮机正常停运过程中重要参数变化曲线如图 6.13 所示。从图 6.13 可知，燃气轮机的 CSO 在停机过程中缓慢减少，排气温度也随之下降。在解列后燃气轮机进行的 5 min 空载冷却中，排气温度逐渐稳定，而在机组打闸后由于压气机在惰走过程中的鼓风，燃气轮机排气温度再度下降，但在转速继续下降后，一方面由于鼓风减小，另一方面由于缸体的蓄热，排气温度温度有所回升。

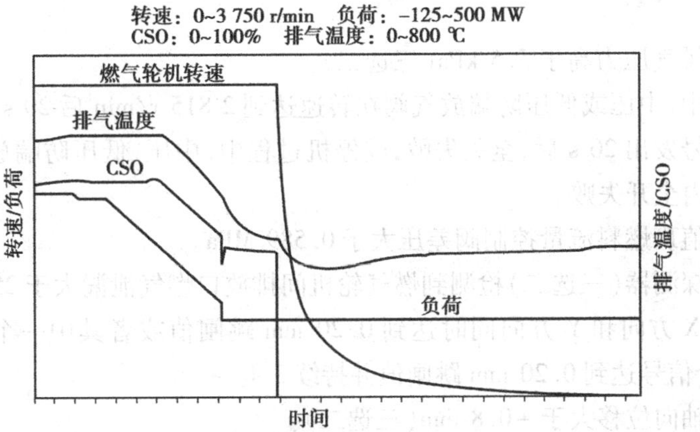

图 6.13　燃气轮机停运过程重要参数变化曲线

（2）燃气轮机紧急停运

燃气轮机紧急停运实际上只有打闸惰走和盘车投入两个阶段。由于燃气轮机紧急停运是在机组出现重大故障的情况下，直接打闸解列惰走，而没有燃气轮机降负荷和空载冷却过程，使燃气轮机转子和缸体温度急剧变化，产生很大的热应力，对机组的损伤极大，因此，需要尽量防止导致紧急停运的故障出现。

在紧急停运情况下，燃气轮机打闸后需要检查燃气轮机燃气关断阀关闭，火检信号消失。

燃气轮机紧急停运包括保护动作的自动紧急停运和紧急情况下的手动紧急停运。导致自动紧急停运和手动紧急停运的条件各不相同。

1）自动紧急停运条件

①燃气轮机转速超过 111% 额定转速（3 330 r/min）时（三选二），备用电超速跳闸设备动作。

②燃气轮机叶片通道温度高于 680 ℃，或叶片通道温度平均值大于等于叶片通道温度的控制限制值 45 ℃以上。

③燃气轮机叶片通道温度偏差（单个温度传感器值减去平均值）范围达到大于 +30 ℃或小于 -60 ℃并持续 30 s。

④燃气轮机排气温度高于 620 ℃，或排气温度平均值大于等于排气温度的控制限制值

45 ℃以上。

⑤燃烧室 24 个传感器(20 个压力波动传感器,4 个加速度传感器)中任意两个达到跳闸值。

⑥燃料供气压力低至 2.7 MPa(三选二)。

⑦当燃气轮机罩壳内 3 个火灾探测器(2 个感温探测器,1 个火焰探测器)中任两个感应到火灾。

⑧燃烧室熄火保护:

a. 在点火期间(即燃烧室进燃气后延时 10 s),任何一个燃烧器(#18A/B,#19A/B)的火焰探测器未探测到火焰;或在无负荷运行期间,任何一个火焰探测器未探测到火焰。

b. 在并网带负荷期间,负荷不平衡值(FX02 - FX01)大于 13 MW(三选二),持续 0.2 s(注:负荷不平衡指的是并网期间燃烧室失火或部分失火,燃气轮机负荷明显低于正常值的情况)。

⑨燃气轮机排气压力高于 5.5 kPa(三选二)。

⑩启动过程中,中压或低压防喘放气阀在转速达到 2 815 r/min 后 20 s 内全关失败;或高压防喘阀在主信号发出 20 s 后,全关失败;或停机过程中,中压、低压防喘放气阀在转速降到 2 800 r/min,3 s 内全开失败。

⑪主燃料或值班燃料流量控制阀差压大于 0.589 MPa。

⑫可燃气体探测器(三选二)检测到燃气轮机间排放口燃气泄漏大于 25% lel。

⑬轴振动值 X 方向和 Y 方向同时达到 0.20 mm 跳闸值或者其中一个振动信号故障坏点,同时另外一个信号达到 0.20 mm 跳闸值并持续 3 s。

⑭燃气轮机轴向位移大于 +0.8 mm(三选二)。

⑮润滑油供油压力下降到 0.169 MPa(三选二)。

⑯润滑油供油温度高于 65 ℃(三选二)。

⑰控制油系统跳闸油压力低于 6.9 MPa(三选二)。

⑱启动时,启动设备 SFC 异常。

⑲TCS 硬件失效信号发出时,机组跳闸(硬件失效是指控制包内 TCS 控制器的两个互为冗余的 CPU 同时故障或电磁阀 DC 110V 供电回路故障)。

⑳输入信号故障(输入信号包括燃气轮机转速、燃烧器壳体压力、所有叶片通道温度和燃气轮机排气温度、润滑油温度)。

㉑依工程实际和系统差异而增加的其他跳闸条件。

2)手动紧急停运条件

①当燃气轮机满足自动紧急停机条件而保护未动作时,应立即手动紧急停机。

②燃气轮机内部有明显的金属摩擦声和撞击声。

③任何一个轴承冒烟着火或者断油。

④任一个轴承金属热电偶检测到金属温度超过 113 ℃。

⑤燃气轮机燃气控制阀不正常,燃气轮机排气温度急剧上升到 615 ℃。

⑥调压站或油系统大量泄漏,危及人身及设备安全时。

⑦机组发生强烈振动。

紧急手动停运时可以手动按下操作台上的紧急停机按钮，或者就地打掉控制油的跳闸油压。

6.2.2　汽轮机停运

汽轮机停运是指汽轮机从带负荷运行状态经过卸载负荷、汽轮机停止进汽、转子惰走等阶段直至盘车投入的全过程。停运过程实质上是各部件降温冷却的过程，因为各部件的冷却条件不同，产生的温差导致热变形，其情况与启动过程正好相反。对于分轴机组的汽轮机来说，停运过程与燃气轮机停运的联系不密切，汽轮机自身的停运包括降负荷、打闸解列、惰走和盘车投入的过程。对于单轴机组的汽轮机来说，汽轮机停止进汽后的惰走和盘车投入过程是与燃气轮机一起进行的。本节主要介绍单轴机组汽轮机的停运。

汽轮机停运分为正常停运、检修停运和紧急停运。正常停运和检修停运的区别在于停运过程中汽轮机蒸汽的退出方式不同，而紧急停运则是在出现故障情况下直接甩负荷停机。

正常停运过程中，当整套机组负荷小于50%额定负荷，且低压缸进入冷却状态后，高中压缸控制阀按照设定曲线关闭，缸体温度变化较小，有利于下次启动。但对于检修工作来说，机组能否尽早停盘车是关系检修工期的一个重要因素。由于燃气-蒸汽联合循环机组燃气轮机自然冷却较快，汽轮机冷却较慢，而汽轮机普遍没有安装快冷装置，所以在停机过程中保持低参数蒸汽运行一段时间可缩短缸体冷却的时间。如正常停机在打闸时燃气轮机的轮间温度为319 ℃，高压缸金属温度为453 ℃，而检修停机在打闸时燃气轮机轮间温度为309 ℃，高压缸金属温度为272 ℃。一般来说，检修停机方式可以使停盘车时间提前3 d左右。

紧急停运指在汽轮机超出正常工作范围且有可能损害设备的情况下，由控制系统自动打闸停机或操作员手动打闸停机。如汽轮机转子超速、轴承振动高、轴承金属温度高、胀差超标、低压缸排气温度高、重要测量元件故障等。

(1)汽轮机正常停运

1)正常停运过程

汽轮机正常停运包括低压缸冷却、高中压缸蒸汽退出、打闸惰走和盘车投入4个步骤。

①低压缸进入冷却模式

在正常运行时，低压控制阀的设定压力为0.25 MPa，如果压力低于此值，低压控制阀将关闭保持阀前压力。当停机时负荷小于50%额定负荷后，低压控制阀将关闭至冷却位置维持缸内叶片的冷却，其开度为蒸汽压力的函数，目的在于保持稳定的蒸汽流量。

②高中压缸蒸汽退出

在低压控制阀关至冷却位置后，高中压控制阀将开始关闭(见图6.14)，期间燃气轮机出力保持不变，以有利于汽包水位控制，而汽轮机高中压旁路系统则以高中压控制阀开始关闭时的压力作为旁路压力设定值，以防止蒸汽压力的突然变化进而引起汽包水位波动过大。当中压缸入口压力小于0.56 MPa时，高排通风阀打开，高排逆止阀关闭。当高中压控制阀全关后，汽轮机完全退出运行，此时汽轮机相应的疏水阀打开。

③打闸惰走

当跳闸油压泄去后，高、中、低主汽阀关闭，低压控制阀也关闭，机组转速下降，低压缸不再需要冷却蒸汽。

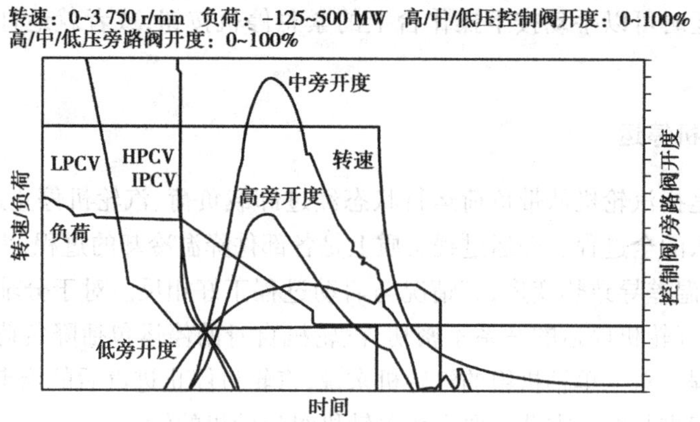

图 6.14 汽轮机停运过程中阀门动作情况

④盘车投入

汽轮机转子与燃气轮机转子一道惰走到零后，盘车装置自动投入。停机后如需要，可以破坏真空和退出轴封蒸汽。

2）正常停运过程参数变化

汽轮机在正常停运过程中，当汽轮机控制阀关闭时，由于蒸汽温度的下降，缸体温度受到小幅度的冷却，但在控制阀关闭后基本保持稳定，缸体温度的下降趋势取决于缸体保温情况，如图 6.15 所示。

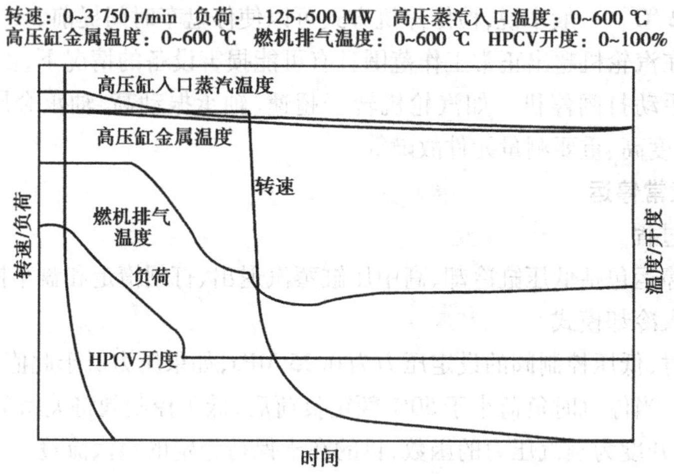

图 6.15 汽轮机正常停运参数变化趋势图

另外，汽轮机在停运时，由于蒸汽不再进入汽缸，胀差总体减小。但对于单轴联合循环机组，在机组打闸时，由于轴向推力发生变化，轴向位移变化明显，且由于正常运行时轴向推力一般指向燃气轮机透平侧，因此，打闸时汽轮机的胀差反而增大，如图 6.16 所示。

（2）汽轮机检修停运

1）检修停运过程

汽轮机检修停运目的在于冷却汽轮机，因此其降负荷速率较慢，为 2 MW/min。当 LPCV 关至冷却位置后，HPCV 和 IPCV 也开始关至预定位置，同时机组负荷开始缓慢下降（见图

6.17)。HPCV、IPCV 按程序关闭的同时,高、中压缸旁路阀由“后备压力控制模式”转换为“压力控制模式”控制高中压蒸汽压力,压力设定值为实际压力,然后逐步降低压力设定值到最小压力。当 HPCV/IPCV 关到预定位置后,机组负荷大约 20 MW,此时维持此工况,冷却余热锅炉和汽轮机。在汽轮机高压缸入口金属温度 <350 ℃或机组负荷小于 23 MW 后延时 50 min,机组冷却运行完成,HPCV/IPCV 全关,机组解列。

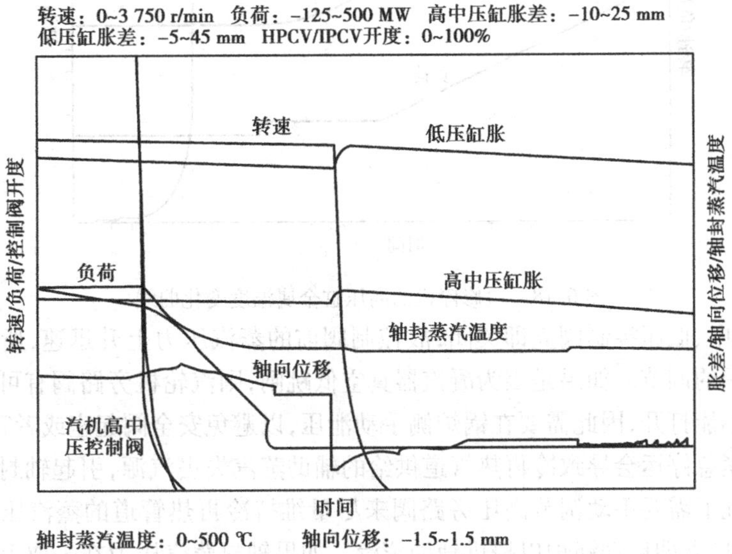

图 6.16　汽轮机正常停运参数变化曲线

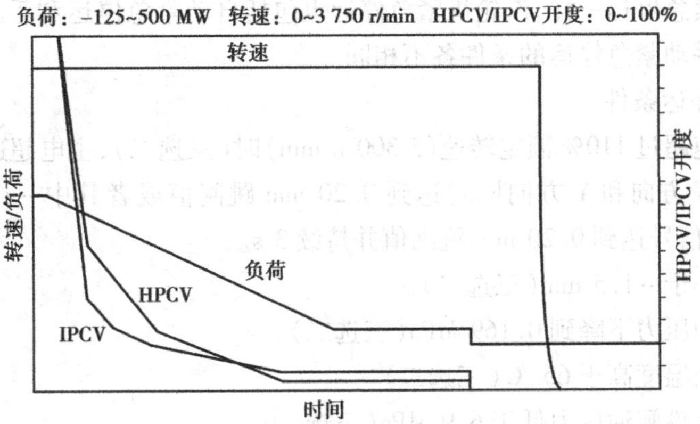

图 6.17　汽轮机检修停运过程中负荷、HPCV、IPCV 趋势曲线

2)检修停机参数变化

汽轮机在检修停机中,由于降负荷速率较慢和长时间在低负荷下通入蒸汽冷却,故高压缸的金属温度持续缓慢下降,且下降较多。从图 6.18 可知,在解列前汽轮机高压缸金属温度已基本平稳,说明汽轮机已充分冷却。这有利于汽轮机快速达到盘车停运条件,方便检修工作的进行。

(3)汽轮机紧急停运

汽轮机紧急停运与正常停运、检修停运相比,没有降负荷的过程,而是直接关闭高、中、低压主汽阀和控制阀。因此需要注意以下两方面：

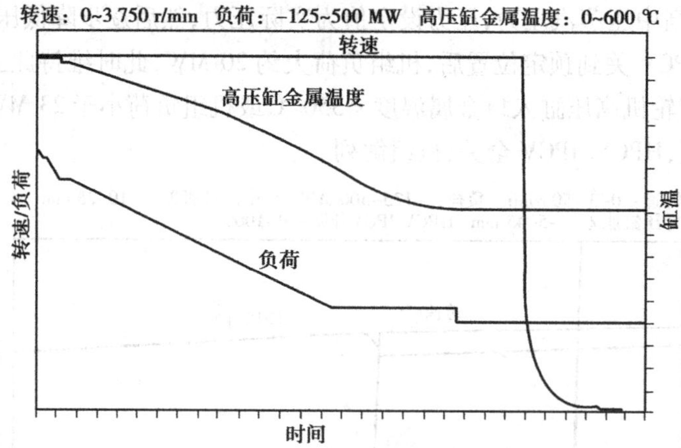

图6.18 检修停机的高压缸金属温度变化曲线

①由于高、中、低压控制阀立即关闭，故控制阀前的蒸汽压力上升迅速，所以需要特别注意汽轮机旁路阀的调节。如果是因为凝汽器真空低跳闸，则汽轮机旁路阀有可能因为凝汽器保护导致旁路不能打开，因此需要在锅炉侧手动泄压，以避免安全阀起座或者管道超压。

②汽轮机紧急停运会导致冷再热管道供给的辅助蒸汽失去汽源，引起轴封蒸汽压力不能维持。此种情况下需要手动调节高压旁路阀来尽量维持冷再热管道的蒸汽压力以稳定轴封蒸汽压力，同时应立即启动锅炉以提供辅助蒸汽。如果轴封蒸汽压力在采取上述措施后仍不能维持，则应紧急破坏真空，防止冷空气从汽封处进入汽缸内而损伤机组。

与燃气轮机紧急停运一样，汽轮机紧急停运也包括自动紧急停运和手动紧急停运。导致自动紧急停运和手动紧急停运的条件各不相同。

1）自动紧急停运条件

①汽轮机转速超过110%额定转速（3 300 r/min）时（三选二），主电超速跳闸设备动作。

②轴振动值X方向和Y方向同时达到0.20 mm跳闸值或者其中一个振动信号故障坏点，同时另外一个信号达到0.20 mm跳闸值并持续3 s。

③轴向位移小于-1.5 mm（三选二）。

④润滑油供油压力下降到0.169 MPa（三选二）。

⑤润滑油供油温度高于65 ℃（三选二）。

⑥控制油系统跳闸油压力低于6.9 MPa（三选二）。

⑦低压缸排汽温度超过120 ℃（三选二）。

⑧高中压缸胀差值达到（+16.8 mm，-5.8 mm）、低压缸胀差值达到（+40.8 mm，-1.8 mm）时。

⑨凝汽器真空低于-74 kPa（三选二）。

⑩透平控制器失效。

⑪输入信号故障（输入信号包括低压缸排气温度、中压缸入口蒸汽压力和润滑油温度等）。

2)手动紧急停运条件

①当汽轮机满足自动紧急停机条件而保护未动作时,应立即手动紧急停机。

②汽轮机内部有明显的金属摩擦声和撞击声。

③任何一个轴承冒烟着火或者断油。

④任一个轴承金属热电偶检测到金属温度超过113 ℃。

⑤主、再热蒸汽,油系统等压力管路破裂不能隔离,危及人身或设备安全运行时。

⑥汽轮机轴封冒火花。

⑦机组发生强烈振动。

紧急手动停运时可以手动按下操作台上的紧急停机按钮,或者就地打掉控制油的跳闸油压。

6.2.3　单轴燃气-蒸汽联合循环机组停运

燃气-蒸汽联合循环机组整组停运过程分为以下6个阶段:

①联合循环机组降负荷。

②汽轮机退出运行。

③燃气轮机继续降负荷解列。

④空载冷却。

⑤惰走。

⑥盘车投入。

燃气-蒸汽联合循环机组停运包括正常停运、紧急停运和检修停运3种。紧急停运是指机组在出现故障的情况下立即打闸熄火。而检修停运与正常停运相比,在于停机过程中汽轮机停运方式的不同。

(1)正常停运

正常停运是指按照正常的降负荷速率减负荷、解列、打闸熄火、惰走直至盘车投入的过程。正常停运模式下,其停机过程实质是燃气轮机正常停运过程与汽轮机正常停运过程的叠加,其停运过程如下:

1)发停机令,开始降负荷

在TCS操作员站上发出"NORMAL STOP"命令,机组以4.5%额定负荷/min的降负荷率降负荷到50%额定负荷。

2)汽轮机退出运行

机组负荷到50%额定负荷后,燃气轮机负荷保持,LPCV关闭到预设的冷却开度,给低压缸提供冷却蒸汽。LPCV开始关闭的同时,低压旁路阀以"压力控制模式"控制低压蒸汽压力,压力设定点是当时的实际压力。当LPCV关到冷却位置时,HPCV、IPCV按程序逐渐关小至全关位置。HPCV、IPCV按程序关闭的同时,高、中压旁路阀以"压力控制模式"控制高中压蒸汽压力,压力设定点是当时实际压力,防止汽包水位波动过大。在停机过程中,汽轮机疏水阀、冷再蒸汽逆止阀和高排通风阀的操作通过TCS自动控制。

3)燃气轮机继续降负荷

HPCV和IPCV全关后,燃气轮机继续以4.5%额定负荷/min的降负荷率降负荷至5%额定负荷后，机组解列。

4）空载冷却

机组解列后，燃气轮机空载运行 5 min，目的是对燃气轮机进行冷却，减小热部件的热应力。

5）打闸熄火、惰走

空载冷却完毕后，机组打闸，泄去跳闸油压，切断燃烧室的燃料供应，同时确认#18、#19 火检灯灭。机组转速开始下降，HPSV\IPSV\LPSV\LPCV 全关，切断低压缸冷却蒸汽；燃气轮机高、中、低压防喘放气阀打开。当机组转速降至 500 r/min 时检查顶轴油泵主泵自动启动，出口油压正常。当机组转速降到 300 r/min，大约 30 min 后余热锅炉出口挡板关闭。

6）投盘车

当机组转速小于 1 r/min 时，延时后盘车投入，盘车电流在 25 A 左右。机组停止 20 min 后，所有防喘放气阀关闭。机组停运后，检查燃气轮机缸体冷却空气供气阀已自动打开（转速 300 r/min 时打开），引入杂用压缩空气来冷却燃烧室缸体，防止燃气轮机上下缸温差增大，压缩空气持续通入 16 h 后自动关闭。停机 1 h 后，检查 TCA 风机自动停止运行。

机组的正常停运曲线如图 6.19 所示，停运过程各阀门动作情况详见后面的图 6.21。

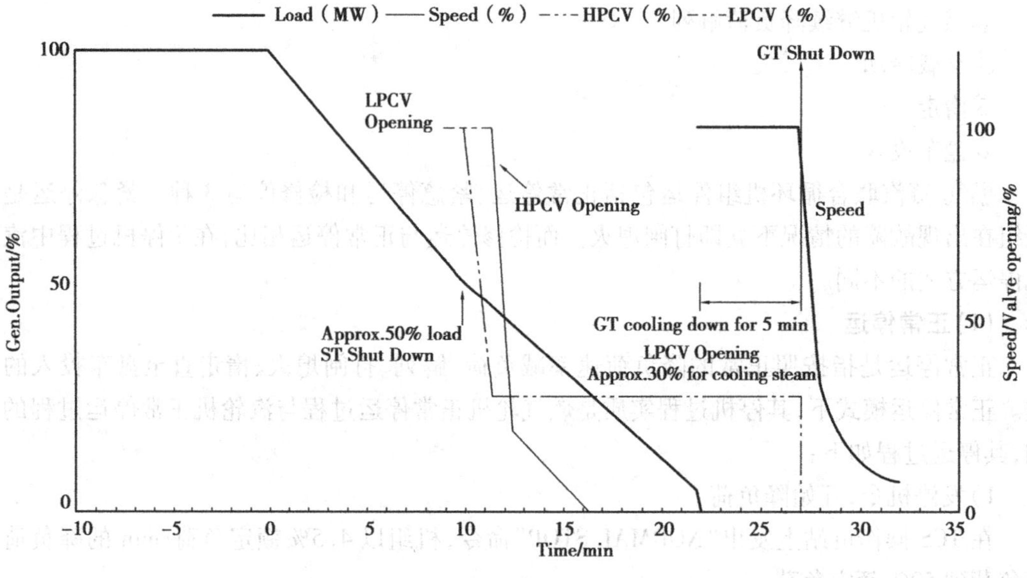

图 6.19　M701F 联合循环机组正常停运曲线

（2）紧急停运

紧急停运是指在出现设备异常情况下，保护动作跳闸机组或需马上人工停运机组的过程。紧急停机情况下机组将立即断开发电机出口开关，切断燃料和关闭汽轮机主汽阀门，必要情况下需尽快破坏真空。

燃气-蒸汽联合循环机组紧急停运也包括自动紧急停运和手动紧急停运。自动紧急停运是在机组故障情况下保护系统自动触发的紧急停运；手动紧急停运是机组发生故障，但保护系统拒动的情况下手动触发的紧急停运。与燃气轮机和汽轮机紧急停运一样，机组在自动停机条件情况下，将自动打闸停机。紧急停运条件如下：

1)自动紧急停运条件

单轴燃气-蒸汽联合循环机组自动停机条件除包括上述燃气轮机自动紧急停运条件以及汽轮机自动紧急停运条件外,余热锅炉、发电机等严重故障也会触发自动停机,包括以下条件:

①发电机故障联锁跳闸。

②电网频率低于47.0 Hz并持续0.1 s。

③余热锅炉保护动作时,即高、中、低压汽包水位超限后发出机组跳闸指令。

2)手动紧急停运条件

同样,手动紧急停运条件除包括上述燃气轮机手动紧急停运条件和汽轮机手动紧急停运条件外,还有以下条件:

①发电机氢系统发生爆炸时。

②给水品质急剧恶化。

③汽包水位异常升高或降低到跳闸值。

④锅炉汽包水位计或安全阀全部失效。

⑤高压或中压给水泵全部失效。

⑥汽水管路爆破及元件损坏,危及人身或设备安全。

⑦燃气轮机排气异常,危及锅炉安全运行。

紧急停机操作为在操作台上按下紧急停机按钮,或者就地打掉控制油的跳闸油压。

在紧急停机过程,需要注意锅炉的压力,应视压力情况手动打开对空排汽阀进行泄压,尽量防止安全阀起座,同时注意汽包不要满水或缺水。

(3)检修停运

为了在机组停运后能尽快对燃气轮机或汽轮机开展检修工作,可以采取检修停机方式,在停机过程中通过较低的降负荷速率和持续的低负荷运行对燃气轮机和汽轮机进行冷却,以尽可能降低机组打闸前燃气轮机和汽轮机的温度,缩短检修等待时间。

检修停机过程包括整套机组降负荷、低压缸冷却、高中压缸冷却、解列与空载冷却、打闸惰走、投盘车几个阶段。

1)整套机组降负荷

机组以4.5%额定负荷/min的降负荷率降到50%额定负荷,汽轮机的高、中、低压蒸汽控制阀处于“压力控制模式”,高、中、低压旁路阀处于“后备压力控制模式”。

2)低压缸冷却

当机组负荷减到50%额定负荷时,LPCV开始关闭,低压旁路阀由“后备压力控制模式”转换为“最小压力控制模式”。除LPCV以外的控制阀、HP/IP的旁路阀依旧保持“后备压力控制模式”。

3)高中压缸冷却

当LPCV关至冷却位置后,HPCV和IPCV也开始关至预定位置,同时机组负荷开始缓慢下降。HPCV、IPCV按程序关闭的同时,高、中压缸旁路阀由“后备压力控制模式”转换为“压力控制模式”控制高中压蒸汽压力,压力设定值为实际压力,然后逐步降低压力设定值到最小压力。

在停机过程中,汽轮机疏水阀、冷再蒸汽逆止阀和高排通风阀的操作通过机组 TCS 自动控制,操作员应当检查确认动作正常,如果 TCS 发出阀门动作超时的报警,应当就地检查。

当 HPCV/IPCV 关到预定位置后,机组维持 20 MW 工况运行,冷却汽轮机高中压缸,在高压缸金属温度 <350 ℃或机组负荷小于 23 MW 后,继续保持此工况运行 50 min。

4)解列机组和空载冷却

机组冷却运行完成,HPCV/IPCV 全关,机组解列。解列后,燃气轮机空载满速运行5 min,冷却燃气轮机。

5)打闸惰走

空载冷却完毕后机组打闸,切断燃料。惰走过程和机组响应与正常停机惰走过程相同。

6)投盘车

当机组转速小于 1 r/min 时,盘车自动投入运行,机组停止 20 min 后,所有防喘放气阀关闭。

另外,机组完全停运后可根据需要,打开余热锅炉出口挡板,进行高盘冷却(详见本章6.3节),缩短冷却周期。机组停机 1 h 后,检查 TCA 风机按照程序自动停止运行。机组停止后,1.5 h 内严禁启动。

燃气-蒸汽联合循环机组检修停运曲线如图 6.20 所示。停运过程各阀门动作情况如图 6.21 所示。

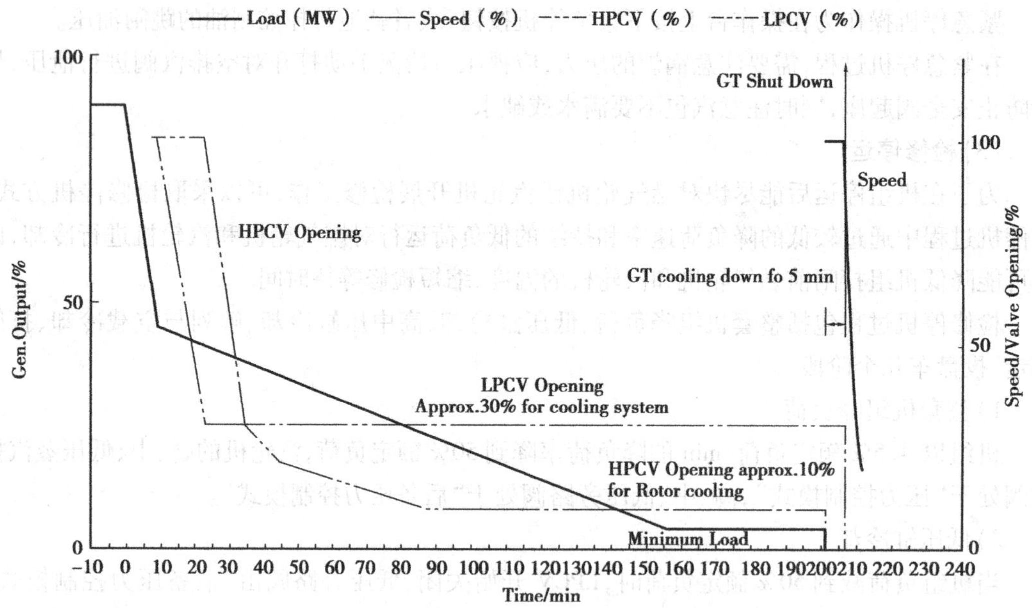

图 6.20　M701F 联合循环机组检修停运曲线

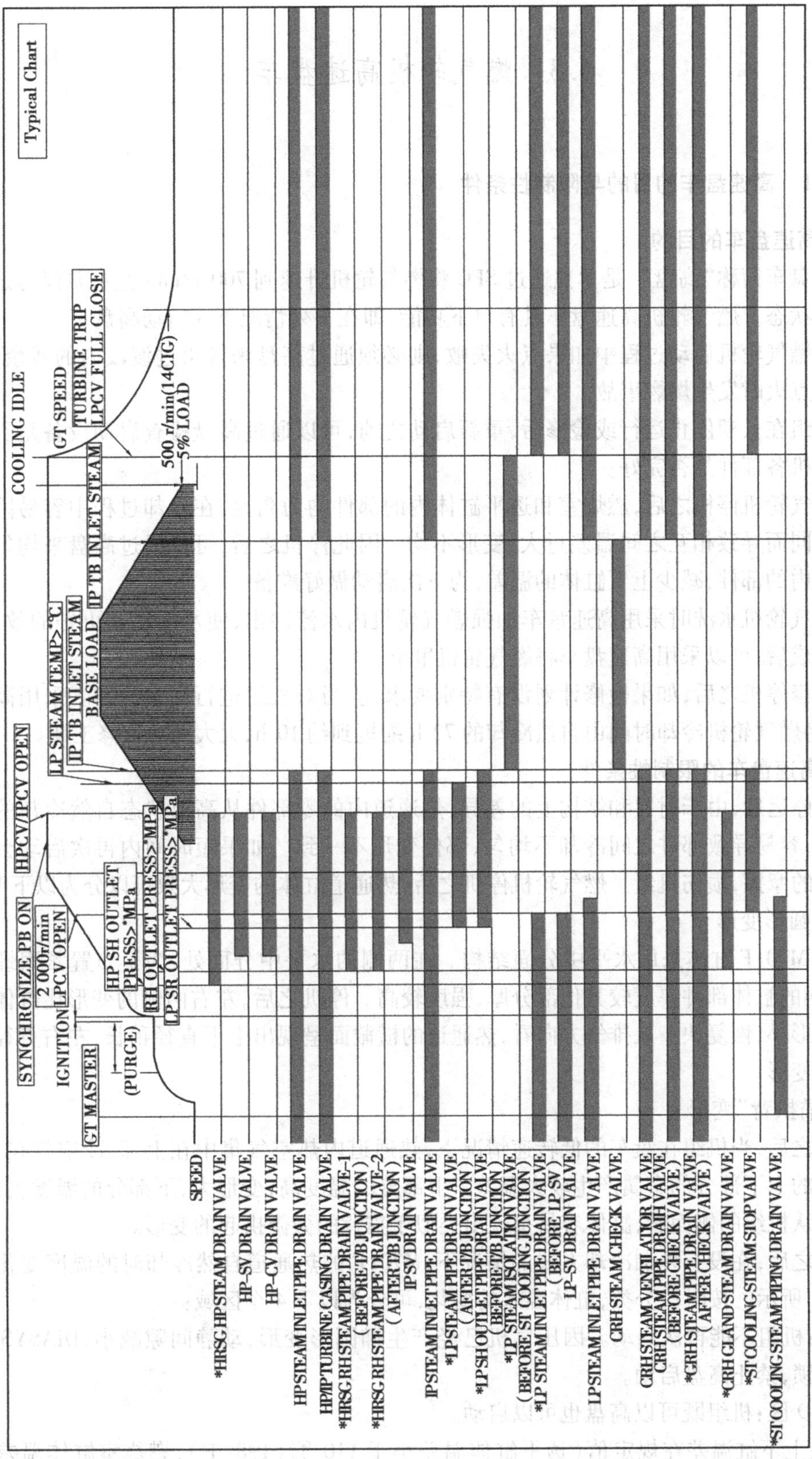

图6.21　M701F联合循环机组启停过程阀门动作曲线

6.3 燃气轮机高速盘车

6.3.1 高速盘车的目的与限制性条件

(1)高速盘车的目的

高速盘车简称“高盘”,是单独通过 SFC 将燃气轮机升速到 700 r/min 左右并保持运行的一种运行状态。燃气轮机高速盘车具有以下功能,即在下列情况下应启动高盘:

①在燃气轮机启动过程中如果点火失败,则必须通过高盘来排出过渡段内的残余燃气,防止再次点火时发生爆燃事故。

②机组在长期停止运行或检修后,重新启动之前,可以通过高盘检查启动设备是否正常及燃气轮机各部件是否完好。

③燃气轮机停机之后,燃烧室和透平缸体内的部件均为高温,在冷却过程中容易因为冷却速度不同而导致相互之间温差过大,变形不均。因此停机之后,可以通过高盘来均匀地冷却热通道内的部件,减少上下缸体的温差,为下次启动做好准备。

④燃气轮机水洗时采用高速盘车加强燃气轮机内水流冲击,使水洗达到更好的效果,并且水洗完成后,可以采用高速盘车将燃气轮机甩干。

⑤检修停机之后,如果检修计划没有特别要求,应当对机组进行高盘冷却。采用高盘冷却,可以将燃气轮机冷却时间由自然冷却的 72 h 缩短到约 10 h,大大缩短检修工期。

(2)高速盘车的限制性条件

机组停运后,由于材料和结构上的差异,热通道内的零部件从高温状态自然冷却的速度不尽相同,容易导致部件之间冷却不均匀,部件变形不一致。如果短时间内再次启动会造成部件之间的摩擦,损伤机组。燃气轮机停机之后,热通道缸体的变形大致可以分为以下两类:

1)椭圆形变形

三菱 M701F 缸体采用水平中分面结构。在两侧的水平中分面处,为了布置紧固螺栓和支撑,两侧的缸体部件厚度较其他部分厚,强度较高。停机之后,左右两侧的变形比缸体上下两侧的变形小,恢复快。从排气方向看,热通道的横截面呈现出上下直径稍长,左右直径稍短的椭圆形变形。

2)“猫拱背”变形

停机之后,当机组在盘车的低转速情况下,热通道内热空气集中在上部,冷空气在下部,导致缸体的上下部分的金属产生较大温差。上部分的温度高,变形大,下部分的温度稍低,变形稍小。从机组的侧面看,缸体容易呈现出类似于猫背的微微拱起的变形。

停机之后,在没有外加冷却方式的情况下,M701F 的热通道自然冷却时的温度变化特性如图 6.22 所示。按时段分类,缸体温差的变化,可分为以下 4 个区域:

A 区:机组不能再次启动。因压气机已经产生椭圆形变形,动静间隙减小,DIASYS 系统会自动闭锁,禁止高盘启动。

B 和 D 区:机组既可以高盘也可以启动。

C 区:上下缸温差在规定值(透平缸体温差小于 110 ℃(198 ℉);燃烧室缸体温差小于

65 ℃(108 ℉))内,燃气轮机可以高盘,如果上下缸温差超过此限制,DIASYS 系统会自动闭锁,禁止高盘启动。

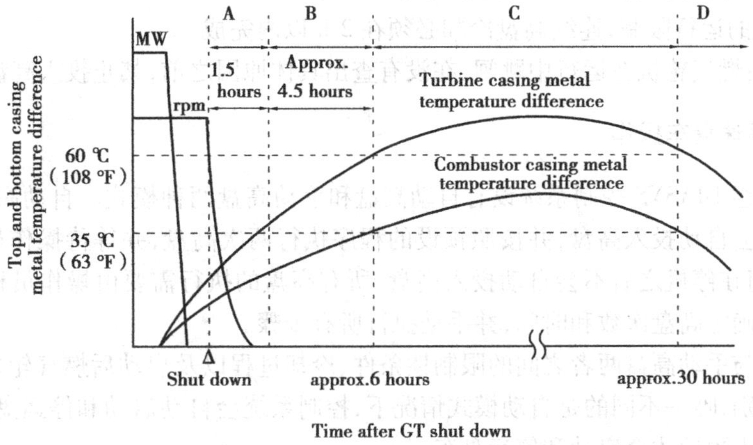

图 6.22　M701F 燃气轮机停运后自然冷却时的温度变化特性

为解决缸体变形而给启动带来的风险,机组设置有专用的冷却空气通道,引入杂用空气对缸体上部进行冷却(详见本书冷却密封空气系统),停用后应当检查确认冷却空气阀门正常打开。该路冷却空气可以使 M701F 燃气轮机缸体温度变化特性大大的扁平化,以至于在停机之后 6~30 h 区间内的温差峰值也不会超过再次高盘的限制值。

高盘的最大连续运行时间必须限制在下列规定值之内,防止因为压气机内缸的椭圆形变形而产生摩擦(见图 6.23):

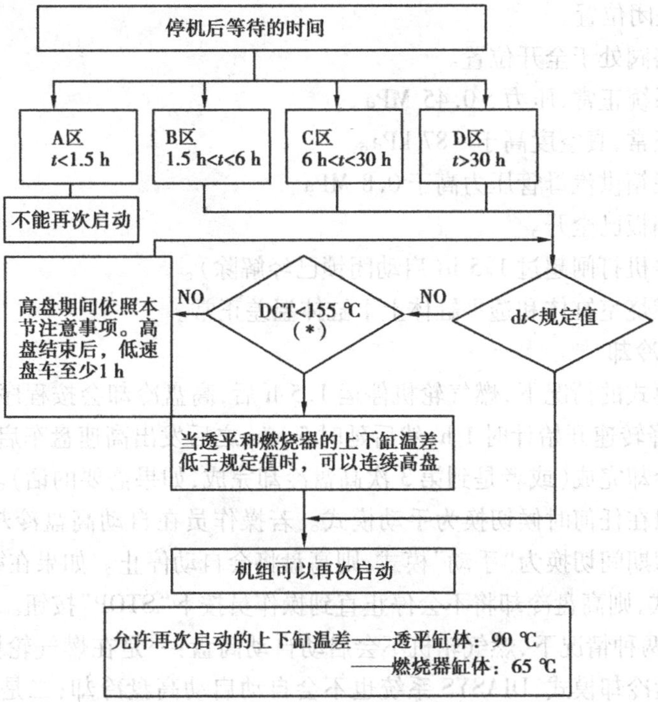

图 6.23　高盘许可规定

①最大轮盘间隙温度≥220 ℃:3 min。

②155 ℃≤最大轮盘间隙温度<220 ℃:5 min。

③最大轮盘间隙温度<155 ℃:连续运行。

因为 SFC 的运行限制,连续高盘冷却必须在 2 h 以内完成。

特别注意:燃气轮机在运行中跳闸,在没有查出具体原因之前,禁止投入高盘运行。

6.3.2 高速盘车操作

M701F 机组 DIASYS 控制系统设有自动高盘和手动高盘两种模式。自动高盘模式下,机组在停机之后会自动投入高盘,并按照预设的程序执行两次高盘,并等待操作员的命令。手动模式下,机组在停机之后不会自动投入高盘,所有高盘的执行需要由操作员根据机组状况和启停计划来确定高盘次数和时间,并手动执行所有步骤。

自动高盘与手动高盘两者之间的限制性条件、冷却过程以及启动后燃气轮机的响应等方面没有任何区别,唯一不同的是自动模式情况下,控制系统会自动启动和停运盘车,而手动模式下需要手动干预后才会启动和停运盘车。

(1)高盘允许条件

高盘启动之前,机组部分辅助系统如润滑油、控制油、仪用空气、真空等系统均应投入且运行正常,具体包含以下条件:

①控制油系统运行正常,供油压力>8.8 MPa。

②润滑油系统运行正常,供油压力>0.189 MPa。

③机岛部分辅助系统内的泵与风机等转动设备运行正常。

④燃气轮机入口空气滤网两级压差均正常,所有检修门关闭。

⑤IGV 处于关闭位置。

⑥燃烧室旁路阀处于全开位置。

⑦仪用空气系统正常,压力>0.45 MPa。

⑧真空系统正常,真空度高于-87 kPa。

⑨辅助蒸汽联箱供汽母管压力高于 0.8 MPa。

⑩余热锅炉挡板已全开。

⑪机组已经停机打闸超过 1.5 h(启动闭锁已经解除)。

⑫燃气轮机燃烧室缸体和透平缸体上下缸体温差正常。

(2)自动高盘冷却

在选择自动模式的情况下,燃气轮机停运 1.5 h 后,高盘冷却会按程序自动启动(程序从 3 000 r/min 打闸降转速开始计时 1 h,然后延时 5 min 之后发出高速盘车启动令)。按程序执行到第 2 次高盘冷却完成(或者是到第 3 次高盘冷却完成,如果需要的话)。

自动模式可以在任何时候切换为手动模式。若操作员在自动高盘冷却程序执行第 1 次和第 2 次高盘冷却期间切换为"手动"模式,则高盘将会自动停止。如果在第 3 次高盘冷却期间选择"手动"模式,则高盘冷却将不会停止直到操作员按下"STOP"按钮。

另外,在如下两种情况下,燃气轮机不会启动自动高盘:一是在燃气轮机停运 30 h 之后,即使选择自动高盘冷却模式,DIASYS 系统也不会自动启动高盘冷却;二是燃气轮机跳闸后,DIASYS 系统会自动将高盘冷却程序切换为手动模式,不执行高盘冷却直到跳机原因被查明。

自动高盘操作过程如下：

1)选择“自动”模式

选择“自动”高盘冷却模式，同时余热锅炉烟囱挡板也选择为“自动”模式。当燃气轮机停运且转速下降到300 r/min 延时30 min 后，挡板将会自动关闭（燃气轮机启动前会自动打开）。

2)第1次高盘冷却

在CRT画面上确认“第1次高盘冷却”，高盘冷却将会被自动执行（即自动启动SFC，带动燃气轮机转子升速）。启动时，除点火器不会推入点火位置外，其他如IGV角度变化、防喘放气阀动作情况等都与机组正常启动时的响应一致。另外，在投入高盘运行前应检查余热锅炉烟囱挡板是否全开。

第1次高盘冷却的时间设定为3 min。从转速达到点火转速开始计时，持续3 min，计时完毕后自动停止。在高盘期间应进行以下一些工作：

①当转速达到点火转速时，开始记录盘车时间，以确定高盘冷却时间是否与设定值相符。

②监测下列参数在正常范围以内：轮盘间隙温度、燃烧器上下缸金属温差、透平上下缸金属温差、轴振动、轴承回油温度、轴承金属温度、润滑油供油压力和温度、SFC电流、SFC温度、叶片通道温度以及转速等。

③盘车持续3 min后第1次高盘冷却自动停止，燃气轮机转速开始下降。

④当转速下降到300 r/min 延时30 min 后，确认余热锅炉烟囱挡板关闭。

3) 第2次高盘冷却

第2次高盘冷却运行以同样的方式自动执行，并在转速达到点火转速运行5 min后自动停止。

4)第3次高盘冷却

如果需要第3次高盘，也是以同样的方式自动运行，并确认它在转速达到点火转速30 min后自动停止。

(3)手动高盘操作

如前所述，手动高盘的冷却过程、机组响应均与自动高盘一样，只是燃气轮机是在操作员的手动触发后才会启动盘车。需要注意的是，在手动模式下，高盘冷却时间需严格遵守图6.24的规定，即在高盘启动后，需要进行计时，时间达到后应立即停止高盘。

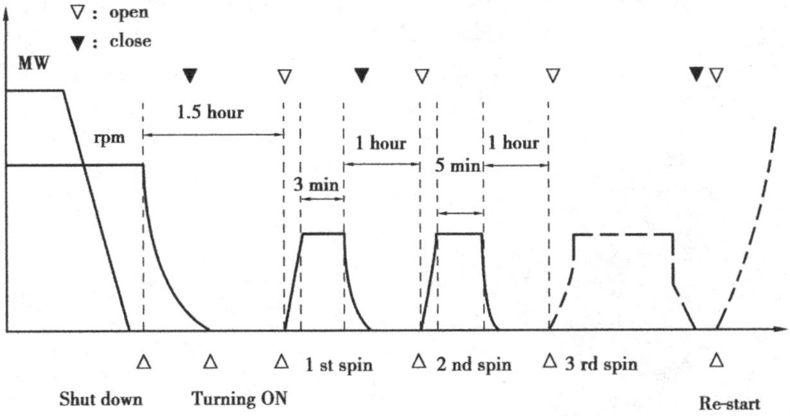

图6.24　自动高盘冷却过程

目前,国内 M701F 型燃气-蒸汽联合循环电厂一般都采用手动模式对燃气轮机进行高盘冷却。

思考题

1. 简述 M701F 燃气-蒸汽联合循环机组冷态启动过程以及启动过程中需要关注的问题。

2. M701F 燃气-蒸汽联合循环机组温态、热态启动过程与冷态启动过程相比,有什么共同点和差别?

3. 简述 M701F 燃气-蒸汽联合循环机组冷态、温态、热态启动过程中重要参数(如高中低压控制阀、旁路阀、缸体温度、CSO、IGV、BPT 等)的变化趋势。为什么这样变化?

4. 简述 M701F 燃气-蒸汽联合循环机组检修停运与正常停运的区别,描述检修停运过程中重要参数的变化趋势。

5. 燃气轮机在哪几种情况下需要启动高速盘车?对燃气轮机进行高速盘车时需要注意什么?

第7章 机组运行与监控

7.1 燃气-蒸汽联合循环性能影响因素分析

燃气-蒸汽联合循环机组运行效率最高且最安全的工况点一般是在其设计工况点附近，但是由于环境条件（大气温度、大气压力等）、运行条件（负荷、部件性能等）的变化，使机组不可能长期运行在设计工况点附近。任何一个影响因素的变化都会导致机组偏离最佳工况，给机组的经济性、安全性带来影响。因此操作员应该了解影响机组性能的因素，以应对运行过程中各种条件的变化，使机组尽量运行在既安全且经济的工况点附近。

影响燃气-蒸汽联合循环性能的因素很多，对于常规燃油、天然气的燃气-蒸汽联合循环机组，在无补燃的情况下，对联合循环性能影响最大的是燃气轮机性能。其中影响燃气轮机性能的主要因素有燃气轮机部件性能变化、大气参数的变化以及进排气压力变化等。燃气轮机的性能受到影响，也间接影响到联合循环的性能。此处将简要介绍这几种因素对联合循环性能的影响情况。

7.1.1 大气参数对燃气-蒸汽联合循环性能的影响

由于燃气轮机从大气中吸气，任何对压气机进气质量流量有影响的大气参数（大气参数即周围环境的温度 t_a、压力 p_a 和湿度），都会影响机组性能。其中，以 t_a 的变化影响最大。

(1)大气温度 t_a 的影响

大气温度对于简单循环燃气轮机及其联合循环的功率和效率的影响最大。主要表现如下：

①t_a 变化后将影响空气流量 q 和温比 τ，随着大气温度的升高，空气的密度变小，致使吸入压气机的空气的质量流量减少，机组的做功能力随之变小。

②压气机的耗功量与吸入的空气温度成正比关系变化，即大气温度升高时，燃气轮机的净输出功减小。

③当大气温度升高时，即使机组转速和透平前燃气初温保持恒定，压气机的压缩比将有所下降，这将导致透平做功量减少，而燃气透平的排气温度却有所增高。这样就会使得燃气

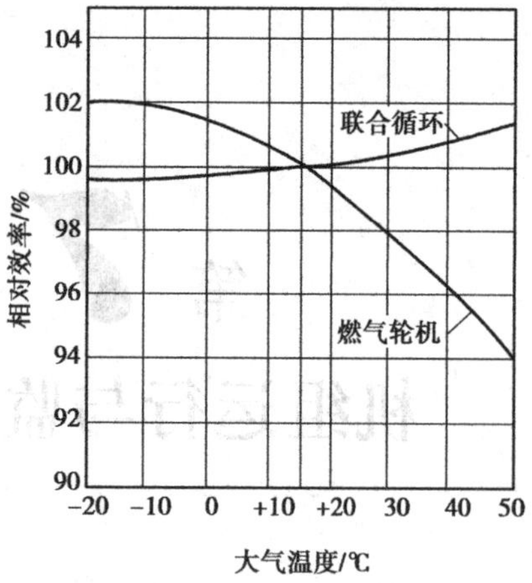

图 7.1 大气温度与燃气轮机联合循环相对效率

轮机及其联合循环的效率和净功率发生变化。

如图 7.1 所示为大气温度与燃气轮机联合循环相对效率的关系图，从图 7.1 中可知，随着大气温度 t_a 的升高，燃气轮机的相对效率是下降的，但其联合循环的相对效率却反而略有增高的趋势。这是由于当大气温度升高时，随燃气轮机排气温度的增高致使联合循环相对效率的增大，足以补偿燃气轮机效率的降低。从物理意义上讲，这是由于当大气温度升高时，压气机的出口温度相应地也会增高。为了保证燃气透平前的燃气初温恒定，喷入燃烧室的燃料消耗量就可以减少，其减少的程度将比联合循环总输出功率的减小程度更加多一些，致使总的热效率反而略有增大的趋势。当然，随着大气温度的下降，联合循环的效率反而会有略微减小的趋势。

由图 7.2 可知，随着大气温度 t_a 的升高，燃气轮机联合循环的相对输出功率下降，燃气轮机的输出功率其实也下降，其下降趋势比联合循环下降要快，图 7.2 未给出燃机功率下降曲线。联合循环的相对输出功率下降趋势要比燃气轮机平缓，这是由于燃气透平的排气温度略有增高，余热锅炉可以获取更多的能量，从而使汽轮机做出更多机械功的缘故；反之，当大气温度下降时，联合循环的相对输出功率增大的程度则要比燃气轮机少，这是由于当机组的转速和燃气透平前的燃气初温保持恒定时，压气机的压缩比略有增高，致使燃气透平的排气温度有所下降，最后导致蒸汽轮机的做功量有所减少的缘故。这里必须指出，图 7.1 和图 7.2 的变化关系是假设凝汽器的背压恒定不变为前提的。

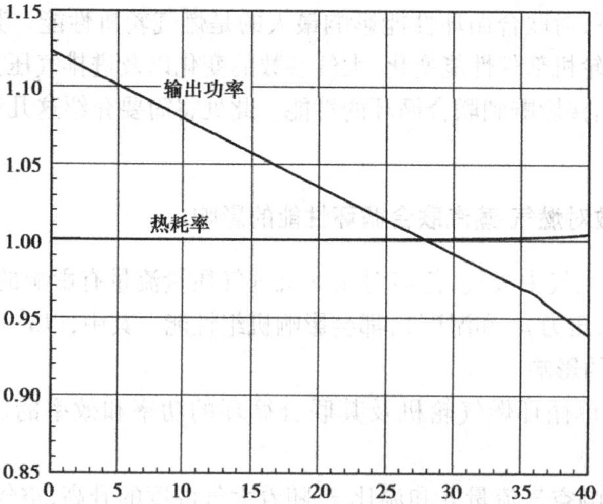

图 7.2 M701F 燃气轮机联合循环相对输出功率与大气温度关系

(2)大气压力 p_a 和海拔高度的影响

大气压力 p_a 的大幅度变化，主要是由于机组所在地海拔高度的变迁造成的，对于已经安装好的燃气轮机来说，大气压力 p_a 的变化一般是很小的。如图 7.3 所示中给出了相对大气压力与海拔高度的关系曲线。

通常燃气轮机都是按大气压力 $p_a=0.1013$ MPa 的标准状态进行设计的。如图 7.3 所示，不同海拔高度将导致不同的平均大气压。

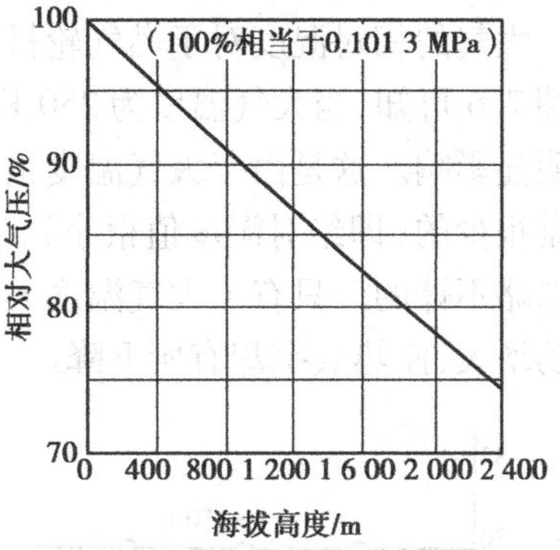

图 7.3 相对大气压力与海拔高度的关系

研究表明，如果大气的温度保持恒定不变，那么大气压力的变化不会导致燃气轮机效率的增减，即大气压力对燃气轮机效率的影响为零。但是燃气轮机的功率则与吸入的空气压力有密切关系，因为燃气轮机的功率与所吸入的空气的质量流量成正比，而空气的质量流量又与吸气压力 p_a 成正比。显然，燃气轮机的功率应与大气压力 p_a 成正比。

当然，在大气温度、机组的转速以及燃气透平前的燃气温度均保持恒定不变的前提下，燃气轮机排气质量流量以及余热锅炉中可用于蒸汽发生过程的余热，同样也会随大气压力按正比关系发生变化。如果假设蒸汽循环的效率不变（实际情况正是如此），那么，在联合循环中蒸汽轮机的功率也将与大气压力 p_a 成正比。

由此可知，在联合循环中由于燃气轮机和蒸汽轮机的功率都与大气压力成正比，因而，联合循环的总功率必然也与大气压力成正比。如图 7.4 所示为 M701F 燃气-蒸汽联合循环在大气温度为 27.3 ℃、相对湿度为 81.4% 时联合循环出力、热耗率与大气压力之间的变化关系修正曲线，从图 7.4 可知，联合循环出力与大气压也是成正比关系，从图 7.4 还可知，随着大气压力的升高，联合循环的热耗率略有提高。

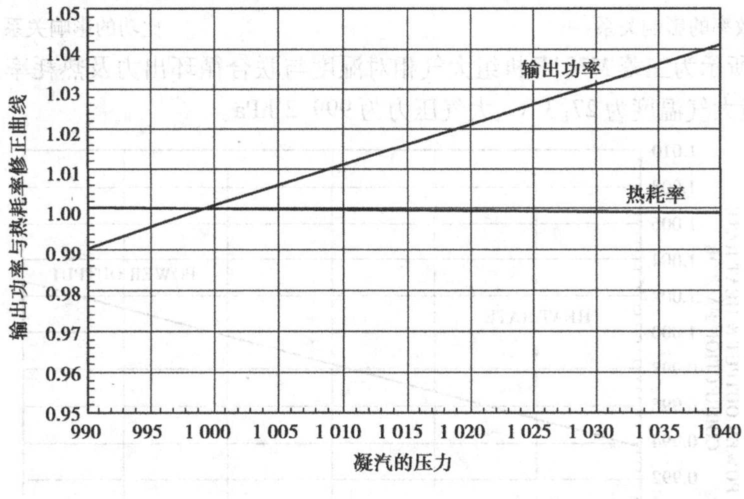

图 7.4 M701F 燃气轮机大气压力与联合循环出力、热耗率的关系

由于喷入联合循环的燃料量与压气机吸入的空气质量流量成正比，也就是与大气压力成正比，因而，联合循环的效率将与大气压力无关，即大气压力变化时，联合循环效率将恒定不变。

(3) 空气相对湿度的影响

大气的湿度关系到从压气机吸入燃气轮机的空气中所含的水蒸气含量，它将影响湿空气的比热容值，相应地会影响到压气机的压缩功、透平的膨胀功以及燃烧室中燃料量的摄入量，从而影响到燃气轮机的比功和效率。

大气的相对湿度对于燃气轮机效率和比功的影响关系如图 7.5 和图 7.6 所示。从图 7.5 和图 7.6 可知,当大气温度为 250 K、270 K 和 290 K 时,相对湿度对于燃气轮机比功和效率均无明显影响。这是由于大气温度很低时,即使相对湿度为 100% 时,大气中所含水蒸气数量仍然是很少的(即绝对湿度值很小),$t_a = 30$ ℃时饱和状态下的水分含量才 2.7%,其影响是可以忽略不计的。只有当大气温度大于 310 K(即 37 ℃)后,相对湿度的增加将使燃气轮机的净比功增大,而热效率却有所下降。

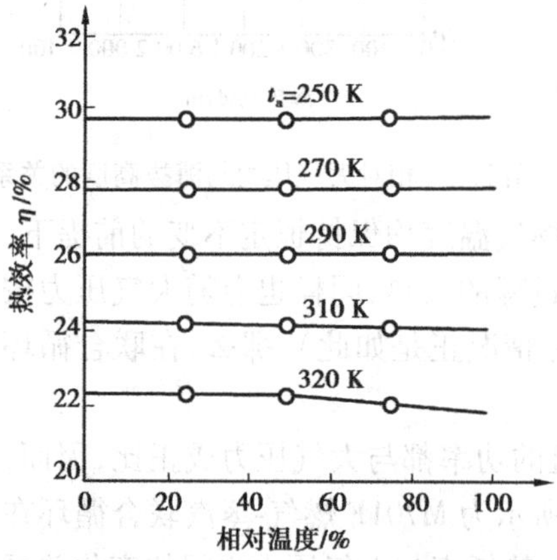

图 7.5　在压缩比为 10,透平进口温度为 1 200 K 时,不同的大气温度条件下,相对湿度对燃气轮机效率的影响关系

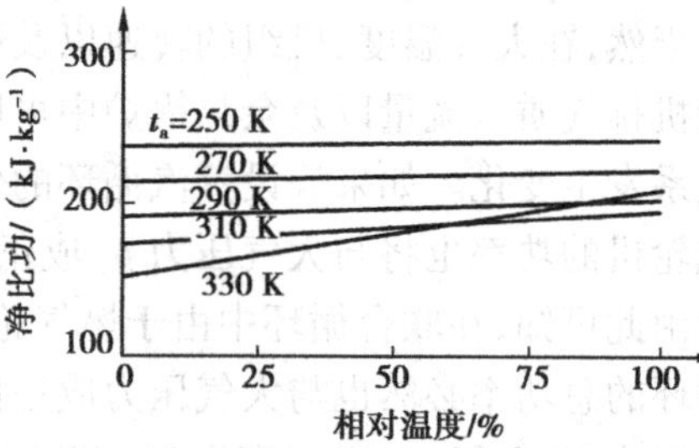

图 7.6　压缩比为 10,透平进口温度为 1 200 K 时,不同的大气温度条件下,相对湿度对燃气轮机比功的影响关系

如图 7.7 所示为三菱 M701F 机组大气相对湿度与联合循环出力及热耗率的性能修正曲线,测试时环境大气温度为 27.3 ℃、大气压力为 999.2 hPa。

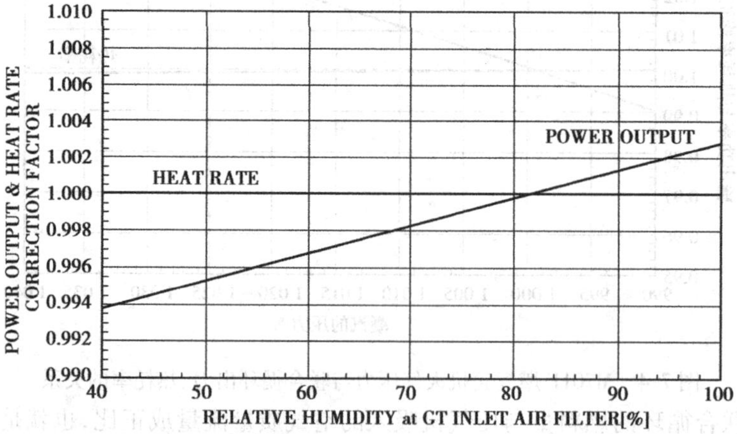

图 7.7　M701F 大气相对湿度与燃机出力及热耗率的修正曲线

从图 7.7 可知,随着大气相对湿度的增加,联合循环机组出力也是增加的。联合循环热耗率基本上没有明显影响。

7.1.2 部件性能变化对燃气-蒸汽联合循环性能的影响

随着燃气轮机运行时间的增加，以及运行条件的恶化，均会使燃气轮机的设备部件偏离设计工况，甚至会使燃气轮机部件性能恶化，从而使燃气轮机性能恶化，使机组出力与效率降低。下面将介绍压气机与透平性能恶化后对机组性能的影响情况。

(1)压气机叶片结垢或磨损对性能的影响

大气中常含有带黏性的微小颗粒，空气流过燃气轮机空滤时这些微粒不会被全部滤除，进入压气机后将在叶片上形成结垢。当压气机进口处轴承密封效果下降，油雾进入叶片通道后也会形成积垢。显然，叶片积垢后将会改变叶片的形线，流通面积将减小，使压气机的空气流量、压比和效率均有所下降，性能曲线发生了变化，如图7.8所示，此时等转速线与喘振边界均下移，性能明显恶化。图7.8中还给出了电站单轴燃气轮机运行工况的变化关系。从图7.8可知，在 T_3^* 不变时，压气机叶片积垢后机组的运行点从未积垢时的 a 点移至 b 点，流量与压比降低，同时压气机效率也下降，导致机组的出力与效率降低，运行点的喘振裕度也减少了。

一般的燃气轮机均设置有压气机清洗装置，在机组因压气机积垢导致出力和效率下降到一定程度后清洗压气机以去除积垢，从而恢复机组出力和效率。

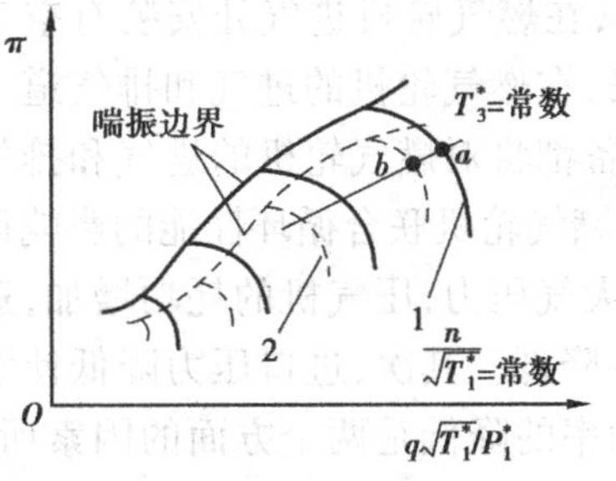

图7.8　压气机叶片积垢对性能的影响
1—压气机叶片未积垢；2—压气机叶片积垢后

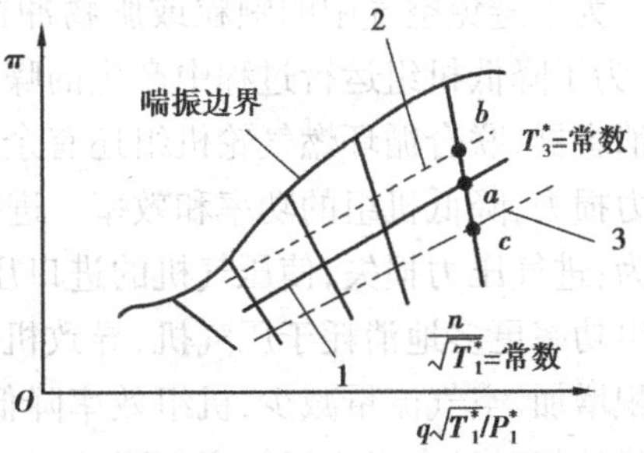

图7.9　透平叶片积垢或者磨损后对燃气轮机运行点的影响
1—透平叶片未积垢或磨损；
2—透平叶片积垢；3—透平叶片磨损

当燃气轮机进气空滤过滤效果下降时，会有较多较大的颗粒尘粒进入压气机，这将冲刷叶片造成磨损。叶片磨损后也改变了叶片形线，使压气机压比和效率下降。至于空气流量，在叶片磨损而通道面积加大时从理论上来说要增加，但由于压气机效率降低，做功情况变差，致使流量变化可能不大。可见此时压气机的性能曲线，主要是喘振边界下移、效率降低，等转速线的变化则可能较小。显然，这样的压气机性能变化也将使燃气轮机的出力和效率降低，喘振裕度变小。

当空气中含有有害成分腐蚀压气机叶片后，对燃气轮机性能的影响与叶片磨损的影响相同。

(2)透平叶片积垢或磨损对性能的影响

燃气轮机是以高温燃气作为工质，高温燃气中含有较多的对透平叶片和喷嘴有害的物质，如尘埃、碱金属等，会造成叶片表面积垢和腐蚀，尤其对于燃用重油和原油时燃料的机组来说，这个问题尤为严重。透平叶片上将产生积垢，致使透平叶片中气流状况变差，透平效率降低，其次是因流道面积减小而阻力加大。从图7.9可知，透平叶片积垢后，透平阻力增加，

在 T_3^* 不变的情况下，运行点从 a 点移至 b 点，压比升高，运行点靠向了喘振边界。此外，机组的出力和效率都要降低。透平叶片积垢到一定程度后也需要清洗来去除积垢，恢复机组的出力和效率。

机组空气过滤器过滤效果变差时，进入压气机的灰尘颗粒也要冲刷透平叶片，造成透平叶片磨损。这时透平效率下降，机组的出力和效率均降低。透平阻力由于叶片磨损后通道加大而降低，机组的运行点由 a 点移至 c 点，如图 7.9 所示。

从图 7.9 可知，当透平叶片磨损后，机组运行点从 a 点移至 c 点，看起来好像喘振裕度增大，对机组安全运行有利。但实际情况是叶片磨损后强度削弱，或改变了自振频率而发生共振，对机组安全运行不利。曾有燃气轮机的叶片因积垢而造成叶片折断的重大事故。压气机叶片磨损也同样有这一问题。

目前由于环保压力，现在新投产的燃气轮机烧重油和原油的比较少，多数燃气轮机都是以天然气作为燃料，燃用天然气后燃气轮机透平叶片的积垢和磨损也没有那么明显了，但透平积垢和磨损后对燃气轮机性能的影响原理是一样的。

7.1.3 进排气压力变化对燃气-蒸汽联合循环性能的影响

为了避免空气中的颗粒或脏物冲蚀压气机的叶片，在燃气轮机进气处安装有空气过滤器，为了降低机组运行过程中产生的噪声对环境的污染，在燃气轮机的进气和排气道上都装有消音器，联合循环燃气轮机组还有余热锅炉，这些设备都将对燃气轮机的进气和排气带来压力损失，降低机组的功率和效率。进排气压力损失对燃气轮机联合循环性能的影响简单概括为：进气压力损失，使压气机的进口压力降低而低于大气压力，压气机的耗功增加，透平的输出功率更多地消耗于压气机，导致机组的功率和效率降低。其次，进口压力降低使空气比体积增加，空气流量减少，机组效率降低。因此，机组功率的降低是两个方面的因素所致，其下降的相对量大于机组效率下降的相对量。

如图 7.10 所示为一台发电用单轴燃气轮机进气排气压力损失影响的修正系数。K_p 为功率修正系数，按压损 Δp 从图中查出 K_p，以 K_p 乘以无进气压损的功率，就得到了该压损 Δp 时机组的功率。K_q 为热耗修正系数，用它乘以无进气压损时的热耗率，就得到了该压损 Δp 时机组的热耗率。

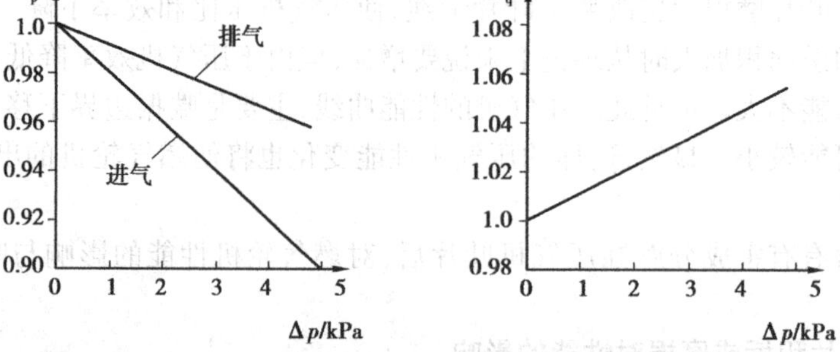

图 7.10 一台单轴燃气轮机的 K_p 和 K_q 随进排气压损的变化

排气压力损失，使透平排气压力升高，减少了透平的膨胀比，透平输出功率下降，导致机组的功率和效率下降。排气压损不影响压气机进口，对空气流量无影响，因而排气压损对功率的影响必然比进气压损的影响要小。由于排气压损使机组功率和效率降低均因透平的输出功下降所致,故两者降低的程度相同,即使有差别,差别也很小。同样,以 K_p 和 K_q 来表达排气压损的影响,其用法和进气压损的相同。

图7.10中的 K_q 仅一条线,表明进气与排气压损对热效率的影响相同,也有的机组两者影响有所不同,即进气与排气的 K_q 线不重合,只是两者很靠近,差别很小。

由于进气与排气压损同时存在,将共同影响机组功率与效率,这时修正系数的使用方法是先得到进气与排气压损下的 K_p 与 K_q,分别将该两压损下的 K_p 相乘和 K_q 相乘,得到总的 K_p 与 K_q,再用该两值乘以无进排气压损时的功率和热耗率,就得到了该进气与排气压损时的功率和热耗率。

K_p 与 K_q 随压损的变化一般为一条直线,如图7.10所示,因而也可以不用图而直接给出修正系数的数值。通常是给出相对压损 $\Delta p/p$ 每增加1%时功率下降和热耗率增加的百分数,应用也很方便。

此外,对利用排气热量的燃气轮机,尚需要知道排气流量与温度随进排气压损的变化。上面已提及,仅进气压损影响进口空气流量,压损增加,流量减少,而排气流量的变化与进气流量一致,故排气流量随进气压损增加而减少。对排气温度,在 $T_3^* = T_{30}^*$,进气压损增加,空气流量减少,透平膨胀比减少,排气温度升高,而排气压损增加直接减少了透平膨胀比,排气温度升高。由此可知,进气与排气压损增加,排气温度均升高。

现用的燃气轮机中,大多数情况是进气压损增加1%,机组功率下降2%左右,热耗率增加1%左右。而排气压损增加1%,机组功率下降1%左右,热耗率增加1%左右。但是随着燃气轮机设计工况 T_{30}^* 和 π_0 的提高,进气和排气压损对功率和效率的影响将削弱。

7.1.4 汽轮机排气压力对燃气-蒸汽联合循环性能的影响

汽轮机运行参数主要包括主蒸汽压力、温度,再热蒸汽压力、温度,排气压力。任何一个运行参数偏离设计工况都会影响汽轮机的效率,从而导致联合循环效率也受到影响,最终将会影响到联合循环的经济性。排气压力是影响汽轮机经济性的主要因素之一,有资料表明,排气压力升高对热耗率的影响占运行参数影响热耗率的82%。引起排气压力升高的主要原因为循环水进水温度、真空系统严密性以及凝汽器的清洁程度等,这些参数对汽轮机的排气压力影响情况,其他教科书中已有分析,此处不再赘述。

如图7.11所示为M701F燃气轮机联合循环汽轮机背压与机组出力的修正性能曲线,测试时大气温度为27.3 ℃,大气压力为999.2 hPa,相对湿度为81.4%。从图7.11可知,随着汽轮机排汽压力的升高,机组出力开始略有升高,到排汽压力升高到4 kPa后,随着汽轮机的排汽压力升高机组出力反而降低。机组热耗率开始阶段也是随着排汽压力的升高略有降低,但排汽压力大于4 kPa后,排汽压力升高机组的热耗率慢慢升高。因为汽轮机背压升高时,汽轮机的理想焓降将减少,相同流量下的功率将减少,所以随着排汽压力的升高,机组出力降低,热耗率增加。

另外,排汽压力过高或者过低,对机组都有一定的安全隐患。排汽压力降低,如机组仍在最大流量下运行,则末级叶片的应力可能超过允许值,并且湿度增加,将会加剧叶片的冲蚀损坏;排汽压力升高,排汽温度将大幅度升高,使排汽室的膨胀量增大,转子的中心抬高,引起机组强烈振动;排汽温度的升高,使凝汽器的外壳与换热管的相对膨胀差增大,可能使换热管的胀口松动。

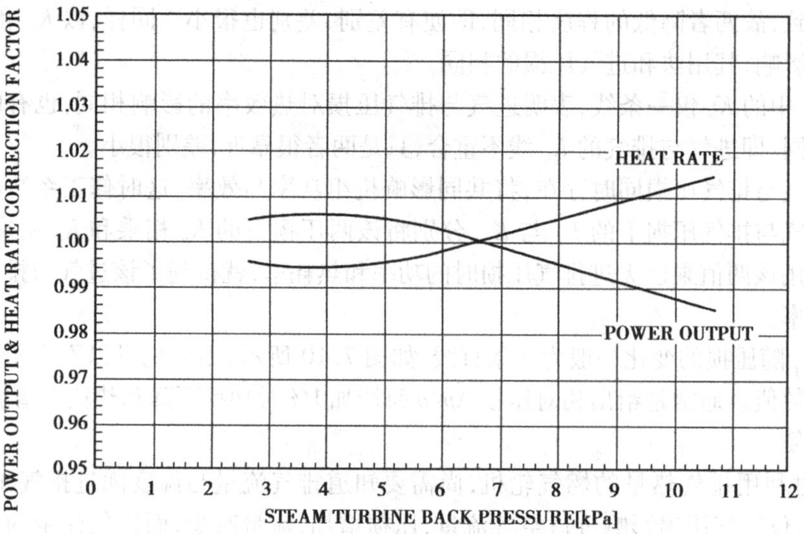

图 7.11 M701F 燃气轮机联合循环汽轮机背压与机组出力的修正曲线
（温度为 27.3 ℃，大气压力为 999.2 hPa，相对湿度 81.4%）

7.2 运行方式对机组的安全性、经济性及环境的影响

根据燃气轮机及其联合循环机组的年运行小时数、使用率、点火启动次数和每次启动后的平均运行小时数等参数的范围，国际标准 ISO-3997“燃气轮机采购”将联合循环机组的运行方式分为6类：连续满负荷、基本负荷、中间负荷、基本/尖峰交替负荷、每日启停、尖峰负荷。为简便起见，日常中把燃气轮机及其联合循环机组的运行方式简化为基本负荷、中间负荷和尖峰负荷。表 7.1 给出了三者之间的区别。

表 7.1 简化的运行模式分类

	基本负荷	中间负荷	尖峰负荷
年运行小时/($h \cdot a^{-1}$)	>6 000	2 000 ~ 6 000	<2 000
每次启动后运行小时/h	>60	>10	>10

根据我国国情和用电调峰需求，我国在役 F 级联合循环机组多为带中间负荷的日启停调峰运行模式，同时受到气源气量的限制，机组年平均运行时间为 3 500 h 左右。诸多因素使机组启停次数大幅提高，导致主要热部件寿命明显降低，机组安全性和可靠性降低，发电气耗升高，增加了电厂的运营成本。

7.2.1 运行方式对机组可靠性和安全性的影响

燃气轮机工作温度非常高，尽管在热部件的选材、加工、涂层及冷却等方面采取了抗高温的措施，但仍不可避免会发生氧化、腐蚀和裂纹等现象。机组的不同运行方式对热部件的影响有所不同，对于连续带基本负荷的机组来说，氧化和蠕变是影响其寿命的主要因素；而对调峰运行的机组而言,热力机械疲劳是影响热部件寿命的主要因素。另一方面,相比燃煤机组,国内联合循环机组较为频繁的启停模式也使热部件和各辅助设备的可靠性降低。这都对燃气轮机可靠性和安全性的管理提出了很高的要求。

鉴于我国联合循环机组大多为调峰运行方式,启停和负荷调整较为频繁的特点,本节主要从机组的运行负荷以及启停两方面进行分析。

(1)运行负荷

燃气轮机的热通道部件寿命很大程度上取决于运行温度,高负荷时的运行温度比低负荷时的运行温度要高,部件寿命也相应缩短。若机组长期低负荷运行则对热通道部件的可靠性比较有利,但经济性较差;而在尖峰负荷下运行则会对热部件的寿命产生非常大的影响,如三菱 M701F 燃气轮机在尖峰负荷下运行 1 h 相当于在基本负荷下运行 6 h,大大降低了热部件的使用寿命。

另外,负荷变化所引起的热冲击也会影响热部件的寿命。采取连续运行以及负荷变化率较小的运行方式,对热部件的可靠性影响较小;而如果负荷变化频繁、负荷变化率较大,则热通道部件承受强烈的热冲击,必然会大大缩短燃气轮机热部件的寿命。此外,由于三菱 M701F 燃气轮机采用干式 DLN 燃烧技术,燃烧控制比较复杂,频繁的负荷变化,会使机组在不同的燃烧模式下反复切换,这将导致燃烧系统安全性和可靠性的显著降低。

(2)机组的启停

我国联合循环机组大多为调峰运行,需要经常启动和停运,这使得机组故障率大于常规的火力发电机组。从机组运行的可靠性上分析,频繁启停的运行方式会明显增加设备发生故障的概率,从而降低机组的可利用率。燃气轮机每次正常启动和停运时,从启动点火、升速、加负荷、降负荷、降速到熄火的整个过程,热通道部件经受了剧烈的温度变化过程,经历了从加热膨胀到冷却收缩的周期性变化;另外,对于调峰机组而言,机组辅助系统设备动作频度高,也降低了整台机组的动作可靠性,同时机组频繁启停造成部分设备反复历经热胀冷缩的循环过程,久而久之会导致螺栓松动、密封件失效的故障发生。频繁启停对于余热锅炉的不利影响,同样明显。

燃气轮机非正常启动和停运,会使透平热部件的寿命进一步缩短。非正常启动主要指快速启动和快速加载,非正常停机主要是指跳闸,生产中非正常启动和停机时有发生。非正常启动和停机对燃气轮机热部件的危害非常大,一般来说,快速加载或卸载负荷的速率越大,对机组的损伤越大;机组跳闸前的负荷越高,对机组的损害越大,因此,运行人员应尽量避免快速加卸载负荷以及高负荷跳闸情况的发生。

除上述两方面的影响外,环境因素同样也会影响机组的可靠性,尤其是空气质量对燃气轮机的影响较为明显。空气中的杂质除了对热通道部件的有害影响外,灰尘、盐和油等也能引起压气机叶片磨损、腐蚀和积垢,压气机叶片的腐蚀使叶片表面产生凹痕,不仅增加表面粗糙度影响效率,也成为产生疲劳裂纹的潜在部位,造成安全隐患,因此定期更换进口空气滤网也可以有效延长机组检修间隔。

7.2.2　运行方式对机组经济性的影响

影响联合循环机组经济性的因素是多方面的,既取决于机组自身的设计,又受外部环境因素的影响,本章 7.1 节已对此进行了详细的介绍。这里主要分析在其他条件相同的情况下,机组的运行方式对热效率的影响。机组的运行方式对热效率的影响主要包括不同运行负荷对经济性的影响以及日启停对热效率的影响。

(1)运行负荷对经济性的影响

当燃气轮机处于基本负荷状态运行时,由于压气机压比、透平进口温度、排气温度以及气流速度三角形等均在最佳设计工况附近,因此燃气轮机的热效率较高,同时较高的排气温度、较多的排气流量使余热锅炉产生温度、压力均较高的过热蒸汽,使汽轮机也处于最佳设计工况附近运行,从而使其热效率也较高,两者共同作用使整个联合循环的热效率当然也高;当燃气轮机处于部分负荷状态运行时,压气机压比下降、透平进口温度下降、排气温度下降,气流速度三角形也不在最佳设计工况附近,燃气轮机的效率自然下降,同样,由于排气温度和流量的下降,使余热锅炉产生的主蒸汽参数下降,汽轮机的效率也随之降低,从而使联合循环的效率下降。

虽然在燃气轮机负荷下降不多的情况下,由于 IGV 温控的作用,排气温度可以保持在较高的水平,使汽轮机的效率仍然较高,从而导致联合循环的效率不至于下降太多,但联合循环效率仍处于下降趋势。当机组负荷下降较多时,燃气轮机和汽轮机的效率均下降,导致联合循环的效率急剧下降。

从图 7.12 三菱 M701F3 联合循环机组的效率曲线可以看出,在满负荷工况下,联合循环热效率可以达到 57.1%,而当机组在部分负荷运行时,机组的整体热效率会降低,在 50% 负荷以上运行时,联合循环效率下降比较平缓,而在 50% 负荷以下时,效率急剧下降,在 10% 基本负荷时,热效率甚至不到基本负荷时的 1/3。

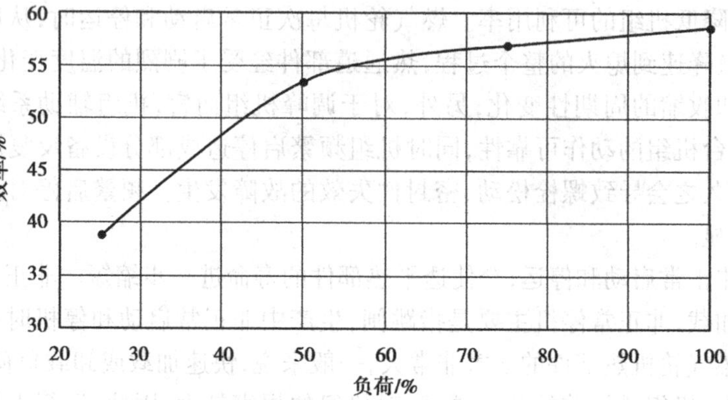

图 7.12　M701F3 联合循环机组的效率曲线

因此,在正常运行时,应尽可能保持在较高的负荷,即使电网要求降负荷运行,也应尽量避免低于 50% 基本负荷运行。

(2)启停对热效率的影响

国内三菱 M701F 联合循环机组多为单轴机组,燃气轮机与汽轮机通过刚性联轴器连在一起,形成一根刚性转子,因此每次机组启停时,汽轮机部件的应力承受能力会影响整个联合循环发电机组的升降负荷率。如果联合循环发电机组频繁启停,反复经过低负荷阶段的低效率区,日积月累,将影响机组的整体效率。尤其是冷态启动时,为了使汽轮机满足进汽条件,机组在低效率负荷下停留时间较长,会降低机组整个运行期间的经济性。以某电厂为例,其燃料为澳大利亚进口 LNG(低热值 39.1 MJ/Nm^3),整个热态启动中单位发电量的平均气耗为

0.29 m^3/kWh,比基本负荷时的气耗上升了约50%。

上述分析表明,在实际运行中,影响联合循环机组总体效率的因素主要是机组的平均运行负荷,而正常运行中机组的负荷又受制于电网的要求,从这种角度说,缩短启动时间,优化机组的日常启停是提高整体经济性的有效手段。

7.2.3　运行方式对 NO_x 排放的影响

火电厂废气污染物排放控制的主要对象是烟尘、SO_2 和 NO_x。燃用天然气的联合循环电厂烟尘、SO_2 排放浓度非常低,因此,NO_x 是其主要控制对象。

NO_x 是在燃烧过程中产生的,以天然气为燃料的燃气-蒸汽联合循环电厂排放的氮氧化物绝大部分为热力 NO_x。热力 NO_x 是空气中的氮气和氧气在高温条件下化合的结果,其主要成分是 NO,占其中的 90% ~95%。热力 NO_x 的生成速率与燃烧温度和燃料在燃烧区停留时间的关系密切,只有将燃烧温度控制在合适的范围内,才能将 NO_x 控制在较低的水平,因此,燃气轮机所产生的氮氧化物的排放浓度主要取决于燃烧方式与燃烧温度。

M701F 燃气轮机采用干式预混燃烧技术,在 60% 额定负荷以上运行时,机组处于完全预混燃烧模式,NO_x 的排放浓度可以控制在 20×10^{-6} 以下;但当燃气轮机负荷下降至 60% 额度负荷以下时,由于预混燃烧不稳,此时需增加扩散燃烧的份额,这就很大程度上增加了 NO_x 的产生,此时的 NO_x 排放浓度甚至会达到 100 mg/m^3 以上。因此,避免机组在较低负荷下运行,能有效减少 NO_x 的排放。

7.3　机组运行

7.3.1　运行检查与注意事项

为保证机组安全地运行,运行人员应具有较高的综合素质,熟悉机组的结构、性能和设备的现场布置等。同时,运行人员要严格按照制度与规范进行机组巡视检查和日常监控,以便于及时发现和消除故障隐患。

(1)机组正常运行期间的检查

巡视检查要携带简单的便携式检测仪器,如红外测温仪、测振仪等,检查的方法主要包括眼看、耳听、鼻嗅和手试,在用手触试设备判断缺陷时,一定要分清可触摸的界限。巡检中的要素主要有压力、温度、流量、泄漏、振动、异常声音等方面,不同设备的运行特点要注意侧重点的不同,总体原则如下:

1)机组本体的检查

确认本体运行无异常声音,轴承处无明显金属摩擦声,本体与各抽气管道连接处无漏气,汽轮机轴封无漏气。本体的检查要特别关注轴承处,必要时通过听诊、测温仪等确认。

2)高温高压管道的检查

高温高压管道主要包括燃气轮机的燃料供气管道和抽气管道以及汽轮机的各蒸汽管道,检查的主要内容包括管道无异常声响和晃动、主要阀门的现场位置正确、管线无泄漏、各仪表指示正常。对于没有保温层覆盖的高温高压管道出现泄漏时,一般伴随有尖锐声响,巡检人员应从声音上判断,不可靠近。

3)油、水系统的检查

油系统的检查包括:确认管线压力、温度正常,通过回油窗观察回油正常,注意检查油箱液位、各滤网压差,特别注意阀门和法兰盘等处有无泄漏。冷却水等水系统的检查与之类似。

4)泵和风机等转动设备的检查

确认运转设备无异常声音,检查泵(或风机)及其电机的固定是否牢靠,进出口压力是否正常以及泵体和法兰等密封接合面的泄漏情况。不可用手触摸转动部件。在夏季高温情况下,要加强对运转设备的测温工作。

5)特殊区域的检查

对天然气区域和制氢站等特殊区域的巡视检查,一定要严格遵循相应安全规范,正确着装并携带必要的检测仪器。

(2)机组运行注意事项

1)机组监视

机组在控制系统下对运行参数和工况进行自动调整,需要人为干预的情况并不多。因此,运行人员在机组正常运行过程中应认真监视控制盘的信息、数据及变化情况,特别要注意:燃烧压力波动、各轴承温度及振动水平、透平轮盘间温度、排气温度及温度场分布情况、高/中/低压蒸汽和再热蒸汽压力和温度、胀差、轴向位移以及凝汽器真空等重要运行参数。根据这些数据对机组运行情况进行综合分析,发现异常情况时,要查明原因并及时采取措施。

2)机组操作

机组除正常启停外,主要操作是升降负荷以及各辅助设备的切换。

投入自动发电控制(AGC)时,机组实时跟踪电网指令进行负荷调节,值班员应密切监视负荷变化情况,注意负荷变化速率是否稳定,特别加强对燃气轮机燃烧室压力波动、轴承振动和排气温度分散度等参数的监视;手动调整负荷时,应尽量使负荷变化平稳,当在负荷调整中出现异常情况时,要及时停止升降负荷操作,恢复原来正常运行负荷,尽快查明原因。

辅助设备的定期切换尽量安排在机组停机之后,而当机组运行中由于辅助设备异常而进行在线切换时,应严格按照操作步骤进行,并对该系统压力、流量等参数加强监视。

3)报警信息的处理

运行员应及时打印新出现的报警信息,在报警未被确认、报警原因不明确及未采取措施消除前不得清除报警;当危急报警发出、控制系统使机组跳闸时,必须尽快判断事故原因,防止事故扩大和机组损坏,运行人员应掌握事故对策,在某些危急报警出现时决定是否停机;在找不出某些严重隐患原因时,建议停机处理,但在停机前应收集调查事故原因所需的必要数据,以方便停机后的维修工作;在故障不太严重时,应改变运行方式,如降低运行负荷以使机组稳定并获得必要的运行数据,便于事后的分析。

4)其他注意事项

按日常运行日报表的项目和要求及时抄录各种运行数据,并将主要操作项目、报警、异常情况及有关交接班事项记录在值班日志中,在交接班时,对接班人员做清晰详尽的交班说明。

7.3.2 机组负荷调整

(1)负荷调整的控制原理

M701F 型联合循环发电机组负荷调整控制原理如图 7.13 所示。机组的负荷调整通过调节燃气轮机的燃料控制信号输出(CSO)来实现。燃料流量控制回路主要包括转速控制(GOVERNOR)、负荷控制(LOAD LIMIT)、叶片通道温度(BPT)控制、排气温度(EXT)控制及燃料限制等。这些控制回路的输出经最小选择器后,再与最小燃料控制信号输出(MINCSO)经大选后作为燃气轮机的燃料控制信号输出。其中,燃料限制用于机组启动升速过程中的加速度限制和机组甩负荷后抑制动态超速,机组启动完成后,燃料限制退出控制;CSO 的控制方式根据机组工况自动选择转速控制方式或负荷控制方式,当燃气轮机负荷上升到一定值,叶片通道温度或排气温度上升至温度控制的设定值时,CSO 自动转入温度控制方式(EXCSO 或 BPCSO),控制温度不超过设定值,确保热通道的安全。

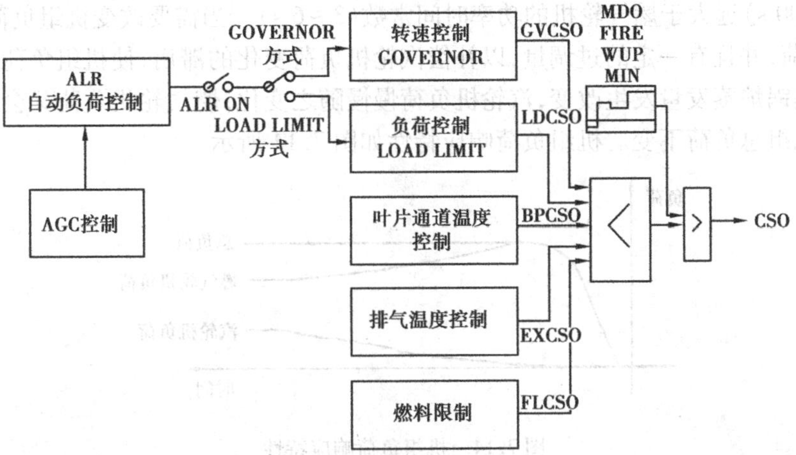

图 7.13 负荷调整控制原理图

GVCSO—转速控制输出;LDCSO—负荷控制输出;BPCSO—叶片通道温度控制输出;
EXCSO—排气温度控制输出;FLCSO—燃料限制控制输出;MDO—点火前模式燃料流量;
FIRE—点火模式燃料流量;WUP—暖机模式燃料流量;MIN—最小燃料流量

自动负荷控制(ALR)是转速和负荷控制方式的上一级负荷控制系统,转速控制方式或负荷控制方式均可接受 ALR 的指令信号。在 ALR 投入(ALR ON)的情况下,ALR 的输出(ALR SET)作为机组负荷设定值送到转速或负荷控制回路,使机组负荷与 ALR SET 保持一致。

ALR ON 有"ALR MAN"和"ALR AUTO"两种方式。在"ALR MAN"方式下,ALR 负荷设定值可手动给定或根据机组工况自动给定;在"ALR AUTO"方式下,ALR 负荷设定值跟踪调度中心能量管理系统(Energy Management System,EMS)的负荷指令信号,也就是自动发电控制方式(AGC)。

目前燃气轮机联合循环发电机组的负荷调节方式一般采用自动发电控制方式(AGC),这是一种根据全网负荷由负荷调度中心通过远控装置来调节发电机组出力的控制方式。

在机组负荷未进入温度控制(叶片通道温度或排气温度未达到温度控制的设定值)方式的条件下,投入自动负荷控制(ALR ON),AGC 指令输送到自动负荷控制回路中,并通过该回路进入转速控制回路或负荷控制回路来改变燃料控制信号输出,实现机组负荷的自动调整。

机组投入 ALR ON 方式并选择 GOVERNOR 方式下,实际的 CSO 输出为 GVCSO,ALR 的输出 ALR SET 与实际负荷相比较,改变 GOVERNOR 的输出 GVCSO,使机组实际负荷与 ALR SET 保持一致。同时,LOAD LIMIT 的输出 LDCSO 为 CSO + 5%,当电网频率突然快速下降时,GVCSO 急剧增大至大于 LDCSO,则实际的 CSO 输出变为 LDCSO,从而限制了负荷的快速增加。机组选择 LOAD LIMIT 方式下,GOVERNOR 方式则处于跟踪状态,即 GOVERNOR 为 CSO + 5%,LDCSO 只会随着负荷指令的变化而变化,不会自动跟踪电网频率变化,当机组发生负荷突降或电网频率突升导致 GOVERNOR 的控制输出 GVCSO 减少超过 5% 时,CSO 暂时自动切换到 GOVERNOR 的 GVCSO 输出,当电网频率一直都上升使 GVCSO 减小超过 5% 并持续超过 6 s 时,GOVERNOR 会参与调频作用,在电网频率下降后恢复。

M701F 型单轴燃气-蒸汽联合循环发电机组正常运行时汽轮机为滑压方式运行,不直接参与负荷调节,机组负荷调节任务由燃气轮机来完成。从燃气轮机燃料控制阀动作到排气参数变化,到余热锅炉换热情况变化再到汽轮机主蒸汽控制阀前蒸汽参数变化的时间常数(一般为 300 ~ 500 s)远大于燃气轮机的功率时间常数(3 ~ 6 s)。当需要改变机组负荷时,先改变燃气轮机负荷,并且有一定的过调量,以补偿汽轮机负荷变化的滞后,使机组负荷达到目标负荷,随后余热锅炉蒸发量发生改变,汽轮机负荷慢慢随之变化,燃气轮机负荷又会协调地往回调整,控制机组总负荷不变。机组负荷响应特性如图 7.14 所示。

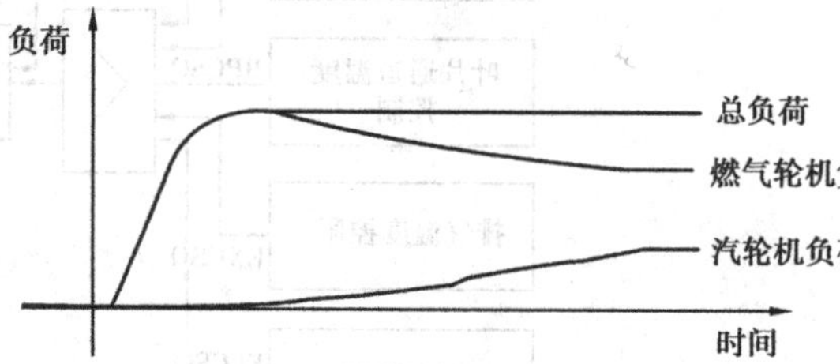

图 7.14　机组负荷响应特性

(2) 负荷调整的范围与负荷变化率

燃气轮机联合循环发电机组投入 AGC 时,负荷调整指令由负荷调度中心发出,机组负荷随着电网负荷分配的变化而变化。为了满足电网的调节要求,同时兼顾联合循环发电机组安全稳定运行,并保证一定的机组效率,提高经济性,因而机组必须具有合适的负荷调整范围。M701F 型燃气-蒸汽联合循环发电机组在 200 MW(50% 额定负荷)以下运行时,燃气轮机排气温度降低,余热锅炉的产汽量降低,主蒸汽参数下降。为维持主蒸汽参数,汽轮机高中压控制阀可能关小,汽轮机将无法维持稳定运行,甚至可能进入滑压停机过程,这不仅增加了设备故障率,还大大降低了经济性,鉴于汽轮机这一热变化特性,负荷调节范围不应低于 200 MW(50% 额定负荷);而机组以 50% 额定负荷为下限,满负荷为上限作为负荷调整区间运行时,燃气轮机排气温度受进口可转导叶 IGV 温度控制调节,可以保持较高的排气温度,使联合循环机组整体效率较高,经济性较好,同时燃气轮机调整负荷时,汽轮机处于滑压方式运行,主蒸汽控制阀保持全开,旁路阀全关,既保证了机组的稳定运行,也兼顾了电网的调节要求。

对于联合循环发电机组负荷调整的变化率,既要考虑对燃气轮机热部件寿命的影响,又要受余热锅炉调节品质和汽轮机热应力变化的限制。M701F 型联合循环发电机组将 50% 额定负荷作为分界点,该负荷以上升负荷率为 18 MW/min,降负荷率为 20 MW/min,然而在实际运用中,根据机组具体试验和调试后,满足机组安全和经济性要求的实际负荷变化率要小于设计值，如南方某电厂的三菱M701F型联合循环发电机组在50%额定负荷以上区间的升/降负荷变化率都是16.7 MW/min。

(3)负荷调整对机组运行的影响及需要注意的问题

1)负荷调整对燃气轮机的影响

M701F型联合循环发电机组负荷调整时，燃气轮机随负荷发生变化的参数主要集中在燃料系统和热通道上，如透平冷却空气冷却器出口燃料温度、燃料控制信号输出(CSO)、燃烧室压力波动、轮盘间隙温度(DCT)、叶片通道温度(BPT)和排气温度(EXT)等。其中，燃料温度、CSO对于燃气轮机的燃烧状况都有直接的影响，而燃烧室压力波动、BPT、EXT的变化又能直接或间接地反映燃烧状况；另外，负荷的变化也会使透平热部件的工作环境发生变化，而DCT可间接监视这些热部件的工作状况。

由于负荷调整指令由负荷调度中心发出，机组负荷随着电网负荷分配频繁发生变化，所以机组实际上是在负荷调整范围内变工况运行。燃气轮机控制系统根据不同的运行工况，主要对燃料的温度和流量、IGV以及燃烧室旁路阀的开度等进行调节，以确保机组在各种工况下的稳定经济运行，而运行工况的变化会引起燃烧室燃烧状况和热通道参数发生相应的以下变化：

①燃烧室压力波动随着负荷的调整而变化。当外界负荷发生变化时，受压气机出口压力、燃气参数的变化，以及热部件长时间运行后磨损等原因的影响，在燃烧器的燃烧区域，燃烧产生的热量以声光模式释放出来，剧烈的声光释放会产生大量热量，激发压力波动。燃烧室压力波动不仅会引起燃烧不稳定，而且燃烧波动超限会导致热部件的损坏，尤其是火焰筒和过渡段都位于高温区域，如果这些部件受到严重损坏，脱落的碎片会随着气流进入透平，造成二次破坏。

②叶片通道温度和排气温度随着负荷的增加(或减少)而上升(或降低)，负荷变化时可以根据BPT和EXT的变化趋势判断燃烧室和透平的工作状况。超温、温度变化过快不仅会使热部件经受较大的热应力，对热通道部件产生损害，还会影响机组联合循环的安全运行。另外，BPT不仅可迅速反映燃烧室中燃料量的变化，而且当各个燃烧室的燃烧情况不同而引起的燃气温度的变化时，燃气流过透平叶片后，温度变化以一定滞后角度的方式反映到BPT上，根据BPT偏差的大小可判断相应的燃烧室的燃烧情况。当燃烧室部件因压力波动的变化以及高温破坏产生裂纹时，BPT偏差就会突变，如果能够在裂纹前期发现BPT偏差的变化，就可以避免热部件及由此造成的一系列损坏。

③轮盘间隙温度监测处于透平高温燃气通道内的热部件(静叶、动叶、轮盘等)的工作状况，长期的变负荷运行使得热通道部件及其冷却通道密封件频繁经受热应力的变化，可能会因密封件磨损或变形而导致冷却性能下降，轮盘间隙温度异常升高，则反映热部件的工作状况变差，如果持续恶化，热部件在超温下运行会发生严重损坏。

④燃料的温度、流量过高或过低影响燃烧的稳定性。

因此，在机组负荷调整期间，应当密切注意燃气温度、CSO、燃烧室压力波动、叶片通道温度、排气温度、轮盘间隙温度等重要参数的监控，及早发现异常变化，防止发生恶性事故。

2)负荷调整对汽轮机的影响

三菱M701F型联合循环机组的汽轮机采用滑压运行方式，负荷调整时主汽门和调节汽门保持全开，不直接参与负荷调节。机组负荷调节首先改变燃气轮机的负荷，导致余热锅炉的蒸发量及主蒸汽参数(压力、温度)发生改变,从而使汽轮机出力随之改变。

当机组的负荷发生变化时,汽轮机的主蒸汽压力、流量发生变化,各级前后压力差随之变化,使机组轴向推力(轴向位移)发生变化,一般汽轮机的轴向推力随蒸汽流量的增加(减少)而增加(减少)。

为了提高燃气-蒸汽联合循环机组部分负荷下的效率,燃气轮机通过调节压气机进口可转导叶 IGV 的开度,减少空气流量,提高排气温度以提高联合循环效率。基于这种特性,三菱 M701F 型联合循环机组的负荷在 200 MW 以上变化时,燃气轮机的排气温度一般变化不大,因此主蒸汽温度变化较小,故汽缸温度,胀差的变化很小。

汽轮机负荷的变化也会引起凝汽器真空的变化。运行中的凝汽器真空主要取决于蒸汽负荷、冷却水入口温度和冷却水量。在冷却水流量和入口温度不变情况下,凝汽器的真空随汽轮机负荷的升高(降低)而降低(升高)。

燃气轮机联合循环发电机组应在设定的负荷调整范围及相应的负荷变化率下运行。当燃气轮机或余热锅炉的运行工况超出设定范围而引起汽轮机主蒸汽参数异常变化时,就可能导致轴向位移,汽缸温度,胀差,凝汽器真空等参数偏离正常运行范围,不仅影响经济性,还会降低机组运行的安全性。主蒸汽参数骤然大幅变化,可能会引起汽轮机部件温差增大、热应力增大、胀差增大等,严重时还可能发生水冲击、轴向推力过大、动静之间发生摩擦、机组振动过大、大轴弯曲、隔板和叶轮碎裂等恶性事故。因此,当机组负荷变化时,必须密切监控汽轮机主蒸汽参数、轴向位移、汽缸温度、胀差、凝汽器真空等主要运行参数,及时采取正确措施调节处理,保障机组安全经济运行。

7.4 机组监控

机组运行中对设备参数的监视和控制是实现机组安全、经济运行的必要条件。机组正常运行时,对参数出现异常及时分析原因,对于危及设备安全经济运行的参数变化,应根据原因采取措施处理,控制在规定的允许范围内。

燃气-蒸汽轮机联合循环机组运行中监测项目较多,下面着重介绍轴承振动监测、轴向位移监测、胀差监测、叶片通道和排气温度监测、燃气轮机轮间温度监测、燃烧监测、汽轮机缸体温度监测等重要监测项目。

7.4.1 轴振监测

物体偏离平衡位置,出现动能和位能连续相互转换的往复运动形式称为振动。对于燃气轮机发电机组,轴振是机组运行监测的重要参数之一。在机组启动、运行和停机过程中,如果由于设备本身原因或没有按规定的要求操作,可能导致机组的转动部件和静止部件相互摩擦和碰撞,造成叶片损坏、大轴弯曲、推力瓦烧毁等严重事故发生。通过机组轴振监视,可以及时掌握机组运行状况。当机组发生异常情况时,振动的变化将提供重要的参考依据,对故障及时作出判断处理;通过轴振限值设定,向运行人员提供振动报警提示和机组跳闸保护功能,确保机组安全,防止事故的进一步扩大;振动监测数据同时也是机组运行状况跟踪、事故分析的重要依据。

机组振动大小主要以振幅、振动速度和加速度3种方式来表示。在目前电厂中较多采用振幅表示机组振动，对于3 000 r/min的机组来说，轴颈相对振动的振幅一般≤0.08 mm为正常，0.12～0.16 mm合格，0.18～0.26 mm限时运行。

三菱M701F型单轴联合循环机组共8个轴承，每个轴承分别布置X向和Y向两个振动探头，如图7.15所示。在系统控制保护中，当轴承任意一个测点监测到振动值达到0.125 mm，轴承振动高报警，当同一个轴承振动值X向和Y向同时达到0.20 mm跳闸值或者其中一个振动信号故障坏点，同时另外一个信号达到0.20 mm跳闸值并维持3 s，机组跳闸。

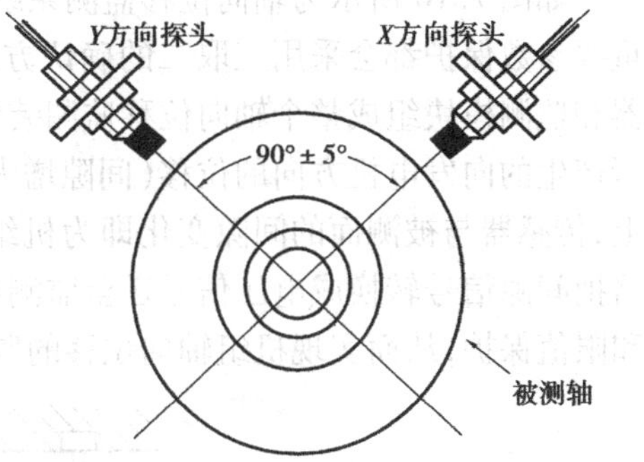

图7.15　轴承振动测量位置图

燃气轮机发电机组属于高速旋转设备，如果机组发生异常后，振动没有得到有效控制，将可能使动静部分摩擦、叶片损坏、转子弯曲、轴承磨损、轴承座紧固螺栓松动，发电机振动过大，滑环和电刷磨损加剧，静止槽楔松动、绝缘磨损等重大事故发生。因此，在机组运行中，轴振是机组安全稳定运行的重要监测指标。

7.4.2　轴向位移监测

机组在运转中，转子沿着轴向移动的距离称为轴向位移。轴向位移监测主要是用来监视推力轴承的工作状况，反映动静部件轴向间隙情况。燃气轮机（或汽轮机）运行中，汽流在其通道中流动时所产生的轴向推力由推力轴承来承担，以保持转子与静止部件的相对位置，使动静部分之间有一定间隙。从机组安全运行的角度看，动静轴向间隙不允许过大变化，过大会引起动静部分发生摩擦碰撞，导致严重损坏事故，如轴弯曲、隔板和叶轮碎裂、叶片折断等。因此通常在推力轴承部位装设转子轴向位移监测装置，以保证燃气轮机或蒸汽轮机发电机组的安全运转。

推力轴承并非绝对刚性，在轴向推力作用下会产生一定程度的弹性位移。如果轴向推力过大，超过了推力轴承允许的负载限度，则会导致推力轴承的损坏，较为常见的是推力瓦磨损和烧毁，此时推力轴承将不能保持机组动静之间的正常轴向间隙，从而将导致动静碰磨，严重时还会造成更大的设备损坏事故。在机组运行中，轴向推力增大常有的因素：一是负载增加，主蒸汽流量增大，各级压差随之增大，使机组轴向推力增大。抽气供热式或背压式机组的最大轴向推力可能发生在某一中间负荷，因为机组除了电负荷增加外，还有供热负荷增加的影响因素；二是隔板气封磨损，漏气量增加，使级间压差增大；三是机组通流部分因蒸汽品质不佳而结垢时，相应级的叶片和叶轮前后压差将增大，使机组的轴向推力增加；四是发生水冲击事故时，机组的轴向推力将明显增大。由于机组在正常工况下运行时，作用在转子上的轴向推力就很大，如果再发生以上几种异常情况，轴向推力将会更大，引起推力瓦块温度升高，严重时会使推力瓦块熔化。

从上述分析可知，轴向位移可以较直观地反映出运行中机组轴向推力的变化。对于单轴燃气-蒸汽联合循环机组，由于燃气轮机和蒸汽轮机轴向推力的共同作用，推力方向比较复杂，瞬间推力出现负值的可能也存在，因此，轴向位移同时考虑正负两方面的限值。

如图 7.16 所示为轴向位移监测系统示意图,为了减少机组保护系统的误动和拒动,通常重要参数保护都会采用三取二的确认方式。在推力盘处安装 3 个位移传感器并与 3 个前置器和监测模块组成整个轴向位移监测装置。轴向位移的机械零位在推力瓦工作面,机组转子所产生的向发电机方向的位移(间隙增大)为正向的轴向位移。传感器安装在缸体上的支架上,传感器与被测面的间隙变化即为机组轴向位移变化。传感器监测间隙大小变化,由前置器把间隙信号转换成电压信号送至监测模块进行处理,由监测模块送出模拟量信号用于监视和限值保护,从而实现机组轴向位移的监测。

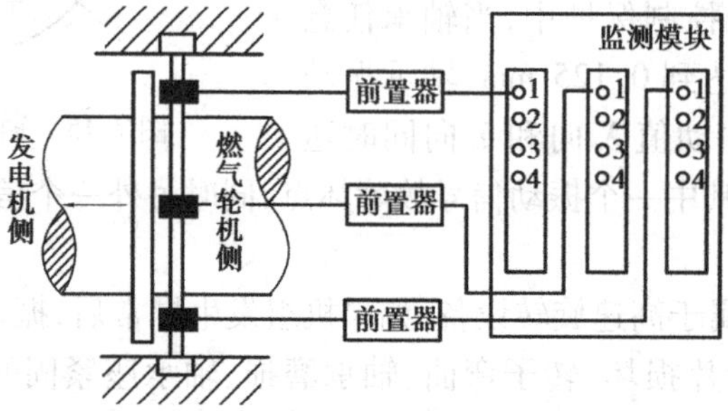

图 7.16　轴向位移监测系统示意图

为了防止轴向推力过大引起轴向位移超限,进而造成动静碰磨事故,目前大功率机组均在轴向位移监测基础上装设轴向位移保护装置,当轴向位移达到一定数值时发出报警,当轴向位移达到危险值时,保护装置动作,跳闸停机。轴向位移的限值通常应根据机组具体动静间隙给出,不同机型机组动静间隙不同,三菱 M701F 单轴联合循环机组推力轴承位于燃气轮机和汽轮机之间(见图 7.17),在推力盘处安装有 3 个轴向位移测量探头,根据机械零点定位要求,转子向燃气轮机侧移动为正值,向汽轮机侧移动为负值,当轴向位移大于 +0.7 mm(燃气轮机侧)或小于 -1.4 mm(汽轮机侧)时,控制系统发出轴向位移高报警,运行人员应立即作相应的判断和处理,确保机组的安全运行。当轴向位移三取二大于 +0.8 mm(燃气轮机侧)或小于 -1.5 mm(汽轮机侧)时,保护动作,机组跳闸。

机组正常运行中,运行人员应注意监视轴向位移指示,当轴向位移增加时,应对照运行工况,检查推力瓦温度和推力瓦回油温度是否升高,胀差和缸胀是否正常。如判断轴向位移确实增加,应分析原因,做好记录,针对不同情况采取相应处理措施,确保机组安全稳定运行。

7.4.3　胀差监测

机组在启动、停机和工况变化时,转子和汽缸膨胀(或收缩)量出现差值,这些差值称为转子和汽缸的相对膨胀差,简称胀差。习惯上规定,转子膨胀大于汽缸膨胀时的胀差值为正胀差,汽缸膨胀大于转子膨胀时的胀差值为负胀差。其大小直接表明汽轮机内部动静部分轴向间隙变化情况。

转子和汽缸的膨胀量主要取决于转子和汽缸的质面比。所谓质面比,就是转子或汽缸质量与被加热面积之比,通常以 m/A 表示。因转子与汽缸的质量、表面积、结构各有不同,故它们的质面比不同。转子质量轻、表面积大,质面比小,而汽缸质量大、表面积小,质面比大。因此,在启动和停机过程中,转子温度的升高(或降低)速度比汽缸快,也就是说,在启动加热过程中转子的热膨胀值大于汽缸,在停机冷却时转子的收缩值也大于汽缸。因此转子与汽缸之间不可避免会出现膨胀(收缩)差,即为胀差。胀差的出现意味着汽轮机通流部分动静间隙发生了变化。如果相对胀差值超过了规定值,就可能会使动静部件之间的轴向间隙消失,发生动静摩擦,引起机组振动增大,甚至发生叶片损坏、大轴弯曲等事故,因此汽轮机启、停过程及变工况运行时应严密监视和控制胀差在允许范围。

汽缸受热后将以死点为基准在滑销系统引导下分别向横向、纵向及斜向膨胀,因为轴向长度最长,所以轴向膨胀是主要的。转子受热后以推力轴承为基点膨胀。汽缸与转子各自的绝对膨胀量是由金属材料的物理性能决定的。

如图7.17所示为M701F型单轴联合循环机组轴系支撑及膨胀示意图。燃气轮机转子、汽轮机高中压转子、汽轮机低压转子和发电机转子分别通过刚性联轴器联接。机组轴系共有8个轴承,其中,燃气轮机2个,汽轮机4个,发电机2个,从燃气轮机排气侧至发电机侧分别依次编号为#1—#8轴承。在压气机进气侧,介于#2轴承和#3轴承之间的位置布置有一个推力轴承,推力轴承的受力面即为整个转子相对于静子的死点。对于燃气轮机而言,压气机侧缸体采用刚性支撑,透平侧及排气侧缸体采用柔性支撑,缸体轴向死点位于压气机侧的刚性支撑处,燃气轮机缸体轴向膨胀以死点为基点向排气缸方向膨胀。汽轮机高中压缸轴向膨胀死点位于#3轴承箱处,缸体在受热时由#3轴承向#4轴承方向膨胀。汽轮机低压缸的轴向膨胀死点在低压缸横销处,位于低压缸缸体中点靠近#5轴承的位置,缸体在受热时以此死点为基点向两侧膨胀。发电机的死点则在发电机中间横销处,发电机在运行中以此死点为基点向两侧膨胀。而转子相对于缸体的死点在推力轴承处,分别向燃机侧和发电机侧膨胀。

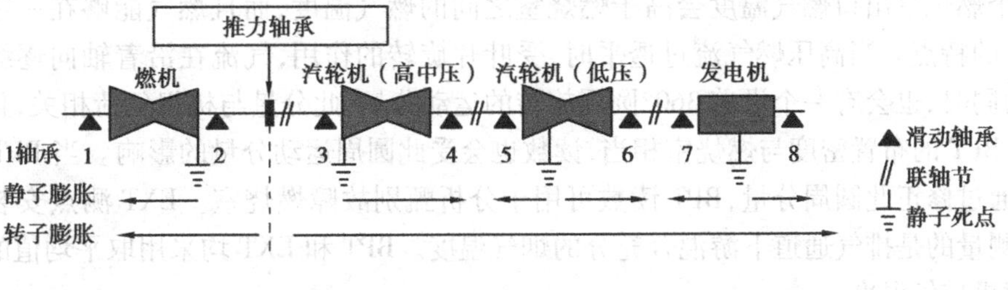

图7.17　M701F型单轴机组轴系支撑及膨胀示意图

三菱M701F型单轴联合循环机组设计有高中压缸胀差和低压缸胀差测量系统。胀差值的测量如图7.18所示,把机组的胀差被测量面加工成与轴中心成9.5°的双向斜坡,电涡流传感器垂直斜坡安装,为提高测量的准确性,采用模块的两个通道一起组成一个胀差测量。A传感器与被测面之间的间隙增大时为胀差的正方向,反之,B传感器与被测面之间的间隙增大时为胀差的负方向。

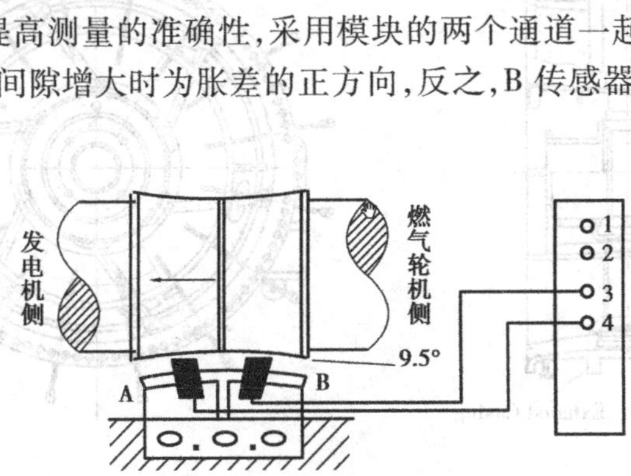

图7.18　胀差测量系统示意图

汽轮机在启动、停机及异常工况下，常因转子加热或冷却比汽缸快，产生膨胀差值。无论是正胀差还是负胀差，当超过一定值时，都可能导致动静摩擦，因此，大型机组都设有胀差保护，当正胀差或负胀差达到一定数值时，保护动作，关闭主汽门或调节门，紧急停机。由于机型不同，胀差保护限值设定也不同，M701F 型单轴联合循环机组设定值：当高中压缸正胀差≥+16 mm或负胀差≤-5 mm，低压缸正胀差≥+40 mm 或负胀差≤-1 mm，控制系统发出胀差高报警；当高中压缸正胀差≥+16.8 mm 或负胀差≤-5.8 mm，低压缸正胀差≥+40.8 mm或负胀差≤-1.8 mm，机组跳闸。

7.4.4 叶片通道和排气温度监测

为了防止燃气轮机温度过高或者温度变化趋势过快损伤燃烧室和透平叶片，M701F 燃气轮机设置了叶片通道温度（BPT）及排气温度（EXT）监测来保护燃气轮机的热通道部件，叶片通道温度和排气温度监测之所以能起到保护作用，是因为它能间接反映燃气轮机燃烧室和透平叶片的运行状态。对叶片通道温度和排气温度的监视就是对燃气轮机透平初温的监视。

为了精确测量燃气轮机的排气温度，M701F 燃气轮机布置了 BPT 和 EXT 两组温度测点，BPT 测点 20 个，EXT 测点 6 个，都是环形均匀布置，以提高测量和控制的可靠性，如图 7.19 所示为 BPT 安装示意图。BPT 的测点安装在燃气轮机透平第 4 级叶片出口处与各燃烧室对应的位置，20 个热电偶通过环绕排气缸布置的导管插入，热电偶延伸到燃气通道中，测量透平第 4 级叶片后的烟气温度。但此处需要注意的是，沿 360°圆周方向上燃气的温度分布不是均匀的，各个燃烧室出口燃气温度会高于燃烧室之间的燃气温度，而且燃气能够在一定程度上保留层流的特点。当高压燃气流过透平时，受叶片旋转的作用，气流在沿着轴向逐级流经各级叶片的同时，也会有一个沿着 360°圆周旋转的运动分量，此分量与机组负荷相关，且关系相对固定。BPT 的布置密度与燃烧室相当，读数也会受此圆周运动分量的影响。当 BPT 分散度过大时，通过修正此圆周分量，BPT 读数可用于分析甄别故障燃烧室。EXT 测点安装在排气通道内，测量的是排气通道下游混合充分的烟气温度。BPT 和 EXT 均采用取平均值的计算方法获取燃机排气温度。

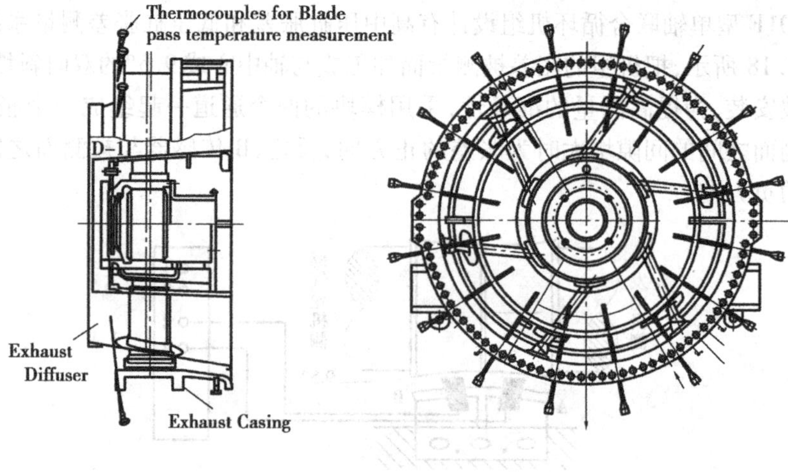

图 7.19 叶片通道温度探头测量示意图

众所周知，燃气轮机透平进气温度 T_3 越高，燃机的功率和效率就越高，用户都希望机组

在尽可能高的 T_3 温度下安全运行，但是如果 T_3 超出规定的范围，将会对燃气轮机的安全运行造成威胁，因此在燃气轮机运行过程中必须严格监控 T_3 的变化情况，保证 T_3 不超过规定的限定值。燃气轮机在运行过程中之所以没有直接监测 T_3 温度，而是监测透平排气温度 T_4，是因为三菱 M701F 燃气轮机的 T_3 温度高达 1 400 ℃左右，要直接监控非常困难。在大气温度不变的稳定工况下，T_3 和 T_4 的变化趋势是相同的，而 T_4 的温度远远低于 T_3 的温度，且 T_4 的温度场是由燃气在透平中做过功的排气，温度场相对较均匀，因此，监视燃气轮机的排气温度 T_4 就可间接地反映透平进气温度 T_3 的大小。但大气温度是会变化的，所以还需要用大气温度、压气机的出口压力等参数来修正 T_4 温度。如果大气温度增高时，压气机出口压力降低，为了保持 T_3 温度不变，T_4 温度增高；反之，如果大气温度降低，压气机出口压力升高，如保持 T_3 温度不变，则 T_4 温度降低。

同时，由于燃气轮机叶片级数少，燃气流速快，燃烧室中燃料的变化也能迅速反映在 T_4 的变化上。当燃料流量突然变化时，在各个燃烧室中的燃烧情况不同，可能引起燃烧温度和燃气温度的变化，这些变化在 T_4 的测点都会有相应的响应，所以选择 T_4 来间接监测燃气轮机的燃烧情况。

但是，只控制 T_4 还是达不到精确控制透平进气温度 T_3，排气温度必须通过修正才能达到准确控制 T_3 的目的，一般有两种方法，即压气机出口压力偏压法和 VCE 偏压法。M701F 燃机是采用压气机出口压力偏压法，即排气温度 T_4 采用压气机出口压力（COMB. SHELL PRESS）作为修正参数，经过温控基准函数计算出 T_4 温度的参考基准值（EXREF），然后在 EXREF 基础上加一个偏差量作为叶片通道温度的参考基准值（BPREF），因为叶片通道温度在排气温度的上游，因此其温度参考基准（BPREF）应该比排气温度参考基准（EXREF）高，此偏差值大约为 15 ℃。两类温度控制分别根据各自的参考基准值（EXREF 和 BPREF）进行燃料信号控制，其具体控制算法详见本教材《控制分册》。

排气温度经过修正计算后，在实际运行中就可以通过测量和控制燃气轮机排气温度来达到控制 T_3 的目的。T_3 温度控制分为叶片通道温度控制和排气温度控制；在机组并网前，由于燃机排气温度测量不是很准确，故在机组启动到带负荷前采用叶片通道温度保护功能；当燃机带负荷后 BPT 和 EXT 共同保护燃气轮机，BPT 和 EXT 的控制功能需燃气轮机进入温控后才生效。

叶片通道温度及排气温度是燃气轮机重要的保护参数，其控制保护过程为：当同类测点实际值的平均值超过相应参考值 45 ℃以上，或者排气温度均值高于 620 ℃，或者是叶片通道温度均值大于 680 ℃，控制保护系统就会发出跳闸指令，关闭燃料关断阀，紧急停机并发出报警。如果任意一个 BPT 和 EXT 测点故障，显示超量程，那么控制系统也会自动取当前的简单平均值作为该点的显示值，以避免机组误跳机。

机组运行中，除了监测 BPT 和 EXT 外，还必须监测 BPT 偏差，所谓 BPT 偏差，是指 BPT 的平均温度与其相应的基准值的差值。BPT 偏差也是燃气轮机的一个重要保护参数，当彼此的偏差很大时，说明相应的燃烧室存在燃烧不良或者燃烧室损坏，此时燃机叶片经受的热应力很大，严重时会导致热部件损坏。因此，机组运行过程中必须监测 BPT 偏差的变化趋势，从而可以更好地监视燃气轮机的运行状况。

BPT 温度偏差保护过程为：当 BPT 温度的简单平均值超过其基准值 45 ℃以上，控制系统就会发出控制偏差大跳闸命令直接跳闸燃机并发出报警；叶片通道温度（BPT）偏差大于20 ℃

或小于 -30 ℃时，控制系统将会发出叶片通道温差大报警；如果 BPT 偏差大于 30℃或小于 -60 ℃时，持续时间超过 30 s，为了保护机组，系统将发出叶片通道温差大自动进行停机命令(即在全负荷范围内 RUNBACK)，降负荷率取决于各电厂调试后的设定值(详见第 9 章 9.3 节)。

BPT 除了设置有偏差保护外，还设有 BPT 波动大保护，其保护控制过程如下：

①并网前。下列两个条件同时成立，燃机跳闸保护动作：

a. BPT 偏差≥80 ℃或≤ -80 ℃。

b. 相邻 BPT 偏差≥7 ℃或≤ -7 ℃或相邻 BPT 温度变化趋势≥1 ℃/min。

②并网后，下列两个条件同时成立，燃机跳闸保护动作：

a. BPT 偏差≥30 ℃或≤ -60 ℃。

b. 相邻 BPT 偏差≥2.5 ℃或≤ -4 ℃或相邻 BPT 温度变化趋势≥1 ℃/min。

作为技术人员，不仅应了解和掌握 BPT 和 EXT 的控制变化过程，还应该掌握引起燃气轮机出现排气超温和偏差大的原因，这样才能便于在出现故障时能及时、准确地找出问题的所在。引起排气超温和偏差大的原因大致有燃气轮机热通道、燃料控制阀、IGV、旁通阀、燃烧器壳体压力变送器以及热电偶等设备故障。因此，当出现排气温度超温时应仔细检查，原因未查明之前禁止重新开机。

对叶片通道温度和排气温度的监测就是对燃烧系统和热通道部件的监测，只要燃烧系统和热通道部件有变化，燃气轮机的叶片通道温度和排气温度均会有相应的响应。通过对叶片通道温度和排气温度的监测，技术人员便能有效了解机组燃烧系统运行状况，根据其变化情况作出相应的调整，从而保护机组的安全运行。

7.4.5 燃气轮机轮间温度监测

轮间温度是燃气轮机的一个重要监控参数。轮间温度可以作为监测透平热通道工作状况的一个重要指标，是因为在燃气轮机转子部件上无法安装温度监测的热电偶，静子部件中的喷嘴因考虑内部的冷却气道，也无法安装热电偶，所以整个透平高温通道热部件的温度测量只能通过轮间热电偶温度监测来间接反映。轮间温度过高，说明热通道中的热部件如动叶、喷嘴、护环及轮盘等可能也在高温状态下工作。温度过高极容易导致热部件损坏，如动叶融蚀、烧损、变形等。一方面，损坏的部件破坏了通流通道，使机组效率降低；另一方面，损坏的部件机械强度降低，尤其是动叶，在强大的离心力作用下极易断裂，从而引发更严重设备事故。

为了保证燃气轮机透平转子的部件不受到超温而造成损坏，M701F 型燃气轮机安装了 3 组对 7 只热电偶，安装位置在第 2、3 和 4 级的轮盘腔室里，其中 2、3 级轮盘各安装有 2 只热电偶，4 级轮盘安装有 3 只热电偶，热电偶插入级间迷宫气封的空气通道中(见图 7.20)，其实际的安装位置在静叶的顶端，即静叶和转子的接合部。测量的是从轮盘空腔内溢出到主流道的冷却空气温度，用来监测

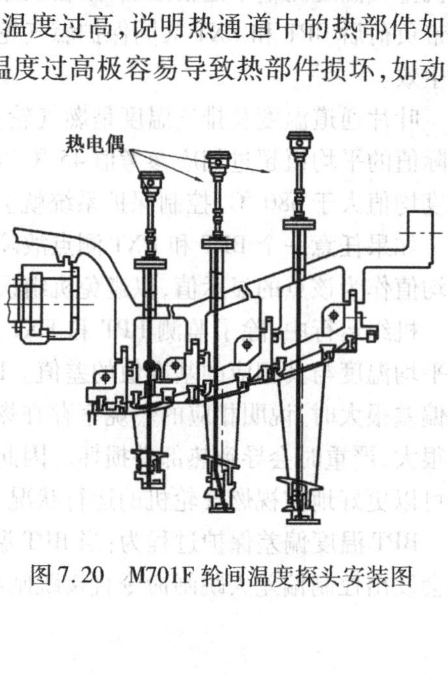

图 7.20　M701F 轮间温度探头安装图

转子轮盘之间空腔的温度,从而间接地监视整个转子的冷却情况。

轮间温度是保护透平转子部件不受到超温损坏的重要参数,燃气轮机轮盘间隙温度的变化可以分为正常情况下的变化和异常情况的变化。

正常情况下的轮间温度变化:当环境温度升高时,轮间温度也会升高,环境温度降低时,轮间温度也有所降低,但此情况下的轮间温度变化范围不大,通常不会超过报警值;同样,燃气轮机从启机到带满负荷未到达热平衡前,轮间温度也跟随负荷升高而上升,此时轮间温度上升也属于正常的加热过程,当达到热平衡后就不会再升高;机组正常运行中密封环间隙增大也会引起轮间温度升高,原因是密封的磨损增大了冷却空气的泄漏,导致轮间温度有所上升,但上升不很剧烈,并且轮间温度的升高是一个长期持续缓慢的爬升过程,不会出现突升的情况。

异常情况下引起的轮间温度升高:一是透平冷却空气冷却器(TCA)正常运行中发生性能恶化,冷却效果下降,导致透平冷却空气温度升高,从而使透平轮间温度升高。二是冷却空气管线堵塞造成轮间温度升高,冷却空气管线堵塞还分为总管堵塞和局部堵塞,如果是总管堵塞,那么整个轮间温度都会有不同程度的升高,如果是歧管堵塞,则是对应的轮间温度升高。三是安装调试不当引起的轮间温度升高,例如,机组在新安装时燃机叶片环或者密封框架安装时密封环间隙调整不合适或是热电偶位置不合适等引起的轮间温度升高。

机组正常运行时轮间温度值一般应小于460 ℃,但在异常情况下,轮间温度会异常升高,当2、3、4 级轮间温度高于460 ℃、4 级轮盘后部温度高于410 ℃时,控制系统就会发出轮盘间隙温度高报警。报警出现后机组再继续运行就有一定的安全隐患,此时应立刻适当降负荷直到报警复位,并查明原因,采取措施处理。因为燃气轮机在持续超温条件下运行会严重损坏透平燃气通道。燃气轮机的轮间温度除了用来保护透平热通道外,还用来作为燃气轮机离线水洗的一个重要判据,如果轮间温度过高,一般不推荐进行水洗,以免机组受到损伤,只有当轮间温度低于规定值时才允许水洗。

燃气轮机轮间温度不仅能反映出燃气轮机透平冷却空气系统及轮盘冷却通道的运行状况,还是透平整个热通道工作状况的间接反映,因此,燃气轮机组在运行过程中应加强对轮间温度的监测,从而保证燃气轮机热通道部件不会受到超温而造成损坏。

7.4.6　燃烧监测

M701F 燃气轮机燃烧监测手段和方法比较多,主要有火焰监测、燃烧室压力波动监测。

(1)火焰监测

燃气轮机安装火焰监测的目的是在燃气轮机启动期间,检测燃烧室点火情况;在机组运行过程中,监测燃气轮机燃烧工况是否正常。M701F 燃气轮机设置两组(每组有 A、B 两个)火焰探测器,分别安装在18#和19#燃烧室上,探测器安装在18#、19#燃烧室目的是以便在点火时检测火焰是否通过连焰管点燃20 个燃烧室,因为18#、19#燃烧室没有联焰管相连(结构图详见燃气轮机结构部分)。

火焰监测是燃气轮机燃烧状况监视的一个重要手段。机组在启动点火时,当机组点火程序启动后,两个燃烧室(#18A/B、#19A/B,燃烧室中两个火焰探测器任何一个检测到火焰,表明该燃烧室点火成功)的火焰探测器均检测到火焰,表明点火成功,控制系统发出信号使燃料量从点火值减少到暖机值,并使程序继续进行。若点火计时1 min 后,在燃烧室还未建立火焰，控制系统则发出信号切断燃料，启动程序终止，以免燃料积聚在燃烧室或透平内可能发生爆燃等事故；点火后到空载满速期间，任何一燃烧室（18#A/B、19#A/B）检测不到火焰，机组便会跳闸。

启动程序完成以后机组带负荷运行过程中，燃烧室火焰探测器就不再参与控制保护，燃气轮机火焰是否丢失是通过机组负荷不平衡值来进行判断。其控制保护过程为机组并网持续5 s后，当负荷不平衡值（FX02 - FX01）三取二大于13，持续0.2 s，控制系统立刻输出火焰丢失跳闸燃气轮机的指令，同时发出火焰丢失燃气轮机跳闸的报警（注：负荷不平衡指的是并网期间燃烧室失火或部分失火，燃机负荷明显低于正常值的情况；FX02为汽轮机中压缸当时的蒸汽压力，FX01为发电机当时的输出功率）。没有检测到火焰的原因可能是火焰探测器受污染或回路故障；或者是该燃烧室确已熄火。当出现火焰丢失跳闸后，应对机组燃烧系统进行全面检查。

火焰检测系统具有自我检测功能。当燃气轮机转速低于最小点火转速时，所有通道都必须监测不到火焰存在，若有通道监测到有火焰，则系统将发出“火焰检测器故障”的报警，机组将不能启动；当有燃料进入燃烧器时，如果火焰探测器没有检测到火焰信号，或者是当没有燃料进入燃烧器而火焰探测器却检测到有火焰信号时，这两种情况都会发出“火焰探测器故障”的报警。

火焰监测是燃烧系统监测的一个重要手段，从对火焰情况的监测可以判断一些故障现象。一是在点火期间，如果未检测到火焰，一般为燃料系统故障，燃料流量不足或过大均可能会造成点火失败；或者点火时压气机的排气压力和流量过大，将火焰吹灭；还可能是点火系统故障，如点火器电源开关或内部变压器故障，点火器卡涩致使无法正常推入，或压缩空气管道有泄漏或堵塞而致使点火器投退不正常，导致点火失败。二是在启动过程中如果火焰丢失，可能是IGV故障，IGV到需要全关的时而未关，导致过多的空气量将火焰吹灭。三是在机组运行过程中，如果火焰丢失多数是由于燃烧系统故障引起的，而燃烧系统故障的原因相当复杂，可能是燃料系统故障（如燃料压力控制阀、燃料流量控制阀、燃料关断阀和放散阀等无法正常动作）、燃料组分大幅度变化（如上游供气存在多个不同产地的天然气源）以及燃烧室旁路阀动作异常（如卡涩致使阀门开度不正常，导致空气流量不对应）等。因此，当出现火焰丢失跳闸时要结合其他一些参数的变化情况进行逐一排查综合分析。

总之，火焰监测不仅是燃气轮机燃烧系统最有效和最直接的监测手段之一，还是燃气轮机一个重要的保护参数。当燃烧系统有异常时，通过火焰监测，再结合燃烧室压力监测、排气温度以及燃料系统等参数进行综合分析，便能快速准确地找到故障所在。机组在运行过程中通过监测火焰，还能及时发现问题，并作出相应的调整，从而保证机组的安全。

（2）燃烧室压力波动监测

燃气轮机是在高温下连续运转的设备，当燃烧室的燃料气通路受阻、各燃烧室的燃烧不正常、火焰筒和过渡段等热部件出现破裂、烧坏等故障时，都会引起透平进口温度场和排气温度场的严重不均匀。运行中难以直接对这些高温部件进行检测，很难及时发现故障缺陷。燃气轮机通常只能通过采用透平排气温度和排气分散度等间接的检测方法来判断高温部件的工作状况。而三菱M701F燃气轮机除了采用排气温度进行燃烧监视之外，还配备了燃烧室压力波动监视系统，通过压力波动来直接对燃烧状况进行监测。

M701F型燃气轮机配置了20个DLN燃烧器，分别在每一个燃烧器上安装了压力波动传感器,以监测燃烧室内压力波动的频率和幅度;并在#3、#8、#13、#18 燃烧器上各安装了一个加速度传感器,以监测压力波动的加速度。24 个压力波动器探头的前置器将采集到的信号放大,然后分别传到特殊的专用模块进行数据转换,此数据通过燃烧器压力波动分析站(CPFA)分析,并对燃烧情况进行实时监控,运行人员可以通过操作员站(OPS)监视压力波动报警临界值、趋势图、各频段的压力波动等参数。24 个传感器可以在不同频率波段显示压力波动情况,这些压力监视设备称为 CPFM(Combustion Pressure Fluctuation Monitoring System)。传感器安装位置如图 7.21 所示。

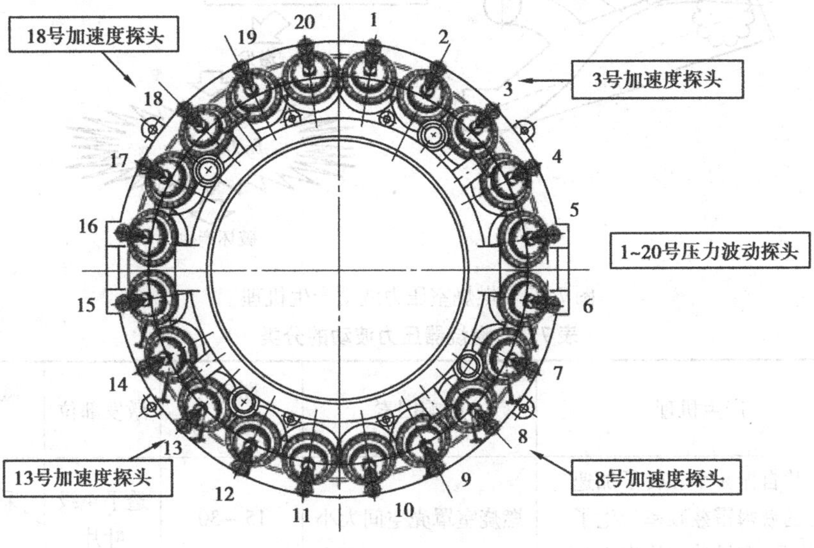

(a) CPFM测点安装示意图

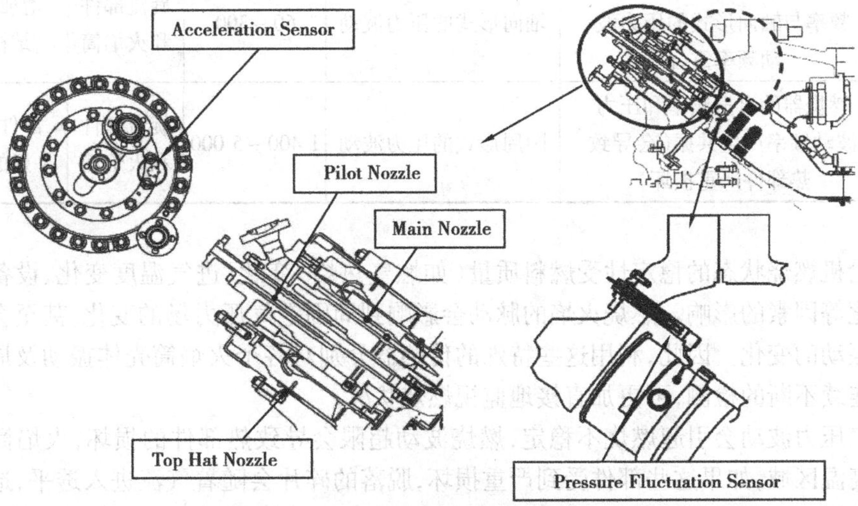

(b) CPFM测点安装示意图

图 7.21 传感器安装位置

燃烧室压力波动产生的机理:在燃烧器的火焰区域,燃烧产生的热量以声光模式释放出来,若有外界因素发生变化,剧烈的声光释放又会导致大量的热量产生,反过来又加剧了声光的释放,激发压力波动的产生。产生机理如图 7.22 所示。其产生的根本原因是随着燃气轮机运行时间的增长,燃气轮机各个部件也随之老化,老化的燃烧部件性能恶化,污垢增多,加上大气条件和燃料条件的变化,使燃烧室的燃烧环境恶化,产生了燃烧室的振动,即燃烧室压力波动。根据其表现形式可以分为 3 种类型,分类见表 7.2。

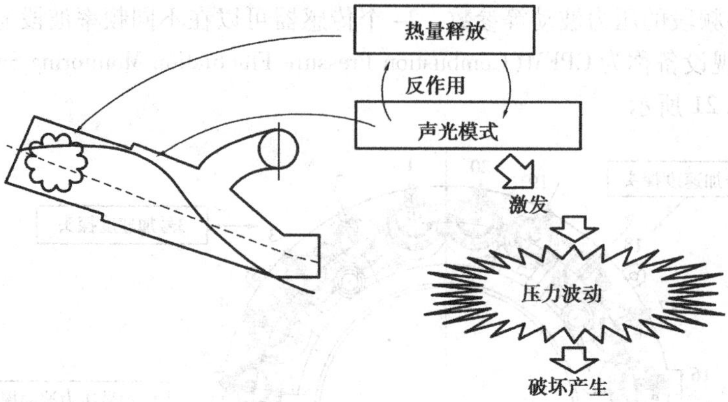

图 7.22　燃烧室压力波动产生机理

表 7.2　燃烧器压力波动的分类

形　式	产生机理	影响因素	波动频率/Hz	激发部位	减弱办法和措施
赫姆霍兹形式	叶片自振频率和转子加速时的赫姆霍兹频率产生了共振(会导致火焰失去)	燃烧室罩壳空间大小	15 ~ 30	透平 4 级叶片	采用整体围带叶片
轴向形式	不同的燃烧器部位的自振频率与轴向形式的压力波动频率重合	轴向形式的压力波动	60 ~ 300	旋流部件和火焰筒	增加部件的结构刚度
圆周形式	燃烧器的自振频率和压力波动频率产生共振(会导致热部件严重损坏)	圆周形式的压力波动	1 400 ~ 5 000	旋流部件和火焰筒	部件采用极好的刚度

燃气轮机燃烧状态的稳定性受燃料质量(如燃气热焓)变化、进气温度变化、设备老化或其性能恶化等因素的影响。燃烧火焰的脉动会影响到周围空气压力场的变化,甚至会引起火焰筒壳体振动的变化。因此,利用这些特殊的传感器分别对各个火焰筒壳体振动及周围压力波动进行连续不断的检测,可更加直接地监视燃烧状况。

燃烧室压力波动会引起燃烧不稳定,燃烧波动超限会导致热部件的损坏,火焰筒和过渡段都位于高温区域,如果这些部件受到严重损坏,脱落的碎片会随着气流进入透平,造成二次破坏。通过 CPFM 的监视和闭锁保护,系统便会在压力波动初期监测到变化,提前自动降负荷(Run Back)或跳闸(Trip)来防止热部件的损坏。CPFM 除可监视燃气轮机燃烧是否稳定外,还有协助燃烧调整的功能,可以通过 CPFM 协助调整燃烧的功能来调整燃料流量、空气流量,进而控制燃烧状态,使燃烧状况达到最佳的状况,从而保证了燃烧系统的稳定性。除此之外,CPFM 还提供燃气轮机燃烧不良时的连锁保护功能,以防燃气轮机相关设备受损及确保排放烟气符合环保标准，因此机组在运行过程中对 CPFM 的监测十分重要。

CPFM 是燃烧监测的重要保护参数，设有 3 个级别的报警值，由低至高分别为预报警、高报警、跳机高限报警。当机组并网后延时 10 s 且点火后延时 60 s 和 CPFM 联锁投入信号两个条件同时建立输出“1”，CPFM 保护就投入。CPFM 保护分为机组快速减负荷和跳机两种。其保护控制过程如下：

1）机组减负荷（RUNBACK）

当燃气轮机负荷大于60%额定负荷，即 159 MW 时，如果某频段任两个或两个以上压力波动传感器发出高报警，则两个高报警逻辑输出为“1”，将触发机组快速减负荷（减负荷率与各机组设置有关）指令给控制系统，控制系统将迅速降低机组负荷，直至燃气轮机负荷低于 132 MW（50%燃气轮机额定负荷）。

2）跳机

燃烧室压力波动跳机分为两种情况，其控制保护如图 7.23 所示。

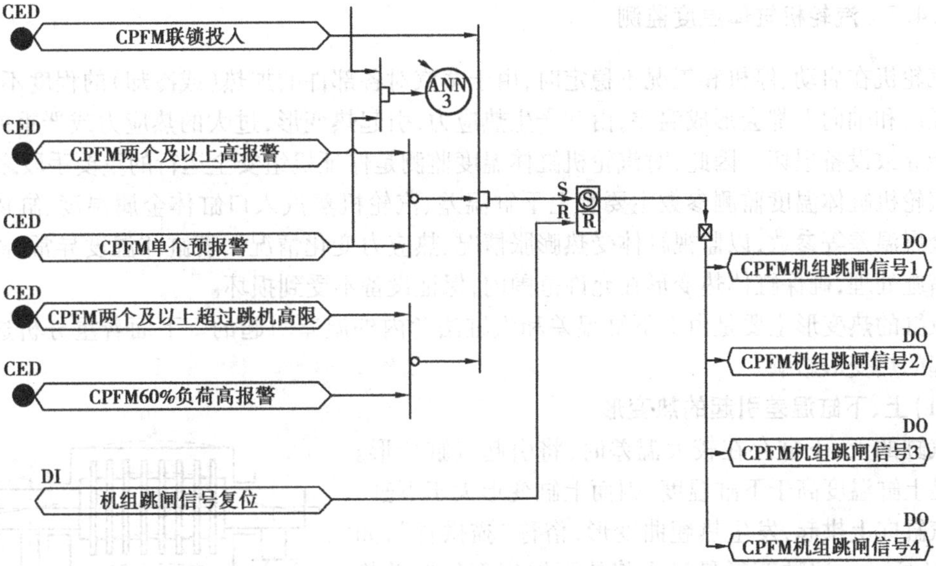

图 7.23　CPFM 保护控制逻辑

第 1 种情况：若某个频段出现任两个或两个以上压力波动传感器发出跳机高限报警，则 CPFM 两个跳机高限报警逻辑条件为“1”，将触发跳机指令给机组保护系统，机组保护系统会使燃气轮机跳机。但需要注意，在该保护的判断逻辑中，为了防止测点故障引起误跳闸，在出现两个或两个以上跳闸极限值时，还要求在某频率波段范围内出现两个高报警值或者一个预警值，从而证明极限值报警的真实性。

第 2 种情况：当机组由于 CPFM 两个高报警触发出的快速减负荷指令，将燃气轮机负荷减至 159 MW 后，如果在某频率波段范围内仍然有两个及以上高报警值或者一个预报警，即同一频段任两个及以上压力波动传感器高报警或单个预报警仍然存在，系统将会发 CPFM 60%负荷高报警，此信号也会触发机组跳机指令给机组保护系统，使燃气轮机跳闸。

燃烧室压力波动监视除了具有保护外，还具有压力波动传感器异常的报警提示作用。当压力波动传感器异常时，控制系统发出传感器异常报警，报警主要类型如下：

①灵敏性低。

②杂乱的扰动值高。

③能量场扰动大(50 Hz)。

④零输出。

⑤脉冲扰动。

根据实际经验,出现以上5种类型报警往往是由于传感器元件本身的故障引起。例如,传感器与前置放大器之间的连接头松脱、断开,传感器、前置放大器或控制模块本身由于损坏而失效造成。这些报警不会造成机组联锁保护的动作,只作为状态监视,用来提醒技术人员及时进行处理,以免影响 CPFM 监控和调整功能。

总之,燃烧室压力波动监测不仅能监视燃烧室的燃烧状况,还具有保护燃气轮机的热部件不受损坏和协助燃烧调整的功能。因此,燃气轮机在运行过程中应加强对燃烧室压力波动系统的监视。

7.4.7 汽轮机缸体温度监测

汽轮机在启动、停机和工况不稳定时,由于蒸汽对各部件的加热(或冷却)的程度不同,汽缸在径向和轴向上都会形成温差,由此产生热应力,引起热变形,过大的热应力或严重的热变形可能导致设备损坏。因此,对汽轮机缸体温度监测是保证机组安全运行的重要手段之一。

汽轮机缸体温度监测参数主要有上下缸温差、汽轮机蒸汽入口缸体金属温度、缸体法兰内外金属温差等参数,以监视缸体受热膨胀情况、热应力变化情况。若缸体温度异常,需及时采取措施处理,确保缸体热变形在允许范围内,保证设备不受到损坏。

汽缸的热变形主要是由上下缸温差和汽缸法兰内外温差引起的。下面着重分析这两方面引起的热变形影响。

(1)上、下缸温差引起的热变形

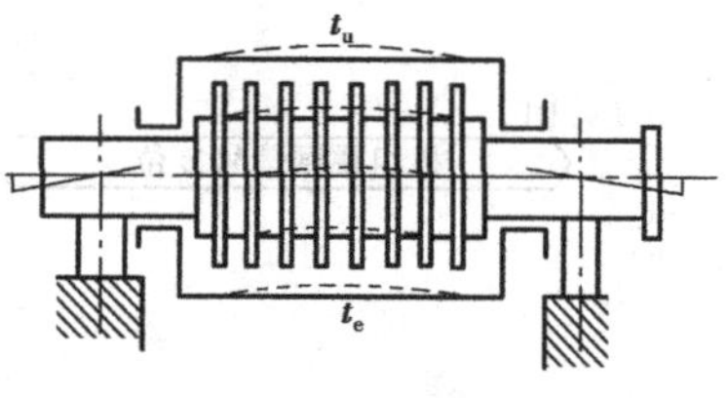

图 7.24 汽缸的拱背变形

汽缸的上、下缸存在较大温差时,将引起汽缸变形。通常是上缸温度高于下缸温度,因而上缸变形大于下缸,引起汽缸向上拱起,发生热翘曲变形,俗称“猫拱背”,如图 7.24 所示。这种变形量过大将使下缸底部径向动静间隙减小甚至消失,造成动静部分摩擦,尤其当转子存在热弯曲时,动静部分摩擦的危险更大。汽缸发生“猫拱背”变形后,还会出现隔板和叶轮偏离正常时所在的垂直平面的现象,使轴向间隙发生变化,进而引起轴向摩擦。通常情况下,每台汽轮机上下缸温差的允许范围不同。对于双层缸结构的汽轮机,内缸上下缸温差与外缸的上下缸温差要求可能不一样,但通常的温差允许范围为35 ~50 ℃。上下缸温差是监视和控制汽缸翘曲变形的指标,对于整锻结构的转子机组,一旦发生摩擦,就会引起大轴弯曲,发生振动,如不及时处理,可能引起永久变形。汽缸上、下温差过大通常是造成大轴弯曲的初始原因,故在汽轮机启停和正常运行中,必须十分重视汽缸的上下温差,并且应根据上下缸温差产生的原因采取相应的措施,如严格控制温升速度、进汽温度的控制、改善缸体保温等。

(2)汽缸法兰内外温差引起的热变形

汽缸内外壁温差除产生热应力外,还会引起汽缸的热变形。对于一些大型机组,高中压缸的水平法兰厚度约为汽缸壁厚的4倍。启动时,法兰处于单向加热状态,其内外壁会形成明显的温差,这除了引起热应力外,还会沿法兰的垂直和水平方向引起热变形,尤其是法兰的水平变形,往往会影响到汽缸横截面的变形,对汽轮机的安全威胁较大。

启动时,由于法兰内侧温度高于外侧,其内侧的热膨胀值大于外侧,使得法兰在水平方向发生变形,如图7.25所示。法兰的这种变形又会影响到汽缸各横截面的变形,由图可知,汽缸中间段横截面变为“立椭圆”,即垂直方向的直径大于水平方向的直径,而且上、下法兰间产生内张口;而汽缸前后两端的横截面变为“横椭圆”,即水平方向直径大于垂直方向直径,而且上、下法兰间产生外张口。前者使水平方向动静部分径向间隙变小,后者使垂直方向径向间隙变小。如果法兰热变形过大,就有可能引起动、静之间的摩擦,同时还会使法兰接合面局部地方发生塑形变形,上、下缸接合面便出现永久性的内外张口,这样就会出现法兰接合面漏汽及螺栓被拉断或螺帽接合面被压坏等现象。

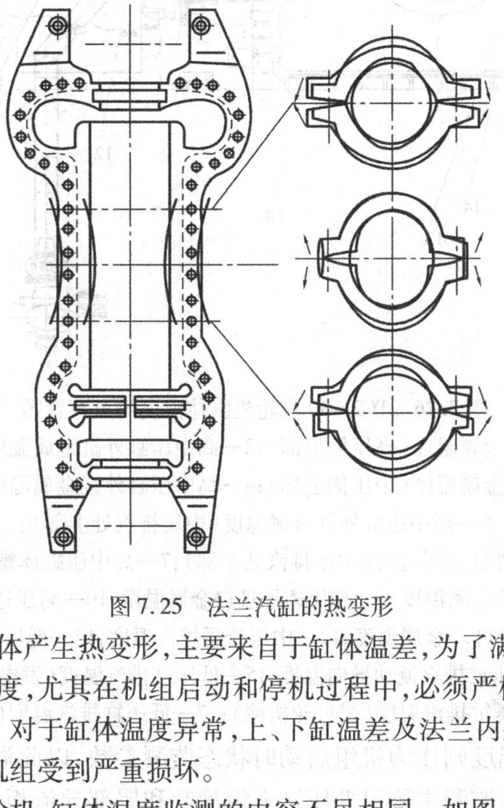

图7.25 法兰汽缸的热变形

由以上分析可知,缸体产生热变形,主要来自于缸体温差,为了满足对法兰内外壁温差要求,必须严密监测缸体温度,尤其在机组启动和停机过程中,必须严格控制温升速度,充分做好缸体疏水暖机等工作。对于缸体温度异常,上、下缸温差及法兰内外温差偏大时,应立即分析原因,及时处理,以防机组受到严重损坏。

对于不同形式的汽轮机,缸体温度监测的内容不尽相同。如图7.26所示为三菱M701F型燃气-蒸汽联合循环机组TC2F-30蒸汽轮机缸体温度测点布置图。从TC2F-30汽轮机缸体温度测点布置图来看,高中压缸重点监测项目有缸体上下缸体温差、缸体法兰螺栓温差和高压缸进口金属温度,其中上下缸体监测分3个位置测量,即高压侧、中压侧和中压排气处。防止缸体受热温差过大,产生较大的热应力和热变形,汽轮机上下缸体温差一般要求控制为35~50 ℃,M701F单轴联合循环机组汽轮机高中压缸(中压排汽端)上、下缸金属温度温差高于42 ℃时,发出温差高报警。同样,高中压缸体法兰螺栓温差监测,在受热膨胀(或冷却收缩)时,控制其温差在允许范围,防止缸体受热膨胀(或冷却)过快,产生较大的热应力和热变形,M701F单轴联合循环机组汽轮机法兰和螺栓温差大于+110 ℃或小于-30 ℃(法兰温度和螺栓温度)时,发出温差高报警。

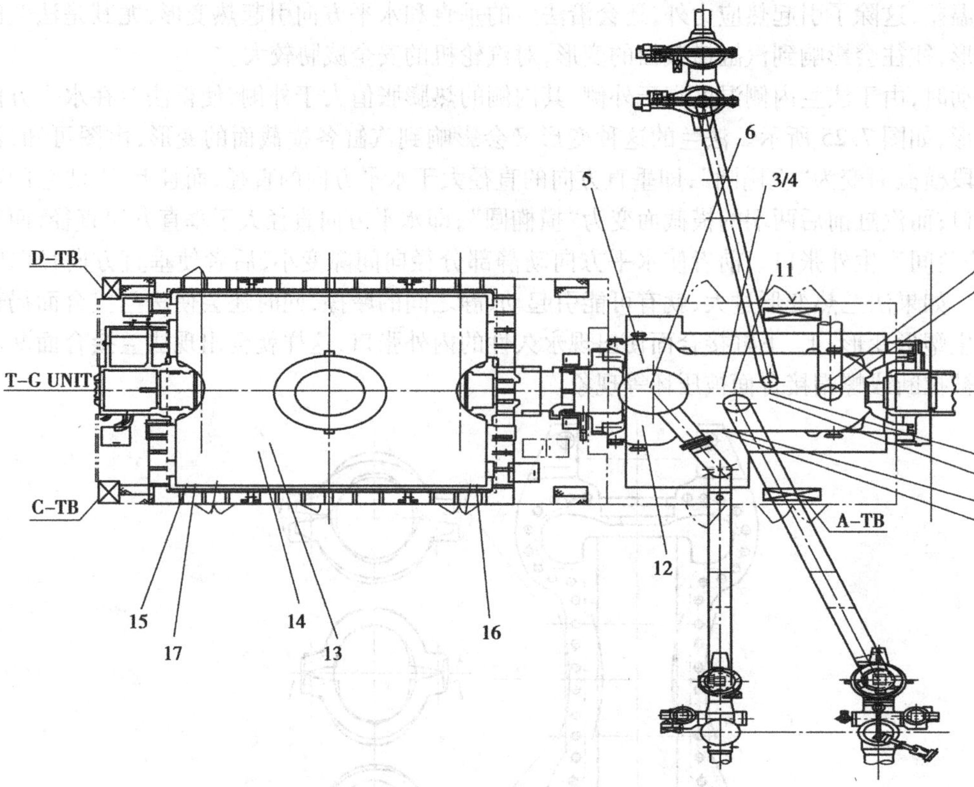

图 7.26　TC2F-30 汽轮机缸体温度测点布置图

1—高中压缸外缸金属温度(高压侧上部);2—高中压缸外缸金属温度(高压侧下部);
3—高中压缸外缸金属温度(中压侧上部);4—高中压缸外缸金属温度(中压侧下部);
5—高中压缸外缸金属温度(中压排汽处上部);
6—高中压缸外缸金属温度(中压排汽处下部);7—高中压缸体螺栓金属温度;
8—高中压缸体法兰金属温度;9—高压透平进口金属温度;10—高压透平进口蒸汽温度;
11—中压透平静叶环金属温度;12—中压透平排汽温度;13—低压末级静叶温度;
14—低压缸排汽流动导向温度;15—低压缸排汽温度(发电机侧);
16—低压缸排汽温度(燃气轮机侧);17—低压缸排汽温度(1、2、3)

而高压缸进口金属温度则作为机组启动时状态监测参数,以此温度作为机组冷、温、热三态判断依据。低压缸温度监测主要对低压缸末级静叶和尾部导流板温度的监测,以及排汽温度的监测,主要防止温度过高造成低压缸体、凝汽器膨胀节、凝汽器换热管等部件损坏。三菱 M701F 单轴联合循环机组汽轮机低压缸末级静叶或尾部导流板温度不允许≥200 ℃长期运行,控制系统设有温度高报警保护。

思考题

1. 大气温度 T_a 变化时,燃气-蒸汽联合循环的功率和效率是如何变化的?

2. 大气压力 p_a 发生变化时,燃气-蒸汽联合循环的功率和效率是如何变化的?

3. 压气机叶片结垢或磨损后对燃气轮机有何影响？

4. 燃气轮机进气和排气压力损失对其功率和效率有何影响？

5. 三菱 M701F 型燃气-蒸汽联合循环发电机组负荷主要通过哪些控制回路进行调整？机组负荷调整时燃气轮机、汽轮机的负荷如何响应？

6. 负荷调整时燃气轮机、汽轮机的哪些主要参数需要重点监控？为什么？

7. 振动监测的目的是什么？M701F 型单轴联合循环机机组是如何实现振动监测的？

8. 何谓胀差？胀差监测的目的是什么？M701F 型单轴联合循环机组胀差测量原理是什么？

9. 何谓轴向位移？引起轴向位移增大的原因有哪些？

10. 燃气轮机在运行过程中为什么不直接监测 T_3 温度，而是监测 T_4 呢？

11. 简述叶片通道温度及排气温度控制保护过程。

12. 简述 M701F 型燃气轮机轮间温度的变化情况。

13. 简述 M701F 型燃气轮机火焰丢失时燃气轮机的响应情况。

14. 燃烧室压力波动监测的控制保护过程是什么？

15. 汽轮机缸体温度监测的目的是什么？M701F 型单轴联合循环机组汽轮机缸体主要监测哪些温度？它们分别监测的意义是什么？

第8章 机组试验

为确保机组安全、经济、可靠运行，燃气-蒸汽联合循环发电机组须进行一些试验项目。下面以真空严密性试验、主汽门活动试验、电超速保护试验和甩负荷试验为例，介绍各试验项目的目的、条件、步骤和结果分析。

8.1 真空严密性试验

8.1.1 试验目的

凝汽器内的真空度越高，联合循环的效率就越高。因此，真空值是汽轮机经济运行的一个主要指标，而真空严密性是影响凝汽器真空度的一个主要因素。

事实上，汽轮机装置不可能绝对严密，处于真空状态的汽轮机低压缸、轴封和阀门总会有一定数量的空气漏入。虽然系统设有真空泵不断将漏入凝汽器的空气抽出，但如果机组真空严密性差，则会有大量空气漏入真空区域，从而降低凝汽器真空，同时还会使凝结水含氧量高导致腐蚀问题。由此可知，防止空气进入真空系统是至关重要的。

真空严密性试验就是为了定量检测真空系统漏入空气量的大小，检查汽轮机低压缸、凝汽器、真空系统、蒸汽系统疏水管道、凝结水泵进口管等负压区域的严密性，以便及早发现真空区域的漏点。

8.1.2 试验条件

真空严密性试验的条件如下：

①机组各系统及辅助设备运行正常。

②机组运行参数应尽可能保持稳定。

③确认运行真空泵正常，备用真空泵正常备用。

④确认试验表计正常。

8.1.3 试验步骤

机组正常运行时，每月做一次真空严密性试验；停机时间超过15 d时，机组投运后3 d内应进行真空严密性试验。试验应当按照以下步骤进行：

①将机组负荷调整至80%额定负荷，并保持稳定运行。

②停运真空泵，30 s后开始，每分钟记录一次凝汽器真空及低压缸排汽温度，记录8 min。

③试验过程中，当真空低于87 kPa，或排汽温度高于60 ℃时，应立即停止试验，恢复原运行工况。

④8 min后恢复真空泵运行和机组负荷，取后5 min真空下降的平均值作为试验结果。

8.1.4 试验结果分析

电力行业标准中，对于机组真空严密性试验的要求见表8.1

表8.1 真空严密性合格标准

机组容量	真空下降速度
<100 MW	≤0.40 kPa/min
>100 MW	≤0.27 kPa/min

如真空严密性达不到表8.1的要求，则对汽轮机低压缸、凝汽器、真空系统、蒸汽系统疏水管道、凝结水泵进口管等真空区域进行检查，发现并消除漏点。

8.2 主汽阀活动试验

8.2.1 试验目的

机组负荷大于200 MW时，汽轮机所有主汽阀和调节阀处于全开位置。当机组在这种状态下长期连续运行时，可能会出现阀门卡涩情况，导致在紧急情况下对机组造成危害。

基于以上安全隐患，对长期连续运行的机组应定期进行主汽阀活动试验。在运行过程中，依次对高压主汽阀和高压调节阀、中压主汽阀和中压调节阀以及低压主汽阀和低压调节阀这3组阀门进行活动试验。各阀门试验活动范围为阀门行程的10%左右。通过试验，可以确定各阀门活动性能是否良好。

8.2.2 试验条件

在日启停或周启停方式下，由于机组启停频繁，汽轮机各阀门活动性能已经在启停过程中得到检验，无须进行主汽阀门试验。如果机组长期连续运行时间在一周以上，则必须进行主汽阀门活动试验。

①进行阀门活动试验时，应保持负荷在200 MW以上，且各主汽阀和调节阀均在全开位置。

②各级蒸汽压力处于接近满负荷时的压力。

8.2.3 试验步骤

阀门活动试验在操作员发出试验指令后自动进行,操作员应在试验过程中严密监视机构执行情况。

①高压主汽阀组活动试验:进入控制系统发出高压主汽阀组试验指令。试验开始后,首先高压调节阀开度自动关闭至90%,随后高压主汽阀开度自动关闭至90%,2 s后,高压主汽阀开度自动恢复至100%,2 s后高压调节阀开度自动恢复至100%。

②中压主汽阀组活动试验:发出中压主汽阀组试验指令。试验开始后,首先中压调节阀开度自动关闭至90%,随后中压主汽阀开度自动关闭至90%,2 s后,中压主汽阀开度自动恢复至100%,2 s后中压调节阀开度自动恢复至100%。

③低压主汽阀组活动试验:发出低压主汽阀组试验指令。试验开始后,首先低压调节阀开度自动关闭至90%,随后低压主汽阀开度自动关闭至90%,2 s后,低压主汽阀开度自动恢复至100%,2 s后低压调节阀开度自动恢复至100%,阀门活动试验进行完毕。

④每组阀门活动试验必须经现场确认正常后方可进行下一组试验。

⑤在试验过程中,若出现主汽阀或调节阀误关状况,应检查相应旁路已自动打开,否则应手动打开,并严密监视轴向位移、各轴承振动、轴封压力、凝汽器水位、真空度、排汽温度等参数。待故障消除后再次进行试验。

⑥在试验过程中,若发生汽温、汽压或机组负荷大幅波动,应立即停止试验,维持蒸汽参数的稳定,恢复原运行工况。

8.2.4 试验结果分析

各阀门动作应灵活自如,不能有爬行或间断运动,若发现主汽阀或调节阀卡涩,则立即终止试验。待阀门故障排除后,再次进行阀门活动性试验。

8.3 电超速保护试验

8.3.1 试验目的

燃气轮机和汽轮机都是高速运转的设备,其转动部件的应力和转速有密切的关系,由于离心力与转速的平方成正比,当转速升高时,离心力造成的应力会迅速增加,当转速升高到一定值时,会使设备严重损坏,所以机组设置了电子超速跳闸设备以保证机组安全。

电子超速跳闸(E-OST)设备设有两套。其中,主 E-OST 设定值为额定转速的 $110^{+0.5}_{-0}$%,即 $3\,300^{+15}_{-0}$ r/min;备用 E-OST 设定值为额定转速的 $111^{+0}_{-0.5}$%,即 $3\,330^{+0}_{-15}$ r/min。当机组转速达到 $3\,300^{+15}_{-0}$ r/min 时,主 E-OST 动作,机组自动打闸停机。如果此时主 E-OST 拒动,机组转速继续攀升至 $3\,330^{+0}_{-15}$ r/min 时,备用 E-OST 动作,机组自动打闸停机。

为确保电超速保护设备动作可靠,在机组安装完毕后、每次大修后、长期停运后、做甩负荷试验前、危机遮断装置解体检查后或运行时间达到 2 000 h 以后,均应进行电超速保护试验。

8.3.2　试验条件

①机组高、中、低压主汽阀和调节阀严密。

②机组模拟超速试验成功。

③机组带200 MW或以上负荷连续运行4 h以上。

④机组手动危机跳闸试验合格。

8.3.3　试验步骤

①正常降负荷直至机组解列，并在机组解列后5 min内发出"正常启动"指令，维持机组在3 000 r/min稳定运行。

②确认发电机已失磁。

③安排一人在手动危机跳闸把手旁待命，并保证通信可靠。

④进入控制系统发出"主E-OST试验"指令，确认机组开始自动升速。

⑤当机组转速达到3 300 r/min左右时，确认主E-OST动作，机组自动跳闸，记录跳闸转速。

⑥重新启动机组至空载满速运行，发出"备用E-OST试验"指令，确认机组自动升速。

⑦当机组转速达到3 330 r/min左右时，确认备用E-OST动作，机组自动跳闸，记录机组跳闸转速。

⑧在试验过程中应密切注意机组振动、轴瓦温度、回油温度及轴向位移等参数，一旦出现异常应立即终止试验。

⑨试验过程中，当机组到达跳闸转速，而保护拒动，应立即手动打闸停机，切勿让机组转速超过跳闸设定转速50 r/min。

8.3.4　试验结果分析

若超速保护设备的实际动作转速未达到设定值，或出现保护拒动的情况，则试验不合格，必须对超速保护设备以及相关检测元件进行检查，修复故障后，重新进行试验。

8.4　甩负荷试验

8.4.1　试验目的

当机组带负荷稳定运行时，由于机组本身或电网故障造成的发电机出口开关突然断开，会导致机组转速飞升，此时在控制系统的调节下，机组的转速将会趋于稳定，并最终被控制在空载满速运行。

为了考核机组控制系统的调节功能，评定控制系统的动态品质；对相关自动、联锁和保护的特性进一步进行检验；考核机组各主、辅设备的动作灵活性及适应性，在机组新建完成后或大修之后都应进行甩负荷试验。

8.4.2 试验条件

①燃气轮机燃料控制系统,汽轮机高、中、低压主汽阀组和旁路调节功能良好。

②高、中、低压主汽阀和调节阀严密。

③机组控制及保安系统运行良好,超速试验合格。

④机组危机跳闸手动遮断把手动作良好。

⑤发电机出口断路器、灭磁开关跳合闸正常。

⑥余热锅炉过热器、再热器、汽包安全门调试合格。

⑦试验前机组带恒定负荷运行至少1 h,若机组为冷态启动,则带恒定负荷运行至少5 h,且机组各主、辅机运行正常,参数稳定。

8.4.3 试验步骤

机组甩负荷试验应分别在50%、75%和100%额定负荷下进行。

①将机组负荷调节至试验要求负荷并保持稳定运行,检查机组运行参数正常且稳定。

②做好高速数据采集准备,至少应含:转速、CSO、燃料流量控制阀位置、燃料压力控制阀位置、发电机电流/电压、励磁机电流/电压。

③凝汽器水位保持高位。

④手动断开发电机出口开关。

⑤机组甩负荷后,转速立即飞升,此时应重点进行以下检查:

a. 确认高、中、低压主汽调节阀迅速关闭,燃气流量控制阀快速关小,IGV关小。

b. 各主汽调节阀关闭后,确认相应旁路打开,相应旁路的喷水减温阀和凝汽器喷水阀打开,并维持余热锅炉的热备用状态,监视余热锅炉汽包水位保持正常。

c. 旁路管道是否有异常振动、破裂等现象。

d. 锅炉各安全阀是否动作,尽快降低压力使其复归关闭,注意汽包水位。

e. 轴封压力及各主要辅机的运行状况。

f. 机组各参数:汽包和凝汽器水位、各燃料阀开度、燃烧室压力、BPT温度、燃机排汽温度、燃机各叶轮空间温度、轴向位移、差胀、各轴承振动、汽缸温度、高压缸排汽温度、控制油压、凝汽器真空、排汽温度等。

g. 高排逆止门的关闭情况。

h. 汽缸本体疏水门的动作情况。

⑥机组重新稳定在3 000 r/min后,确认低压主汽调节阀自动开至冷却位置。

⑦记录机组甩负荷后最高飞升转速以及恢复至3 000 r/min所需时间等相关数据后,对机组进行全方位检查。

⑧确认一切正常后,根据试验安排,执行机组重新并网带负荷或停机。若要并网带负荷,应按照缸温启动汽轮机升负荷,注意空载时间不宜过长,严密监视机组负胀差。

8.4.4 试验结果分析

机组甩负荷后,机组最高飞升转速不应触发超速跳闸,控制系统应能迅速、稳定和有效地控制机组到3 000 r/min运行,同时余热锅炉不应出现超压状况。若机组超速或余热锅炉超压则为不合格，须对相关设备或机构进行调校。

在甩负荷后，若机组出现以下情况，应立即手动打闸：

①机组各项参数达到主保护动作值而保护未动，如转速超过 3 300 r/min 而超速保护未动作。

②甩负荷后，调速系统发生长时间大幅摆动，不能有效控制转速，或机组发生较大振动。

在甩负荷后，若机组自动跳闸，应立即进行以下检查和操作：

①检查 IGV 关闭，燃烧室旁路阀全开。

②确认各燃料调节阀关闭，燃料截止阀关闭，通风阀开启。

思考题

1. 机组设置以上各种试验的目的是什么？
2. 如何判别以上试验结果是否合格？

第 9 章 典型故障及处理

9.1 故障处理原则及机组大连锁

9.1.1 故障处理原则

故障是指直接威胁机组安全运行或使设备发生损坏的各种异常状态，表现为正常运行工况遭到破坏，机组被迫降低出力或停运，严重的故障甚至会伴有设备损坏或人身伤害等情况发生。故障的原因是多方面的，包括设计制造、安装检修、运行维护、人为操作等。故障处理应根据设备的故障表征及参数变化进行综合分析，予以判断，查明原因，及时处理，必要时应当立即停运机组，防止故障蔓延、扩大。

电力生产的基本方针是“安全第一，预防为主”。发电厂如发生设备严重损害故障，将对企业造成巨大的经济损失，如果处理不当，不能及时限制事故发展，还可能危及电网的稳定性，甚至造成电网大面积停电等严重的事故。因此，运行值班员需要熟练地掌握设备结构、性能，熟悉机组系统流程，做好事故预想并进行必要的反事故演习，做到一旦故障发生，能够迅速准确地判断和处理。

即使主机设备相同，各台机组的辅助设备（或系统）往往也会根据场地、气候以及经济性等因素而采用不同的配置方案，因而，即使是同类型的故障，采取的应对措施也不尽相同。本章仅对典型的故障进行框架性的介绍，涉及针对具体辅机设备的调整转移或隔离等技术措施则需要参照各台机组的系统构成来具体考虑。整体而言，无论采用哪种技术应对措施，都要遵从“保人身、保电网、保设备”的处理顺序的基本原则来处理，即有人员伤亡或伤亡隐患发生时优先将伤亡人员抢救送医，并解除对人身安全的潜在威胁，其次则要限制故障发展，确保机组故障不会扩大到电网设备上，最后则要尽力保障故障设备能安全停运，不产生次生的设备损坏，在处理后能够迅速启动并恢复运行。

具体而言，故障处理过程中可参照以下要点进行：

①故障处理应以“最大限度地缩小故障范围，确保非故障设备的正常运行”为目标，处理过程中不可采取危及人身安全和非故障设备安全的措施。

②停止一切可能对故障处理带来影响的检修和实验工作。

③应根据仪表显示和设备外部表征,迅速对故障性质和部位形成判断,采取针对性的措施,首先解除对人身、电网、设备的威胁,然后对受影响的系统设备采取调整、切换或隔离等处理措施,达到控制并减轻故障的目的。如无法解除对人身、电网、设备的威胁,应立即解列或停运机组。

④故障处理完毕后,应实事求是地把故障发生的时间、现象及处理过程等做好记录,可组织有关人员对故障进行分析、讨论、总结经验,从中吸取教训。

9.1.2　机组大联锁

机组的大联锁是指介于燃气轮机、汽轮机、余热锅炉、发电机等主要设备之间的跳闸联锁。对于分轴布置的机型,燃气轮机发电机组和蒸汽轮机发电机组有一定程度的独立性,因此汽轮机故障跳闸可以不用联锁跳闸燃气轮机发电机组。但对于单轴布置且刚性联接的机组而言,燃气轮机、汽轮机共同驱动一台发电机,任何主机设备出现严重故障,其余主机都应当同时停运,因而在燃气轮机、汽轮机、发电机和余热锅炉之间必须设置一套跳闸联锁逻辑,即任何主机设备因严重故障而紧急停机时,联锁跳闸其余主机设备,使整套发电机组停止运行,这就是单轴布置机型的大联锁。对于 M701F 型单轴燃气-蒸汽联合循环机组,“燃气轮机跳闸”“汽轮机跳闸”“发电机跳闸”“余热锅炉综合跳闸”中的任何一个信号发出,都联锁跳闸整套联合循环。而采用分轴布置的“一拖一”或“二拖一”联合循环机组,某一主机设备跳闸是否联锁跳闸其他主机设备,则应根据实际情况来设置。

在集控操作台面上一般布置有若干可以触发机组大联锁的硬接线手操按钮,此类硬接线的手操按钮应能实现大联锁中的各种联锁动作。以某电厂的 M701F 型单轴联合循环机组为例,集控操作台上设置有“机组跳闸”和“发电机跳闸”两组硬手操按钮,分别接入燃气轮机跳闸回路、发电机保护装置、变压器保护装置等,通过各保护间的联跳实现大联锁。每组硬手操设两个带防误动盖板的按钮,需同时按下同组的两个按钮才能触发机组大联锁,跳闸整套联合循环机组。此种硬手操又可作为大联锁逻辑静态试验的触发信号源,用于检验联锁逻辑的工作状态。

9.2　整套机组跳闸后的处理

当机组的关键设备发生严重故障,威胁到机组的安全运行时,相关设备的保护系统会根据保护设置发出跳闸指令,并触发机组大联锁,联跳整套联合循环。根据跳闸原因及机型配置的不同,机组在跳闸后的处理也有所差异,故本章不介绍辅助系统严重故障而导致的跳机,而主要介绍与主机相关的典型故障及其处理。本节所述的处理措施都假设厂用配电系统正常,不会对各辅助系统设备的调整和处理带来限制。厂用配电系统失电而导致机组跳闸故障另作介绍。

机组跳闸信号发出后,燃气轮机和汽轮机被遮断,立即进入惰走阶段。因为在故障跳闸情况下,蒸汽轮机缺少了滑压减负荷的过程,燃气轮机也没有解列后空载 5 min 的冷却过程,无论是燃气轮机还是蒸汽轮机,内部的温度变化幅度大、速率快,导致产生较大的热应力,因此,机组在惰走阶段除了进行例行性操作和检查(如顶轴油泵的联锁启动和现场检查、燃料系统的检查、盘车的自动投入、惰走时间的记录等)外,还应该更多地关注主机设备的状况。同时,值班员还应做好以下项目的检查和处理:

①发电机跳闸信号发出后,应立即确认发电机解列。如果大联锁出现异常或者发电机保护拒动,那么发电机将不能顺利解列,出现“倒拖”的现象,此时应采取其他措施防止故障扩大至主变,甚至电网。

②值班员应根据跳闸原因判断是否需要破坏真空停机。如果跳闸原因与轴承或燃气轮机、汽轮机的通流部件相关(如轴向位移异常、轴承振动异常、润滑油压力低等),为防止次生设备损坏事故的发生,应迅速破坏机组真空,尽量缩短惰走时间。此时应重点监视惰走过程中各轴承的相关参数,如润滑油压力、温度、轴承振动以及轴承金属温度等,并就地检查机组有无异常声音;此外,破坏真空停机会导致低压缸尾部金属导流板和末级叶片都有超温的可能,值班员应该确保低压缸喷水减温阀打开,水压正常,尽量降低低压缸尾部排气和金属温度。

③机组跳闸后,余热锅炉的产汽过程不能瞬时停止,各压力系统都有超压的可能,若超压导致安全阀动作,压力的大幅波动将引起汽包水位的大幅变化。此时值班员需要密切监视高、中、低压汽包水位,积极干预,尽量避免出现汽包满水或者缺水的情况。

④机组跳闸时,燃料突然切断会导致燃料系统的压力剧烈波动,因此燃气轮机跳闸后应全面检查燃料系统。确认主燃料和值班燃料流量控制阀、压力控制阀、燃料关断阀关闭,燃料放散阀打开,同时还应检查天然气调压站是否超压,如有超压,应确保相关的安全阀、放散阀或泄压阀等设备动作正常,系统内的天然气压力可控,且各法兰联接处无泄漏,如有泄漏,视泄漏严重程度采取相应的措施处理。

对于分轴机型而言,机组大联锁动作除了整套机组跳闸的情况之外,还可能存在只跳闸一台燃气轮机或一台汽轮机的情况。在这种情况下,除了要对跳闸设备进行上述检查,还要对未跳闸的发电机组、余热锅炉等进行检查,确认跳闸设备对其他在运设备无干扰。

9.3 RUNBACK 机制简介

RUNBACK 是三菱 M701F 系列机型预设的一套面向全发电流程的故障响应机制。当机组遇到严重设备故障,或关键参数偏离正常运行区间时,RUNBACK 即被触发,机组控制系统不仅发出报警,而且会自动进入负荷下降通道。

依据燃气轮机机型(F3、F4 等)、机组配置(“一拖一”、“二拖一”、单轴、多轴)、项目类型(发电、热电联产)等的不同,触发 RUNBACK 的故障源及其动作后的负荷变化率等也有不同设置。实际设定值和动作规则应该充分考虑电厂的实际情况和调试结果。本节以 M701F3 “一拖一”单轴联合循环机组为例,对 RUNBACK 机制进行介绍。

9.3.1 RUNBACK 动作机制简介

当预设的故障发生后,RUNBACK 机制即被触发,此时无论机组处于何种运行模式(GOVERNOR或 LD LIMIT),有无投入 AGC,正在进行何种操作(检修停机、手动增减负荷等),都会立即中止,退出 ALR,禁用 LD LIMIT 的手动操作窗口,同时复位控制系统内部的负荷状态信号(如"LOAD HOLD""负荷操作允许"等)。如 RUNBACK 速率为快速,机组会被强制切入 GOVERNOR 控制模式。RUNBACK 动作期间,发电机同期装置也会被禁用(有关 COVERNOR、LD LIMIT、ALR 以及机组负荷状态等内容,详见本套教材控制分册)。

三菱 M701F3 预设有多种负荷变化率,RUNBACK 机制使用了其中的 3 种:400 MW/min、80 MW/min、16.7 MW/min,分别对应于快速/中速/低速 RUNBACK。因为,RUNBACK 是一种事故响应机制,其负荷变化率需要高于或等于正常运行时机组的负荷变化率,所以低速 RUNBACK实际就是正常运行时的负荷变化率。该负荷变化率可能根据各电厂的实际调试结果而有区别,如有的机组正常负荷变化率为 18 MW/min,则对应的低速 RUNBACK 负荷变化率也为 18 MW/min。

当机组负荷下降到约 50% 满负荷时,燃气轮机排气温度降低,余热锅炉的吸热量也会相应减少,产汽压力降低,蒸汽轮机会进入滑压停机过程,受制于蒸汽轮机的这种热变化特性,RUNBACK 机制主要在 50% 负荷以上区间有效。当燃气轮机负荷下降到 132 MW 时,触发 RUNBACK 的故障源信号会被屏蔽,RUNBACK 信号复位,上述被禁用的设备和控制信号会被重新放开。少数情况下,如果故障信号在 50% 整套负荷以下仍然存在,则机组会发出 AUTO STOP 指令,进入正常停机程序,并保持低速 RUNBACK 信号,负荷会一直下降直到解列。

此处需要注意的是,132 MW 的燃气轮机负荷并不一定对应于 50% 的整套机组负荷,该设定值也可能随各机组的具体情况而有所区别。由于余热锅炉的热效率不同,整套机组和蒸汽轮机并不一定处于设计工况附近,与 132 MW 的燃气轮机负荷对应的整套负荷可能高于也可能低于 50% 整套机组负荷,甚至会随着机组的检修周期和设备效率的变化而不同。

9.3.2　触发 RUNBACK 的故障源

触发 RUNBACK 机制的故障可能来自燃气轮机本身,也可能来自重要辅机、余热锅炉和发电机等。因各机组的系统设计、设备配置、地理位置以及控制架构的不同,触发 RUNBACK 的故障源可能有所不同,甚至 RUNBACK 的动作及复位的延时时间也不同。即使是相同的故障源,如发电机定子温度高,由于各机组配套发电机的形式及特性差异,也可能采用不同设置,甚至 RUNBACK 的负荷变化率也不尽相同。总之,哪些故障需要触发 RUNBACK 动作,采用何种负荷变化率,都需要根据工程实际来设置,以便更好地保护机组设备。

本节主要对国内 M701F3 型机组实际运行中的常用设置进行介绍,其中涉及的故障类型及 RUNBACK 负荷变化率都可能随各项目的实际情况而有区别。

(1)燃烧异常

1)CPFM 高

三菱 M701F3 燃烧的监控是通过对燃烧室的压力波动和压力加速度两个参数的监控来实现的。每个参数都分频段来设置预报警值、报警值和跳闸值(有关测点布置及物理意义详见本书第 7 章,CPFM 的控制算法详见本套教材控制分册)。当 ACPFM 系统检测到 20 个燃烧室中的压力波动及加速度数据达到动作值时,对 TCS 发出 RUNBACK 信号。

2)BPT 异常

BPT 偏差(BPT-BPT AVG)达到预设值,或者 BPT 变化速率超过基准值时,触发机组 RUNBACK。BPT 的变化速率基准值为一个随负荷区间及前一个计算周期内所有 BPT 平均变化率修正共同决定的量,它并不唯一取决于负荷,而是随着机组状况的变化而累积修正并实时计算。

例如,某电厂经调试后设定“CPFM HIGH RUNBACK”采用中速负荷变化率 80 MW/min,在燃气轮机负荷高于 132 MW 时有效(燃气轮机负荷高于 159 MW 触发,低于 132 MW 复位)。同时设置 BPT 偏差高于 +25 ℃或低于 -40 ℃时,触发机组低速 RUNBACK,在全负荷范围内均有效,负荷变化率为 16.7 MW/min。而某另一电厂同类型机组在调试后则针对“CPFM HIGH RUNBACK”采用了快速负荷变化率 400 MW/min,在燃气轮机负荷高于 132 MW 时有效。

(2)燃料压力和温度异常

三菱 M701F 燃气轮机可以燃用气体和液体燃料,也可以燃用混合燃料,但机组燃用的燃料不同时,采用的参数及设定值也会不同。我国内地三菱 M701F3 型机组多采用天然气为燃料。此处以天然气为例。

燃料异常包括压力和温度两个方面,由燃料异常触发的 RUNBACK 指令只在燃气轮机负荷大于 132 MW 时有效。

为维持机组一定的负荷,燃料供应压力必须满足一个最小的压力值,该设定值与机组负荷有关。负荷越高,需要的燃料最小供应压力越高;负荷越低,燃料最小供应压力就越低。当燃料低于该最小供应压力时,机组如果维持负荷不变就有熄火的风险。以函数 $P_{\min} = F(\text{load})$ 代表此最小压力值,则当燃料供应压力低于该设定值时,触发中速 RUNBACK 动作,负荷变化率为 80 MW/min。

天然气在送入燃气轮机之前会经过 TCA 预加热,加热到一定温度的天然气更利于引燃和燃烧稳定,该温度同样与负荷有关,为一个合适的区间。温度高限设定为 230 ℃,温度低限则为一个随负荷变化的曲线。以 $T_{\min} = F(\text{load})$ 表示其下限,则当温度介于 $T_{\min}$ 和 230 ℃区间内时正常,超出该区间则触发低速 RUNBACK,负荷变化率为 16.7 MW/min。

如图 9.1 所示为某电厂 M701F3 型机组的燃料压力设定值、燃料温度低限设定值与负荷的关系。

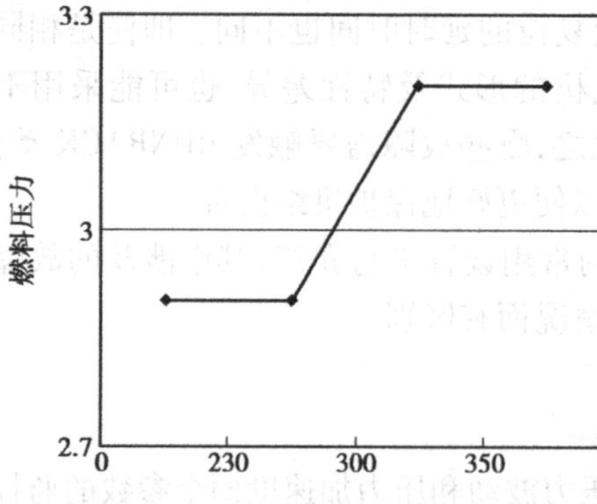

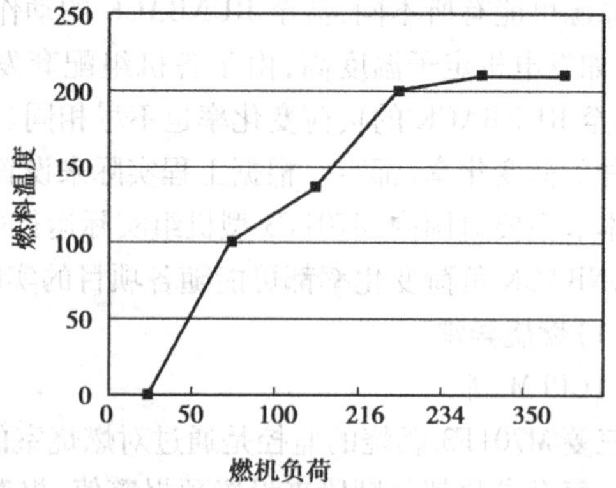

图 9.1 燃料压力设定值、燃料温度低限设定值与负荷的关系

(3)转子冷却空气(Rotor Cooling Air,RCA)温度高

转子冷却系统关系到整个热通道部件的寿命,为了保证冷却的效果,应当密切监控进入燃气轮机前的转子冷却空气温度。当 RCA 温度高到一定程度,热通道部件会在高温下受损。三菱 M701F3 设定 RCA 持续高于 235 ℃达 5 min 时,触发低速 RUNBACK,负荷变化

率 16.7 MW/min。

(4)其他燃气轮机相关 RUNBACK 设置

三菱 M701F 有一定的燃料适应性,根据项目设计用途及燃料不同,燃烧器喷嘴也可能有差异。在燃用重油或混合燃料时,必须对燃料和燃烧过程增加适当的监控,这部分监控也会触发 RUNBACK 动作。目前,我国内地现有 F 级燃气轮机均燃用天然气,缺乏油燃料和混合燃料的实际运行经验,且投产的机型也只有 F3 和 F4,尚未有 F5 机型被引进,因此,此处仅依据 DIASYS 控制逻辑做简要介绍,其数值均为预置数值,与实际投运的项目可能有所差异。

1)注水失效 RUNBACK

三菱 M701F 在燃用油燃料时可以对机组进行注水,燃气轮机遵从“双流体循环”运行。注水能降低燃烧温度,也利于降低排气中的 NO_x 含量;另外,同样热力参数的水蒸气的做功能力比空气强,注水形成水蒸气后,与燃气一起进入透平做功。在总流量保持不变的情况下,空气和水蒸气混合气体以同样的压力温度进入透平,能够提高燃气轮机功量输出。当主备用注水泵均跳闸,注水联箱失压的情况下,燃气轮机中速 RUNBACK 被触发,负荷变化率80 MW/min。

2)燃烧室过渡段冷却蒸汽温度高

三菱 M701F3 型燃烧室过渡段为挂片式结构。运行中由于内外差压的作用,各级挂片内表面会形成空气隔热层,使挂片不直接接触火焰,降低挂片温度。但在后续的 G 级机型里,为增加燃气轮机的设计出力,增大燃料量,燃烧室内的温度会出现过高的情况,过渡段需要附加蒸汽冷却以改进冷却效果,此时通入的蒸汽温度会影响过渡段的工作温度。该技术是三菱对燃烧室持续研发改进中的一种创新,成熟后的新型燃烧室又会反过来应用到 F 级改进型的燃气轮机上。当蒸汽温度过高时,燃烧室冷却不足会出现超温,导致燃烧室涂层烧蚀,因此在这种情况下将触发燃气轮机 RUNBACK,预设负荷变化率 16.7 MW/min。

3)值班喷嘴吹扫异常

通过相同结构喷嘴时,油料和气体的压力变化特性不同,喷嘴通道变化也会引起调节困难。当燃用混合燃料时,从燃料油切换至燃料气的过程中,值班燃料喷嘴需要进行吹扫,防止堵塞。当燃料切换过程启动后,如吹扫供气阀不能正常打开,则触发燃气轮机低速 RUNBACK,负荷变化率 16.7 MW/min。

(5)凝汽器冷源不足

机岛关键辅机设备的异常也会导致机组出力受限,M701F3 型机组多针对凝汽器的冷源设置有 RUNBACK 闭锁。当凝汽器冷源不足,如循环水泵跳闸时,凝汽器真空会降低,直接影响汽轮机的出力和凝汽器安全,因此在这种情况下,应当启动 RUNBACK,尽快减少出力,降低汽轮机蒸汽参数,维护设备安全。

为防止错误触发 RUNBACK,对凝汽器冷源不足采用适当的判据至关重要,应区别对待循环水泵的正常停运和跳闸信号,并要考虑到管道布置形式的不同(母管制或单元制)。当循环水系统采用母管制布置时,共用母管的运行机组台数与运行水泵的数量做好对应,是否需要同时触发所有共用母管的运行机组 RUNBACK,也要根据调试结果而采用不同设置。

以某电厂为例,3 台三菱 M701F3 型机组采用母管制循环水系统,使用 3 台大流量循环水泵。原设计为当存在循环水泵故障跳闸信号,而运行循环水泵数量少于运行机组数量时则触发运行机组 RUNBACK,负荷变化率为 80 MW/min。但经过实际的工程调试,凝汽器真空严密性较好，经过权衡 RUNBACK 的效率损失和安全风险，最后决定取消该 RUNBACK 动作连锁。而某另一电厂 3 台三菱 M701F3 型机组采用母管制循环水系统，使用 6 台循环水泵。当循环水泵跳闸导致可用循环水泵数量不满足机组运行条件时，触发所有运行机组快速 RUNBACK，负荷变化率 400 MW/min。

理论上，凝汽器冷源不足也可以采用凝汽器冷却水入口压力或真空度作为判据，但需要考虑到 RUNBACK 启动到蒸汽参数下降的时间差，确保凝汽器真空不至于大幅恶化而引起真空保护联跳整套机组，具体设定值需要在调试中拟订。

(6)发电机异常 RUNBACK

这是三菱 TCS 控制系统为发电机系统预留的 RUNBACK 信号接口。由于配套发电机及励磁系统的生产厂家、设备型号、性能、测点布置、保护配置及动作整定值均会随具体项目不同而不同，故最终采用的保护设置也会有很大差别。

1)发电机 N/M 定子温度高

当发电机定子线圈总共 M 个温度测点中，有 N 个测点达到高报警设定值时，触发燃气轮机高速 RUNBACK，负荷变化率 400 MW/min。当整套机组负荷以 400 MW/min 下降，使燃气轮机负荷低于 132 MW 时，如果上述定子线圈温度 N/M 报警信号仍未复位，则继续低速 RUNBACK，负荷变化率 16.7 MW/min。例如，某厂发电机定子共设置 10 个温度测点，设定其中 5 个达到 99 ℃时，触发机组快速 RUNBACK。又如，某厂全氢冷发电机定子设置 6 个温度测点，设定其中 3 个测点达到 105 ℃触发中速 RUNBACK。

2)发电机失励磁

当发电机励磁系统异常，不足以维持机组以现行负荷运行时，触发机组 RUNBACK。发电机失励磁有多种原因，有可能是励磁系统本身的故障，也有可能是电网原因，如负荷振荡。失励磁并不一定是指发电机励磁完全丢失，其判据也根据具体机组的不同采用不同的设置。励磁保护装置检测到失励磁条件成立时，则对外输出失励磁报警信号，经 DIASYS 控制系统动作触发 RUNBACK。如某电厂采用东方电气集团生产的 QFR-400-2-20 型 409 MW 全氢冷发电机，配套 GE 生产 G60 发电机保护装置及 T35 励磁保护装置，其发电机失磁保护采用 3 种判据：机端电压、系统电压、励磁电压。当机端电压和系统电压均正常，而励磁电压低于 0.8 倍额定值时，触发机组低速 RUNBACK，负荷变化率 16.7 MW/min。

(7)余热锅炉异常 RUNBACK

同发电机异常一样，这是三菱 TCS 控制系统对非机岛范畴内设备预留的 RUNBACK 信号接口。具体引入何种故障触发 RUNBACK，采取什么信号点作为判据，都需要依据配套的余热锅炉形式(有无补燃、卧式/立式、热力系统配置和特性等)而定。可以考虑的故障信号包括温度、压力、汽包水位或者关键泵阀的失效等，根据实际调试情况，设计单位、调试单位、设备供应方以及业主可在沟通后，增加或减少联锁 RUNBACK 的设置。我国实际运行的机组中，有的机组则完全不设置余热锅炉联锁触发 RUNBACK。

一般而言，对于无补燃的余热锅炉，热力系统超温的可能比较小，因此，很多无补燃余热锅炉机组一般不设置超温联锁 RUNBACK。但对于有补燃的余热锅炉，如减温喷水系统失效，则存在长时间大幅度超温可能。例如，某电厂采用蒸汽超温来触发整套机组 RUNBACK，当蒸汽温度超过设定值并附加一定延时后，余热锅炉向机组 TCS 发出 RUNBACK 指令，降负荷速率 400 MW/min。

9.3.3 RUNBACK 动作后的处理

当机组 RUNBACK 动作后,机组操作员应立即停止正在进行的操作。盘面上的相关操作窗口都被禁用,无法接受指令输入,此时现场的相关操作也应当立即停止,如在线水洗操作等。

RUNBACK 动作期间,操作员应当做好机组的监控,尤其是触发 RUNBACK 信号的故障相关系统,并做好后续操作的预想。具体的故障处理要在相关负责人的指令下,依照规程,立即查找故障原因,并尽快恢复至正常状态。RUNBACK 信号消失之后,只有在故障源已处理并恢复正常的情况下,才能恢复机组至故障前的负荷。

9.4 轴系典型故障及处理

9.4.1 机组超速

(1)超速保护

发电机组转子的转速稳定来自于发电机内部电磁力与原动机的机械驱动力的平衡。当机组跳闸或电气保护动作导致切机时,如果燃气轮机的燃料系统或者蒸汽轮机的主汽阀不能及时关闭,则转子转速就会失去平衡,会在残余的驱动力下继续升高转速。超速的原因包括转速调节功能故障,大联锁故障,速度传感器故障,燃料阀或主汽阀动作机构故障,或者电气设备故障,等等。过快的转速会给转子叶片带来较大的离心力,使叶片内部的应力剧烈升高,破坏叶片的受力平衡,严重时会发生叶片断裂,带来难以挽回的损失。

三菱 M701F3 机组在正常运行中的转速控制由 GOVERNOR 控制模式来实现,但在3 000 r/min以上的转速区域,M701F 机组设置了一个超速保护控制(OPC)和两套电子超速跳闸(E-OST)等关键保护装置。

OPC(Over-speed Protection Control)功能用于在机组发生超速时,通过短时关闭主蒸汽控制阀来切断蒸汽轮机的驱动力,进而使转速下降。OPC 的设定值为 107.5% 额定转速,即3 225 r/min。OPC 不具有跳闸功能。

另外,M701F 装备了两套电子超速跳闸(E-OST)设备用于防止机组超速。当转速达到设定值时,相应的 E-OST 设备动作均可紧急遮断整套机组。当任何一套电子超速跳闸(E-OST)设备动作时,机组 AST 跳闸电磁阀动作,机组遮断。其动作值如下:

- 主 E-OST(Electrical Over Speed Trip),设定值为额定转速的$110^{+0.5}_{-0}$%,即$3\,300^{+15}_{-0}$ r/min。
- 备用 E-OST(Backup Electrical Over Speed Trip),设定值为额定转速的 $111^{+0}_{-0.5}$%,即$3\,330^{+0}_{-15}$ r/min。

为了维护设备的可靠性,避免保护失效情况的发生,电厂需要对机组转速测点、OPC 和 E-OST设备制订符合实际的定期维护方案,制订 OPC 动作试验和超速跳闸试验计划,以便尽早发现设备异常。

(2)机组超速后的处理

无论是因为哪种设备故障或异常,当机组出现超速时,值班员应确保能够迅速地控制住

转速。为此,值班员要尽快完成以下处理:

①值班员应根据机组所处的状态,迅速寻找驱动转子转速上升的动力来源,检查燃料系统、主汽阀组以及机组运行模式(GOVERNER 或 LOAD LIMIT)。当机组处于并网运行状态时,受到电网频率的牵制,发电机组不太可能发生超速,如果因转速控制或燃料控制出现故障而导致机组转速异常上升,则应确认机组顺利解列,紧急时应立即手动打闸;当机组空载运行时,则应立即检查燃料 CSO 和燃料控制阀的动作状态,确认正常。

②确认 OPC 和主/备 E-OST 均能在设定转速附近正确动作。OPC 和 E-OST 动作时,控制系统显示的实际转速会与设定值有微弱的差别,这与数据采样频率、升速率以及显示的时滞有关,但差别一般不应过大。例如,某电厂三菱 M701F3 机组在调试期间超速试验时所记录的实际数据为升速率 135 r/min^2、OPC 动作值为 3 223 r/min、主 E-OST 动作值 3 298 r/min、备用 E-OST 动作值 3 323 r/min。值班员应提前关注转速变化率和动作值,准确判断是否正确动作,以免延误事故处理。

③如果遇到 OPC 和 E-OST 拒动的情况,机组转速超过 OPC 或主/备 E-OST 动作值而仍保持升势,则应果断打闸。手动打闸可通过控制油手动打闸手柄进行,也可通过控制室内的硬手操按钮进行。

保护跳闸或手动打闸后,机组的处理按照本章 9.2 节进行。

机组跳闸后,对于事故原因要作深入分析,故障设备需要进行全面检查及处理。设备恢复正常后,机组需要重新做 OPC 和 E-OST 的动作试验,并做好书面记录,试验合格后方可重新投入运行。

9.4.2 轴承振动高

(1)轴承振动保护

在高速转动设备中,转子振动是一个非常重要的监视项目。三菱 M701F 单轴联合循环机组的燃气轮机、蒸汽轮机以及发电机采用刚性联接,整个转子长度逾 40 m,共有 8 个支撑轴承和一个推力轴承(具体结构可参见前述相关章节)。三菱 M701F3 单轴燃气-蒸汽联合循环机组的转子有两阶临界转速,其中,一阶临界位于 780 r/min 附近,二阶临界位于 2 100 r/min 附近。

过高的振动会损伤轴承瓦片,严重的甚至会导致轴瓦烧坏。转子振动高的原因很多,主要包括:动静部分之间存在摩擦;转子不平衡;对中不准;振动仪故障,读数出现偏差;轴承故障;转子或者叶片损坏,使转子平衡破坏;润滑油压、油温异常;机组运行参数骤变,引起透平内部激振,等等。此外,当转子转速位于临界转速附近时,转子也会由于共振的原因出现振动升高,但最大振幅应该在报警值以内。

三菱 M701F 燃气-蒸汽联合循环机组的 8 个支撑轴承分别设置了相同的报警和跳闸动作值,具体数值如下:

①当任一轴瓦振动超过 125 μm 持续 3 s 时,"轴承振动高"报警发出。

②当任一轴瓦振动超过 200 μm 持续 3 s 时,机组跳闸并发出报警。

(2)转子振动高的处理

机组在振动高的情况下运行,会对机组造成非常大的破坏,甚至是难以挽回的损失,因此当出现振动高时,值班员应当立即查明原因,进行相应的处理,同时汇报给相关部门。

1)操纵员需要迅速判断振动高是否真实

如果是测点故障或读数漂移,振动不真实,误跳闸会给热通道部件带来寿命损失,同时给电厂带来经济损失,但振动如果是真实的,故障常常会往更严重的方向发展,继续运行会带来更严重的部件损坏,因此值班员在处置振动高报警的情况时,需要权衡两方的风险作出正确的判断。

值班员应该在现场通过听诊确认故障轴承的运行状况,不能仅凭数据曲线形态来判断。一般而言,孤立的单个振动读数突然升高,往往是测点故障,真实的振动应该得到其他故障表征的印证。例如,同轴承另一方向的振动,轴承金属温度、回油温度、相邻轴承的振动读数、负荷波动、主汽参数、热通道温度等关联参数均会发生趋势性的变化。

2)根据判断情况作出相应的处理

如果判断振动不真实,为防止保护误动,应立即通知相关人员采取临时措施,如强制读数或解除故障测点等,防止保护误动作,然后检查故障测点,如能在线处理时应尽快在线处理。如不能在线处理,应尽快列入检修计划,并拟订检修方案。

如判断振动为真,则应尽快判定故障程度,以决定下一步处理。在振动值未到达跳闸值之前,应当做好现场的巡检和对故障轴承运行状态的监控。如果故障振动可控,未有其他严重现象发生(如金属性撞击声、轴承漏油着火等),则不应当手动打闸,而应该保持机组运行直到故障振动到达跳闸值,由保护动作来跳闸整套机组;但如果故障明显恶化,出现类似金属性摩擦异响、轴承漏油有着火风险等,则应立即采取措施,视情况降低负荷,或者立即手动打闸。

打闸或跳闸后的机组操作按照本章9.2节进行。

停机惰走过程中以及投入盘车后需持续对各个轴承进行听音检查,为事故分析积累资料,同时,还可通过惰走时间、盘车电流等数据判断转子是否存在额外的摩擦阻力。在有动静摩擦的情况下,惰走时间会缩短,盘车马达电流会增大,并且一般会伴随着一定幅度的波动。待高压缸入口金属温度低于180 ℃之后,即可停运盘车,开缸检查转子受损情况。

9.5 燃气轮机典型故障及处理

9.5.1 热通道温度异常

(1)热通道温度监控方式

三菱M701F型燃气轮机的燃气初温为1 400 ℃。高温燃气在经过4级透平后以599 ℃的排气温度排入排气扩压段。在这个热通道中,布置了如下温度测点,用以监控热通道的温度情况,防止超温烧坏动静叶片或其他部件。

1)转子冷却空气RCA(Rotor Cooling Air)温度

RCA温度是指通过TCA冷却后进入透平转子之前的冷却空气温度,该温度为两个温度测点的平均值。

2)轮盘间隙温度DCT(Disc Capacity Temp)

DCT是指转子轮盘之间空腔的温度,间接监视整个转子的冷却。DCT实际的安装位置在静叶的顶端,即静叶和转子的结合部,测量的是从轮盘空腔内溢出到主流道的冷却空气的温度。

3)叶片通道温度 BPT(Blade Path Temp)

BPT 共有 20 个温度测点,布置在第 4 级动叶片下游处,用于间接监视燃气初温。

4)排气温度 EXT(Exhuast Temp)

EXT 共设置 6 个测点,位于燃气轮机尾端排气道内。EXT 测点距离第 4 级叶片有一定的距离,气流在流道内有充分的混合,因此,EXT 测量出的温度相对于 BPT 更加均匀,也更能反映出排气的真实温度。

因为转子处于持续的转动中,而且热通道内的燃气温度过高,故三菱 M701F 对转子热部件温度和燃气初温均采用间接监控。RCA 温度和 DCT 都是对转子冷却空气的监控,间接反映被冷却的转子热部件的工作状况,RCA 温度可直接测量,但 DCT 则易受到装配间隙以及流道内湍流变化的影响,出现读数偏差;BPT 和 EXT 则均可间接监控燃气初温,但 BPT 可灵敏反映出燃气初温的离散程度,EXT 则能精确反映出实际的平均排气温度。因此,三菱 M701F 对 RCA 温度、BPT 和 EXT 均设置有报警及保护闭锁,但对 DCT 则只设置了报警值,用于提示值班员可能出现异常。RCA、DCT、BPT 和 EXT 相关介绍以及保护设置详见"冷却与密封空气系统"和"机组运行与监控"。

(2)热通道温度异常及处理

根据各个测点设置目的的不同,保护的动作方式也有差别。值班员需要熟悉各个测点的设置目的、物理安装位置、历史数据以及数据异常可能会给燃气轮机热通道部件带来损伤。

1)RCA 和 DCT 温度高的处理

RCA 温度设置有报警和 RUN BACK 保护,而 DCT 则仅供监控使用。当 RCA 温度或 DCT 达到报警值时,值班员应该对该温度值的历史变化趋势进行分析,并找出原因。

RCA 和 DCT 的温度过高,最可能的原因为 TCA 工作异常。值班员应该立即检查 TCA 的工作状态,3 台风机是否都能正常工作,温控阀的调节是否正常。实际运行中多发生 TCA 风机皮带断裂等故障,致使 TCA 的冷却风量不足,进而导致 RCA 温度高。

DCT 温度过高,除了 TCA 冷却不足之外,还可能由于转子冷却通道堵塞或密封间隙过大转子冷却空气泄漏而导致,两者均会导致下游通道的冷却空气量不足,进而导致温度过高。机组开缸检修完毕之后,首次投入运行时如果发生 DCT 温度过高而 RCA 温度正常的情况,原因多为异物进入致使冷却通道部分堵塞,或者密封件有破损而致冷却空气有泄漏。

当 RCA 和 DCT 温度过高时,值班员应当手动停止升负荷,确保 RCA 平均温度不会超过 235 ℃而使 RUN BACK 保护动作,如有必要也可适当降低机组负荷。如这种情况发生在 AGC 投入的状况下,当班负责人应当要考虑到负荷操作可能对电网的冲击,并及时和电网调度做好沟通。

2)BPT 与 EXT 异常的处理

BPT 和 EXT 数值的异常通常与燃烧有关,尤其是检修完毕后新投入运行的机组,由于机组回装时可能导致流道部件间隙的变化,燃烧调整对 IGV 和 CBV 的设置未达到最优化等原因,燃气轮机的 BPT 和 EXT 的离散度和平均值都可能出现异常。

当 BPT 或 EXT 出现异常时,值班员可暂停机组负荷变化,待负荷稳定后观察数值变化趋势。由于三菱 M701F 燃气轮机在设计上没有提供任何实时的人为干预方式用于调整燃烧,所以对值班员而言,更关键的是确认保护能够正常动作,防止保护拒动。

因 BPT 和 EXT 异常而跳闸后的机组,一般可通过重新进行燃烧调整而纠正故障。

9.5.2　风阀机构失效

(1)风阀机构保护

三菱 M701F 机组的空气调节机构包括进口可转导叶 IGV、燃烧室旁路阀 CBV 以及高、中、低压防喘放气阀。这些风阀机构如果拒动或误动都会严重影响机组的稳定和设备的安全,尤其是压气机的安全,因此,对于这些机构都设置有报警和跳闸保护。相关报警和保护设置如下:

1)IGV 的报警和保护设置

①在停机后 IGV 没有全关,发出报警信号。

②IGV 控制信号输出(IGVCSO)和 IGV 实际阀位偏差达到 ±5% 并保持 5 s 时,发出报警信号。

③IGV 控制信号输出(IGVCSO)和 IGV 实际阀位偏差达到 ±5% 并保持 10 s 时,机组跳闸,并发出报警信号。

2)CBV 的报警和保护设置

①启动和停机时旁通阀不能打开,则发出异常报警信号。

②CBV 控制信号(BYCSO)和实际阀位偏差达到 ±5% 并持续 5 s,则发出异常报警信号。

③CBV 参考信号(BYREF)和实际阀位偏差达到 ±5% 并持续 10 s,则燃气轮机跳闸,并同时发出异常报警信号。

3)防喘放气阀的报警和保护设置

①启机过程中,低压防喘放气阀在转速高于 2 815 r/min 或中压防喘放气阀在转速高于 2 838 r/min后,全关失败,则燃气轮机跳闸。

②停机过程中,中压或低压防喘放气阀在转速降至 2 800 r/min 后 3 s 内全开失败,燃气轮机跳闸,发出报警。

③高压防喘放气阀在主信号发出 20 s 后,全关失败,则燃气轮机跳闸。

(2)风阀失效后的处理

三菱 M701F 燃气轮机的 IGV、CBV 以及高中低压防喘放气阀门的控制均采用了双通道冗余架构,两路控制互为备用,工作通道故障时可自动切换至备用通道控制,并同时发出报警。这样设置的目的是为了确保控制精度和动作可靠性,正因为如此,三菱 M701F 机组没有为值班员提供任何人为控制风阀的指令入口。因此,当这些风阀出现故障时,值班员要确认燃气轮机保护正常动作,如出现拒动的情况,应迅速手动打闸。

风阀动作异常的可能原因包括位置变送器故障、传动/执行机构故障、驱动机构故障(如 E/H 控制阀故障、仪用压缩空气压力不足)等。机组跳闸后,要全面检查故障风阀的指令计算逻辑、信号传输通道、阀位反馈变送器、驱动机构及其压力介质(油、气)等。实际运行经验证明,双通道的控制架构很少同时出现故障。即便有故障也是单通道故障,备用通道可以保证机组运行。燃气轮机因为风阀异常而跳闸的情况,多是因为驱动机构故障,或者是因为油质不达标、污渍卡涩油动机,或者压缩空气管道泄漏致使压力不足,等等。

9.5.3 燃烧及火焰监测异常

(1)燃烧室火焰监测及保护

燃烧室的内部结构、点火装置以及火焰监测系统配置见本书相关章节。三菱 M701F 燃气轮机对火焰的监测分别从火焰、压力波动以及压力波动加速度 3 个方面进行。火焰的监测由具有红外和紫外探测功能的检测仪进行,布置于#18 和#19 号燃烧室,两个燃烧室分别布置两个探测仪。压力波动则在 20 个燃烧室内分别布置一个压力波动传感器,监测燃烧室内压力的波动频率和幅度,同时,在#3、#8、#13、#18 这 4 个燃烧室布置有一个加速度传感器,监测燃烧室压力波动的加速度。

三菱 M701F 机组针对燃烧的报警和保护设置如下:

①在点火启动期间,任何一个火焰探测器(#18A/B、#19A/B)未探测到火焰,则报警发出,燃气轮机跳闸。

②在满速空载期间,任何一个火焰探测器(#18A/B、#19A/B)未探测到火焰,则报警发出,燃气轮机跳闸。

③24 个传感器(20 个压力波动传感器和 4 个加速度传感器)中的 1 个传感器的压力值高于预报警值时,报警发出。

④24 个传感器(20 个压力波动传感器和 4 个加速度传感器)中的 2 个传感器的压力值高于 RUNBACK(快速降负荷)设定值时,报警发出;同时若机组处于 60% 负荷以上运行时,机组快速降负荷至 50% 额定负荷。

⑤24 个传感器(20 个压力波动传感器和 4 个加速度传感器)中的 2 个传感器的压力值高于跳闸设定值时,燃气轮机跳闸,并发出报警。

(2)燃烧及火焰异常处理

机组燃烧及火焰异常情况下,值班员需要确认机组的相关保护正常动作,如有拒动的情况,要立即打闸机组,避免事故扩大,具体的事故原因待停机后查找并处理。

燃烧及火焰监测系统的故障类型较多。监测不到火焰,即俗称的灭火故障,可能的原因包括:燃料系统故障(如燃料压力控制阀、燃料流量控制阀、燃料关断阀和放散阀等部件无法正常动作),点火系统故障(点火器开关或内部变压器故障致使电压不足,点火器卡涩致使无法正常推入,或压缩空气管道有泄漏或堵塞而致使点火器投退不正常),燃料组分变化幅度大(如上游供气单位存在多个不同产地的天然气源),燃烧室旁路阀动作异常(如卡涩致使阀门开度不正常,配风错误),等等。其中,燃料阀组、CBV 以及点火器的动作又与控制油系统、仪用压缩空气系统等辅助系统相关联,所有这些可能原因都应该得到认真检查。如果属于点火器故障,则点火器在修复后应做打火试验,确认正常后才能投入使用。

9.5.4 燃气轮机罩壳火灾

当出现燃气轮机罩壳内火灾报警时,应迅速就地确认火情,若确实有火情则应做如下处理:

①值班员要立即确认机组自动跳闸,如果保护拒动要立即手动打闸,并停运全部罩壳风机,在火情未控制住之前,严禁打开燃气轮机罩壳的任何门窗,确保燃气轮机罩壳密封。

②检查罩壳灭火装置正常动作,两路二氧化碳喷放管网都自动动作,火情得到有效控制,

如果二氧化碳灭火系统拒动，要立即手动启动灭火系统。

跳闸后的机组操作按照本章9.2节进行。

火灾期间以及火情得到控制之后，值班员要着重监视：燃气轮机两侧轴承（#1和#2）的参数变化，润滑油的供油和回油温度变化，燃料系统的阀组动作情况，控制油系统的回油温度。因为燃气轮机两端轴承和透平侧的柔性支撑内部都充满润滑油，IGV、CBV以及燃料阀组的驱动机构均为控制油驱动，控制油供各阀组驱动机构的供回油管道布置于燃气轮机罩壳内，这些管道都容易受热导致油温升高，所以要控制好润滑油和控制油的油温，必要时可手动调节油系统的冷却器冷却水量，或者采取启动多台冷却水泵，增加冷却水流量等措施，对油系统进行强制换热降温。为防止控制油、天然气等易燃物质漏入罩壳间，可采取停运控制油泵，或者在燃料系统上采取相应的隔离措施等。

灭火后，应该保持罩壳密封一段时间，防止新空气进入燃气轮机罩壳内重新引燃火焰。在进入燃气轮机间检查设备状况之前，应当确认罩壳内温度合适，将消防系统切换至"检修"状态或者停运罩壳消防。进入燃气轮机罩壳的工作人员应当根据实际情况采取必要且适当的保护措施后才能进入。例如，身穿隔热服，穿戴消防呼吸器，全开罩壳风机通风，在罩壳间门口或其他便利位置准备好灭火器，等等。

一般而言，燃气轮机罩壳内火灾多由可燃物质引起，火灾后要尽快寻找到源头，对各易燃物质要尽快隔离。除了控制油和燃料系统可以尽快隔离之外，值班员要对润滑油系统进行深入检查，确认润滑油系统是否存在隐患。对润滑油系统的处理要综合权衡利弊，既不能贸然停运而导致轴系失去润滑和冷却损伤转子，也不能过度坚持运行而扩大火情。

9.6　蒸汽轮机典型故障及处理

9.6.1　低压缸末级叶片温度高

三菱M701F3型联合循环机组配套汽轮机低压缸的末级叶片较长，采用的是普通碳钢材料。叶片越长，旋转时离心力就越大，对材料强度的要求就越高，承受额外热冲击的余量就越小。为了保护低压缸末级叶片，需要对汽轮机尾部的运行环境和材料温度进行监视，并设置合适的保护，以免引起叶片折断的严重后果。

汽轮机低压缸尾部布置的测点有末级叶片的金属温度、尾部导流板的金属温度以及4个排汽温度。对这些温度测点的保护设置如下：

①排汽温度高于80 ℃，发出报警。

②排汽温度高于120 ℃（发电机侧，三取二），发出报警，机组跳闸。

③末级叶片金属温度高于200 ℃，发出报警。

④排汽导流板金属温度高于200 ℃，发出报警。

未对末级叶片金属温度设置跳闸保护，原因在于末级叶片高的转速，其温度不能直接测量。当末级叶片温度达到210 ℃时，厂家维护手册推荐通过手动降负荷或者停机来保护设备。

实际运行中，低压缸排汽温度和末级叶片金属温度的差值为20～30 ℃，同步升降且范围可控,因此不会出现叶片金属温度高于 200 ℃而机组仍然未跳闸的情况,排汽温度高于 120 ℃跳闸的设置已足以覆盖末级叶片的保护要求。但在停机期间,或者启动中机组尚未实现进汽的时候,对末级叶片的金属温度则要重点监视,因为此时低压缸内无蒸汽流动换热,或者只有少量冷却蒸汽,排汽温度和金属温度的差值可以高达 100 ℃以上。

综上所述,低压缸末级叶片的运行风险主要集中在启动过程中。如果启动过程中有末级叶片或者排汽导流板金属温度超 200 ℃的报警,则值班员应立即检查低压缸冷却蒸汽汽源的各项参数,包括辅助蒸汽联箱压力和温度,低压缸冷却蒸汽压力和温度,低压缸冷却蒸汽调节阀和电动阀开度,等等,另外,凝汽器真空度也会影响低压缸尾部的温度。总之,在汽轮机进汽之前,应该确保低压缸冷却蒸汽汽源的稳定,冷却蒸汽具有足够的压力、流量以及饱和度,否则,机组不应持续保持高速旋转。如冷却蒸汽无法保证持续且稳定的供应,则机组应该迅速停下来,待冷却汽源的故障解决之后才能再次启动。

9.6.2 凝汽器真空低

水蒸气从低压缸排出后进入凝汽器,受到低温冷源的冷却,放出潜热凝结成水,从而使凝汽器内形成高度真空。凝汽器的真空不是绝对真空,其作用在于降低汽轮机的排汽背压,减少冷源损失。

依据分压定理,如果凝汽器的不凝结气体过多,凝汽器的绝对压力会逐渐上升,低压缸的排汽背压上升,对应的饱和温度也会上升,这会使低压缸流道内的水蒸气提前进入湿蒸汽区,给末级叶片带来水冲击的风险。

三菱 M701F3 型联合循环机组的真空保护如下:

①凝汽器真空高于 -87 kPa 时,发出真空低报警。

②凝汽器真空高于 -74 kPa 时,发出报警,机组跳闸。

机组运行过程中,凝汽器真空的维持是一个动态平衡的过程。凝汽器冷源用水(海水或一次水)对低压缸排汽进行冷却,使水蒸气放热凝结成水,体积大幅收缩;另一方面,自负压区各设备管道连接处漏入的空气则经由真空泵持续不断地抽吸而排出真空系统之外。因此系统密封性、足够的冷源和冷却效率、真空泵持续不断地抽吸构成了凝汽器真空稳定的必要条件,任何因素的变化都会对凝汽器的真空产生影响。

凝汽器真空恶化的原因大致包括 3 个方面:冷却不足、真空泵故障、密封性变差,其中,冷却不足和真空泵故障比较容易判断和处理。实际上,绝大多数凝汽器真空恶化都来自于密封性变差,即泄漏进低压区的空气量大于真空泵的抽气量。在联合循环机组的实际运行中,凝汽器的漏点常出现在负压区的各种机械联接处,如疏水阀门法兰联接,真空破坏阀水封,凝结水泵机端密封,等等;国内第一批打捆招标的 M701F3 型单轴机型中,凝汽器与低压缸结合的喉部也容易出现泄漏;此外,轴封系统如出现故障导致轴封供汽不足,空气也会从汽轮机轴端漏入真空系统,此时不但凝汽器真空恶化,更重要的是汽轮机本体金属会受到冷空气的冷却作用,可能导致缸体变形,使故障扩大。

如果出现运行中凝汽器真空下降(绝对压力上升)的现象,应首先启动备用真空泵,加大对不凝结气体的抽吸,暂时缓解真空的恶化;然后迅速查找原因并及时处理。泄漏点一般都与正在同步进行的操作有关,如打开了某些疏水阀门,或者关闭了真空破坏阀的水封注水等;或者与未处理的在运故障设备有关,如凝汽器密封水泄漏等。

因为漏点查找一般都很耗时,而且真空系统复杂,管道连接多,存在多点泄漏的可能。等到故障恶化到一定程度之后，一般很难依靠值班员使用临时措施维持机组运行。所以为了保持机组凝汽器的真空严密性，需要持续地跟踪真空系统密封性能的变化，定期进行凝汽器真空严密性试验，并将试验结果做好备案（试验方案和步骤见前述相关章节）。如果发现严密性下降的迹象，则应在故障恶化之前，及时地检查并消除隐患。机组值班员也需要熟悉机组真空系统的历史故障和试验记录，才能保证故障处理的及时性和准确性。

9.6.3　热力系统水击

水击是热力系统常见的一种故障，在热力系统中，存在水汽相变的区域或设备中，水击发生的概率较高，如启动过程中主汽管道的预热暖管，初次投入蒸汽系统时（辅助蒸汽或轴封蒸汽等），汽轮机进汽等。

(1)汽轮机水击

汽轮机水击是由于水或冷蒸汽（低温饱和蒸汽）进入汽轮机而引起的事故，是汽轮机运行中最危险的事故之一，可能会对汽轮机造成以下严重危害：

①动静部分碰磨。进入汽轮机的水或冷蒸汽使机组发生强烈振动，汽缸变形，相对膨胀急剧变化，导致动静部分轴向和径向碰磨。

②叶片损伤和断裂。水进入汽轮机通流部分会使叶片受到损伤和断裂，特别是较长的叶片。

③引起金属裂纹。机组在启停时如果经常出现进水或冷蒸汽，金属在频繁交变的低热应力下，会出现裂纹。

④阀门或汽缸接合面漏气。若阀门或汽缸受到急剧冷却，会使金属产生永久性变形，导致阀门或汽缸接合面不严密。

⑤推力瓦烧毁。由于水的密度比蒸汽的密度大得多，在静叶内不能获得与蒸汽同样的加速度，出静叶时的绝对速度比蒸汽小得多，使得相对速度的进汽角远大于蒸汽相对速度进汽角，不能按照正确的方向进入动叶通道，而对动叶进口边的背弧进行冲击，导致汽轮机轴向推力增大；另外，水不能顺利通过动叶通道，还会使动叶通道的压降增大，同样导致汽轮机轴向推力增大。实际运行中，轴向推力甚至可增大到正常情况时的10倍，过大的轴向推力将使推力轴承超载，推力瓦烧毁。

导致汽轮机发生水冲击事故的原因主要有以下4点：

①锅炉侧汽包水位调节机构失灵，或汽包压力骤降引起汽水共腾等原因导致部分炉水进入汽轮机。

②汽轮机启动过程中暖管时间不够，疏水不净等导致水进入汽轮机。

③主蒸汽减温水阀门关闭不严或操作不当，使水积聚在主蒸汽管道内，机组启动时，积水被蒸汽带入汽轮机。

④轴封系统在机组启动中未充分暖管和疏水，或停机切换备用轴封汽源时操作不当，均可能会使水带入轴封内。

在机组运行或启停过程中，若出现主蒸汽温度急剧下降、法兰或阀门漏气、主蒸汽管道有水击声、汽缸上下温差变大、轴向位移增大和机组剧烈振动等现象，则可确认汽轮机已发生水冲击事故，此时若机组还未自动跳闸，应立即手动打闸停机，并破坏凝汽器真空。

打闸或跳闸后的机组操作按照本章9.2节进行。在机组惰走过程中，应特别注意汽轮机内声响、振动、推力瓦温、上下缸温差和惰走时间等，以判断机组是否受损和受损程度。待停机后查找汽轮机进水原因，并对受损部件和设备进行修复。

为避免汽轮机发生水冲击事故，在运行过程中要注意以下事项：

①机组启动前，对蒸汽管道进行充分暖管和疏水。

②在机组启、停过程中要严格按照规定控制升(降)温、升(降)压。

③严密监视锅炉侧汽包水位，控制蒸汽压力和温度。

④定期检查各疏水阀和减温水阀是否动作正常。

理论上，汽轮机水击可以发生在任何一级叶片处，但从 M701F3 型单轴机组的实际运行情况来看，因为蒸汽轮机容量较小，运行压力较低，而其运行温度却和国产 300 MW 汽轮机相当，如炉侧水位控制得当，汽轮机主流道发生水击的可能很小，更主要的运行风险集中于低压缸尾部叶片处，这是因为该处受凝汽器真空影响很大。凝汽器真空决定了低压缸的排汽背压，进而决定了蒸汽饱和温度，当排汽背压过高，对应的排汽饱和温度上升，则在低压缸排汽侧蒸汽会过早凝结，冲击末级叶片，引起水蚀。另外，在启动过程中，M701F3 型单轴机组为保护低压缸尾部叶片配备有冷却蒸汽歧路，该冷却蒸汽直接取自辅汽联箱，经由一级压力调节后供入低压缸，因压降幅度较大，该压力调节阀在长期运行后容易出现阀芯损坏，调节不稳的故障。在机组启动中，尤其是冷态启动时，汽轮机低压缸的冷却蒸汽供汽品质如无法保证，则会引起末级叶片比较严重的水蚀。从我国运行的实际情况来看，已投产的三菱 M701F3 联合循环机组均未发生严重的水击现象，只在少部分机组的末级叶片上发现有微小的水击坑。

(2)压力管道水击

压力管道的水击多发生在系统投运过程中，如辅汽和轴封等系统的投运，以及冷态启动过程中主蒸汽管道和冷再管道等。

在机组冷态启动过程中，饱和度过低的水蒸气进入常温的管道后，水蒸气遇冷凝结成水并积聚在系统的低位。如果不能及时排出这些积水，随着系统升温升压，水滴会随着高压蒸汽的流动而撞击所经过的管道部件，严重时会拉断管道连接法兰，损伤阀芯等关键部位。

根据各台机组配置的不同，联合循环机组的热力系统差异很大，且各电厂的操作习惯也有差别，但总体上，值班员要熟悉水击的形成原理，并在热力系统的投运和机组冷态启动的过程中，对热力管道做好充分的暖管和疏水，严格控制热力系统管道的升温升压率。

9.6.4 汽轮机进汽闭锁

(1)进汽闭锁的原因

三菱 M701F3 型机组的启动状态采用蒸汽轮机高压缸入口金属温度作为唯一判据。所谓冷、温、热态或者“冷温态”与“热温态”等启动状态，只是指蒸汽轮机在机组点火或并网时高压缸入口金属温度的热力状态，而燃气轮机和余热锅炉则可能由于停机期间的各种检修工作以及自身的保温性能而处于不同的热力状态。

受管阀系统的设备可靠性、日常维护以及安装调试等因素影响，余热锅炉的 3 个压力系统的保温保压性能自然会有所区别，另外，停机期间可能会因检修工作而泄压放水，从而影响某一个压力等级的保温保压效果。

因为余热锅炉 3 个压力等级汽水系统在机组启动后的受热起点不同，以及余热锅炉内温度场不均匀等其他原因导致 3 个压力等级汽水系统的升温升压速率也会出现不同步的现象，所以达到进汽条件的时间会有先有后。

三菱 M701F3 型机组的蒸汽轮机对高、中压系统的蒸汽参数设置有包括高压和中压主蒸汽压力、温度以及饱和度的下限值,高压主蒸汽温度的上限值等进汽条件(详见第6章汽轮机启动相关章节),而低压缸因在2 000 r/min之后已通入冷却蒸汽,故未设置进汽判断条件。设置高压主蒸汽温度上限值的目的是防止高压主蒸汽温度超出金属缸温过多,对汽轮机带来较大的热冲击,另外,高中压缸进汽条件需同时满足才能进汽。

由于余热锅炉保温保压性能上的差异,或者为满足停机后的检修工作而对中、低压系统进行的泄压冷却,在启动时均会导致高压系统升温升压快,而中、低压系统升温升压慢。这种差别如果过大,在等待中压蒸汽满足进汽条件的过程中,高压主蒸汽的温度就可能会超出进汽条件的上限值而使机组无法进汽。该现象多出现在缸温介于230~300 ℃。

(2)进汽闭锁后的处理

进汽闭锁后,值班员需要将ALR切至OFF状态,手动降低机组的负荷,进而降低燃气轮机的排气温度,等高压系统的温度重新回到允许范围之内后,再重新将ALR投入ON的位置。

9.7 厂用电丢失故障及处理

9.7.1 厂用电丢失后处理原则

联合循环发电厂厂用配电系统一般分为6 kV和380 V/220 V电压等级,各电厂的各种负荷设备根据安全、负荷要求等方面的需要而分配在不同的电压等级母线上。厂用电丢失电后的处理原则是"尽快隔离故障失电母线,转移失电负荷",并在此基础上根据具体情况灵活处理。依据各机组厂用配电系统接线方式的不同,厂用电丢失有多种不同的处理方式,部分失电和全厂失电的处理也不尽相同。本节仅以一套燃气-蒸汽联合循环机组厂用电丢失来介绍,更大范围的全厂失电以及更小范围的部分负荷失电的故障,要依据具体情况具体处理。

整套机组失电后,值班员的处理目标是使机组迅速、安全地停运,并顺利投入低速盘车,确保燃气轮机、蒸汽轮机、发电机、余热锅炉、主变等关键设备的安全。

厂用电跳闸后,值班员除了按整套机组跳闸后的处理(见本章9.2节)要求进行检查和操作外,还应立即确认应急电源系统正常工作,包括润滑油直流油泵、密封油直流油泵顺利启动,柴油发电机顺利启动,并在规定时间内确保给事故保安段母线供电。

电气巡检员立即检查失电机组的110 V直流系统、220 V直流系统、事故机组柴油发电机、事故保安段母线以及机岛EMCC的工作状态,确保应急电源正常工作,同时立即分开机组失电母线与事故保安段的电气开关,如6 kV母线工作/备用进线开关、380 V工作段至事故保安段的馈线和进线开关、380 V工作段至EMCC负荷中心的馈线开关等,防止出现倒送电的情况,然后退出相关的自动装置,如6 kV快切等。如果事故因主变或高厂变故障引起,则还应立即隔离故障变压器,确认机组解列,确保送出系统和相邻机组的安全。

机岛巡检员要马上检查直流润滑油泵和直流密封油泵正常运行,供油压力达到规定值,检查润滑油、密封油及氢气系统运行正常。如有次生故障发生,应立即向值班负责人汇报,并联系相关部门人员采取临时措施进行紧急处理。

如果事故机组有备用电源,如接在出线系统上的备用变压器,或者相邻机组的高压厂用变压器等,则值班员应在确认上述检查正常之后,立即着手恢复事故机组的厂用电系统。在恢复厂用电系统时，应当考虑到备用电源的容量及来源，自 6 kV 开始，逐级向 380 V 工作段送电，直到恢复事故保安段和 EMCC 到正常供电方式为止。

9.7.2 处理实例

某电厂有 3 套 M701F3 燃气-蒸汽联合循环机组，各套机组的厂用电接线方式详见附录 4，各机组只有一段 6 kV 母线，循环水取自公用 6 kV 段，空压机、调压站、GIS、启动锅炉等公用设备电源均取自公用 PC 段，公用 6 kV 段和公用 PC 段均采用双母线，分别取自两台不同机组的 6 kV 母线，公用 6 kV 段和公用 PC 段母联开关无同期功能，双母线互为手动备用。下面详细介绍该厂某套机组失电后的处理步骤。

①确认失电机组解列跳闸。如果机组没有解列，应立即手动发跳机令，或手动分开发电机出口 GCB，防止出现发电机倒拖，使事故扩大影响电网和其他机组的安全。

②确认失电机组直流设备正常启动，直流润滑油泵和直流密封油泵投入正常，机组正常惰走。若未正常投入，则应当立即手动启动直流润滑油泵和直流密封油泵，并确保正常运行。

③机组惰走期间，尽快恢复失电机组的 EPC 段和 EMCC 段，措施如下：

a. 确认失电机组 EPC 段电源事故切换程序正常执行，柴油发电机自动启动，保安段恢复电压；如果自动执行不成功，应当手动将柴油机并列。

b. 确认失电机组 EMCC 已经自动切换到保安段供电，如果切换不成功，则应立即手动切换至保安段供电。

c. 确认 EPC 和 EMCC 段来自失压部分的进线开关，或馈线至失压部分及故障负荷的开关均已断开，并将开关摇至检修位。

d. 检查失电机组的顶轴油泵和盘车投入正常；如果在 500 r/min 之前 EMCC 母线电压没有恢复，则应当确保在 500 r/min 时投入直流顶轴油泵。

④在恢复 EPC 段和 EMCC 段后，要立即查找故障点，并尽快分开故障点与其他厂用负荷段的进线/馈线开关，做好如下隔离措施：

a. 如果 6 kV 已经失电，则退出失电机组 6 kV 快切装置，并将 6 kV 主/备用电源进线开关切至手动，并拖至实验位置；将 6 kV 各间隔的馈线开关和负荷开关都分闸，切手动，并拖至实验位置。

b. 如果 PCA/B 段均失压，则在柴油机并列前，要将保安段的两路电源进线开关隔离。

c. 将失压母线的下游负荷转移，涉及停机过程中不可或缺的重要负荷要优先处理。

d. 双母线设置的负荷段，如果单段失压，应当要尽快利用母联开关恢复失压母线的电压。

e. 如果无法恢复母线电压，或双母线都失压，则要及时隔离失压母线的进线开关，以及下游重要负荷(如循环水泵、高压给水泵等)或故障负荷的开关。

⑤EPC 段电压恢复之后，应当尽快启动交流润滑油泵、交流密封油泵、润滑油排烟风机，直流充电器和 UPS 切至交流电源，避免蓄电池负载过大，电压降低过多，并停运各直流油泵，恢复至备用位置。

⑥机组停机惰走期间，机炉侧设备和系统的操作，依照本章 9.2 节操作进行。

⑦当失电范围涉及 6 kV 或者公用 PCA/B 段的时候，以下重点负荷需要特别检查确认，如有故障要迅速处理：

a. 循环水系统：如有循环水泵跳闸，要及时启动备用泵，对跳闸循环水泵发出停止令，必要时尽快隔离其电源；通过调节各机组凝汽器海水进出口阀位，保证运行机组循环水母管压力在0.05 MPa以上。

b. 调压站系统:确保运行机组供气参数稳定正常,尤其是海水换热器的温度和海水泵的运行状态;如调压站海水泵跳闸,应当立即启动备用泵,保持海水换热器出口天然气温度在0 ℃以上;如有必要,应当立即启动水浴炉,确保运行机组稳定运行;如果因设备故障检修或公用PCA/B段同时失压等原因致使海水泵全部无法运行,应当立即紧急停运所有运行机组,确保调压站设备安全。

c. GIS升压站:如果升压站MCC母线失压,应当立即恢复升压站MCC母线电压;检查网络直流系统电池供电正常,并尽快恢复充电机运行;检查并记录升压站和各间隔的运行参数和保护装置工作状态,确保220 kV系统设备稳定运行。

d. 压缩空气系统:如果公用段失电致使空压机跳闸,及时启动备用空压机投入正常,确保压缩空气压力稳定;检查空压机系统冷却水的来源状态,如来自跳闸机组且闭式冷却水系统压力无法维持,应立即切换至稳定运行机组供应,确保空压机的冷却水正常。

e. 启动锅炉系统:所有机组都处于备用或检修状态时,要注意适当利用中压和高压旁路阀,保证机组至少可以正常破坏真空,防止轴封过早破坏,致使冷空气倒灌进汽轮机缸体,使事故扩大。

⑧主控台以及现场巡检人员应当检查并确认各失电机组油系统、氢气系统设备状态,防止各类消防事故发生。

⑨对其他厂用电系统进行巡检,确认供电状态正常。

⑩向中调汇报事故情况,包括GIS和主变的设备状态和保护动作情况,并按中调令对GIS和各主变开关刀闸进行操作。

⑪通知检修检查失电原因,力争尽快处理并恢复厂用电的正常供电。

⑫记录故障经过,为事故调查做好准备。

思考题

1. 机组出现事故后的处理原则是什么?

2. 详述触发机组RUNBACK的信号有哪些。

3. 简述机组电子超速保护和轴承振动高保护,并分别说明超速跳闸和振动高跳闸后的处理。

4. 机组热通道温度异常后如何处理?

5. 简述机组风阀机构保护和燃烧及火焰监测保护。

6. 简述蒸汽轮机低压缸末级叶片温度高、凝汽器真空低以及热力系统水击故障的处理措施。

7. 蒸汽轮机进汽闭锁的原因是什么? 发生进汽闭锁后如何处理?

8. 厂用电丢失后如何处理?

附　录

附录1　M701F燃气轮机气体燃料规范

附表1.1　M701F燃气轮机气体燃料规范

项　目		数　值	备　注
CH_4(甲烷)	含量	85%~98%(摩尔体积)	超出此范围要作燃烧调整
	含量波动值	±4%	M701F4机组为9%
惰性气体含量		<4%	
热值	GI(韦伯指数)	44.71 MJ/m^3 ±2%	44.71 MJ/m^3 ±15%能被标准设备应用，一旦设备选定，GI变化不能超过2%
	GI变化范围	<4%/min	
压力	燃机入口处压力	2.8~4.6 MPa	频率高于10 Hz的压力变化速度不应连续2 s大于0.965 kPa
	压力波动范围	±0.14 MPa	
	压力变化速度	75.8 kPa/s	
温度	过热度	>11 ℃	
	最低供气温度	>5 ℃	推荐值
固体颗粒	含量	$<30\times10^{-6}$(wt)	
	最大直径	<5 μm	
油雾和蒸汽含量		$<0.5\times10^{-6}$(wt)	
H_2S(硫化氢)		<5%(摩尔百分比)	有余热锅炉时小于0.5%

续表

项 目		数 值	备 注
微量金属	钠和钾	0.5×10^{-6}(wt)	达到0.5时应咨询三菱厂家
	钒	0.5×10^{-6}(wt)	
	铅	2.0×10^{-6}(wt)	
	钙	10.0×10^{-6}(wt)	
	其他微量金属	2.0×10^{-6}(wt)	

注:表中微量元素一栏限值,是指燃料、水(水洗用水)和进口空气所含的全部微量元素之和折合在燃料中的数值。为了测定空气的污染程度,用空气与燃气的质量比乘以空气的污染物浓度 $\times10^{-6}$(wt)得到假定污染物集中于燃料气中的数值。例如,空气进气中的钠为 10×10^{-9},折合在燃料中的含量近似为 0.5×10^{-6}。

附录2 M701F燃气轮机机组用油规范

(1)燃气轮机机组润滑油规范

附表2.1 机组用润滑油标准

项 目	单 位	三菱新油标准	国家标准
运动黏度 40 ℃(104 ℉) 100 ℃(212 ℉)	mm²/s	26~39(新油28.8~35.2) min5.0	与新油原始值≤20%
黏度指数	—	Min.95	—
凝点	℃(℉)	MAX. −12(+10)	—
闪点 克里夫兰开杯	℃(℉)	Min.200(392)	与新油原始值相比不低于15 ℃
酸值	mgKOH/g	MAX.0.4(新油<0.2)	≤0.3
防锈性能 (合成海水24 h在60 ℃)	—	通过	无锈
抗泡性能 程序Ⅰ 24 ℃(75.2 ℉) 程序Ⅱ 93.5 ℃(75.2 ℉) 程序Ⅲ 24 ℃(75.2 ℉)	mL	MAX.150/0 MAX.50/0 MAX.150/0	600/痕迹 mL
氧稳定性 −1st方法 1 000 h后酸值	mgKOH/g	MAX.0.4	—

续表

项　目	单　位	三菱新油标准	国家标准
–2nd 方法 酸值达到 2.0 时间	hr	Min. 2000	—
–3r 方法(dry–@120 ℃) 油泥形成(1 μm 滤网)	mg/kg	MAX. 100 mg/kg@ RPVOT	—
–RPVOT 150 ℃(302 ℉)	min	Min. 220	—
空气释放值 0.2% 空气在 50 ℃(122 ℉)	min	MAX. 4	≤10
破乳化(水分离性) –54 ℃(129.2 ℉) –3 mL 乳化液(最大)	min	MAX. 30	≤60
铜腐蚀,3 h 在 100 ℃		MAX. 1	—
碳残余	wt%	MAX. 0. 1	—
总硫量	$\times10^{-6}$	最大 1 000	—
锌	$\times10^{-6}$	MAX. 60	—
颗粒度	NSA1638	—	8~9
水分	$\times10^{-6}$	—	100

(2) M701F 燃气轮机机组控制油规范

附表 2.2　机组用控制油标准

项　目	单　位	MHI 新油标准	MHI 运行标准	国家运行标准
密度	kg/m^3	≥1.13	新油的 ±10%	1.13~1.17
	mm^2/s(cst)	—	—	37.9~44.3(比新油)
倾点	℃	≤–18.0	≤–18.0	≤–18.0
水分	wt%	≤0.1	≤0.15	≤0.1
氯含量	$\times10^{-6}$	≤50	≤50	≤100
闪点	℃	≥250	—	≥235
着火点	℃	≥352	—	—
自燃点	℃	≥620	—	≥530
酸值	mgKOH/g	≤0.1	≤0.3	≤0.2
色相	ASTM	≤1.0	≤ 3	橘红
—		≤CLASS6	≤CLASS5	≤CLASS6
体积电阻率	Ω/cm	≥4.0×10^9	—	≥5.0×10^9

续表

项　目	单　位	MHI 新油标准	MHI 运行标准	国家运行标准
防泡性 24 ℃	mL	—	—	≤200
磷酸	$\times10^{-6}$	—	≤ 3	—
无机氯	$\times10^{-6}$	—	≤ 1	—

附录3　M701F 燃气轮机组常用中英文缩写

附表 3.1　M701F 燃气轮机组常用中英文缩写对照表

英文名称	中文名称
ACC(Acceleration Control)	加速控制
ACPFM (Advanced Combustion Pressure Fluctuation Analyzer System)	高级燃烧室压力波动加速度监测系统
AGC(Automatic Generation Control)	自动发电量控制
ALR(Automatic load regulation)	自动负荷调整
APS(Automatic Plant Start-up/ shut-down System)	机组全自动启停系统
AST (Auto stop trip)	自动停机
BC(Bond Coat)	金属结合层
BKR(Generator breaker)	发电机出口开关
BLV(Bleed valve)	放气阀
BPCSO(Blade Path temp Control Signal)	叶片通道温度控制信号输出
BPREF(Blade Path temp reference signal)	叶片通道温度基准
BPT(Blade Path Temp)	叶片通道温度
BV(Bypass Valve)	旁路阀
BYCSO(Combustor bypass valve control signal output)	燃烧室旁路阀控制信号输出
BYREF(Combustor bypass valve reference signal)	燃烧室旁路阀参考基准
CBV(Combustor bypass valve)	燃烧室旁路阀
CCCW(Closed circulating cooling water)	闭式循环冷却水
CCD(Central control desk)	中央控制台
CCR(Central control room)	中央控制室
CEP(Condensate extraction pump)	凝结水泵
CPFA(Combustion Pressure Fluctuation analysis)	燃烧室压力波动分析站

续表

英文名称	中文名称
CPFM(Combustion Pressure Fluctuation Monitoring System)	燃烧室压力波动监测系统
CSO(Control Signal Output)	控制信号输出
CV(Control valve)	调节(控制)阀
D. C. T(Disc Cavity Temp)	轮盘间隙温度
DCS(Distributed Control System)	分散控制系统
DDC(Direct digital controller)	直接数字控制器
DEH(Digital electro-hydraulic(control))	数字电液控制系统
DLN(Dry low NO_x)	干式低氮
ECS(Electrical Control System)	电气控制系统
EFCS(Electrical Factory Control System)	发电厂厂用电气自动化系统
EOH(equivalent operation hours)	等效运行时间
E-OST(Backup Electrical Over Speed Trip)	后备电子超速跳闸
EOST(Electrical over speed trip)	电子超速跳闸
EXCSO(Exhaust gas temp Control Signa)	排气温度控制信号输出
EXREF(Exhaust gas temp reference signal)	排气温度基准信号
EXT(Exhaust gas temp)	排气温度
FGH(Fuel gas heater)	燃料气加热器
FGTCSO(Fuel gas temperature control signal output)	燃料温度控制信号输出
FIRE(Ignition mode)	点火
FLCSO(Fuel limit control singnal)	燃料控制信号输出
FLMT(Max fuel limit singnal)	最大燃料限制信号
FSNL(Full Speed No Load)	全速空载
GCB(Generator Circuit Breaker)	发电机出口断路器
GPS (Global Positioning System)	全球定位系统
GT(Gas Turbine)	燃气轮机
GVCSO(Governor (speed) control singnal)	转速控制信号输出
HIP(High intercept)	高中压
HP(High Pressure)	高压
HPCV(High Pressure Control valve)	高压调节阀
HPSV(High Pressure stop valve)	高压主汽阀
HRSG(Heat recovery steam generator)	余热锅炉

续表

英文名称	中文名称
IGV(Inlet guide vane of compressor)	压气机进口可转导叶
IP(intermediate pressure)	中压
IPCV(intermediate pressure Control valve)	中压调节阀
IPSV(intermediate pressure stop valve)	中压主汽阀
IPTB(Intercept)(intermediate pressure steam turbine bypass)	中压汽机旁路
LAUTO(Load limiter control AUTO)	自动负荷控制
LDCSO(Load limiter control signal)	负荷控制信号输出
LDLMT(Load limit mode)	负荷限制模式
LEL(Lower Explosion Limited)	爆炸下限
LMS(Life Management System)	寿命管理系统
LNG(Liquefied natural gas)	液化天然气
LP(Low Pressure)	低压
LPCV(Low Pressure Control valve)	低压调节阀
LPPS(Low Pressure Plasma Spraying)	低压等离子喷涂
LPSV(Low pressure stop valve)	低压主汽阀
LPTB(Low Pressure steam turbine bypass)	低压汽机旁路
LVDT(Linear variable displacement transducer)	线性可变位移传感器
MCSO(Main control signal output)	主控信号输出
MDO(Mode output)	模式输出
MFCSO(Main fuel control signal output)	主燃料控制信号输出
MFMCSO(Main fuel main flow control valve control signal output)	主燃料流量控制阀控制信号输出
MFMIG(Main fuel main ignition point)	主燃料点火值
MFMMIN(Main fuel main flow control valve minimum signal)	主燃料流量控制阀最小值信号
MFPLCSO(Main fuel Pilot flow control valve control signal output)	值班燃料流量控制阀控制信号输出
MFPLMIN(Minimum fuel pilot flow control valve control)	值班燃料流量控制阀最小值信号

续表

英文名称	中文名称
MIN(Minimum fuel flow)	燃料最小流量
NOX(nitric oxides)	氮氧化物
OPC(Overspeed prodection control)	超速保护控制
OPS(Operator station)	操作员站
PB(Push button)	按钮
PCS(Process Control System)	燃机/汽机辅助控制系统
PLC(Programmable Logic Controller)	可编程逻辑控制器
PLCSO(Pilot flow control valve control signal output)	值班燃料控制阀信号输出
RCA(Rotor cooling air)	转子冷却空气
RCSO(Reset limit control signal)	控制信号复位
SFC(Static Frequency Converter)	静态变频控制
SPREF(Turbine speed reference signal)	燃机转速基准信号
SPSET(Turbine speed set point signal)	燃机转速设定信号
ST(Steam turbine)	汽轮机
TBC(Thermal barrier coatings)	热障涂层
TC(Top Coat)	陶瓷顶层
TCA(Turbine cooling air cooler)	透平冷却空气冷却橇
TCS(Turbine Control System)	燃机控制系统
TGO(Thermally Grown Oxide)	热生长氧化物层
TPS(Turbine Protection System)	燃机/汽机保护系统
TSI(Turbine Supervisory Instrument)	燃机/汽机监视仪表
UPS(Uninterruptible Power System)	不间断电源
WUP(Warm-up-mode)	暖机模式

附录4　M701F燃气轮机组机岛辅助系统图

(1)图例说明

1)阀门及辅助类设备

附表4.1　阀门及辅助设备类

阀门类		开与关	
	手动阀	FC	失效关
	三通阀	FL	失效闭锁
	球阀	控制类	
	闸阀		仪表
	逆止阀		未定义信号
	角阀		压力信号
	蝶阀		电信号
	安全阀		液压信号
	自力式调节阀	DCS	DCS
	浮球阀	DDC	TCS/PCS/UIP
	水封阀	ZX	位置变送器
阀门驱动类		PT	压力变送器
M	电动阀	TI	就地温度表
	薄膜阀	辅助设备类	
	活塞阀		疏水器
S	电磁阀		节流孔
E/H	电液控制阀		膨胀节
开与关			Y形滤网
	常开		玻璃观察孔
	常关		法兰
FD	失效开		盖板

续表

辅助设备类		其　他	
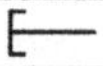	堵头		雾化喷嘴
	塞子		减温器
	软管	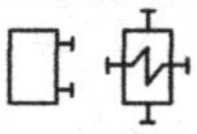	热交换器
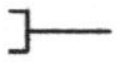	软管连接		风机
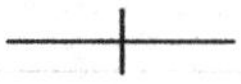	相连		涡轮流量计
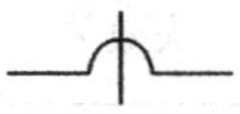	不相连		减温减压器
	空气呼吸器		射气器
	过滤器		真空泵
	排空	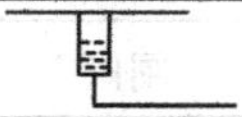	疏水罐
	地沟疏水	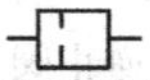	流量孔板
其　他		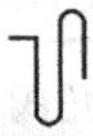	液封
	泵		风门
	加热器		逆止挡板
	电动机	  	伺服阀
	储能器		分离器
	消音器		装球室

2)仪器仪表类

附表 4.2　仪器仪表类

首字母		首字母	
P	压力	B	燃烧器
T	温度	D	密度
L	液位	H	湿度
F	流量	后　缀	
A	分析	T	变送器
DP	差压	X	变送器
Z	位置	E	变送器
S	速度	C	控制
V	振动	S	开关

续表

后缀		后缀	
I	指示表盘	P	测试口
W	测试孔	A	报警
G	监测设备		

(2)润滑油系统(见附图4.1—附图4.4)
(3)顶轴油系统(见附图4.5)
(4)控制油系统(见附图4.6—附图4.9)
(5)冷却与密封空气系统(见附图4.10、附图4.11)
(6)燃料气系统(见附图4.12—附图4.14)
(7)二氧化碳灭火系统(见附图4.15、附图4.16)
(8)燃机水洗系统(见附图4.17、附图4.18)
(9)主蒸汽和旁路系统(见附图4.19)
(10)疏水系统(见附图4.20)
(11)轴封蒸汽系统(见附图4.21)
(12)凝结水系统(见附图4.22)
(13)辅助蒸汽系统(见附图4.23)
(14)真空系统(见附图4.24)
(15)密封油系统(见附图4.25)
(16)发电机氢气系统(见附图4.26、附图4.27)
(17)闭式冷却水系统(见附图4.28)
(18)天然气调压站系统(见附图4.29—附图4.33)
(19)某电厂电气主接线图(见附图4.34)

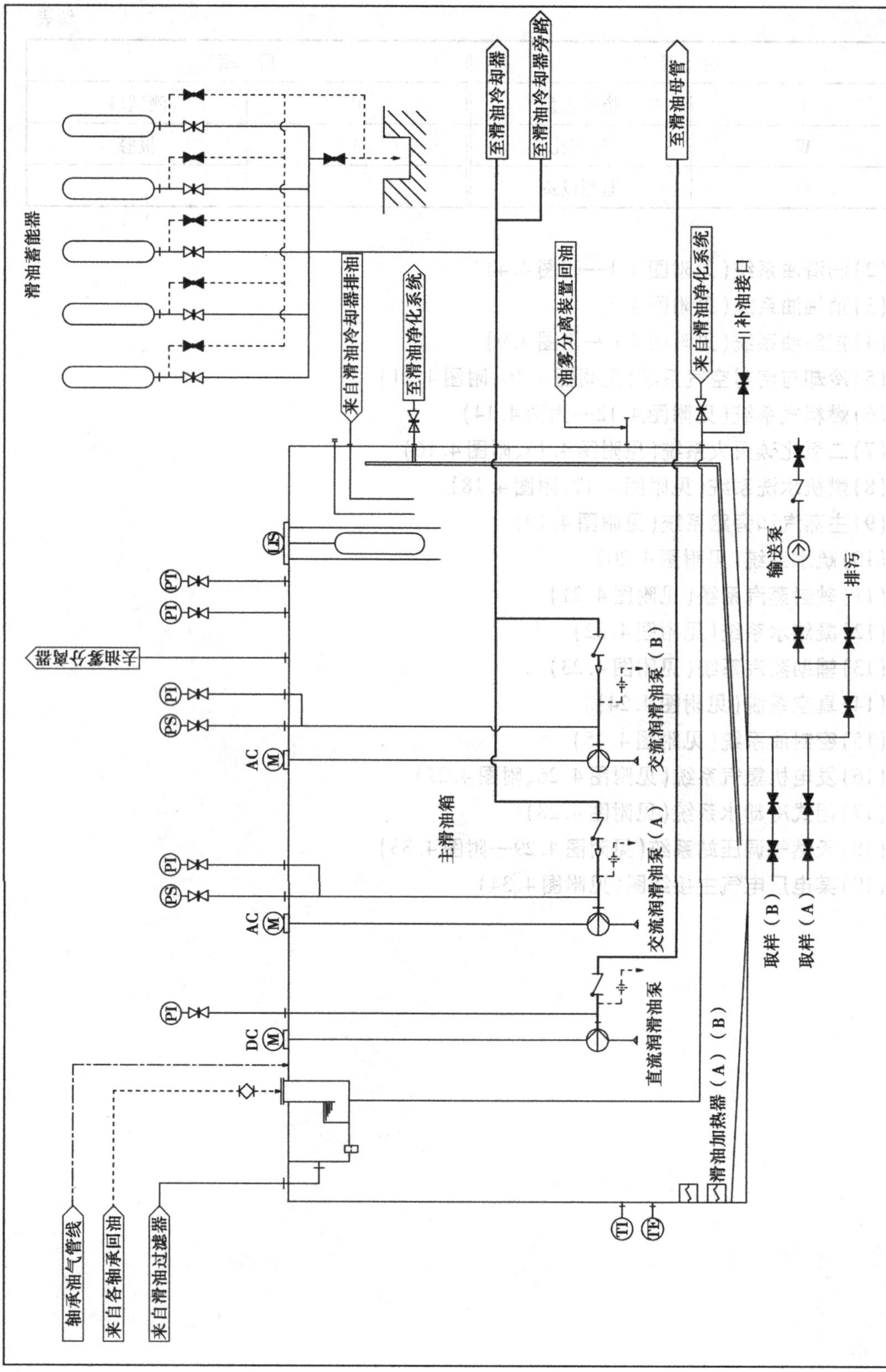

附图4.1　润滑油系统图（一）

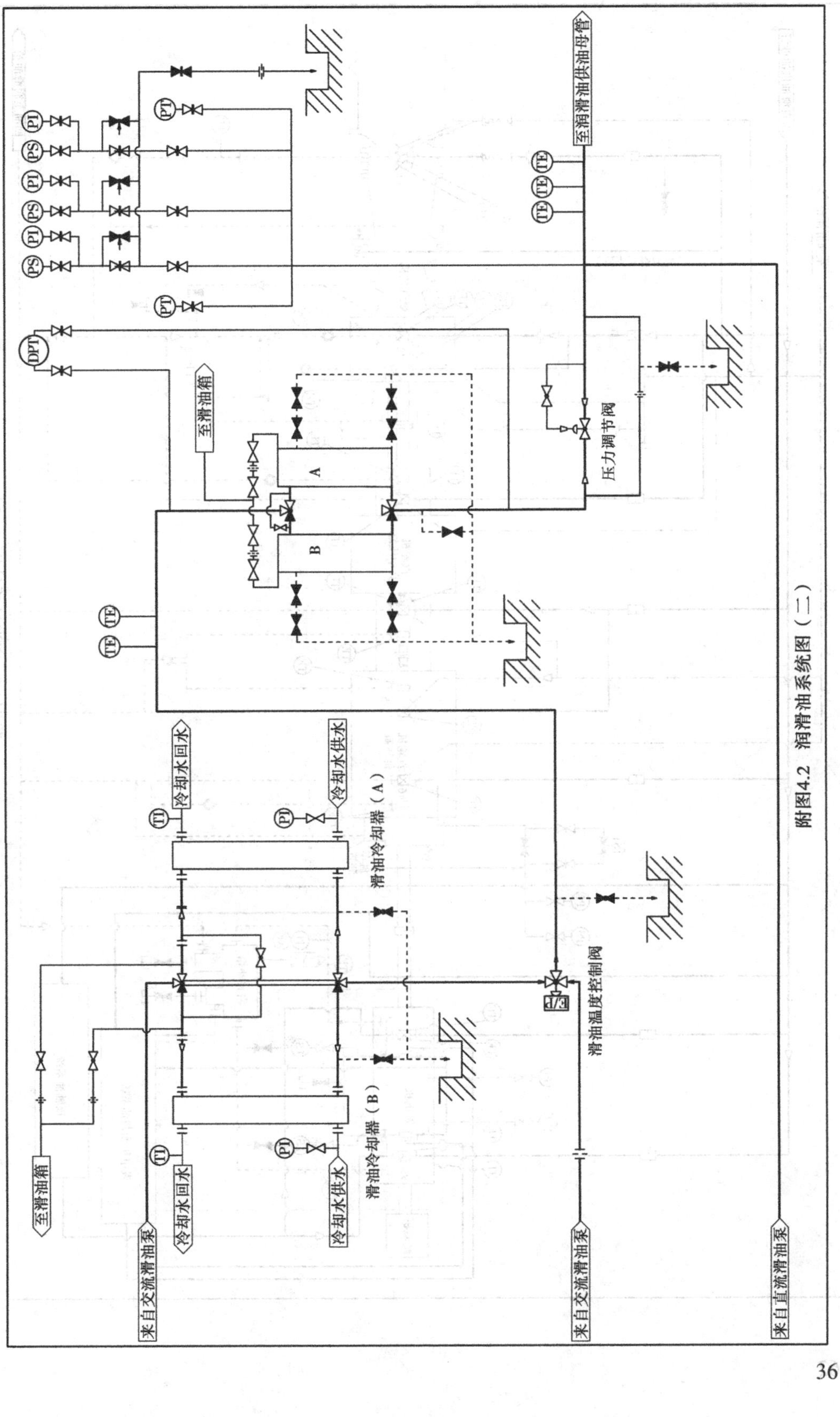

附图4.2 润滑油系统图（二）

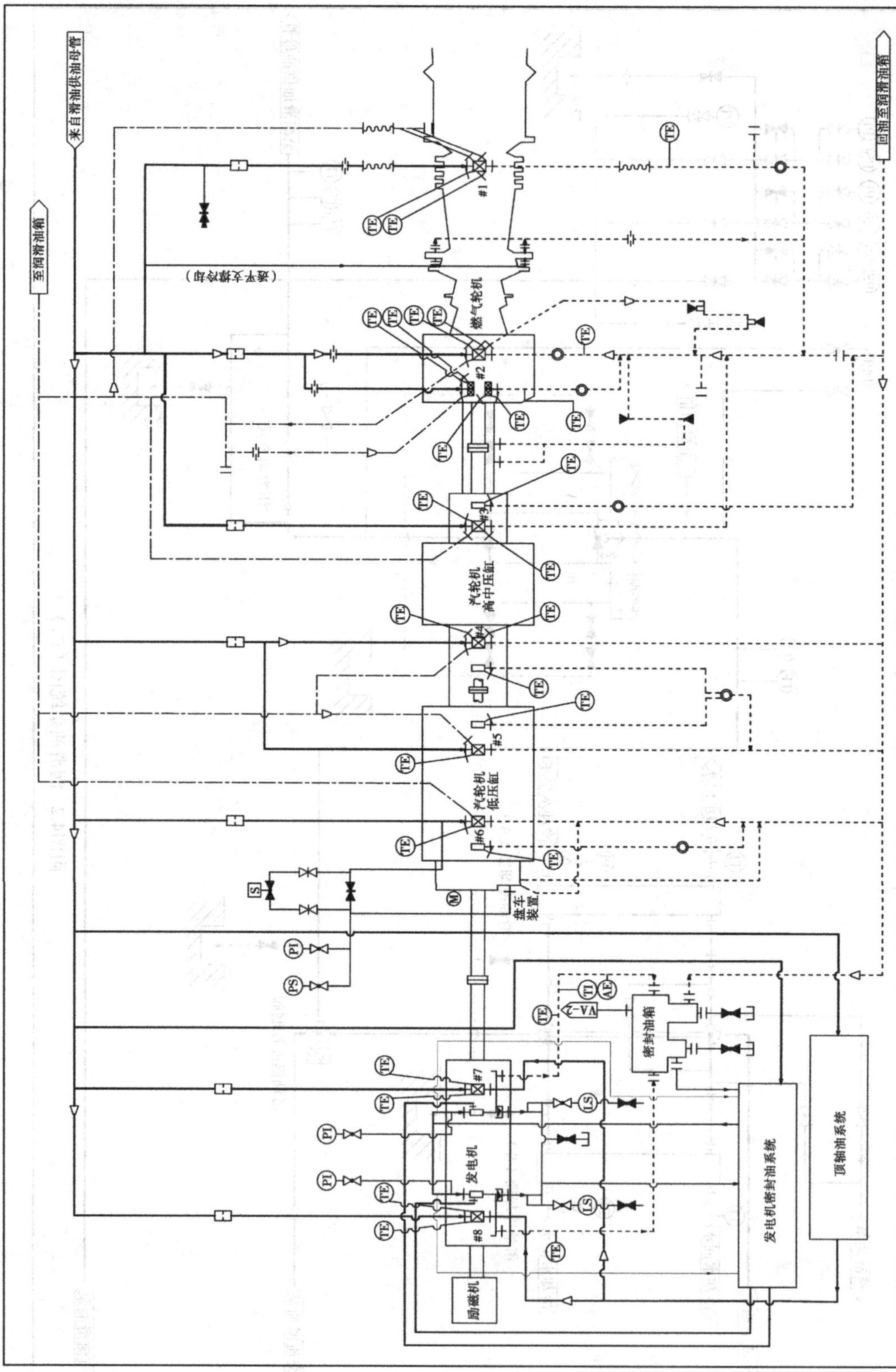

附图4.3 润滑油系统图（三）

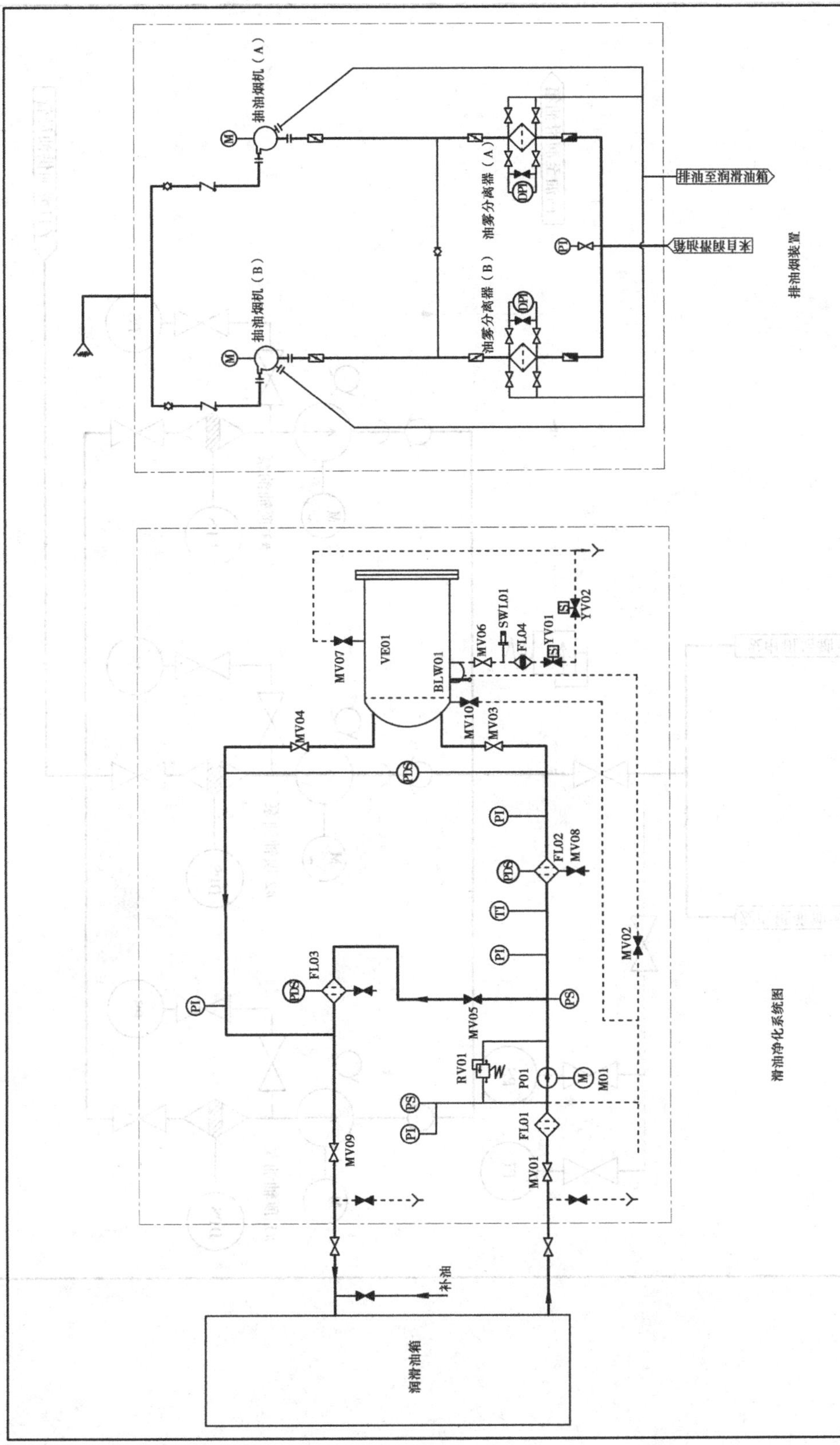

附图4.4 润滑油系统图（四）

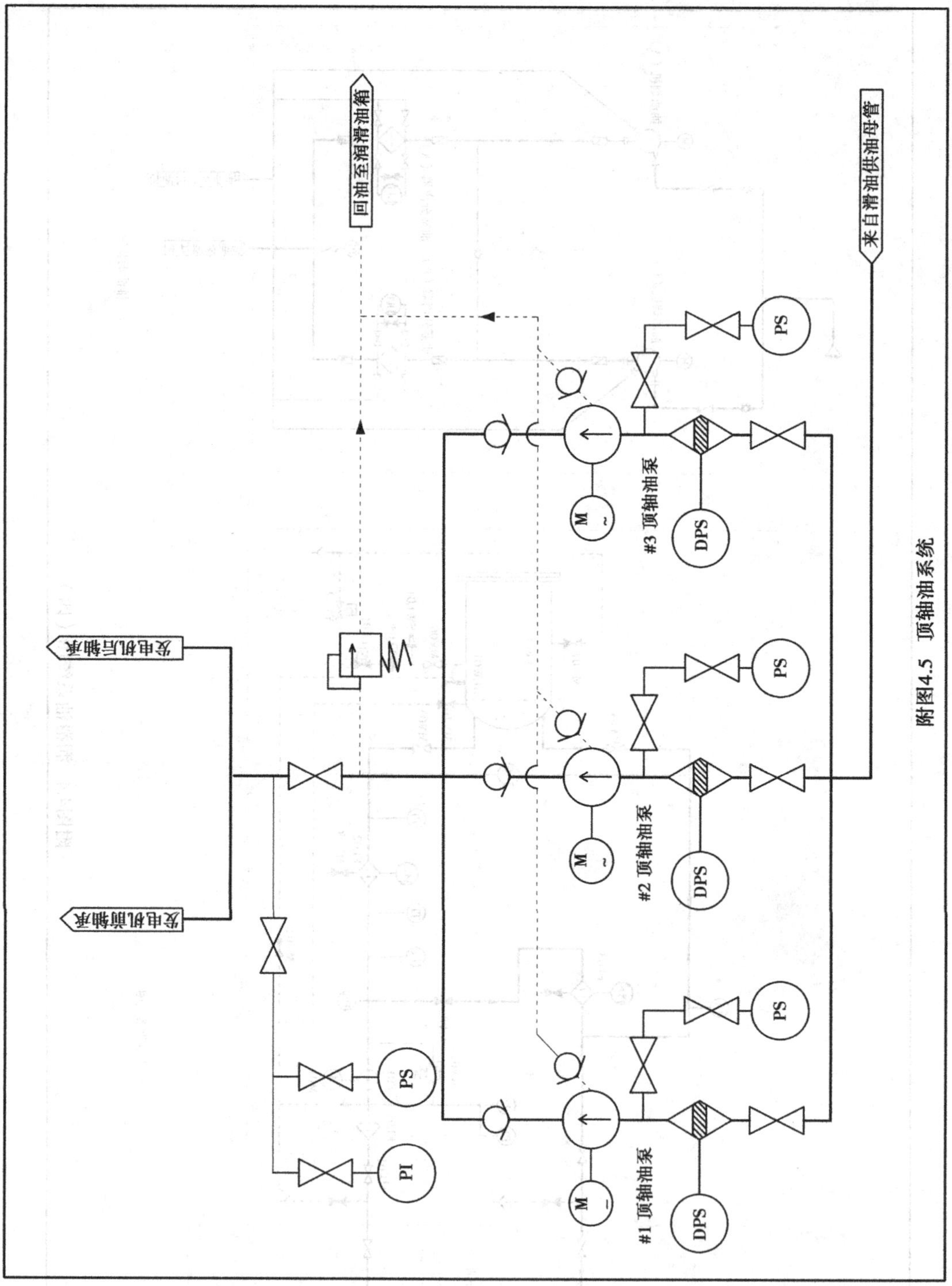
回油至润滑油箱
来自滑油供油母管
发电机后轴承
发电机前轴承
#1 顶轴油泵
#2 顶轴油泵
#3 顶轴油泵
PS
PS
PS
PS
PI
DPS
DPS
DPS
M

附图4.5　顶轴油系统

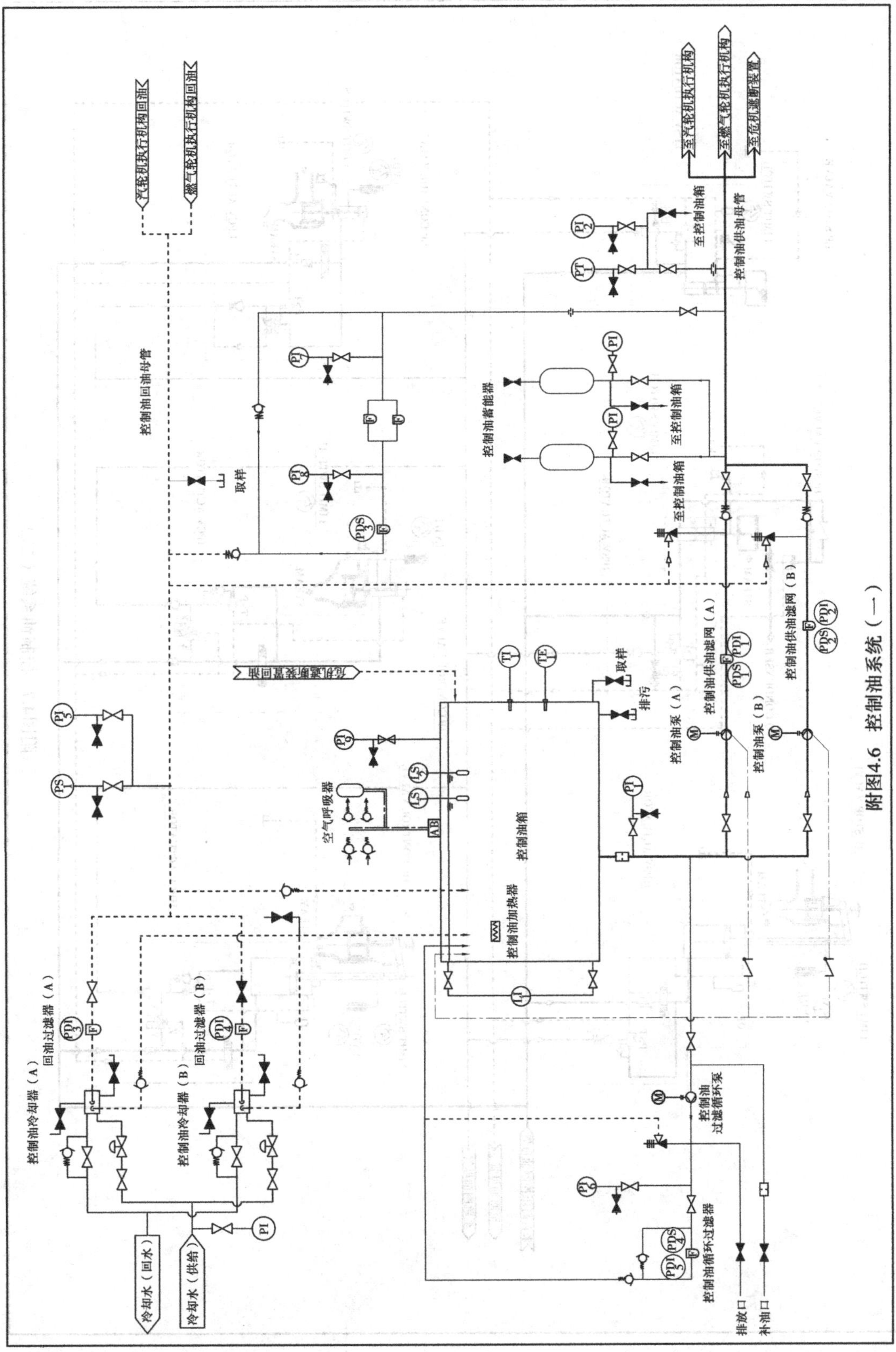
汽轮机执行机构回油
燃气轮机执行机构回油
控制油回油母管
取样
至汽轮机执行机构
至燃气轮机执行机构
至危机遮断装置
至控制油箱
控制油供油母管
控制油蓄能器
危机遮断装置回油
控制油供油滤网（A）
控制油供油滤网（B）
控制油泵（A）
控制油泵（B）
排污
空气呼吸器
控制油箱
控制油加热器
控制油冷却器（A）
控制油冷却器（B）
回油过滤器（A）
回油过滤器（B）
冷却水（回水）
冷却水（供给）
控制油过滤循环泵
控制油循环过滤器
排放口
补油口

附图4.6 控制油系统（一）

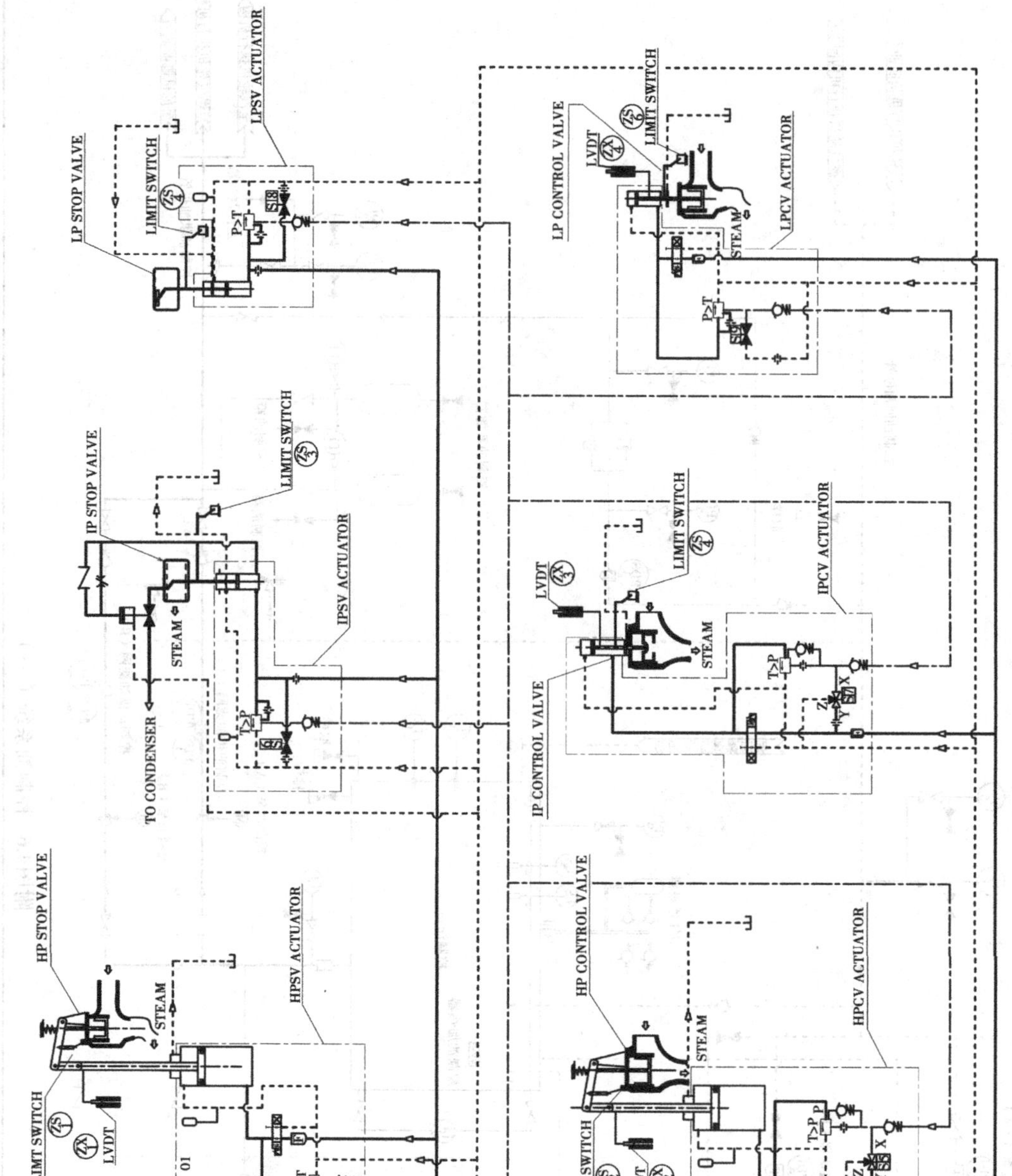
LP STOP VALVE
LIMIT SWITCH
LPSV ACTUATOR
IP STOP VALVE
LIMIT SWITCH
IPSV ACTUATOR
STEAM
TO CONDENSER
HP STOP VALVE
HPSV ACTUATOR
STEAM
LIMT SWITCH
LVDT
LP CONTROL VALVE
LVDT
LIMIT SWITCH
LPCV ACTUATOR
STEAM
IP CONTROL VALVE
LVDT
LIMIT SWITCH
IPCV ACTUATOR
STEAM
HP CONTROL VALVE
HPCV ACTUATOR
STEAM
LIMIT SWITCH
LVDT
来自高压控制油母管
至回油母管
至跳闸油母管

附图4.7 控制油系统（二）

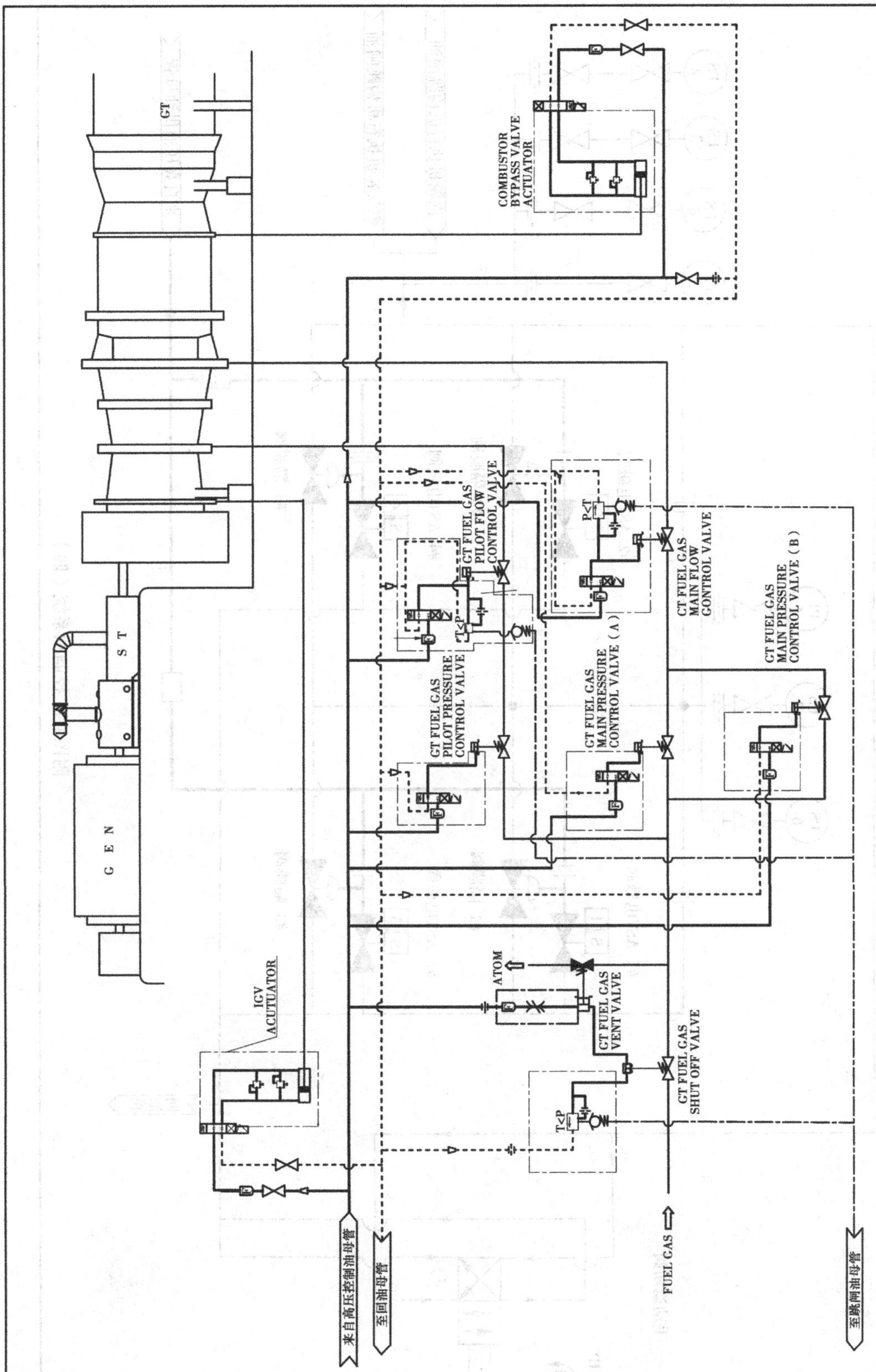
GT
S T
G E N
COMBUSTOR
BYPASS VALVE
ACTUATOR
GT FUEL GAS
PILOT FLOW
CONTROL VALVE
T<P
P<T
GT FUEL GAS
PILOT PRESSURE
CONTROL VALVE
GT FUEL GAS
MAIN PRESSURE
CONTROL VALVE（A）
GT FUEL GAS
MAIN FLOW
CONTROL VALVE
GT FUEL GAS
MAIN PRESSURE
CONTROL VALVE（B）
ATOM
GT FUEL GAS
VENT VALVE
GT FUEL GAS
SHUT OFF VALVE
T<P
IGV
ACUTUATOR
来自高压控制油母管
至回油母管
FUEL GAS
至跳闸油母管

附图4.8 控制油系统（三）

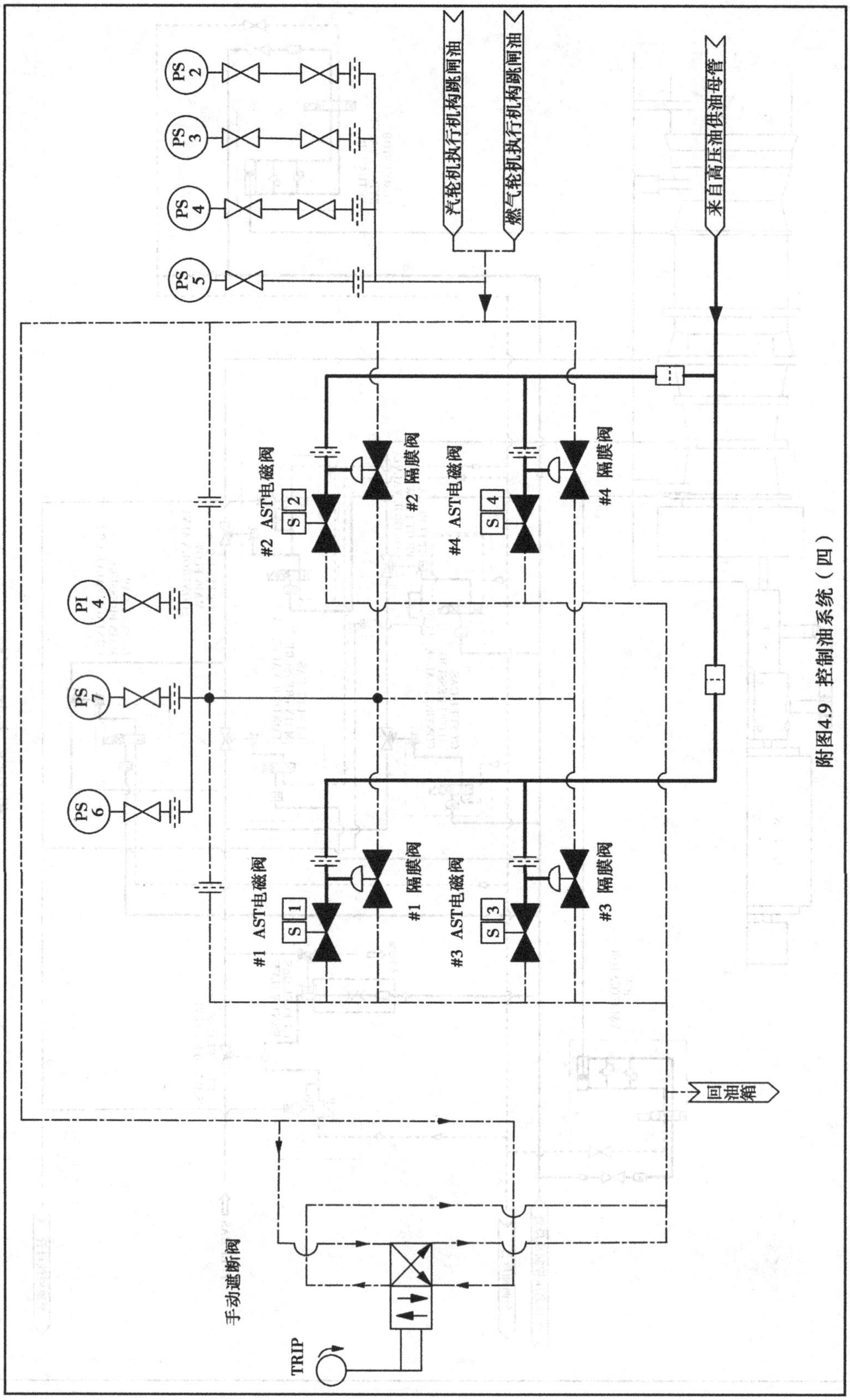
汽轮机执行机构跳闸油
燃气轮机执行机构跳闸油
来自高压油供油母管
PS 2
PS 3
PS 4
PS 5
PI 4
PS 7
PS 6
#2 AST电磁阀
S 2
#2 隔膜阀
#4 AST电磁阀
S 4
#4 隔膜阀
#1 AST电磁阀
S 1
#1 隔膜阀
#3 AST电磁阀
S 3
#3 隔膜阀
回油箱
手动遮断阀
TRIP

附图4.9 控制油系统（四）

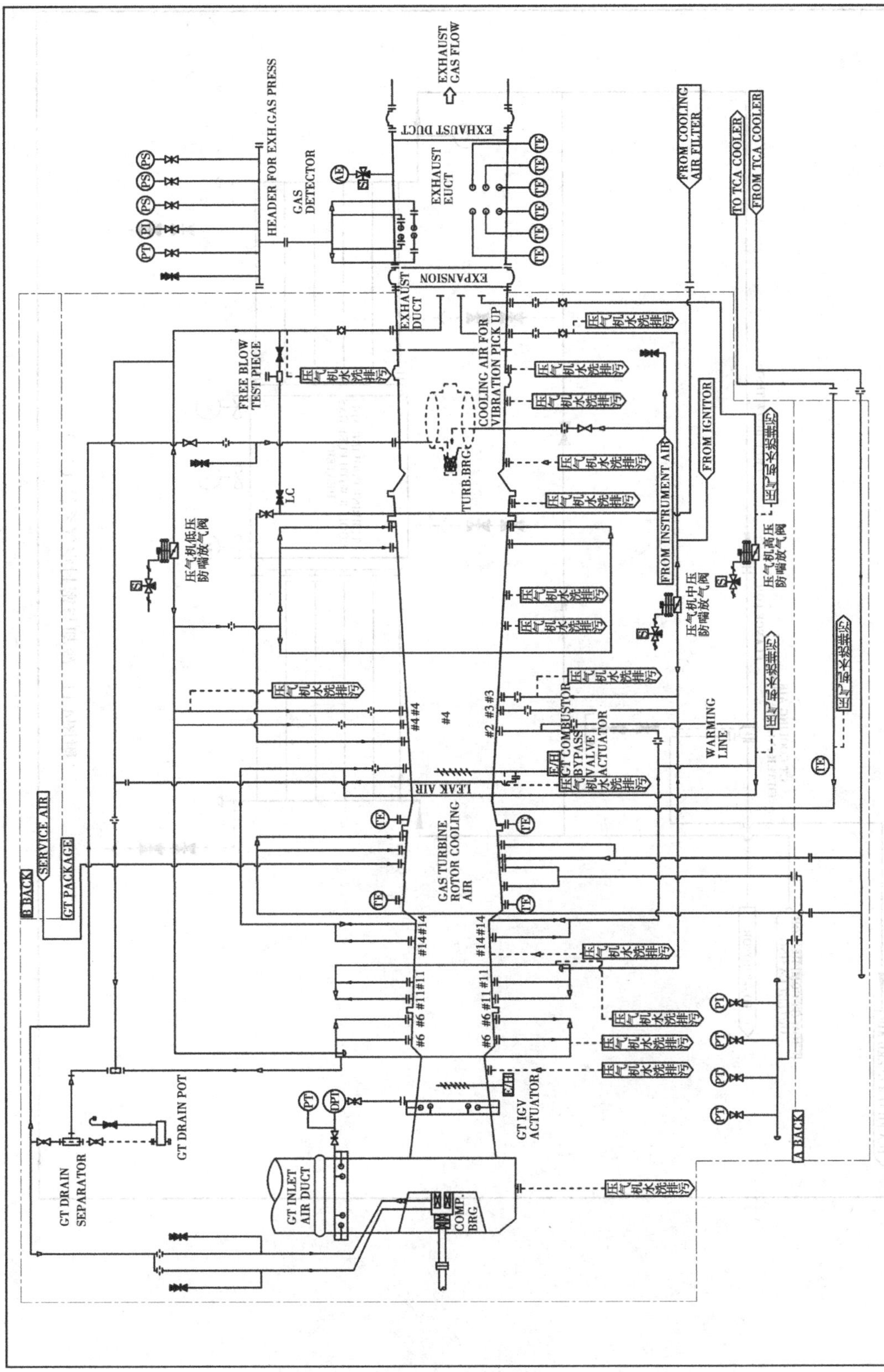

附图4.10 冷却与密封空气系统（一）

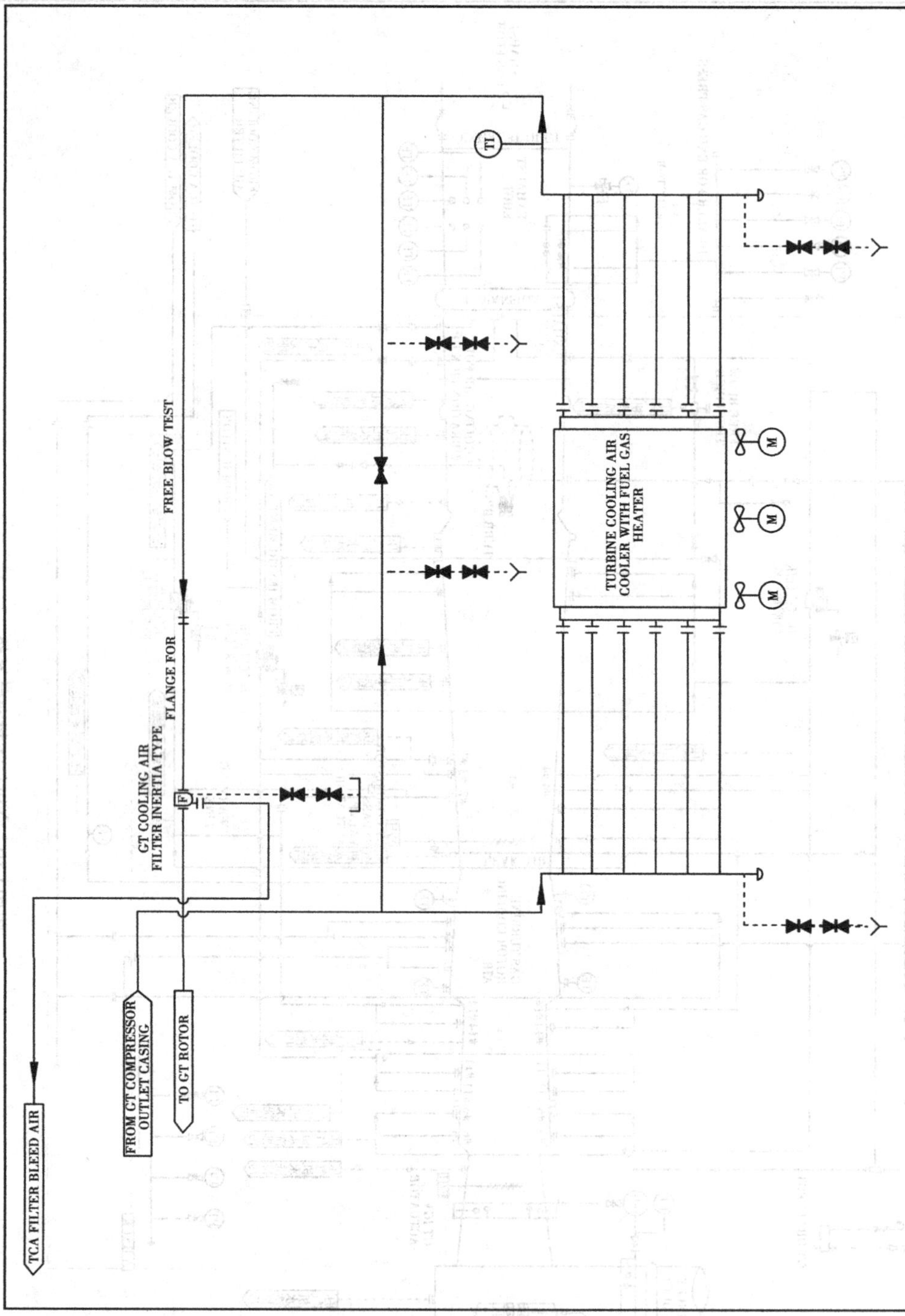

附图4.11　冷却与密封空气系统（二）

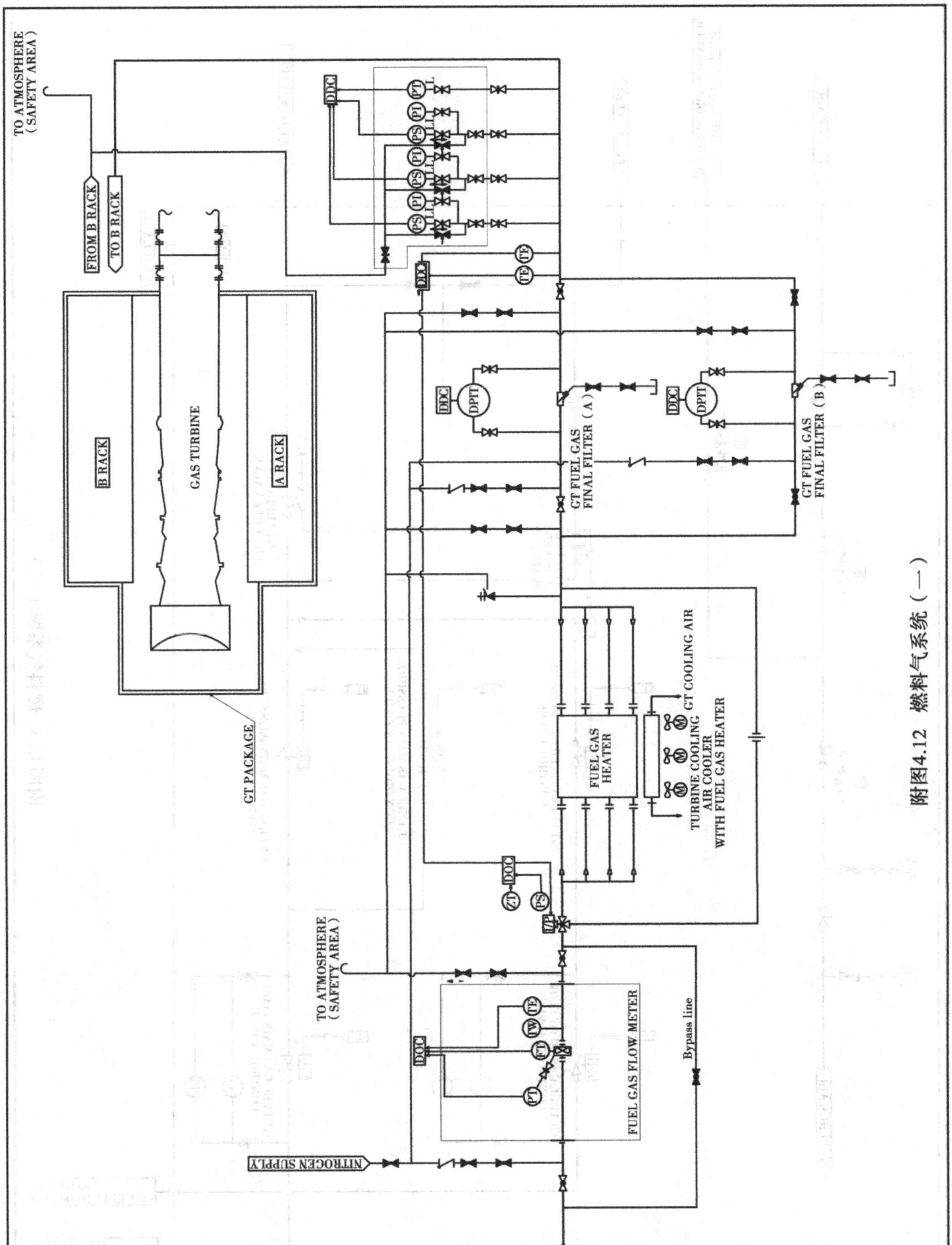

附图4.12 燃料气系统（一）

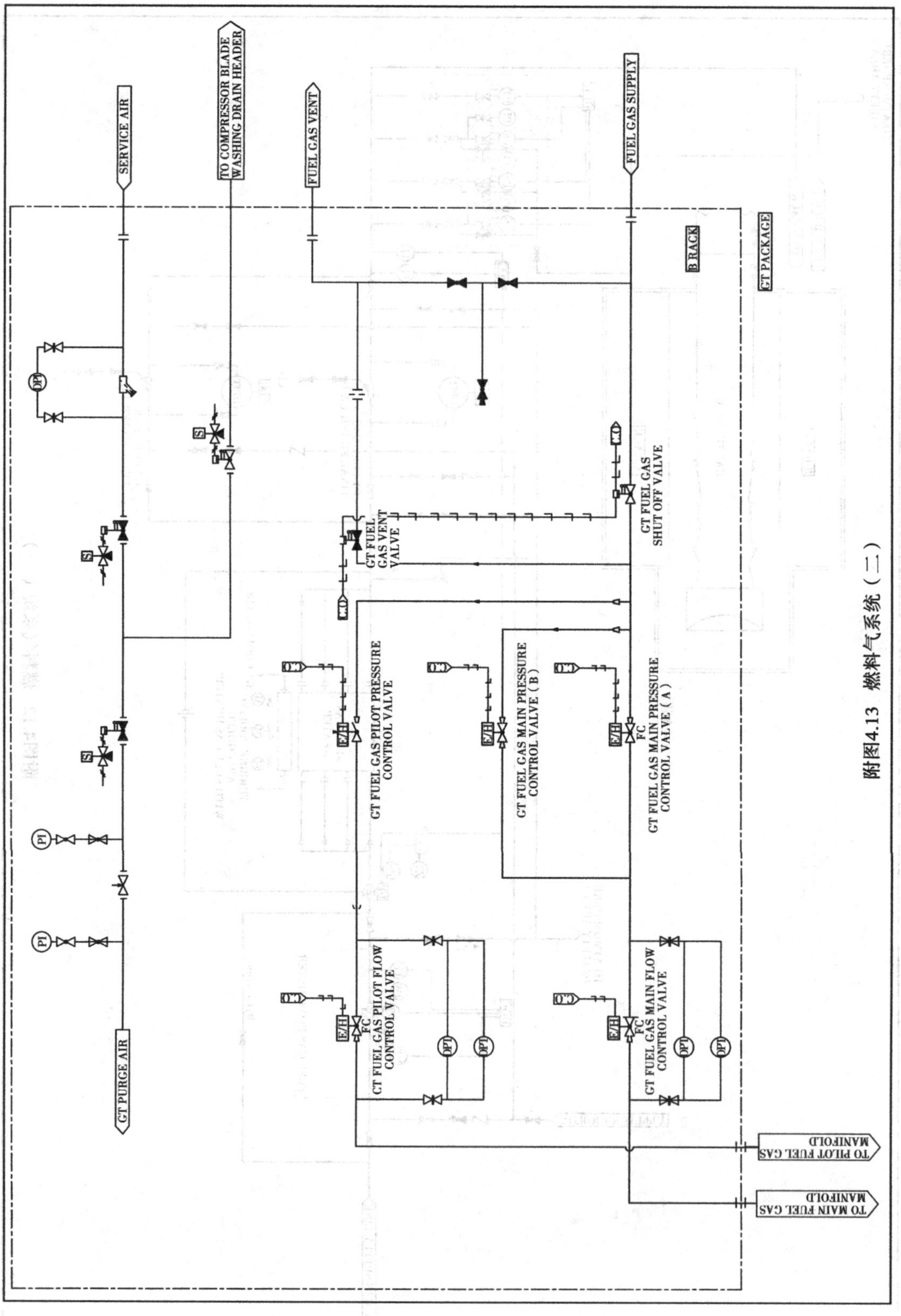

附图4.13　燃料气系统（二）

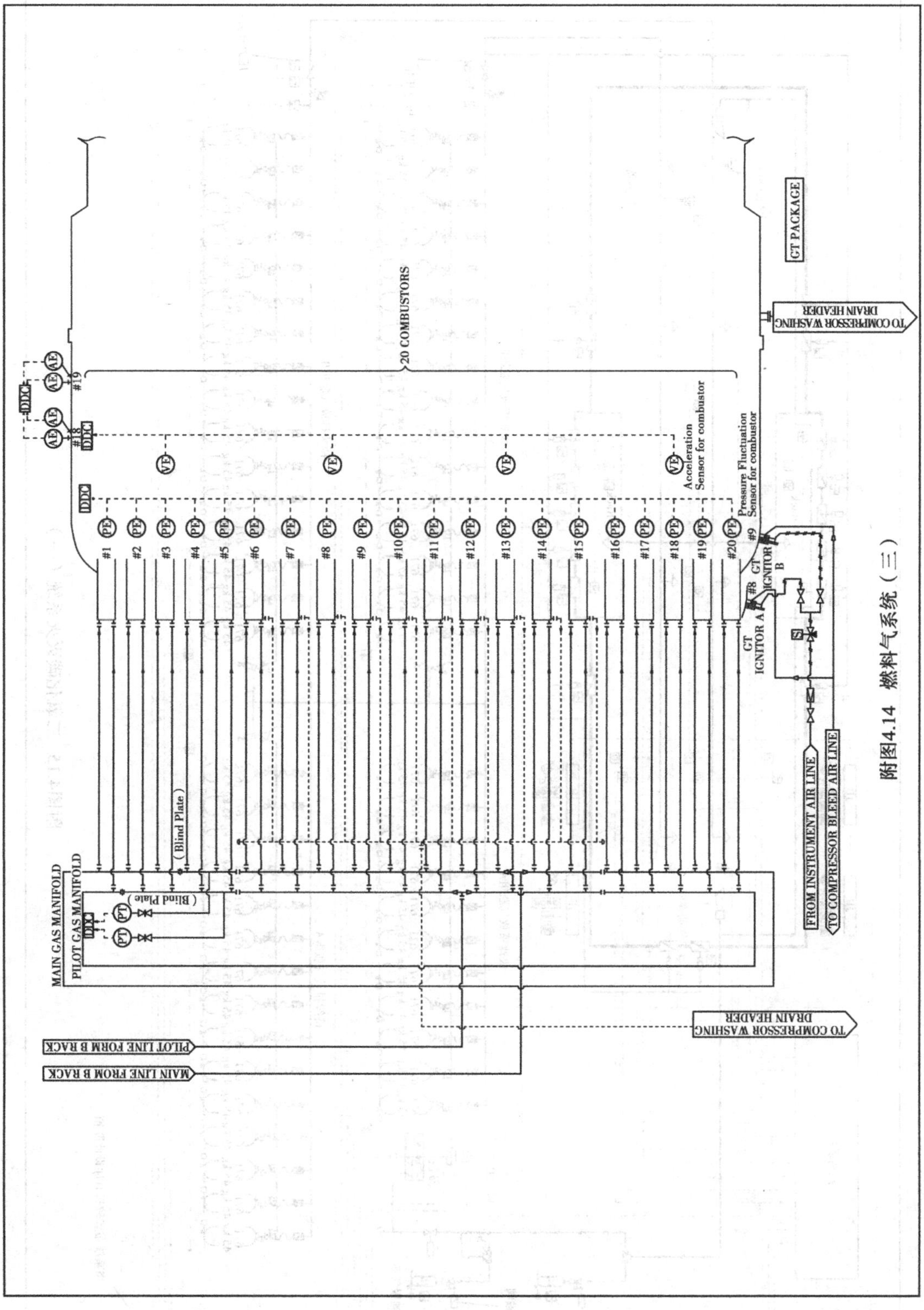

附图4.14 燃料气系统（三）

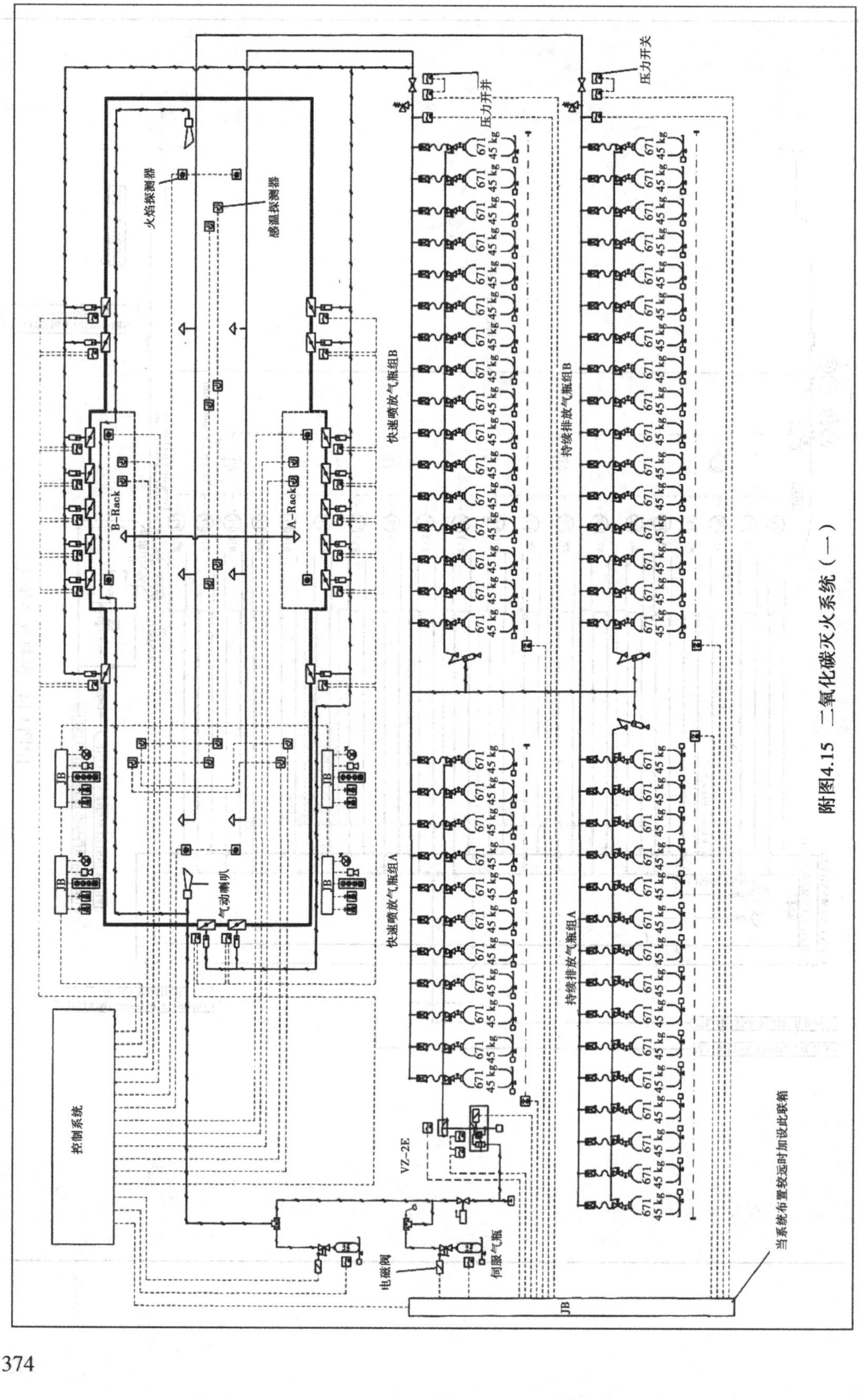

附图4.15 二氧化碳灭火系统（一）

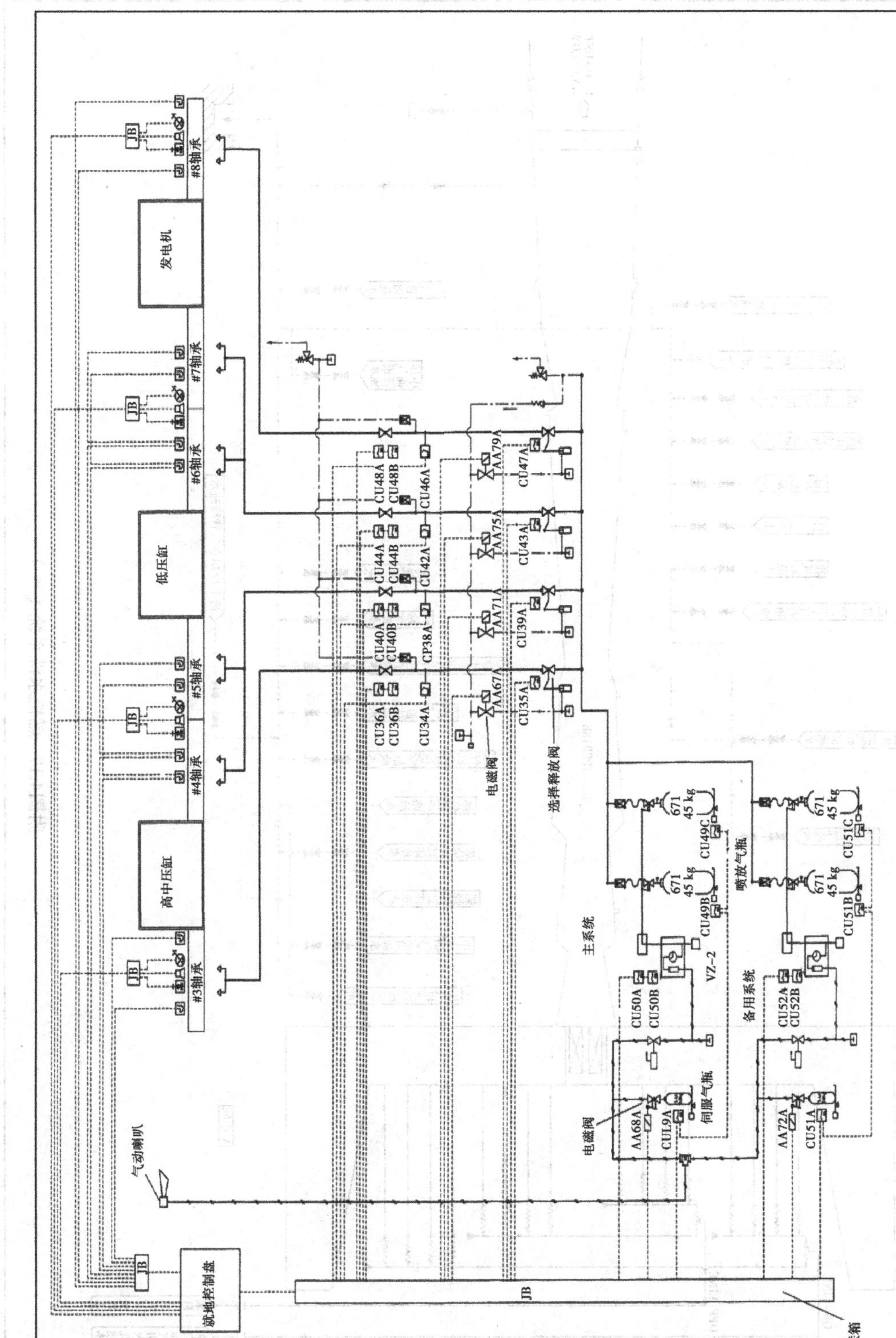

附图4.16　二氧化碳灭火系统（二）

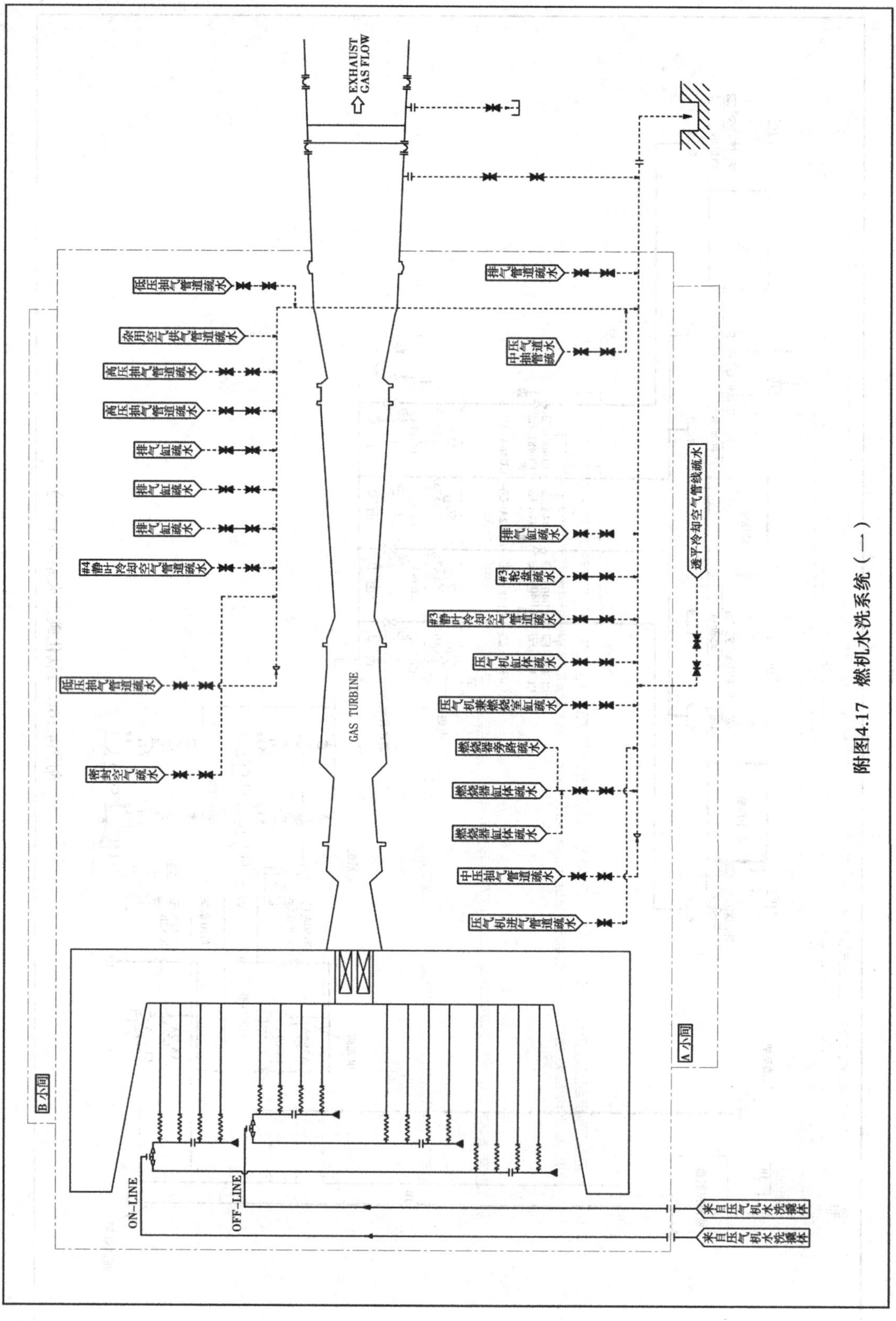

附图4.17 燃机水洗系统（一）

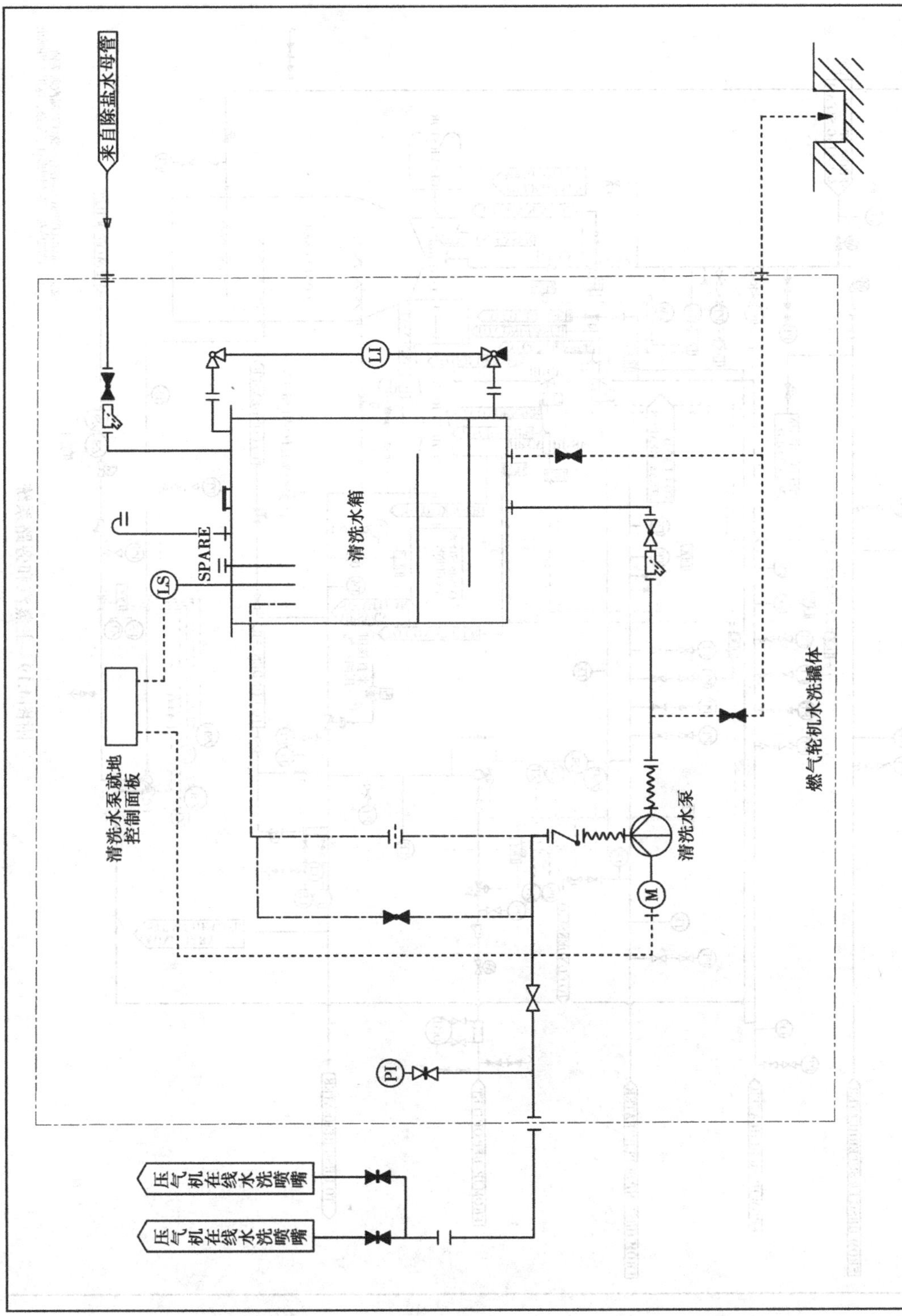

附图4.18 燃机水洗系统（二）

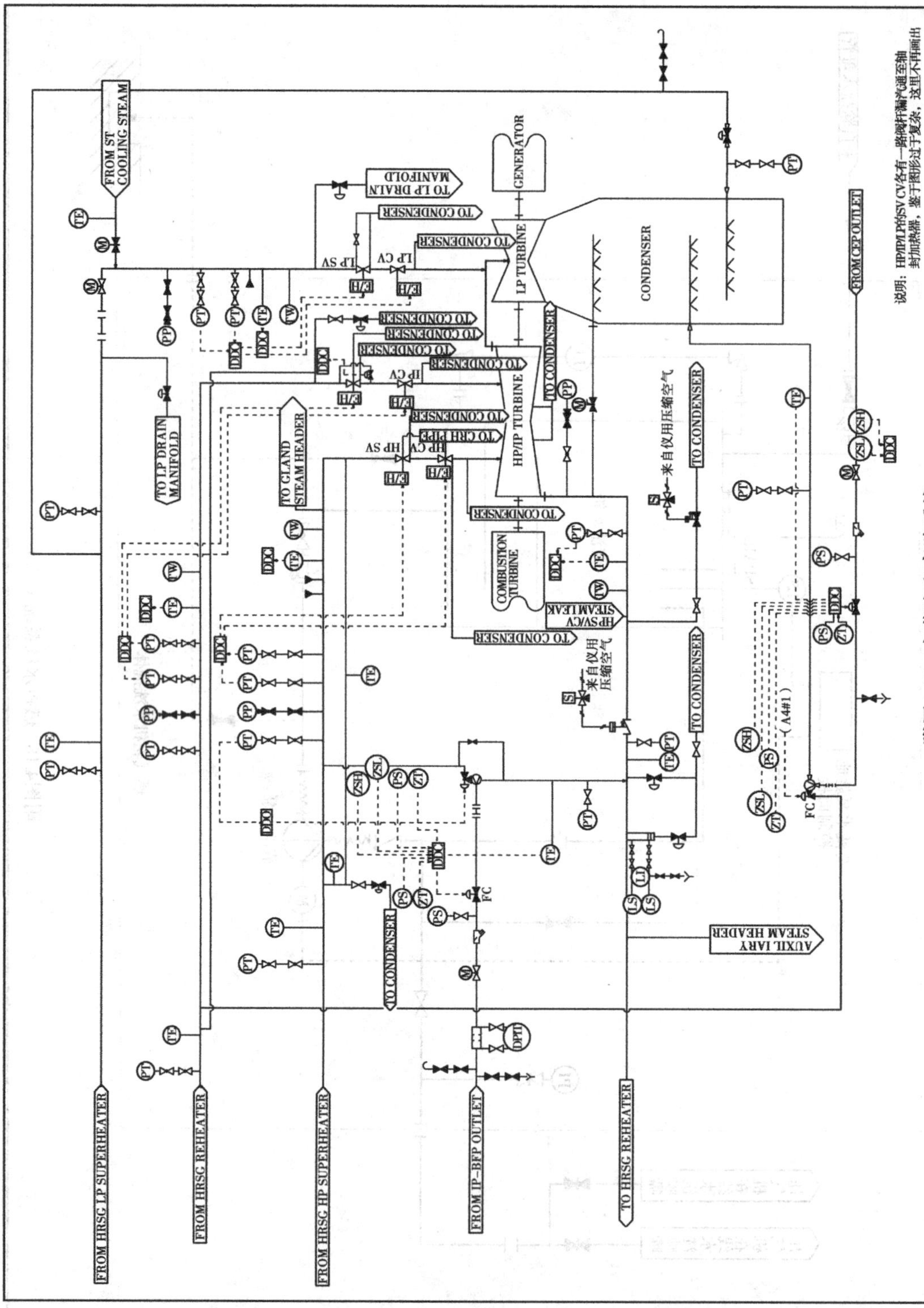

附图4.19 主蒸汽和旁路系统

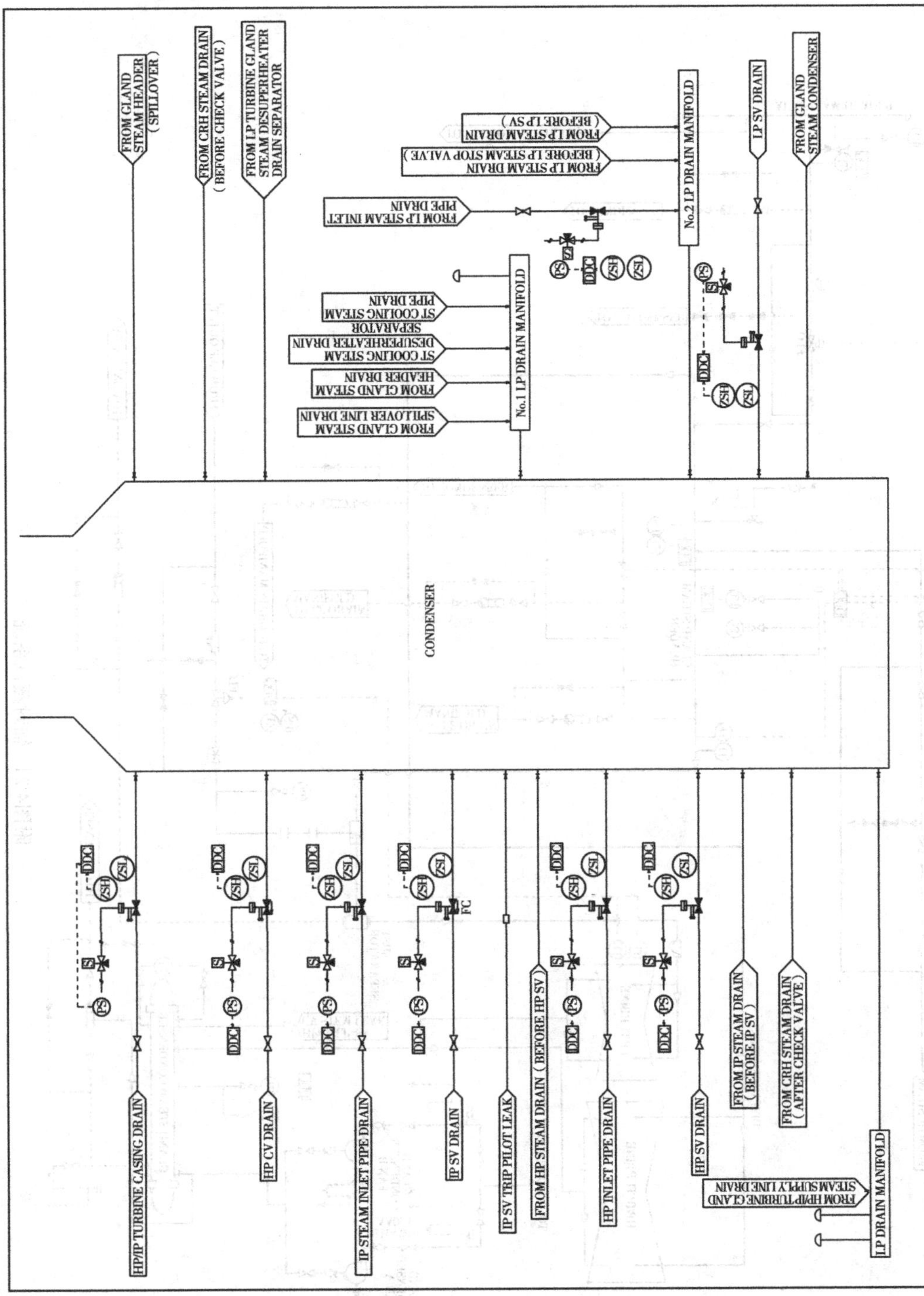

FROM GLAND STEAM HEADER (SPILLOVER)
FROM CRH STEAM DRAIN (BEFORE CHECK VALVE)
FROM LP TURBINE GLAND STEAM DESUPERHEATER DRAIN SEPARATOR
FROM LP STEAM DRAIN (BEFORE LP SV)
FROM LP STEAM DRAIN (BEFORE LP STEAM STOP VALVE)
FROM LP STEAM INLET PIPE DRAIN
No.2 LP DRAIN MANIFOLD
LP SV DRAIN
FROM GLAND STEAM CONDENSER
No.1 LP DRAIN MANIFOLD
FROM GLAND STEAM SPILLOVER LINE DRAIN
FROM GLAND STEAM HEADER DRAIN
ST COOLING STEAM DESUPERHEATER DRAIN SEPARATOR
ST COOLING STEAM PIPE DRAIN
CONDENSER
DDC
ZSH
ZSL
PS
S
FC
HP/IP TURBINE CASING DRAIN
HP CV DRAIN
IP STEAM INLET PIPE DRAIN
IP SV DRAIN
IP SV TRIP PILOT LEAK
FROM HP STEAM DRAIN (BEFORE HP SV)
HP INLET PIPE DRAIN
HP SV DRAIN
FROM IP STEAM DRAIN (BEFORE IP SV)
FROM CRH STEAM DRAIN (AFTER CHECK VALVE)
FROM HP/IP TURBINE GLAND STEAM SUPPLY LINE DRAIN
LP DRAIN MANIFOLD

附图4.20 疏水系统

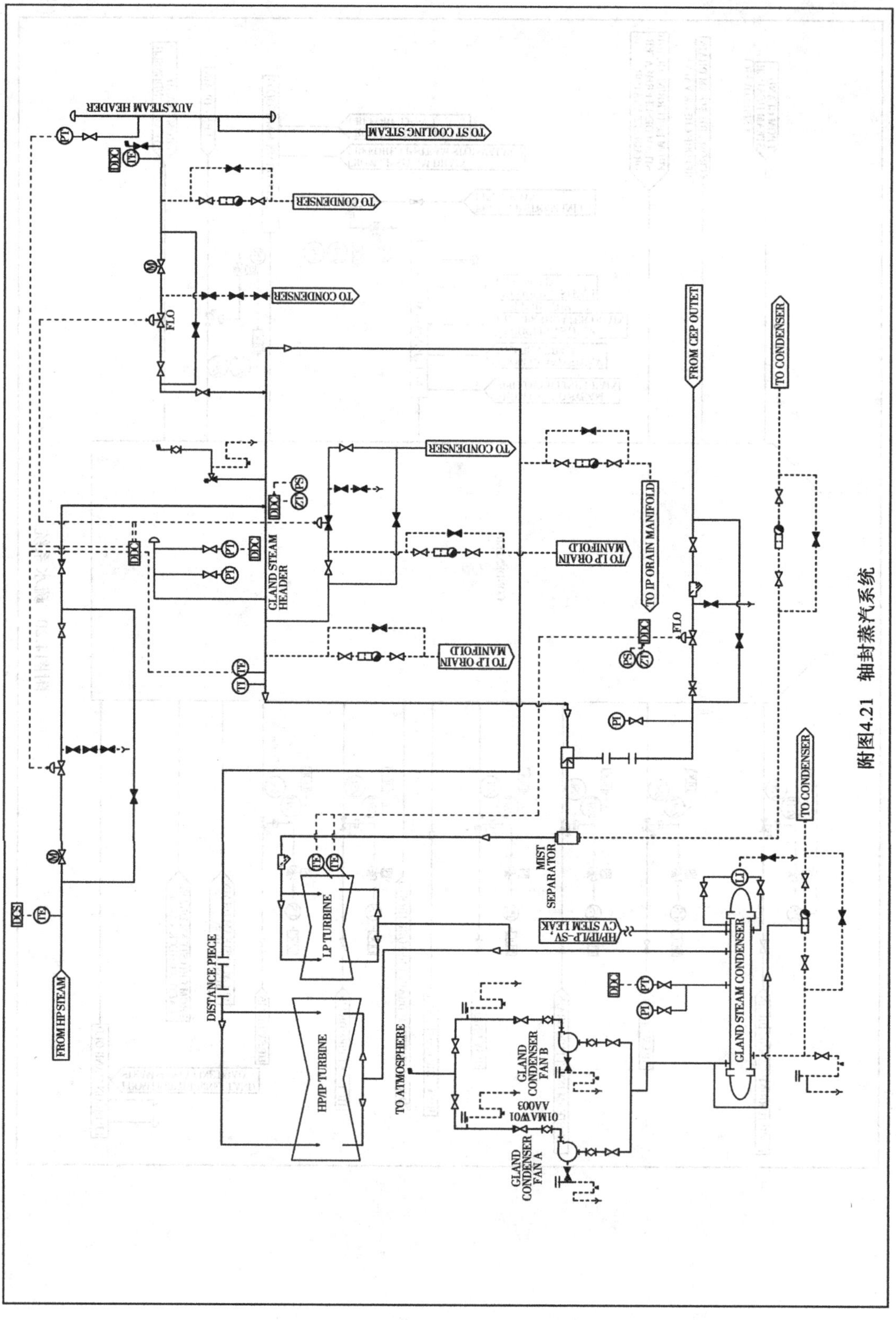

附图4.21　轴封蒸汽系统

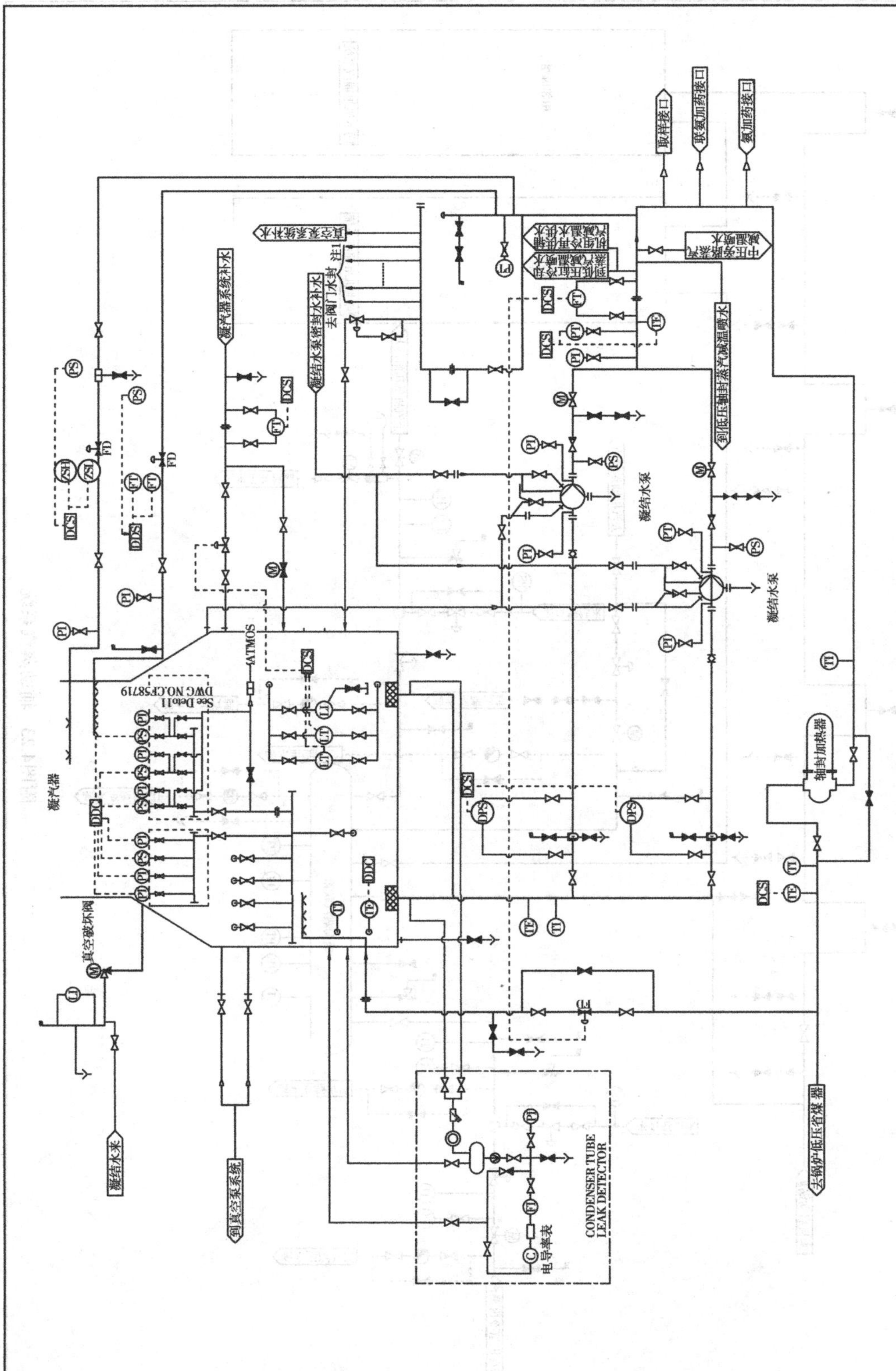
取样接口
联氨加药接口
氨加药接口
凝汽器系统补水
凝结水泵密封水补水
去阀门水封
真空泵系统补水
到低压轴封蒸汽减温喷水
凝结水泵
凝结水泵
凝汽器
ATMOS
真空破坏阀
凝结水来
到真空泵系统
CONDENSER TUBE
LEAK DETECTOR
电导率表
轴封加热器
去锅炉低压省煤器
DCS
DDC

附图4.22 凝结水系统

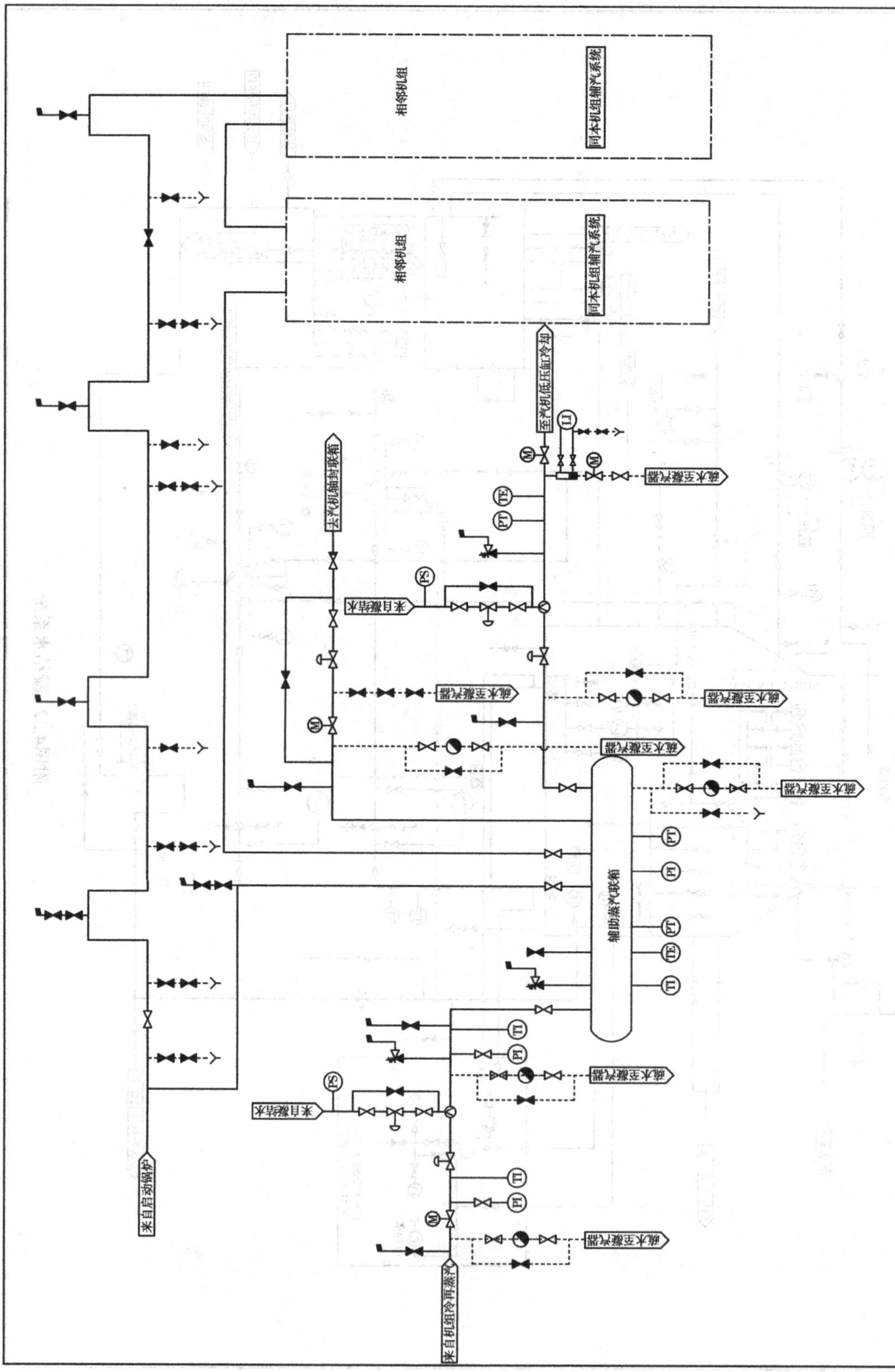

附图4.23　辅助蒸汽系统

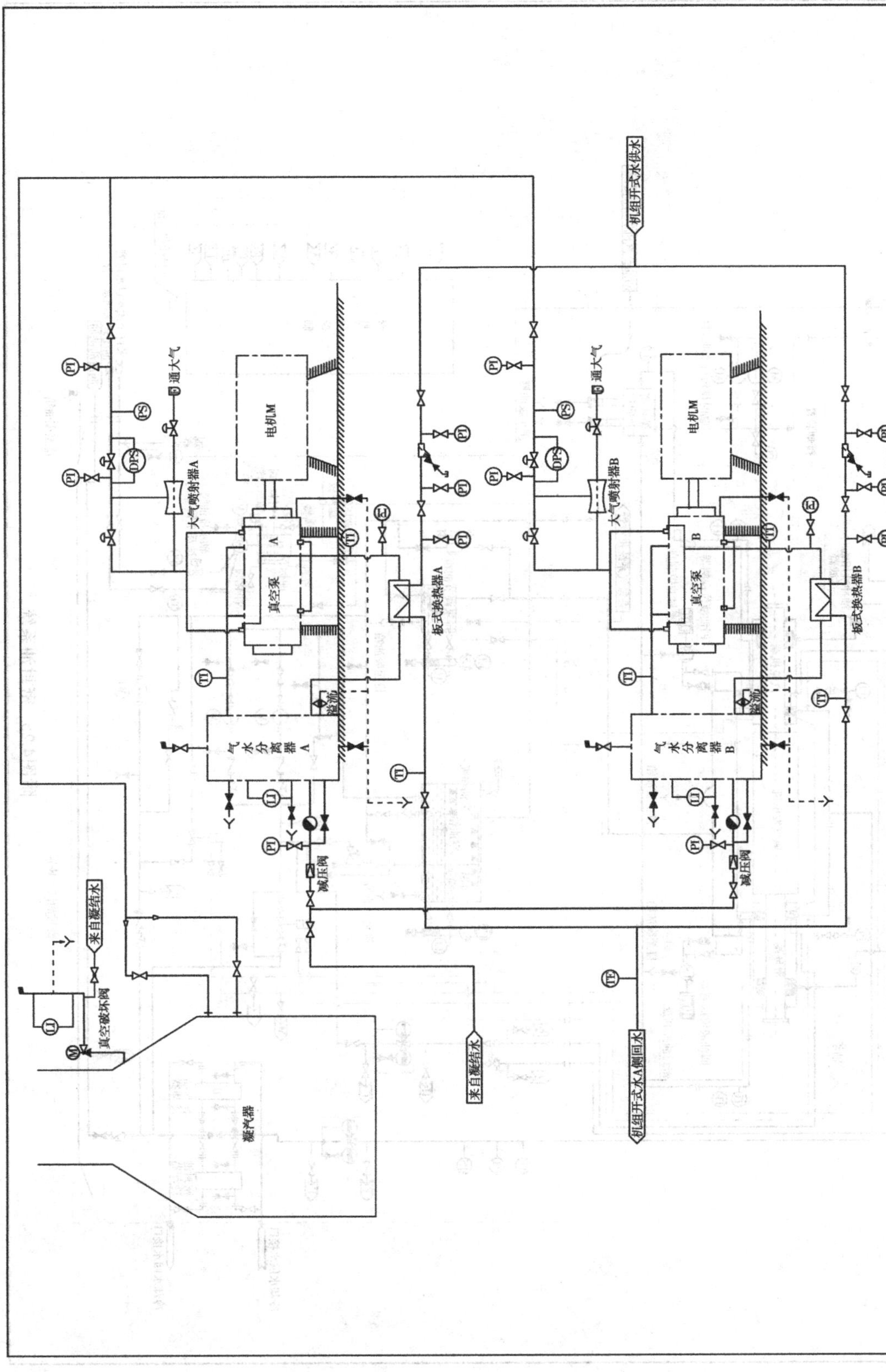

凝汽器
来自凝结水
真空破坏阀
机组开式水A侧回水
机组开式水供水
气水分离器A
气水分离器B
真空泵
电机M
大气喷射器A
大气喷射器B
通大气
板式换热器A
板式换热器B
减压阀
溢流

附图4.24 真空系统

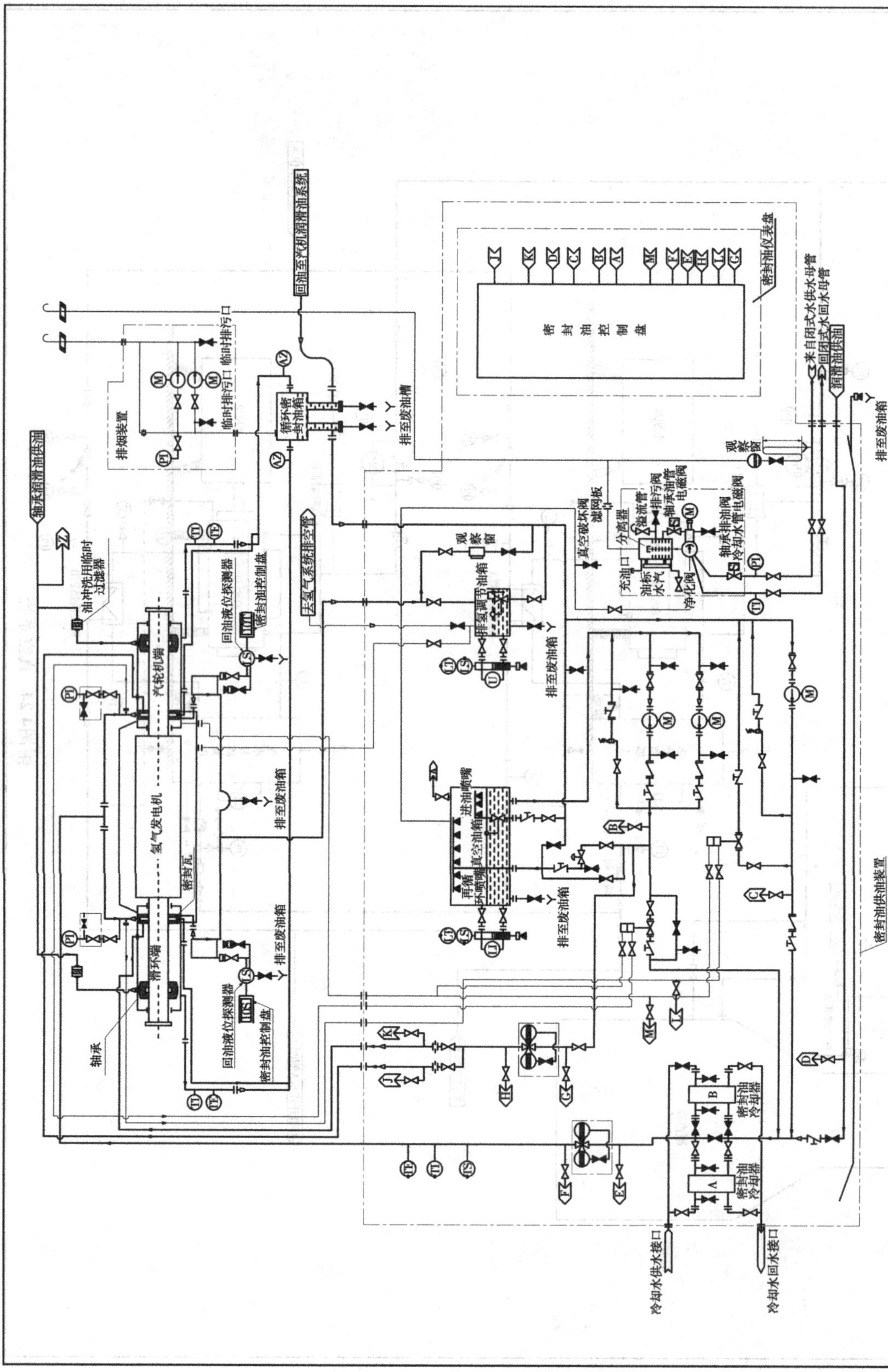

附图4.25　密封油系统

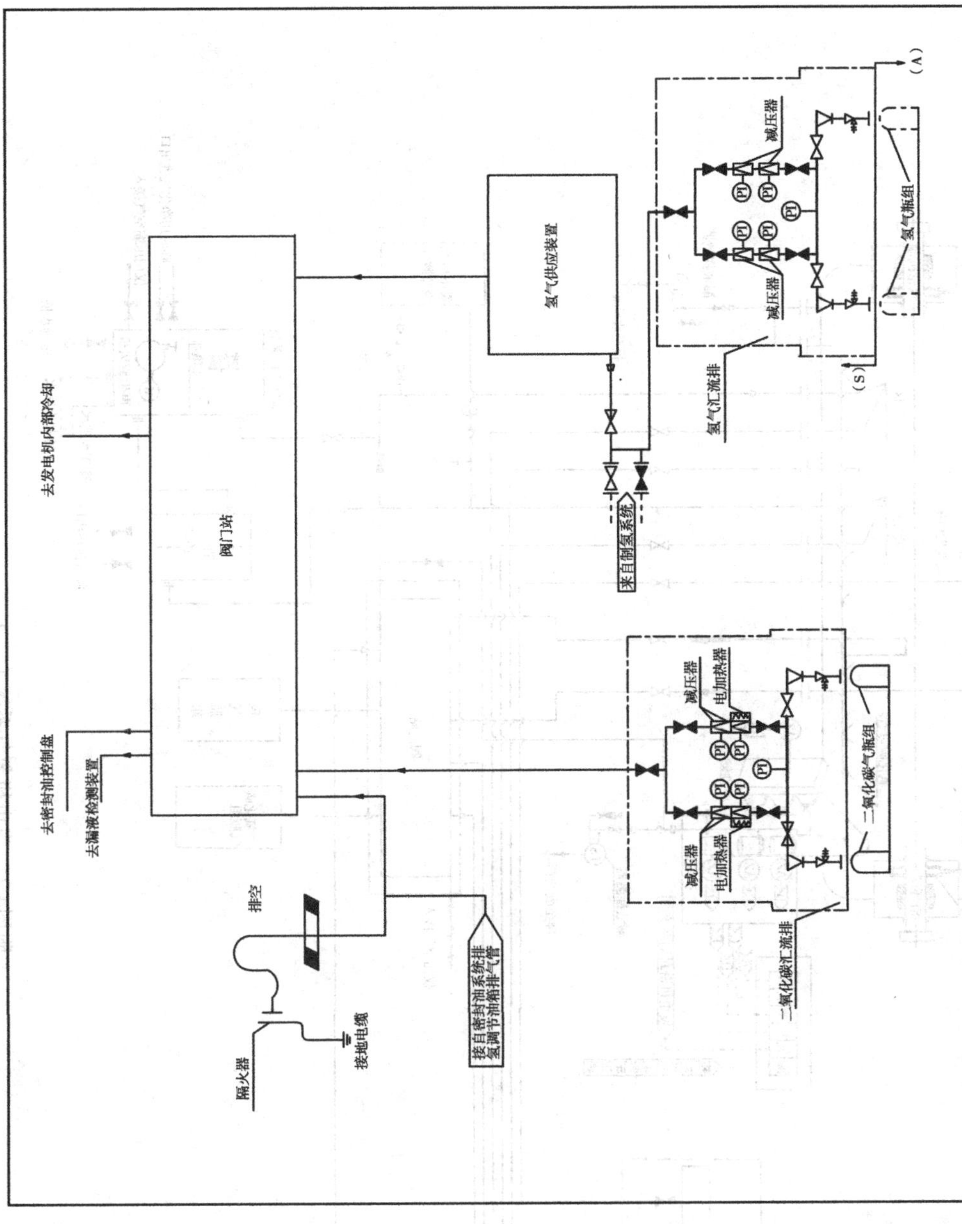

附图4.26 发电机氢气系统（一）

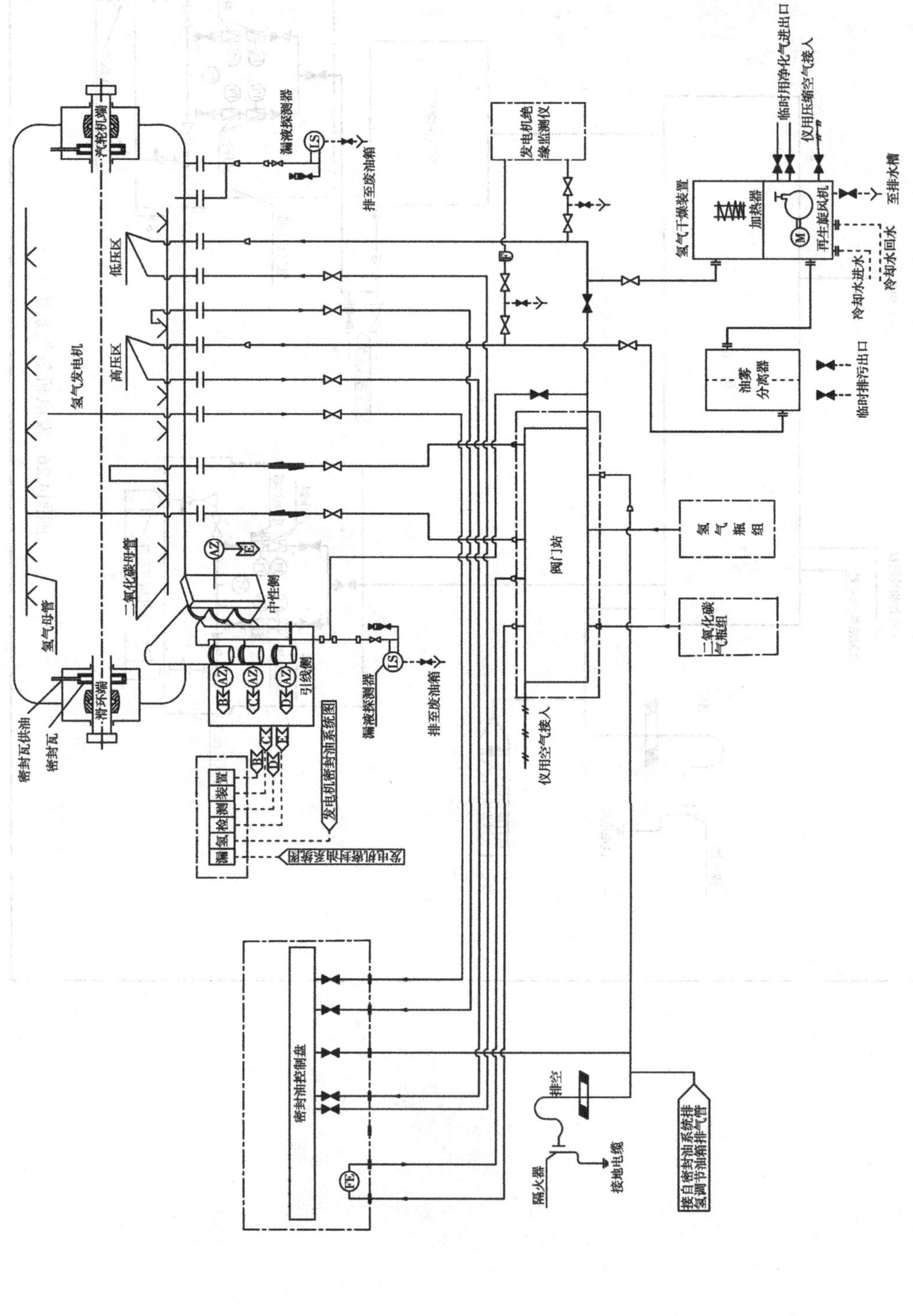

附图4.27 发电机氢气系统（二）

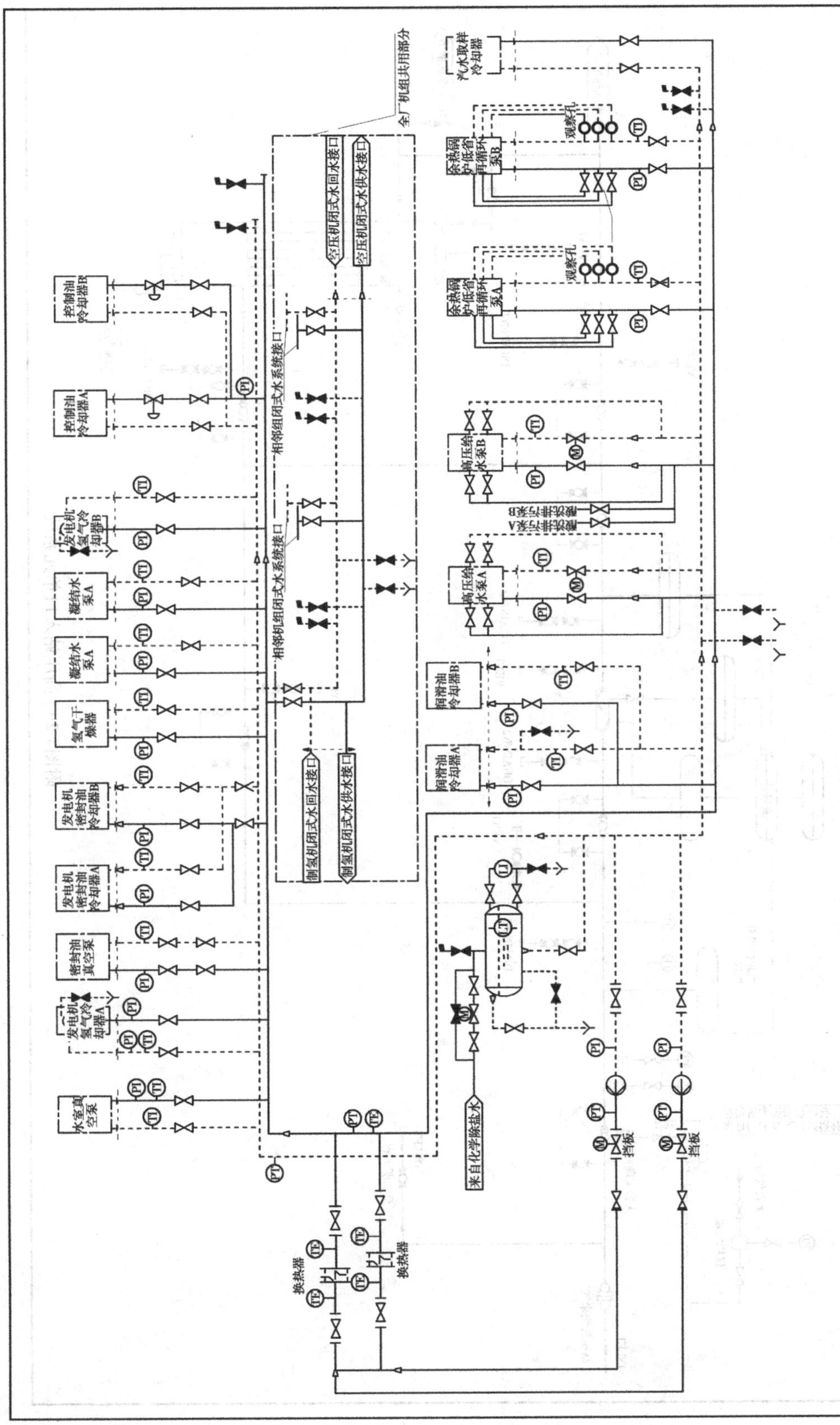

附图4.28　闭式冷却水系统

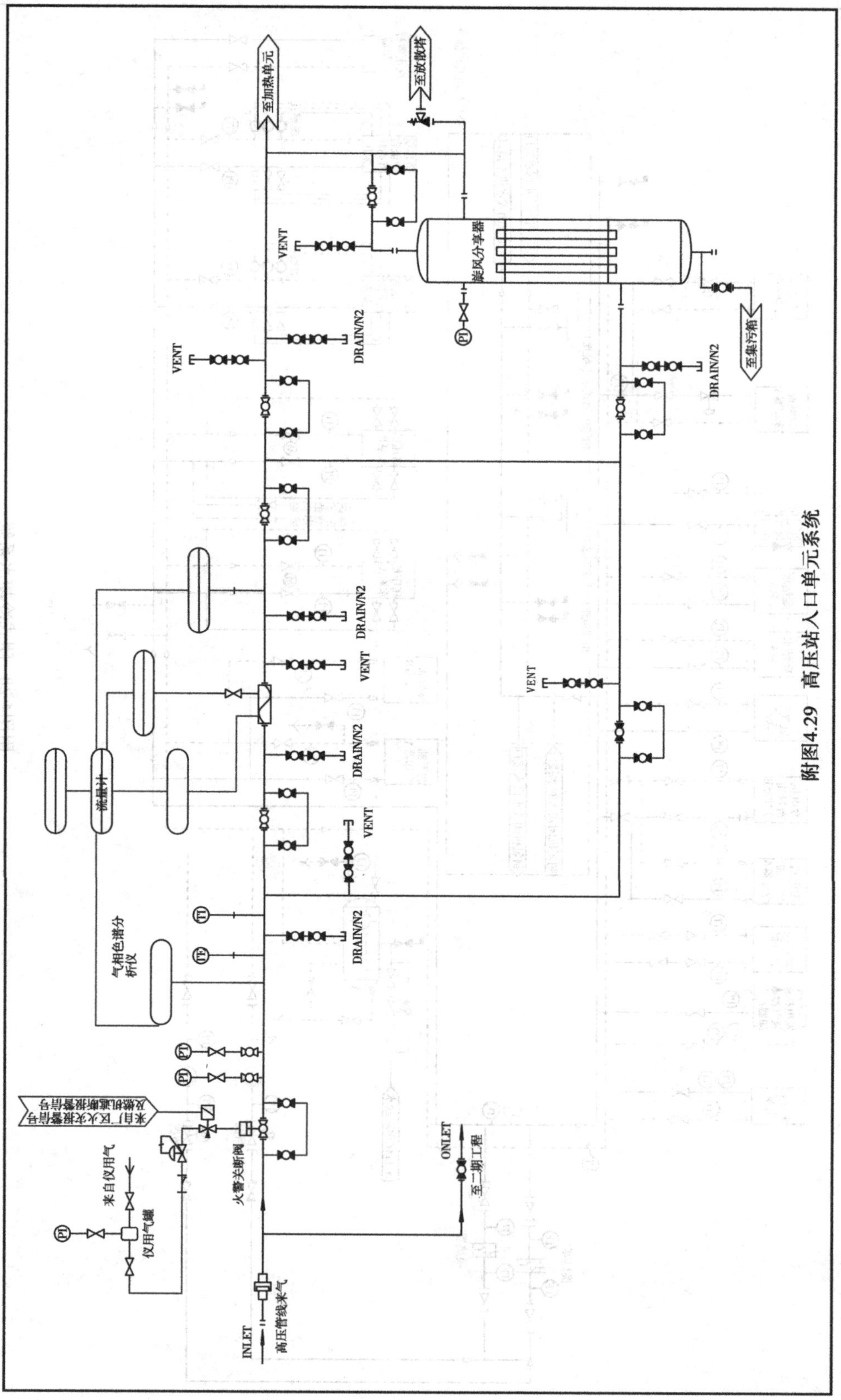

附图4.29 高压站入口单元系统

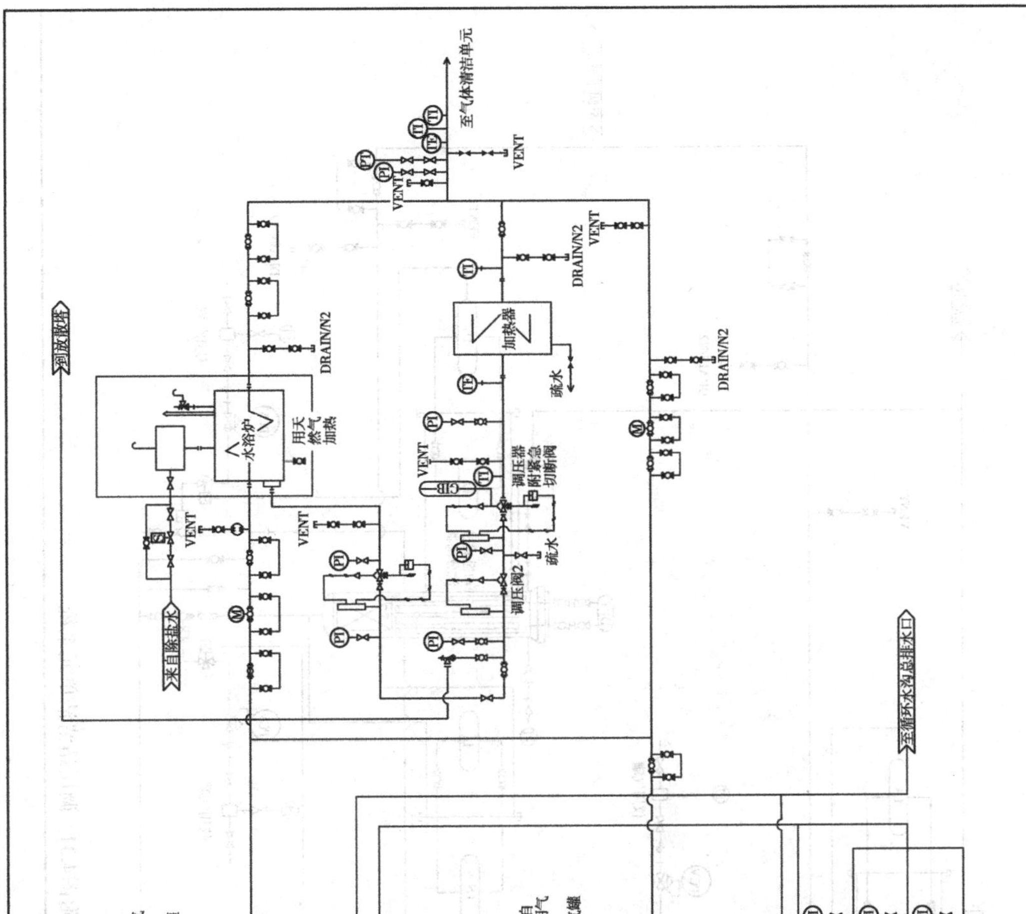

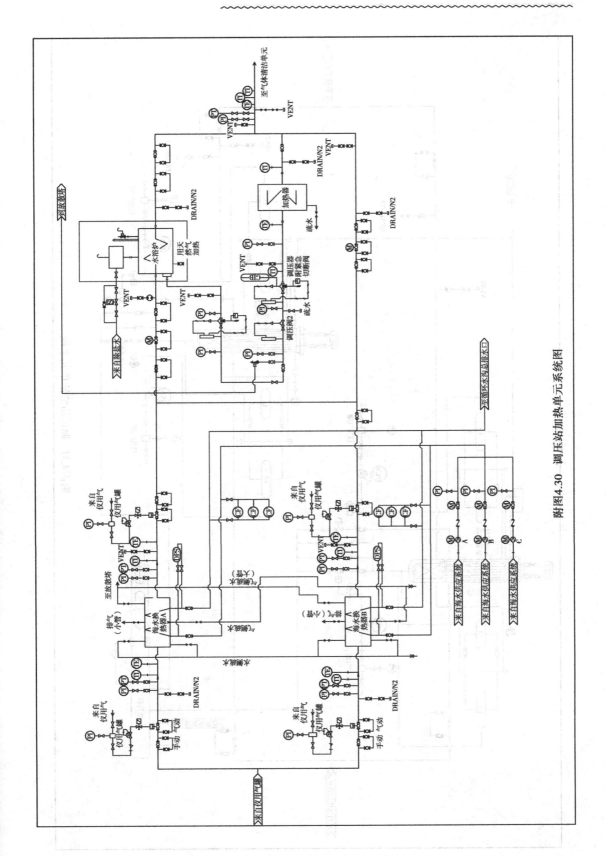

附图4.30 调压站加热单元系统图

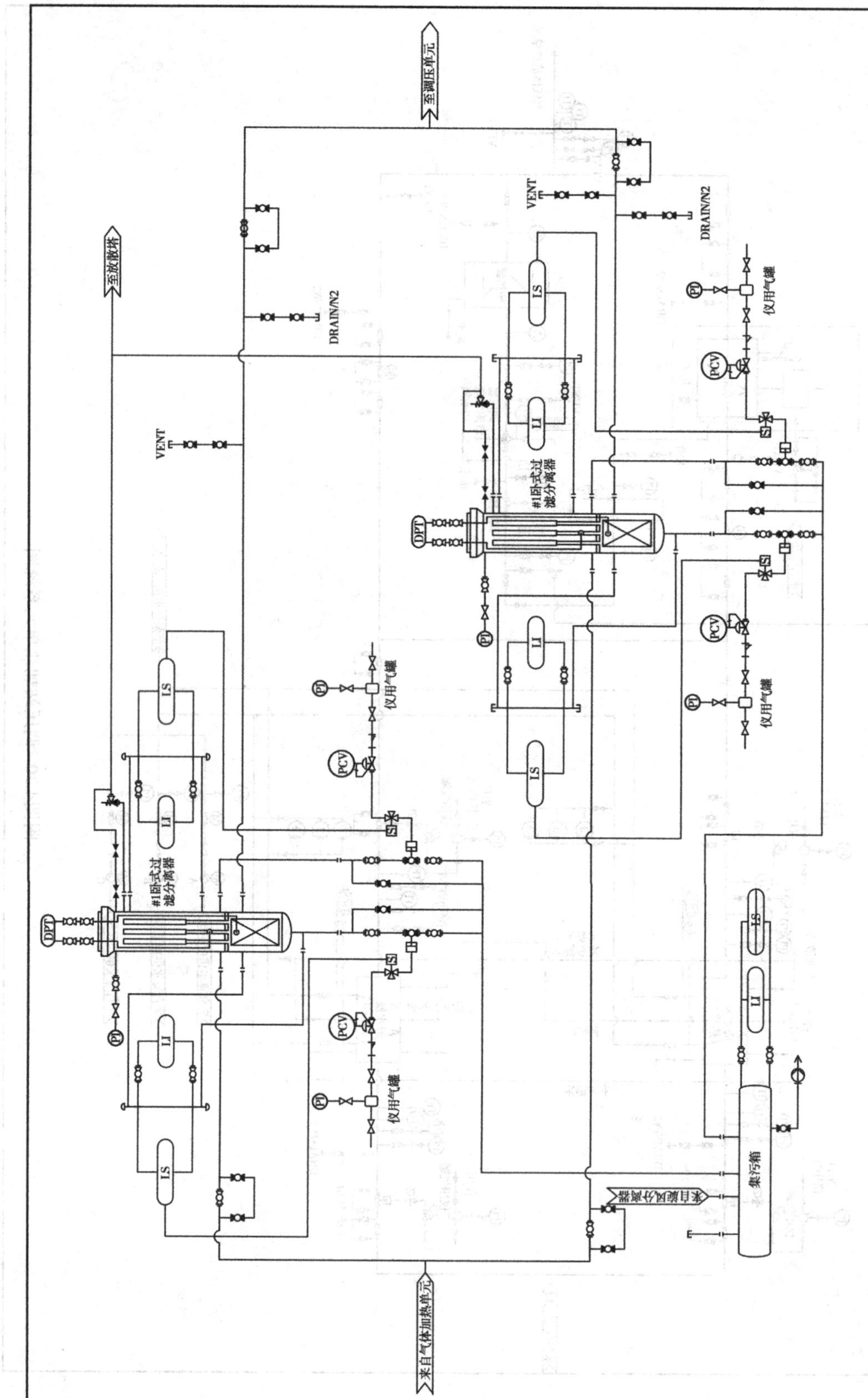

附图4.31 调压站清洁单元系统

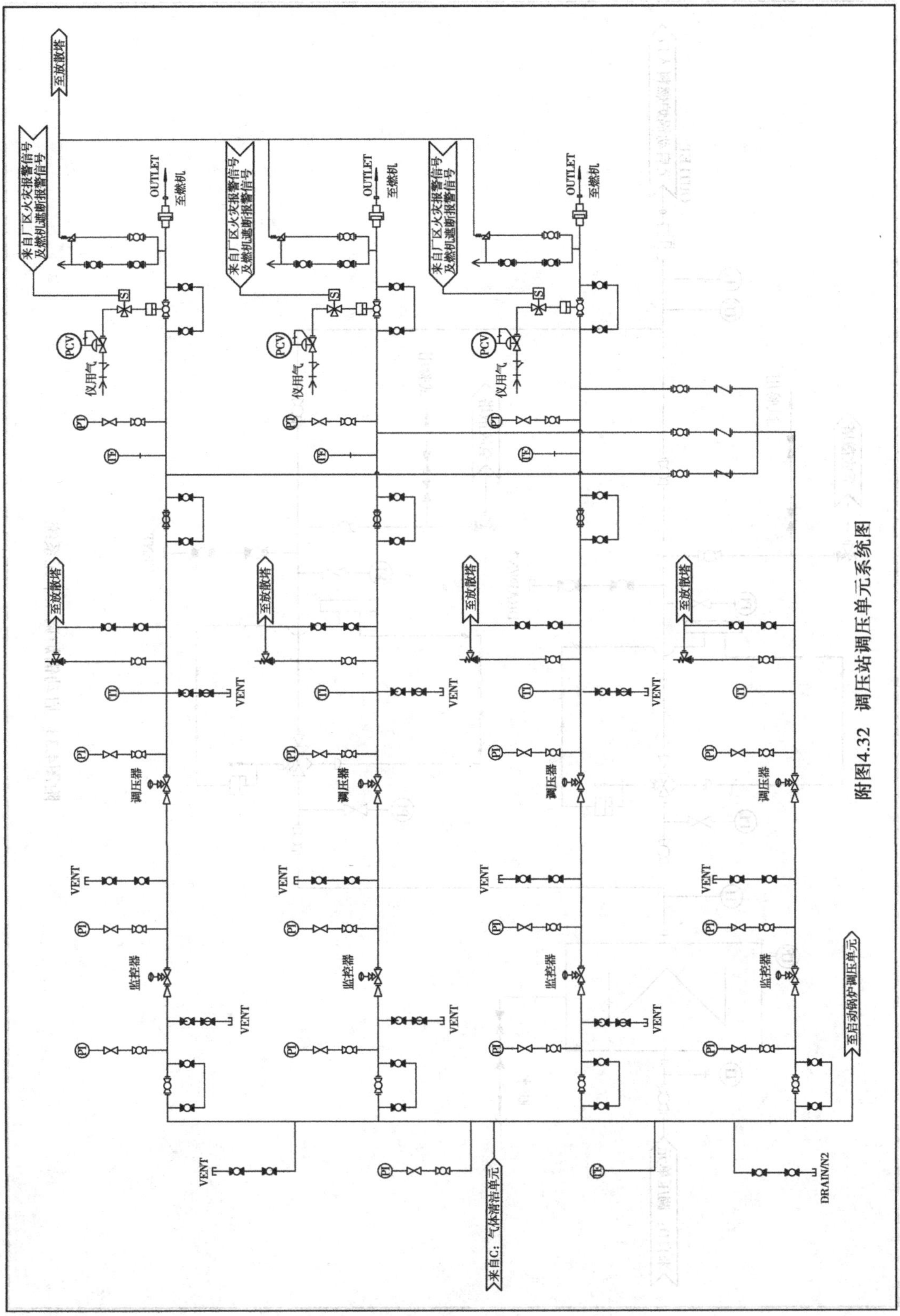

附图4.32 调压站调压单元系统图

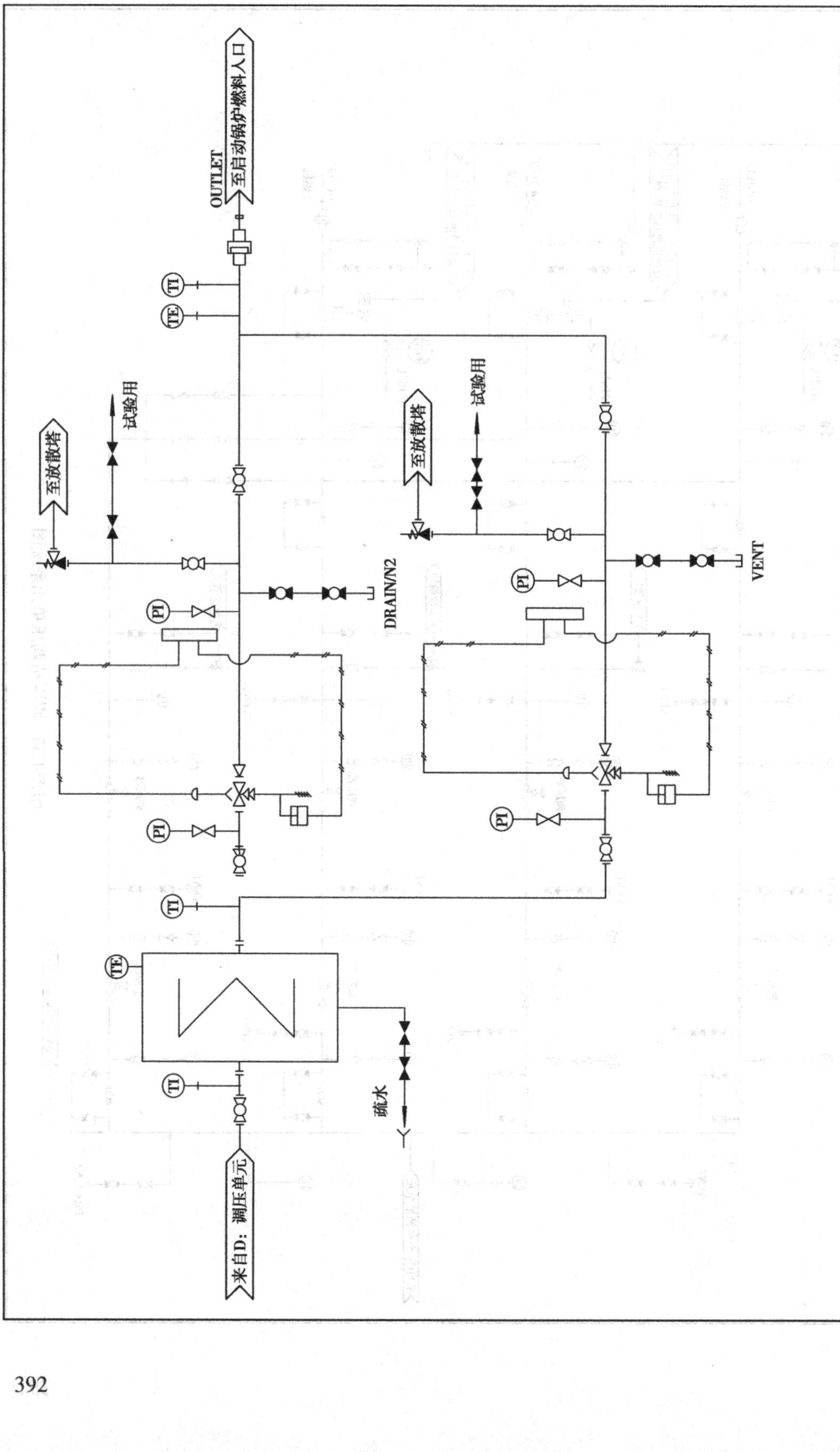

附图4.33　启动锅炉调压单元系统

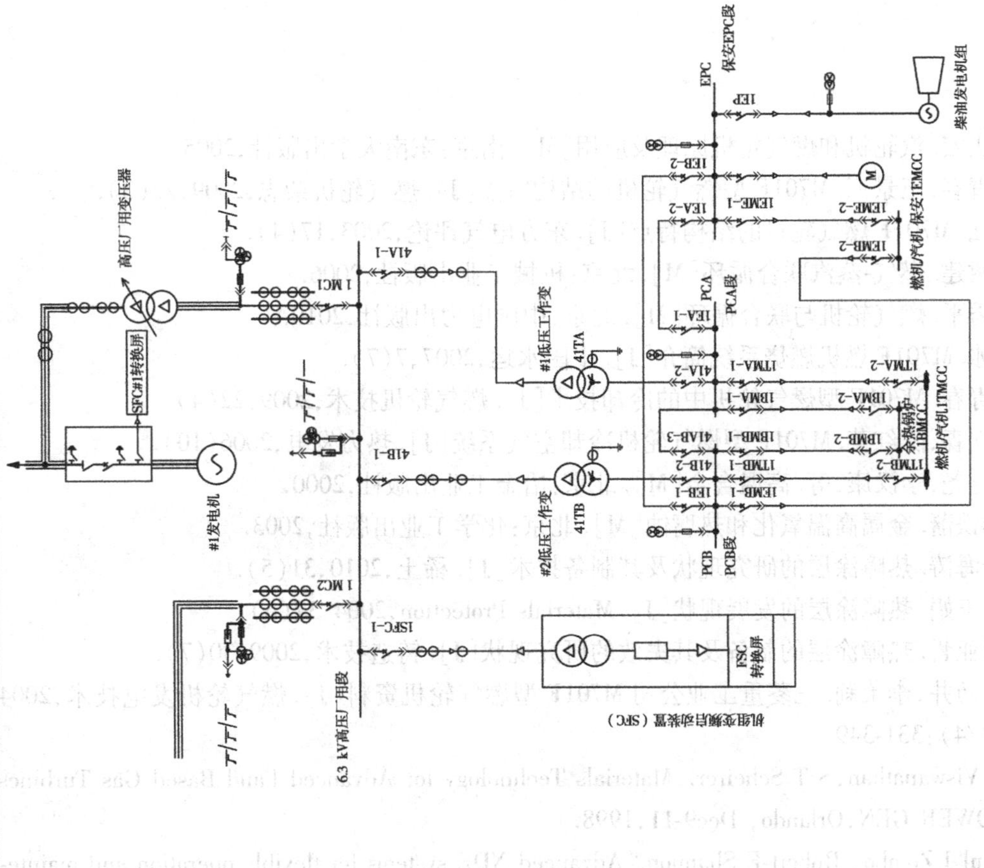

附图4.34 某电厂电气主接线图

参考文献

[1] 黄庆宏. 汽轮机和燃气轮机原理及应用[M]. 南京:东南大学出版社,2005.
[2] 蔡青春,王景汇. M701F 型燃气轮机的结构特点[J]. 燃气轮机杂志,2009,22(3).
[3] 王强. M701F 燃气轮机的结构特点[J]. 东方电气评论,2003,17(4).
[4] 焦树建. 燃气-蒸汽联合循环[M]. 北京:机械工业出版社,2006.
[5] 姚秀平. 燃气轮机与联合循环[M]. 北京:中国电力出版社,2010.
[6] 谢冰. M701F 燃机燃烧系统简介[J]. 中国水运,2007,7(7).
[7] 蔡青春. M701F 型燃气轮机中的冷却技术[J]. 燃气轮机技术,2009,22(4).
[8] 黄立森,陈红英. M701F 型燃气轮机冷却空气系统[J]. 热力发电,2006(10).
[9] 黄乾尧,李汉康,等. 高温合金[M]. 北京:冶金工业出版社,2000.
[10] 李铁藩. 金属高温氧化和热腐蚀[M]. 北京:化学工业出版社,2003.
[11] 于海涛. 热障涂层的研究现状及其制备技术[J]. 稀土,2010,31(5).
[12] 张玉娟. 热障涂层的发展现状[J]. Materials Protection,2004,37(6)
[13] 刑亚哲. 热障涂层的制备及其失效的研究现状[J]. 铸造技术,2009,30(7).
[14] 王乃井,李茉莉. 三菱重工业公司 M701F 型燃气轮机资料[J]. 燃气轮机发电技术,2004(3/4):331-349.
[15] R Viswanathan,S T Scheirer. Materials Technology for Advanced Land Based Gas Turbines POWER GEN,Orlando, Dec9-11,1998.
[16] Paul J Zombo, Robert E Shannon. Advanced NDE systems for flexible operation and maintenance ofgas turbine components. POWER GEN, Orlando,2006.
[17] Hans-Gerd Brummel, Dennis H LeMieux, Matthias Voigt, et al. Online Monitoring of Gas Turbine Power Plants. Simens Power Generation 2006.
[18] C Ridaldi, V Bicego, P Colomgbo. Validation of CESI,Blade Life Management System by Case Histories, on Line Measurements and in Site NDT. J. Eng. Gas Turbines Power 128(1), 73-80(marol,2004)
[19] 郝江涛,刘念,幸晋渝,等. 电力设备的寿命评估[J]. 四川电力技术,2005(1):5-7.
[20] 程汝良,译. 对 2300 ℉以上的燃气轮机热部件毛病的治理研究[J]. 燃气轮机发电技术,2003(1).

[21] 蒋洪德. 燃气轮机热端部件状态检测和寿命管理[J]. 燃气轮机发电技术,2005(3/4):157-165.
[22] 赵国. 汽轮机[M]. 北京:中国电力出版社,1999.
[23] 李建刚. 汽轮机设备及运行[M]. 北京:中国电力出版社,2009.
[24] 肖增弘. 火电机组汽轮机运行技术[M]. 北京:中国电力出版社,2008.
[25] 李恪. 简述 M701F 燃气轮机 IGV 的动作过程及运行调整[J]. 燃气轮机发电技术,2010(2).
[26] 梁姗姗. M701F 燃气轮机压气机入口可变导叶结构介绍[J]. 东方电气评论,2009,20(3).
[27] 清华大学热能工程系动力机械与工程研究所,深圳南山热电股份有限公司. 燃气轮机与燃气—蒸汽联合循环装置:上册[M]. 北京:中国电力出版社,2008:360-361.
[28] 祝建飞,吴建平,邵声新. 780 MW 多轴布置联合循环机组旁路系统的控制特点[J]. 燃气轮机发电技术,2008(10):103-106.
[29] 韩剑辉,张维波. 汽轮机旁路系统控制方式设计[J]. 哈尔滨理工大学学报,2007(12):23-26.
[30] 朱明飘. M701F 联合循环机组旁路控制系统的特点[J]. 广东电力,2006(6):24-40.
[31] 陈晓东. 加装大气喷射器的水环真空泵的工作特性分析[J]. 热电技术,2009,104(4):40-42.
[32] 靖长才. NASH 凝汽器抽真空设备介绍[J]. 电站辅机,1999(1):12-14.
[33] 董其武,张垚. 换热器[M]. 北京:化学工业出版社,2009:264-269.
[34] 肖小清. M701F 燃气轮机主控系统特点及其一次调频特性[J]. 中国电力 ELECTRIC POWER,2008,41(8):72-75.
[35] 罗国平. 汽轮机组轴向位移和胀差传感器的零位锁定技术[J]. 仪器仪表与分析监测,2007(4):29-31.
[36] 孙奉仲. 大型汽轮机运行[M]. 北京:中国电力出版社,2008.
[37] 韩中合,田松峰,马晓芳. 火电厂汽机设备及运行[M]. 北京:中国电力出版社,2002.
[38] 孙奉仲. 热电联产机组技术丛书:汽轮机设备与运行[M]. 北京:中国电力出版社,2008.